南水北调东线一期江苏境内泵站工程

NANSHUIBEIDIAO
DONGXIAN YIQI
JIANGSU JINGNEI
BENGZHAN GONGCHENG

南水北调东线江苏水源有限责任公司 ◎编著

河海大学出版社
HOHAI UNIVERSITY PRESS
·南京·

图书在版编目（CIP）数据

南水北调东线一期江苏境内泵站工程 / 南水北调东线江苏水源有限责任公司编著 . -- 南京：河海大学出版社，2024.3

ISBN 978-7-5630-7976-6

Ⅰ. ①南… Ⅱ. ①南… Ⅲ. ①南水北调—泵站—水利工程—江苏 Ⅳ. ① TV675

中国版本图书馆 CIP 数据核字（2022）第 253622 号

书　　名	南水北调东线一期江苏境内泵站工程
书　　号	ISBN 978-7-5630-7976-6
责任编辑	彭志诚
特约编辑	薛艳萍
特约校对	郑晓梅
装帧设计	徐娟娟
出版发行	河海大学出版社
地　　址	南京市西康路 1 号（邮编：210098）
电　　话	（025）83737852（总编室）　（025）83722833（营销部）
经　　销	江苏省新华发行集团有限公司
排　　版	南京布克文化发展有限公司
印　　刷	南京迅驰彩色印刷有限公司
开　　本	880 毫米 ×1230 毫米　1/16
印　　张	27
字　　数	485 千字
版　　次	2024 年 3 月第 1 版
印　　次	2024 年 3 月第 1 次印刷
定　　价	158.00 元

前言

2023年5月，中共中央、国务院印发《国家水网建设规划纲要》，明确了国家水网总体布局和重点任务，标志着党中央、国务院就国家水网建设作出重大决策部署。《国家水网建设规划纲要》明确要加快构建由主网及区域网组成的主骨架，其中主网是以长江、黄河、淮河、海河四大水系为基础，以南水北调东、中、西三线工程为输水大动脉，以重大水利枢纽工程为重要调蓄结点形成的流域区域防洪、供水工程体系。作为国家水网输水大动脉的重要组成部分，南水北调东线一期江苏段工程拥有世界最大规模的现代化泵站群，涵盖立式轴流、立式混流、灯泡贯流和竖井贯流等多种类型泵站，充分了解、掌握泵站工程基础信息，对于提高工程运行管理水平，推动南水北调工程高质量发展具有重要意义。

泵站是调水工程的核心组成，在平衡我国南北水资源时空分布不均，实现水资源空间均衡中作用巨大。南水北调东线江苏水源有限责任公司联合扬州大学等相关参建单位，搜集了南水北调东线一期江苏境内18座泵站工程的初步设计报告、竣工验收资料、工程及设备图纸等基础资料，并在此基础上梳理、凝练、总结编制本书，旨在为南水北调东线二期泵站工程建设提供参考，为其他同类泵站建设提供指导。

本书主要内容包括南水北调东线一期江苏境内江都三站、江都四站、宝应站、淮安二站、淮安四站、金湖站、洪泽站、淮阴三站、泗阳站、泗洪站、刘老涧二站、睢宁二站、皂河站、皂河二站、邳州站、刘山站、解台站、蔺家坝站等18座泵站工程的工程概况、工程批复与建设情况、新技术应用情况、工程运行管理情况、技改和维修情况以及工程获奖情况，同时还包含有各泵站工程示意图，枢纽总平面布置图，工程平面图，站身立面图，站身剖面图，电气主接线图，油、气、水系统图，泵站高低压系统图，工程观测点布置及观测线路图，泵站性能曲线图，自动化拓扑图，征地红线图、竣工地形图。

本书在编写过程中得到了江苏省江都水利工程管理处、苏北灌溉总渠管理处、骆运管理处等单位诸多领导及相关专家的大力支持，特别是陆林广、徐磊、朱承明、杨正东等专家结合自身工作实际，协助提供部分素材，在此表示衷心的感谢！

由于编者水平有限，本书中难免存在疏漏和不足，敬请专家和广大读者批评指正。

《南水北调东线一期江苏境内泵站工程》
编写组

主　　编：刘　军

副 主 编：祁　洁　　沈昌荣　　成　立　　孙　涛　　康立荣

编写人员：周达康　　王兆军　　付宏卿　　罗　灿　　卞新盛

　　　　　倪　春　　杨红辉　　王怡波　　吴志峰　　花培舒

　　　　　周晨露　　纪　恒　　王义荐　　　威　　贾　璐

　　　　　杜鹏程　　许朝瑞　　鲁　健　　赵亚东　　顾　会

　　　　　王姗姗　　朱宝焕　　王　凯　　许　桃　　于贤磊

　　　　　张　娟　　张　鹏　　刘志泉　　卞　舸　　侯程程

目录

1. 南水北调东线一期江苏境内工程概况 ⋯⋯⋯⋯⋯⋯⋯⋯⋯⋯⋯⋯⋯⋯⋯⋯⋯⋯⋯⋯⋯⋯⋯⋯⋯⋯⋯⋯⋯⋯ 001

2. 南水北调东线一期江苏境内泵站概况 ⋯⋯⋯⋯⋯⋯⋯⋯⋯⋯⋯⋯⋯⋯⋯⋯⋯⋯⋯⋯⋯⋯⋯⋯⋯⋯⋯⋯⋯⋯ 005
   - 2.1 第一梯级泵站 ⋯⋯⋯⋯⋯⋯⋯⋯⋯⋯⋯⋯⋯⋯⋯⋯⋯⋯⋯⋯⋯⋯⋯⋯⋯⋯⋯⋯⋯⋯⋯⋯⋯⋯⋯⋯ 007
     - 2.1.1 江都三站 ⋯⋯⋯⋯⋯⋯⋯⋯⋯⋯⋯⋯⋯⋯⋯⋯⋯⋯⋯⋯⋯⋯⋯⋯⋯⋯⋯⋯⋯⋯⋯⋯⋯⋯ 007
     - 2.1.2 江都四站 ⋯⋯⋯⋯⋯⋯⋯⋯⋯⋯⋯⋯⋯⋯⋯⋯⋯⋯⋯⋯⋯⋯⋯⋯⋯⋯⋯⋯⋯⋯⋯⋯⋯⋯ 027
     - 2.1.3 宝应站 ⋯⋯⋯⋯⋯⋯⋯⋯⋯⋯⋯⋯⋯⋯⋯⋯⋯⋯⋯⋯⋯⋯⋯⋯⋯⋯⋯⋯⋯⋯⋯⋯⋯⋯⋯ 047
   - 2.2 第二梯级泵站 ⋯⋯⋯⋯⋯⋯⋯⋯⋯⋯⋯⋯⋯⋯⋯⋯⋯⋯⋯⋯⋯⋯⋯⋯⋯⋯⋯⋯⋯⋯⋯⋯⋯⋯⋯⋯ 070
     - 2.2.1 淮安二站 ⋯⋯⋯⋯⋯⋯⋯⋯⋯⋯⋯⋯⋯⋯⋯⋯⋯⋯⋯⋯⋯⋯⋯⋯⋯⋯⋯⋯⋯⋯⋯⋯⋯⋯ 070
     - 2.2.2 淮安四站 ⋯⋯⋯⋯⋯⋯⋯⋯⋯⋯⋯⋯⋯⋯⋯⋯⋯⋯⋯⋯⋯⋯⋯⋯⋯⋯⋯⋯⋯⋯⋯⋯⋯⋯ 089
     - 2.2.3 金湖站 ⋯⋯⋯⋯⋯⋯⋯⋯⋯⋯⋯⋯⋯⋯⋯⋯⋯⋯⋯⋯⋯⋯⋯⋯⋯⋯⋯⋯⋯⋯⋯⋯⋯⋯⋯ 111
   - 2.3 第三梯级泵站 ⋯⋯⋯⋯⋯⋯⋯⋯⋯⋯⋯⋯⋯⋯⋯⋯⋯⋯⋯⋯⋯⋯⋯⋯⋯⋯⋯⋯⋯⋯⋯⋯⋯⋯⋯⋯ 133
     - 2.3.1 洪泽站 ⋯⋯⋯⋯⋯⋯⋯⋯⋯⋯⋯⋯⋯⋯⋯⋯⋯⋯⋯⋯⋯⋯⋯⋯⋯⋯⋯⋯⋯⋯⋯⋯⋯⋯⋯ 133
     - 2.3.2 淮阴三站 ⋯⋯⋯⋯⋯⋯⋯⋯⋯⋯⋯⋯⋯⋯⋯⋯⋯⋯⋯⋯⋯⋯⋯⋯⋯⋯⋯⋯⋯⋯⋯⋯⋯⋯ 156
   - 2.4 第四梯级泵站 ⋯⋯⋯⋯⋯⋯⋯⋯⋯⋯⋯⋯⋯⋯⋯⋯⋯⋯⋯⋯⋯⋯⋯⋯⋯⋯⋯⋯⋯⋯⋯⋯⋯⋯⋯⋯ 176
     - 2.4.1 泗阳站 ⋯⋯⋯⋯⋯⋯⋯⋯⋯⋯⋯⋯⋯⋯⋯⋯⋯⋯⋯⋯⋯⋯⋯⋯⋯⋯⋯⋯⋯⋯⋯⋯⋯⋯⋯ 176
     - 2.4.2 泗洪站 ⋯⋯⋯⋯⋯⋯⋯⋯⋯⋯⋯⋯⋯⋯⋯⋯⋯⋯⋯⋯⋯⋯⋯⋯⋯⋯⋯⋯⋯⋯⋯⋯⋯⋯⋯ 198
   - 2.5 第五梯级泵站 ⋯⋯⋯⋯⋯⋯⋯⋯⋯⋯⋯⋯⋯⋯⋯⋯⋯⋯⋯⋯⋯⋯⋯⋯⋯⋯⋯⋯⋯⋯⋯⋯⋯⋯⋯⋯ 218
     - 2.5.1 刘老涧二站 ⋯⋯⋯⋯⋯⋯⋯⋯⋯⋯⋯⋯⋯⋯⋯⋯⋯⋯⋯⋯⋯⋯⋯⋯⋯⋯⋯⋯⋯⋯⋯⋯⋯ 218
     - 2.5.2 睢宁二站 ⋯⋯⋯⋯⋯⋯⋯⋯⋯⋯⋯⋯⋯⋯⋯⋯⋯⋯⋯⋯⋯⋯⋯⋯⋯⋯⋯⋯⋯⋯⋯⋯⋯⋯ 242

2.6	第六梯级泵站	267
	2.6.1 皂河抽水站	267
	2.6.2 皂河二站	287
	2.6.3 邳州站	309
2.7	第七梯级泵站——刘山站	331
2.8	第八梯级泵站——解台站	353
2.9	第九梯级泵站——蔺家坝站	376

附件 399

附件一 南水北调东线一期江苏段部分泵站流道优化成果 401

附件二 南水北调江苏段工程泵装置参数 421

附件三 南水北调工程水泵主要部位所用材料要求 422

1 南水北调东线一期江苏境内工程概况

江苏南水北调工程主要是在江苏省江水北调工程基础上扩大规模、向北延伸。江水北调工程始建于20世纪60年代，是我国迄今最早的水资源调度工程，受益范围覆盖苏中、苏北7市，6.3万 km²，4 000万人口，4 500万亩[①]耕地。工程以江都抽水泵站（江都水利枢纽）为源头从长江抽水，利用京杭大运河往北经淮安、宿迁向连云港和徐州地区送水，直至苏鲁边界的微山湖。江水北调工程全长404 km，设9个提水梯级，建设17座大型泵站，抽江能力为400 m³/s。江水北调工程建成以来，年平均送水规模达到40多亿 m³，干旱年份达到70多亿 m³，在江苏省苏北地区经济社会发展中一直发挥着巨大的作用。

2002年开工新建的南水北调东线江苏段工程，在原有以京杭大运河为输水干线的江水北调工程基础上，新建宝应站、淮安四站等11座泵站，改扩建泗阳站、刘山站等3座泵站，加固改造江都三站、江都四站、淮安二站、皂河一站4座泵站，形成了江苏境内运河线、运西线双线输水格局。南水北调东线一期工程干线总长1 156 km，沿线通过13个梯级泵站逐级提水北上，总扬程65 m。其中，江苏省境内404 km，9个梯级泵站，扬程约40 m。南水北调东线工程分三期实施，江苏省南水北调东线一期工程建成后，新建南水北调工程与江苏省现有江水北调工程共同构成调水工程体系，一级提水规模达到500 m³/s，年平均新增供水量36亿 m³，其中江苏境内使用19.3亿 m³，向山东供水13.5亿 m³，洪泽湖周边安徽省用水3.2亿 m³。

江苏省南水北调一期工程建设主要分为调水工程和治污工程两部分。调水工程批复总投资137亿元。主要内容为：扩建、改造运河线泵站工程，新辟、完善三阳河、金宝航道、徐洪河等河道工程，新（改）建14座泵站、加固改造江水北调工程4座泵站。此外，实施里下河水源调整、洪泽湖、南四湖蓄水位抬高影响处理等工程。治污工程共分两批实施。第一批是根据《南水北调东线治污规划》及《南水北调东线江苏段14个控制单元治污方案》确定的102项治污工程，投资70.2亿元。主要包括：工业点源治理项目65项、城镇污水处理工程项目26项、综合治理工程6项、截污导流工程5项。第二批是省政府为确保干线水质稳定达标，在第一批项目基本完成的基础上确定的203个新增治污工程，规划总投资63亿元。主要包括：新沂市、丰县、沛县、睢宁县及宿迁市二期等4个尾水资源化利用及导流工程，丰县复新河、邳州张楼、高邮北澄子河等3个水质断面158个综合整治工程，27个污水处理厂管网配套工程以及沿线14个断面水质自动监测站等。

---

① 1亩 ≈ 666.67 m²

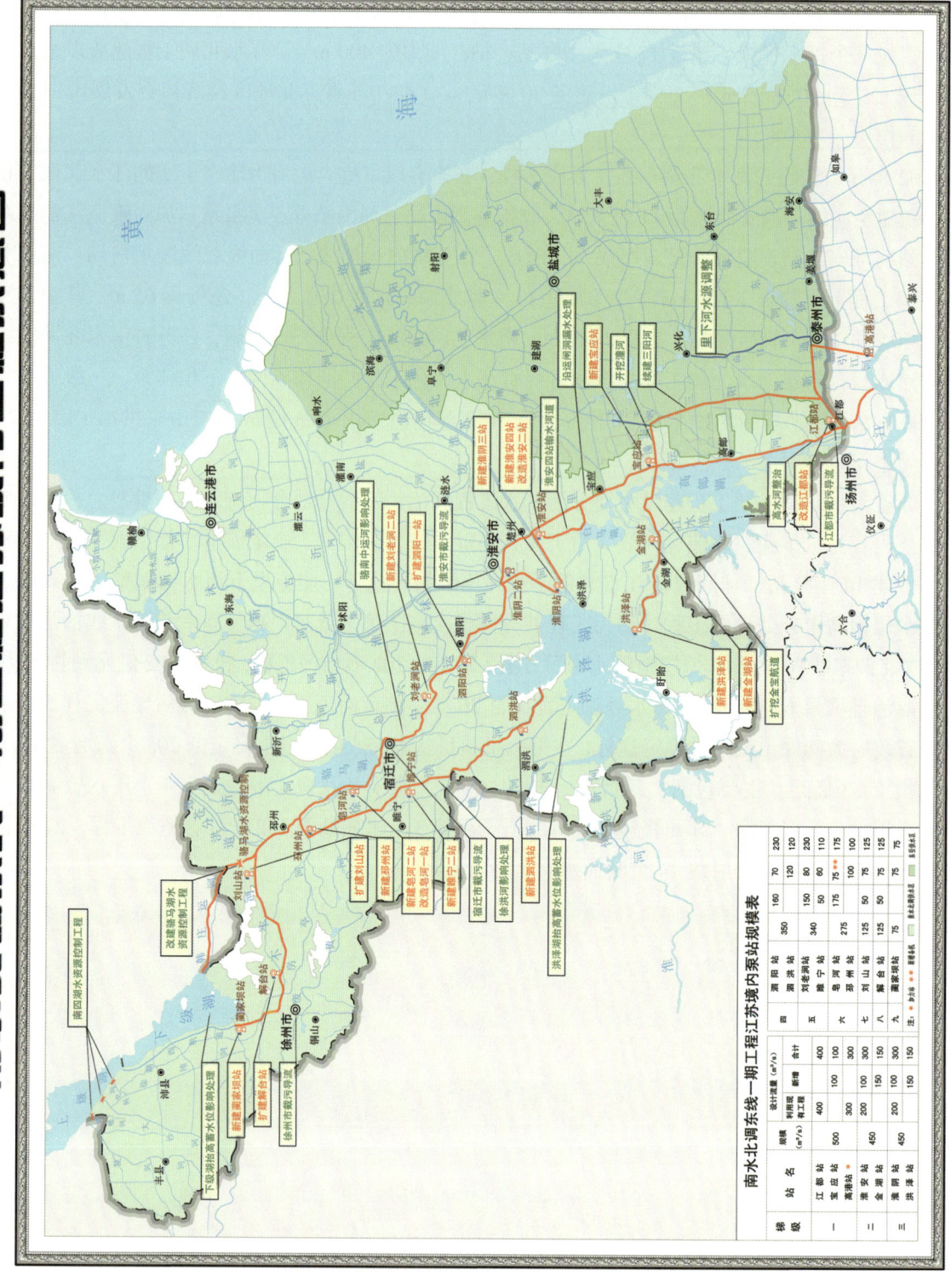

图 1-1 南水北调东线一期工程江苏境内工程示意图

南水北调东线一期江苏境内泵站概况

2

2.1 第一梯级泵站

2.1.1 江都三站

1. 工程概况

江都三站位于江苏省扬州市江都区境内,地处京杭大运河、新通扬运河和芒稻河交汇处。江都三站原为江水北调工程,是江都水利枢纽的重要组成部分,具有调水、抽排里下河地区涝水、发电、改善水环境、提高航运保证率等作用。

江都三站地处气候湿润、四季分明地区,年降雨量为 1 046.2 mm,降雨多集中于夏季,总降水量接近全年总量的60%。江都三站工程位于长江下游冲积平原,地表向下 3 m 左右为全新统(Q4)地层,再以下 50 m 钻探范围内均为更新统晚期(Q3)江淮冲积层;区域地质资料显示江都三站持力层为重粉质壤土,贯入击数 N=14 击,并利用天然地基。工程所处地区地震动反应谱特征周期为 0.35 s,地震动峰值加速度为 0.15 g,相应地震基本烈度为Ⅶ度。

江都三站更新改造工程主要包括主机泵及电气设备更新,主厂房加固,控制室新建和公路桥、副厂房拆除重建等。泵站规模为大(2)型泵站,工程等别为Ⅱ等,泵站站身、防渗范围内翼墙等主要

图 2-1 江都三站

建筑物为1级建筑物。泵站设计洪水标准为100年一遇，校核洪水标准为300年一遇。江都三站采用堤后式厂房，进水流道为肘形流道，出水流道为虹吸式出水流道，真空破坏阀断流。江都三站设计流量100 m³/s，供水期设计扬程7.8 m，排涝期扬程5.3 m。江都三站安装江苏中天水力设备有限公司生产的10台套2000ZLQ13.5-8型立式轴流泵（含备机1台），单机设计流量13.5 m³/s，水泵叶轮直径2.0 m，转速214.3 r/min；配上海电机厂有限公司的TL1600-28/2600型1600/450 kW可逆同步电机，总装机容量16 000 kW。改造后的江都三站仍然保留发电功能，采用反向变频发电方式，增设变频发电机组，包括4 000 kW、50 Hz发电机和4 300 kW、25 Hz电动机。

表2-1 特征水位及扬程信息表

单位：m

			站下引水渠口	站上出水渠口
特征水位	供水期	设计水位	0.7	8.50
		最低运行水位	−0.3	6.0
		最高运行水位	5.0	8.5
		平均运行水位	0.88	7.28
	排涝期	设计水位	1.00	6.30
		最高水位	—	—
	挡洪水位	设计（1%）	—	—
		最高（0.33%）	—	—
扬程	供水期	设计扬程	7.8	
		最小扬程	3.5	
		最大扬程	8.8	
		平均扬程	6.4	
	排涝期	设计扬程	5.3	
		最小扬程	—	
		最大扬程	—	

表2-2 泵站基础信息表

所在地	扬州市江都区境内		所在河流		里运河	运用性质		灌溉、排涝、补水	
泵站规模	大（2）型	泵站等别	Ⅱ	主要建筑物级别	1	建筑物防洪标准	设计	100年一遇	
							校核	300年一遇	
站身总长（m）	61.6	工程造价（万元）	5 929.8	开工日期	2006.11	竣工日期		2010.10	
站身总宽（m）	10.4
装机容量（kW）	16 000	台数	10	装机流量（m³/s）	135	设计扬程（m）		7.8	
主机泵	型式	立式全调节轴流泵			主电机	型式	立式可逆同步电动机		
		2000ZLQ13.5-8					TL1600-28/2600		
	台数	10	每台流量（m³/s）	13.5		台数	10	每台功率（kW）	1 600
	转速（r/min）	214.3	传动方式	直联		电压(V)	6 000	转速（r/min）	214.3

续表

主变压器	型号	SZ10—25000/110		输电线路电压(kV)		110
	总容量（kVA）	25 000	台数	1	所属变电所	江都站变电所
主站房起重设备		桥式行车	起重能力（kN）	300/50	断流方式	真空破坏阀
闸门结构型式	上游	—	启闭机型式	上游	—	
	下游	—		下游	—	
进水流道形式		肘形流道	出水流道形式		虹吸式流道	
主要部位高程（m）	站房底板	-6.5	水泵层	-3.8	电机层	5.0	副站房层	11.0
	叶轮中心	-3.5	上游护坦	-0.8	下游护坦	-6.5	驼峰底	9.0
站内交通桥	净宽(m)	5.5	桥面高程（m）	10.0	设计荷载	—	高程基准面	废黄河
站身水位组合	设计水位（m）	下游	灌溉0.7，排涝1.0	上游	灌溉8.5，排涝0.3	
	校核水位（m）	下游	0.0	上游	-1.7	

2. 批复情况

2004年12月31日，国家发改委以《关于南水北调东线一期长江至骆马湖段（2003）年度工程可行性研究报告的批复》（发改农经〔2004〕3061号）批复可研设计，江都站改造工程被列为南水北调东线一期工程中的一个设计单元工程。

根据水规总院《关于南水北调东线第一期工程长江～骆马湖（2003）年度江都站改造工程、淮安四站工程、淮安四站输水河道工程、淮阴三站工程初步设计的批复》（水总〔2005〕350号），发改委最终审定同意初步设计，核定概算投资25 339.51万元，工程实际投资完成24 297.75万元。

3. 工程建设有关单位

项目法人：南水北调东线江苏水源有限责任公司
现场建设管理单位：江苏省南水北调江都站改造工程建设处
建设单位：江苏省南水北调江都站改造工程建设处
设计单位：江苏省水利勘测设计研究院有限公司
监理单位：江苏省水利工程科技咨询有限公司
施工单位：江苏省水利建设工程有限公司
检测单位：江苏省水利建设工程质量检测站
管理单位：江苏省江都水利工程管理处
水泵供应商：江苏中天水力设备有限公司
电机供应商：上海电气集团上海电机厂有限公司
变压器供应商：南通晓星变压器有限公司
开关柜供应商：江苏光大电控设备有限公司（三站开关柜）
电缆供应商：安徽天康（集团）股份有限公司（三站）

远东电缆有限公司（四站）

三站（东闸）清污设备制造商：江苏省水利机械制造有限公司

江都站自动化控制、视频监视与局域网系统设备采购及安装单位：江苏省引江水利水电设计研究院

4. 工程布置与主要建设内容

江都水利枢纽工程位于江苏省扬州市江都区境内，地处京杭大运河、新通扬运河和淮河入江水道尾闾芒稻河的交汇处。

江都三站改造工程主要建设内容包括：主机泵、辅机系统更新改造；电气、自动化、消防设施更新改造；金结部分；土建部分。

主机泵、辅机系统：设计流量 135 m³/s，选用叶轮直径 2.00 m 的轴流泵，水泵型号为 2000ZLQ13.5-8，共 10 台，单机流量 13.5 m³/s，叶片采用液压全调节方式；单机配套功率 1 600 kW，选用 TL1600—28/2600 立式可逆同步电机 10 台，电机功率 1 600 kW，电压等级 6 kV；更换供排水、润滑油、低压压缩空气、抽真空、通风系统，检修 300/50 kN 桥式吊车。

电气、自动化、消防设施：江都三站配微机励磁装置，站变采用 2 台 630 kVA 干式变压器；自动化控制、微机保护、视频监控、微机励磁、直流系统和消防设施各 1 套。

金结部分：进水侧检修闸门门槽更新改造、制作进水检修闸门 6 扇、更换下游拦污栅、更换 CD1 型 5 t 电动葫芦；在江都东闸增设旋转式清污机、皮带输送机 1 台套。

土建部分：进水流道由钟形改为弯肘形流道，混凝土为 C25；出水流道底板下采用灌浆处理；站下游距翼墙底板 1m 施打搅拌桩，直径为 60 cm，水泥掺入比不得低于 15%；站上游公路桥拆建，荷载等级与原设计相同，为汽 –10，尺寸与原设计相同；站下游工作桥拆建，净宽为 3.5 m，荷载标准按公路 – Ⅱ 级折减；站出水墩墙和胸墙等水上破损部位用微膨胀水泥砂浆进行修补，裂缝大于 0.2 mm 的用微膨胀水泥砂浆修补，贴三胶二布玻璃钢，小于 0.2 mm 的进行防碳化封闭，常水位以上所有混凝土结构表面采用 HS 环氧厚浆二度封闭防护；主厂房屋面 SBS 防水处理，排架柱湿喷细石混凝土抗震加固；副厂房拆除重建 217 m²；新建框架结构控制室 1 292 m²。

5. 分标情况及承建单位

2005 年 8 月 5 日，国务院南水北调办以《关于南水北调东线一期淮阴三站淮安四站江都站改造工程招标分标方案的批复》（国调办建设管函〔2005〕69 号）批准了江都站改造工程的招标分标方案，批复江都站改造工程分为 19 个标段。

6. 建设情况简介

2004 年 5 月 7 日，江苏省人民政府以《省政府关于设立南水北调东线江苏水源有限公司的批复》（苏政复〔2004〕38 号）批准成立南水北调东线江苏水源有限责任公司，建设期负责江苏境内南水北调工程建设管理和建成工程供水经营业务，工程建成后，负责江苏境内南水北调工程的供水经营业务。2012 年 12 月，依据南水北调东线江苏水源有限责任公司与江苏省扬州市航道管理处签订的《南水北调东线一期江都站改造工程江都船闸改建工程委托建设管理合同协议书》，扬州市航道管理处成立了

"江都船闸封堵项目管理办公室",全面负责该项目工程建设管理相关事宜。

(1) 主要建筑物施工简况

土建工程于2006年11月6日开工,12月25日开始出水流道底板灌浆工艺性试验;2007年1月19日完成1#至10#出水流道灌浆,2月3日完成工作桥施工;2008年5月30日完成副厂房拆除重建工程,8月28日完成上游公路桥拆除改建工程;12月13日完成下游翼墙加固工程;12月20日完成混凝土结构修补、裂缝处理以及防碳化处理;12月27日完成出水流道伸缩缝处理;2009年1月1日完成进水流道改造。

新建控制室于2007年4月17日开工,5月18日完成钻孔灌注桩施工及基础土方开挖,7月13日完成地下通风井和地下通风机房施工,7月26日完成控制室基础承台及基础梁施工,8月19日完成控制室一层框架柱梁板施工,9月7日完成二层柱梁板施工,11月20日完成行车T型梁和三层框架梁板柱施工,12月16日完成填充墙及二次结构施工;2008年1月20日控制室通过主体结构分部工程验收;2010年7月20日完成装饰工程。

机电安装于江都三站机电设备改造时分三批进行。2006年11月8日开始第一批主机组拆除;2007年5月19日7#、8#、10#三台机组安装结束,5月22日通过试运行验收;2007年11月,第二批更新改造工作开始;2008年3月完成1#、2#、4#、5#四台机组安装,5月完成高低压电气设备及辅机设备安装,5月24日通过试运行验收。2008年7月完成变频发电机安装调试,2009年3月11日进行了发电试运行。2008年10月第三批更新改造工作开始,2009年2月完成3#、6#、9#最后三台机组安装,3月15日通过试运行验收。2009年11月10日,江都三站更新改造泵站机组通过试运行验收,2010年10月11日,通过单位工程完工验收,2012年2月25日通过合同项目验收。

清污机工程于2006年12月31日,由江苏水源公司以苏水源工〔2006〕150号文明确清污机桥及清污设备由江都东闸除险加固工程建设处建设管理,建设处与江都东闸除险加固工程建设处签订委托合同。东闸下游清污机桥及清污机安装于2006年3月3日开工,完工日期为2007年6月1日;12台回转式清污设备制造(采购)于2005年10月15日开工,完工日期为2007年4月27日;电气设备采购与安装工程2006年12月18日开工,完工日期为2007年5月20日。整个工程于2009年11月10日通过试运行验收,2010年10月11日通过江都东闸除险加固清污机工程单位工程验收,2012年2月25日通过合同项目完成验收。

(2) 重大设计变更

除国务院南水北调办批复同意江都船闸由改建调整为封堵方案外,江都站改造工程无重大设计变更。

江都三站更新改造工程于2006年11月开工建设,2010年10月全面竣工,2009年11月10日通过泵站机组试运行验收,2010年10月11日通过单位工程验收,2012年2月25日通过合同验收,2011年10月29日,工程通过国务院南水北调办组织的设计单元完工验收。

7. 工程新技术应用

(1) 新型泵装置

改造前,江都三站具有发电功能,采用变极可逆立式同步电机,变极后可直接倒转发电。改造后主电机采用TL1600-28/2600型1600/450 kW可逆同步电机,保留发电功能,配套变频发电机组:4 000 kW发电机和4 300 kW同步电动机。发电时,10台套水泵机组在25 Hz、3 000 V状态下反向发电,驱动 4 300 kW 同步电动机，再由同轴的发电机转为 50 Hz、6 000 V 电能送入电网，既保留了发电功能，又提高了抽水时主电机效率。

江都三站在进水河道口距站身下游侧 140.0 m 处增建顶高程 2.0 m 的"Y"形导流墩；90.0 m 处增建顶高程 −2.5 m 的底坎。

江都三站原水泵直径 2 m，转速 250 rpm，nD 值为 500，nD 值均较高、汽蚀严重、震动较大、运行工效较差。此次结合改造，水泵采用了适应江都三站需求的 TJ05-ZL-01（n_s=600）水力模型，水泵直径不变，转速降低为 214.3 rpm，nD 值改变为 428，改善了水泵的汽蚀性能和运行稳定性；采用了新型全液压水泵叶片调节机构，提高了设备运行的可靠性。江都三站将进水流道由"半肘形"改为"肘形"，以消除流道内的涡流及其他不良流态，力求使机组运行时不发生汽蚀震动，流道水力损失尽可能小。

（2）自密实混凝土施工技术

为施工后流道验收良好，采用了自密实混凝土施工新工艺，对立模、混凝土浇筑、施工质量控制采取了行之有效的技术措施。

8. 工程质量

经施工单位自评、监理处复评、项目法人（建设处）确认，江都三站改造工程质量评定等级评定为优良。1 个单位工程、15 个分部工程（水利标准 9 个，非水利标准 6 个），333 个单元，按照水利工程施工质量检验评定相关标准评定的 9 个分部工程质量等级均为优良，优良率均大于 85.0%，239 个单元工程质量等级合格，其中 210 个单元工程质量等级优良，优良率 87.9%，主要分部工程站身改造工程优良率 93.8%，主要分部工程主机泵设备安装工程优良率 100%；按照其他相关行业标准评定 6 个分部，94 个分项，全部合格，合格率 100%。单位工程外观质量得分率 89.5%。

9. 运行管理情况

江都三站于 1966 年 12 月兴建，1969 年 10 月竣工。2006 年 11 月，结合南水北调东线一期工程建设，江都三站进行更新改造，2014 年 1 月竣工验收。截至 2021 年底，江都三站抽江北送 406.89 亿 m³，抽排涝水 104.31 亿 m³，发电 10 204 万 kW·h。

10. 主要技改和维修情况

在多年的运行过程中，管理人员通过不断探索，总结运行经验，同时结合相关的技术改造项目，及时更新旧设备，改进设备性能，改善运行环境，保证了工程安全运用。江都三站建成后在运行中发现水泵汽蚀严重，有间歇性的剧烈震动和撞击，甚至无法正常工作，尤其在低扬程大流量的时候更为明显。经模型试验，发现进水流道中叶轮进口处有间歇的涡带产生，进口部分主流偏在一边，引起水泵汽蚀震动。1970 年，在进水流道后部用块石混凝土填补，改为半肘形流道，消除了抽水时水泵间歇性强烈震动的现象，但水泵汽蚀声响和震动仍较大。后来分别于 1980 年 1 月、1990 年 2 月，对 5 号、2 号进水流道进行了改造，用块石混凝土填补流道后部两侧涡流区，并在流道后部中间设置钢筋混凝土中隔板。改造后，水泵的震动有所减小，但水泵汽蚀仍较严重，效率偏低。

江都三站水导轴承原为油润滑轴承，采用梳齿迷宫加密封橡皮组成的密封装置，密封效果差，故障率高。1969 至 1986 年，总共出现水导进水故障 39 次，毕托管断裂故障 9 次。故障出现后，管理人员不得不对机组进行中修或大修，工作量相当大。结合机组大修，管理人员分别于 1981 年、1982 年、1989 年和 1990 年，将 8 号、3 号、9 号、10 号水导金属轴承改为结构简单、维护方便的 P23 酚醛塑料轴承，但因机组状况、水质条件以及轴承本身等原因，P23 轴承的运行效果不太理想，又分别于 1991 年和 1992 年将 9 号和 10 号机组水导 P23 轴承重新改金属轴承。另外 2 台 P23 轴承在精心维护下能运行 10 年以上。2006 年结合泵站改造，主泵水导轴承也进行了更换。

更新改造后，针对泵站运行噪音过大的情况，2009 年委托南通贝特环保科技有限公司对通风机和风道进行了改造，敷设消声瓦；2018 年委托上海电机厂对 1 号主电机进行降噪改造。2014 年对水导轴承进行清水润滑改造，在水泵填料函处增设 1 道水润滑轴承，减小泵轴动摆度对水导轴承影响。2021 年对励磁装置控制柜进行了更新改造，改造后的励磁装置功能得到了提升。

11. 工程质量获奖情况

（1）2006 年度、2007 年度、2008 年度江都站改造工程被国务院南水北调办授予南水北调工程"文明工地"。

（2）2006 年度、2007 年度、2008 年度江都站改造工程建设处被国务院南水北调办授予"南水北调工程文明建设管理单位"。

（3）2007 年度江都站改造工程建设处被国务院南水北调办授予"南水北调青年文明号"。

（4）2008 年度江都站改造工程建设处被江苏省总工会授予"江苏省重点工程建设劳动竞赛先进集体"荣誉称号。

（5）2009 年度江都站改造工程建设处被国务院南水北调办授予"安全生产管理优秀单位"。

（6）2009 年度江都站改造工程建设处被省总工会授予"江苏省工人先锋号"荣誉称号。

12. 图集*

JDTP-01：泵站位置图

JDTP-02：枢纽总平面布置图

JDTP-03：工程平面图

JDTP-04：泵站立面图

JDTP-05：泵站剖面图

JDTP-06：电气主接线图

JDTP-07-01：油系统图

JDTP-07-02：气系统图

JDTP-07-03：水系统图

JDTP-08：低压系统图

JDTP-09：工程观测点布置及观测线路图

JDTP-10：水泵性能曲线图

JDTP-11：自动化拓扑图

---

* 本书中如无特殊说明，图集中的水位高程数据单位为 m，所有长度单位为 mm。

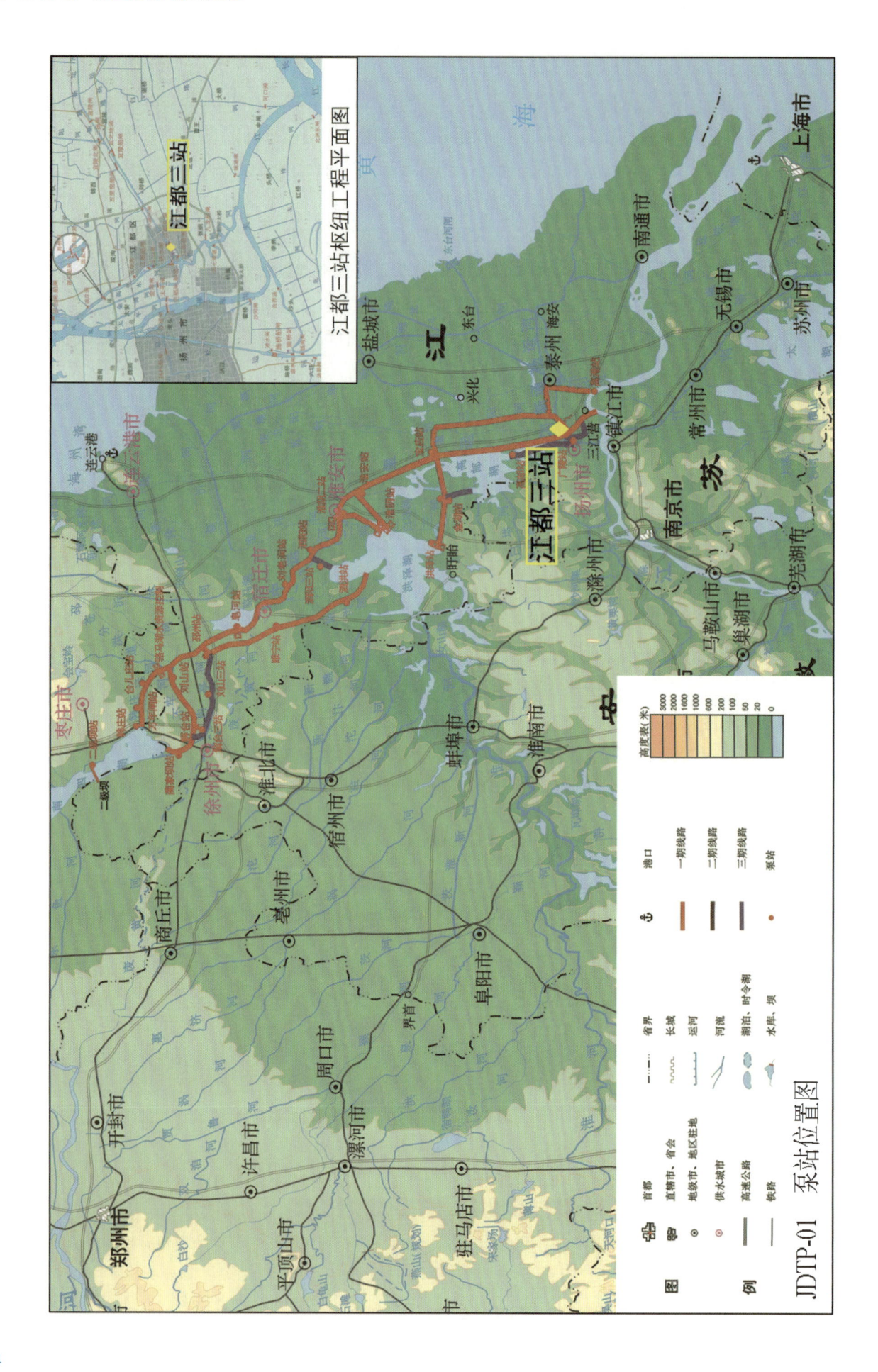

南水北调东线一期江苏境内泵站工程

JDTP-01 泵站位置图

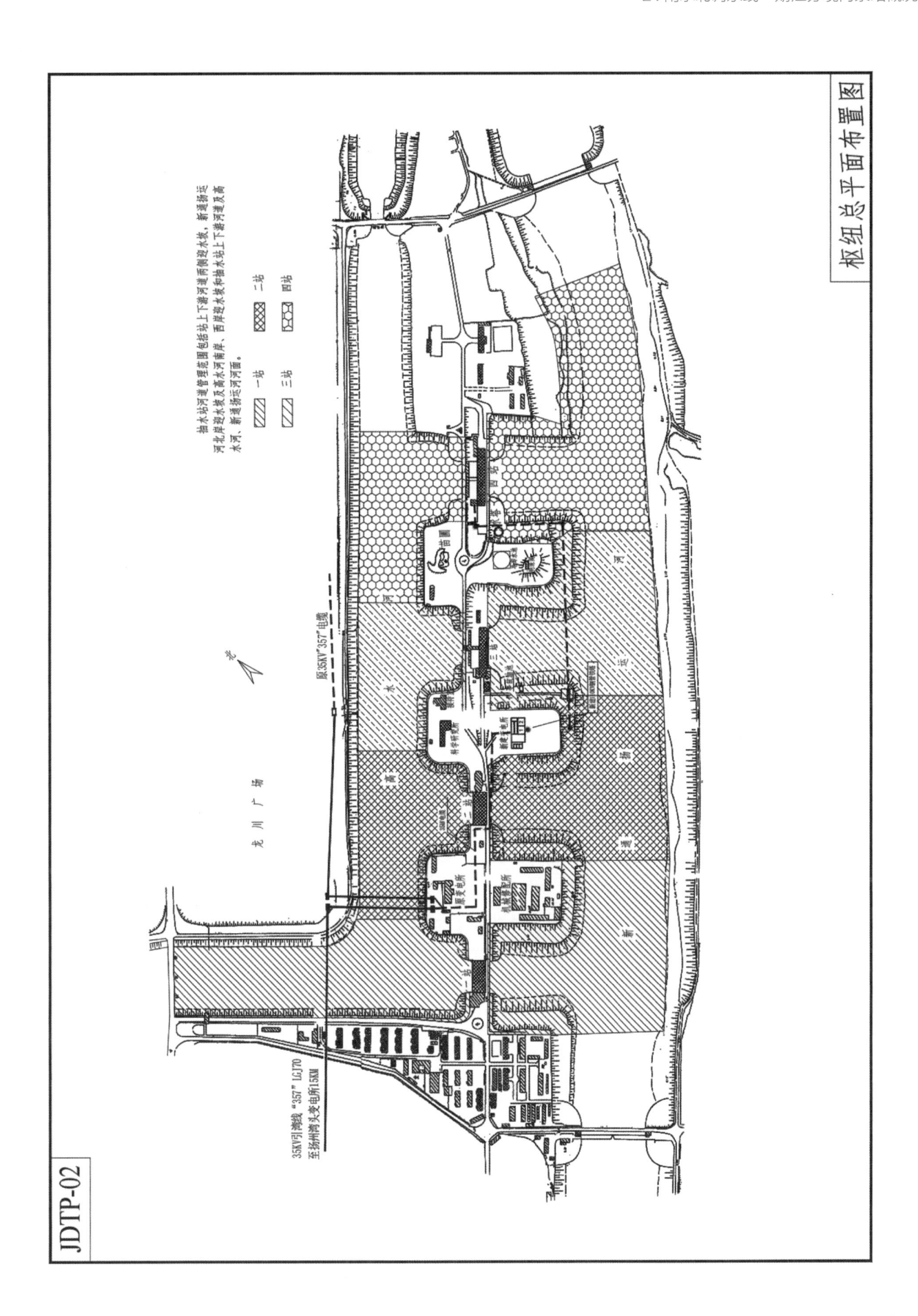

2. 南水北调东线一期江苏境内泵站概况

枢纽总平面布置图

JDTP-02

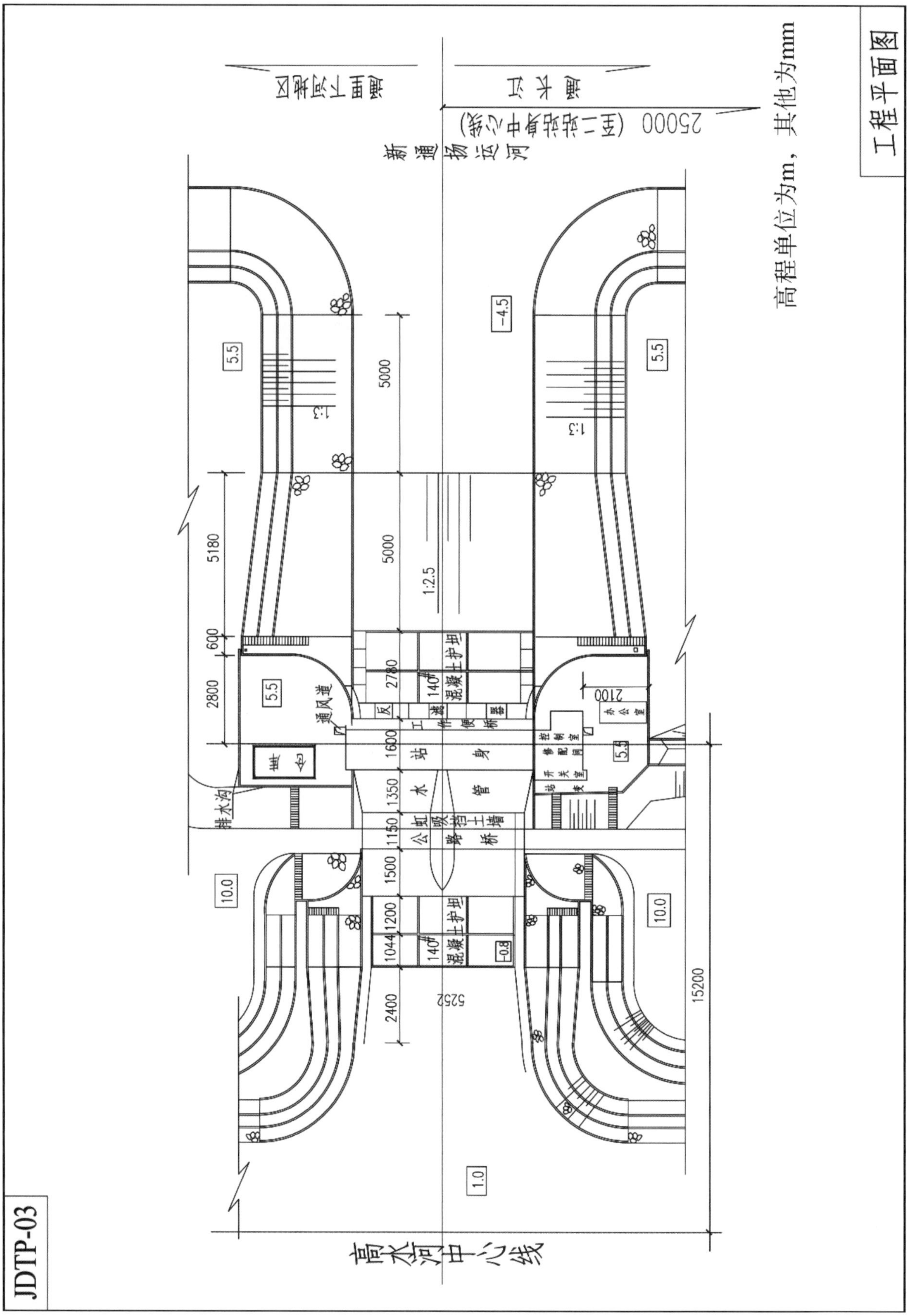
工程平面图
高程单位为m，其他为mm
JDTP-03
高水河中心线
新通扬运河
25000
5.5
-4.5
5000
5180
5000
1:2.5
1:3
600
2800
2780
140#混凝土护坦
通风道
反
工作便桥
站身
1600
1350
水管
1150
虹吸
公路桥
挡土墙
1500
1200
1044
2400
5252
15200
10.0
1.0
-0.8
排水沟
2100
办公室
控制室
修配间
开关室
站变

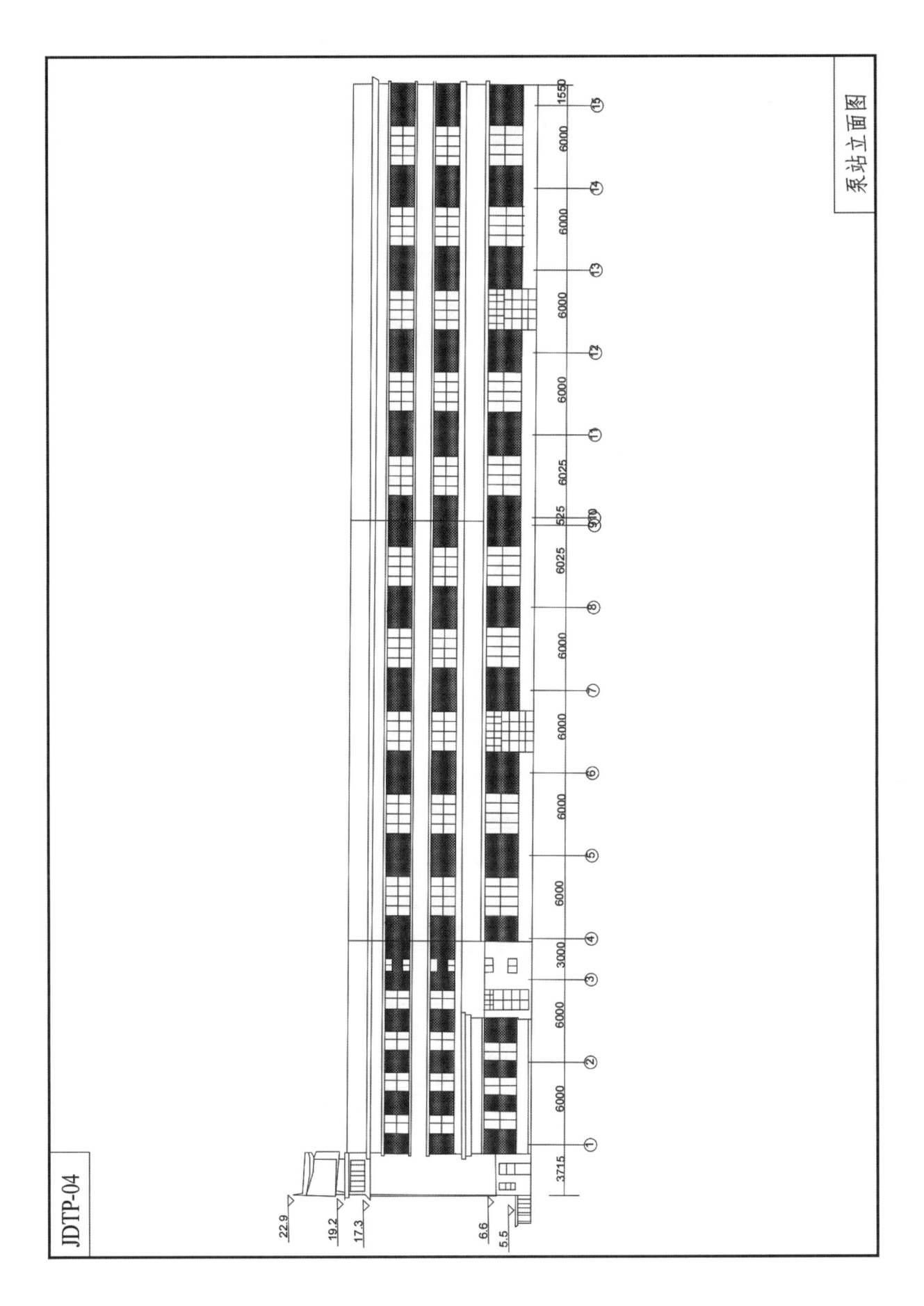

2. 南水北调东线一期江苏境内泵站概况

泵站立面图

JDTP-04

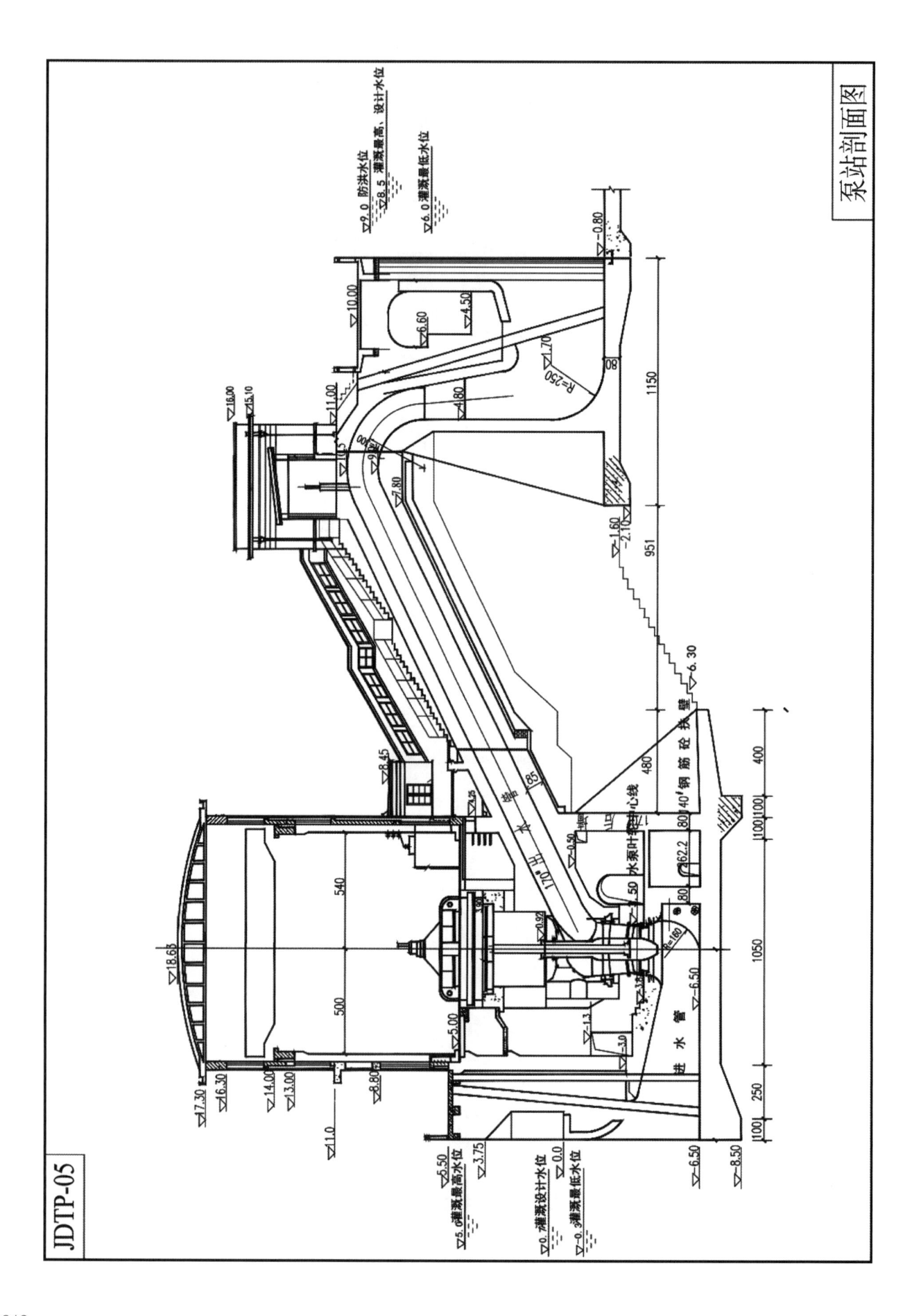

泵站剖面图

JDTP-05

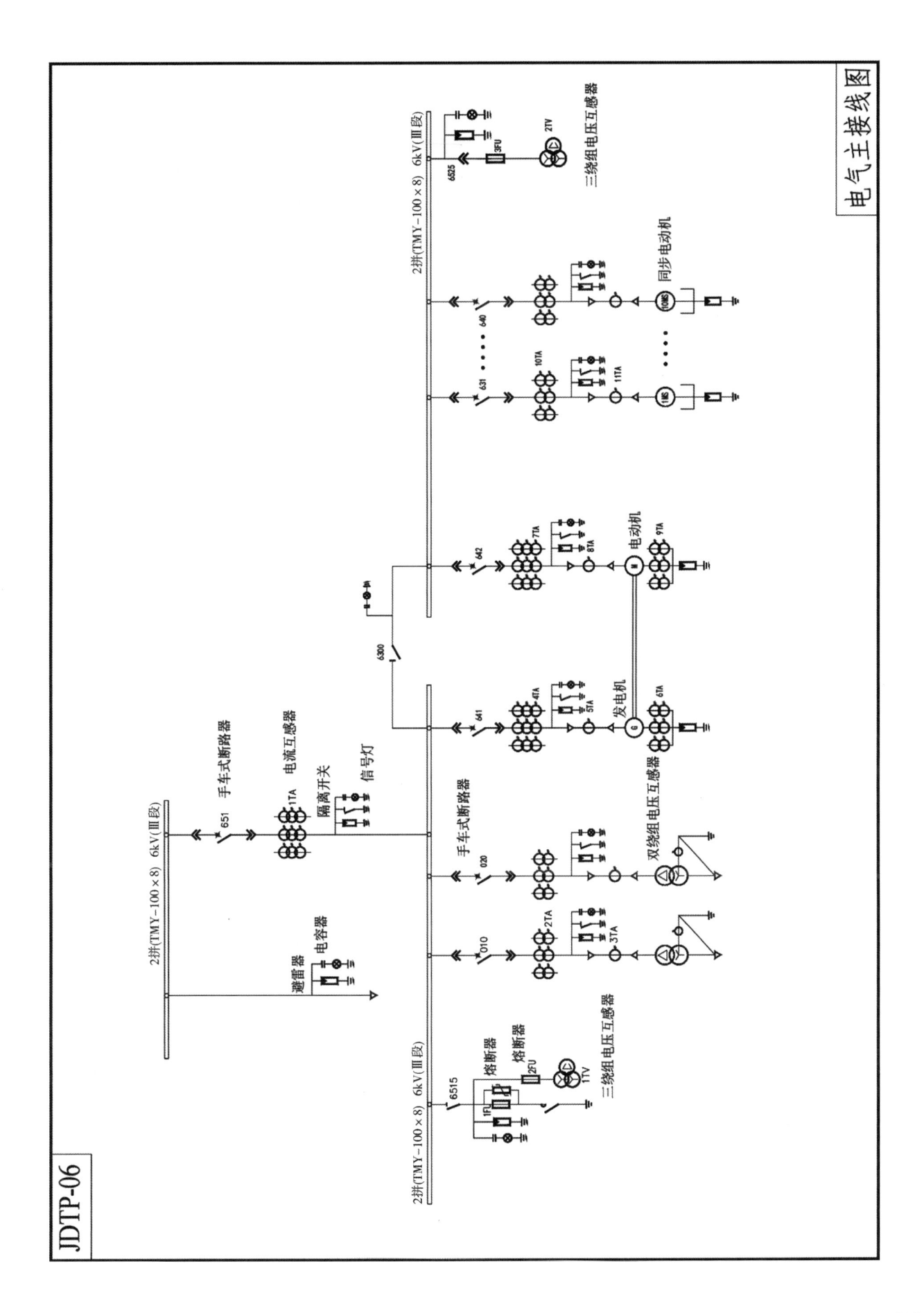

JDTP-06 电气主接线图

油系统图

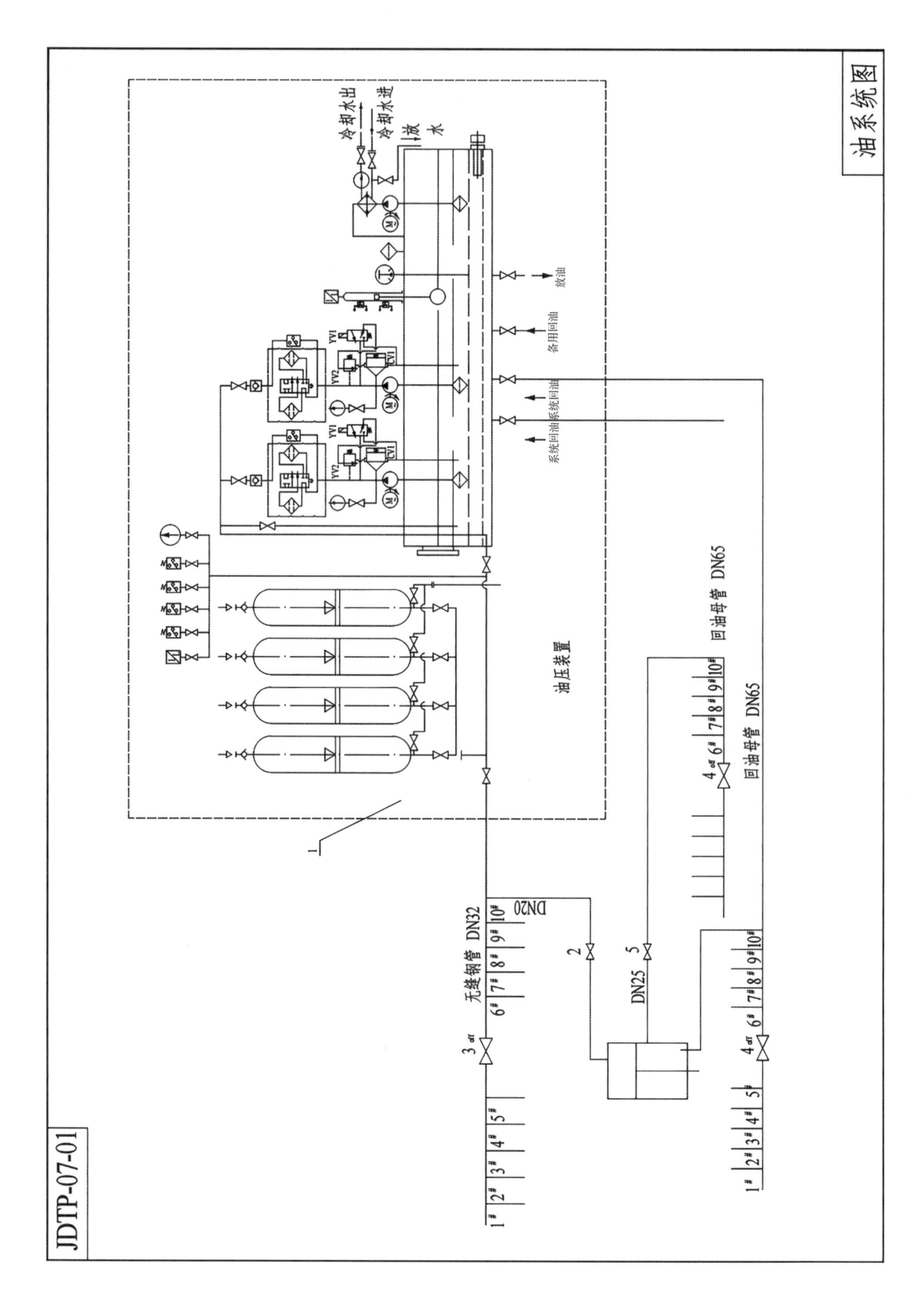

JDTP-07-01

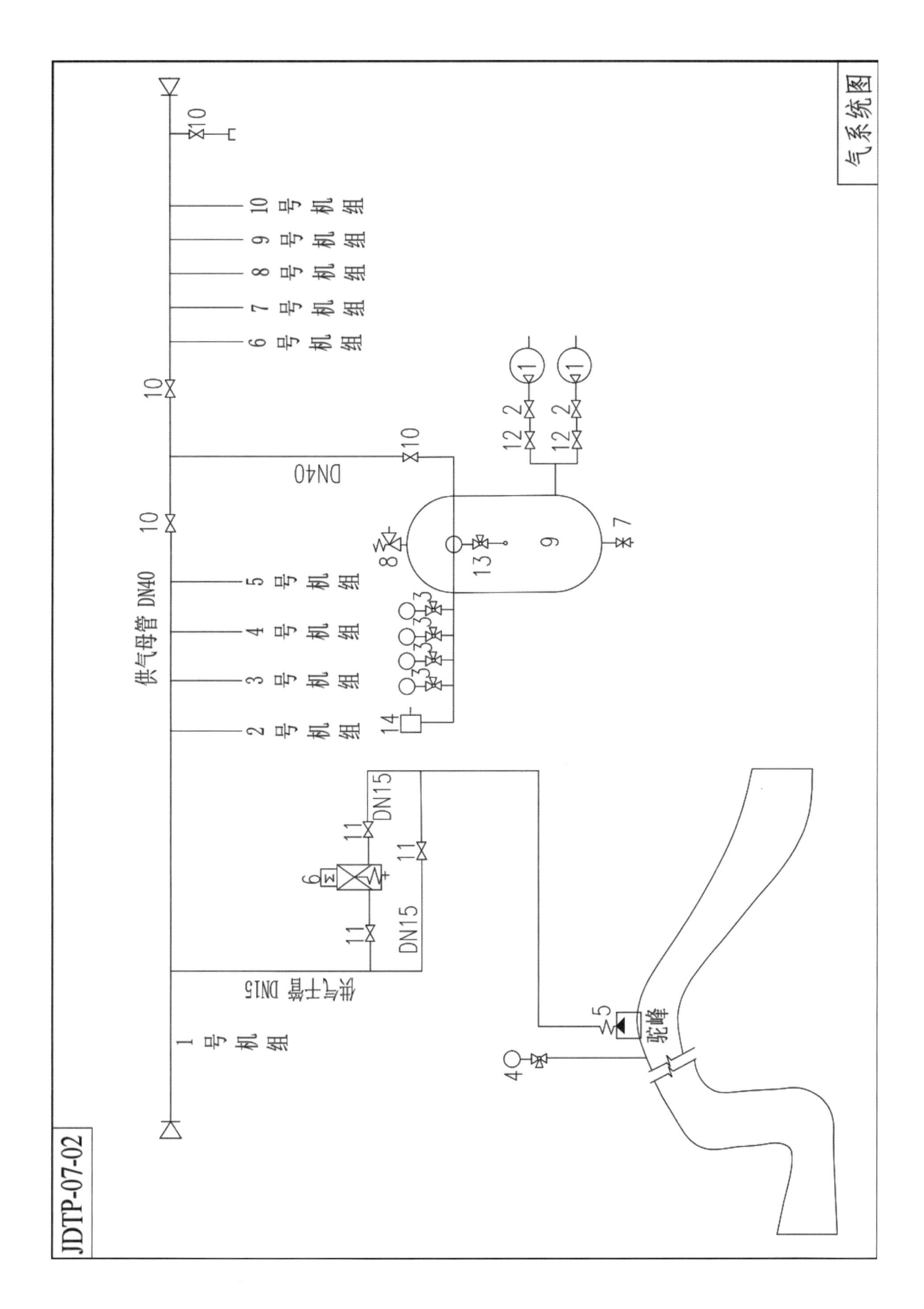

2. 南水北调东线一期江苏境内泵站概况

气系统图

水系统图

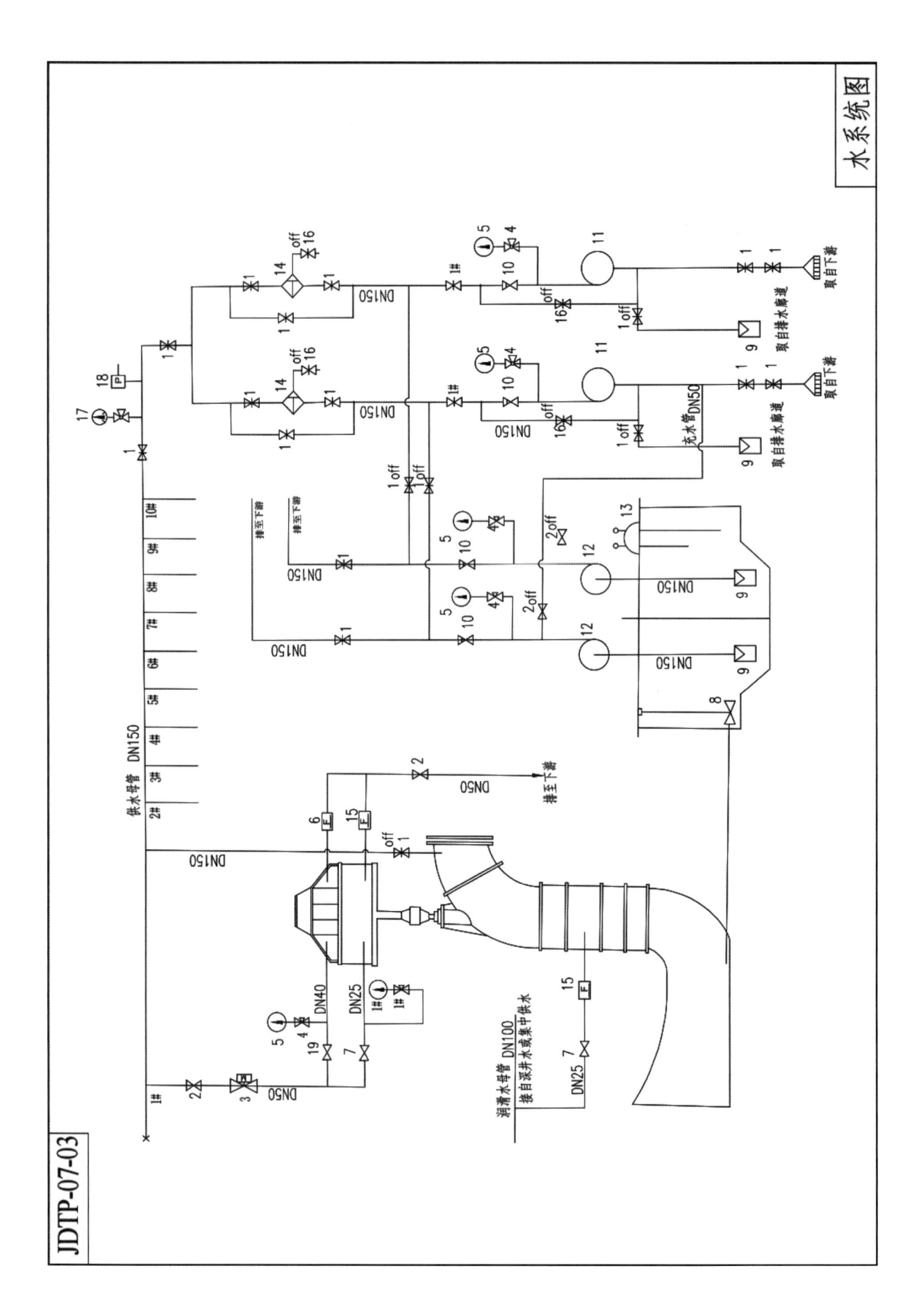

JDTP-07-03

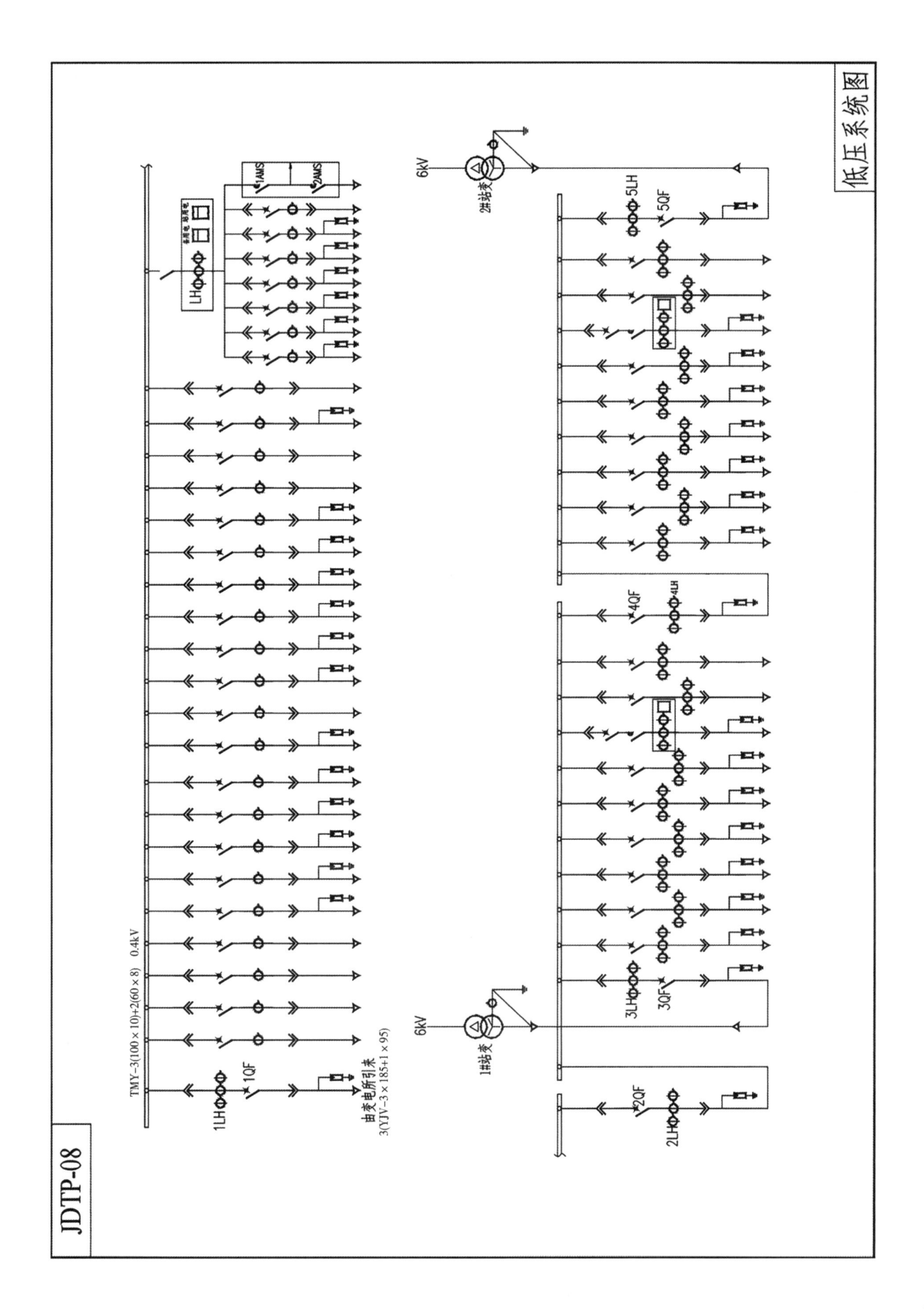

2. 南水北调东线一期江苏境内泵站概况

低压系统图

JDTP-08

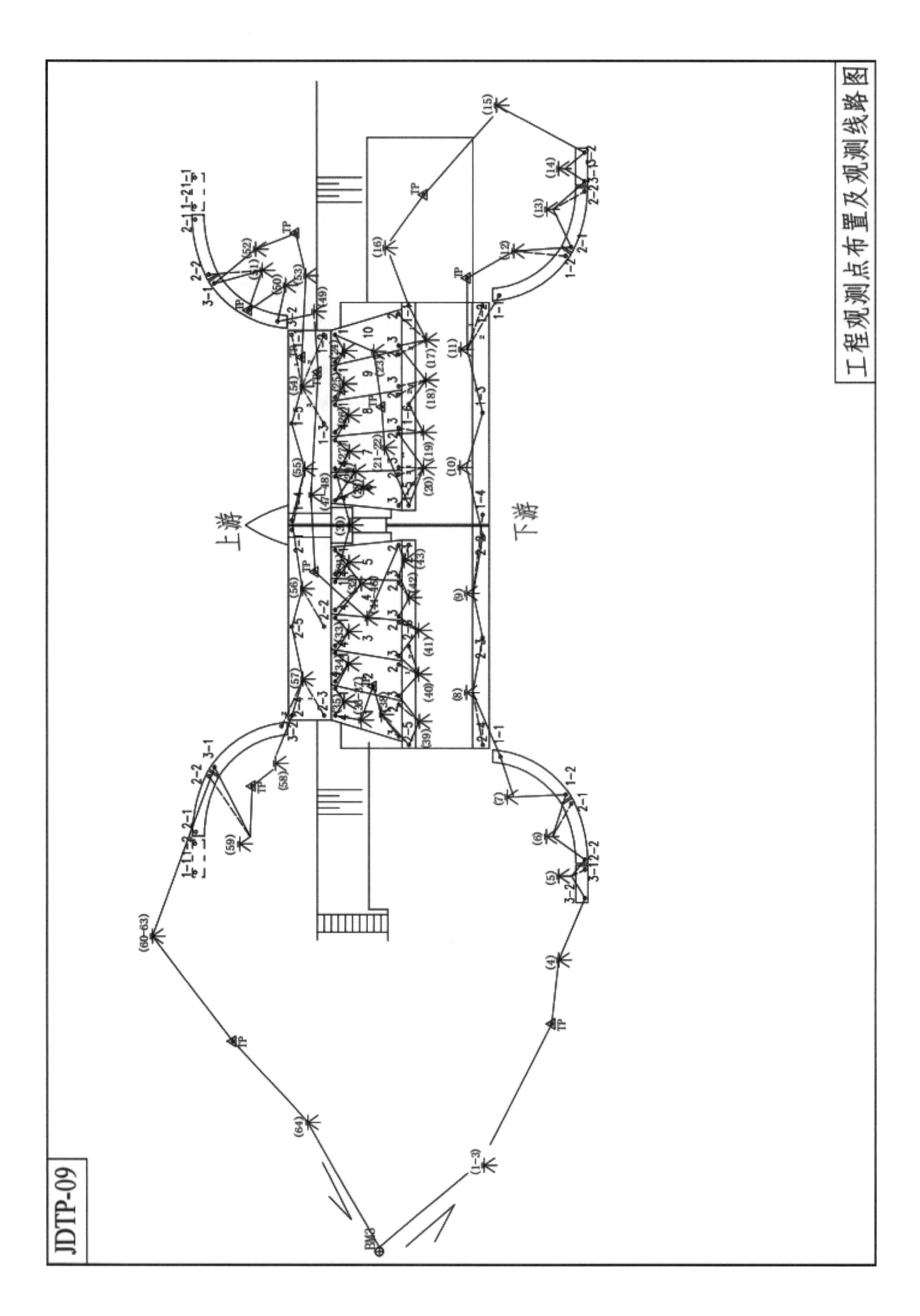

工程观测点布置及观测线路图

2. 南水北调东线一期江苏境内泵站概况

水泵性能曲线图

JDTP-10

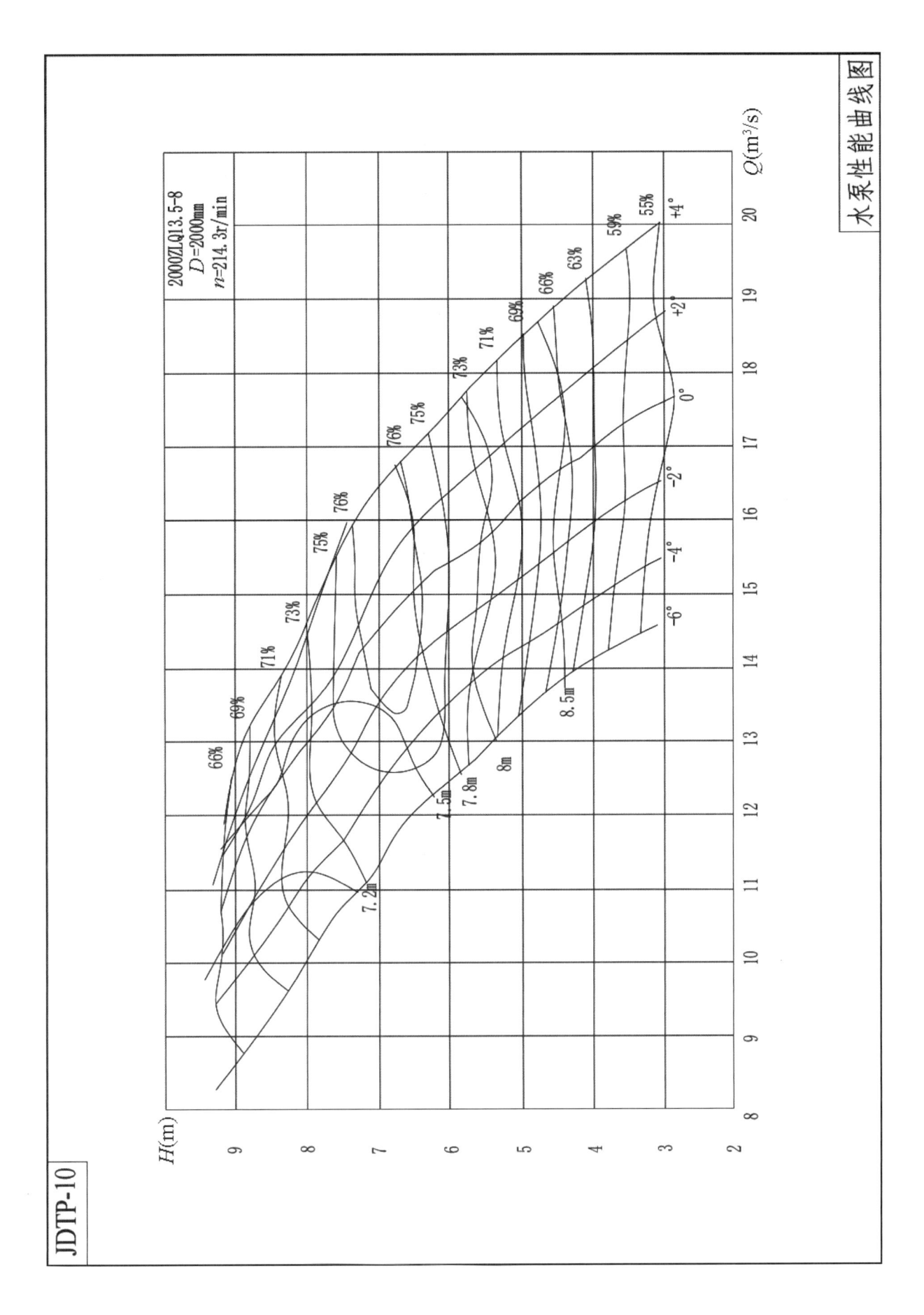

南水北调东线一期江苏境内泵站工程

JDTP-11

自动化拓扑图

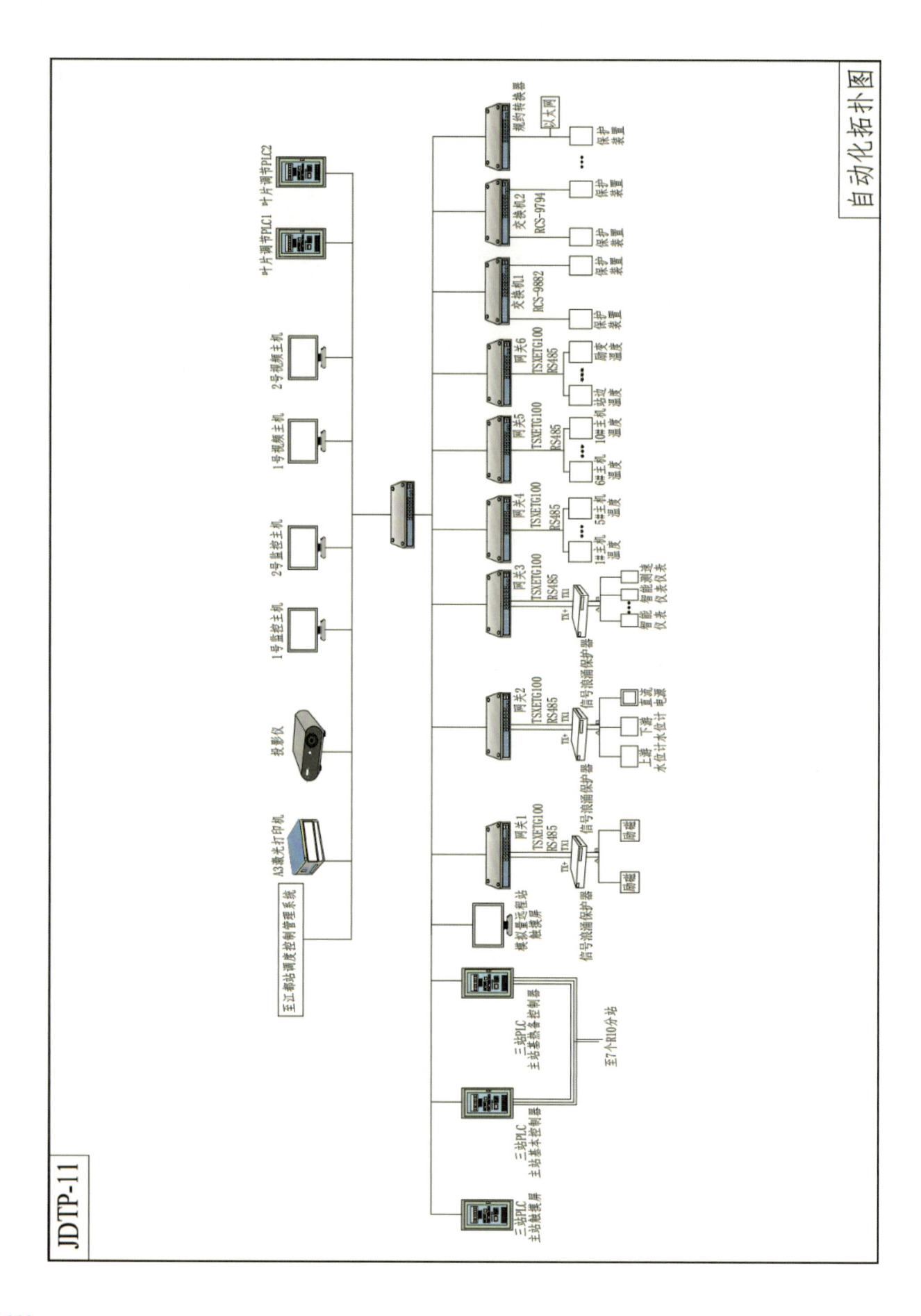

2.1.2 江都四站

图 2-2 江都四站

1. 工程概况

江都四站位于江苏省扬州市江都区境内，地处京杭大运河、新通扬运河和芒稻河交汇处。工程经改造完成后，与宝应站工程共同组成南水北调东线工程第一梯级，达到抽引江水 500 m³/s，具有调水、抽排里下河地区涝水、改善水环境、提高航运保证率等作用。

江都四站地处气候湿润、四季分明地区，年降雨量为 1 046.2 mm，降雨多集中于夏季，总降水量接近全年总量的 60%。江都四站工程处于长江下游冲积平原，地表向下 3 m 左右为全新统（Q4）地层，再以下 50 m 钻探范围内均为更新统晚期（Q3）江淮冲积层；区域地质资料显示江都四站持力层为重粉质壤土，贯入击数 N=9 击，并利用天然地基。工程所处地区地震动反应谱特征周期为 0.35 s，地震动峰值加速度为 0.15 g，相应地震基本烈度为Ⅶ度。

江都四站更新改造工程包括主机泵及电气设备更新、主厂房加固和控制室新建等。泵站规模为大（1）型泵站，工程等级为Ⅰ等，站身、主厂房及上游翼墙为 1 级水工建筑物，下游翼墙为 3 级水工建筑物。泵站设计洪水标准为 100 年一遇，校核标准为 300 年一遇。泵房采用肘形进水流道，虹吸式出水流道的布置形式，采用真空破坏阀断流。江都四站设计流量 180 m³/s，供水期设计扬程 7.8 m，排涝期扬程 5.3 m；安装 7 台套 2900ZLQ30-7.8 型立式轴流泵（含备机 1 台），水泵叶轮直径 2.9 m，转速 150 r/min；配 TL3400-40 型同步电动机，单机设计流量 30 m³/s，单机功率 3 400 kW，总装机容量 23 800 kW。

表2-3 特征水位及扬程信息表

单位：m

			站下引水渠口	站上出水渠口
特征水位	供水期	设计水位	0.7	8.50
		最低运行水位	-0.3	6.0
		最高运行水位	5.0	8.5
		平均运行水位	0.88	7.28
特征水位	排涝期	设计水位	1.0	6.30
		最高水位	—	—
	挡洪水位	设计（1%）	—	—
		最高（0.33%）	—	—
扬程	供水期	设计扬程	7.8	
		最小扬程	3.5	
		最大扬程	8.8	
		平均扬程	6.4	
	排涝期	设计扬程	5.3	
		最小扬程	—	
		最大扬程	—	

表2-4 泵站基础信息表

所在地	扬州市江都区境内	所在河流	里运河	运用性质	灌溉、排涝、补水		
泵站规模	大（1）型	泵站等别	I	主要建筑物级别	1	建筑物防洪标准	设计 100年一遇
							校核 300年一遇
站身总长（m）	59.4	工程造价（万元）	7 882.69	开工日期	2008.9	竣工日期	2010.10
站身总宽（m）	22.1						
装机容量（kW）	23 800	台数	7	装机流量（m³/s）	210	设计扬程（m）	7.8
主机泵	型式	立式全调节轴流泵		主电机	型式	立式同步电动机	
		2900ZLQ30-7.8				TL3400-40	
	台数	7	每台流量（m³/s）	30		台数	7	每台功率（kW）	3 400
	转速（r/min）	150	传动方式	直联		电压（V）	6 000	转速（r/min）	150
主变压器	型号	S10-31500/110		输电线路电压(kV)		110	
	总容量（kVA）	31 500	台数	1	所属变电所	江都站变电所	
主站房起重设备	桥式行车	起重能力（kN）	300/50	断流方式	真空破坏阀		

续表

闸门结构型式	上游	—	启闭机型式	上游	龙门吊		
	下游	平面钢闸门		下游	龙门吊		
进水流道形式		肘形流道	出水流道形式		虹吸式流道		
主要部位高程（m）	站房底板	−9.1	水泵层	−4.5	电机层	8.2	副站房层	11.7
	叶轮中心	−3.5	上游护坦	−2.0	下游护坦	−7.5	驼峰底	9.0
站内交通桥	净宽（m）	4.5	桥面高程（m）	10.0	设计荷载	拖−30	高程基准面	废黄河
站身水位组合	设计水位（m）	下游	−1.0	上游	8.5		
	校核水位（m）	下游	−1.9	上游	9.0		

2. 批复情况

2004年12月31日，国家发改委以《关于南水北调东线一期长江至骆马湖段（2003）年度工程可行性研究报告的批复》（发改农经〔2004〕3061号）批复可研设计，江都站改造工程被列为南水北调东线一期工程中的一个设计单元工程。

根据水规总院《关于南水北调东线第一期工程长江～骆马湖（2003）年度江都站改造工程、淮安四站工程、淮安四站输水河道工程、淮阴三站工程初步设计的批复》（水总〔2005〕350号），发改委最终审定同意初步设计，核定概算投资25 339.51万元，工程实际投资完成24 297.75万元。

3. 工程建设有关单位

项目法人：南水北调东线江苏水源有限责任公司

现场建设管理单位：江苏省南水北调江都站改造工程建设处

设计单位：江苏省水利勘测设计研究院有限公司

监理单位：江苏省水利工程科技咨询有限公司

工程监督：国务院南水北调工程建设委员会办公室、江苏省南水北调工程建设领导小组办公室

质量监督：南水北调工程江苏质量监督站

地质勘测：江苏省工程勘测设计研究院

质量检测单位：江苏省水利建设工程质量检测站

施工单位：江苏省水利建设工程有限公司（河道疏浚、西闸加固、三站及四站改造土建和安装、东闸下游清污机）、扬州水利建筑工程公司

变电所土建及电气安装：扬州水利建筑工程公司

三站、四站装饰：江苏金环球建设有限公司

西闸、变电所装饰：扬州日模邗沟装饰工程有限公司

三站、四站水泵设备制造单位：江苏中天水力设备有限公司

三站、四站电机：上海电气集团上海电机厂有限公司

江都站自动化、局域网系统：江苏省引江水利水电设计研究院
变电所变压器：南通晓星变压器有限公司
变电所 GIS：山东泰开高压开关有限公司
变电所开关柜：宁波华通电器集团股份有限公司
变电所电缆：江苏新科水利电力成套设备有限公司
四站开关柜：长沙华能自控集团有限公司
四站电缆：远东电缆有限公司
四站清污设备制造商：江苏省水利机械制造有限公司
工程管理单位：江苏省江都水利工程管理处

4. 工程布置与主要建设内容

江都水利枢纽工程位于江苏省扬州市江都区境内，地处京杭大运河、新通扬运河和淮河入江水道尾闾芒稻河的交汇处。

江都四站改造工程主要建设内容包括：主机泵、辅机系统更新改造；土建部分；电气、自动化、消防设施更新改造；金结部分。

主机泵、辅机系统：设计流量 180 m³/s，选用叶轮直径 2.9 m 的轴流泵，单机流量 30 m³/s，安装立轴式全调节轴流泵 7 台套，型号为 2900ZLQ30-7.8，额定转速 150 r/min，叶片采用液压全调节方式；配 3 400 kW 型号为 TL3400-40 立式同步电机，电压等级 6 kV；更换供排水、润滑油、压缩空气、通风系统，检修 300/50 kN 桥式吊车。

土建部分：下游工作桥等水上混凝土表层采用环氧厚浆封闭，局部砼缺陷部位采用细石混凝土修补；大于 0.2 mm 的采用"壁可"注入法，灌注材料 BL-GROUT，封口材料 SHO-BOND101，小于 0.2 mm 的采取与砼面层防碳化处理一并考虑的方案；翼墙裂缝处理方法同"壁可"注入法；伸缩缝采用钻孔灌入水溶性聚氨酯方案；拆除控制室 420 m²，新建控制楼 1 485 m²，建筑层数为 3 层，建筑物总高度为 19.2 m，上部结构型式为框架结构，基础采用预应力高强混凝土管桩基础。

电气、自动化、消防设施：江都四站配 110 kV 线路——变压器 S10-31500/110、GIS 系统、微机励磁装置，站变采用 2 台 800kVA 干式变压器；自动化控制、微机保护、视频监控、微机励磁、直流系统和消防设施各 1 套。

金结部分：进水侧检修闸门门槽更新改造、制作进水检修闸门 4 扇，维修下游拦污栅，更换新门机、2×30kN 和 2×50kN 的固定式双速的电动葫芦、自动抓梁、机架等。

5. 分标情况及承建单位

2005 年 8 月 5 日，国务院南水北调办以《关于南水北调东线一期淮阴三站淮安四站江都站改造工程招标分标方案的批复》（国调办建设管函〔2005〕69 号）批准了江都站改造工程的招标分标方案，批复江都站改造工程分为 19 个标段。

6. 建设情况简介

2005年8月3日,江苏水源公司以《关于成立江苏省南水北调江都站改造工程建设处的通知》(苏水源综〔2005〕6号)批复成立江苏省南水北调江都站改造工程建设处。江苏省南水北调江都站改造工程建设处为项目法人直接组建的现场组织机构,具体负责工程建设管理工作。建设处下设工程科(质量、安全)、综合科、财务科。

(1)主要建筑物施工简况

2009年2月15日江都四站开始门槽改造,2010年4月28日完成。2010年6月20日完成混凝土结构修补、裂缝及碳化处理,翼墙防渗及裂缝处理等。

2008年9月3日江都四站开工,10月21日基础承台及基础梁全部完成。10月20日通过由建设处组织,设计院、监理处与施工单位参加的对桩位轴线、垫层标高、基础承台及基础梁浇筑前隐蔽工程验收。11月20日完成一层框架柱梁板;10月23日完成二层框架柱梁板;12月9日完成三层框架柱梁板;12月31日完成填充墙砌筑、二次结构及地下室、事故油池、挡土墙等辅助设施。2009年6月23日进行控制室分部工程验收。2010年10月20日完成装饰工程。

江都四站改造分两批进行,2008年9月开始第一批主机组及主要电气设备拆除,2009年4月28日完成1#至4#四台机组及高低压电气设备安装,4月30日通过试运行验收;2009年9月,第二期更新改造工作开始,2010年2月完成5#至7#三台机组的安装、辅机设备及视频系统的安装,2月25日通过试运行验收。机组联合试运行于2010年6月19日开始,6月23日泵站机组通过试运行验收,2010年11月11日通过单位工程完工验收,2012年2月25日通过合同项目验收。

变电所水土保持工程于2010年6月完成了工程招标,受夏季高温影响,工程于9月份正式开工,至10月15日顺利完成。

东西闸间引河疏浚水土保持于2007年3月12日至10月5日实施东闸上游左岸至四站下游段水土保持项目。

环境保护工程于2010年11月16开始制作污水处理设备,2011年3月8日,四站污水处理设备到工,现场安装,2011年3月9日污水处理设备顺利完成安装,3月10日,环保监测单位完成污水监测。

(2)重大设计变更

除国务院南水北调办批复同意江都船闸由改建调整为封堵方案外,江都站改造工程,无重大设计变更。

江都四站更新改造工程于2008年9月开工建设,2010年10月全面竣工,2010年6月23日通过泵站机组试运行验收,2010年11月11日通过单位工程验收,2012年2月25日通过合同验收,2011年10月29日,工程通过国务院南水北调办组织的设计单元完工验收。

7. 工程新技术应用

(1)新型泵装置

为了提高水泵效率和抗汽蚀性能,针对特大型泵站成功开发研制了特大型高效水力模型;针对水泵叶片的调节问题,研发了特大型水泵叶轮立式液压调节系统,采用与机械调节类似的拉杆调节机构的全新设计理念和叶片枢轴无油润滑轴承及动态优化控制软件等先进技术。

（2）新型整流措施

针对江都泵站的进水流态不良问题，2006 年改造时，在进水河道口距站身下游侧距站进口边缘 148.0 m 处增建顶高程 2.0 m 的 "Y" 形导流墩；92.0 m 处增建顶高程 −3.5 m 的导流底坎，显著改善进水池流态。

8. 工程质量

经施工单位自评、监理处复评、项目法人（建设处）确认，江都四站改造工程质量评定等级评定为优良。1 个单位工程、9 个分部工程（水利标准 6 个，非水利标准 3 个），196 个单元，按照水利工程施工质量检验评定相关标准评定的 6 个分部工程质量等级均为优良，优良率为 100%，132 个单元工程质量等级合格，其中 127 个单元工程质量等级优良，优良率 96.2%，主要分部工程主机泵设备安装工程优良率 100%，主要分部工程电气安装工程优良率 100%；按照其他相关行业标准评定 3 个分部，64 个分项，全部合格，合格率 100%。单位工程外观质量得分率 89.5%。

9. 运行管理情况

江都四站于 1973 年 11 月开工，1977 年 12 月竣工。2008 年，结合南水北调东线一期工程进行更新改造，2010 年 11 月完工。以江都四站为代表的江都抽水站工程 1982 年荣获"中华人民共和国国家质量奖"，2012 年 1 月获得"中国百年百项杰出土木工程"。截至 2021 年 12 月，江都四站累计抽水 792 亿 m³。

10. 主要技改和维修情况

1980 年代初，为实现抽水站无人值班，少人值守，结合远期南水北调引江工程的实施，新建一套统一的调度中心，接收各种遥讯讯号，并对各闸坝进行一定范围内的遥控、遥讯、遥调、遥测，从方案上考虑了分散集中型的远动装置，既可对抽水站集中远程监控，又可以对闸坝等分散目标进行远程监控，投运后为当时国内容量最大的一套远动装置，实现了 1 座变电所、4 座抽水站、15 座闸坝（另备用 5 座闸坝）的集中调度。远期可向调度中心发送遥讯，并为将来用计算机处理各种数据留有接口，整个南水北调工程上马后，能更进一步地显示出远动装置在整个调度运行上的优越性。1998 年，泵站自动化监控关键技术在江都四站实施，引进了美国 Wonderware 公司 Intouch 组态软件 (HMI) 及 GE 公司的 90-30 系列 PLC 现地监控单元，采用 LEP 系列微机成套保护装置，实现了微机测量、控制、保护及监视等。2022 年，将数字孪生技术运用到泵站管理中，在原自动监控的基础上，开发了 AR 展示系统，加快了智慧泵站建设。

因泵站运行工况发生变化，电机推力轴承不能满足机组承载力的要求，1979—2000 年，共发生主电机推力瓦烧损故障 11 次；1999 年起逐步对电机的推力轴瓦进行更换，将巴氏合金推力瓦更换为弹性金属塑料瓦。江都四站主机冷却水系统原采用直接抽取下游河水，经水塔沉淀后供主机冷却的间接供水方式；2017 年，冷却水系统改造为封闭式强制循环的冷却供水方式，配套 3 台 ZWLO-30 型轴瓦冷却器及配套设施。为解决叶片调节系统内泄油量大、调节机构故障多的问题，2019 年起，江都四站逐步采用内置式叶片调节机构，改造后效果较好。

11. 工程质量获奖情况

（1）2006年度、2007年度、2008年度江都站改造工程被国务院南水北调办授予南水北调工程"文明工地"。

（2）2006年度、2007年度、2008年度江都站改造工程建设处被国务院南水北调办授予"南水北调工程文明建设管理单位"。

（3）2007年度江都站改造工程建设处被国务院南水北调办授予"南水北调青年文明号"。

（4）2008年度江都站改造工程建设处被江苏省总工会授予"江苏省重点工程建设劳动竞赛先进集体"荣誉称号。

（5）2009年度江都站改造工程建设处被国务院南水北调办授予"安全生产管理优秀单位"。

（6）2009年度江都站改造工程建设处被江苏省总工会授予"江苏省工人先锋号"荣誉称号。

12. 图集

JDFP-01：泵站位置图

JDFP-02：枢纽总平面布置图

JDFP-03：工程平面图

JDFP-04：泵站立面图

JDFP-05：泵站剖面图

JDFP-06：电气主接线图

JDFP-07-01：油系统图

JDFP-07-02：气系统图

JDFP-07-03：水系统图

JDFP-08：低压系统图

JDFP-09：工程观测点布置及观测线路图

JDFP-10：水泵性能曲线图

JDFP-11：自动化拓扑图

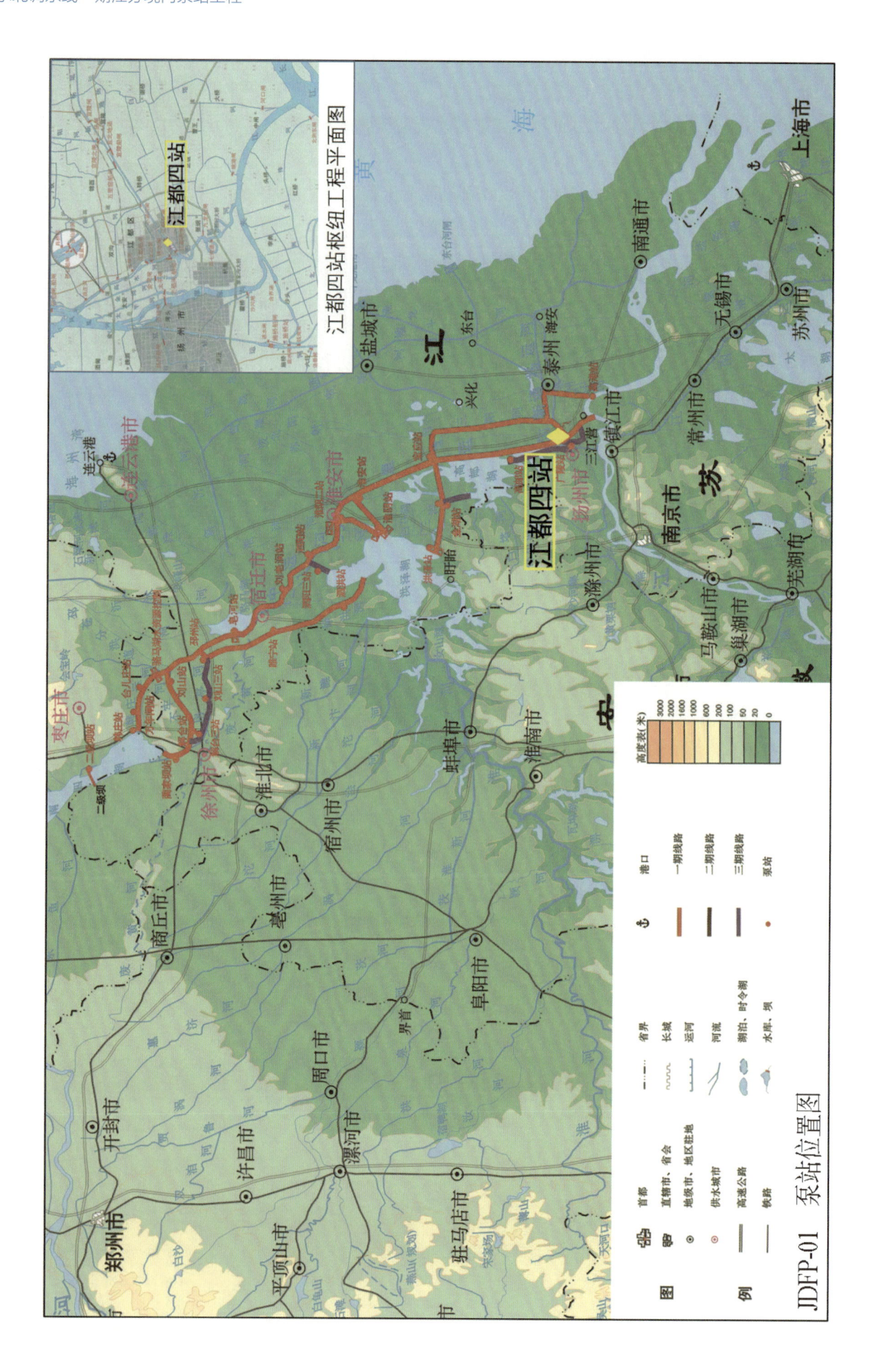

南水北调东线一期江苏境内泵站工程

江都四站枢纽工程平面图

JDFP-01 泵站位置图

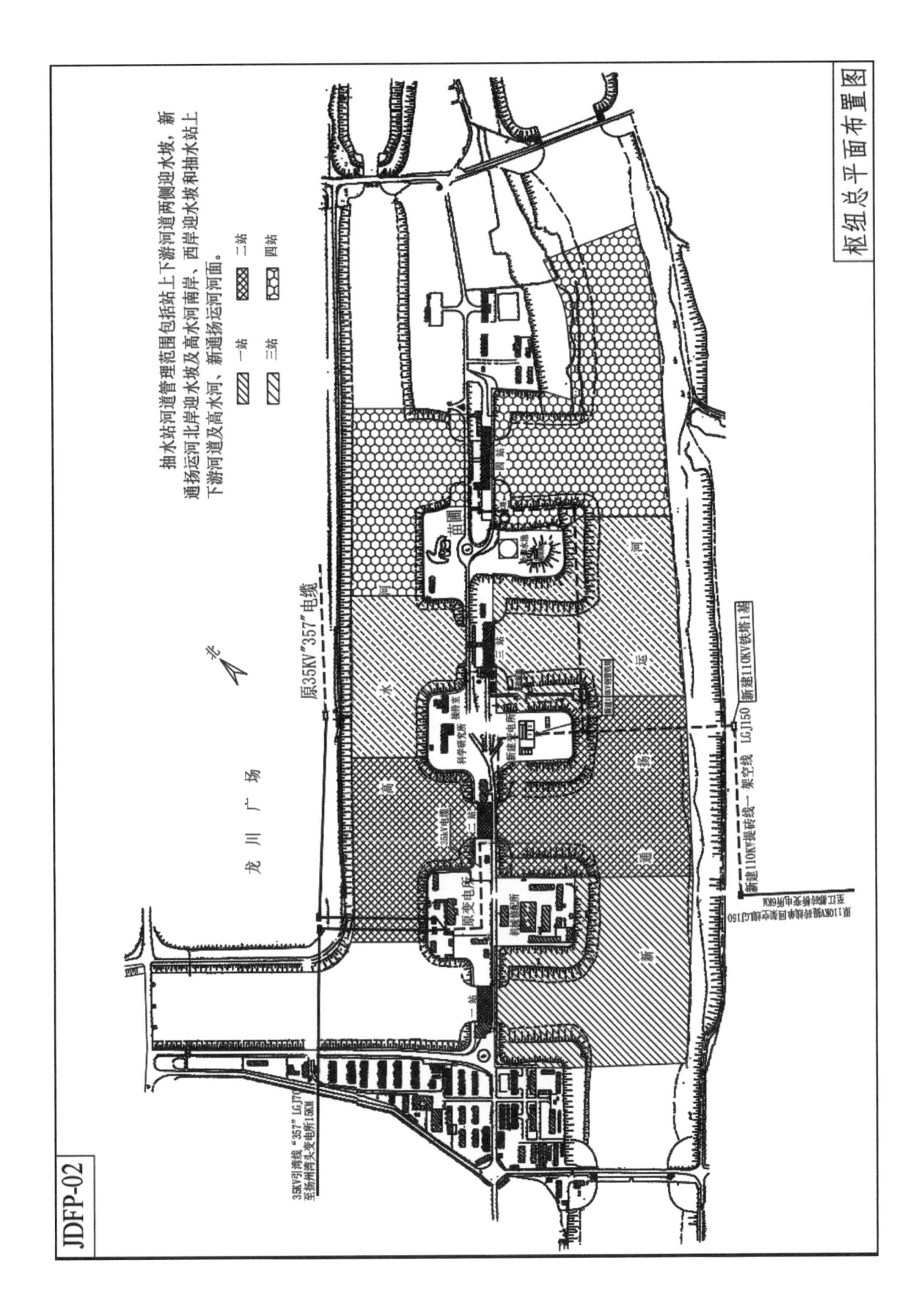

2. 南水北调东线一期江苏境内泵站概况

枢纽总平面布置图

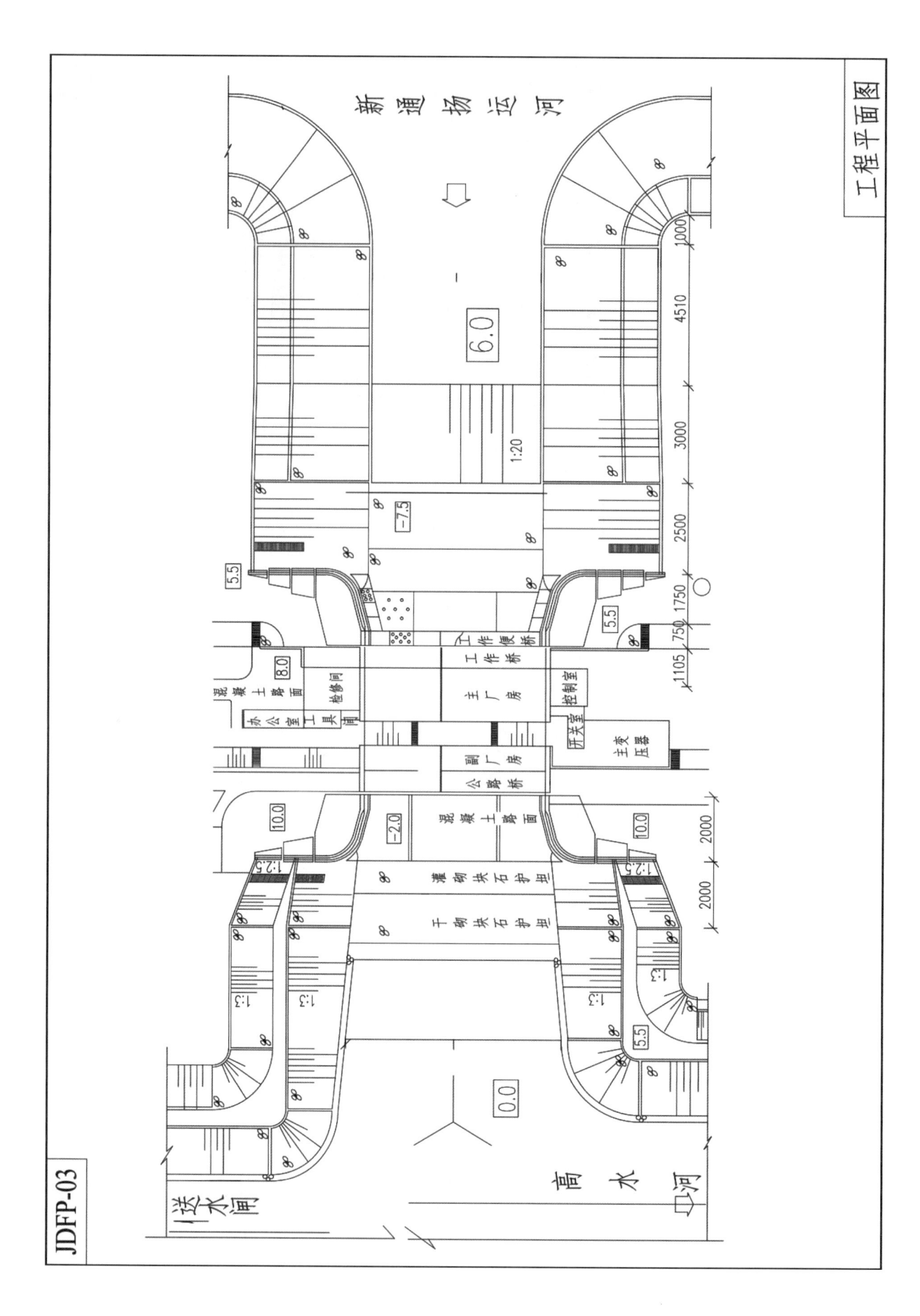

工程平面图

JDFP-03

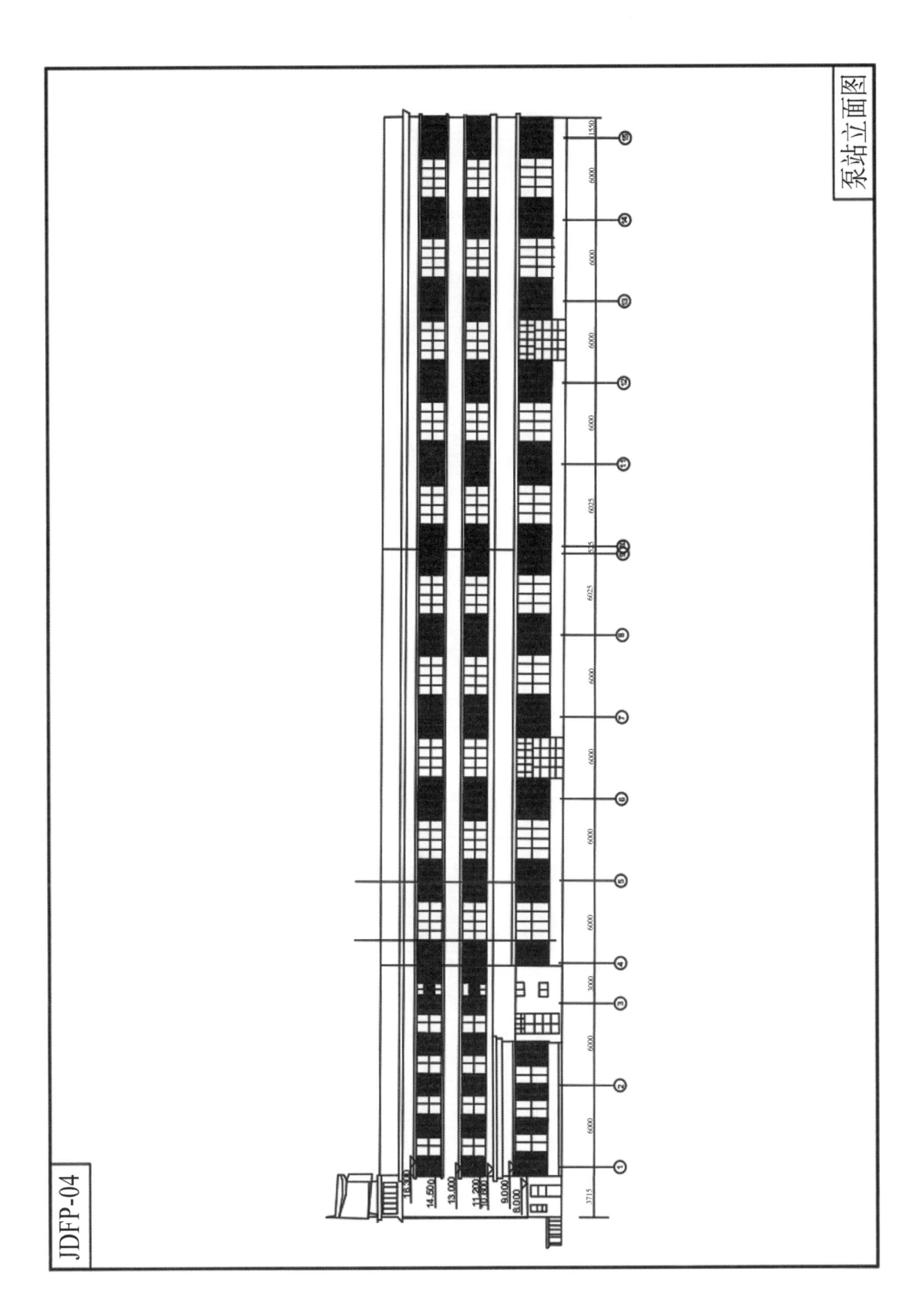

2. 南水北调东线一期江苏境内泵站概况

泵站立面图

JDFP-04

站身剖面图

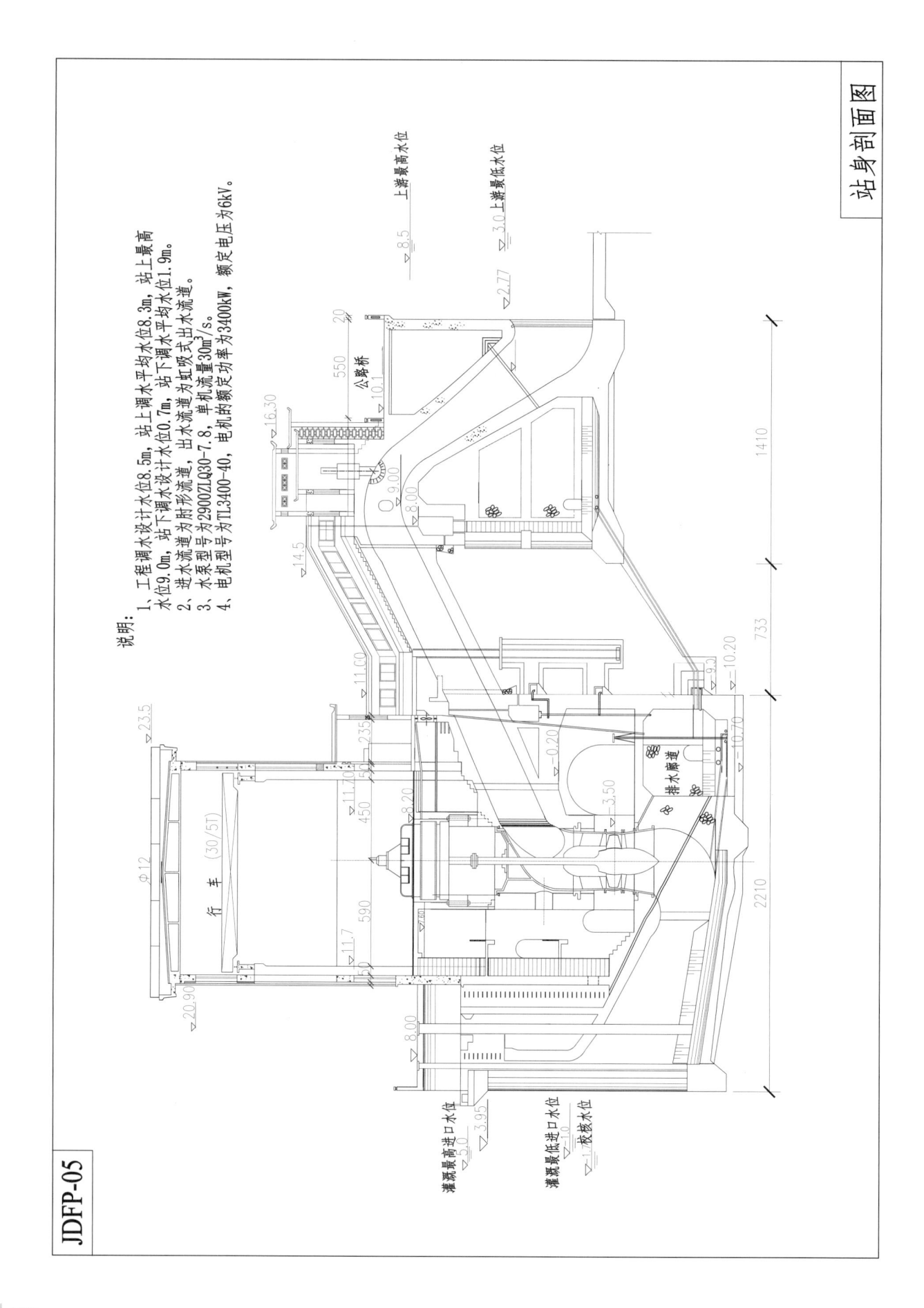

说明：

1. 工程调水设计水位8.5m，站上调水平均水位8.3m，站上最高水位9.0m，站上调水设计水位0.7m，站下调水平均水位1.9m。
2. 进水流道为时形流道，出水流道为虹吸式出水流道。
3. 水泵型号为2900ZLQ30-7.8，单机流量30m³/s。
4. 电机型号为TL3400-40，电机的额定功率为3400kW，额定电压为6kV。

JDFP-05

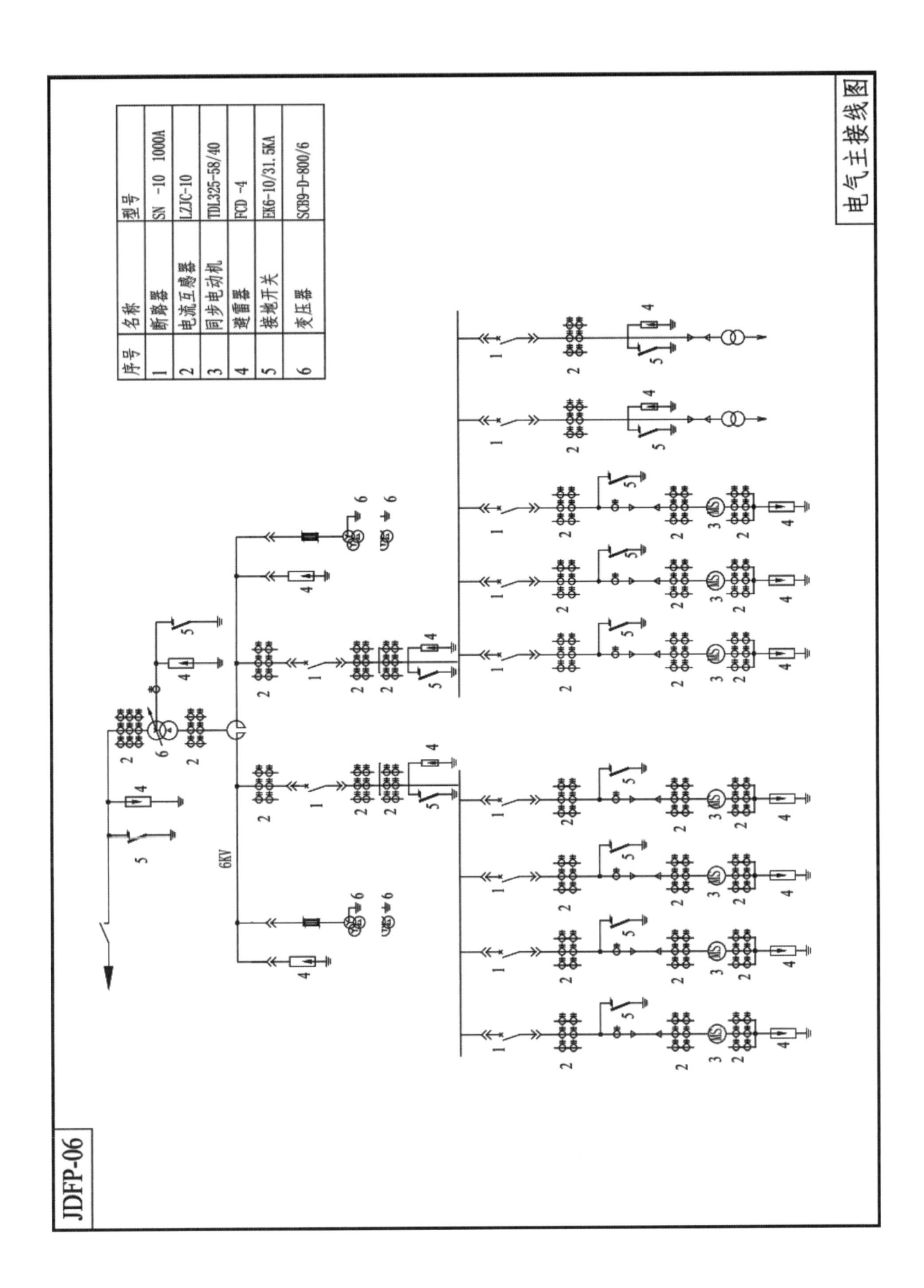

2. 南水北调东线一期江苏境内泵站概况

序号	名称	型号
1	断路器	SN -10 1000A
2	电流互感器	LZJC-10
3	同步电动机	TDL325-58/40
4	避雷器	FCD -4
5	接地开关	EK6-10/31.5KA
6	变压器	SCB9-D-800/6

电气主接线图

JDFP-06

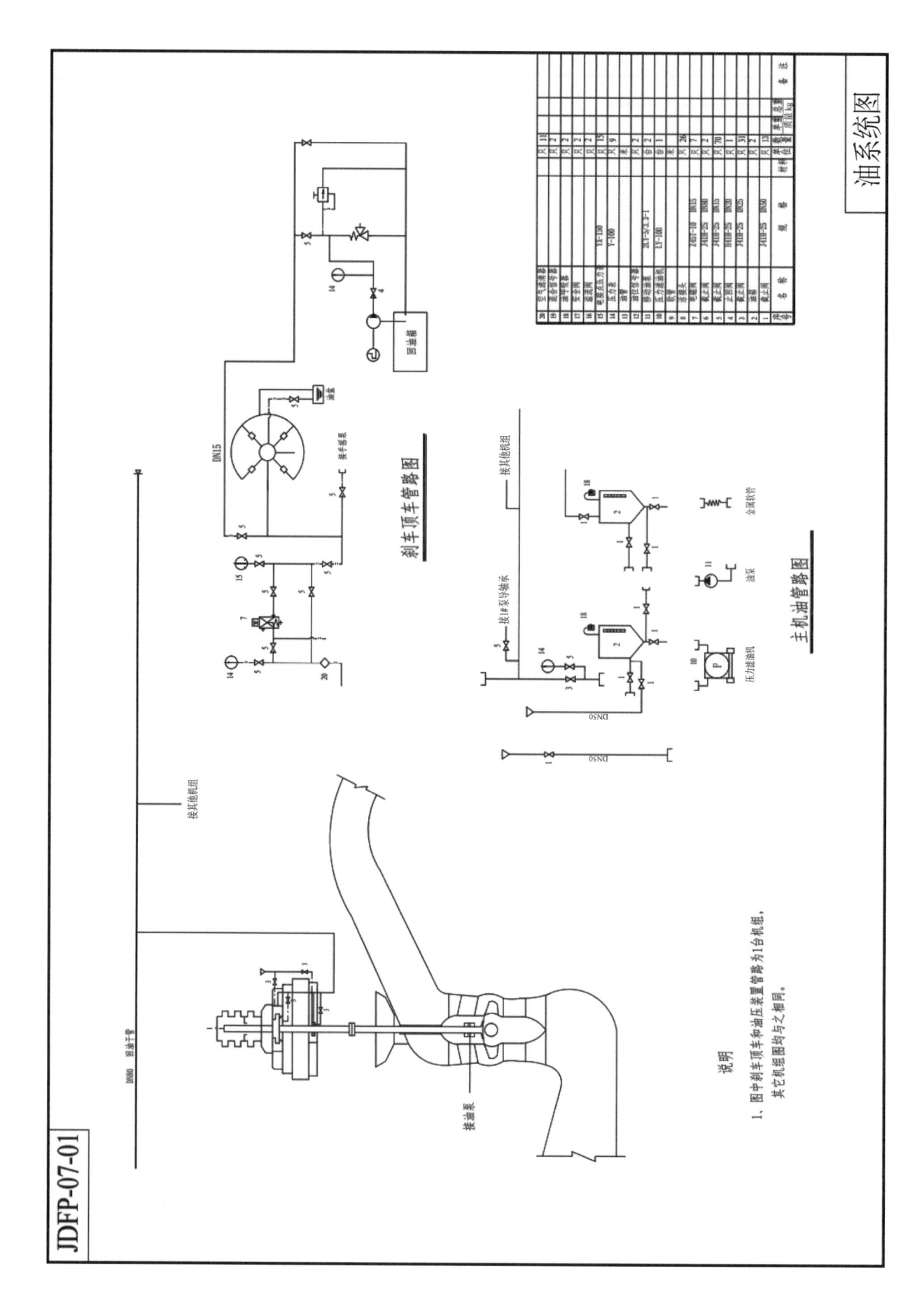

JDFP-07-01

油系统图

主机油管路图

刹车顶车管路图

说明
1. 图中刹车顶车和油压装置管路为1台机组，其它机组图均与之相同。

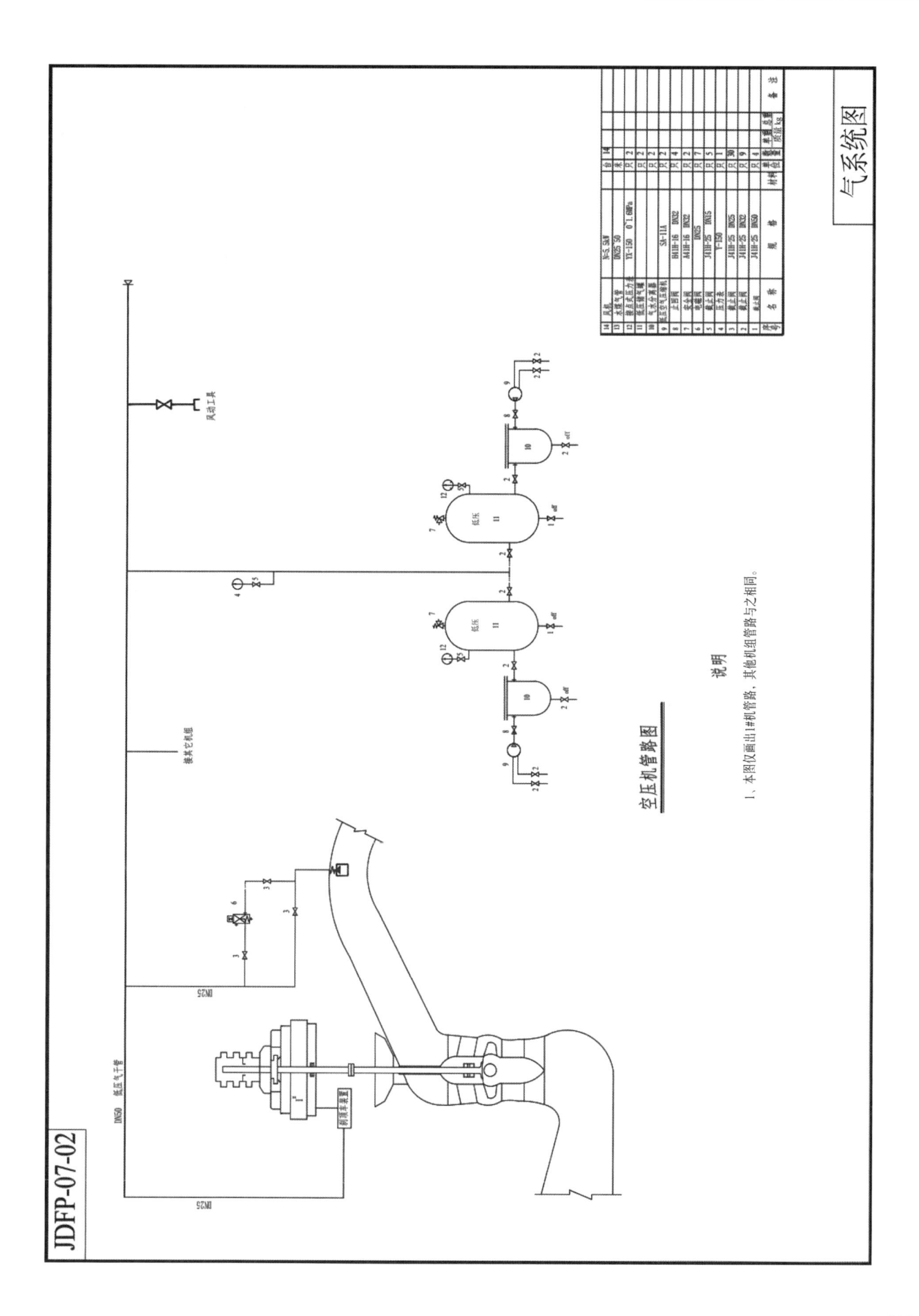

JDFP-07-02

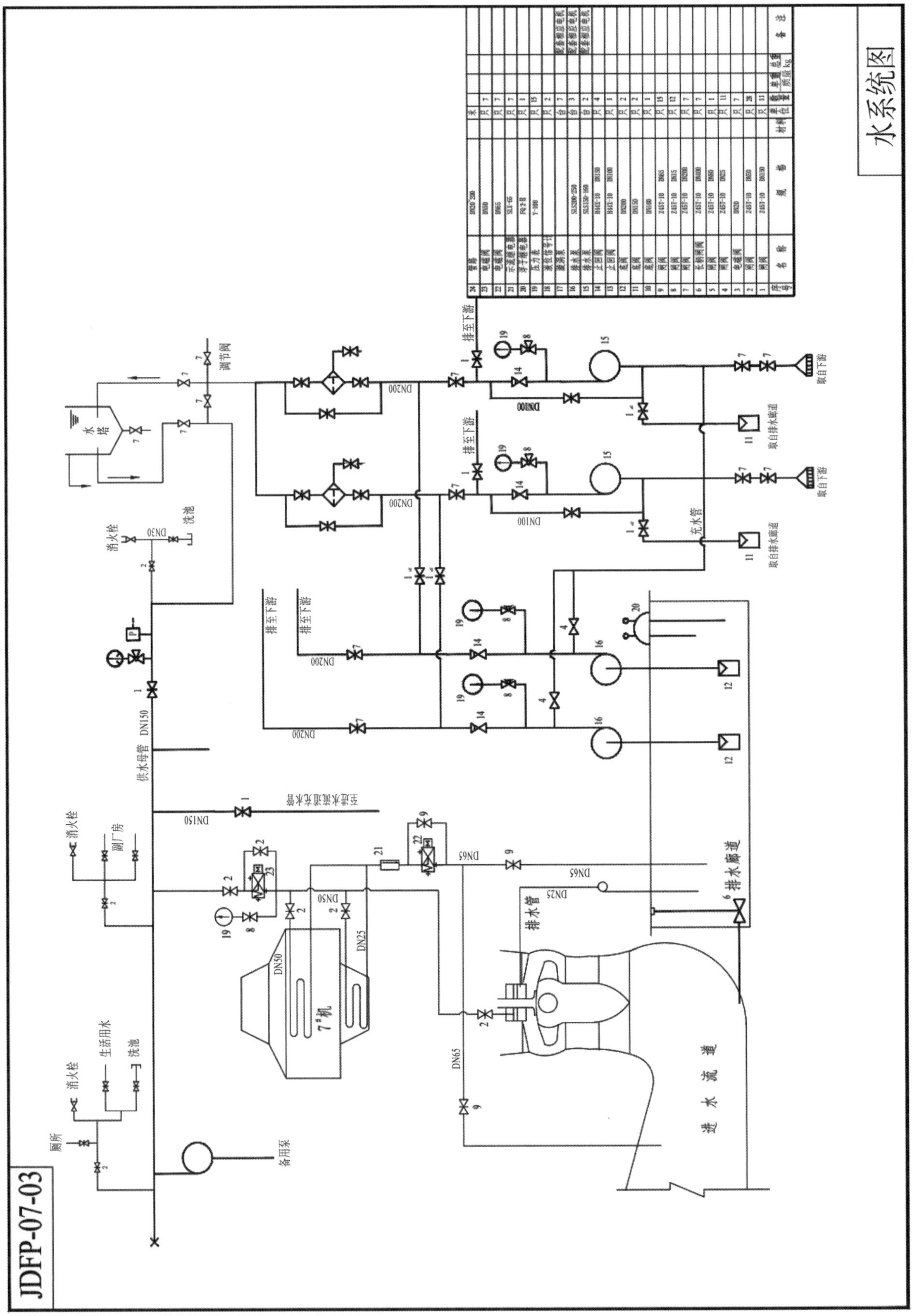
水系统图
JDFP-07-03
水塔
调节阀
供水母管
DN150
消火栓
洗池
副厂房
生活用水
厕所
备用泵
7#机
排水管
排水廊道
进水流道
充水管
排至下游
取自下游
取自排水廊道
DN200
DN100
DN65
DN50
DN25

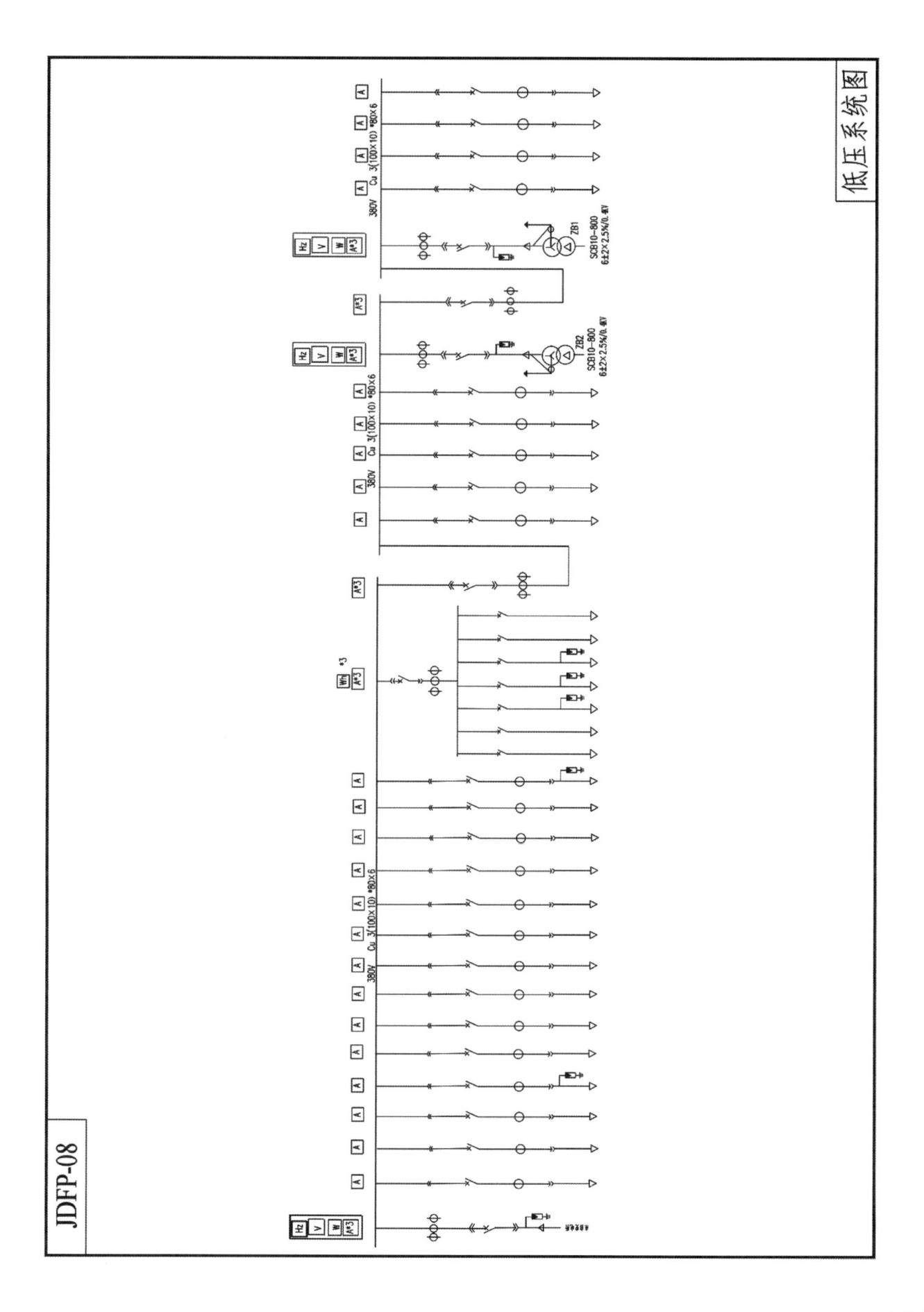

2．南水北调东线一期江苏境内泵站概况

JDFP-08 低压系统图

JDFP-09

工程观测点布置及观测线路图

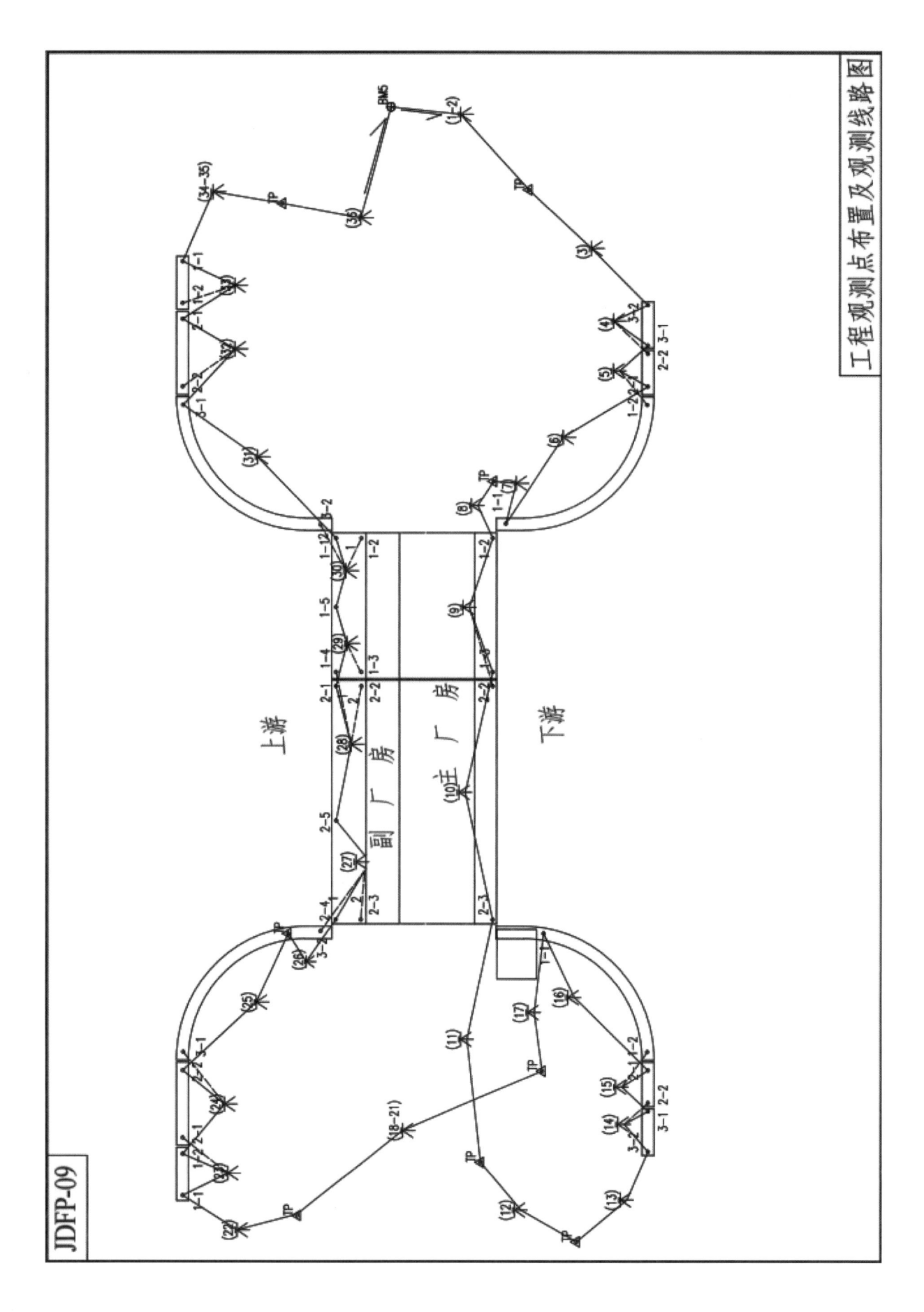

2. 南水北调东线一期江苏境内泵站概况

JDFP-10

水泵性能曲线图

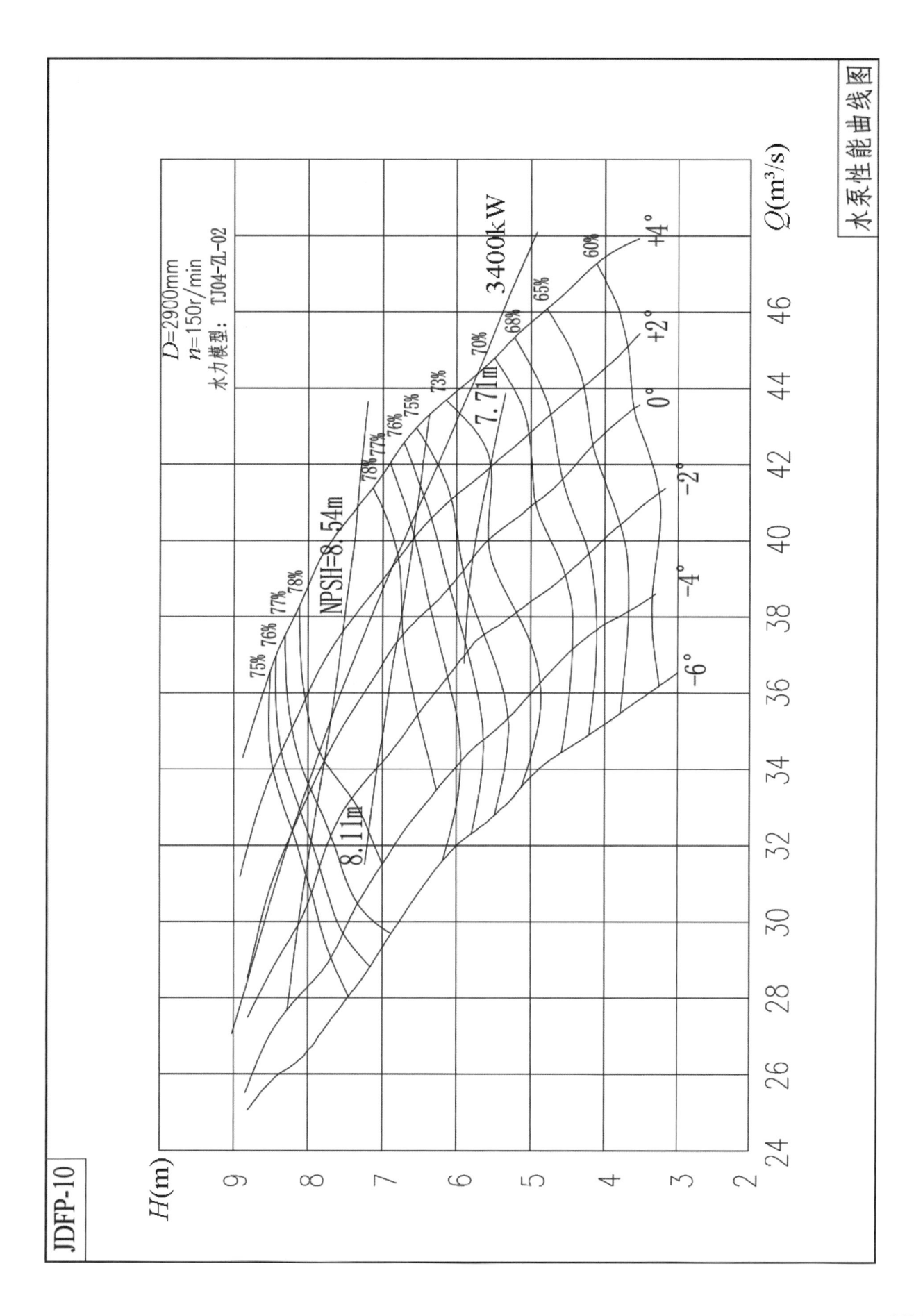

JDFP-11 自动化拓扑图

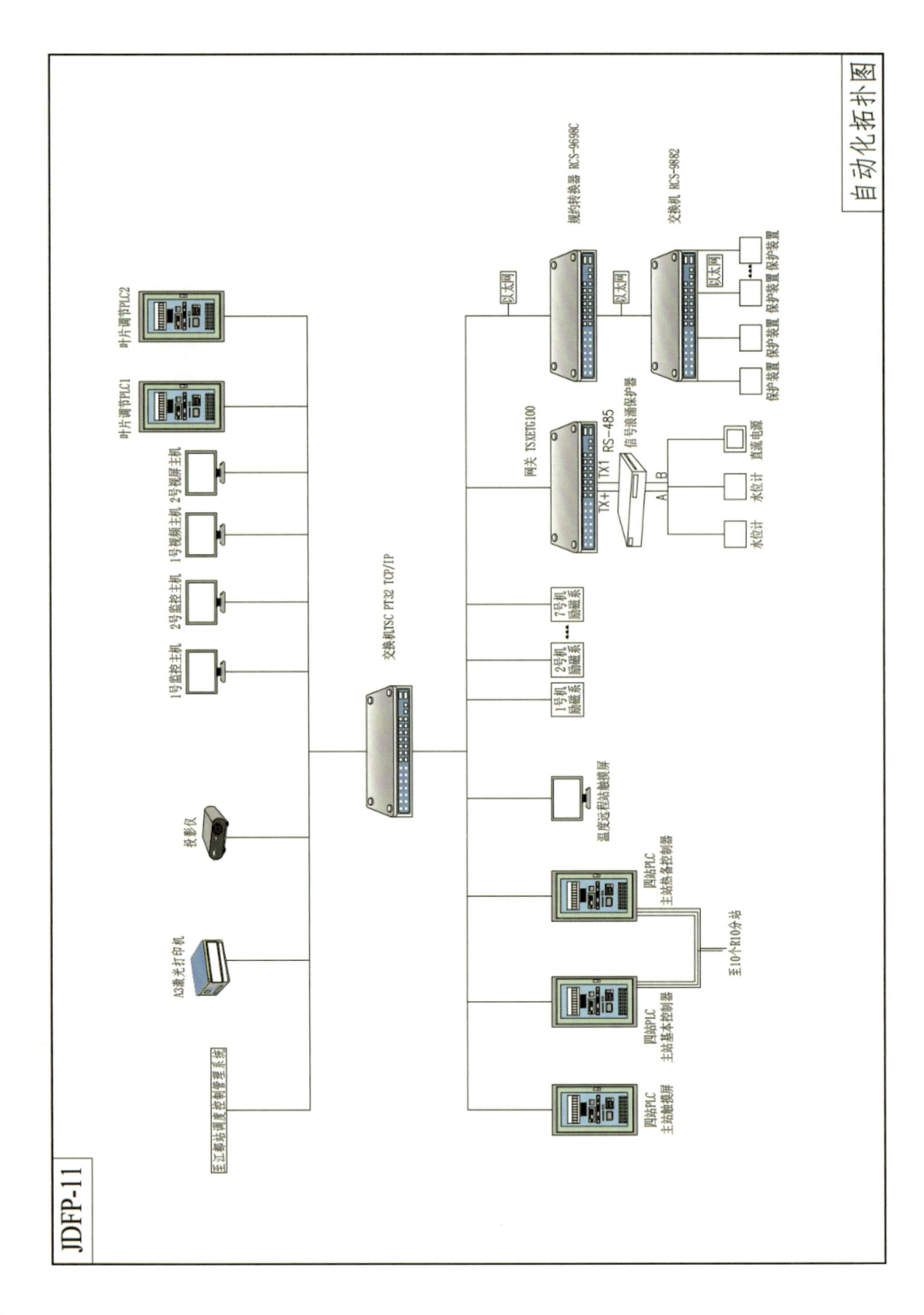

2.1.3 宝应站

图 2-3 宝应站

1. 工程概况

宝应站位于宝应县氾水镇境内，潼河与里运河交汇处，与江都站共同组成南水北调东线工程第一梯级，抽引江水 500 m³/s，截至 2023 年 7 月 23 日，累计抽水 76.78 亿 m³，工程建成后，具有调水、抽排里下河地区涝水、改善水环境、提高航运保证率等作用。

宝应站地处亚热带季风气候区，具有寒暑变化显著，气候湿润，四季分明的特点。年平均气温 15℃以上，多年平均降水量约 1 036 mm。宝应泵站枢纽地处淮河下游里下游地区，地势低洼平坦，沟渠纵横，河网密布；区域地质资料显示泵站土层分布稳定，工程地质较好。工程所处地区地震动峰值加速度为 0.05 g，相应地震基本烈度为Ⅵ度。

宝应站工程主要包括泵站、下游清污机桥、灌溉涵洞（建成后移交给宝应县灌区管理所）、扬淮公路桥（现名为南水北调潼河大桥，建成后移交给宝应县交通局）、110/10 kV 变电所和管理设施等。泵站规模为大（2）型泵站，工程等别为Ⅱ等，泵站工程站身、上游翼墙、上游引河堤防及灌溉涵洞等主要建筑物级别为 1 级；下游翼墙等其他次要建筑物为 3 级。泵站采用堤身式布置，肘形进水流道，虹吸式出水流道，真空破坏阀断流。泵站设计抽水流量 100 m³/s，供水期设计扬程 7.6 m，排涝期设计扬程 6.4 m。安装 3500HDQ-7.6 型立式全调节混流泵 4 台（含备机 1 台），叶轮直径 2.95 m，采用液压中置式调节，单机流量 33.4 m³/s，转速 125 r/min。配套立式同步电机功率 3 400 kW，总装机容量为 13 600 kW。

表 2-5 特征水位及扬程信息表

单位：m

			站下引水渠口	站上出水渠口
特征水位	供水期	设计水位	0.00	7.60
		最低运行水位	0.00	6.00
		最高运行水位	1.20	8.00
	排涝期	设计水位	1.20	7.60
		最高水位	2.25	8.23
	挡洪水位	设计（1%）	1.40	8.50
		最高（0.33%）	4.00	9.00
扬程	供水期	设计扬程	7.60	
		最小扬程	6.40	
		最大扬程	8.00	
		平均扬程	7.19	
	排涝期	设计扬程	6.40	
		最小扬程	—	
		最大扬程	7.03	

表 2-6 泵站基础信息表

所在地	宝应县氾水镇南	所在河流	里运河	运用性质	灌溉、排涝、补水	
泵站规模	大（2）型	泵站等别	Ⅱ	主要建筑物级别	1	建筑物防洪标准	设计	100年一遇
							校核	200年一遇
站身总长（m）	33.4	工程造价（万元）	14 364	开工日期	2003.9	竣工日期	2013.1
站身总宽（m）	40.6						
装机容量（kW）	13 600	台数	4	装机流量（m³/s）	133.6	设计扬程（m）	7.6
主机泵	型式	立式全调节混流泵		主电机	型式	立式同步电动机	
		3500HDQ34-7.6				TL-3400/48	
	台数	4	每台流量（m³/s）	33.4		台数	4	每台功率（kW）	3 400
	转速（r/min）	125	传动方式	直联		电压（V）	10 000	转速（r/min）	125
主变压器	型号	S10—20000/110			输电线路电压(kV)	110	
	总容量（kVA）	20 000	台数	1	所属变电所	安宜变电所	
主站房起重设备	桥式行车	起重能力（kN）	320/50	断流方式	真空破坏阀	
闸门结构型式	上游		启闭机型式	上游		
	下游	平面钢闸门		下游	QPQ-2×100kN-10m 型启闭机	
进水流道形式	肘形流道		出水流道形式	虹吸式流道		
主要部位高程(m)	站房底板	-9.4	水泵层	-4.0	电机层	9.92	副站房层	11.95
	叶轮中心	-3.0	上游护坦	11.5	下游护坦	4.5	驼峰底	9.3
站内交通桥	净宽（m）	9.5	桥面高程（m）	10.8	设计荷载	公路-Ⅱ级	高程基准面	废黄河
站身水位组合	设计水位（m）	下游	0	上游	7.6	
	校核水位（m）	下游	2.25	上游	8.23	

2. 批复情况

2002年9月，国家计委向江苏省计委转发《印发国家计委关于审批江苏省三阳河、潼河、宝应站工程项目建设书的请示的通知》（计农经〔2002〕1680号）批复项目建议书。

2002年12月，国家计委向江苏省计委下发了《关于审批江苏省三阳河、潼河、宝应站工程可行性研究报告的请示的通知》（计农经〔2002〕2842号），批准了工程可行性研究报告。

2003年2月，水利部向江苏省水利厅下发了《关于南水北调东线第一期工程三阳河、潼河、宝应站工程初步设计的批复》（水总〔2003〕40号），批复了工程初步设计。

根据初步设计批复（水总〔2003〕40号），核定工程总投资8.3亿元（其中宝应站批复投资1.405亿元），经国家相关部门批准调整后，三阳河潼河宝应站工程累计批复投资9.28亿元，其中宝应站累计批复投资1.43615亿元。

3. 工程建设有关单位

项目法人：江苏省南水北调三阳河潼河宝应站工程建设局（2005年4月以前）
　　　　　南水北调东线江苏水源有限责任公司（2005年4月以后）
现场建设管理机构：江苏省南水北调宝应站工程建设处
设计单位：江苏省水利勘测设计研究院有限公司
监理单位：江苏河海工程建设监理有限责任公司
质量监督单位：江苏省水利工程质量监督中心站（2005年6月以前）
　　　　　　南水北调工程江苏质量监督站（2005年6月以后）
质量检测单位：江苏省水利建设工程质量检测站
土建施工单位：江苏省水利建设工程有限公司
水泵及附属设备采购：无锡市锡泵制造有限公司
电气设备采购：上海电气集团上海电机厂（电机及附属设备）
　　　　　　江苏长江电器股份有限公司（泵站高低压开关柜）
　　　　　　江苏新科水利电力成套设备有限公司（泵站高低电缆）
　　　　　　新东北电气（沈阳）高压开关有限公司（GIS组合开关）
　　　　　　西安西变中特电气股份有限公司（变压器）
自动化系统：水利部南京水利水文自动化研究所
桥式起重机制造：郑州铁路局装卸机械厂
清污设备及拦污栅采购：山东省水电设备厂
闸门、启闭机设计制造：江苏水利机械制造有限公司
钢材水泥采购单位：江苏省水利物资总站
管理所房屋工程：江苏弘盛建设工程集团有限公司
泵站房建装饰工程：广州市美术公司
管理所环境绿化工程：常州第二园林建设工程总公司
管理（运行）单位：南水北调东线江苏水源有限责任公司宝应站管理所

4. 工程布置与主要建设内容

宝应站工程位于扬州市宝应县氾水镇境内南运西闸引河口门东稍北、新开潼河与里运河交汇处。

根据水利部《关于南水北调东线第一期工程三阳河、潼河、宝应站工程初步设计的批复》（水总〔2003〕40号），宝应站工程主要建设内容包括：泵站、清污机桥、灌溉涵洞、扬淮公路桥（现更名"南水北调潼河大桥"，下同）、管理设施、110 kv 专用供电线路和变配电设施等。具体如下：

泵站设计流量为100 m³/s，设计扬程为7.6 m，共安装3500HDQ-7.6型立轴导叶式混流泵4台套（单机设计流量33.4 m³/s，其中1台备机），采用液压中置式调节机构，配4台套单机功率3 400 kW立式同步电动机，总装机容量13 600 kW。泵站为堤身式布置，采用肘形进水流道、虹吸式出水流道，真空破坏阀断流方式，上、下游翼墙采用钢筋混凝土空箱扶臂式结构，建筑物均采用天然地基。

清污机桥位于泵站下游引河120 m处。清污机桥总长84.8 m，分14孔布置，单孔净宽4.1 m，中间10孔布置HQ型回转式清污机，两侧边孔为固定格栅，桥上设交通桥和工作桥各一道。

灌溉涵洞位于泵站上游引河北大堤与灌溉总干渠交汇处。工程等别为Ⅰ等，设计流量为12 m³/s，涵洞采用单孔钢筋混凝土箱式结构，孔口净尺寸为2.0 m×4.5m（宽×高），涵洞总长30.0 m，分上、下游两节洞身，洞身底板面高程2.0 m（废黄河基面，下同），涵洞上、下游翼墙采用钢筋混凝土U形槽及重力式砌石结构，洞首设平面钢闸门控制流量。

南水北调潼河大桥位于泵站上游引河河口处，桥梁中心线与淮江公路中心线基本重合，桥梁设计按汽-20标准设计，挂-100标准校核，桥梁总长160 m，分8跨布置，每孔跨径20 m，桥面宽度为净12 m+2×1.5 m，总宽15 m。桥梁上部采用预应力空心板梁，下部为柱式桥墩、钻孔灌注桩基础。

宝应站工程管理设施建筑面积1 560 m²，主体二层局部四层，建筑物总长为74.90 m，总宽度为39.30 m，建筑物最高沿高为15.50 m。工程结构安全等级为二级，设计使用年限50年，地震动峰值加速度为0.05 g，抗震设防烈度为Ⅵ度，地基设计等级为丙级。基础采用钢筋混凝土条形及独立柱基，基础砖砌体为普通实心黏土砖，上部结构为砖混局部为框架结构。

宝应站110 kV专用供电线路，从宝应县县城220 kV安宜变电所110 kV母线引出，线路长度约30×10³ m，其中靠近城区段15×10³ m同杆架设，另15×10³ m独杆架设，考虑宝应站远景规划，输电容量按31 500 kVA设计。专用变电所结合泵站控制楼采用户内布置方式，备有1台由另一条10 kV的295氾镇线供电的所用变压器，提供非运行期备用电源。

5. 分标情况及承建单位

2003年2月25日，江苏省南水北调三阳河潼河宝应站工程建设局向江苏省水利工程建设招标投标管理办公室报送了《关于南水北调三阳河潼河宝应站工程招标计划的请示》（苏调水建〔2003〕7号），2003年3月，省水利工程建设招标投标管理办公室批复同意宝应站工程招标计划。

宝应站工程原招标计划共分为建设监理、主机泵设备采购、土建施工等8个标段，其中监理标1个，施工标3个，材料及设备采购标4个。后根据工程建设内容和工期安排，为利于招投标工作和工程实施，将施工标和设备采购标进行了进一步细化，即施工标调整为5个，材料及设备采购标调整为10个，宝应站调整后公开招标标段共计16个。

截至2006年6月，宝应站工程已按照批复的内容全部建成，累计完成土方挖填115.2万 m³，混凝土浇筑 2.74 万 m³，砌石及垫层 0.502 万 m³，钢结构制作 163.5 t，钢筋制作 1 892.7 t。

6. 建设情况简介

2003 年 8 月 22 日，江苏省南水北调三阳河潼河宝应站工程建设局以《关于申请江苏省南水北调宝应站工程开工的请示》（苏调水建〔2003〕53 号）向省水利厅申请宝应站工程开工，经省水利厅批复同意，宝应站工程于 9 月 2 日开工。本工程由南水北调宝应站工程建设处作为现场建设管理机构，具体负责宝应站工程的建设管理工作。

（1）主要建筑物施工简况

泵站工程：2003 年 9 月开工，2005 年 4 月完成水下工程，同年 10 月完成泵站机组联合试运行，12 月完工。

清污机桥工程：2004 年 3 月开工，2005 年 10 月完工。

灌溉涵洞工程：2003 年 12 月开工，2004 年 4 月完工。

扬淮公路桥工程：2004 年 8 月开工，2004 年 12 月完工。

管理设施及绿化工程：2005 年 3 月开工，2006 年 6 月完工。

110 kV 供电线路工程：2005 年 4 月开工，2005 年 9 月完工。

（2）重大设计变更

国务院南水北调办以《关于南水北调东线一期三阳河、潼河、宝应站工程设计变更有关问题的复函》（综投计函〔2007〕81 号）函复，同意相关变更，水泵引进方式由国内制造 4 台水泵，其配套叶片调节机构采用从国外引进的液压中置式设计方案，调整为从国外引进 2 套水泵的叶轮体与叶片调节机构等核心部件，而非核心部件和另外 2 套水泵整体由国内生产的方案。

工程于 2003 年 9 月开工建设，2005 年 10 月全面竣工，2005 年 10 月 10 日通过泵站机组试运行验收，2005 年 12 月通过单位工程验收，2008 年 8 月 26 日通过合同验收，2013 年 1 月，工程通过国务院南水北调办组织的设计单元完工验收。

7. 工程新技术应用

（1）主水泵引进方式的优化调整

宝应站主泵设备初步设计选用国内制造 4 台水泵，其配套叶片调节机构采用从国外引进的液压中置式设计方案，后调整为从国外引进 2 套水泵的叶轮体与叶片调节机构等核心部件，而非核心部件和另外 2 套水泵整体由国内生产的方案。上述引进方式的优化对于我省乃至全国的同类泵站工程在叶片调节机构和水泵的生产上产生了深远的影响，主要表现在：①叶片调节机构在引进、消化、吸收及实现国产化后，每台能节省费用 60 万元，目前推广应用 30 余台套，节省费用 1 800 万元。②依托宝应站叶片调节机构，结合无锡市锡泵制造有限公司和天津市天骄水电成套设备有限公司以及有关科研院所等单位的设计、改进和优化，本调节机构受油器部分已完成了三次改进，分别在宝应站、刘山站和解台站、江都站上进行了应用，将以往的伺服电机-分配阀控制方式改为由比例阀数字式直接控制叶片角度。此改进亦获得 2 项国家实用新型专利——"全调节水泵叶片的调节机构（ZL200520140321.8）"和"一种比例数字阀式水泵叶片调节装置（ZL200820075333.0）"。③引进水泵核心部件的同时引进了国外先进的水力模型和加工技术，同时在国内对进出水流道进一步优化，使得设备运行的可靠性进一步提高，装置效率高于国内同类设备4%以上，模型装置效率大于81%，如按年运行5 000 h计算，年节省电能272多万kW·h。同时相关课题"大型泵站虹吸式出水流道优化设计及模型试验研究"获得江苏省科技进步三等奖、江苏省水利科技一等奖。④优化了高压蓄能器液压装置。由原来连续不间断运行储能装置优化为充氮气的皮囊式高压蓄能器液压装置，通过连续运行和断续运行的方式切换，保证了稳定的操作油压以及油液的质量，实现了节能环保。同时，由于油压装置中油、气分置，可以在更大范围内提高操作油压，实现油压装置和操作机构结构的简洁和紧凑。⑤完成"大型水泵液压调节关键技术研究与应用"课题研究，鉴定结论达到国际先进水平，并分获2010年江苏省水利科技优秀成果奖一等奖和2010年度江苏省科学技术奖一等奖。

（2）基坑支护由灌注桩改为单锚地连墙方案

站塘开挖时，由于进水流道底板与出水流道底板的开挖面底板高程差近10 m，为保证地基土在开挖时保持原状，采取了在两底板交接处进行基坑围护的措施。本支护工程在初步设计时采用钻孔灌注桩方案，后经召开专题方案论证会，为保证基坑安全以及主站身与围护体之间伸缩缝的平整，经过方案优选采用了50 cm单锚板桩墙结构，减少了锚墙的位移，这也是我省泵站工程中首次使用灌注桩拉锚工艺。通过该措施，使站身、翼墙及整个建筑物的基础都坐落在原状土上，避免了由于土的弹性模量不一引起的不均匀沉陷，而且还减少了土方开挖和回填量。

（3）泵站站身剖面优化设计

宝应站水力模型引进后，南水北调宝应站工程建设处联合扬州大学对宝应站对进出水流道进行了优化，并根据出水流道水力优化设计成果，按照出水流道断面图在招标阶段将中间连接段取消。通过站身剖面的优化，节省了工程投资，优化了出水流态，同时相关课题"大型泵站虹吸式出水流道优化设计及模型试验研究"获得了2007年度江苏省水利科技进步一等奖和江苏省科技进步三等奖。

（4）肘形进水流道异形模板施工技术

宝应站进水流道模型引进后由扬州大学采用现代CFD技术进行了优化，为将流道曲线转化为实际的异形混凝土模板，南水北调宝应站工程建设处联合施工、监理单位成立了QC攻关小组。经研讨比选，决定采用较易加工的木材进行制作，在加工场按1:1比例进行放样，按3~4 m分段制作木结构龙骨，然后用5 cm宽薄木条分3~5层纵横交错贴钉，以保证模板有足够的强度与刚度，为确保流道内表面圆滑，成型后涂刮腻子并进行打磨，最后进行喷塑处理。

经该方案施工处理，拆模后的进出水流道混凝土表面光洁顺滑，降低了流道的表面糙率，减小了流道的水头损失，提高了泵站效率。

8. 工程质量

南水北调东线一期工程宝应站工程施工质量合格，并评为优良等级。本工程划分6个单位工程，68个分部工程（水利标准30个，非水利标准38个），911个单元工程（水利标准486个，非水利标准425个）。工程的6个单位工程施工质量全部合格。按水利工程施工质量检验评定相关标准评定的泵站工程、灌溉涵洞工程、清污机桥工程3个单位工程全部优良，优良率100%。其中泵站工程、扬淮公路桥工程2个主要单位工程全部优良；按其他行业相关质量检验评定标准评定的泵站房建工程和管理设施工程2个单位工程全部合格。

9. 运行管理情况

自 2013 年正式通水至 2023 年 12 月底，宝应站累计运行 57 585 台时，累计抽水 672 618 万 m^3。最多年运行天数为 205 d；最多年运行台时为 14 982.26 台时；最大运行流量 141.56 m^3/s；站下最低运行水位 –0.12 m 最高运行水位 3.08 m；站上最低运行水位 6.01 m，最高运行水位 7.89 m；最小运行扬程 3.87 m，最大运行扬程 7.47 m；单台机组最小运行功率 2 639 kW，最大运行功率 3 380.7 kW，全站最大运行功率 10 165.7 kW。

10. 主要技改和维修情况

（1）机组大修

2021 年由南水北调江苏泵站技术有限公司对 3# 机组开展大修，主要将聚四氟乙烯填料更换为石墨烯填料，水导轴承材质由弹性塑料更换为研龙。石墨填料不需要在开机前提前放水浸泡，有效减少开机前准备工作量，并能够缩短开机前准备工作的时间。改造后水导轴承运行平稳，大修后机组运行正常。2022 年由南水北调江苏泵站技术有限公司对 4# 机组开展大修，主要将盘根填料装置更换为液体软填料装置，水导轴承材质由弹性塑料更换为研龙。液体填料在具有石墨填料的优点的同时，既能减少对填料处轴径的磨损，又能在机组运行时随时添加或更换填料。改造后水导轴承运行平稳，具体效果需待机组运行一段时间后进一步确认。

（2）励磁装置改造

2019 年因励磁装置投运十余年，微机励磁装置经过长期运行后存在部分元器件老化、性能下降、误报警且不具备故障录波和事件记录等功能等问题，宝应站对四台励磁装置进行改造更换，保留励磁变压器，由南水北调江苏泵站技术有限公司实施。更换后励磁装置报警、故障录波、事件记录等功能齐全，故障查询、事件查询便捷、利于管理，解决了原来误报警的现象，现场调试操作方便，运行安全稳定，满足运行要求。

（3）供水系统改造

2020 年因原技术供水从下游河道取水，水草杂物较多，取水口极易发生阻塞，致使供水压力达不到机组冷却要求，严重影响机组安全运行，于是宝应站对供水系统进行改造，由南水北调江苏泵站技术有限公司实施。改造将供水系统工作方式改为循环水供水、冷水机组冷却，增加冷水机组与变频器等设备。改造后供水系统压力、流量稳定可控，达到机组冷却要求，可变频恒压工作或恒频率工作，管道内无杂物堵塞，避免以往从下游河道取水，取水口易堵塞的问题，水温可以根据室温进行调节，运行安全可靠。

（4）清污机改造

2018—2021 年因清污机安装运行时间较长，运行中发生不同程度的设备故障，同时经历 2019 年泵站长时间低水位、高过栅流速运行，清污机性能、效果、效率变差。于是宝应站对清污机轨道、不锈钢防脱链条、增大减速器功率等进行改造，并将耙齿更换为短齿，增加勾型齿耙等。2021 年在总结历次清污机改进的维修方案后，对 4# 清污机进行试点改造，改造内容为：增大减速机功率，增加牵引链条链板、连接端板厚度，增加传动链条节距，增加齿耙种类，改变栅条与栅体固定方式、栅条间隙、增大安全剪断销直径，新增安全销活动检修口等，由山东曲阜恒威水工机械有限公司实施。改造后清污机运行能力增强、捞草效率提升、运行整体平稳、噪声明显降低、设备强度增加、承重无变形检修便捷，但仍存部分问题需要进一步优化。

（5）电缆整改

因施工等原因导致部分线缆存在交叉缠绕、敷设不规范、缺少标识牌等问题，于是宝应站决定对电缆进行整改。整改主要对电缆夹层、竖井桥架、联轴层三个区域进行电缆重新规范敷设，桥架进行必要的修整、更换，电缆挂牌标识，关键通道进行必要防火隔离和线缆穿墙密封。改造后电缆敷设隔离布置规范、安全美观，电缆走向清晰明确，无交叉缠绕现象，消除影响工程运行的安全隐患，同时便于后续使用检修，更为后续改造项目走线，腾出更多空间。

11. 工程质量获奖情况

该工程泵站整体装置效率达同类型国内外先进水平，获得多项专利和科技奖。具体获奖情况如下：

（1）《南水北调三阳河、潼河、宝应站工程可行性研究报告》获2003年度江苏省优秀工程咨询成果奖一等奖。

（2）《南水北调宝应站工程咨询综合报告》获江苏省发展和改革委员会2009年度江苏省优秀工程咨询成果奖二等奖。

（3）宝应站设计获全国优秀水利水电工程勘测设计奖、2010年度江苏省优秀工程勘察设计行业奖建筑结构专业三等奖

（4）"大型泵站虹吸式出水流道优化设计及模型试验研究"获2006年江苏省科技进步三等奖、江苏省水利科技优秀成果一等奖。

（5）"大型水泵液压调节关键技术研究与应用"获2010年度江苏省科学技术奖一等奖、江苏省水利科技优秀成果奖一等奖。

（6）"南水北调工程大型高效泵装置优化水力设计理论与应用"获2012年度江苏省科学技术奖一等奖。

12. 图集

BYP-01：泵站位置图

BYP-02：枢纽总平面布置图

BYP-03：工程平面图

BYP-04：泵站立面图

BYP-05：泵站剖面图

BYP-06：电气主接线图

BYP-07-01：油系统图

BYP-07-02：气系统图

BYP-07-03：水系统图

BYP-08：低压系统图

BYP-09：工程观测点布置及观测线路图

BYP-10：水泵性能曲线图

BYP-11：自动化拓扑图

BYP-12：征地红线图

BYP-13：竣工地形图

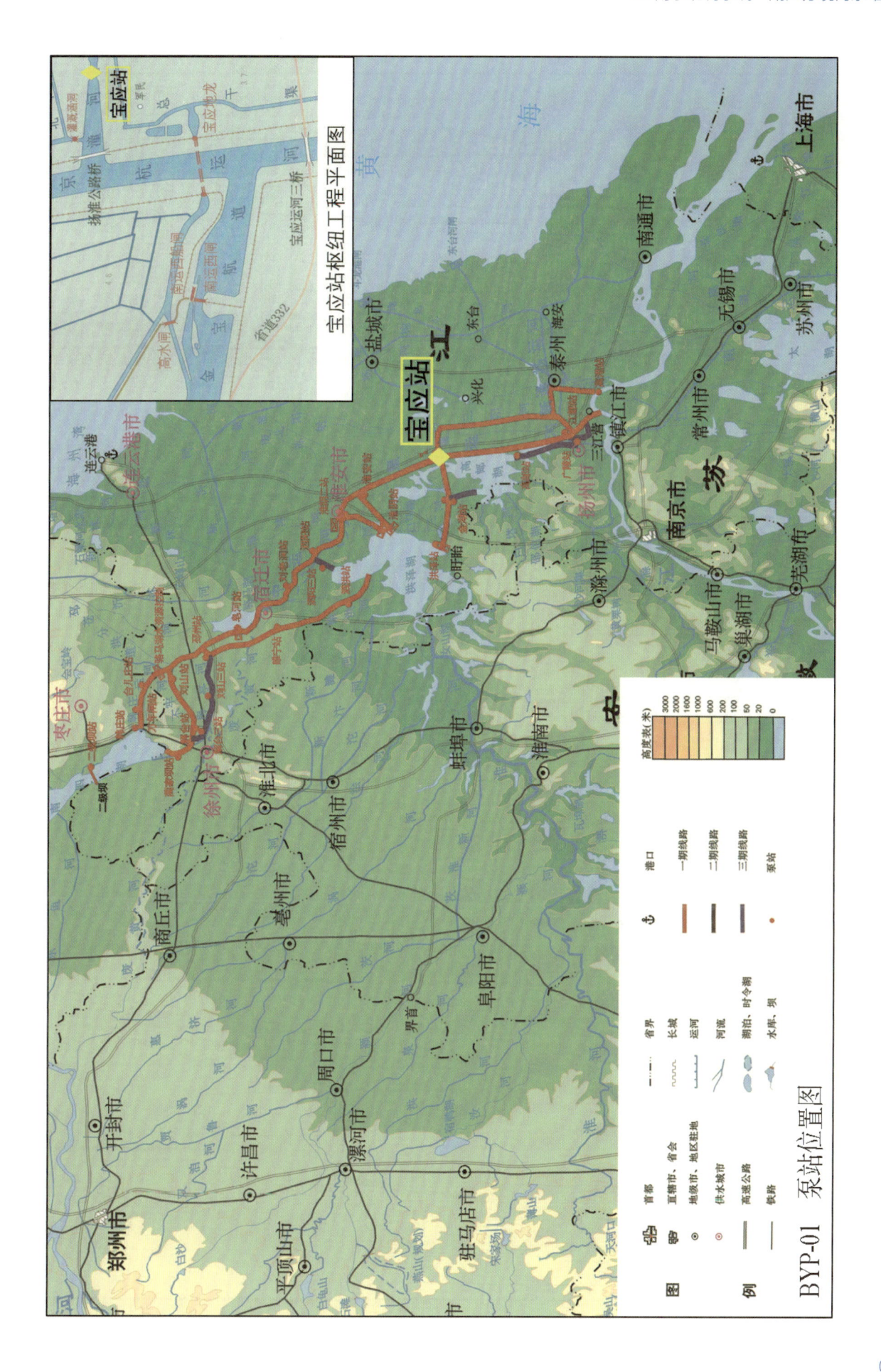

2. 南水北调东线一期江苏境内泵站概况

宝应站枢纽工程平面图

BYP-01 泵站位置图

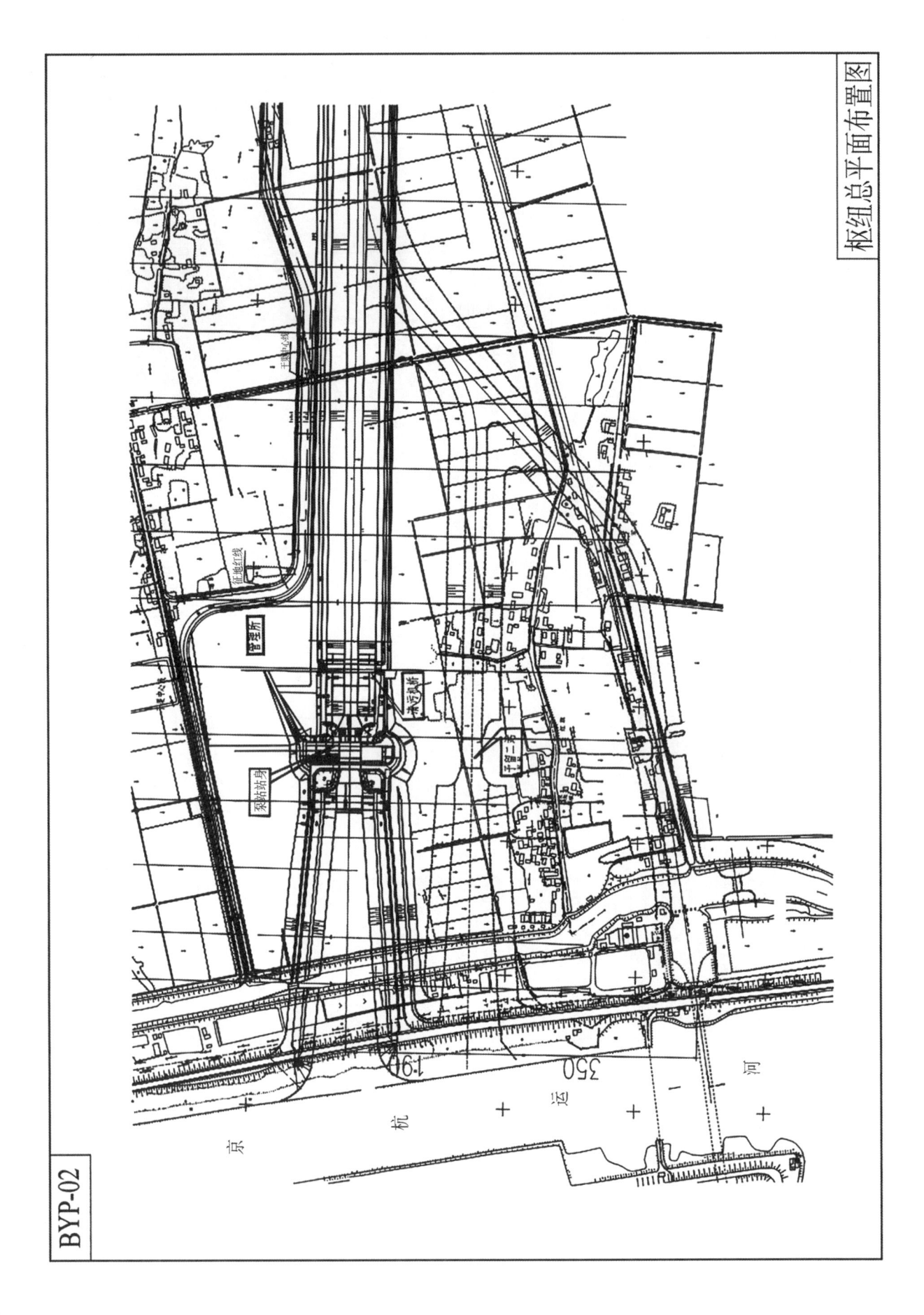

枢纽总平面布置图

BYP-02

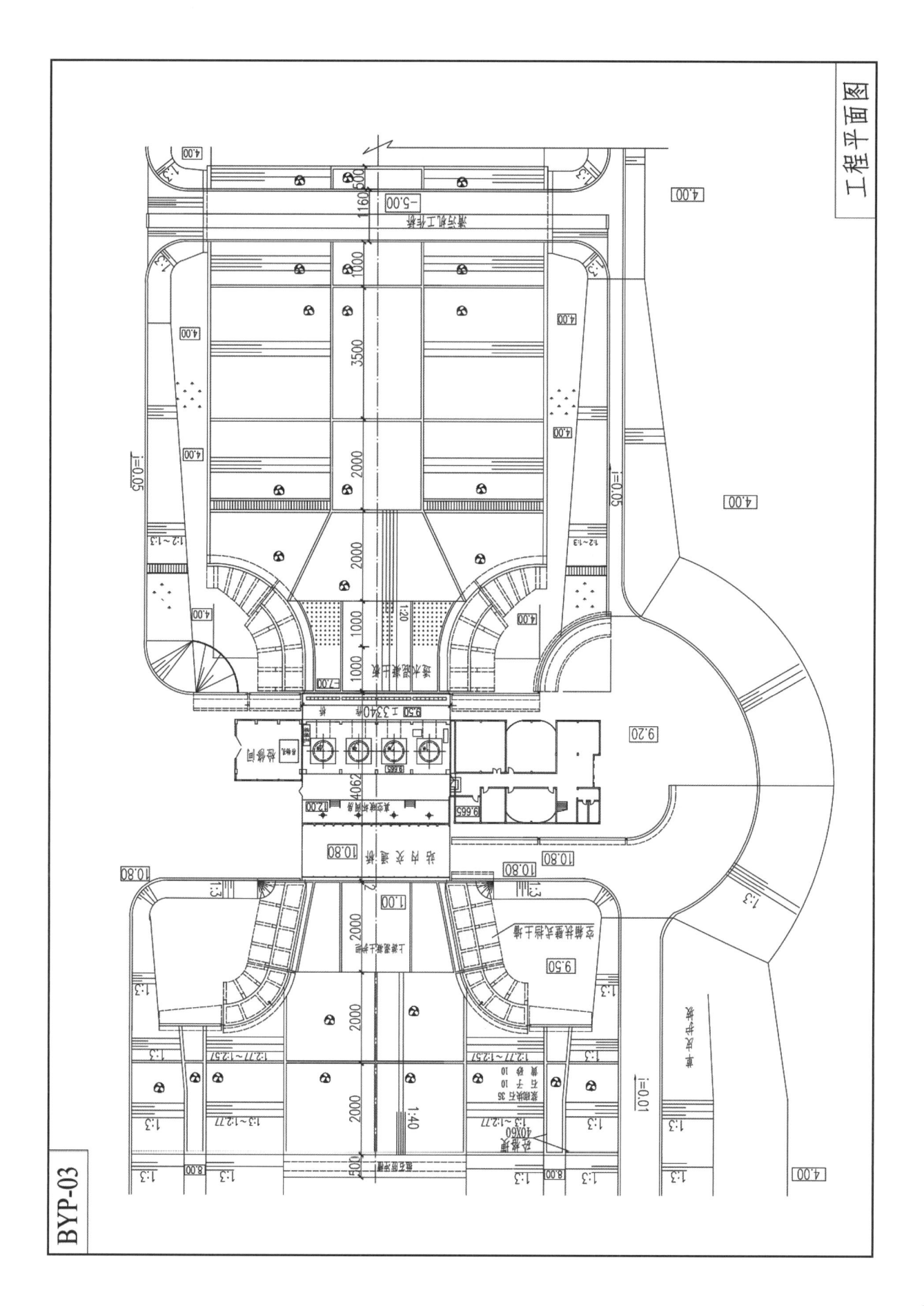

2. 南水北调东线一期江苏境内泵站概况

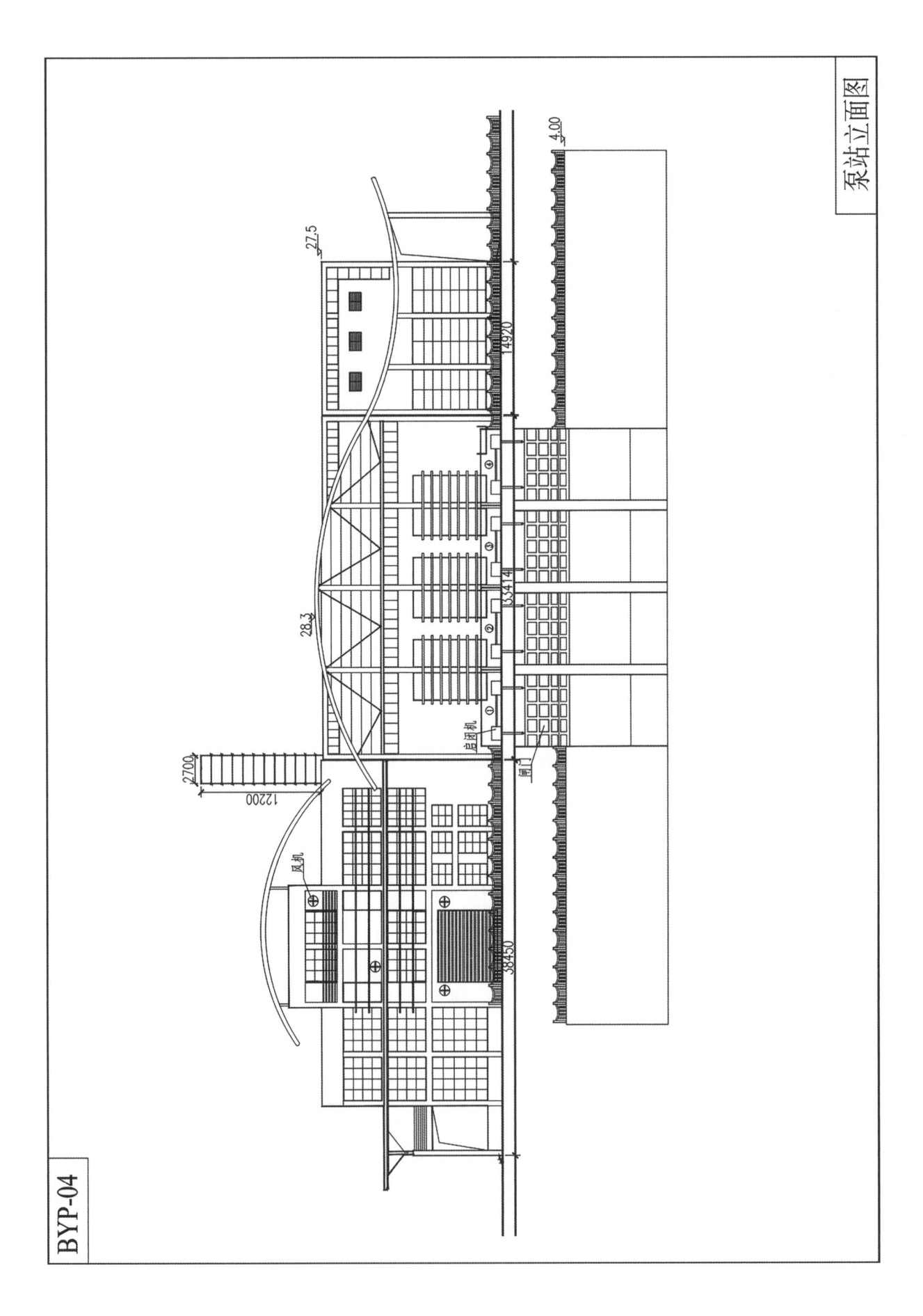

泵站立面图

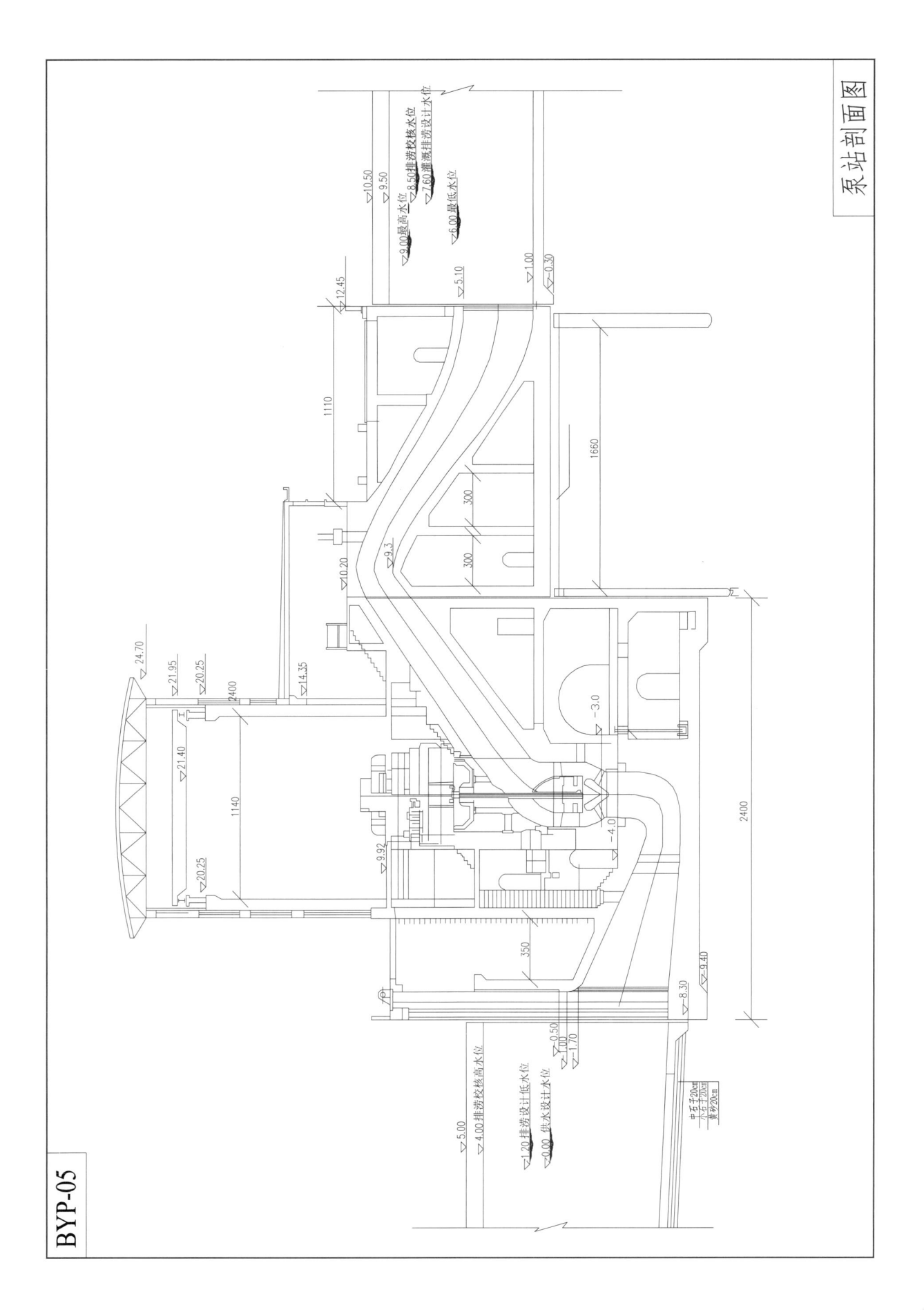

2. 南水北调东线一期江苏境内泵站概况

泵站剖面图

BYP-05

BYP-07-02

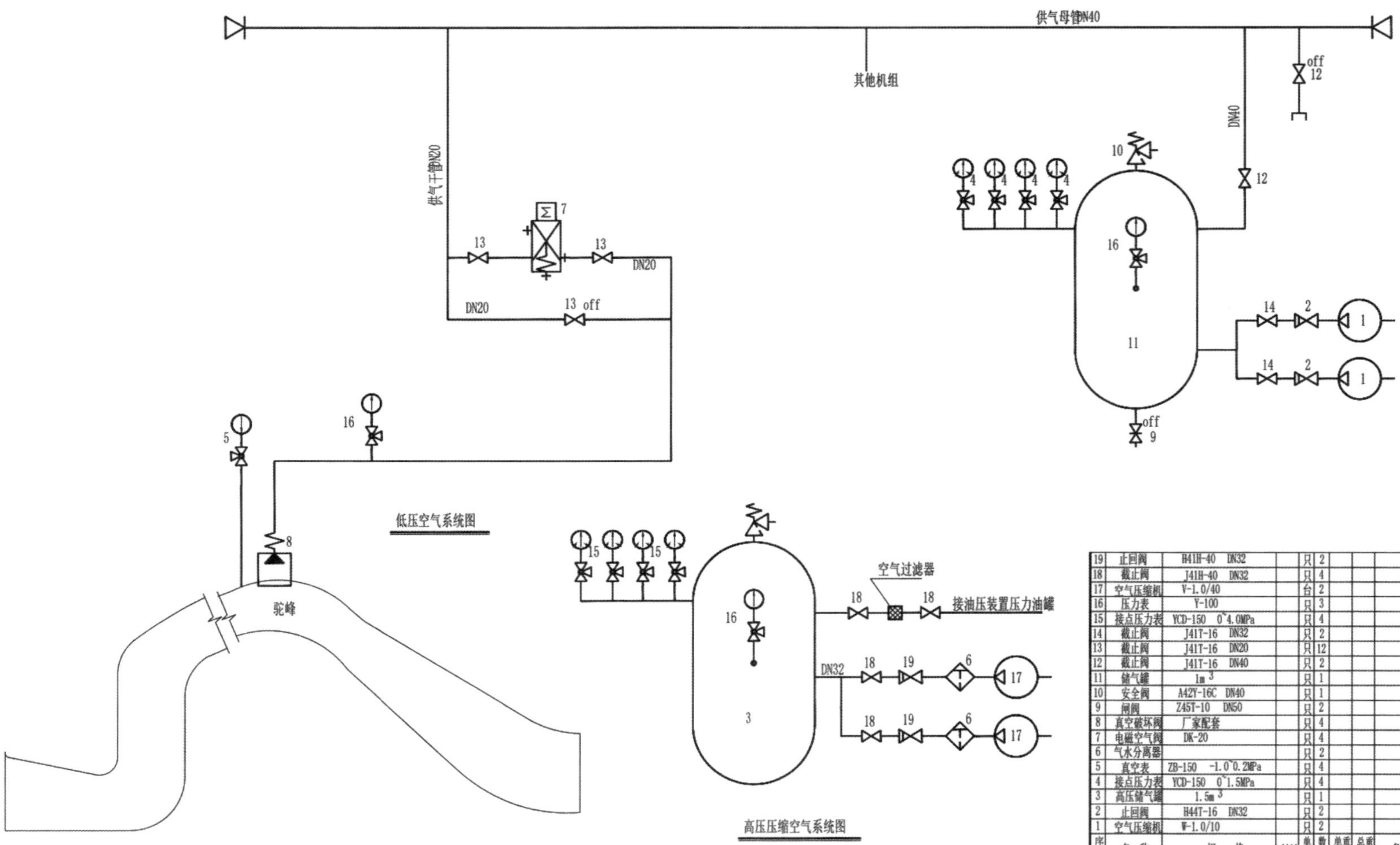

序号	名称	规格	材料	单位	数量	单重	总重	备注
						质量kg		
19	止回阀	H41H-40 DN32		只	2			
18	截止阀	J41H-40 DN32		只	4			
17	空气压缩机	V-1.0/40		台	2			
16	压力表	Y-100		只	3			
15	接点压力表	YCD-150 0~4.0MPa		只	4			
14	截止阀	J41T-16 DN32		只	2			
13	截止阀	J41T-16 DN20		只	12			
12	截止阀	J41T-16 DN40		只	2			
11	储气罐	$1m^3$		只	1			
10	安全阀	A42Y-16C DN40		只	1			
9	闸阀	Z45T-10 DN50		只	2			
8	真空破坏阀	厂家配套		只	4			
7	电磁空气阀	DK-20		只	4			
6	气水分离器			只	2			
5	真空表	ZB-150 -1.0~0.2MPa		只	4			
4	接点压力表	YCD-150 0~1.5MPa		只	4			
3	高压储气罐	$1.5m^3$		只	1			
2	止回阀	H44T-16 DN32		只	2			
1	空气压缩机	W-1.0/10		只	2			

说 明

1、低压空压机采用风冷，高压空压机采用水冷。

2、高压压缩空气系统为国内油压装置供气。

气系统图

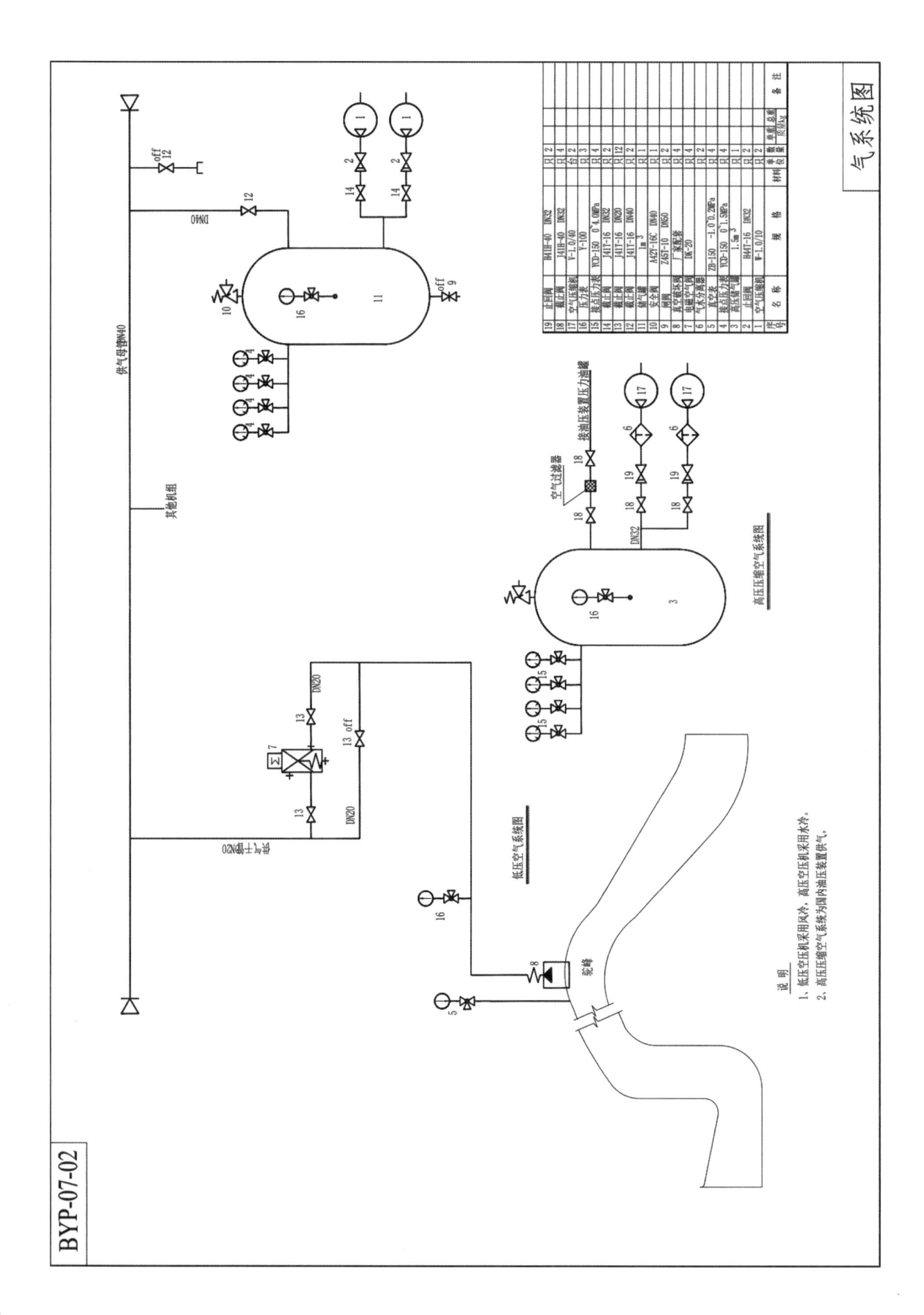

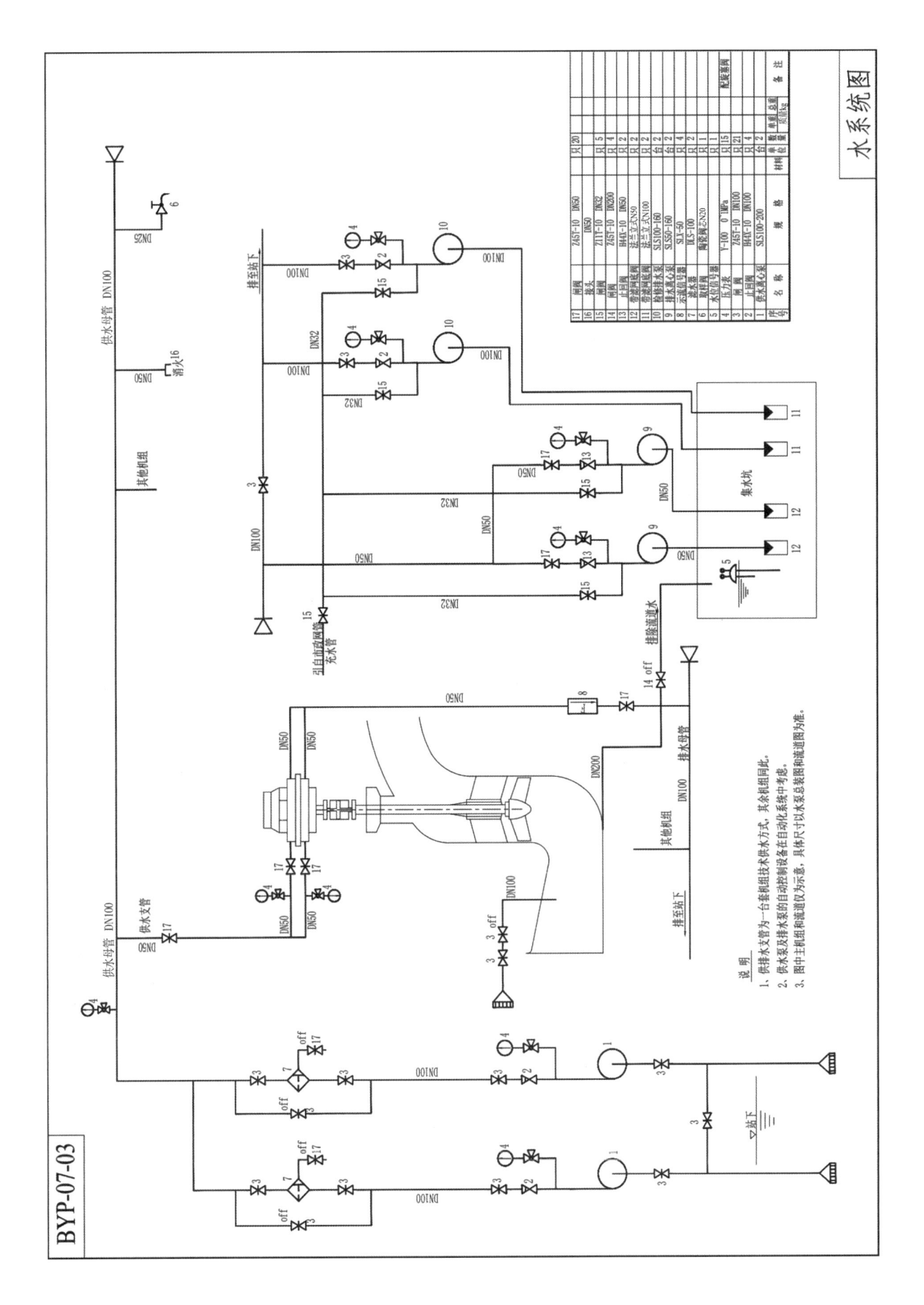

2. 南水北调东线一期江苏境内泵站概况

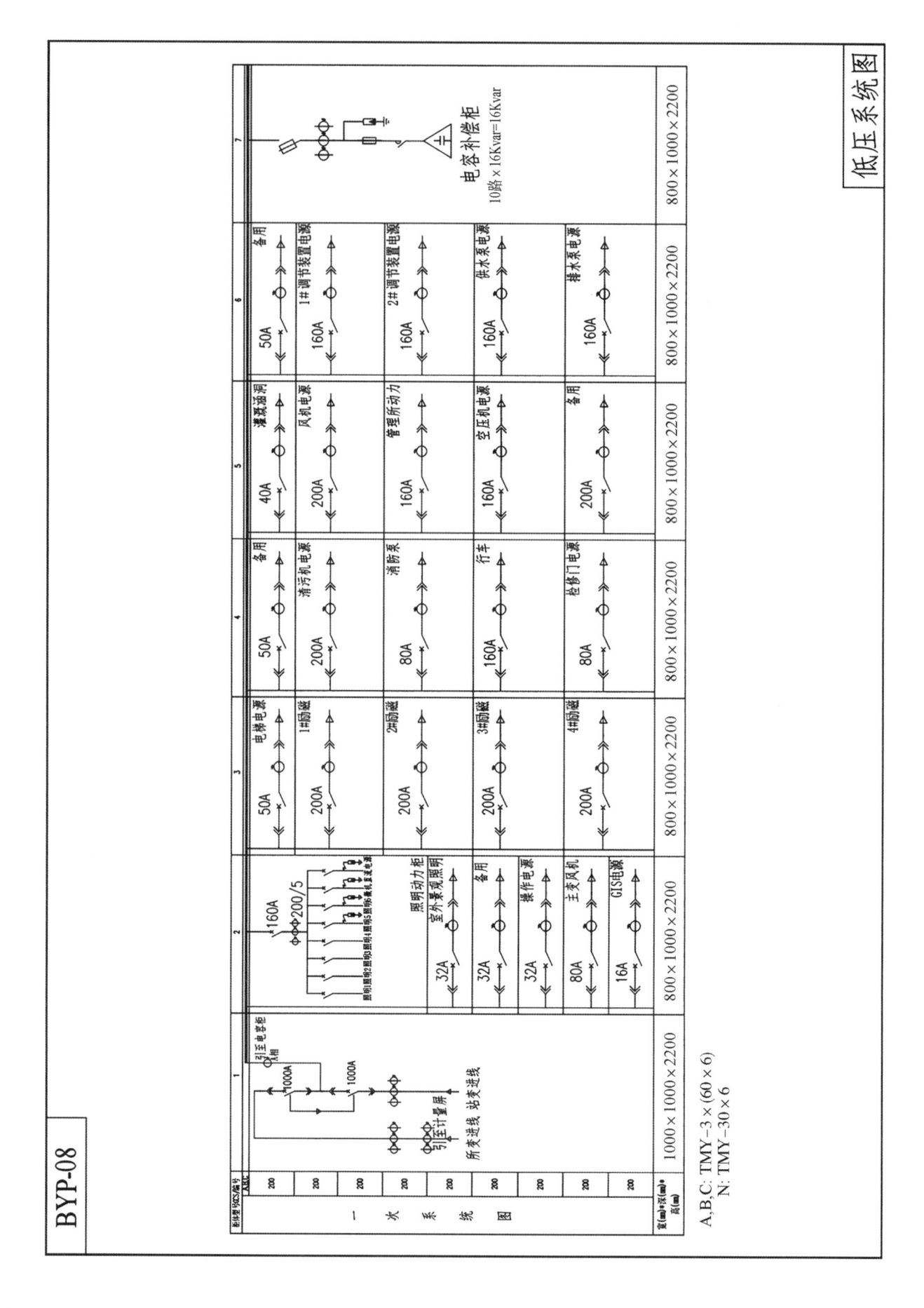

低压系统图

1	2	3	4	5	6	7
引主进电源柜 1000A / 主计量屏 / 引变进线 站变进线 所变进线	160A 200/5 照明动力柜 / 室外景观照明 / 备用 32A / 操作电源 32A / 主变风机 80A / GIS电源 16A	电梯电源 50A / 1#励磁 200A / 2#励磁 200A / 3#励磁 200A / 4#励磁 200A	备用 50A / 清污机电源 200A / 消防泵 80A / 行车 160A / 检修门电源 80A	灌溉涵洞 40A / 风机电源 200A / 管理所动力 160A / 空压机电源 160A / 备用 200A	备用 50A / 1#调节装置电源 160A / 2#调节装置电源 160A / 供水泵电源 160A / 排水泵电源 160A	电容补偿柜 10路×16Kvar=16Kvar
1000×1000×2200	800×1000×2200	800×1000×2200	800×1000×2200	800×1000×2200	800×1000×2200	800×1000×2200

A,B,C: TMY-3×(60×6)
N: TMY-30×6

BYP-08

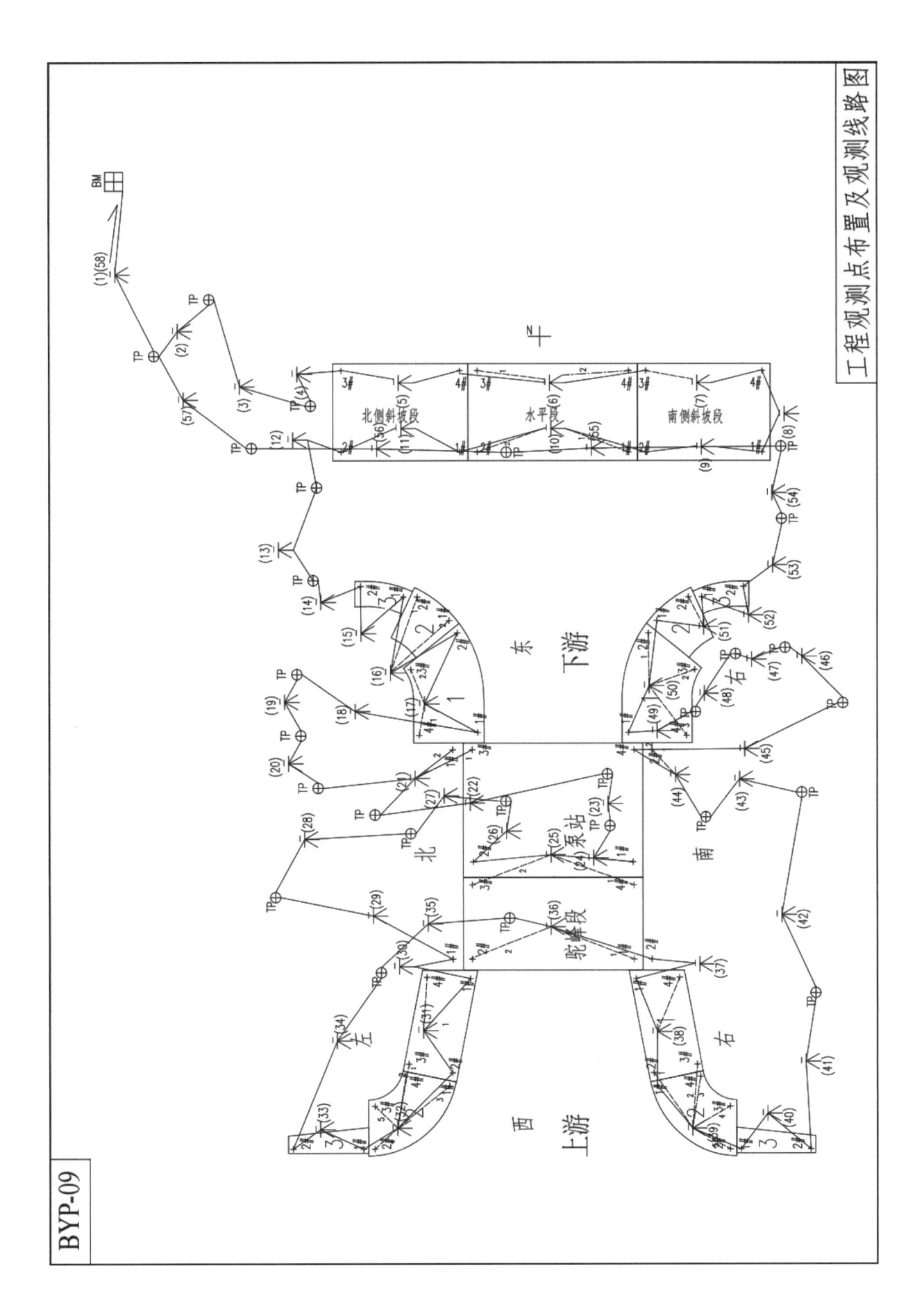

2. 南水北调东线一期江苏境内泵站概况

工程观测点布置及观测线路图

BYP-09

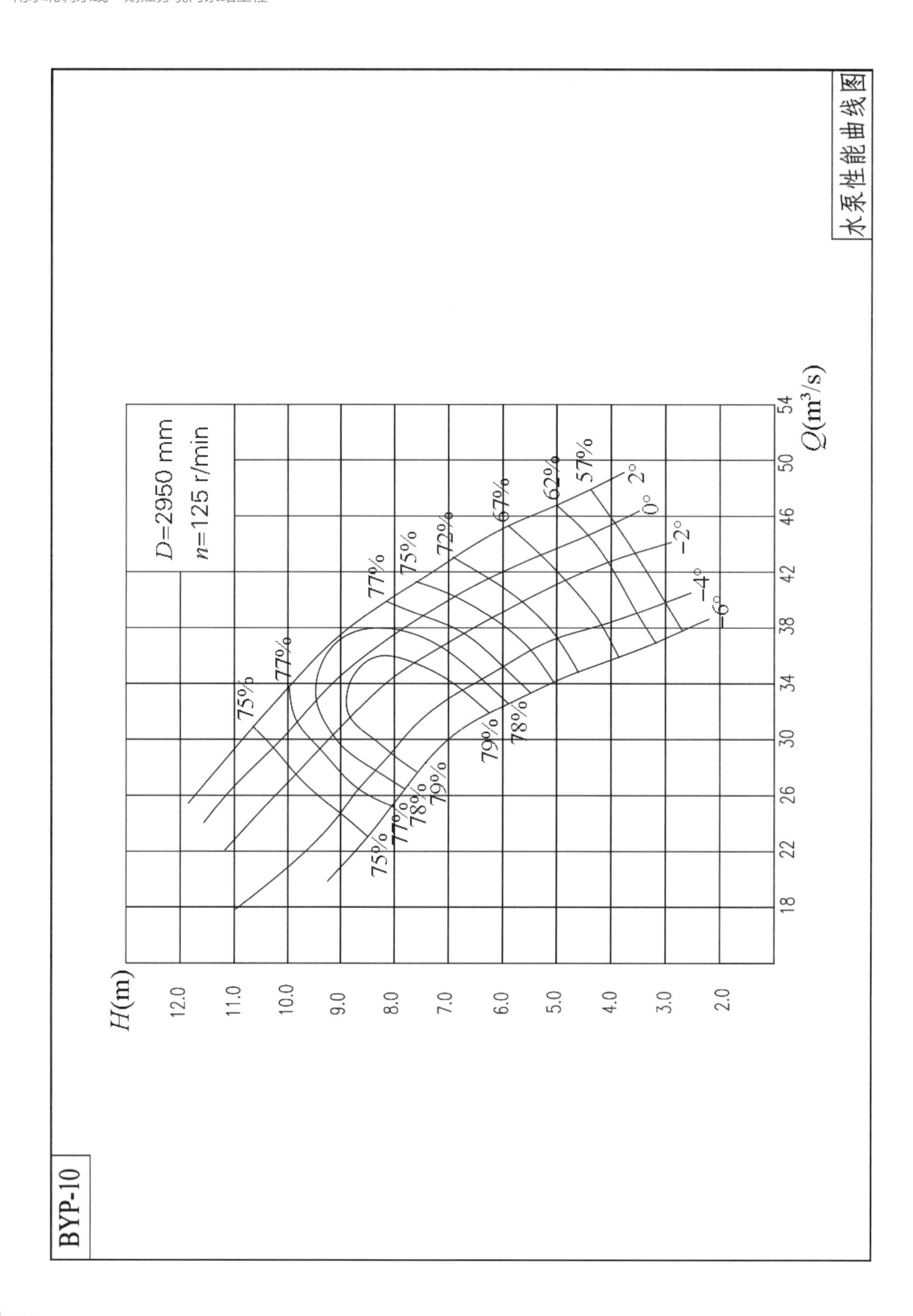

水泵性能曲线图

BYP-10

2．南水北调东线一期江苏境内泵站概况

BYP-11

自动化拓扑图

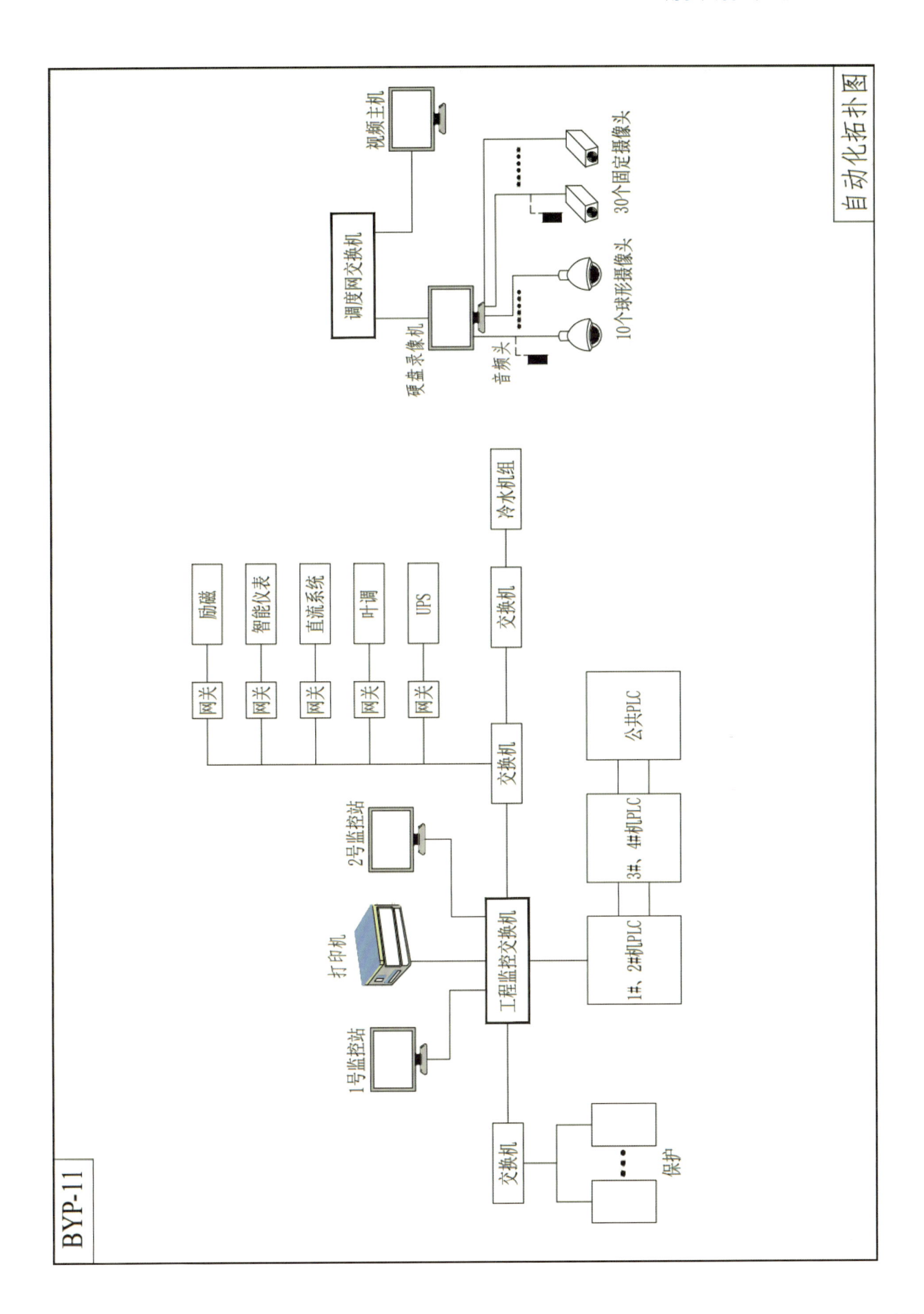

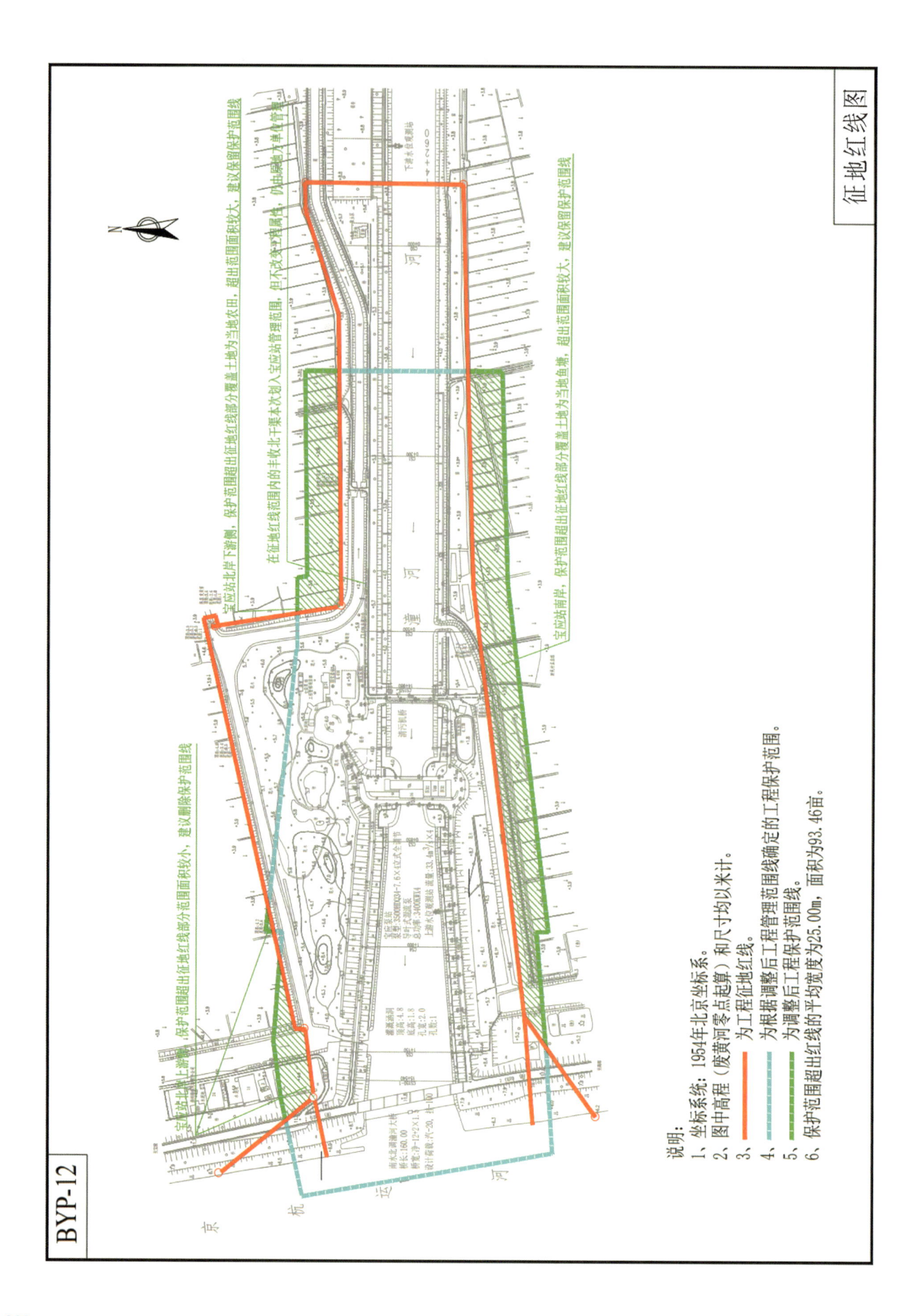

南水北调东线一期江苏境内泵站工程

征地红线图

BYP-12

说明：
1、坐标系统：1954年北京坐标系。
2、图中高程（废黄河零点起算）和尺寸均以米计。
3、———— 为工程征地红线。
4、———— 为根据调整后工程管理范围线确定的工程保护范围。
5、———— 为调整后工程保护范围线。
6、保护范围超出红线的平均宽度为25.00m，面积为93.46亩。

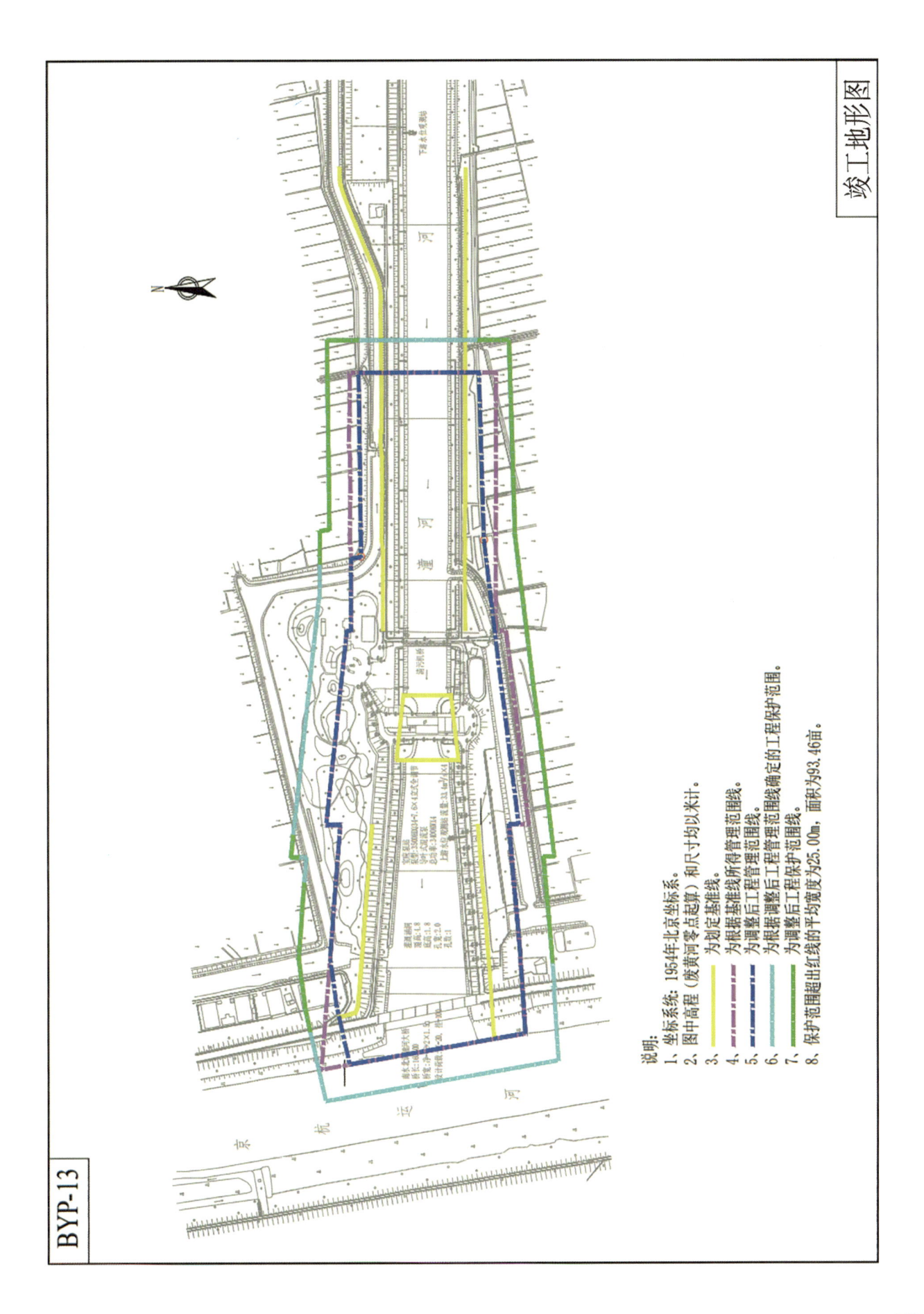

2. 南水北调东线一期江苏境内泵站概况

2.2 第二梯级泵站

2.2.1 淮安二站

图 2-4 淮安二站

1. 工程概况

淮安二站位于淮安市淮安区（原楚州区）南郊、京杭大运河和苏北灌溉总渠的交汇处，是淮安水利枢纽工程的重要组成部分，也是南水北调的第二级泵站之一。该站与淮安一站、淮安三站和淮安四站共同抽引江都站和宝应站输送的长江水入苏北灌溉总渠，满足南水北调东线第一期工程第二、第三梯级抽水 300 m³/s 的目标，另外还与淮安一站共同担负着白马湖地区 70 万亩农田的排涝和渠北地区 200 万亩农田的灌溉，及该地区工业、航运、城乡人民生活用水的任务。

淮安二站工程地处淮河下游白马湖地区，位于北亚热带和暖温带的过渡地带，受季风环流影响，具有寒暑变化显著、四季分明、雨热同季的气候特征。多年平均降水 931 mm，降雨年际差异较大，年最大降水量 1 453.6 mm，年最小降水量 569.1 mm，降雨年内季节间分配不均匀，6—9 月份降雨占全年雨量的 60%～70%，经常出现先旱后涝、旱涝急转、旱涝交替的天气形势。淮安二站基础坐于第（7）层轻粉质砂壤土上，能够满足上部荷载要求，但该层具中等透水性，在水流长期作用下易导致渗流破坏。工程所处场地区地震动峰值加速度为 0.05 g，相应地震基本烈度Ⅵ度。

淮安二站改造工程包括：更换水泵机组及配套辅助设备、电缆、检修闸门和启闭系统、拦污栅等；更新改造桥式起重机，增设微机监控、视频监视等自动化系统；加固处理厂房和翼墙，改造高低压开关室，接长控制楼，拆建交通桥，下游引河清淤和上下游护坡整修等。工程等别为Ⅱ等，泵房及防渗范围内的翼墙为 2 级建筑物，次要建筑物为 3 级。泵站采用堤身式块基型结构，出水流道采用虹吸式出水流道，进水流道采用肘形进水流道。淮安二站工程设计规模为 120 m³/s，供水期设计扬程

3.90 m，排涝期设计净扬程为 4.89 m。泵站装有上海凯泉泵业（集团）有限公司生产的 2 台立式全调节轴流泵，型号为 4500ZLQ60-4.89，水泵叶轮直径 4.5 m，单机流量 60 m³/s。配套上海电气集团上海电机厂有限公司 5 000 kW 立式同步电机 2 台套，型号为 TL5000/64，总装机容量 10 000 kW，电机额定电压 6 kV。

表 2-7 特征水位及扬程信息表

单位：m

			站下引水渠口	站上出水渠口
特征水位	供水期	设计水位	5.13	9.10
		最低运行水位	4.52	8.50
		最高运行水位	6.50	9.97
		平均运行水位	—	—
	排涝期	设计水位	4.63	9.52
		最低水位	4.53	8.50
		最高水位	6.74	11.20
	挡洪水位	设计挡洪水位	—	—
		最高挡洪水位	6.50	11.20
扬程	供水期	设计扬程	3.90	
		最小扬程	3.13	
		最大扬程	5.33	
		平均扬程	4.05	
	排涝期	设计扬程	4.89	
		最小扬程	4.40	
		最大扬程	6.25	

表 2-8 泵站基础信息表

所在地	淮安市淮安区南郊		所在河流	京杭大运河和苏北灌溉总渠交汇处	运用性质	灌溉、排涝、航运、补水	
泵站规模	大（2）型	泵站等别	Ⅱ	主要建筑物级别	2	建筑物防洪标准	设计 50 年一遇
							校核 200 年一遇
站身总长（m）	33.7	工程造价（万元）	5 452	开工日期	2010.12	竣工日期	2013.6
站身总宽（m）	26.6						
装机容量（kW）	10 000	台数	2	装机流量（m³/s）	120	设计扬程（m）	4.89
主机泵	型式	立式全调节轴流泵			主电机	型式	立式同步电动机
		4500ZLQ60-4.89					TL5000/64
	台数	2	每台流量（m³/s）	60		台数	2	每台功率（kW）	5 000
	转速（r/min）	93.8	传动方式	直联		电压（V）	6 000	转速（r/min）	93.8
主变压器	型号	S10-31500　110 kV/35 kV/6kV			输电线路电压（kV）	6	
	总容量（kVA）	31 500	台数	1	所属变电所	淮安抽水站变电所	
主站房起重设备	桥式行车		起重能力（kN）	500/100	断流方式	真空破坏阀	

续表

闸门结构型式	上游	无	启闭机型式	上游	无		
	下游	平面钢闸门		下游	—		
进水流道形式		肘形流道	出水流道形式		虹吸式流道		
主要部位高程(m)	站房底板	−5.57	水泵层	0.34	电机层	14.74	副站房层	16.55
	叶轮中心	1.63	上游护坦	−3.0	下游护坦	−3.96	驼峰底	11.5
站内交通桥	净宽(m)	5.7	桥面高程(m)	10.5	设计荷载	公路-Ⅱ级	高程基准面	废黄河
站身水位组合	设计水位(m)	下游	5.33	上游	9.13		
	校核水位(m)	下游	6.50	上游	9.58		

2. 批复情况

2005年10月，国家发展改革委以《关于南水北调东线一期工程项目建议书的批复》（发改农经〔2005〕2108号）批复了南水北调东线一期工程项目建议书。

2008年11月，国家发展改革委以《关于审批南水北调东线一期工程可行性研究总报告的请示的通知》（发改农经〔2008〕2974号），批复了《南水北调东线一期工程可行性研究报告》，淮安二站改造工程为其中的一个设计单元工程。

2009年10月14日，国务院南水北调办以《关于南水北调东线一期长江至骆马湖段其他工程淮安二站改造工程初步设计报告（技术方案）的批复》（国调办投设〔2009〕185号）批复了淮安二站改造工程初步设计。

2010年2月2日，国务院南水北调办以《关于南水北调东线一期长江至骆马湖段其他工程淮安二站改造工程初步设计报告（概算）的批复》（国调办投设〔2010〕10号）核定了淮安二站改造工程总投资5 323万元。经国家相关部门批准调整后，淮安二站改造工程总投资为5 452万元。

3. 工程建设有关单位

项目法人：南水北调东线江苏水源有限责任公司

现场建设管理机构：江苏省南水北调淮安二站改造工程建设处

设计单位：江苏省水利勘测设计研究院有限公司

监理单位：江苏科兴工程建设监理有限公司

质量监督单位：南水北调工程江苏质量监督站

质量检测单位：江苏省水利建设工程质量检测站

土建施工单位：江苏盐城水利建设有限公司

水泵及附属设备采购：上海凯泉泵业（集团）有限公司

电气设备采购：上海电气集团上海电机厂有限公司（电机设备）

　　　　　　　江苏银佳企业集团有限公司（高低压开关柜设备）

　　　　　　　江苏华远电缆有限公司（电缆供应商）

自动化系统：许继电气股份有限公司

管理（运行）单位：江苏灌溉总渠管理处淮安抽水二站管理所

4. 工程布置与主要建设内容

淮安二站位于淮安市淮安区南郊、京杭大运河和苏北灌溉总渠的交汇处。

淮安二站改造工程主要内容有：更换机组及配套辅助设备、电缆、检修闸门及启闭系统、拦污栅，行车更新改造，增设微机监控系统，厂房加固处理，开关室改造，接长控制楼，拆建交通桥，下游引河清淤和上下游护坡整修。

淮安二站装有 2 台套立式液压全调节轴流泵，叶轮直径 4.5 m，单机流量 60 m³/s，排涝设计扬程 4.89 m，抗旱设计扬程 3.9 m。配套 5 000 kW 立式同步电机，额定电压 6 kV。

淮安二站采用堤身式块基型结构，配肘形进水流道、虹吸式出水流道，真空破坏阀断流。站身结构由整块底板组成，站身布置分为四层，底层为进水流道层，第二层为水泵层，第三层为联轴层，第四层为电机层。泵站进水侧设有站内交通桥，出水侧设有工作便桥。交通桥外侧设有拦污栅，桥内侧设有检修门槽。主厂房东侧为控制楼，西侧为检修间。

站下交通桥全桥共 4 跨，设计荷载标准为公路 -II 级，桥面高程 10.5 m（废黄河高程系），桥宽 5.7 m，桥总长 26.6 m。

5. 分标情况及承建单位

2010 年 4 月 15 号，国务院南水北调办以《关于南水北调东线一期工程高水河整治工程和淮安二站工程招标分标方案的批复》（国调办建管〔2010〕50 号）批复淮安二站改造工程划分为建设监理、土建施工及设备安装、主水泵及其附属设备采购、主电机及其附属设备采购、电缆采购、自动化系统、高低压开关柜等 7 个标段。

2014 年 1 月，江苏水源公司以《关于南水北调东线一期淮安二站改造工程汽车吊采购的批复》（苏水源工〔2014〕2 号）批复了 30T 汽车起重机的采购。

主要完成工程量：土方开挖 3.14 万 m³（含清淤土方 1.93 万 m³）、土方填筑 1.15 万 m³、混凝土及钢筋混凝土 0.09 万 m³、砌石及垫层 0.16 万 m³、金属结构制安 58.24 t、钢筋制安 109.33 t、主机泵成套设备 2 台套、高压柜 7 台、压缩空气系统 1 套、供排水系统 1 套、压力油系统 1 套。

6. 建设情况简介

2010 年 10 月 15 日，国务院南水北调办印发了《关于南水北调东线一期淮安二站改造工程开工请示的批复》（国调办建管函〔2010〕228 号），批复同意淮安二站改造工程开工建设。本工程由江苏省南水北调淮安二站改造工程建设处具体负责工程建设现场管理工作。

（1）主要建筑物施工简况

土建部分：2011 年 1 月 11 日，出水侧站上便道浇筑完成；2 月 17 日，排泥场围堰填筑完成；3 月 22 日，翼墙后深层搅拌桩施工完成；3 月 26 日，原交通桥拆除完成；4 月 16 日新建交通桥桥面浇筑完成；11 月 2 日，翼墙贯穿缝处理完成；12 月 28 日，下游引河清淤完成。2012 年 2 月，新建块石护坡全部完成；2013 年 2 月 28 日，工作桥桥板安装完成。

房建部分：2010 年 12 月 15 日老控制楼拆除开始施工，12 月 29 日拆除完成；2011 年 1 月 3 日开始新建控制楼灌注桩施工，3 月 4 日灌注桩施工完成；3 月 18 日，建设处组织设计、监理、施工等单位进行新建控制楼基坑验槽；3月28日完成新建控制楼基础梁及承台浇筑；4月28日完成新建控制楼封顶；9月27日完成厂房框架柱加固。2013年1月12日完成厂房斜屋檐浇筑；3月21日完成装修工程。

金属结构制作安装：2011年1月1日闸门及拦污栅开始制作，8月10日金属结构通过出厂验收；8月27日，检修闸门及拦污栅安装调试完成。

主机泵及机电设备安装：2011年9月1日至11月30日完成行车大修和旧主机泵及机电设备拆除。2012年2月3日开始1号机的安装，同时开始辅助设备和电气设备安装，2月18日完成同心测量；6月30日第二台机组安装调试完成，具备试运行条件；7月2日进行了2号机组空载试运行，7月4日至5日进行了2号机组预试运行。

起重设备维修：2011年7月21开始大修，12月10日，通过江苏省特种设备安全监督检验研究院淮安分院检验，并取得安全检验合格证书、特种设备安装安全质量监督检验证书。

电气及辅助设备安装：2012年2月7日，开始高、低压开关柜及电气设备的安装；4月20日完成电气设备交接试验；4月29日安装调试结束。辅机设备于2012年1月4日开始安装；4月28日全部完成。

自动化系统采购安装：2012年3月开始泵站自动化系统安装。2013年6月，完成计算机监控系统安装、视频监视系统安装、信息管理系统安装；7月16日，通过自动化系统采购及安装合同验收。

水土保持施工：2013年3月10日开始实施，4月20日完成施工。

（2）重大设计变更

无重大设计变更。

淮安二站改造工程于2010年12月开工，2013年6月完工。2012年12月2通过泵站机组试运行验收，2013年4月通过设计单元工程通水验收，2014年2月通过单位工程验收，2014年5月合同项目完成验收。2014年12月19日，淮安二站通过设计单元工程完工验收技术性初步验收，2015年12月18日通过设计单元完工验收。

7. 工程新技术应用

（1）碳纤维布加固修补混凝土技术

针对混凝土结构裂缝的处理问题，在淮安二站加固改造工程中采用碳纤维布（CFRP）加固和修补混凝土结构技术，对裂缝进行表面灌浆封闭后，利用树脂胶结材料，将碳纤维布粘贴于混凝土结构表面，以达到结构加固补强及改善结构受力性能的目的。外贴碳纤维布能有效地处理并防止混凝土结构裂缝，这与碳纤维布自身力学特性及相关优点有关。

（2）新型不锈钢叶片

为提高叶片抗汽蚀、抗磨性能，选定叶片采用 ZG0Cr13Ni4Mo 不锈钢、叶轮外壳选用 ZG1Cr18Ni9 不锈钢。2013年底，在新机组运行 200 d 近 5 000 h 后，打开叶轮外壳进行检查，叶片及叶轮外壳表面光洁，无汽蚀痕迹。

8. 工程质量

南水北调东线一期工程淮安二站泵站工程施工质量优良。本工程划分1个单位工程，14个分部（水利标准11个，非水利标准3个），175个单元工程（水利标准96个，非水利标准79个）。其中按水利工程施工质量检验评定相关标准评定的站身及上游段、桥梁工程、泵站下游段、主机泵设备安装、辅助设备安装等 11 个分部，10 个优良，分部工程优良率为 90.9%，2 个主要分部全部优良，主要分部优良率为 100%；按其他行业相关质量检验评定标准评定的主副厂房加固、控制楼接长、室外工程 3 个分部，合计 79 个分项工程，所有分项均自评合格。

9. 运行管理情况

淮安二站管理所隶属于江苏省灌溉总渠管理处，负责管理淮安二站的运行、维护工作，2004 年淮安二站根据管理处文件精神进行了内部改革，实行了竞争上岗、管养分离，建立了岗位竞聘竞争激励机制。管理所目前共有职工 23 名，其中高级工程师 2 人，工程师 3 人，助工 1 人，技师 2 人，泵站运行高级工 13 人，泵站运行中级工 1 人，泵站运行初级工 1 人。

在工程加固改造后，淮安二站管理所开拓创新、精细管理，加大对工程软硬件设施的建设，对上下游护坡、堤防、翼墙等进行环境整治提升，对厂房自动化、视频监视系统等进行升级改造，工程设备可靠性和形象面貌显著提升。经过努力，2016 年 1 月通过江苏省水利工程一级管理单位考核，2017 年 11 月通过江苏省安全生产标准化二级考核，2021 年 11 月通过江苏省水利工程精细化管理单位的评价验收。

截至 2022 年底，淮安二站已累计抽水 406 亿 m^3，机组总运行 184 127 台时，充分发挥了工程效益与社会效益，工程和设备运行情况良好。1999 年淮北地区遭遇大旱，淮安二站抽水量最大，达 21.15 亿 m^3；2002 年运行天数最长，达 239 d。

10. 主要技改和维修情况

（1）2021 年，运行 9 年后 1 号机进行了大修。

（2）2022 年，运行 10 年后 2 号机组进行了大修。大修的同时对 2 号叶调机构进行了改造，改造成内置式叶片调节机构。

（3）2023 年，对站用变压器、滤水器进行了更换，对 2 台机组测温装置进行了改造。

11. 图集

HATP-01：泵站位置图

HATP-02：枢纽总平面布置图

HATP-03：工程平面图

HATP-04：泵站立面图

HATP-05：泵站剖面图

HATP-06：电气主接线图

HATP-07-01：油系统图

HATP-07-02：气系统图

HATP-07-03：水系统图

HATP-08：低压系统图

HATP-09：工程观测点布置及观测线路图

HATP-10：水泵性能曲线图

HATP-11：自动化拓扑图

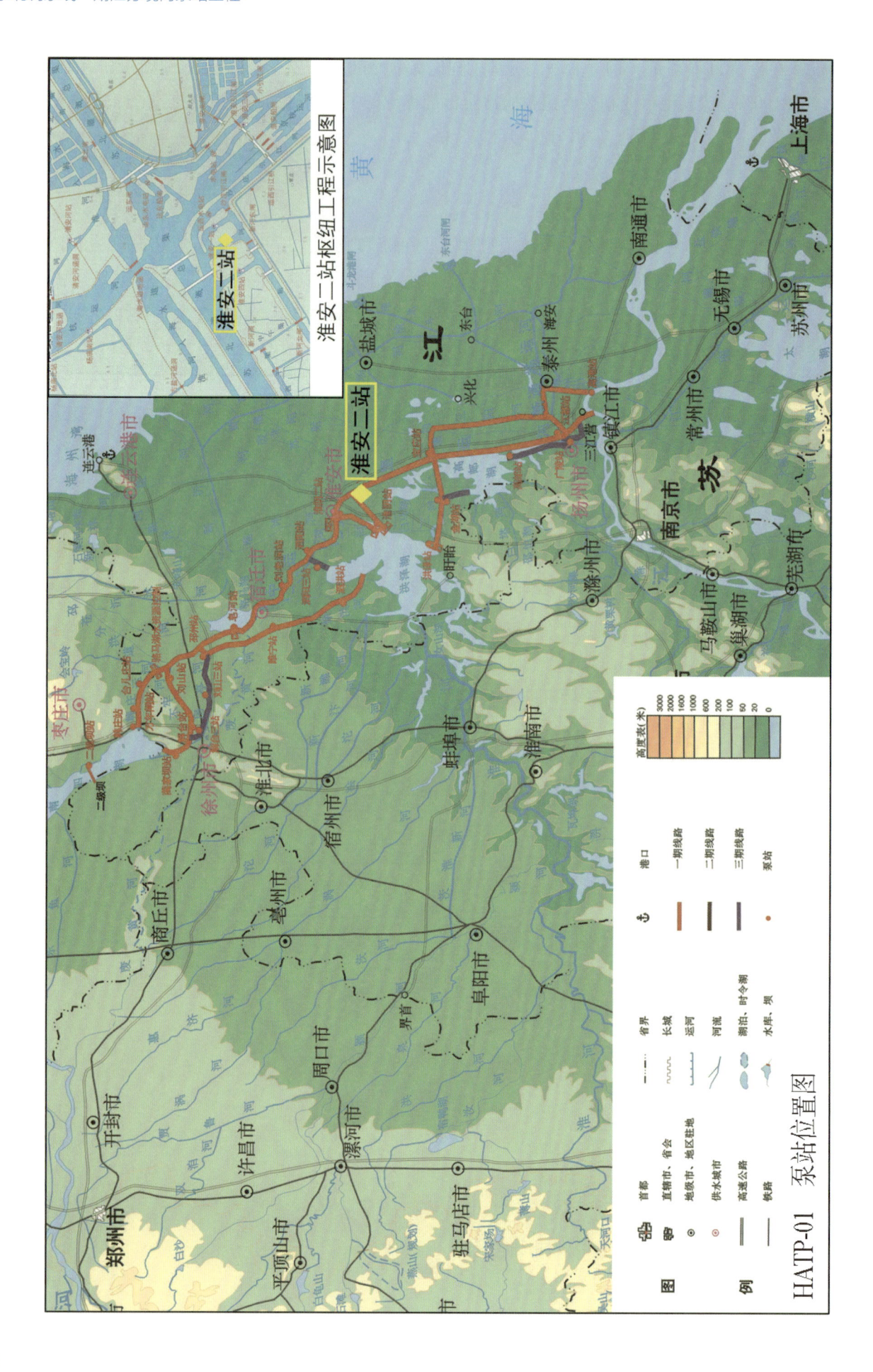

南水北调东线一期江苏境内泵站工程

HATP-01 泵站位置图

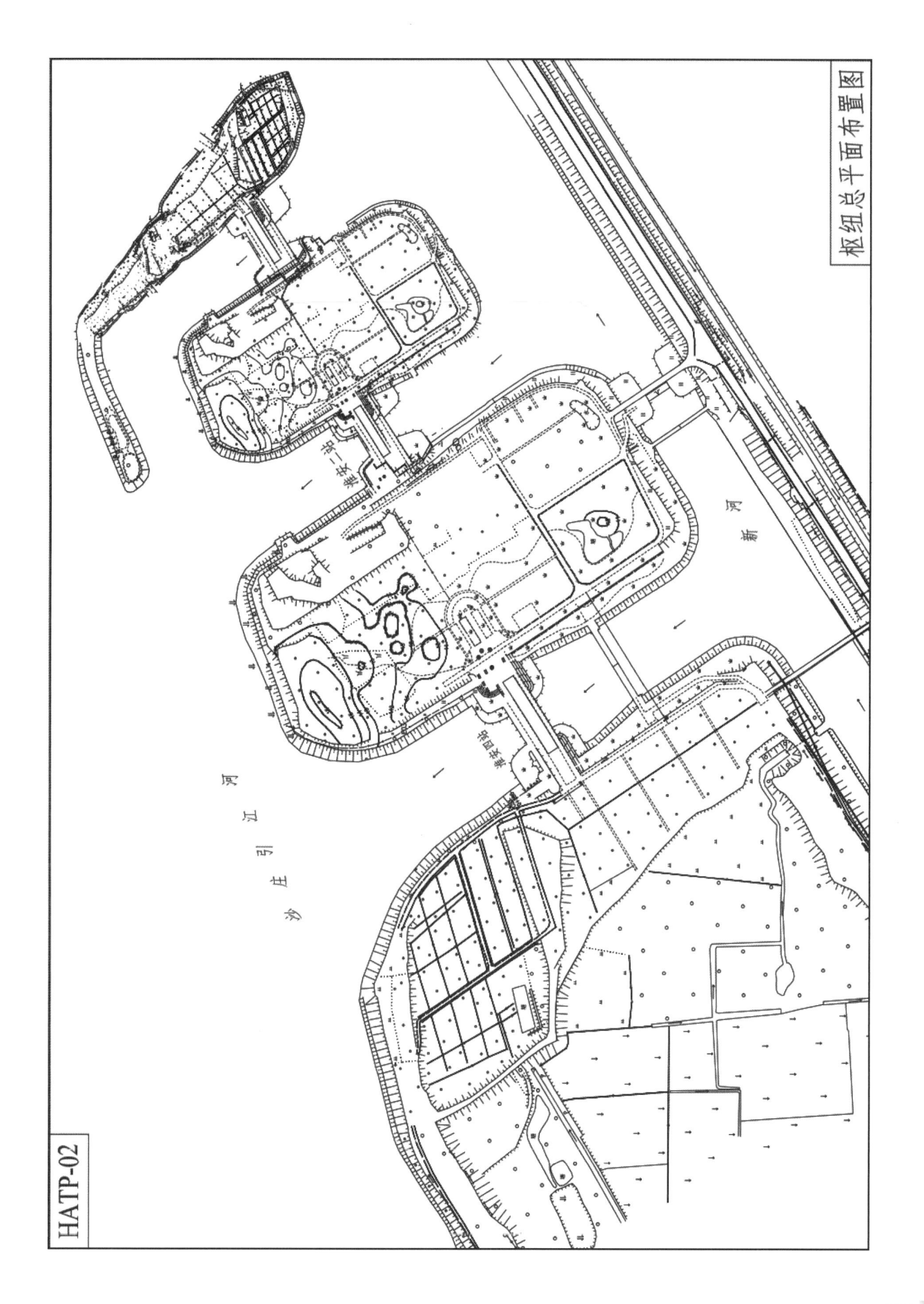

2. 南水北调东线一期江苏境内泵站概况

枢纽总平面布置图

HATP-02

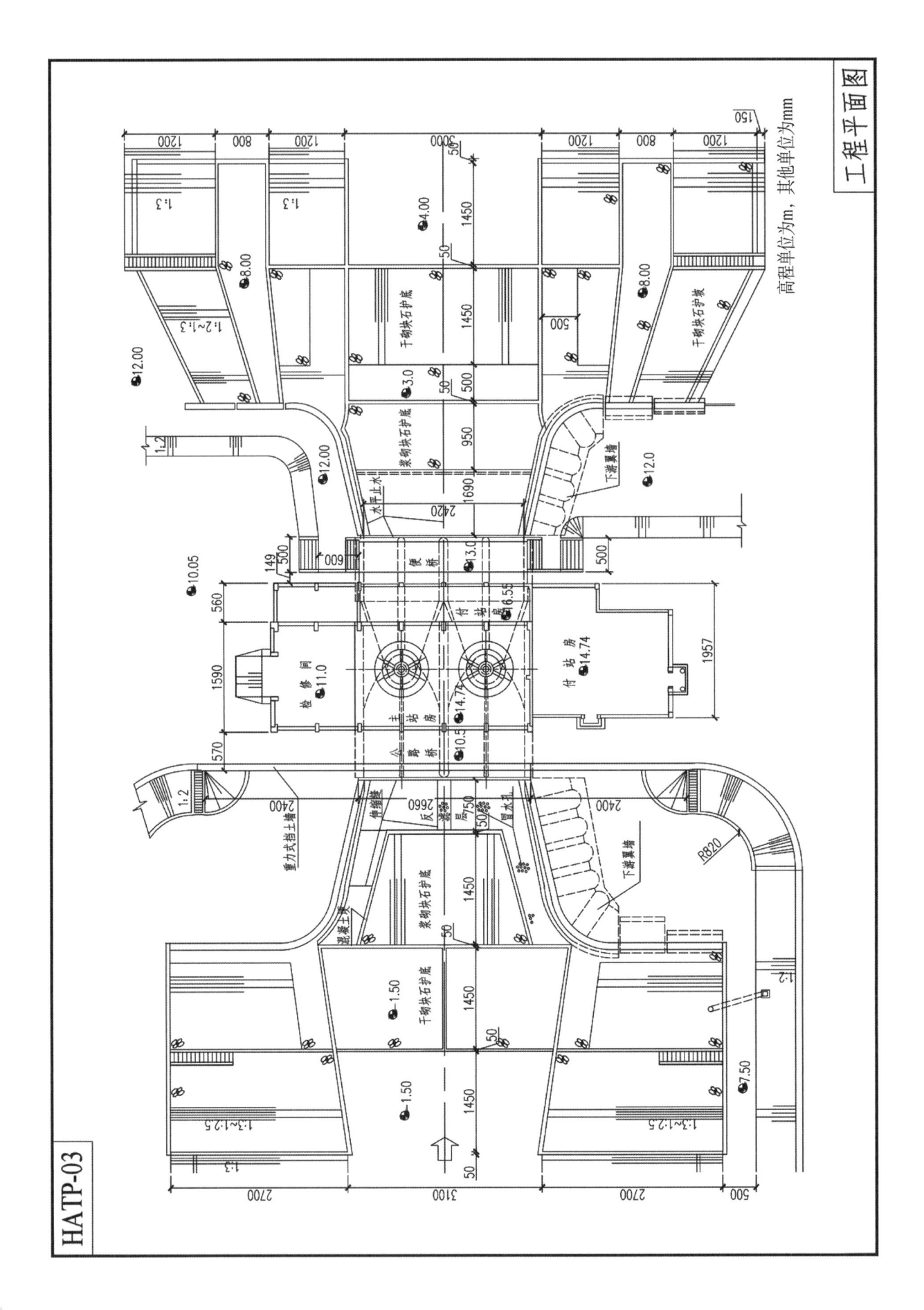

南水北调东线一期江苏境内泵站工程

工程平面图

HATP-03

078

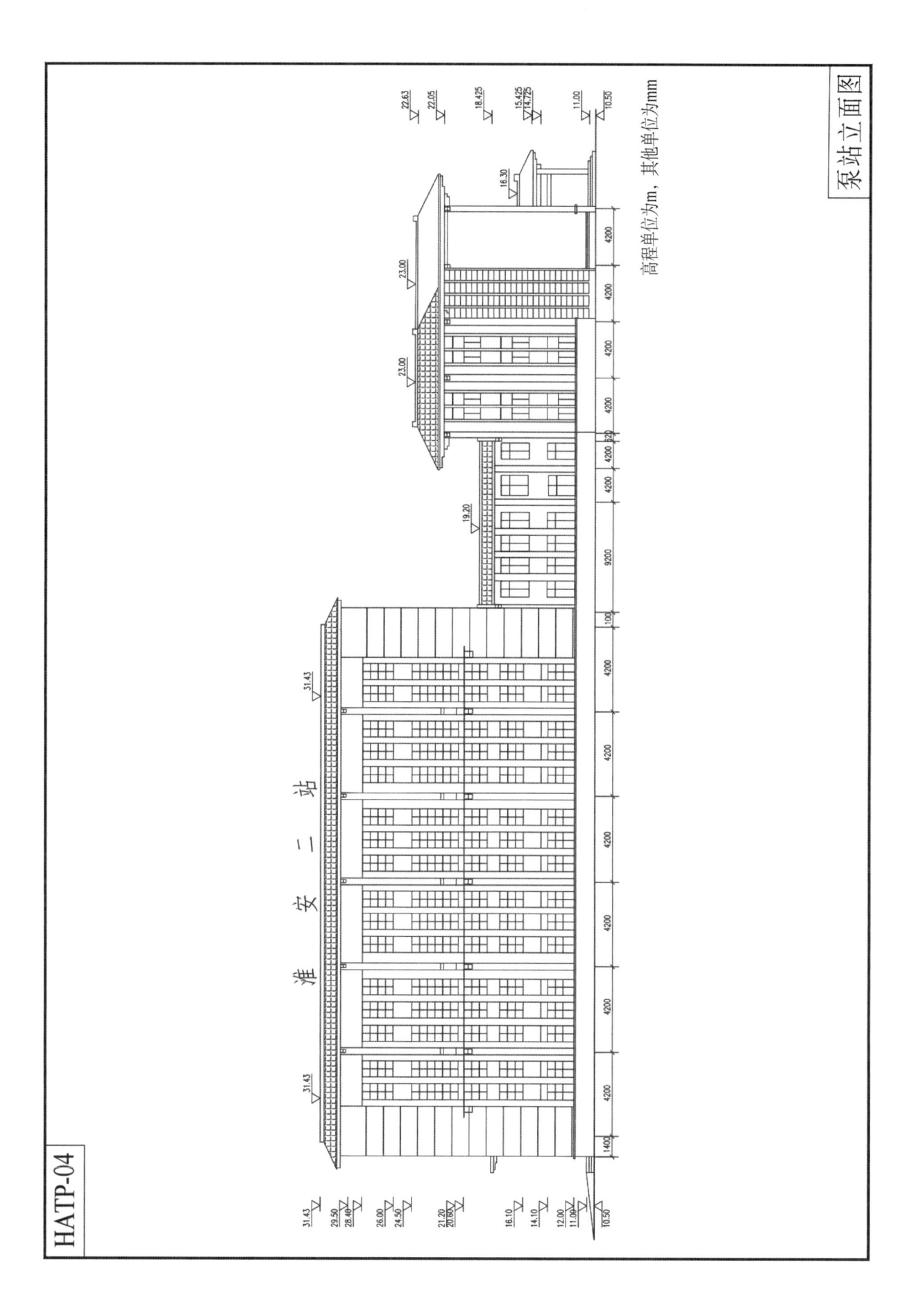

2．南水北调东线一期江苏境内泵站概况

HATP-04

淮 安 二 站

泵站立面图

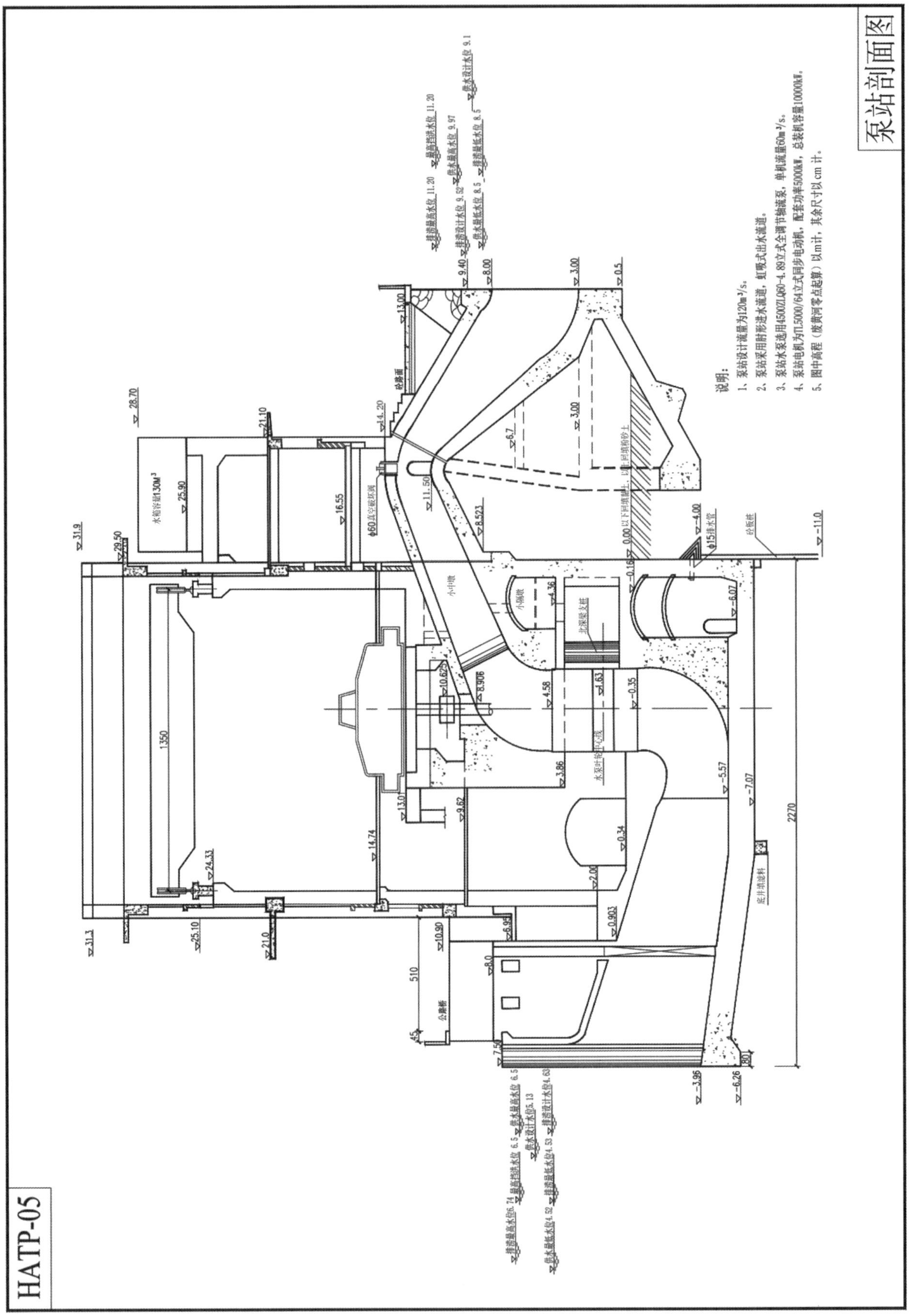
泵站剖面图
HATP-05
说明：
1、泵站设计流量为120m³/s。
2、泵站采用肘形进水流道，虹吸式出水流道。
3、泵站水泵选用4500ZLQ60-4.89立式全调节轴流泵，单机流量60m³/s。
4、泵站电机为TL5000/64立式同步电动机，配套功率5000kW，总装机容量10000kW。
5、图中高程（废黄河零点起算）以m计，其余尺寸以cm计。
水箱容量130M³
小中墩
小隔墩
水泵叶轮中心线
公路桥

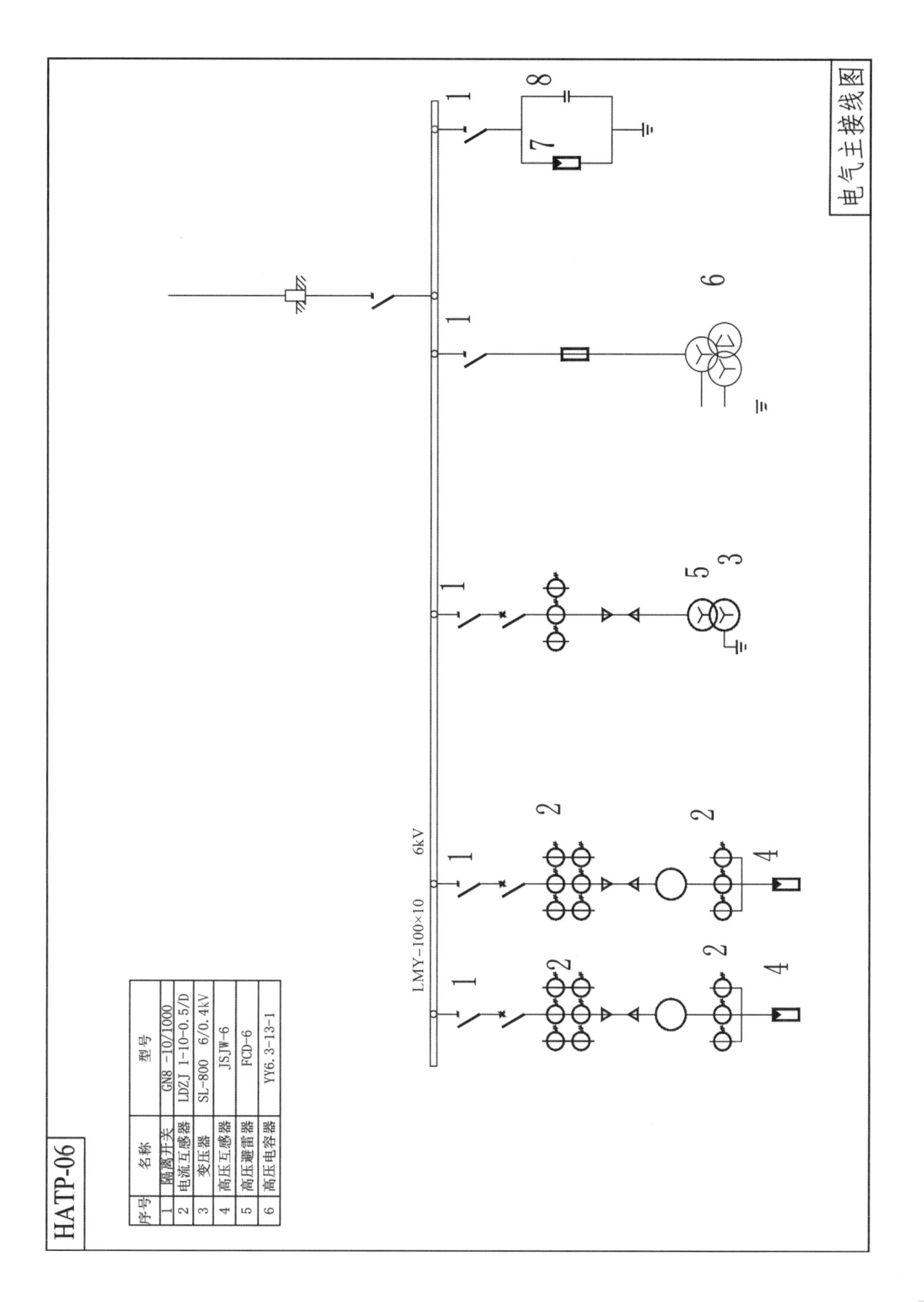

2. 南水北调东线一期江苏境内泵站概况

HATP-06 电气主接线图

序号	名称	型号
1	隔离开关	GN8-10/1000
2	电流互感器	LDZJ1-10-0.5/D
3	变压器	SL-800 6/0.4kV
4	高压互感器	JSJW-6
5	高压避雷器	FCD-6
6	高压电容器	YY6.3-13-1

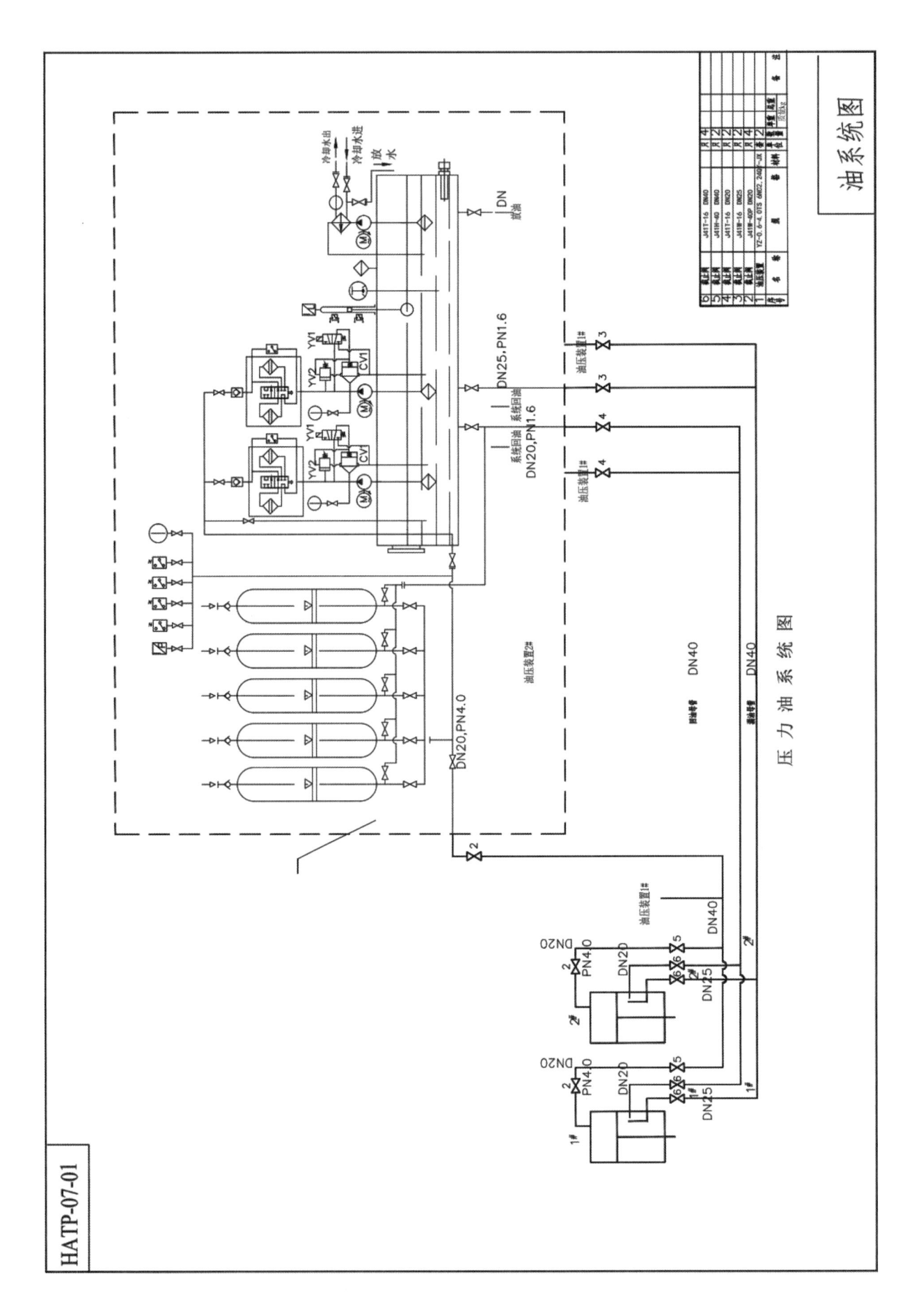

南水北调东线一期江苏境内泵站工程

压力油系统图

油系统图

HATP-07-01

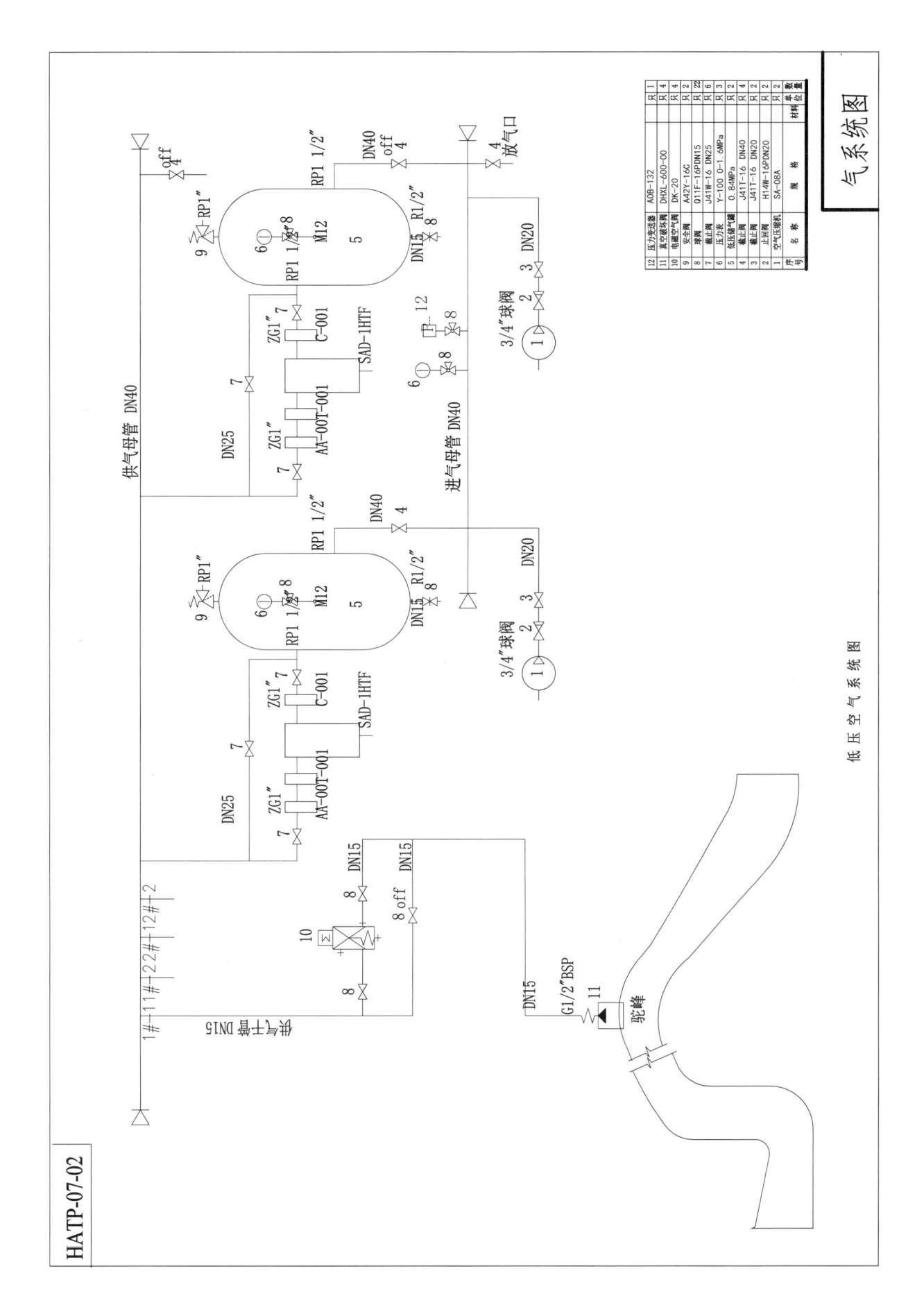

2. 南水北调东线一期江苏境内泵站概况

HATP-07-03

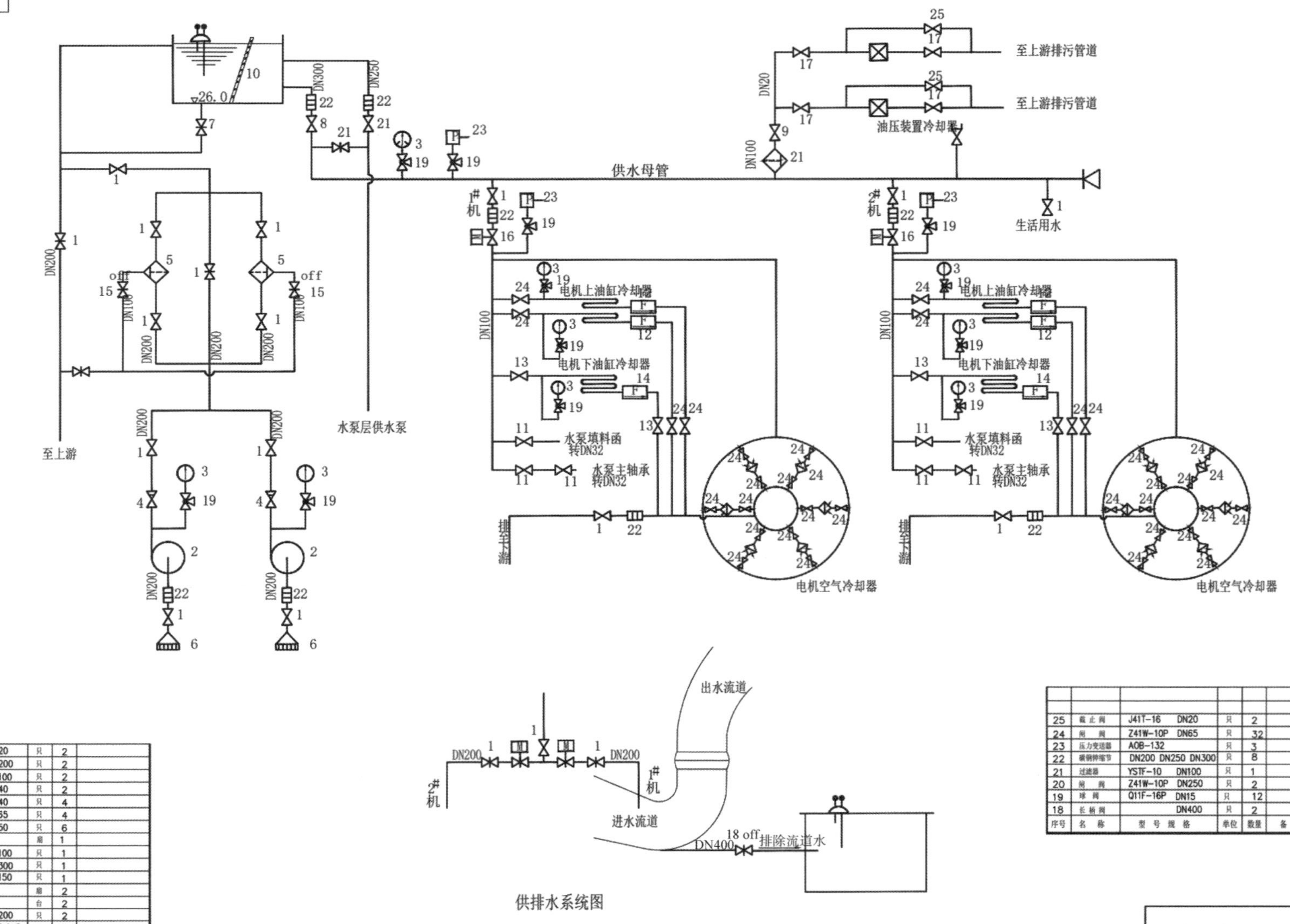

序号	名称	型号规格	单位	数量	备注
17	截止阀	J41T-16 DN20	只	2	
16	电动阀	Z41T-10 DN200	只	2	
15	电动阀	Z45T-10 DN100	只	2	
14	示流信号器	SLX-40 DN40	只	2	
13	截止阀	J41H-40 DN40	只	4	
12	示流信号器	SLX-65 DN65	只	4	
11	截止阀	J11T-16 DN50	只	6	
10	水塔过滤网		扇	1	
9	闸阀	Z41W-10 DN100	只	1	
8	闸阀	Z45T-10 DN300	只	1	
7	闸阀	Z45T-10 DN150	只	1	
6	拦污栅		扇	2	
5	滤水器	DLSIII-200	台	2	
4	止回阀	H44X-10 DN200	只	2	
3	压力表	Y-100 0 0.6MPa	只	9	
2	供水泵	SLS200-315	台	2	Q:200m³/h H:[illegible]
1	闸阀	Z45T-10 DN200	只	18	

序号	名称	型号规格	单位	数量	备注
25	截止阀	J41T-16 DN20	只	2	
24	闸阀	Z41W-10P DN65	只	32	
23	压力变送器	AOB-132	只	3	
22	碳钢伸缩节	DN200 DN250 DN300	只	8	
21	过滤器	YSTF-10 DN100	只	1	
20	闸阀	Z41W-10P DN250	只	2	
19	球阀	Q11F-16P DN15	只	12	
18	长柄阀	DN400	只	2	

水系统图

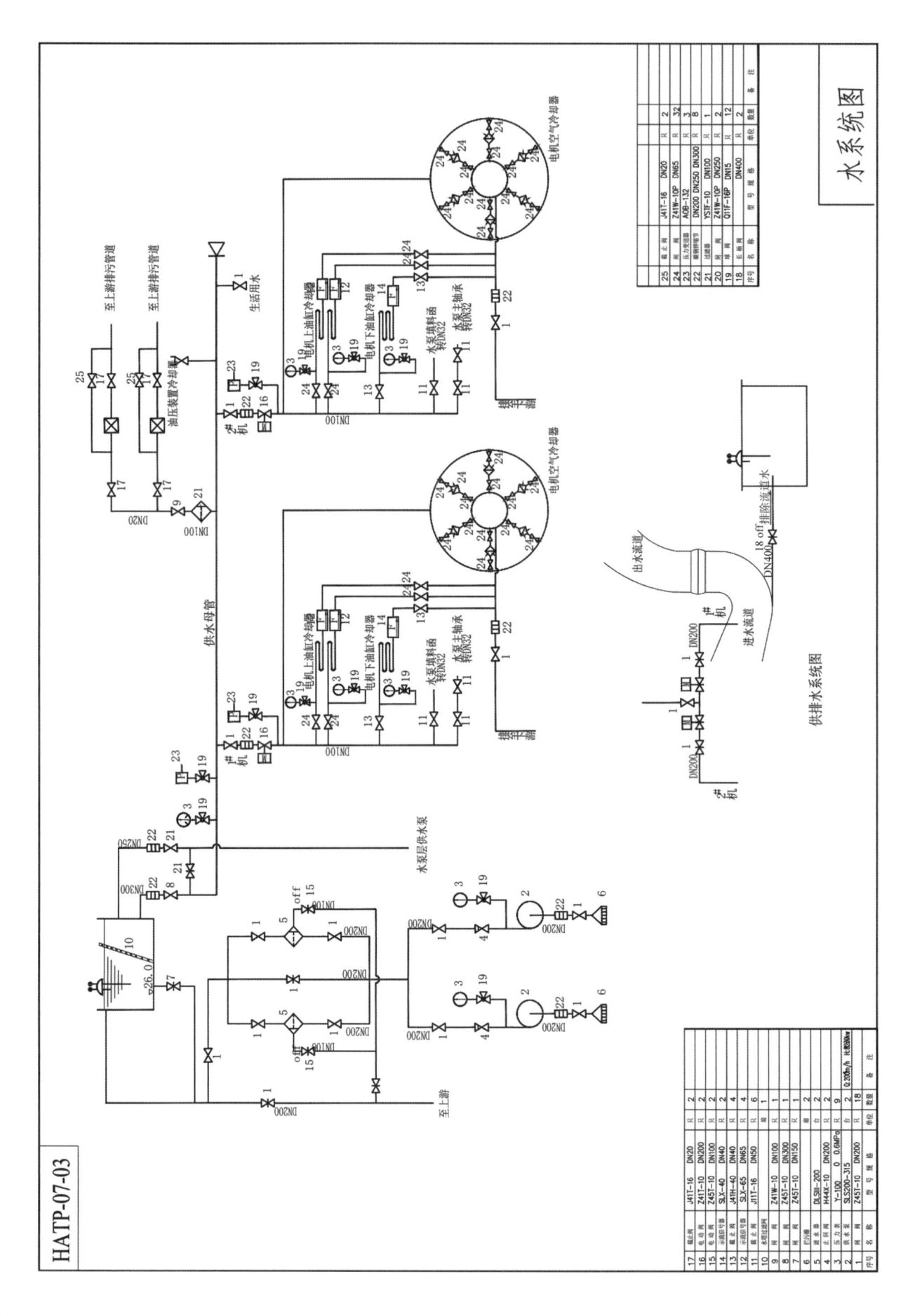

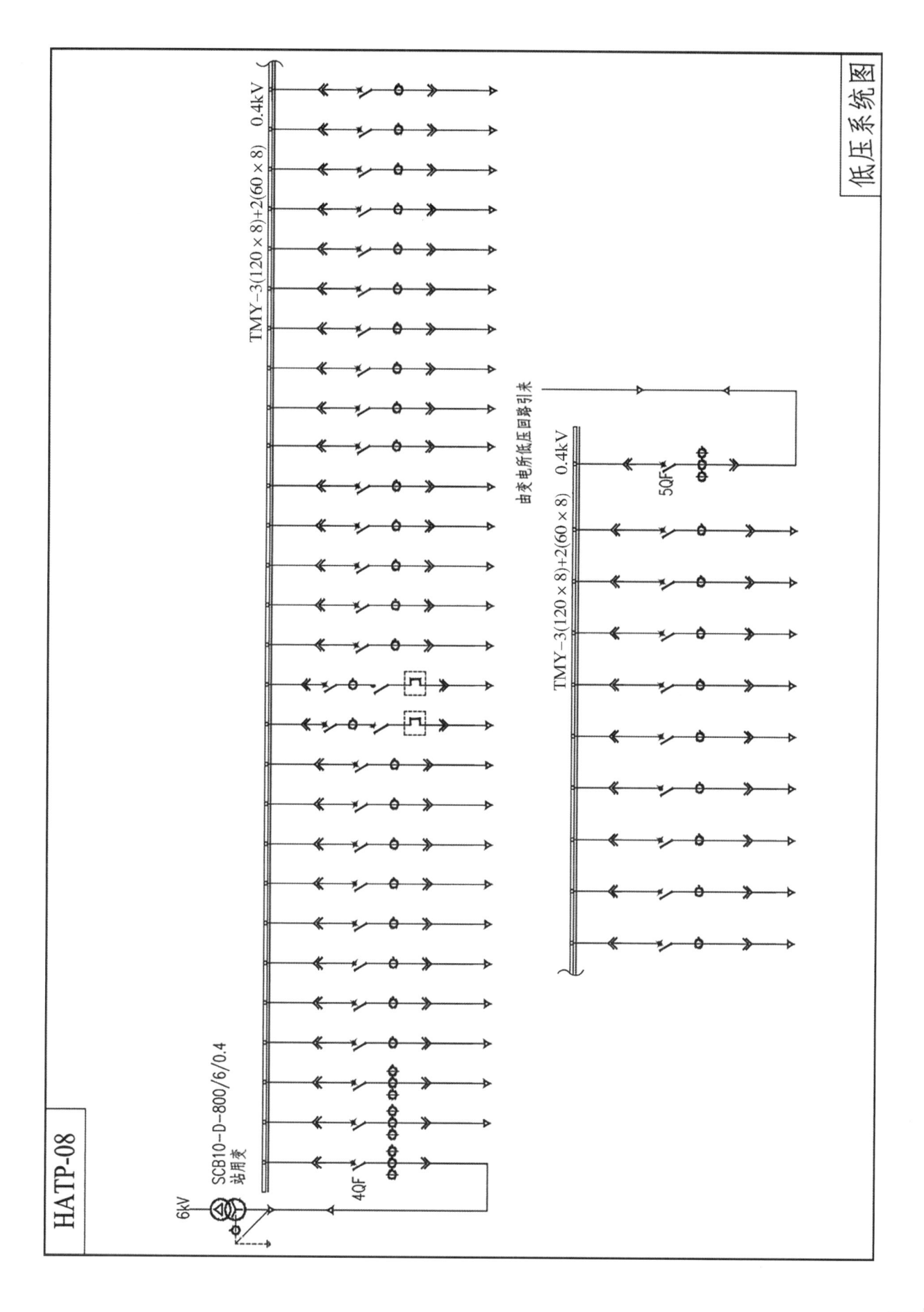

2. 南水北调东线一期江苏境内泵站概况

低压系统图

HATP-08

工程观测点布置及观测线路图

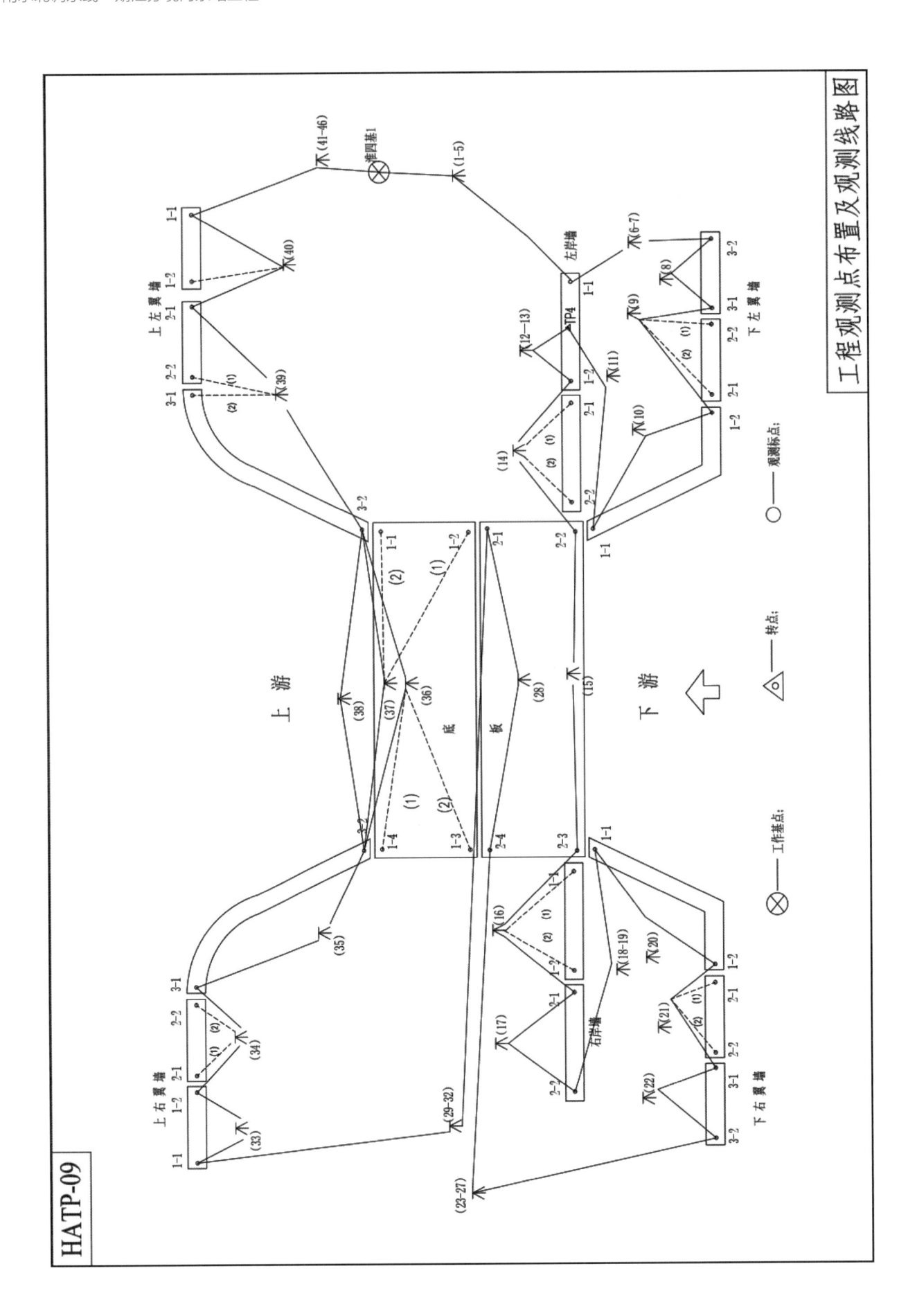

2．南水北调东线一期江苏境内泵站概况

HATP-10

水泵性能曲线图

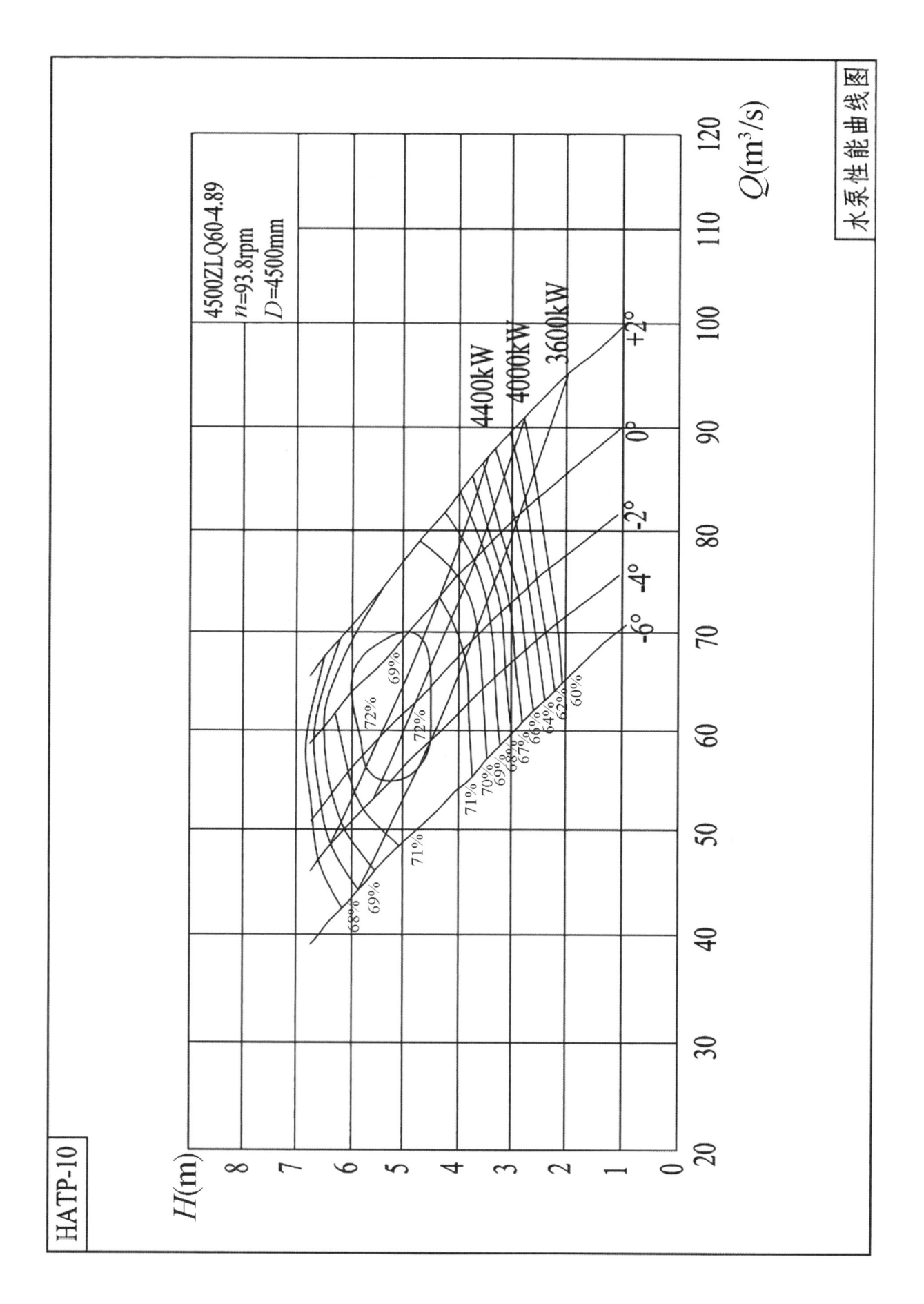

087

HATP-11 自动化拓扑图

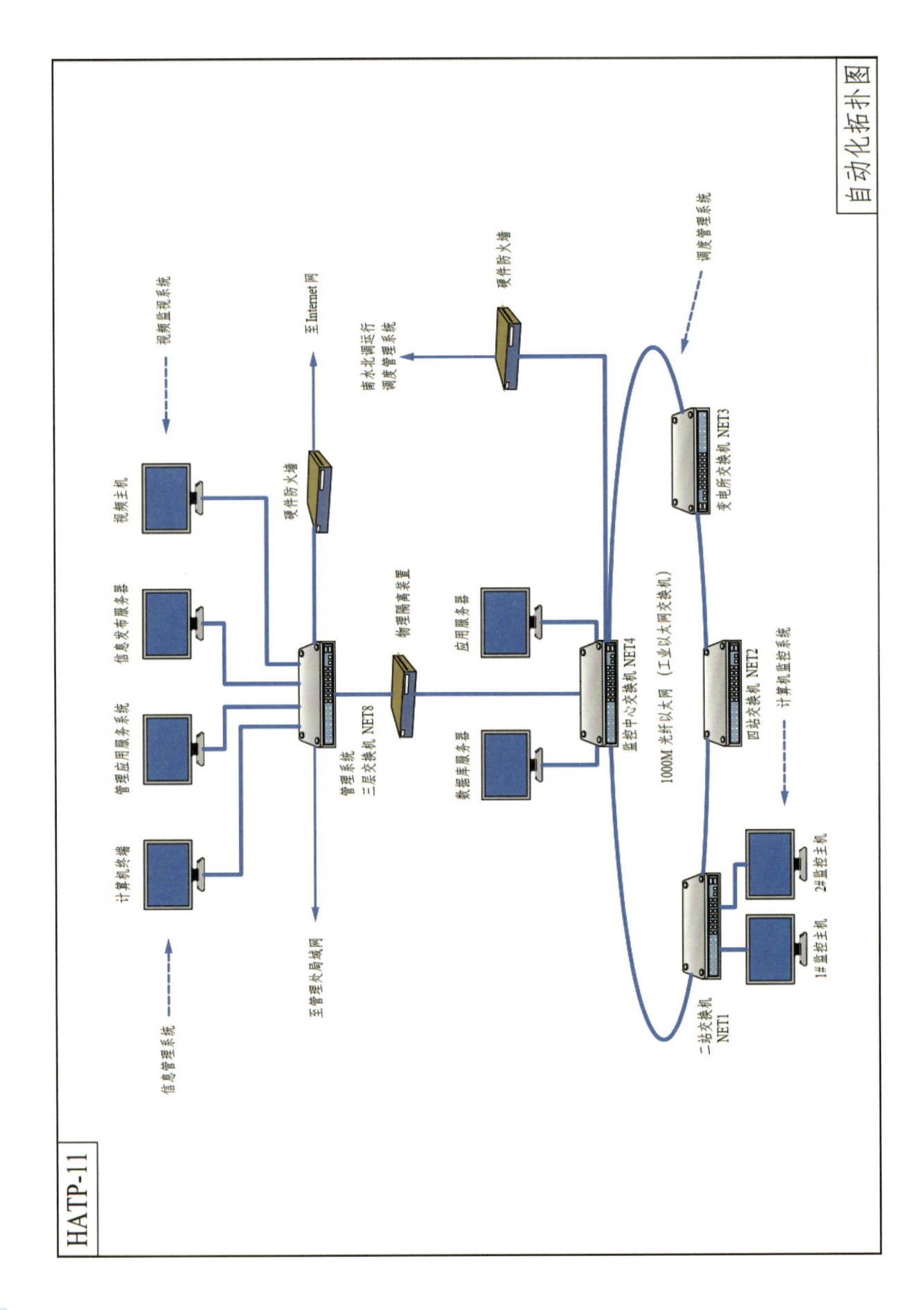

2.2.2 淮安四站

图 2-5　淮安四站

1. 工程概况

淮安四站位于淮安市淮安区三堡乡境内里运河与灌溉总渠交汇处，淮安二站西侧 340 m 处。淮安四站与淮安一站、淮安二站、淮安三站共同组成南水北调东线一期调水的第二梯级，梯级规模总设计流量 300 m³/s，加上备机在内的总装机规模为 340 m³/s，其主要任务是抽引第一梯级江都站和宝应站，通过里运河和淮安四站输水河道输送至站下的长江水入总渠，再经过第三梯级淮阴站将江水抽入洪泽湖，与淮安水利枢纽其他工程共同承担供水、防洪和排涝等任务。

淮安四站地处亚热带与暖温带过渡地带，具有明显的季风气候特点，无霜期较长，日照充裕，雨量丰沛，降雨多集中于夏季。多年平均蒸发量 1 350 mm，年平均气温 14.5 ℃，多年平均降水 931 mm，降雨年际、年内变化较大。淮安四站及其输水河道工程范围内骨干河道有运西河、新河，内部主要灌排河道有 12 条。灌溉水源为苏北灌溉总渠，排涝主要入苏北灌溉总渠、里运河和白马湖。淮安四站工程处于扬子准地台苏北拗陷区的西北侧，无较大规模断裂通过；区域地质资料显示晚第三纪以来的新构造运动以持续缓慢地沉降为主，场地区域地质构造稳定性较好。工程所处地区地震反应谱特征周期为 0.45 s，地震动峰值加速度为 0.05 g，相应的地震基本烈度为Ⅵ度。

淮安四站枢纽主要建设工程包括新建泵站、站下清污机桥、新河东闸和淮安枢纽变电所增容改造工程等。泵站规模为大（2）型泵站，工程等别为Ⅱ等，泵站工程站身及防渗范围内翼墙等主要建筑物级别为1级，下游清污机桥等其他次要建筑物级别为3级。泵站设计洪水。泵站设计洪水标准为100年一遇，校核洪水标准300年一遇。泵站为堤身式泵房，采用肘形进水流道、平直管出水流道和液压快速闸门断流，设计流量为100 m³/s，供水期设计扬程4.18 m，排涝期设计扬程4.57 m。泵站所选水泵为无锡日立生产的2900ZLQ34-4型立式全调节轴流泵4台套（含备用1台），单机流量为33.4 m³/s，比转速为1 000，叶轮直径2.9 m，转速150 r/min。电机为南京汽轮电机（集团）有限责任公司生产的TL2500-40/3250型同步电机，配套功率2 500 kW，泵站总装机容量为10 000 kW。

表2-9 特征水位及扬程信息表

单位：m

			站下引水渠口	站上出水渠口
特征水位	供水期	设计水位	4.95	9.13
		最低运行水位	4.25	8.50
		最高运行水位	6.00	9.58
		平均运行水位	5.00	9.05
	排涝期	设计水位	4.95	9.52
		最高水位	5.12	11.20
	挡洪水位	设计（1%）	6.91	10.80
		最高（0.33%）	8.00	11.20
扬程	供水期	设计扬程		4.18
		最小扬程		3.13
		最大扬程		5.33
		平均扬程		4.05
	排涝期	设计扬程		4.57
		最小扬程		4.40
		最大扬程		6.25

表2-10 泵站基础信息表

所在地	淮安市淮安区三堡乡境内	所在河流	里运河与灌溉总渠交汇处	运用性质	灌溉、排涝、补水	
泵站规模	大（2）型	泵站等别	Ⅱ	主要建筑物级别	1	建筑物防洪标准	设计	100年一遇
							校核	300年一遇
站身总长（m）	87.85	工程造价（万元）	15 971	开工日期	2005.10	竣工日期	2008.9
站身总宽（m）	12.4						
装机容量（kW）	10 000	台数	4	装机流量（m³/s）	134	设计扬程（m）	4.18

续表

主机泵	型式	立式全调节轴流泵 2900ZLQ34-4		主电机	型式	立式同步电动机 TL2500-40/3250	
	台数	4	每台流量（m³/s）	33.4	台数	4	每台功率（kW）	2 500
	转速（r/min）	150	传动方式	直联	电压（V）	6 000	转速（r/min）	150

主变压器	型号	SS10-31500kVA/110kV/6.3kV		输电线路电压（kV）		6
	总容量（kVA）	31 500	台数	1	所属变电所	总渠专用变电所

主站房起重设备	电动双梁桥式起重机	起重能力（kN）	320/50	断流方式	快速闸门

| 闸门结构型式 | 上游 | 平面钢闸门 | 启闭机型式 | 上游 | 2×160 kN 油压启闭机 |
| | 下游 | 平面钢闸门 | | 下游 | 无启闭机 |

进水流道形式	肘形流道	出水流道形式	平直管流道

| 主要部位高程（m） | 站房底板 | -5.9 | 水泵层 | -0.2 | 电机层 | 13.0 | 副站房层 | 11.5 |
| | 叶轮中心 | 0.8 | 上游护坦 | 4.5 | 下游护坦 | -3.4 | 驼峰底 | — |

| 站内交通桥 | 净宽（m） | 4.5 | 桥面高程（m） | 11 | 设计荷载 | 汽-10 | 高程基准面 | 废黄河 |

| 站身水位组合 | 设计水位（m） | 下游 | 6.91 | 上游 | 10.80 |
| | 校核水位（m） | 下游 | 8.00 | 上游 | 11.20 |

2. 批复情况

2004年12月31日，国家发展改革委以《关于南水北调东线一期长江至骆马湖段（2003）年度工程可行性研究报告的批复》（发改农经〔2004〕3061号）批准了本项目可行性研究报告。

2005年8月，水利部以《关于南水北调东线第一期工程长江—骆马湖段（2003）年度工程江都站改造工程、淮安四站工程、淮安四站输水河道工程、淮阴三站工程初步设计的批复》（水总〔2005〕350号）批复了工程初步设计。

国家发展改革委以《关于核定南水北调东线第一期工程长江—骆马湖段（2003）年度工程初步设计概算的通知》（发改投资〔2005〕1294号）核定淮安四站初步设计概算总投资为15 669万元，经国家相关部门批准调整后实际投资完成15 971万元。

3. 工程建设有关单位

项目法人：南水北调东线江苏水源有限责任公司
现场建设管理机构：江苏省南水北调淮安四站工程建设处
设计单位：江苏省水利勘测设计研究院有限公司
监理单位：江苏省苏水工程建设监理有限公司
质量监督单位：南水北调工程江苏质量监督站

质量检测单位：江苏省水利建设工程质量检测站

土建施工单位：江苏省水利建设工程有限公司

水泵及附属设备采购：无锡市锡泵制造有限公司

电气设备采购：南京汽轮电机（集团）有限责任公司（电机设备）

　　　　　　　烟台东源变压器有限责任公司（变压器）

　　　　　　　武汉市星泰电力设备有限公司（高低压开关柜设备）

　　　　　　　江苏新科水利电力成套设备有限公司（电缆供应商）

清污设备及拦污栅采购：江苏省水利机械制造有限公司

钢材水泥采购单位：江苏省水利物资总站

管理所环境绿化工程：常州市华辰园林绿化工程有限公司

自动化系统：南京东大金智电气自动化有限公司

委托管理单位：江苏省灌溉总渠管理处

4. 工程布置与主要建设内容

淮安四站工程位于江苏省淮安市淮安区（原楚州区）三堡乡境内淮安水利枢纽范围内。

根据初步设计批复（水总〔2005〕350号），工程主要建设内容包括：泵站、站下清污机桥、新河东闸、淮安枢纽变电所增容改造工程等。

淮安四站为堤身式泵站，选用叶轮直径2.9 m全调节立式轴流泵4台（包括备机1台），单机流量33.4 m³/s，配套同步电机功率2 500 kW，设计规模为100 m³/s，总装机容量为10 000 kW；泵站采用肘形进水流道和平直管出水流道，采用液压快速闸门断流；泵站站身下游侧布置站内交通桥，桥下为进水流道，设检修闸门；站身上游侧布置工作桥，设8台2×160 kN油压式启闭机，分别控制上游快速工作闸门和事故闸门；水泵叶轮安装高程为0.8 m，泵房自上而下分别为电机层、联轴层、检修层、水泵层，其中水泵层平面高程为-0.2 m，电机层平面高程为13.0 m；泵站站身上部设跨度为12.4 m的主厂房，厂房内布置一台主钩320 kN、副钩50 kN的桥式起重机。主厂房西侧布置检修间，东侧布置控制室，控制室的半地下室为电缆层，上游出水流道西侧布置油泵房，检修间、控制楼、油泵房均采用钻孔灌注桩基础；控制楼为四层，油泵房为二层，主厂房层高为16.80 m，检修间层高为18.30 m。其中主厂房、检修间面积为692 m²，油泵房面积82 m²，控制楼面积1 934 m²（含电缆层面积，电缆层面积为386 m²），总建筑面积合计为2 708 m²。

泵站清污机桥布置在泵站下游进水引河上，清污机桥底板中心线距泵站站身底板中心线的距离为115 m。泵站站下清污机桥根据站下引河断面进行设计，垂直水流方向总长116 m，共分16孔，每孔净宽4.1 m，底板顺水流方向宽9.0 m，闸墩顶高程为7.0 m，上设工作桥，桥面高程为7.5 m，桥面宽度为7.0 m。清污机桥桥墩下游侧布置清污机，中间桥孔安装12孔HQ4.1m-9.5m回转式清污机，清污机栅体与底板夹角75°，两侧临岸边孔各安装2孔固定式拦污栅。工作桥桥面下游一侧布置皮带输送机，传送清污机清上的杂物。

新河东闸设计流量150 m³/s，主要建筑物闸室、防渗范围内翼墙等为2级水工建筑物，其他次要建筑物为3级水工建筑物。新河东闸工程的设计洪水标准50年一遇，校核洪水标准200年一遇。工程位于淮安二站和四站之间的新河上，中心线距四站引河中心线216 m，设计流量150 m³/s，闸孔总净宽 24 m，分 3 孔，每孔净宽 8 m，为整体式平底板、胸墙式水闸，边墩直接挡土。闸室底板面高程 0.0 m，底板厚 1.3 m，顺水流方向长 12.0 m，工作桥面高程 16.2 m。闸门为平面钢闸门，门顶设胸墙，采用 2×160 kN 绳鼓式启闭机启闭。闸室上下游设直线和圆弧钢筋砼扶壁式翼墙，闸总长 98 m。

新建淮安四站从总渠专用变电所引接 6 kV 电源，原变电所 2 号主变为 110 kV/35 kV/6 kV、SFSL-15 000 kVA 三圈变压器，因容量不足、年久老化，结合变电所改造，对其增容为 SS10-31500kVA/110kV/6.3/kV 一台。

5. 分标情况及承建单位

2005 年 8 月 5 日，国务院南水北调办以《关于南水北调东线一期淮阴三站淮安四站江都站改造工程招标分标方案的批复》（国调办建设管函〔2005〕69 号）批准了淮安四站的招标分标方案，批复淮安四站工程分为 11 个标段。

淮安四站工程已按初步设计批复的内容，完成了泵站、站下清污机桥、新河东闸、淮安枢纽变电所增容改造及水土保持等工程。实际完成工程量：土方 100.2 万 m³、混凝土 35 359 m³、砌石 6 514 m³，钢筋制安 2 121 t，金属结构 342 t，回转式清污机 12 台套，油压启闭机 8 台套，主机泵 4 台套，变压器 1 台套。

6. 建设情况简介

2005 年 10 月 27 日《关于同意南水北调东线第一期工程淮阴三站、淮安四站工程开工的批复》（国调办建管〔2005〕94 号）批复了淮安四站的开工报告，本工程由江苏省南水北调淮阴三站淮安四站工程建设局，负责工程现场建设管理。

（1）主要建筑物施工简况

新河东闸工程于 2005 年 10 月 28 日开始闸室施工，2006 年 1 月 1 日主体工程结束；闸上交通桥于 4 月 19 日施工结束，其间穿插完成了上下游翼墙、护坡、护底、防冲槽等工程；10 月 16 日进行桥头堡灌注桩基础施工；主体框架工程于 2007 年 1 月 30 日完成，在主体框架工程施工同时，墙体砌筑穿插进行，于 3 月 17 日结束；装饰工程于 2007 年 4 月 30 日完成。新河东闸附属工程于 2007 年 5 月 1 日开始，8 月 15 日完成。

泵站土建工程于 2006 年 2 月 8 日开工，项目部首先进行了泵站下游引河、基坑一期土方开挖施工，2006 年 3 月 6 日至 5 月 8 日进行站身上游侧地连墙支护施工；从 5 月 28 日开始浇筑泵站西侧底板，至 11 月 29 日浇筑完成东侧电机层，历时 6 个月完成泵站站身部分混凝土浇筑。泵站上下游翼墙、护坡、护底在主站身施工的同时根据施工条件穿插进行。2007 年 1 月开始泵站主厂房施工，2008 年 3 月完成厂房、控制室土建工程。2008 年 4 月开始装饰工程施工，8 月底完成装饰工程。2008 年 8 月上下游围堰拆除完毕。主水泵于 2006 年 6 月 13 日开始主机组基础预埋工作，2007 年 12 月 20 日 4 台主机组安装完成。上游快速工作闸门、事故闸门各 4 扇，下游 2 套检修闸门，于 2006 年 11 月 18 日开始制作，2007 年 1 月 20 日完成，闸门防腐于 2 月 17 日开始，3 月 12 日完成，6 月 7 日安装结束。液压启闭机于 2007 年 3 月开始制造，6 月完成，11 月 22 日设备进场安装，2008 年 1 月 20 日手动控制方式调试结束，8 月底完成与机组联动调试。

2006年5月16日完成了清污机桥底板混凝土浇筑；6月28日，完成了桥墩墙混凝土浇筑；8月1日完成桥面板混凝土浇筑，9月6日完成了桥面铺装层混凝土浇筑。

2006年11月10日变电所改造工程开工；12月29日房屋扩建工程完成；2007年2月5日，12台高压开关柜进场；2月6日，变压器进场；3月5日，2台保护屏进场；4月6日，变压器通过了供电局主持的启动验收；4月26日变电所改造工程完成。

（2）重大设计变更

本工程无重大设计变更。

淮安四站工程于2005年10月28日开工建设，2008年8月全面竣工，2008年9月通过泵站机组试运行验收，2009年7月通过单位工程验收，2010年7月通过合同验收，2012年7月，工程通过国务院南水北调办组织的设计单元完工验收。

7. 工程新技术应用

（1）大体积砼防裂技术应用

针对高温季节浇筑进出水流道如何防裂问题，淮安四站工程建设处与河海大学合作对混凝土防裂技术进行了研究。通过认真深入而又细致的施工全过程数值仿真计算分析，事先较为准确地预测混凝土结构在任何部位、任何时刻的温度和应力的大小、主要影响因素和变化过程，较为可靠地事先得到混凝土是否会开裂、开裂原因、在何处开裂和何时会开裂等信息，以及判定导致裂缝可能出现的主要原因和可能扩裂方法与状态，进而能够针对性强、及时、经济合理地优选具体防裂措施，经过对施工方案具体量化的比优计算分析，达到合理选择应用于实际工程建设的优选方案，大大提高工程的防裂能力。

（2）预应力锚杆地连墙在泵站工程中的应用

本工程泵站站身基坑较深，上游侧齿坎底高程为 –4.7 m，上游护坦齿坎底高程为 3.0 m，高程相差 7.7 m。为了保证上游防渗护坦及翼墙底板坐落在原状土上，在泵站站塘土方开挖而不扰动原状土，施工图设计在泵站底板上游侧采取临时支护措施，其结构型式为预应力压力分散型钢筋混凝土单锚板桩墙。工程地下连续墙墙体总长 65 m，厚 60 cm，墙体深度 12.4 m，在高程 –1.0 m 处采用预应力压力分散型锚杆拉结，墙体混凝土强度等级为 C25；地连墙采用分槽段施工，单元槽段长 5.0 m，共计 13 块。采用钢板焊接隔离体分块灌注成型。

（3）采用密闭循环供水方式，改进泵站供水系统

以往泵站供水系统通常采用直接供水方式，一般从泵站下游取水，经滤水器过滤后经供水泵增压，供给泵站机组各用水对象，用水单元排水汇入排水母管，再排至泵站下游。在本工程设计中，泵站供水系统采用密闭循环供水方式，电机油冷却器及油压装置冷却器出口的高温水进入安装于出水流道内的不锈钢冷却水管，冷却后的低温水经供水泵加压后进入用水设备。每台主机组自成一独立循环冷却水系统，使用管道泵进行增压，在主机组各用水管路上均装有示流信号器监视水流，水流中断时发出报警信号。新型泵站供水方式，具有以下几个优点：一是解决了泵站供水系统取水口易堵塞，引起供水中断的问题；二是泵站封闭循环供水方式中的冷却水采用市政供水供应，水质纯净，有损耗时可随时补充，运行期间基本没有损耗，对用水单元设备没有污损；三是比泵站直接供水系统减少了能源的损耗。

8. 工程质量

南水北调东线一期工程淮安四站工程设计单元工程施工质量满足设计、规范、合同要求，工程质量评定为优良等级。本工程共分 6 个单位工程，66 个分部工程（水利标准 27 个，非水利标准 39 个），841 个单元工程（水利标准 730 个，非水利标准 111 个）。淮安四站设计单元工程的 6 个单位工程施工质量全部合格。按水利工程质量检验评定相关标准评定的泵站、清污机桥、新河东闸、变电所改造等 4 个单位工程施工质量为优良等级，单位工程优良率为 100%；按建筑工程、城市园林绿化工程相关质量标准评定的淮安四站房建和水土保持 2 个单位工程施工质量为合格等级。

9. 运行管理情况

自 2013 年正式通水至 2023 年 12 月底，淮安四站累计运行 27 579 台时，累计抽水 316 488 万 m^3。最多年运行天数为 76 d；最多年运行台时为 5 678 台时；最大运行流量 143.69 m^3/s；站下最低运行水位 5.06 m，最高运行水位 6.90 m；站上最低运行水位 9.14 m，最高运行水位 9.97 m；最小运行扬程 2.49 m，最大运行扬程 4.28 m；单台机组最小运行功率 1 400 kW，最大运行功率 2 100 kW，全站最大运行功率 8 400 kW。

10. 主要技改和维修情况

（1）机组大修

2016—2020 年，对淮安四站 4 台机组展开大修，由南水北调江苏泵站技术有限公司实施。主要维修内容包括：机组解体大修、维护、安装、电气试验，主轴、水导轴承、叶轮转子体等回厂进行维修改造；原受油器拆除更换新式受油器；水导轴承原弹性塑料轴瓦更换为赛龙材质等。实施效果：大修后机组电压、电流、功率均正常，定子线圈、推力瓦、导向瓦的温度均正常，机组的噪声和震动问题较大修前有一定程度的降低。

（2）电缆整改

2019 年，对淮安四站进行电缆整改项，由南水北调江苏泵站技术有限公司实施。主要维修内容包括：原有的凌乱电缆进行整理，更换部分电缆桥架，重新制作安装电缆标签，并按照规范整理接线，电缆层的电缆桥架上的动力电缆、通信电缆分层布置，电缆桥架增加防护盖板。整改后的电缆之间距离增大，有利于电缆散热，同时整体布置整齐、美观，也便于日常巡视检查和发现问题并处理。

11. 工程质量获奖情况

（1）淮安四站进出水流道等大体积混凝土需在高温季节浇筑，建设处与相关院校共同对大体积混凝土高温季节防裂技术进行了研究，采取在混凝土易发生裂缝部位埋设冷却水管等措施，通过实时温差检测及冷却水量调节，控制混凝土内外温差，防止裂缝的产生。经检测，进出水流道至今未产生裂缝。该项技术获得 2007 年江苏省水利科技优秀成果奖一等奖、2008 年水利部大禹水利科学技术三等奖。

（2）为提高进出水流道质量，对异型模板开展技术攻关，采用模板表面喷塑工艺，取得了较好的效果。针对该技术开展的 QC 小组获得了全国质量协会、中华全国总工会等四个单位联合授予的"2006 年全国优秀质量管理小组"称号。

（3）采用预应力锚杆技术。本工程泵站站身基坑较深，为了保证上游防渗护坦及翼墙底板坐落在原状土上，在泵站站塘土方开挖时不扰动原状土，泵站底板上游侧采用了预应力锚杆挡墙挡土。该项技术获 2010 年江苏省水利科技优秀成果奖三等奖。

（4）南水北调淮安四站工程获 2013 年江苏省水利工程优质奖。

（5）江苏工程参建各方先后获得了南水北调办颁发的"质量先进管理单位""安全生产先进管理单位""文明工地"及江苏省总工会颁发的"青年文明号""先进功臣集体""先进功臣个人"等多项荣誉称号。

（6）2013 年 3 月 28 日，南水北调东线一期工程淮安四站工程项目获得"2012 年度江苏省第十五届优秀工程设计"三等奖。

12. 图集

HAFP-01：泵站位置图

HAFP-02：枢纽总平面布置图

HAFP-03：工程平面图

HAFP-04：泵站立面图

HAFP-05：泵站剖面图

HAFP-06：电气主接线图

HAFP-07-01：油系统图

HAFP-07-02：水系统图

HAFP-08：低压系统图

HAFP-09：工程观测点布置及观测线路图

HAFP-10：水泵性能曲线图

HAFP-11：自动化拓扑图

HAFP-12：征地红线图

HAFP-13：竣工地形图

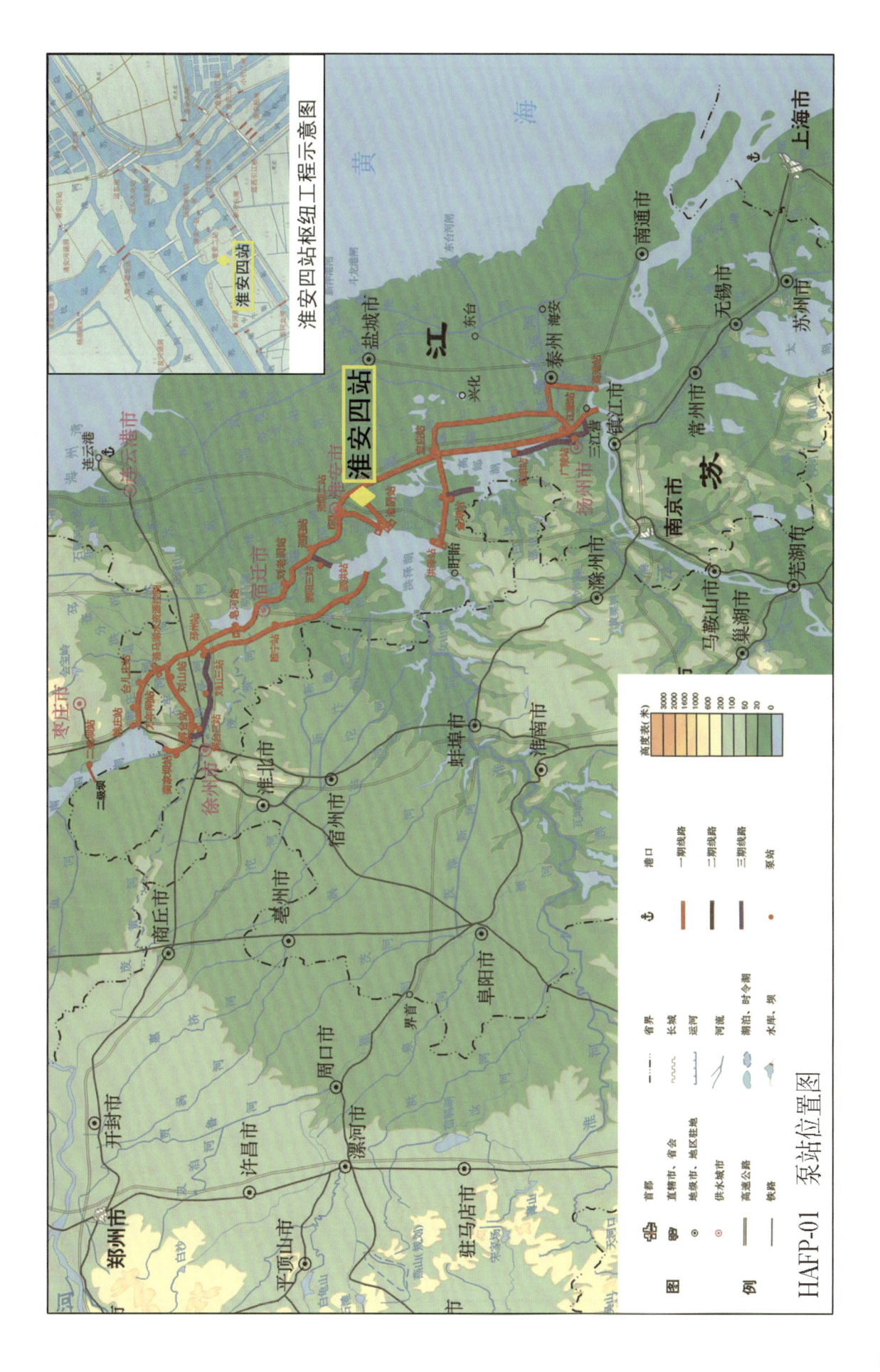

2. 南水北调东线一期江苏境内泵站概况

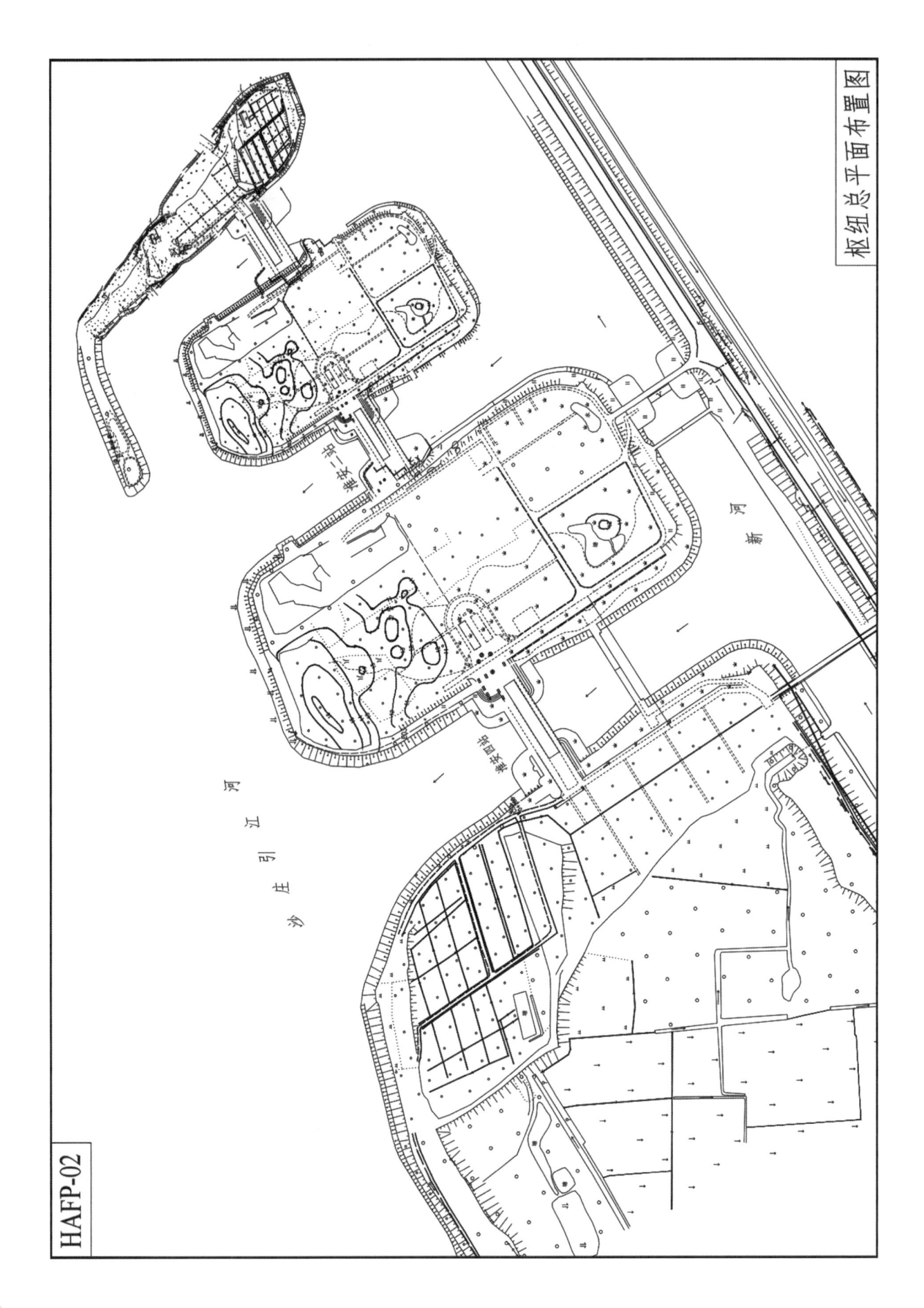

南水北调东线一期江苏境内泵站工程

枢纽总平面布置图

HAFP-02

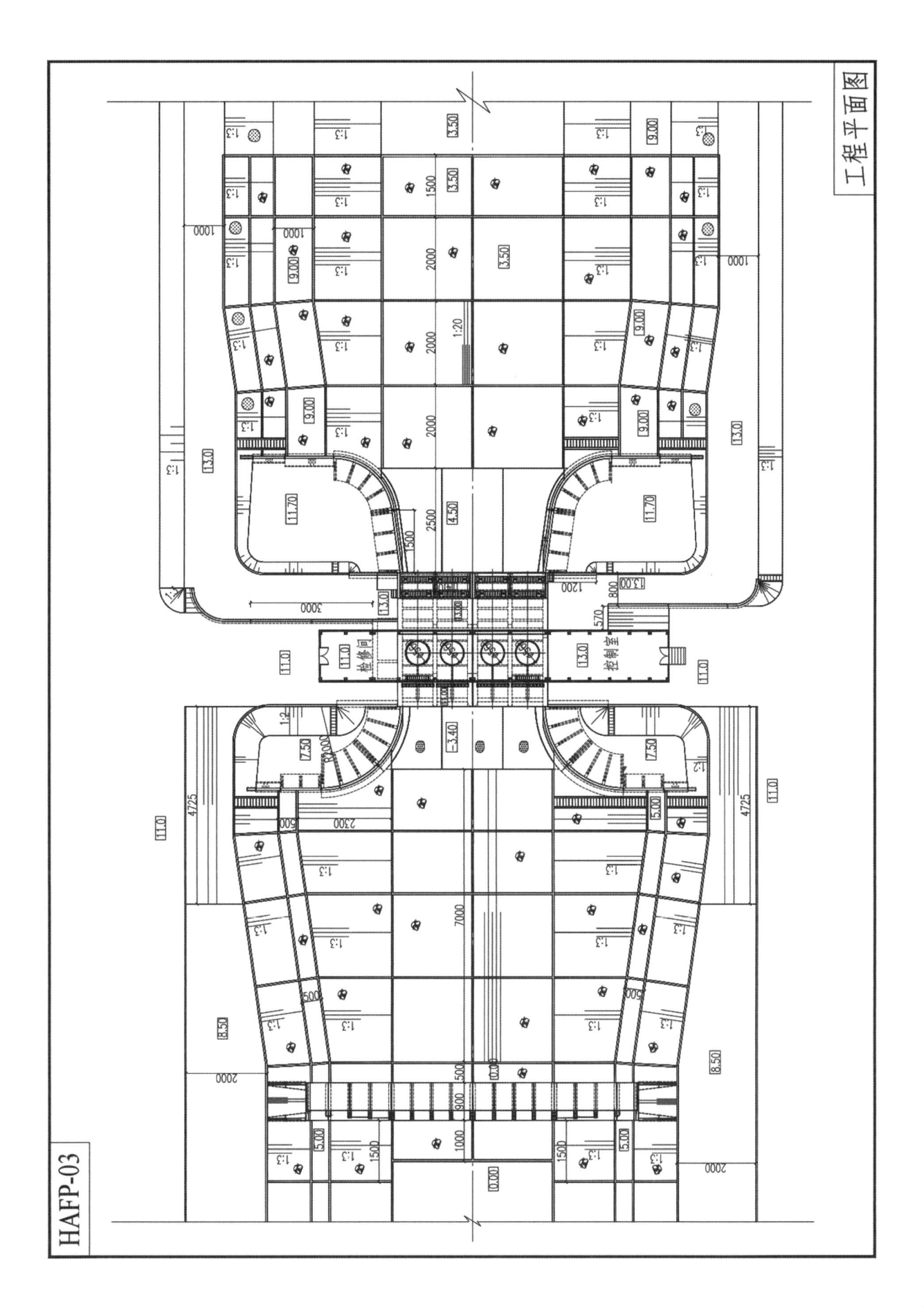

2. 南水北调东线一期江苏境内泵站概况

工程平面图

HAFP-03

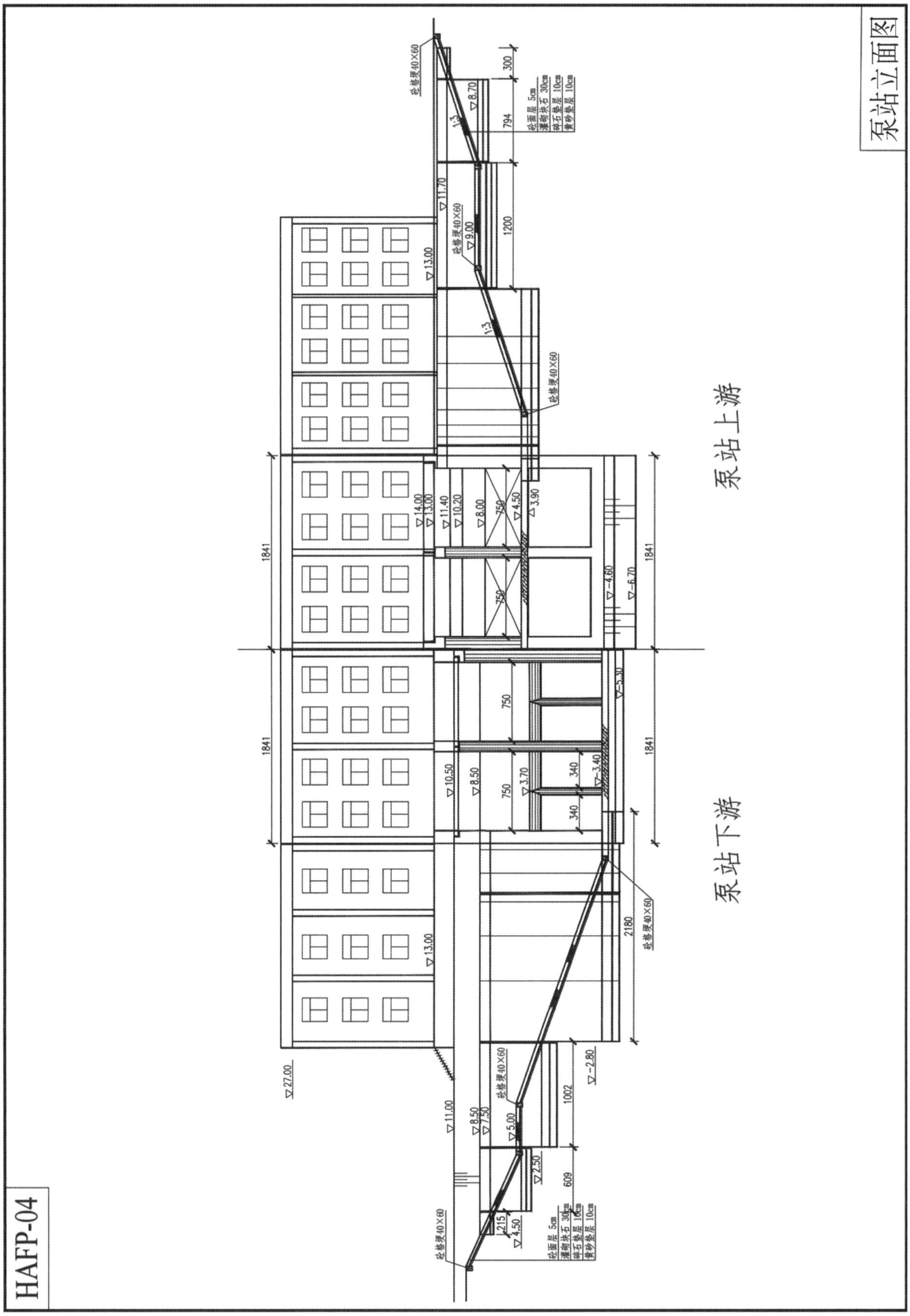
泵站立面图
HAFP-04
泵站上游
泵站下游
砼护坡40×60
1841
1841
1841
2180
1200
794
300
1002
609
▽13.00
▽27.00
▽11.00
▽11.70
▽14.00
▽10.50
▽8.50
▽-2.80

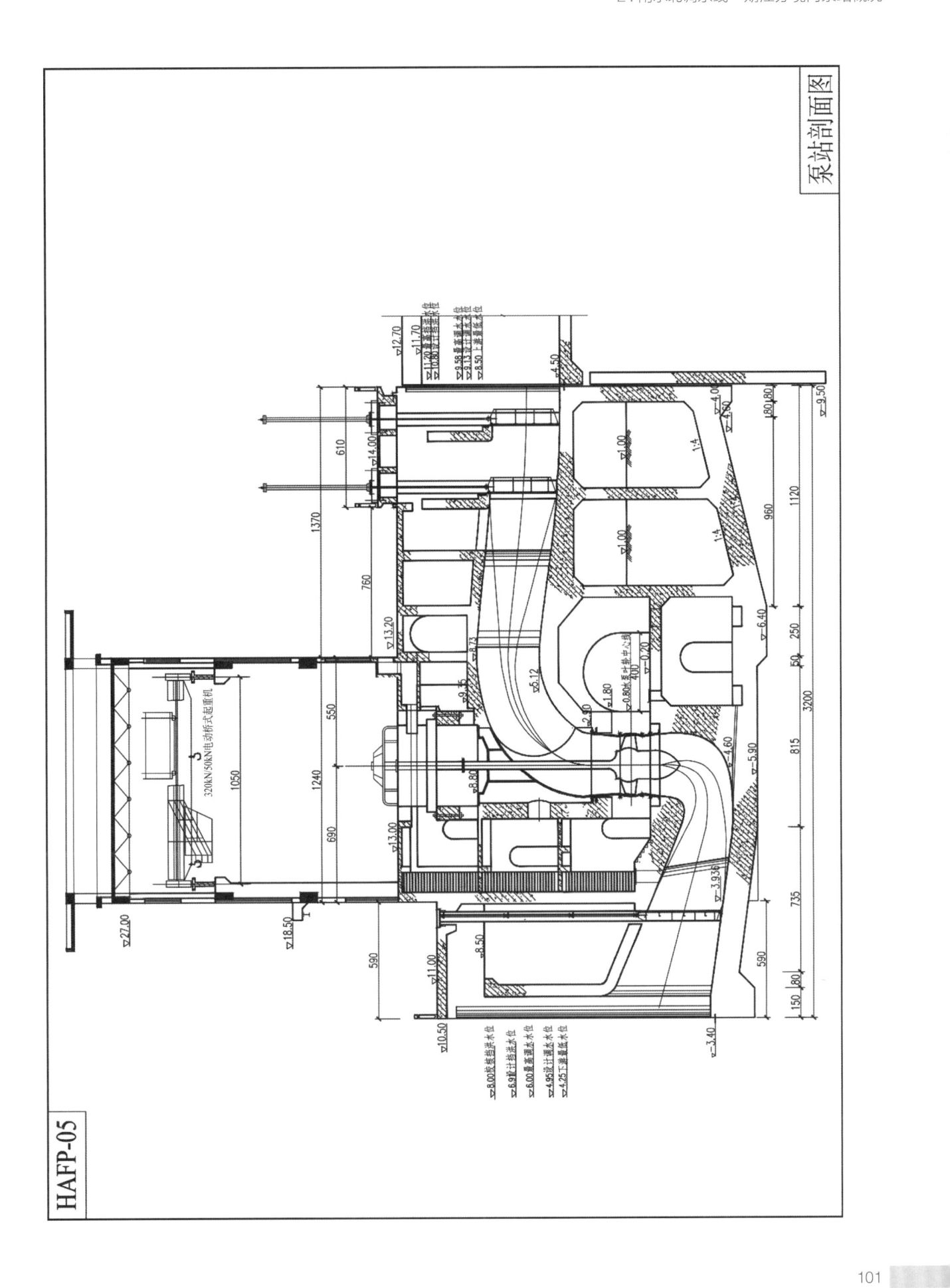

2. 南水北调东线一期江苏境内泵站概况

泵站剖面图

HAFP-05

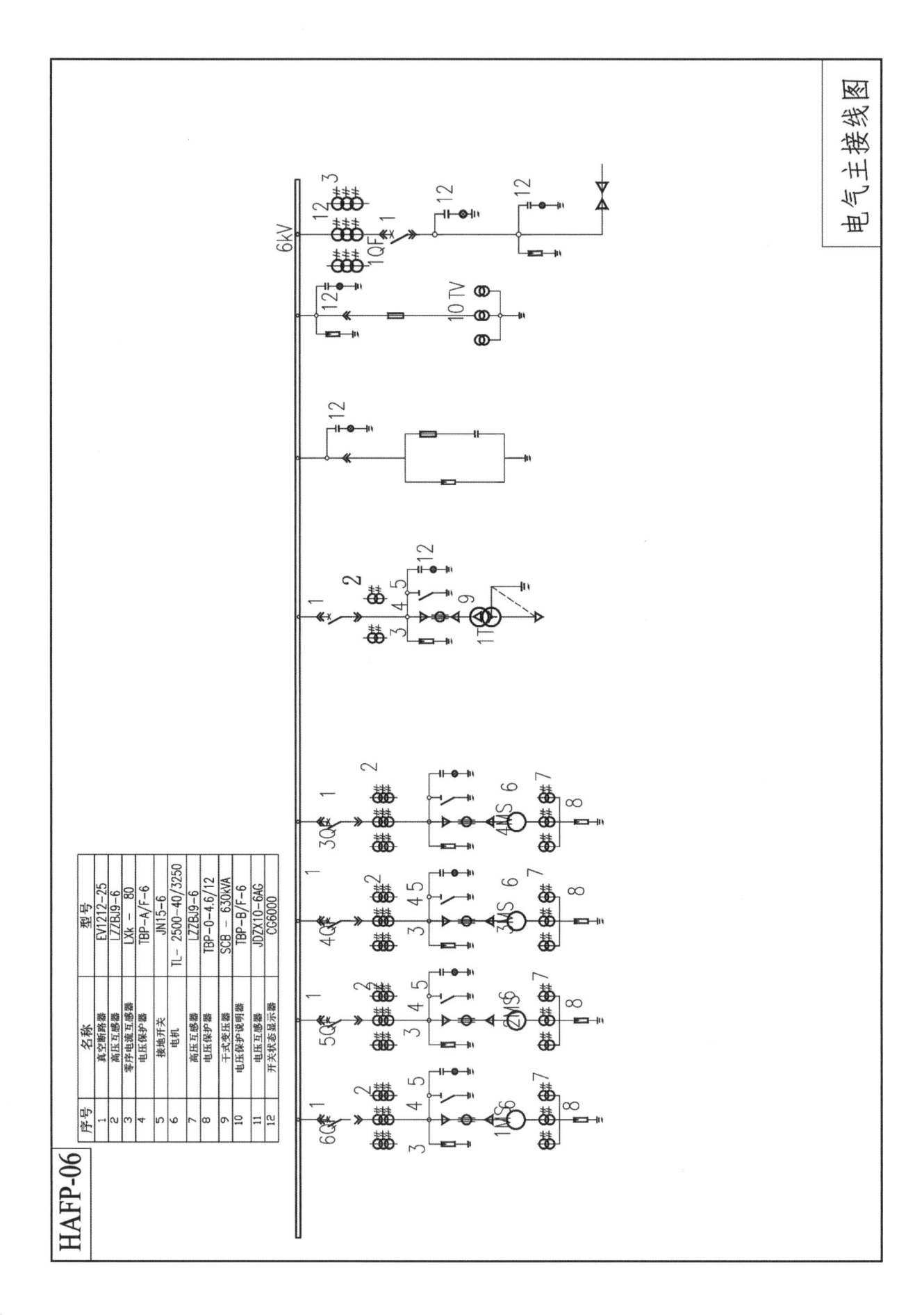

序号	名称	型号
1	真空断路器	EV1212-25
2	高压互感器	LZZBJ9-6
3	零序电流互感器	LXk－80
4	电压保护器	TBP-A/F-6
5	接地开关	JN15-6
6	电机	TL－2500-40/3250
7	高压互感器	LZZBJ9-6
8	电压保护器	TBP-0-4.6/12
9	干式变压器	SCB－630kVA
10	电压保护说明器	TBP-B/F-6
11	电压互感器	JDZX10-6AG
12	开关状态显示器	CC6000

电气主接线图

HAFP-06

南水北调东线一期江苏境内泵站工程

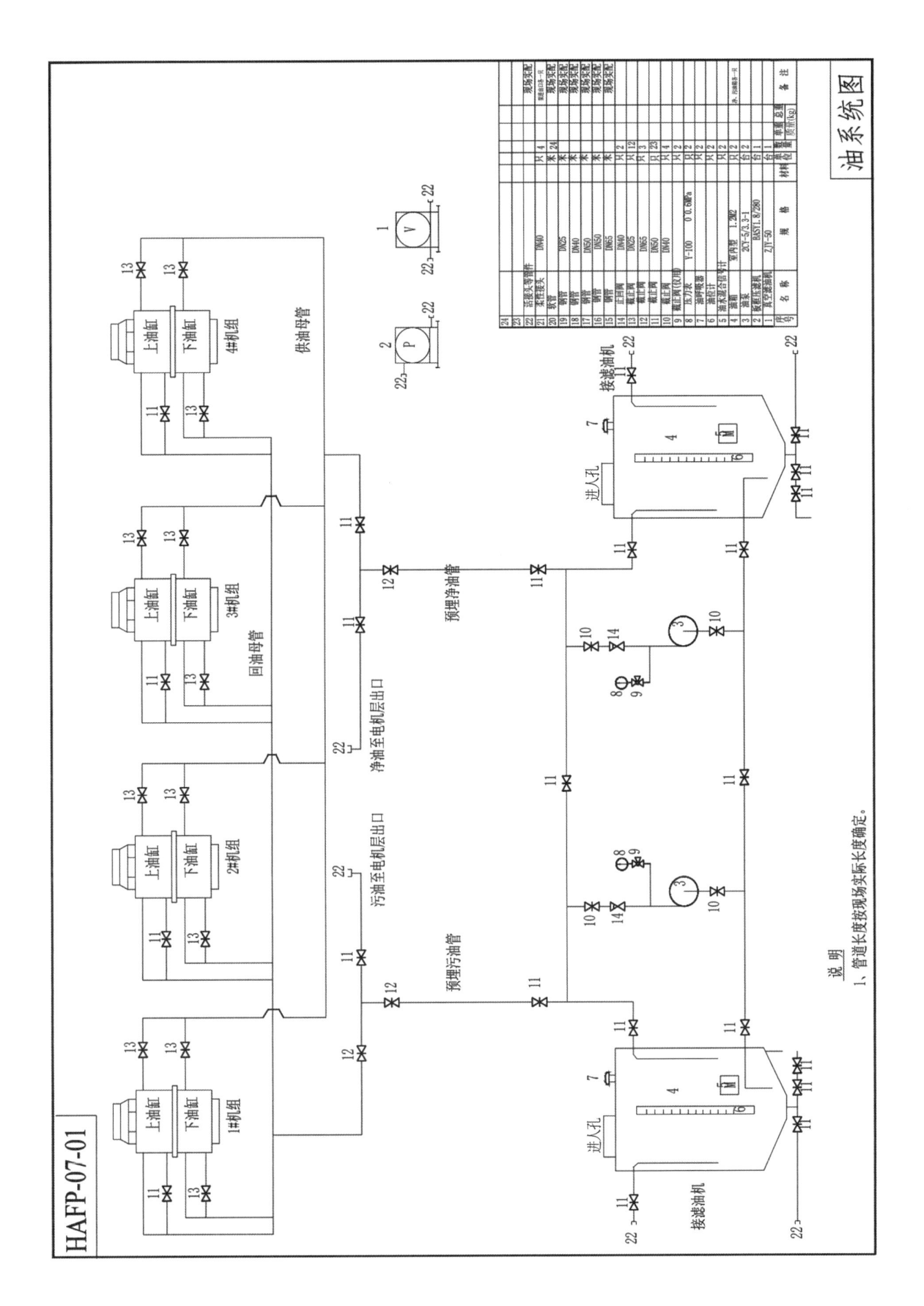

2．南水北调东线一期江苏境内泵站概况

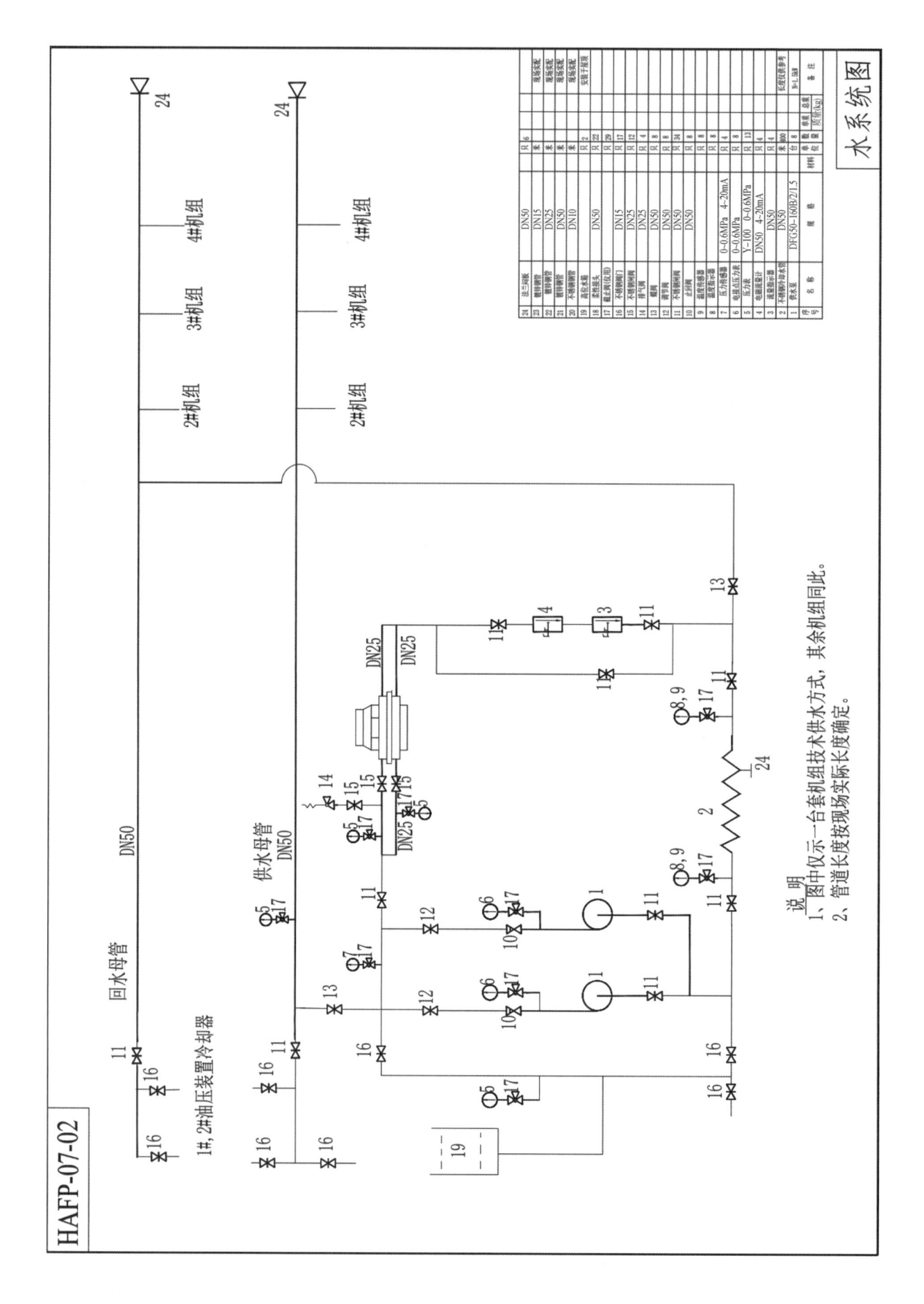

南水北调东线一期江苏境内泵站工程

水系统图

HAFP-07-02

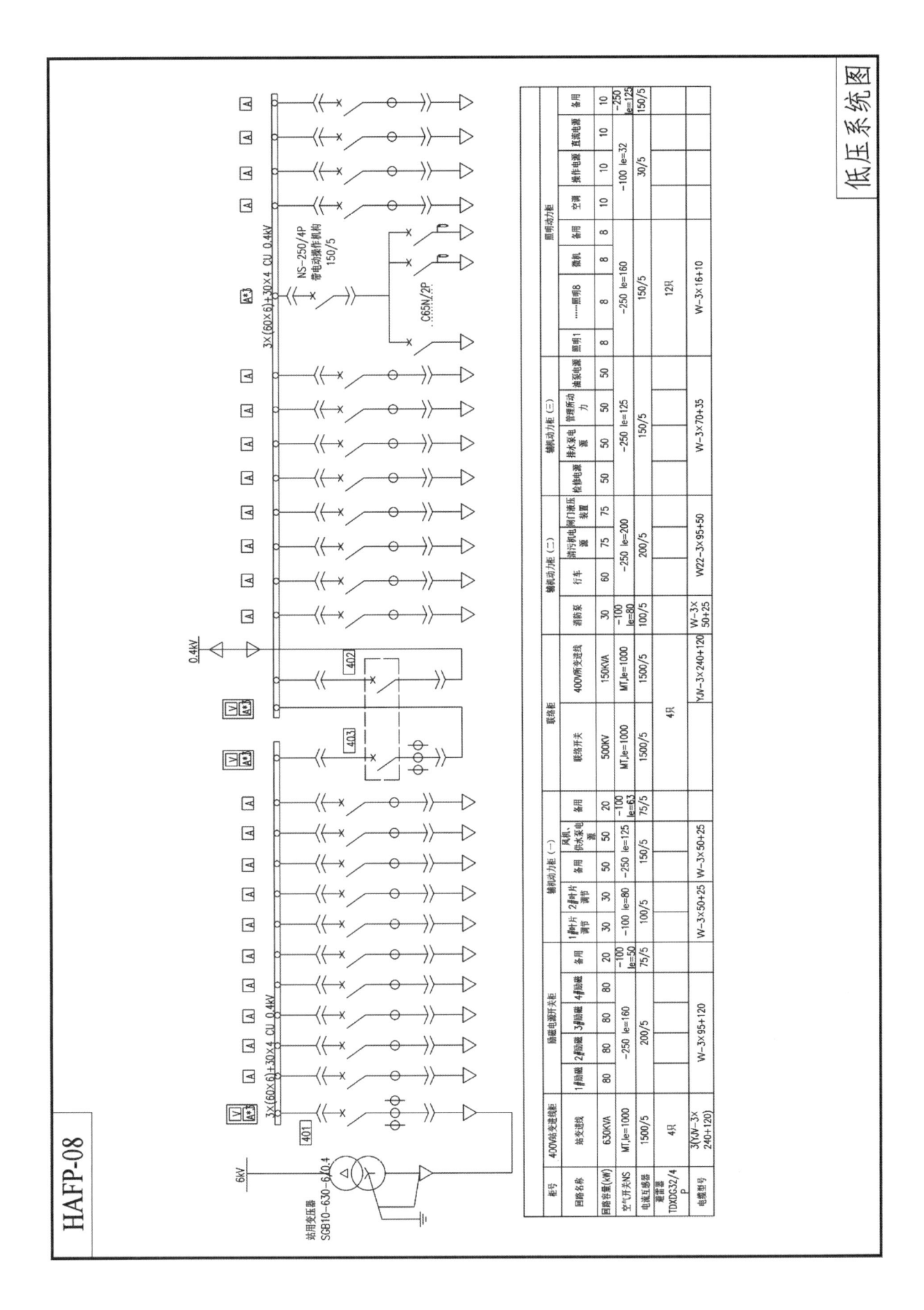

2．南水北调东线一期江苏境内泵站概况

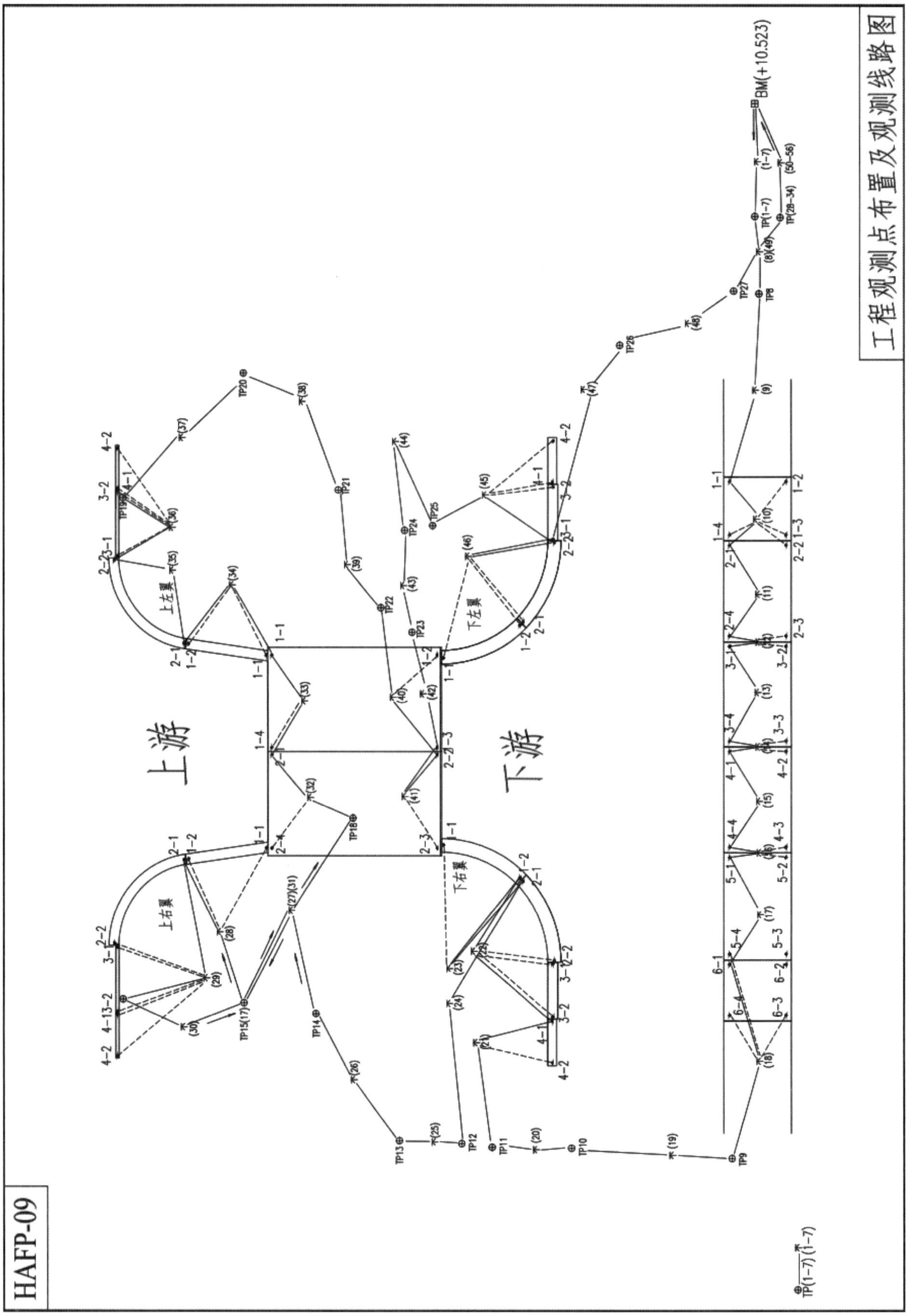
工程观测点布置及观测线路图
HAFP-09
上游
下游
上左翼
上右翼
下左翼
下右翼
BM(+10.523)
TP(1-7) (1-7)

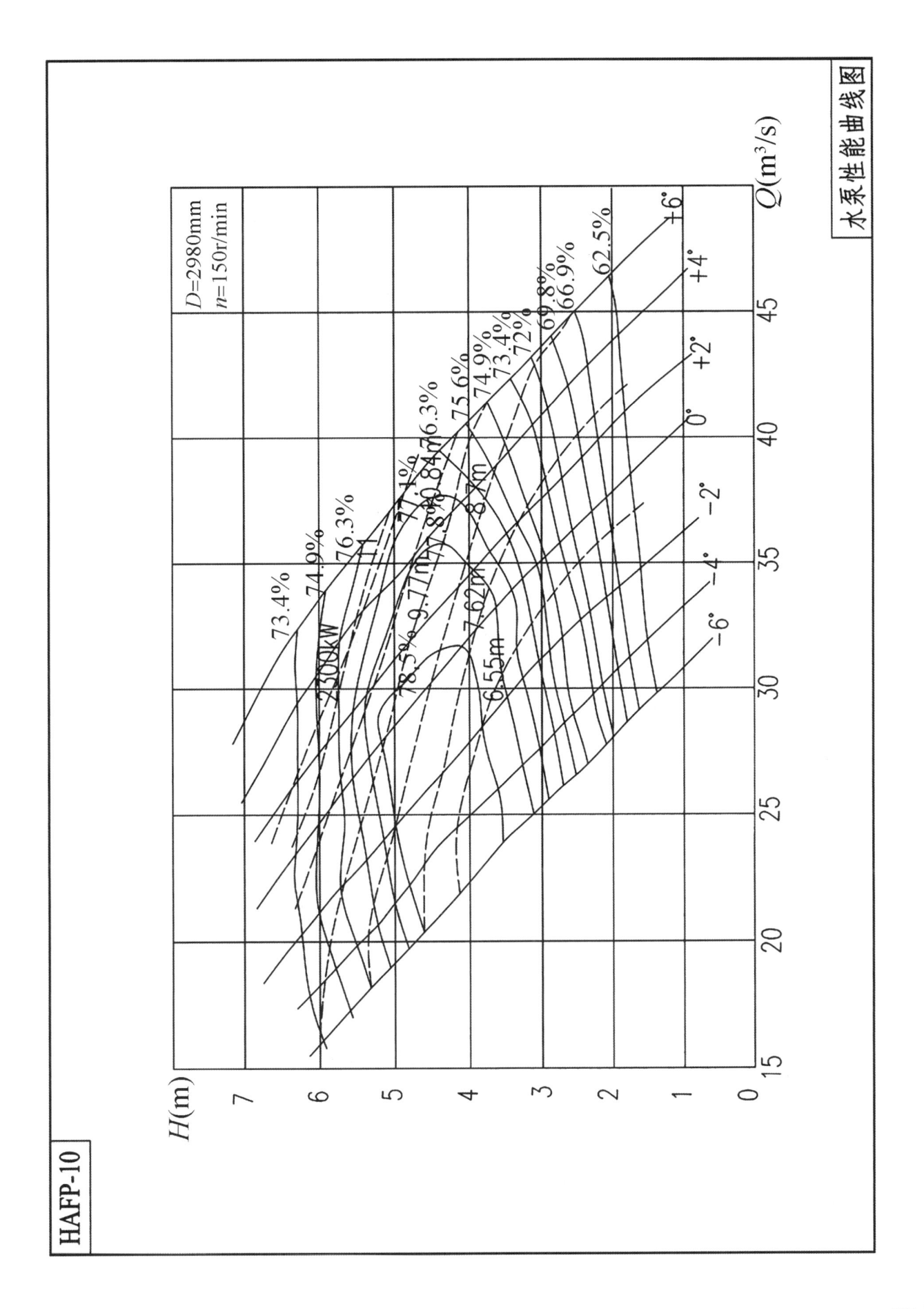

2．南水北调东线一期江苏境内泵站概况

HAFP-10

水泵性能曲线图

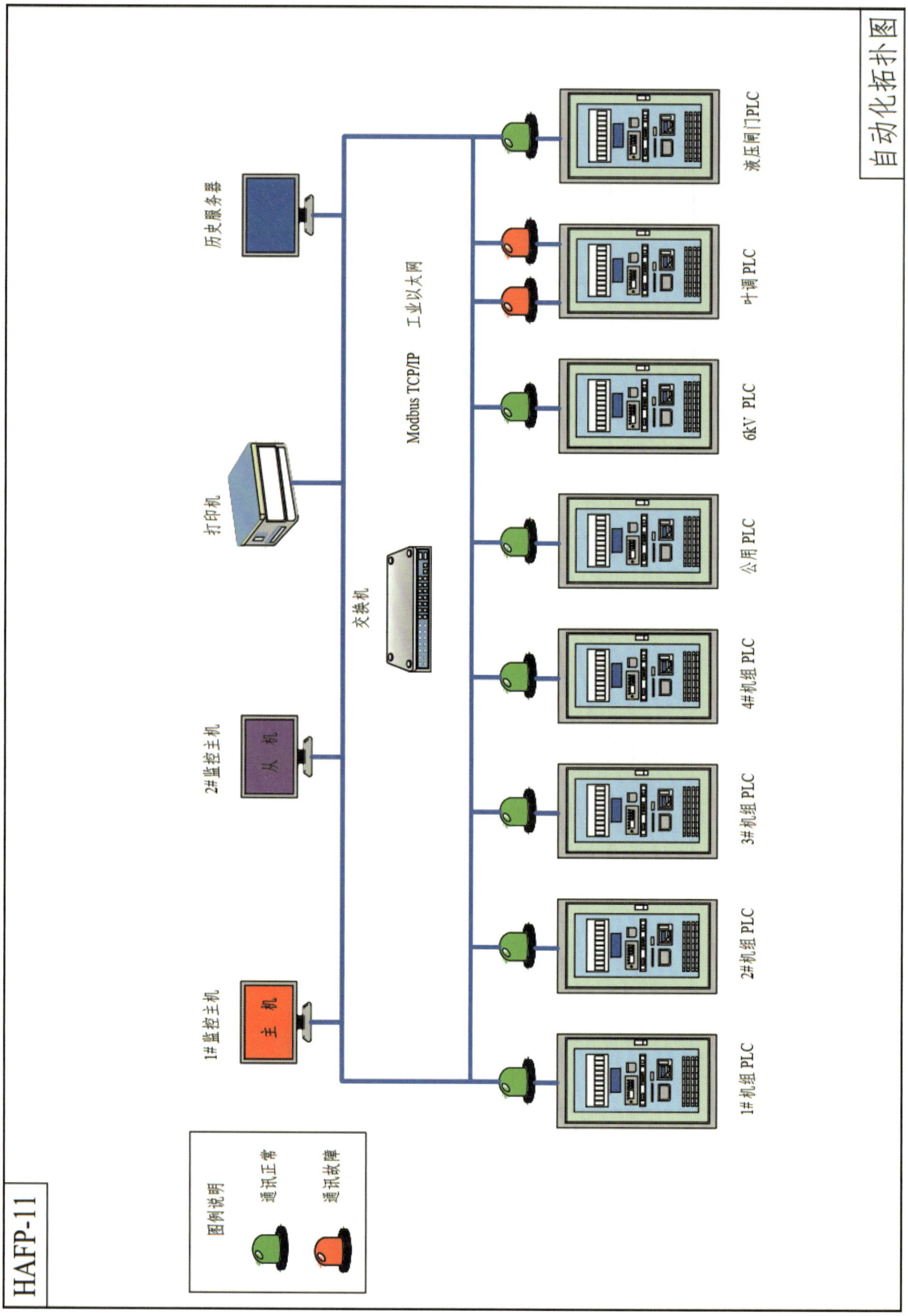
自动化拓扑图
HAFP-11
历史服务器
打印机
2#监控主机
从机
1#监控主机
主机
交换机
Modbus TCP/IP
工业以太网
液压闸门PLC
叶调PLC
6kV PLC
公用PLC
4#机组PLC
3#机组PLC
2#机组PLC
1#机组PLC
图例说明
通讯正常
通讯故障

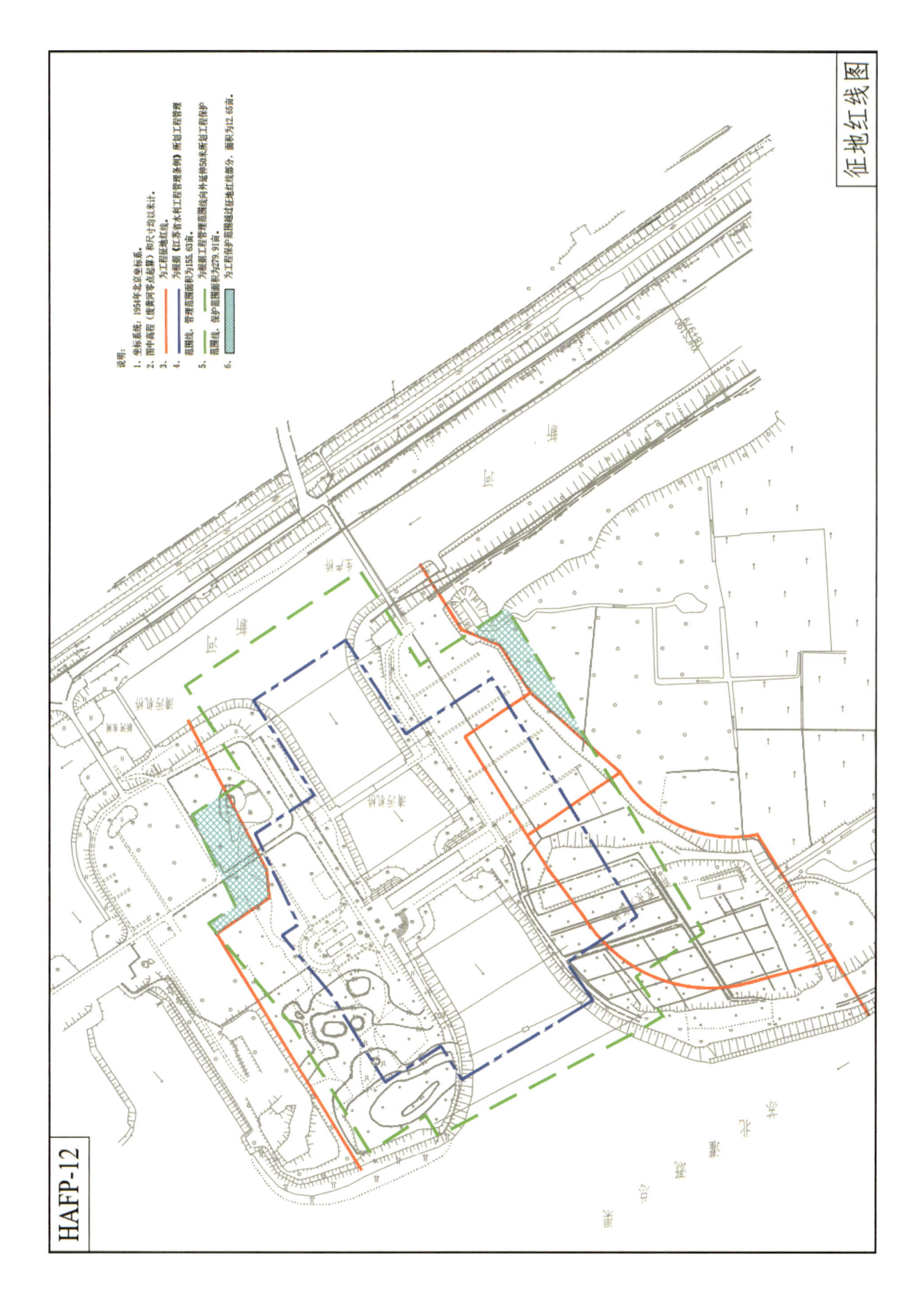

2. 南水北调东线一期江苏境内泵站概况

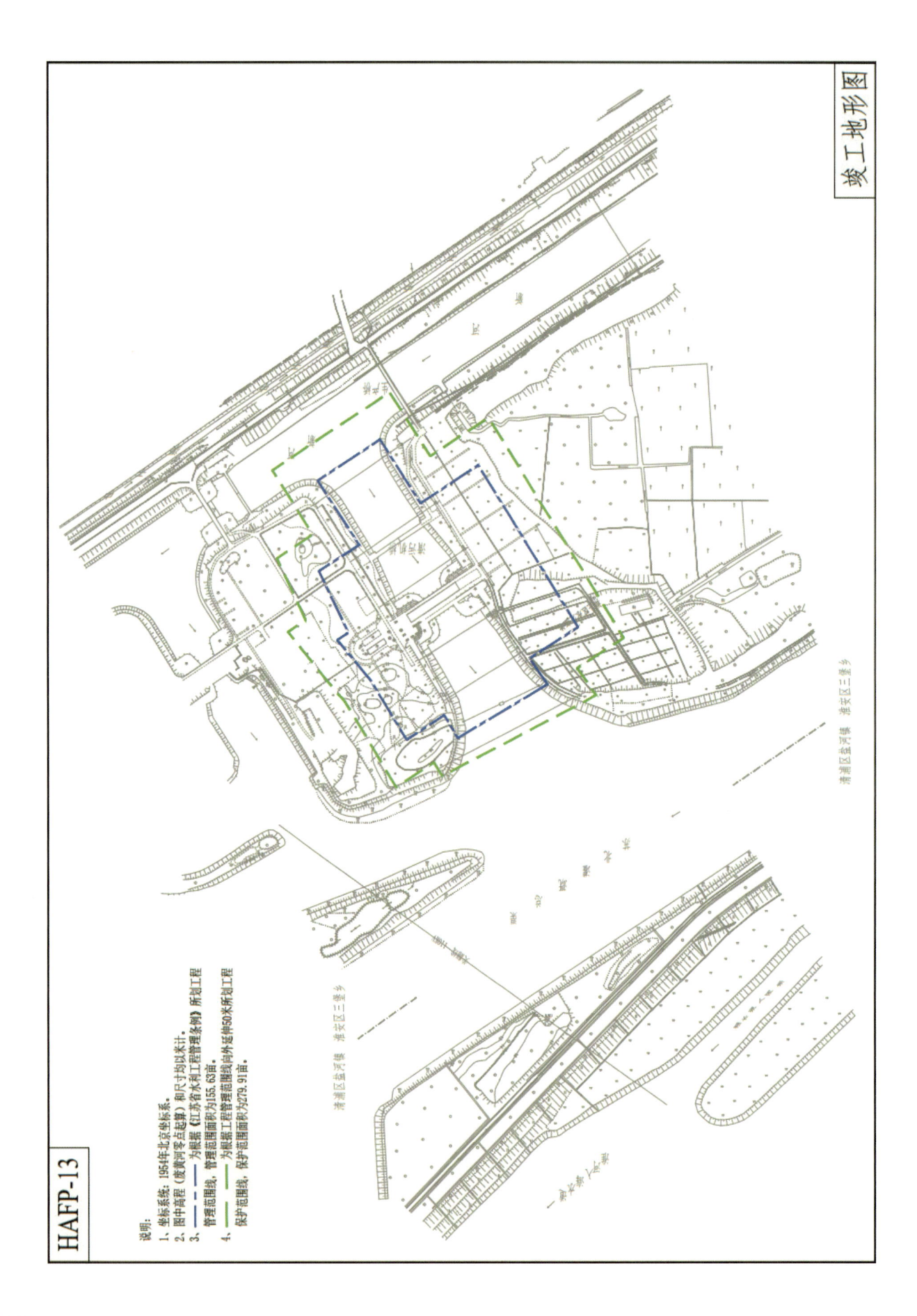

南水北调东线一期江苏境内泵站工程

竣工地形图

HAFP-13

说明：
1、坐标系统：1954年北京坐标系。
2、图中高程（废黄河零点起算）积尺寸均以米计。
3、———— 为根据《江苏省水利工程管理条例》所划工程管理范围线，管理范围面积为155.63亩。
4、———— 为根据工程管理范围线向外延伸50米所划工程保护范围线，保护范围面积为279.91亩。

2.2.3 金湖站

图2-6 金湖站

1. 工程概况

金湖站位于江苏省金湖县银涂镇境内，金湖大桥东桥头北侧500 m处，三河拦河坝下的金宝航道输水线上。金湖站是南水北调东线一期工程运西线第二梯级泵站，主要任务是通过与第三梯级洪泽站联合运行，由入江道三河段向洪泽湖调水150 m³/s，为洪泽湖周边及以北地区供水，并结合宝应湖地区进行排涝；泵站所选水泵为日立泵制造（无锡）有限公司制造的3350ZGQ37.5-2.45后置式灯泡液压全调节贯流泵5台（含备用1台）。

金湖站地处凉亚热带湿润季风气候区，年平均气温15℃左右，多年平均降水量为950~1 000 mm，降雨多在6—9月份。金湖站地处洪泽湖、高邮湖之间的湖积平原区，附近金宝航道走向近东西向，东连京杭大运河，西通三河，地貌类型属古潟湖堆积的滨湖堆积平原及湖滩地。泵站部位地势较平坦，堤身部位较高。场地位于扬子准地台苏北坳陷区金湖—东台坳陷的西部，周围10 km范围内没有明显的活动断层通过，自晚第三纪以来新构造运动表现为显著地上下振荡沉降，区域地质构造稳定性较好。工程场地区地震动峰值加速度为0.05 g，相应地震基本烈度为Ⅵ度。

泵站规模为大（2）型泵站，工程等别为Ⅱ等，泵站、进出水池、防渗范围内的翼墙和站上堤防为1级建筑物，其他次要建筑物为3级。泵站设计洪水标准为100年一遇，校核洪水标准300年一遇。泵站为堤身式泵房，采用平直管进水流道、平直管出水流道和液压快速闸门断流，设计流量为150 m³/s，排涝流量130 m³/s，供水期设计扬程2.45 m，排涝期设计扬程4.7 m。泵站所选水泵为日立泵制造（无锡）有限公司制造的3350ZGQ37.5-2.45灯泡后置式贯流泵5台（含备用1台），单机流量37.5 m³/s，叶轮直径3.35 m，转速为115.4 r/min。泵站电机为湘潭电机集团制造的TGBKS2200-52/3000卧式同步电动机，额定功率为2 200 kW，泵站总装机容量为11 000 kW。

表 2-11 特征水位及扬程信息表

单位：m

			站下引水渠口	站上出水渠口
特征水位	供水期	设计水位	5.45	7.9
		最低运行水位	5.25	7.5
		最高运行水位	6.25	8.0
		平均运行水位	5.65	7.75
	排涝期	设计水位	6.25	10.95
		最高水位	6.25	11.75
扬程	供水期	设计扬程	2.45	
		最小扬程	1.25	
		最大扬程	2.75	
		平均扬程	2.10	
	排涝期	设计扬程	4.70	
		校核扬程	5.50	

表 2-12 泵站基础信息表

所在地	金湖县银涂镇		所在河流	金宝航道	运用性质		灌溉、排涝、补水	
泵站规模	大（2）型	泵站等别	Ⅱ	主要建筑物级别	1	建筑物防洪标准	设计	100年一遇
							校核	300年一遇
站身总长（m）	88.02	工程造价（万元）	39 954	开工日期	2010.7	竣工日期	2012.12	
站身总宽（m）	33.50							
装机容量（kW）	11 000	台数	5	装机流量（m³/s）	187.5	设计扬程（m）	调水 2.45 排涝 4.70	
主机泵	型式	后置灯泡贯流泵			主电机	型式	卧式同步电动机	
		3350ZGQ37.5-2.45					TGBKS2200-52/3000	
	台数	5	每台流量（m³/s）	37.5		台数	5	每台功率（kW）	2 200
	转速（r/min）	115.4	传动方式	直联		电压（V）	10 000	转速（r/min）	115.4
主变压器	型号	S11-16000/110			输电线路电压（kV）		110	
	总容量（kVA）	16 000	台数	1	所属变电所		金湖站变电所	
主站房起重设备	桥式行车	起重能力（kN）	500/100	断流方式		快速闸门		
闸门结构型式	上游	平面钢闸门	启闭机型式	上游	QPKY-D-2×250kN 液压启闭机			
	下游	—		下游	—			
	进水流道形式	平直管流道	出水流道形式	平直管流道				
主要部位高程(m)	站房底板底	-5.3～-3.295	主机层	-3.5	辅机层	4.195	副站房层	9.8
	叶轮中心	0.8	上游护坦	-1.795	下游护坦	-1.0	—	—

续表

站内交通清污机桥	净宽（m）	6.75	桥面高程（m）	8.5-9.5	设计荷载	公路-Ⅱ级	高程基准面	废黄河
站身水位组合	设计水位（m）		下游	5.45		上游	7.90	
	校核水位（m）		下游	9.00		上游	12.05	

2. 批复情况

2005年10月，国家发展和改革委员会印发了《关于南水北调东线一期工程项目建议书的批复》（发改农经〔2005〕2108号）批复了项目建议书。

2008年11月，国家发展和改革委员会印发了《关于审批南水北调东线一工程可行性研究总报告的请示的通知》（发改农经〔2008〕2974号）批准了可行性研究报告。

2010年3月，国务院南水北调工程建设委员会办公室（以下简称国务院南水北调办）以《关于南水北调东线一期长江～骆马湖段其他工程金湖站工程初步设计报告的批复》（国调办投计〔2010〕34号）批复了金湖站工程初步设计。

根据初步设计批复（国调办投计〔2010〕34号），批复金湖站工程概算投资37 822万元。经国家相关部门批准调整后，金湖站工程总投资为39 954万元。

3. 工程建设有关单位

项目法人：南水北调东线江苏水源有限责任公司

现场建设管理机构：江苏省南水北调金湖站工程建设处

设计单位：江苏省水利勘测设计研究院有限公司

监理单位：江苏省苏水工程建设监理有限公司

　　　　　南京苏亚工程监理有限责任公司（供电线路工程）

质量监督单位：南水北调工程江苏质量监督站

　　　　　　淮安市交通工程质量监督站（站上公路桥工程部分）

　　　　　　淮安市电力建设工程质量监督站

质量检测单位：河海大学实验中心

　　　　　　江苏星诚源工程咨询有限公司（跨河公路桥工程部分）

　　　　　　淮安市供电公司（供电下路施工部分）

土建施工单位：江苏省水利建设工程有限公司

水泵及附属设备采购：日立泵制造（无锡）有限公司

电气设备采购：武汉港迪开关电气有限公司（高低压开关柜设备）

山东泰开高压开关有限公司（110 kV组合开关（GIS）设备）

杭州钱江电气集团股份有限公司（变压器设备）

江苏润华电缆股份有限公司（电缆供应商）

自动化系统：南京南瑞集团公司

液压启闭机设备供应商：江都市永坚有限公司

清污设备及拦污栅采购：江苏润源水务设备有限公司

钢材水泥采购单位：江苏省水利物资总站

厂房、控制楼及管理房等装饰工程：常州中泰装饰工程有限公司

管理所环境绿化工程：淮安水源绿化工程有限公司

管理（运行）单位：江苏省洪泽湖水利工程管理处

4. 工程布置与主要建设内容

金湖站位于淮安市金湖县银涂镇，距金湖县城约 10 km。泵站布置在三河拦河坝下游，其横轴线与三河拦河坝平行，站身底板上游边线距坝顶公路轴线 200 m。上游引河与三河拦河坝垂直，引河中心线南距入江水道金湖大桥东端 560 m、入江水道东偏泓闸 1 050 m。公路桥位于上游引河与拦河坝交汇处，其纵轴线与坝顶公路轴线重合。站下引河进口段与东西向金宝航道平顺衔接。

金湖站工程主要建设内容包括：新建金湖泵站、上下游引河、站下清污机桥、跨河公路桥；结合淮河入江水道整治工程，拆除重建三河东西偏泓闸和套闸，对三河漫水公路进行维修加固。

泵站工程为站身直接挡水的堤身式块基型结构，安装 5 台套 3350ZGQ37.5-2.45 液压全调节灯泡贯流泵（含备机 1 台）。水泵叶轮直径 3 350 mm，单机设计流量 37.5 m^3/s，配 5 台套 TGBK2200-52/3000 同步电机，单机功率 2 200 kW，总装机容量 11 000 kW。站身底板底高程为 −5.30 m ~ −3.295 m，水泵、电机、进出水流道在同一层上，水泵叶轮中心高程为 0.80 m。泵站采用平直管进出水流道，液压快速闸门、事故备用闸门断流。泵房内 5 台机组呈一列式布置于两块底板上，底板长 33.5 m，宽度 48.02 m，机组中心距 9.2 m。

泵站上游引河长 228 m，河底高程 4.5 m，河底宽 60 m，边坡 1∶3.5，在边坡高程 9.0 m 处设 8 m 宽平台，平台以下边坡比 1∶3.5，以上坡比 1∶3，堤顶宽 10 m，顶高程与入江水道堤防高程一致为 15.0 m；下游引河长 646 m，河底高程 1.5 m，河底宽 50 m，边坡 1∶4，在边坡高程 6.5 m 处设 10 m 宽平台，平台以下边坡比 1∶4，以上边坡比 1∶2.5，堤顶高程 9.5 m，顶宽 6 m。上游堤防工程等级为 1 级，填筑土控制压实度为 0.94；下游堤防工程等级为 3 级，填筑土控制压实度为 0.90。

清污机桥位于泵站下游距泵站 93.25 m 处，河底部分计 10 孔，每孔净宽 4.28 m，河坡两侧各 4 孔，每孔净宽 4.24 m。安装回转式清污机 10 台套，固定式拦污栅 8 扇，皮带输送机 1 道。清污机桥汽车荷载等级为公路 – Ⅱ 级。

跨河公路桥工程位于泵站上游，连接淮河入江水道三河段左岸堤防，距离站身 217 m，桥面宽度为净 11 m+2×0.5 m，桥面高程 15.0 m，桥总长 151 m（含两侧桥头搭板），上部结构为预应力钢筋砼空心板结构，基础采用桩径为 120 cm 的钻孔钢筋砼灌注桩。

东西偏泓闸均采用钢筋砼开敞式结构。其中东偏泓闸为 10 孔，单孔净宽 10 m，闸室底板顶高程 3.0 m，闸墩顶高程 8.0 m，闸身顺水流向长 12.0 m。闸上游侧布置交通桥，桥面宽度 6.5 m，排架宽 5.0 m，工作桥桥面高程 15.6 m。闸身 2 孔一联，闸室长 113.98 m。上游布置 15 m 长钢筋砼护坦，闸下游布置 20 m 长消力池和 10 m 长砼铺盖。闸门采用升卧平板钢闸门，配 2×160 kN 卷扬式启闭机。闸上工作桥采用砼预制空心板铺设，基础为 Φ80 cm 钻孔灌注桩。上游翼墙顶高程为 8.0 m，下游翼墙顶高程为 7.0 m。

西偏泓闸为 10 孔，单孔净宽 10 m，闸室底板顶高程 3.0 m，闸墩顶高程 8.0 m，闸身顺水流向长 12.0 m。闸上游侧布置交通桥，桥面宽度 6.5 m，排架宽 5.0 m，工作桥桥面高程 15.6 m。闸身 2 孔一联，

闸室长113.78 m。上游布置15 m长钢筋砼护坦，闸下游布置20 m长消力池和10 m长砼铺盖。闸门采用升卧平板钢闸门，配2×160 kN卷扬式启闭机。闸上工作桥采用砼预制空心板铺设，基础为Φ80 cm钻孔灌注桩。上游翼墙顶高程为8.0 m，下游东侧翼墙顶高程为7.4 m，下游西侧翼墙顶高程为8.0 m。套闸闸首净宽12 m，长120 m，上下闸首配升卧式平板钢闸门，选用QH-2×225 kN卷扬式启闭机。

5. 分标情况及承建单位

2010年4月19日，国务院南水北调办《关于南水北调东线一期工程金湖站工程招标分标方案的批复》（国调办建管〔2010〕52号）批复金湖站工程划分为建设监理、泵站土建施工及设备安装、灯泡贯流泵机组成套设备采购等12个标段。

2011年9月13日，国务院南水北调办《关于调整南水北调东线一期工程金湖站工程招标分标方案的批复》（国调办建管〔2011〕242号）同意增加电力线路施工标1个标段，中标单位为金湖金尚电力实业开发有限公司；2012年7月12日，国务院南水北调办《关于调整南水北调东线一期工程金宝航道工程分标方案的批复》（国调办建管〔2012〕153号）同意增加金湖站工程管理区水土保持与景观绿化工程施工标1个标段，中标单位为淮安水源绿化工程有限公司。

金湖站工程完成主要工程量（不含东西偏泓闸及套闸部分）：土方开挖59.1万 m³，土方填筑41.5万 m³、砼4.03万 m³、砌石及垫层0.41万 m³、钢筋2 538 t，钢结构346.9 t，回转式清污机10台套，液压快速闸门系统10台套，灯泡贯流泵5台套，主变压器1台。

6. 建设情况简介

2010年6月9日，国务院南水北调办以《关于南水北调东线一期金湖站工程开工请示的批复》（国调办建管〔2010〕101号）批复同意金湖站工程开工建设。2010年1月28日，江苏水源公司以《关于成立江苏省南水北调金宝航道工程建设局的通知》（苏水源综〔2010〕4号）批准成立了江苏省南水北调金湖站工程建设处，作为项目法人的现场管理机构，具体负责金湖站工程建设现场管理工作。

（1）机电设备安装施工简况

灯泡贯流泵成套机组于2011年12月29日开始基础预埋、基础环及地脚地板安装；2012年4月15日开始主机泵安装，6月15日主机泵安装结束，9月10日叶片调节机构油压装置安装调试结束；励磁系统于2012年5月18日开始安装调试，9月18日安装调试结束。

液压启闭机于2012年4月下旬进场，7月初安装完成。液压快速闸门于2012年3月28日进场安装，10月10日安装调试完毕。

所变、站变于2012年5月16日开始安装，9月18日安装调试结束；主变于2012年7月28日开始安装，9月20日安装完成；高、低压开关柜及电气设备于2012年5月11日开始安装，9月18日安装调试结束。辅机设备于2012年2月18日开始安装，9月30日完成安装调试工作。

（2）主要建筑物施工简况

上下游引河开挖及堤防工程于2010年7月30日实施，于2011年12月14日结束；护砌工程于2011年4月3日实施，于8月25日结束。

清污机桥工程于2010年7月25日开始基础开挖，2011年1月2日完成主体结构砼浇筑；清污设备安装于 2011 年 3 月 9 日开始，12 月 13 日完成安装调试，并通过空载试运行。

泵站站身底板保护层土方开挖于 2010 年 11 月 15 日结束，并进行基坑验槽；2012 年 1 月 17 日完成了检修间柱梁及屋面砼浇筑，5 月 12 日完成了泵站变压器室及控制室的全部砼浇筑封顶。

跨河公路桥段三河拦河坝破堤分两期实施，第一期土方开挖至 9.0 m 作为公路桥灌注桩施工平台，于 2011 年 12 月 22 日开始至 12 月底结束；第二期土方开挖至连系梁底高程 3.5 m，于 2012 年 2 月 1 日开始至 2 月 10 日结束。

管理设施建筑于 2010 年 12 月开工，3 月 10 日完成管桩基础，2011 年 10 月完成土建主体，2012 年 10 月完成建筑装修工程。2013 年 5 月完成室外道路、给排水、照明及管理区绿化，8 月完成围墙施工。

东偏泓闸于 2011 年 10 月 30 日进场施工，12 月 6 日围堰合拢，12 月 18 日开始土方开挖；2012 年 1 月 1 日完成闸室土方开挖，2 月 15 日闸完成底板浇筑，4 月 9 日完成闸墩及交通桥施工，4 月 30 日完成上下游翼墙浇筑，5 月 30 日完成排架及工作桥施工，6 月 18 日完成闸门启闭机的安装，6 月 22 日完成闸门和启闭机的联动调试；2013 年 12 月 15 日完成启闭机房施工；2014 年 9 月完成电气设备及自动化设备安装，并于 2015 年 5 月 6 日完成调试工作。

西偏泓闸及套闸于 2012 年 10 月 8 日进场，11 月 15 日围堰合拢，12 月 5 日开始基坑土方开挖；2013 年 1 月 31 日完成土方开挖，1 月 19 日完成节制闸底板浇筑，4 月 7 日完成墩墙及交通桥施工，5 月 29 日完成排架及工作桥施工，5 月 16 日完成套闸底板浇筑，5 月 22 日完成套闸上下闸首工作桥施工，6 月 18 日完成闸门、启闭机的安装，6 月 25 日完成闸门和启闭机的联动调试；2014 年 10 月 8 日完成启闭机房施工；2015 年 4 月完成电气设备及自动化设备安装，5 月 6 日完成调试工作。

（3）重大设计变更

无重大设计变更。

工程于 2010 年 7 月开工，2013 年 6 月完工。2012 年 12 月通过机组试运行验收，2013 年 4 月通过设计单元工程通水验收，2015 年 10 月通过设计单元完工验收技术性初步验收，2016 年 6 月通过设计单元完工验收。

7. 工程新技术应用

（1）大型灯泡贯流泵机组成套设备的开发与应用

针对金湖站调水流量大、扬程低，结合排涝扬程相对较高的特点，确定了国内领先、国际先进的大型灯泡贯流泵机组开发与应用的目标。通过调研比选，选用后置灯泡贯流式直联结构、叶轮液压全调节的调节方式；利用国际招标和 CFD 仿真设计，优化水力设计，确定选用叶轮直径为 3.35 m，单机设计流量 37.5 m³/s 的贯流泵机组，并首次运用船舶螺旋桨叶调节技术和轴系模块化组装技术；结合泵站土建结构设计理论优化，对机组支撑形式进行研究，确定了分段支撑结构形式，实现了预期目标。

（2）采用连拱式水泥土搅拌桩新技术，提高上游堤防的稳定性

金湖站上游引河堤身淤泥质土层为老河槽淤积层，含水量达 53%，有机质含量高，物理力学性能极差。为控制堤防沉降与侧向变形，保证堤防的整体稳定，通过专题研究，设计利用连拱结构的抗压受力特点，将传统混凝泥土搅拌桩加固地基均匀布置改为堤身内外侧连拱布置的方式，据工程建成后的变形观测，达到了预期效果。

（3）采用综合抗裂措施，提高混凝土结构抗裂效果

针对泵站站身混凝土结构局部体积大、翼墙前墙长和高的特点，为减少裂缝数量、控制裂缝宽度，设计采取添加复合纤维、增设暗梁、设置后浇带等措施，防裂抗裂效果显著。

8. 工程质量

经南水北调工程江苏质量监督站质量总评核定，金湖站设计单元工程施工质量合格，且为优良等级。本工程分为6个单位工程、79个分部工程（水利标准26个，非水利标准53个）、1459个单元（分项）工程。工程的6个单位工程施工质量全部合格。按水利工程施工质量检验评定相关标准评定的清污机桥及引河工程、泵站工程2个单位工程质量等级为优良，优良率100%；按照其他相关行业标准评定的跨河公路桥工程、管理设施及附属工程、变电所工程3个单位工程及供电线路工程1个单项工程全部合格，合格率100%。

9. 运行管理情况

金湖站自2013年正式通水至2023年12月底，金湖站累计运行38 296台时，累计抽水504 342万 m^3。最多年运行天数为203 d；最多年运行台时为12 388台时；最大运行流量163.41 m^3/s；站下最低运行水位5.40 m，最高运行水位7.57 m；站上最低运行水位7.62 m，最高运行水位10.66 m；最小运行扬程0.78 m，最大运行扬程4.17 m；单台机组最小运行功率705.2 kW，最大运行功率1 766 kW，全站最大运行功率5 424 kW。

10. 主要技改和维修情况

（1）机组大修

2021年对5#机组展开大修，由南水北调江苏泵站技术有限公司实施。主要包括修复叶轮及叶轮外壳、电机侧径向轴承支撑座焊缝，更换径向轴承、填料密封、鼓齿联轴器等，另外在转子轮辐上增加4个风叶，4个方向为对称方向，增强电机内气流流动。通过机组大修，解决了鼓齿联轴器柱销断裂、径向轴承支架焊缝开裂、开机运行时抖动异常等问题。转子轮辐上增加风叶后，增强电机内气流流动，对加强机组散热有一定效果。大修后机组运行正常。

（2）供水系统改造

2021年，因供水系统的外流道冷却器在水泵出口事故门与工作门之间，冷却器及与之连接的出墙管道长期处于水位变化区，管道锈蚀严重，多次出现管道穿孔漏水故障，导致机组技术供水水量、水压达不到规范要求，故对供水系统进行改造，由南水北调江苏泵站技术有限公司实施。本次改造完成了金湖站5台外流道冷却器的检查与清理、冷却器外接穿墙管道的维修、冷却器增加支架、自来水补水管道增设、1号深水井洗井及保护设施增设、1和2号深水井管道保养、1号潜水泵的购置及安装调试等工作。技术供水管道维修项目完成后，及时消除了技术供水流量偏低、压力不足、循环冷却水外渗等影响工程运行的安全隐患，保证了金湖站工程安全可靠运行。

（3）电缆整改

2019年因施工等原因导致部分线缆存在交叉缠绕、敷设排布不规范、不合理、缺少标识牌等问题，管理处决定对电缆进行整改，主要包括对室外电缆沟、主厂房区、副厂房区、主变及GIS开关室区四个区域进行电缆重新规范敷设，桥架进行必要的修整、更换，电缆挂牌标识，部分电缆沟盖板更换，关键通道进行必要防火隔离和线缆穿墙密封等。改造后电缆敷设隔离布置规范、安全美观，电缆走向清晰明确，无交叉缠绕现象，消除了影响工程运行的安全隐患，同时便于后续使用检修，更为后续改造项目走线，腾出更多空间。

（4）自动化系统改造

2021年，金湖站自动化系统进行了升级改造；视频监视系统软硬件整体更换，更换计算机监控系统服务器、PLC设备CPU等硬件模块，更换升级计算机监控系统控制软件，并增加了声光报警功能；更新4#机组测流设施设备，上下游水文亭增设了浮子式水位计。目前，金湖站自动化系统运行稳定，实现了工程运行重要数据的实时采集、上传，重要设备全时段监视。

11. 工程质量获奖情况

（1）"大型灯泡贯流泵安装工法"被评为2014年度第一批江苏省工程建设省级工法。

（2）"缩短灯泡贯流泵安装工期QC成果"荣获2015年水利行业QC成果三等奖。

（3）"淤泥质地基堤防填筑控制技术研究"荣获2015年江苏省水利科技进步奖二等奖。

（4）"大型灯泡贯流泵关键技术研究"获得2011年大禹水利科学技术奖一等奖。

（5）项目设计获2016年江苏省第十七届优秀工程设计一等奖。

（6）灯泡贯流泵通风装置及液压闸门开度仪清洁装置等多项技术获国家专利。

（7）荣获2012年度国务院南水北调"安全生产管理优秀单位"荣誉。

（8）金湖站获得2017—2018年度中国水利工程优质（大禹）奖。

12. 图集

JHP-01：泵站位置图

JHP-02：枢纽总平面布置图

JHP-03：工程平面图

JHP-04：泵站立面图

JHP-05：泵站剖面图

JHP-06：电气主接线图

JHP-07-01：油系统图

JHP-07-02：水系统图

JHP-08：低压系统图

JHP-09：工程观测点布置及观测线路图

JHP-10：水泵性能曲线图

JHP-11：自动化拓扑图

JHP-12：征地红线图

JHP-13：竣工地形图

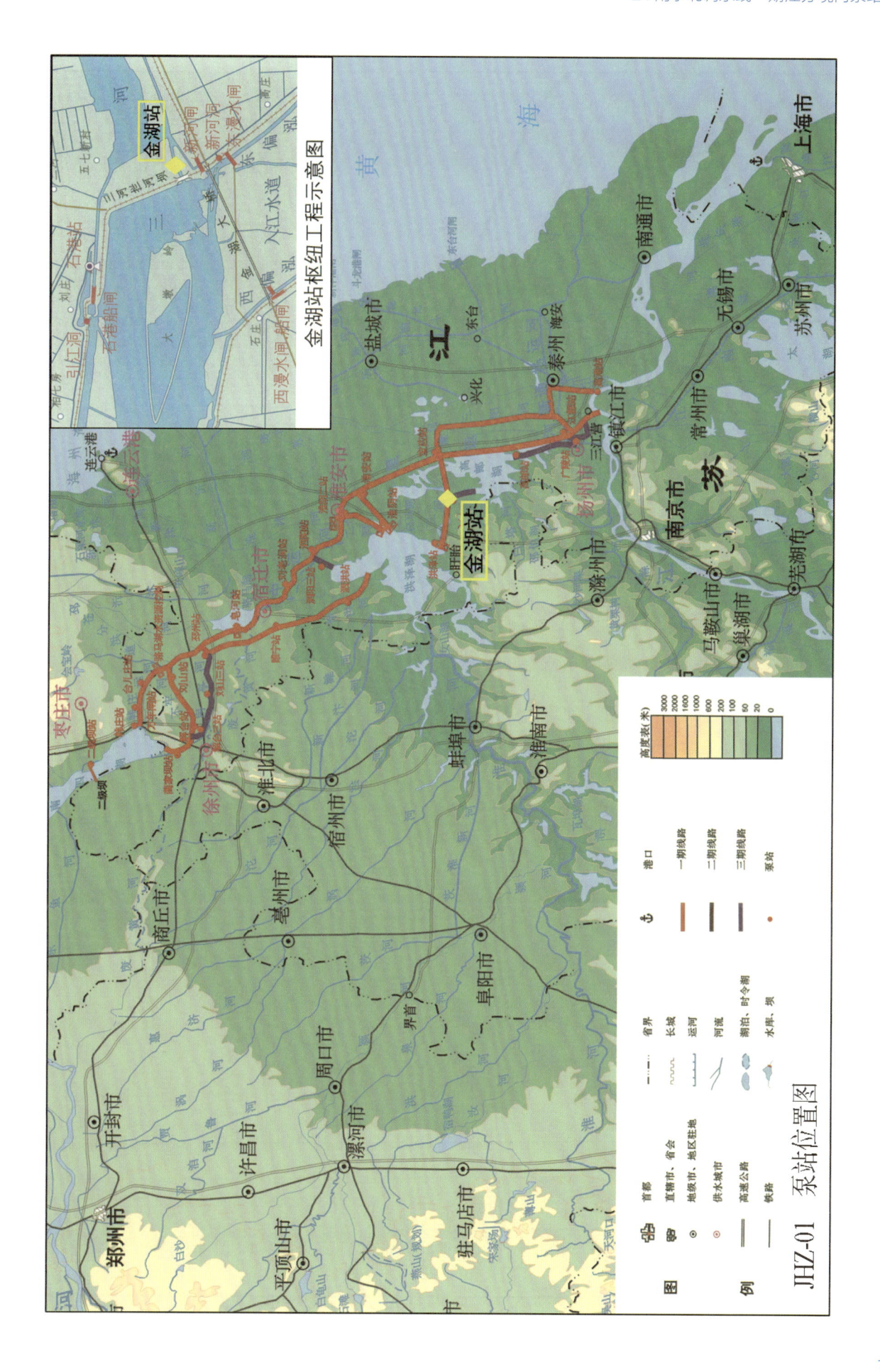

2. 南水北调东线一期江苏境内泵站概况

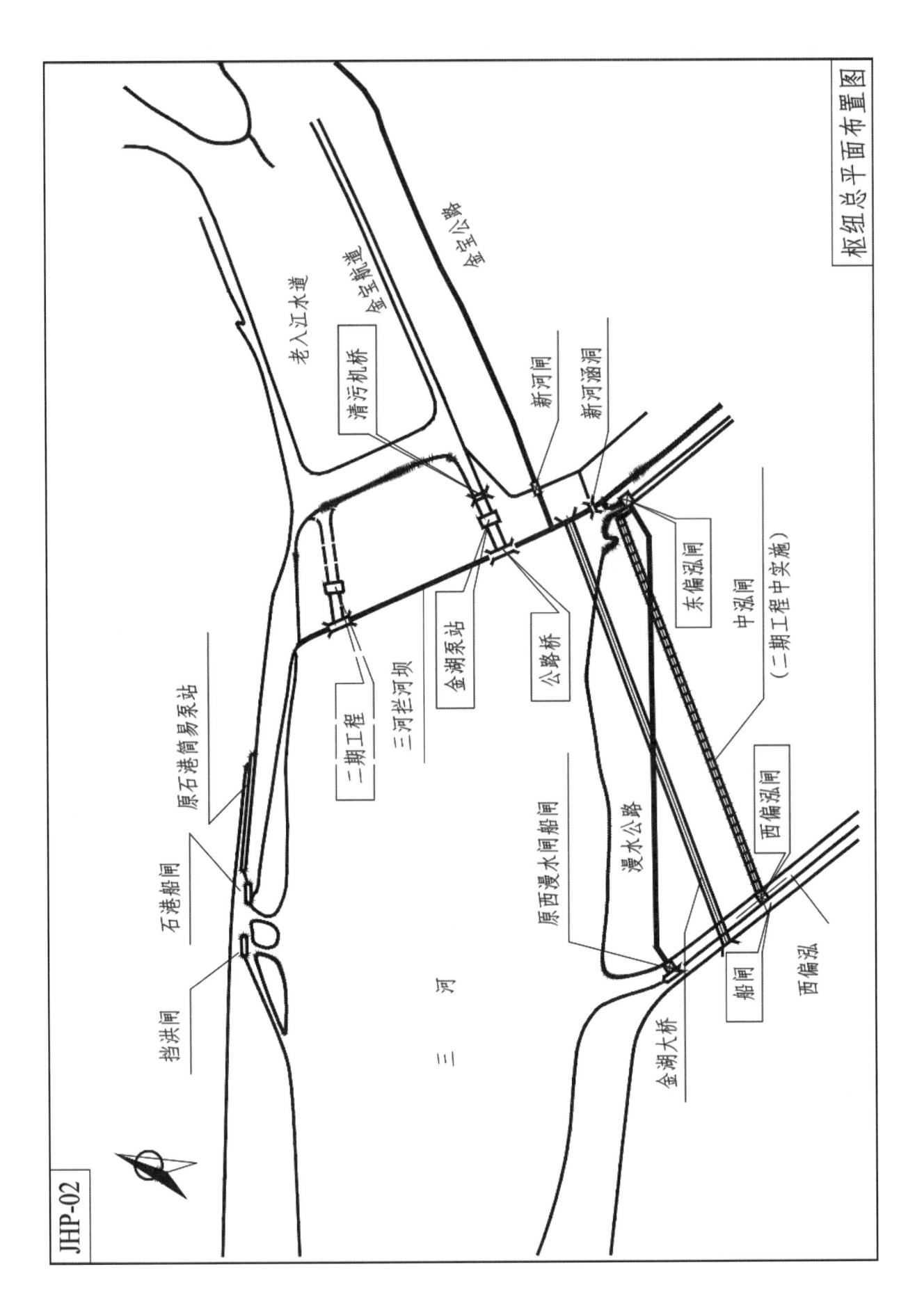

南水北调东线一期江苏境内泵站工程

枢纽总平面布置图

JHP-02

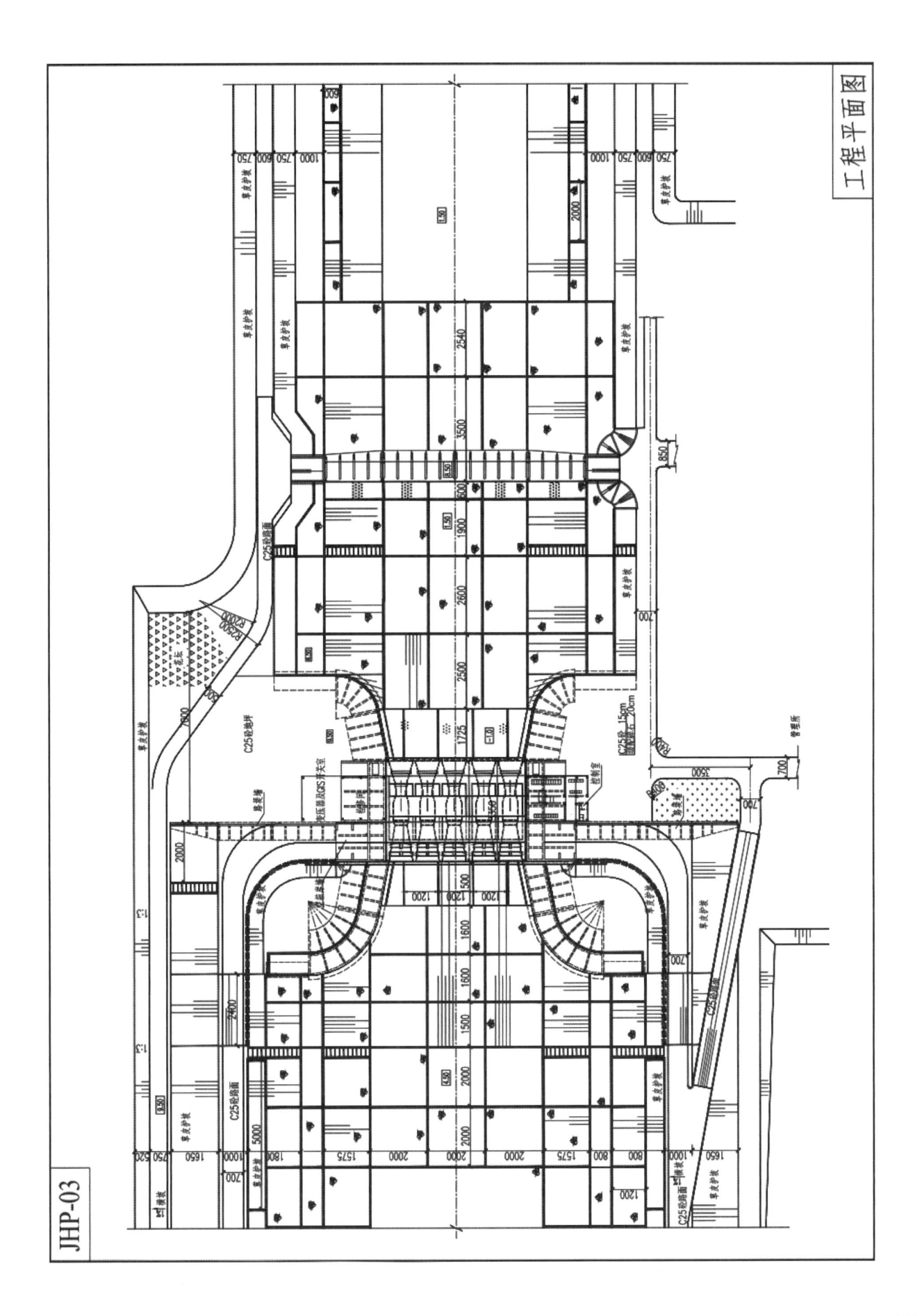

2．南水北调东线一期江苏境内泵站概况

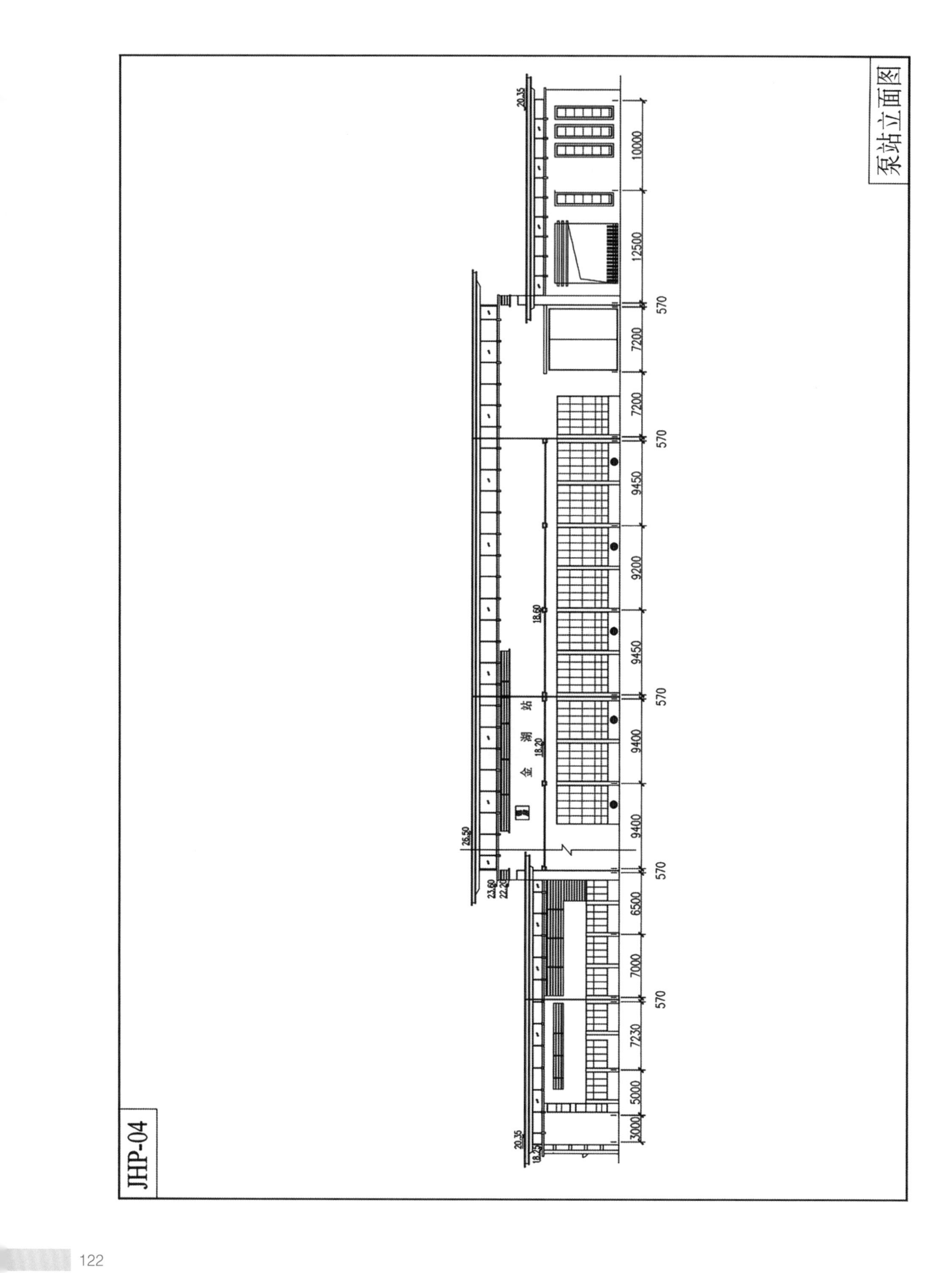

南水北调东线一期江苏境内泵站工程

JHP-04

泵站立面图

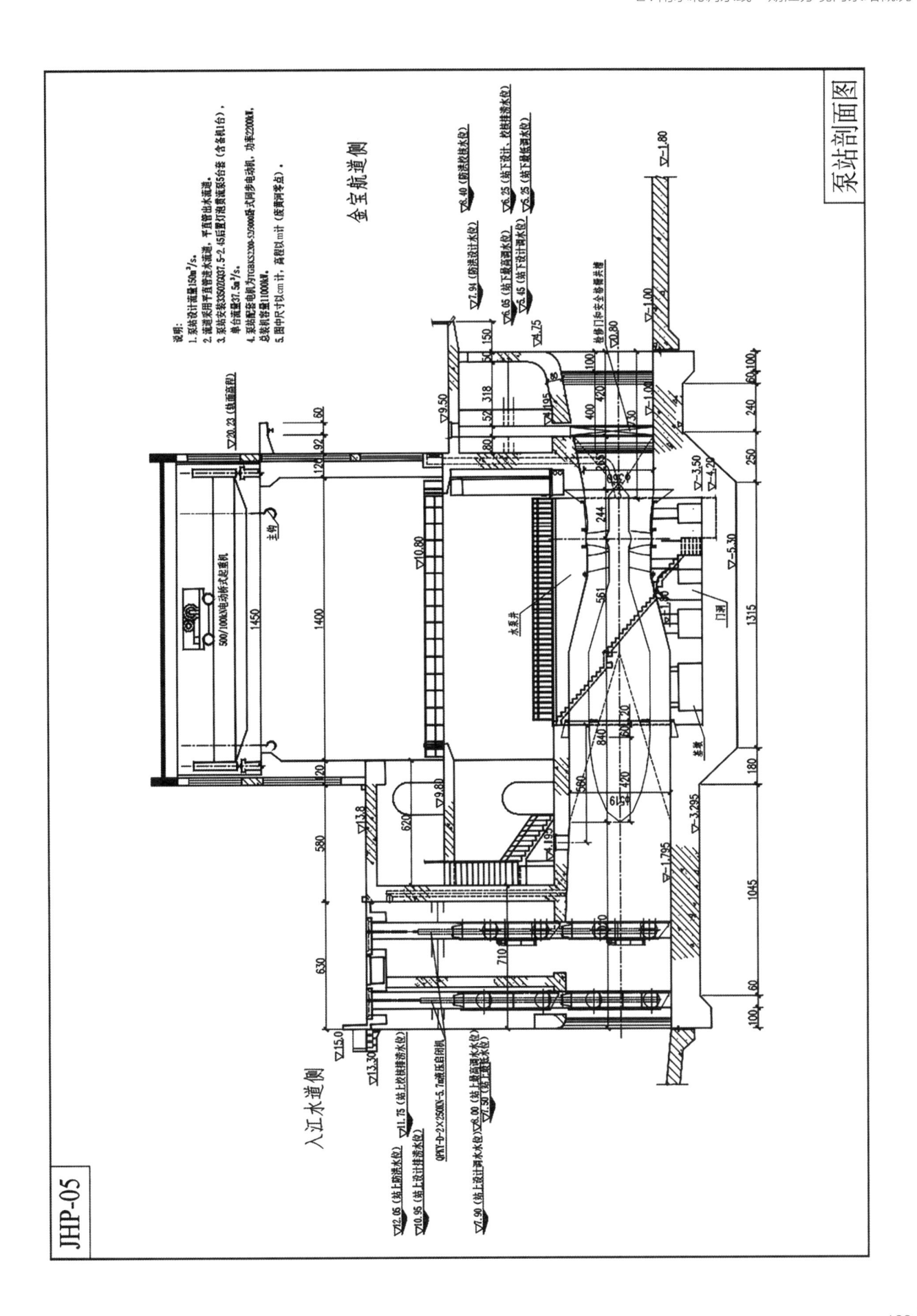

2．南水北调东线一期江苏境内泵站概况

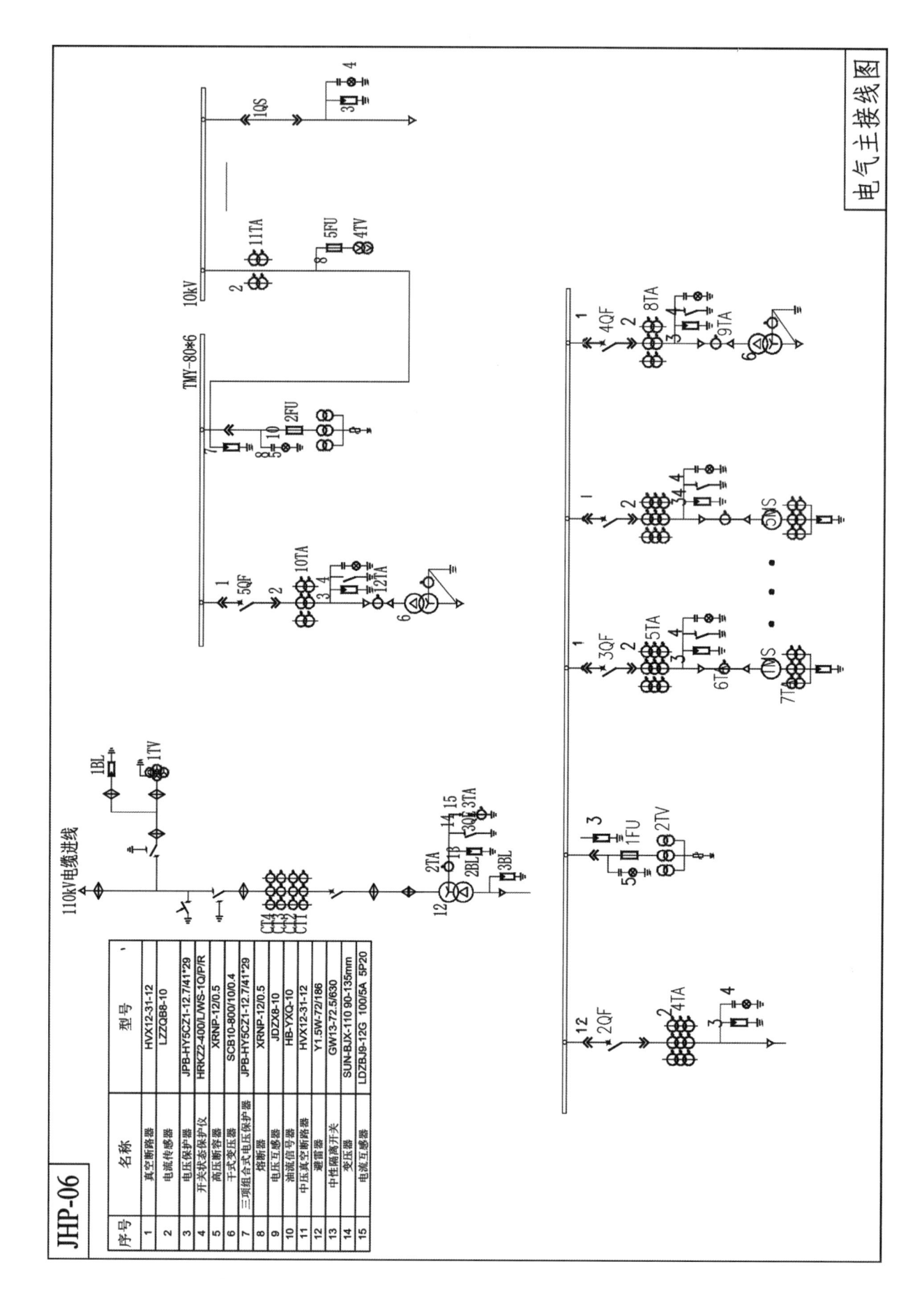

电气主接线图

序号	名称	型号
1	真空断路器	HVX12-31-12
2	电流传感器	LZZQB8-10
3	电压保护器	JPB-HY5CZ1-12.7/41*29
4	开关状态保护仪	HRKZ2-400/LWS-1Q/P/R
5	高压断容器	XRNP-12/0.5
6	干式变压器	SCB10-800/10/0.4
7	三项组合式电压保护器	JPB-HY5CZ1-12.7/41*29
8	熔断器	XRNP-12/0.5
9	电压互感器	JDZX8-10
10	油液信号器	HB-YXQ-10
11	中压真空断路器	HVX12-31-12
12	避雷器	Y1.5W-72/186
13	中性隔离开关	GW13-72.5/630
14	变压器	SUN-BJX-110 90-135mm
15	电流互感器	LDZBJ9-12G 100/5A 5P20

JHP-06

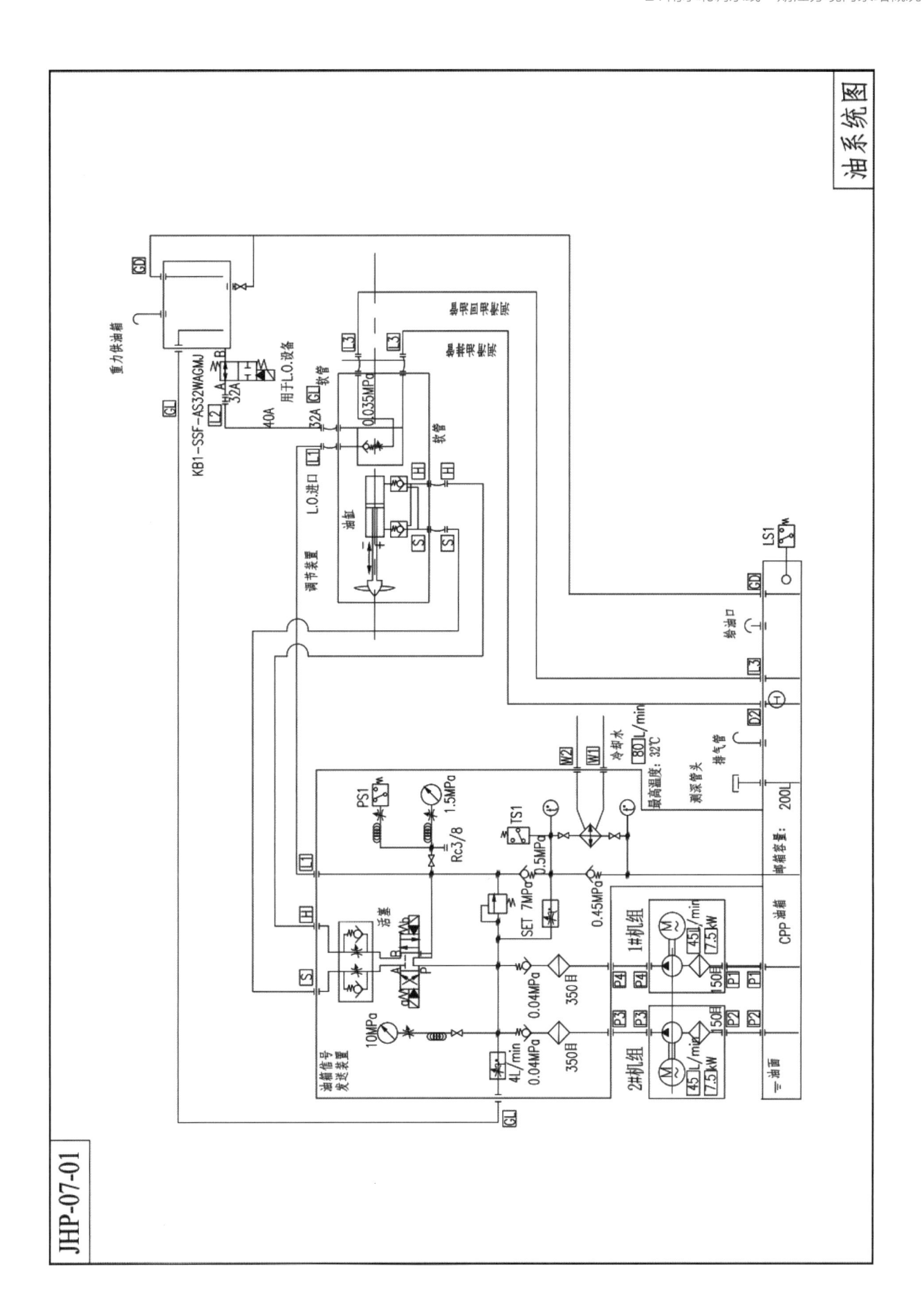

2．南水北调东线一期江苏境内泵站概况

油系统图

JHP-07-01

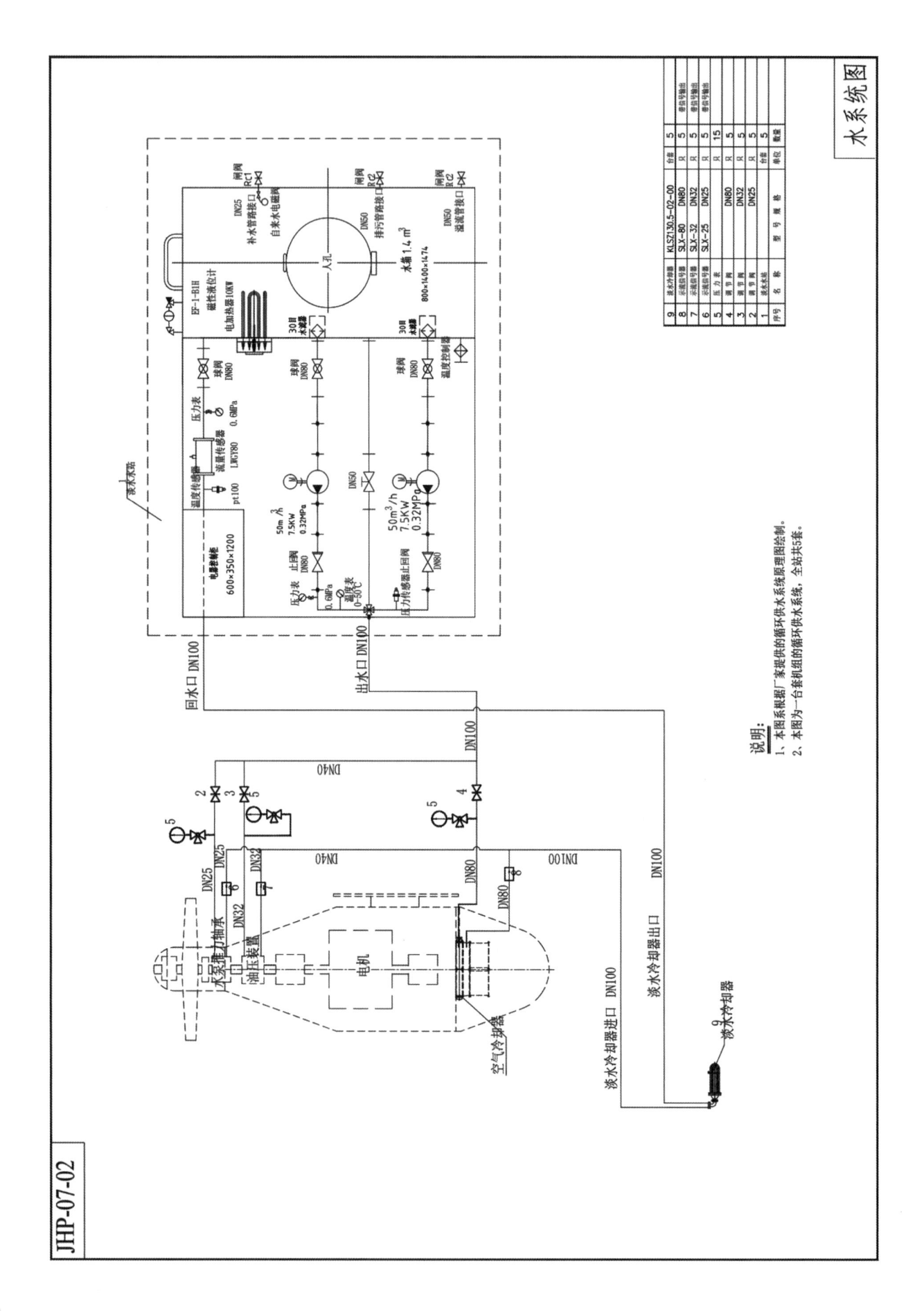

南水北调东线一期江苏境内泵站工程

水系统图

JHP-07-02

126

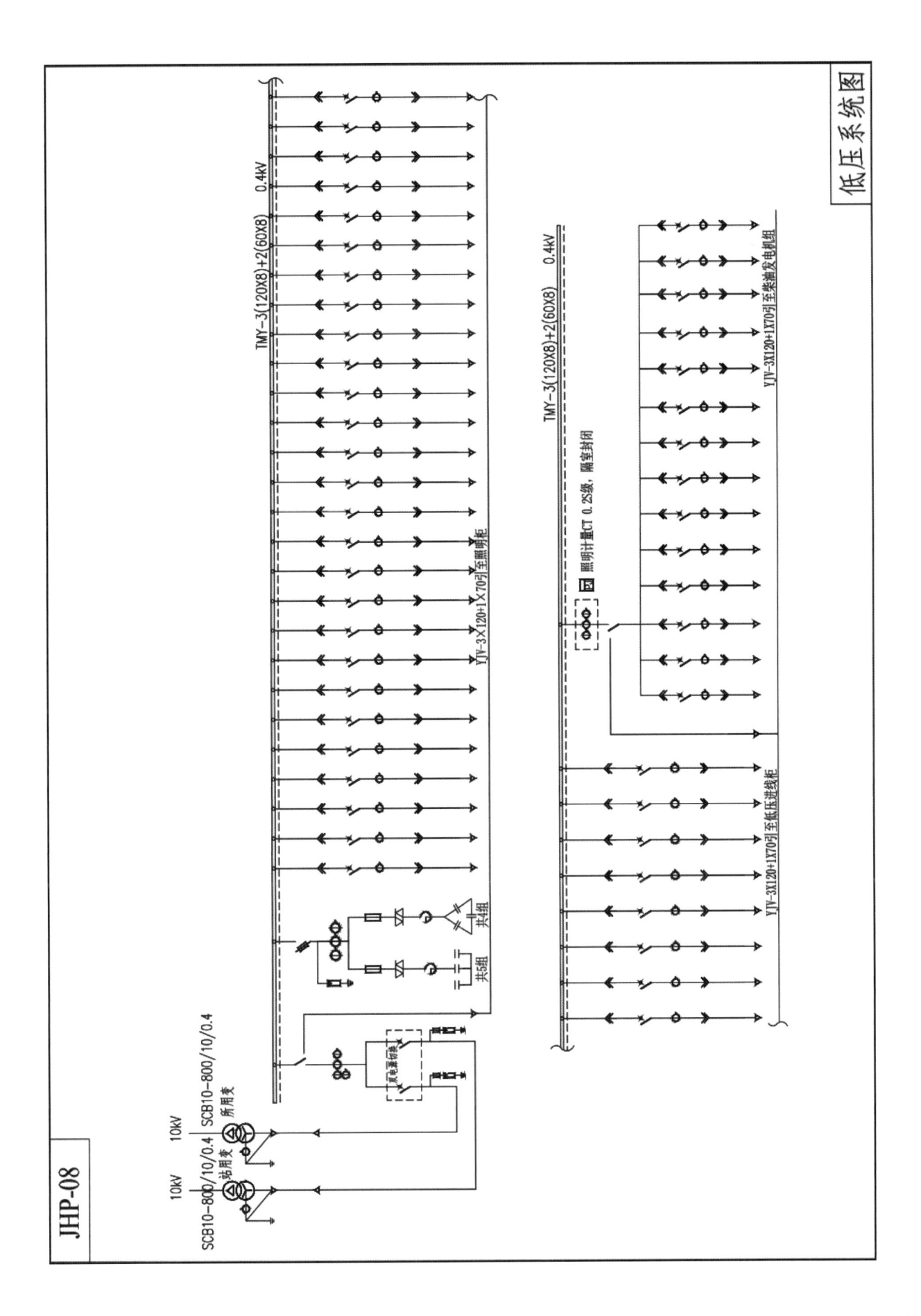

2. 南水北调东线一期江苏境内泵站概况

低压系统图

JHP-08

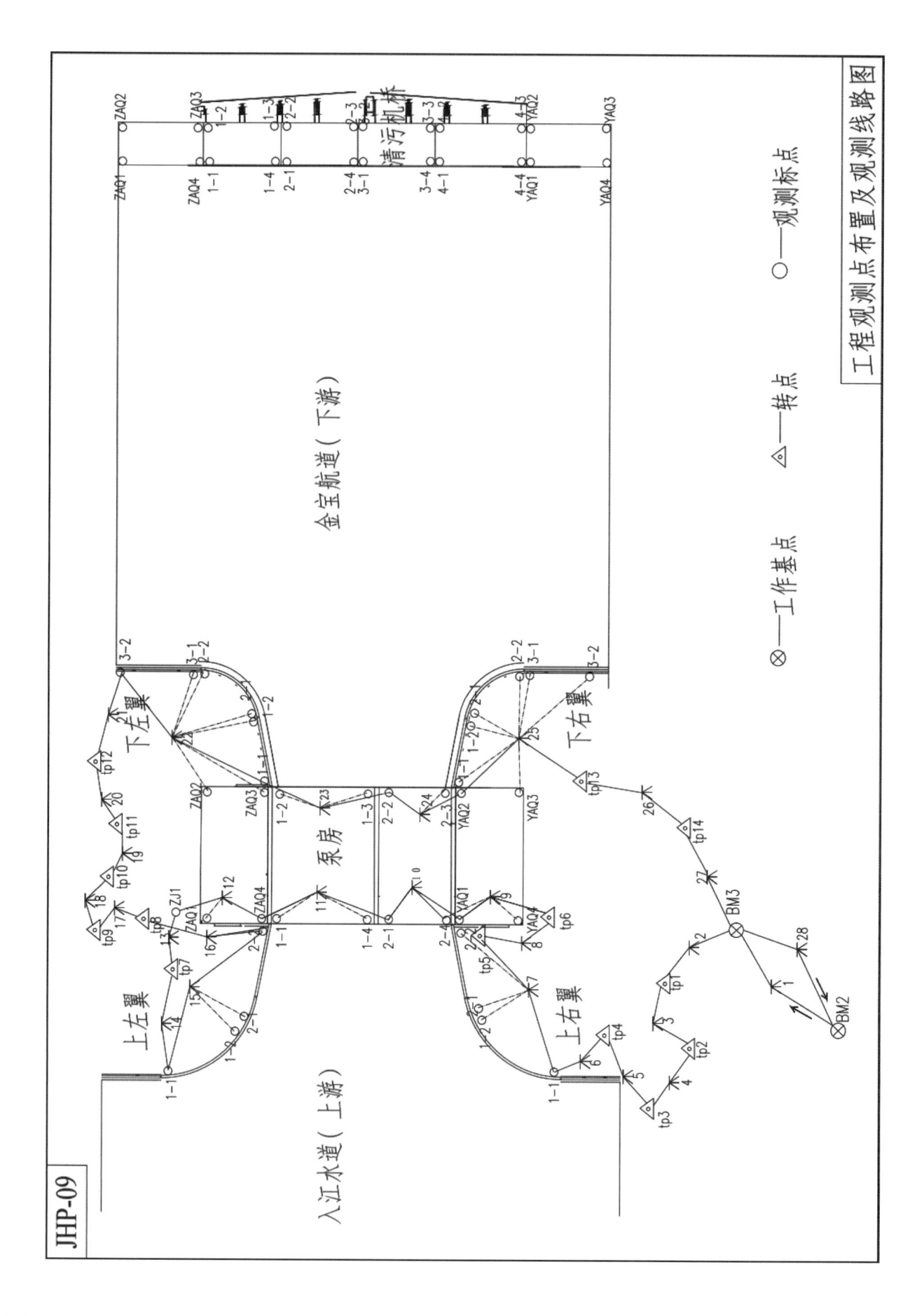

工程观测点布置及观测线路图

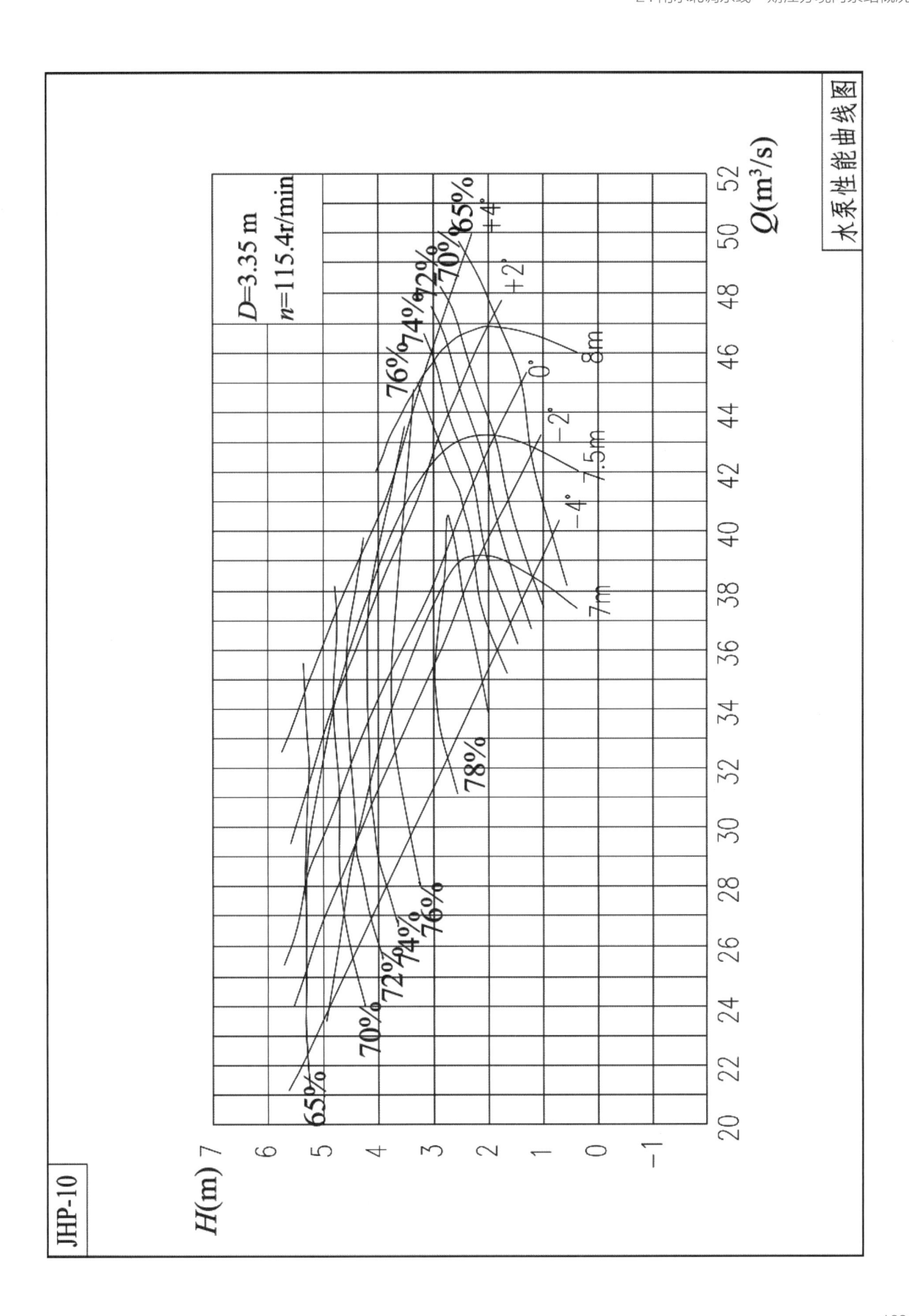

2．南水北调东线一期江苏境内泵站概况

JHP-10

水泵性能曲线图

$D=3.35$ m
$n=115.4$ r/min

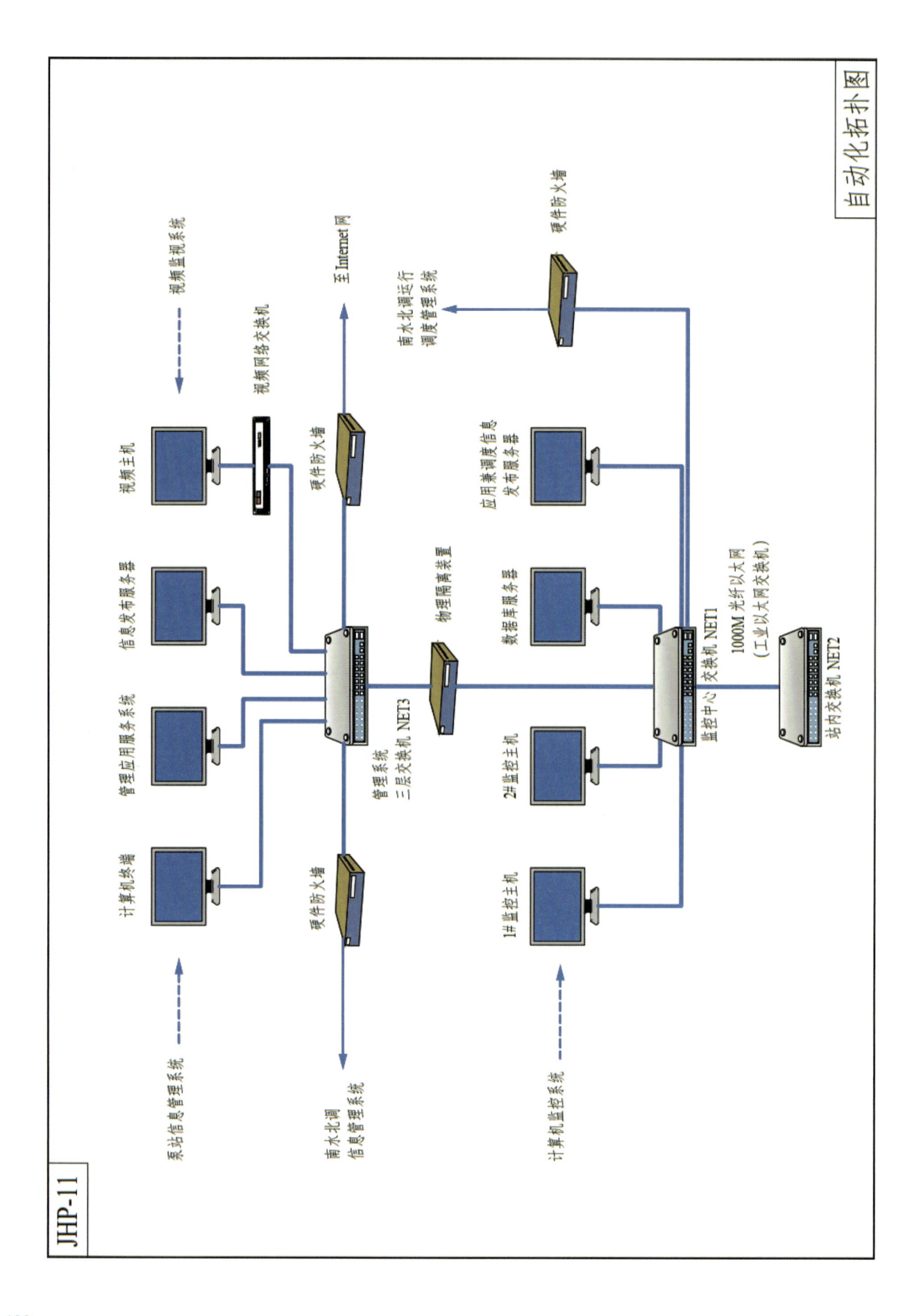

南水北调东线一期江苏境内泵站工程

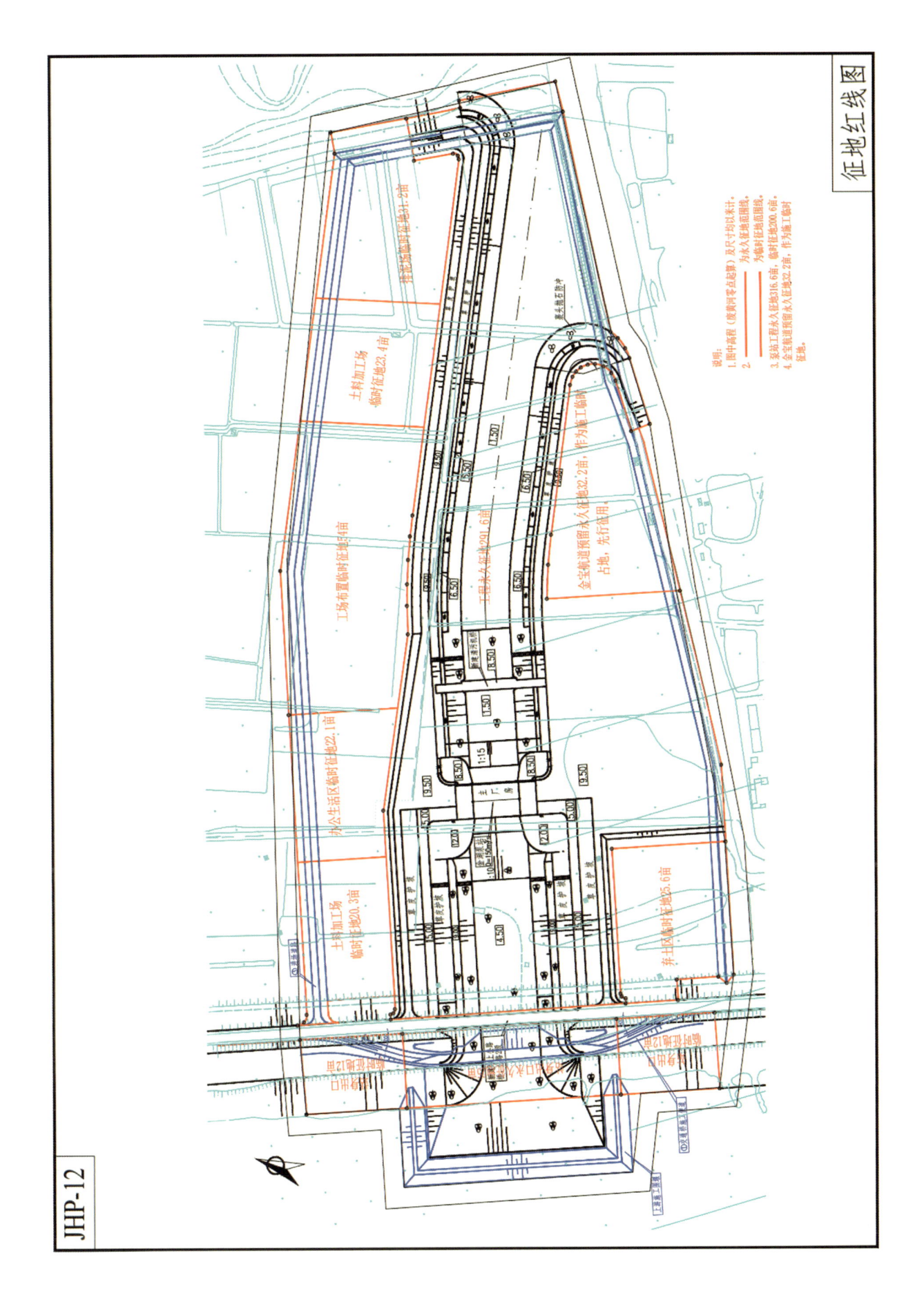

2．南水北调东线一期江苏境内泵站概况

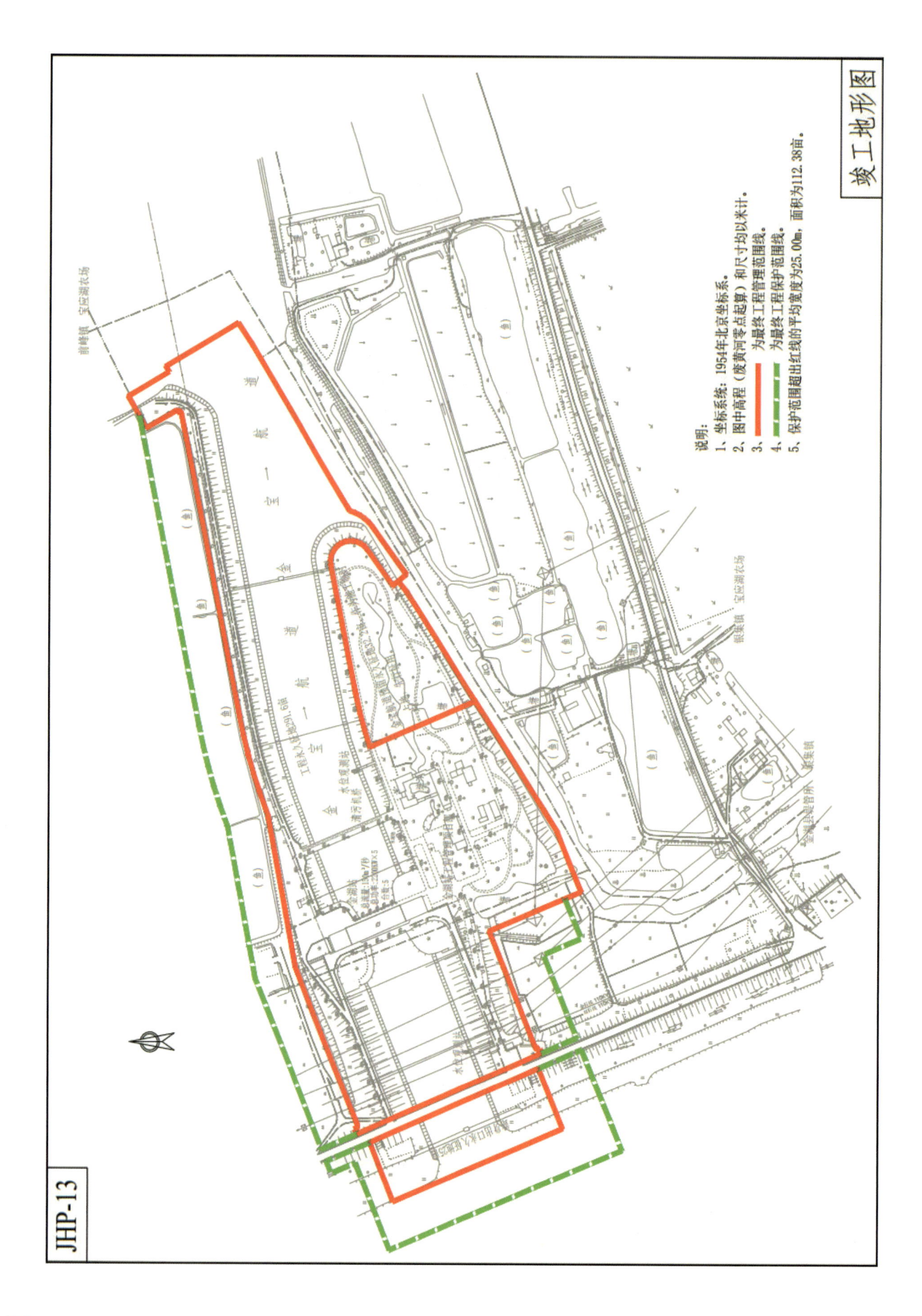

南水北调东线一期江苏境内泵站工程

竣工地形图

说明：
1、坐标系统：1954年北京坐标系。
2、图中高程（废黄河零点起算）和尺寸均以米计。
3、———— 为最终工程管理范围线。
4、———— 为最终工程保护范围线。
5、保护范围超出红线的平均宽度为25.00m，面积为112.38亩。

JHP-13

132

2.3 第三梯级泵站

2.3.1 洪泽站

图 2-7 洪泽站

1. 工程概况

洪泽站位于淮安市洪泽区境内的三河输水线上,距洪泽区蒋坝镇北约 1 000 m 处,介于洪金洞和三河船闸之间,紧邻洪泽湖。洪泽站工程是南水北调东线一期工程第三梯级泵站之一,其主要任务是通过与第二梯级的金湖站联合运行,由金宝航道、入江水道三河段向洪泽湖调水 150 m³/s,并结合宝应湖、白马湖地区排涝。

洪泽站地处我国北亚热带向南暖温带过渡地带,四季分明,季风显著,干湿、冷暖的年际差异较大。夏秋季节,常有集中暴雨和连绵阴雨,并经常遭受台风影响;冬季降水稀少。多年平均蒸发量 1 045.7 mm,多年平均水温 15.6℃,多年平均降水 926.7 mm,降雨年际、年内变化较大。场地区域地质构造稳定性较好。场地土层土质主要为灰黄、棕黄杂灰褐色粉质黏土。洪泽站地震动峰值加速度为 0.05 g,相应的地震基本烈度为Ⅵ度。

洪泽站工程由主体工程和影响工程组成,主体工程主要建设内容包括:新建泵站、挡洪闸、进水闸和洪金排涝地涵,开挖上下游引河,扩挖下游引河口以外输水河道 2.4 km。新建下游引河护砌(包括进水闸以东引河河坡血防硬化处理)等。影响工程主要建设内容包括:洪金南干渠改线、泵站引河南侧封闭圈灌排体系调整等。泵站规模为大(2)型工程,工程等别为Ⅱ等,泵站站身和挡洪闸闸室及上下游防渗段岸翼墙等主要建筑为1级建筑物,进水闸闸室及上下游防渗段岸翼墙为2级建筑物,洪金地涵等次要建筑为3级建筑物。洪泽泵站设计防洪标准100年一遇,校核防洪标准300年一遇。洪泽站厂房为堤后式块基型,采用肘形进水流道、虹吸式出水流道和真空破坏阀断流,设计流量为

150 m³/s，供水期设计扬程 6.0 m，排涝期设计扬程 6.6 m。泵站所选水泵为江苏航天水力设备有限公司（原高邮水泵厂）生产的 3150HLQ37.5-6 型立式全调节混流泵组 5 台套（含备机 1 台套），单机流量为 37.5 m³/s，叶轮直径 3.15 m，转速 125 r/min。电机为南京长风新能源股份有限公司生产的 TL3550-48/3700 型立式同步电机，电压 10 kV，配套功率 3 550 kW，泵站总装机容量为 17 750 kW。

表 2-13　特征水位及扬程信息表

单位：m

			站下引水渠口	站上出水渠口
特征水位	供水期	设计水位	7.10	13.10
		最低运行水位	7.10	11.40
		最高运行水位	7.60	13.60
		平均运行水位	7.10	12.64
	排涝期	设计水位	7.00	13.60
		最高水位	7.50	14.60
	挡洪水位	设计（1%）	14.21	16.00
		最高（0.33%）	14.21	17.00
扬程	供水期	设计扬程		6.00
		最小扬程		3.80
		最大扬程		6.50
		平均扬程		5.54
	排涝期	设计扬程		6.60
		最小扬程		—
		最大扬程		7.60

表 2-14　泵站基础信息表

所在地	淮安市洪泽区蒋坝		所在河流	三河	运用性质		灌溉、排涝
泵站规模	大（2）型	泵站等别	Ⅱ	主要建筑物级别	1	建筑物防洪标准	设计 100 年一遇
							校核 300 年一遇
站身总长（m）	34.8	工程造价（万元）	53 325	开工日期	2011.1	竣工日期	2013.3
站身总宽（m）	47.0						
装机容量（kW）	17 750	台数	5	装机流量（m³/s）	187.5	设计扬程（m）	6
主机泵	型式	立式全调节混流泵			主电机	型式	立式同步电动机
		3150HLQ37.5-6					TL3550-48/3700
	台数	5	每台流量（m³/s）	37.5		台数	5	每台功率（kW）	3 550
	转速（r/min）	125	传动方式	直联		电压（V）	10 000	转速（r/min）	125

续表

主变压器	型号	S11-25000/110/10.5		输电线路电压(kV)		110	
	总容量（kVA）	25 000	台数	1	所属变电所	洪泽站变电所	
主站房起重设备		桥式行车	起重能力（kN）	32/5	断流方式	真空破坏阀	
闸门结构型式	上游	平面钢闸门	启闭机型式	上游	平门固定卷扬式启闭机		
	下游	平面钢闸门		下游	QP-2×160KN 卷扬式启闭机		
进水流道形式		肘形流道		出水流道形式	虹吸式流道		
主要部位高程(m)	站房底板	-3.9	水泵层	3.0	电机层	17.2	副站房层	18.3
	叶轮中心	4.0	上游护坦	6.5	下游护坦	-0.9	驼峰底	14.8
站内交通桥	净宽(m)	7.4	桥面高程(m)	17.0	设计荷载	公路-Ⅱ级	高程基准面	废黄河
站身水位组合	设计水位(m)	下游	7.1	上游	13.1		
	校核水位(m)	下游	7.5	上游	14.6		

2. 批复情况

2005年10月，国家发展和改革委员会印发了《关于南水北调东线一期工程项目建议书的批复》（发改农经〔2005〕2108号），批复了项目建议书。

2008年11月，国家发展和改革委员会印发了《关于审批南水北调东线一期工程可行性研究总报告的请示的通知》（发改农经〔2008〕2974号），批准了可行性研究报告。

2010年10月29日，国务院南水北调办公室以《关于南水北调东线一期长江至骆马湖段其他工程洪泽站工程初步设计报告的批复》（国调办投计〔2010〕238号）批复洪泽站工程初步设计报告。

根据初步设计批复（国调办投计〔2010〕238号），核定洪泽站工程初步设计概算总投资为49 397万元，静态投资48 675万元。经国家相关部门批准调整后，洪泽站工程总投资为53 325万元。

3. 工程建设有关单位

项目法人：南水北调东线江苏水源有限责任公司
现场建设管理机构：江苏省南水北调洪泽站工程建设处
　　　　　　　　　洪泽县南水北调洪泽站影响工程建设处
设计单位：江苏省水利勘测设计研究院有限公司
监理单位：江苏省水利工程科技咨询有限公司
质量监督单位：南水北调工程江苏质量监督站
质量检测单位：江苏省水利建设工程质量检测站
土建施工单位：江苏省水利建设工程有限公司
立式混流泵供应商：江苏航天水力设备有限公司
主电机供应商：南京长风新能源股份有限公司

水轮机组供应商：江苏航天水力设备有限公司

自动化系统设备供应商：南京南瑞集团公司

110kV组合开关（GIS）设备供应商：山东泰开高压开关有限公司

变压器设备供应商：无锡市电力变压器有限公司

高低压开关柜供应商：上海德力西集团有限公司

电缆供应商：江苏润华电缆股份有限公司

清污机供应商：曲阜恒威水工机械有限公司

主体工程钢材供应商：江苏省水利物资总站

管理（运行）单位：江苏省洪泽湖水利工程管理处

4. 工程布置与主要建设内容

洪泽站工程位于淮安市洪泽区境内的三河输水线上，距洪泽区蒋坝镇北约1 000 m处，介于洪金洞和三河船闸之间。

洪泽站工程由主体工程和影响工程组成，主体工程主要建设内容包括：新建泵站，开挖上下游引河、扩挖下游引河口外河道，新建挡洪闸、进水闸和洪金排涝地涵等。

洪泽站设计流量150 m³/s，站内安装立式全调节混流泵机组5台套（含备机1台套），水泵叶轮直径3.15 m，单泵设计流量37.5 m³/s，配套电机功率3 550 kW，总装机容量17 750 kW。水泵采用立式混流泵竖井筒体式结构，配肘形进水流道、虹吸式出水流道，采用真空破坏阀断流。

泵站检修间空箱岸墙内安装2台水轮发电机组，水轮机为ZDT03-LH-200型立式轴流定桨式，叶片直径2 000 mm，配用型号为GYWT-1500调速器。发电机为SF500-32/2600立式同步发电机，容量为625 kVA（额定功率500 kW），配用型号为WFL-1000可控硅励磁装置。

挡洪闸位于洪泽湖大堤上，设计流量150 m³/s，闸室采用钢筋砼胸墙式结构型式，共3孔，每孔净宽10 m，总净宽30 m。

进水闸位于泵站站下500 m处，设计流量150 m³/s，闸室采用钢筋砼胸墙式结构，共4孔，每孔净宽10 m，总净宽40 m。

洪金地涵是排涝河与洪金南干渠改线段的交叉建筑物，位于泵站和进水闸之间，纵轴线与泵站横轴线相距300 m，设计流量72 m³/s，共2孔，每孔净宽6.1 m，总净宽12.2 m，地涵总长102.5 m。

泵站引河工程包括开挖上下游引河、扩挖下游引河口外河道两个部分。泵站引河布置在三河船闸引河与洪金干渠之间，为平地挖河筑堤而成，总体上呈东西走向，总长5 072 m。

泵站站上引河直线段825 m，然后以转弯半径600 m、圆心角25°的圆弧接直线段205 m至挡洪闸，站上引河总长1 303 m。

泵站站下引河直线段2 010 m，然后以转弯半径1 000 m、圆心角13°的圆弧接直线段1 000 m，再以转弯半径500 m、圆心角8.4°的圆弧接直线段459 m接入入江水道，站下引河总长3 769 m，分为二段，泵站至进水闸段长500 m，进水闸至引水口门段长3 269 m。

扩挖下游引河口外河道工程范围自洪泽站下引河口0+000至CS2+400新三河内引航道，长2.4 km。

5. 分标情况及承建单位

根据国调办《关于南水北调东线一期工程洪泽站工程招标分标方案的批复》（国调办建管〔2010〕259号）批复，洪泽站工程分为12个标段。

2008年12月南水北调江苏水源有限责任公司对洪泽站工程项目设计及后续服务工作进行了国内公开招标，中标人为江苏省水利勘测设计研究院有限公司。

2012年3月14日，国调办以《关于调整南水北调东线一期工程邳州站等工程招标分标方案的批复》（国调办建管〔2012〕44号）核准增加洪泽站电力线路施工标，中标人为洪泽洪能电力实业开发有限公司。

为确保泵站工程及管理区域设施安全，江苏水源公司以《关于南水北调东线一期洪泽站工程南侧大三角区围墙及管理区绿化提升的批复》（苏水源计〔2015〕53号）同意新增围墙工程施工标，中标人为南京骏豪建设工程有限公司。

洪泽站工程完成主要工程量：土方开挖309.02万m^3，土方填筑242.61万m^3，砼8.07万m^3，钢筋制安4 820.1 t，砌石及垫层3.7万m^3，钢结构467 t；立式混流泵机组5台套、立式轴流定桨式水轮发电机组2台套，回转式清污机10台套，主变压器1台套，组合开关1台套，自动化系统、高低压开关柜及电缆等。

6. 建设情况简介

2010年12月1日，江苏水源公司以《关于成立江苏省南水北调洪泽站工程建设处的通知》（苏水源综〔2010〕46号）成立"江苏省南水北调洪泽站工程建设处"，作为项目法人的现场管理机构，建设处承担公司委托的建管职责，全面负责洪泽站工程建设现场管理工作。

（1）主要建筑物施工简况

泵站工程于2011年2月中旬开始泵站站身基坑开挖，2013年1月完成泵站厂房、控制楼主体工程，2013年3月完成厂房、控制楼内外装饰工程。

进水闸工程于2011年3月2日开始基坑开挖，2013年1月完成清污机安装，2014年12月完成启闭机房、桥头堡装饰工程。

洪金地涵工程于2011年2月上旬开始基坑开挖，2012年4月完成闸门启闭机安装。2014年12月完成启闭机房、桥头堡装饰工程。

挡洪闸工程于2011年9月上旬挡洪闸施工围堰开始施工，2012年5月下旬完成闸门启闭机安装。2014年12月完成启闭机房、桥头堡装饰工程。

引河工程于2011年3月开始进行河道土方工程施工，至2013年3月上旬河道开挖基本完成；高程11.0 m以下血防护坡于2013年3月中旬完成，3月20日河道引水。

（2）重大设计变更

增加发电功能，由于洪泽站存在利用洪泽湖弃水发电的有利条件，具备结合发电功能。按江苏水源公司的要求，为提高泵站的综合效益，利用泵站北侧空箱岸墙，安装2台水轮发电机组，故修改了泵站北侧空箱岸墙和上下游第一节翼墙的结构，并在挡洪闸闸室上增加拦污设施。

洪泽站工程于2011年1月开工，2015年1月完成全部工程建设内容。

7. 工程新技术应用

（1）混凝土温控技术

洪泽站工程泵站底板和进出水流道及墩墙等属大体积混凝土，在大体积混凝土的设计与施工中，为防止温度裂缝的产生，需要在施工前进行认真计算，并在施工过程中采取有效的温度控制措施。主要措施有：改进施工工艺，确保施工质量；选用水化热较低的水泥；掺加外加剂；严格控制粗、细骨料的质量等。通过采取各种措施，保障洪泽站工程中大体积混凝土温度控制在安全范围内。

（2）变频装置改造技术

为了增加洪泽站工程发电效益、扩大发电时的水头变化范围，保证在水头较低时主机组仍能发电且安全稳定运行，主机组采用降速运行方案，通过变频机组将电能送入电网。主机组反转发电采用降速运行方案，其转速为 75 r/min，频率为 30 Hz；电网频率为 50 Hz，设置 1 套变频机组，通过电动机和发电机的极数变化实现频率转换，将主机组发出的频率为 30 Hz 电能转换为 50 Hz 后并网，并网容量 6 000 kW。变频机组由 1 台卧式同步发电机和 1 台卧式同步电动机组成。励磁采用微机型可控硅励磁装置，励磁装置主回路为三相全控桥式整流电路。高压开关柜采用 KYN28-12 型中置式铠装金属封闭开关柜，包括 1 台同步电动机开关柜和 1 台同步发电机开关柜（含翻线柜），开关柜内装设真空断路器，配弹簧操作机构和电动底盘手车。继电保护采用微机综合保护装置，装置安装在高压柜仪表室。变频机组定转子采用自然通风方式冷却，房间内安装机械通风设施，设有进风口和通风机。变频机组测温信号、10 kV 开关柜状态信号、微机保护及励磁装置信息采用控制信号电缆引至变电所侧二楼控制保护屏室 LCU 柜进行采集；泵站计算机监控系统上位机及现地 PLC 进行变频机组监测功能相关应用软件的开发。洪泽站变频机组冷却用水由水轮机技术供水系统引接，根据机组进出水方位进行管路布置，并安装阀件、表计等设备。

8. 工程质量

经施工单位自评、监理单位复评、项目法人（建设单位）确认，洪泽站设计单元工程施工质量为优良等级。11 个单位工程（水利标准 8 个，非水利标准 3 个）、158 个分部工程，1 248 个单元工程，其中：按水利工程质量检验评定标准评定的泵站单位工程、挡洪闸单位工程、进水闸单位工程、洪金地涵单位工程、泵站引河单位工程、部分影响工程单位工程、自动化控制单位工程、剩余影响工程单位工程等 8 个单位工程施工质量为优良等级；按照相关行业标准评定的管理设施及附属工程、变电所工程、水土保持工程等 3 个单位工程及供电线路工程 1 个单项工程全部合格。核定洪泽站工程施工质量为优良等级。

9. 运行管理情况

自 2013 年正式通水至 2023 年 12 月底，洪泽站累计运行 38 273 台时，累计抽水 518 221 万 m^3。最多年运行天数为 203 d；最多年运行台时为 12 724.56 台时；最大运行流量 190.61 m^3/s；站下最低运行水位 6.15 m，最高运行水位 7.91 m；站上最低运行水位 11.44 m，最高运行水位 13.54 m；最小运行扬程 4.06 m，最大运行扬程 6.12 m；单台机组最小运行功率 1 750 kW，最大运行功率 3 120 kW，全站最大运行功率 16 000 kW。

10. 主要技改和维修情况

（1）机组大修（含水轮机）

2018年，对1#、2#水轮机展开大修；2019年，对3#主机组展开大修；2020年，对1#主机组展开大修，均由南水北调江苏泵站技术有限公司实施。1#、2#水轮机组经过大修处理，原导叶卡阻现象得到消除，主轴、水导轴承经返厂修复质量合格，试运行各项指标正常，达到大修预期目标；1#、3#机组经大修，机组试运行过程中运行平稳，推力瓦温度正常，电气量、温度、震动、噪声等参数满足规范要求，机组各方面满足运行要求。

（2）反转发电系统改造

2020年，对洪泽站主机组变频装置进行改造，由南水北调江苏泵站技术有限公司（土建施工）、上海电气集团上海电机厂有限公司（设备采购）、江苏省水利勘测设计研究院有限公司（设计）实施。主要维修内容为增加1台套变频发电机组。该工程在投入运行后极大地发挥了工程效益，改善了机组发电运行条件，机组转速由125 r/min优化至75 r/min，最低发电水头降至2.8 m。通过降低机组转速，主机组在低水头下发电运行时，机组整体震动较原先减缓，运行情况更为良好。

（3）2#主机组、叶调系统改造

2022年，对洪泽站2#主机组展开大修，由南水北调江苏泵站技术有限公司实施，主要维修内容包括洪泽站2#机组大修、叶片调节装置改造、导叶体中心水平调整及防水处理、2#机组镜板及备品件返厂处理、推力瓦架改造、上下油缸汽轮机油更换等。机组试运行过程中运行平稳，推力瓦温度正常，电气量、温度、震动、噪声等参数满足规范要求，叶片角度调节灵活，新型叶调装置运行可靠，机组各方面满足运行要求。

（4）电缆整改

2018年，对洪泽站进行电缆整改，由南水北调江苏泵站技术有限公司实施，主要维修内容包括对洪泽站电缆夹层区、竖井桥架区、联轴层区、电缆沟区、小水电区进行线缆重新铺设，桥架进行必要的修整、防护，规定部位线缆挂牌标识，关键通道进行必要的防火隔离和线缆穿墙密封等相关工作。整改后的电缆之间距离增大，有利于电缆散热，同时整体布置整齐、美观，也便于日常巡视检查和发现问题及时处理。

11. 图集

HZP-01：泵站位置图

HZP-02：枢纽总平面布置图

HZP-03：工程平面图

HZP-04：泵站立面图

HZP-05：泵站剖面图

HZP-06：电气主接线图

HZP-07-01：油系统图

HZP-07-02：气系统图

HZP-07-03：水系统图

HZP-08：低压系统图
HZP-09：工程观测点布置及观测线路图
HZP-10：水泵性能曲线图
HZP-11：自动化拓扑图
HZP-12：征地红线图
HZP-13：竣工地形图

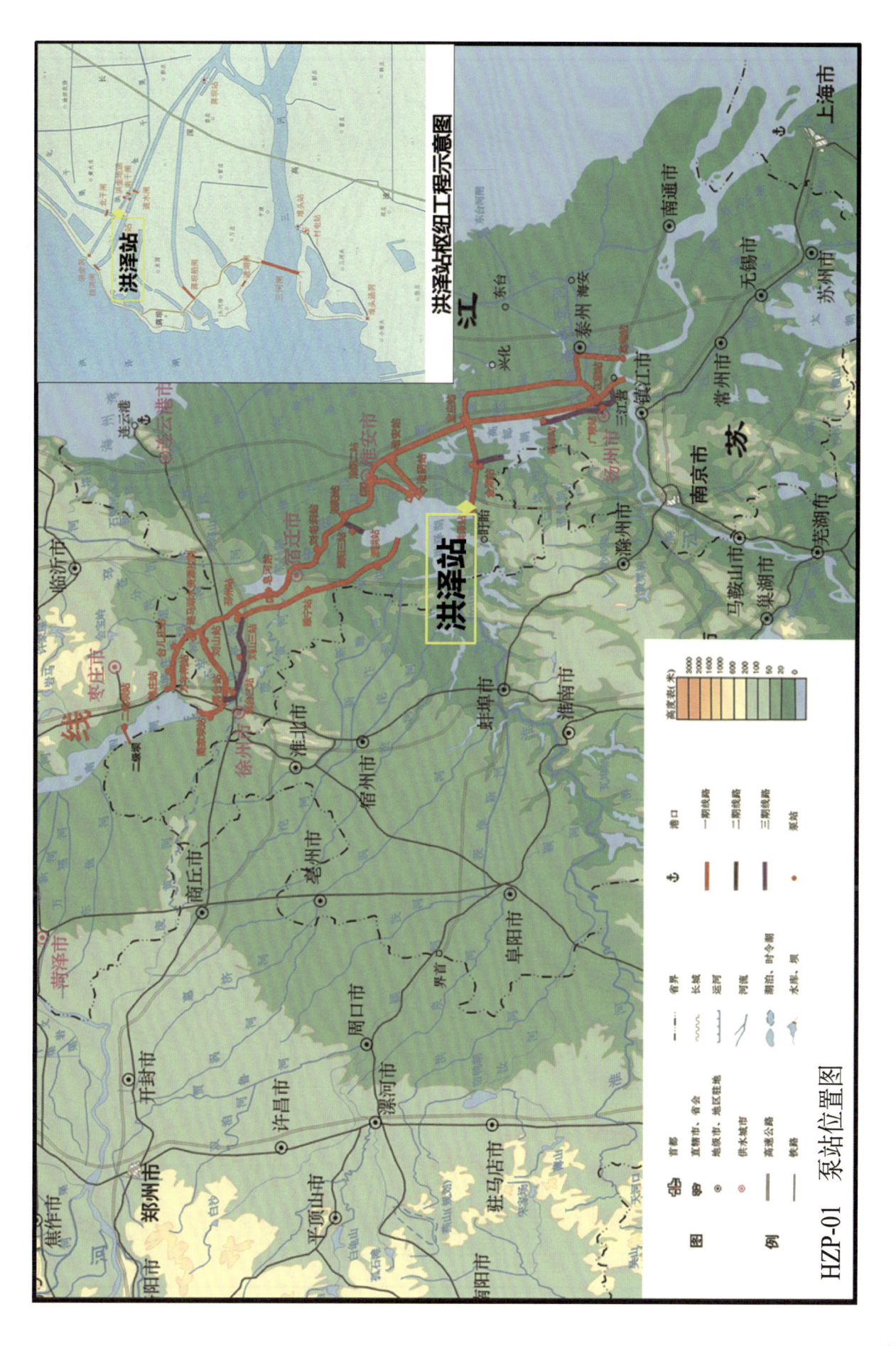

2．南水北调东线一期江苏境内泵站概况

洪泽站枢纽工程示意图

HZP-01 泵站位置图

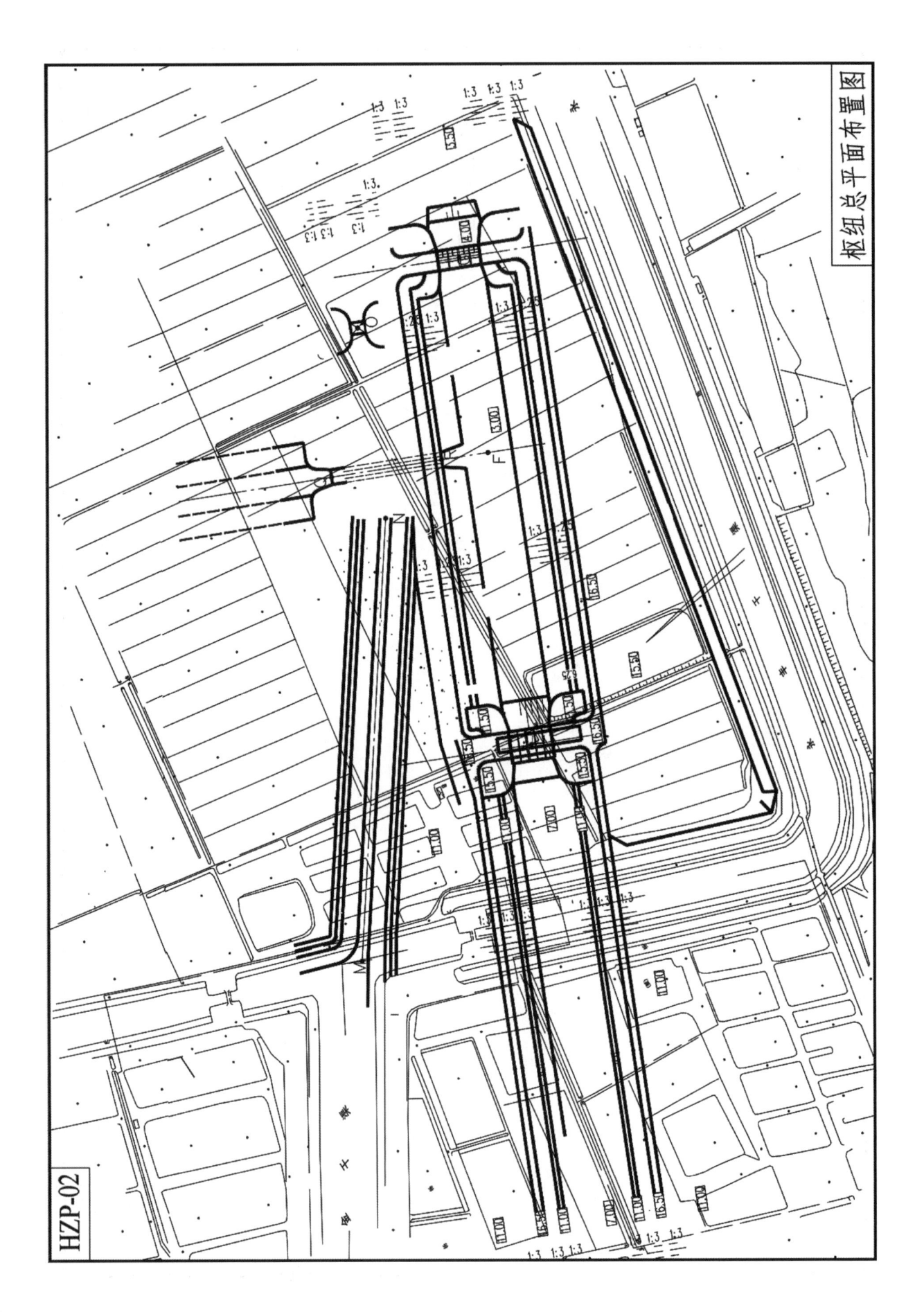

枢纽总平面布置图

HZP-02

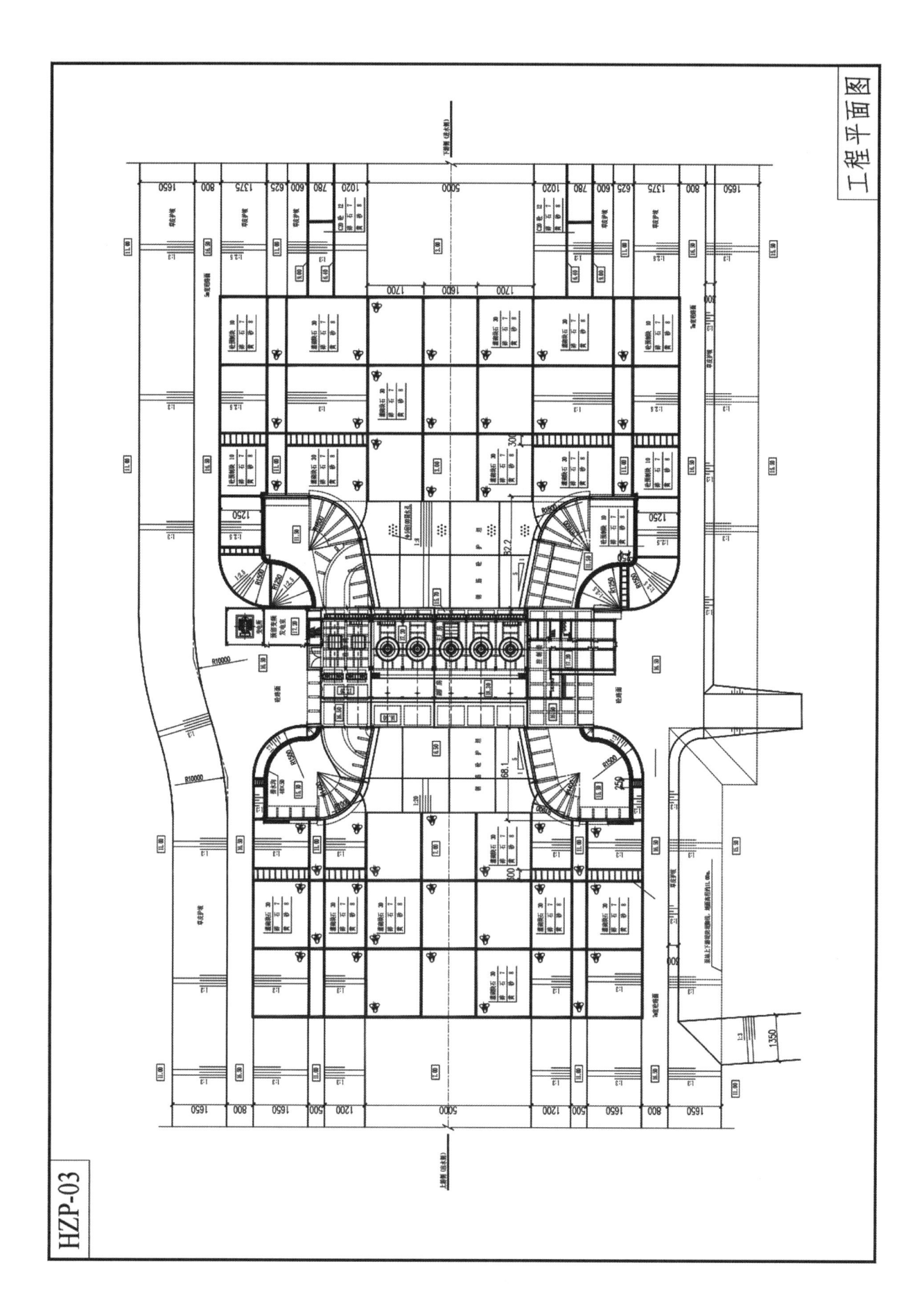

2．南水北调东线一期江苏境内泵站概况

工程平面图

HZP-03

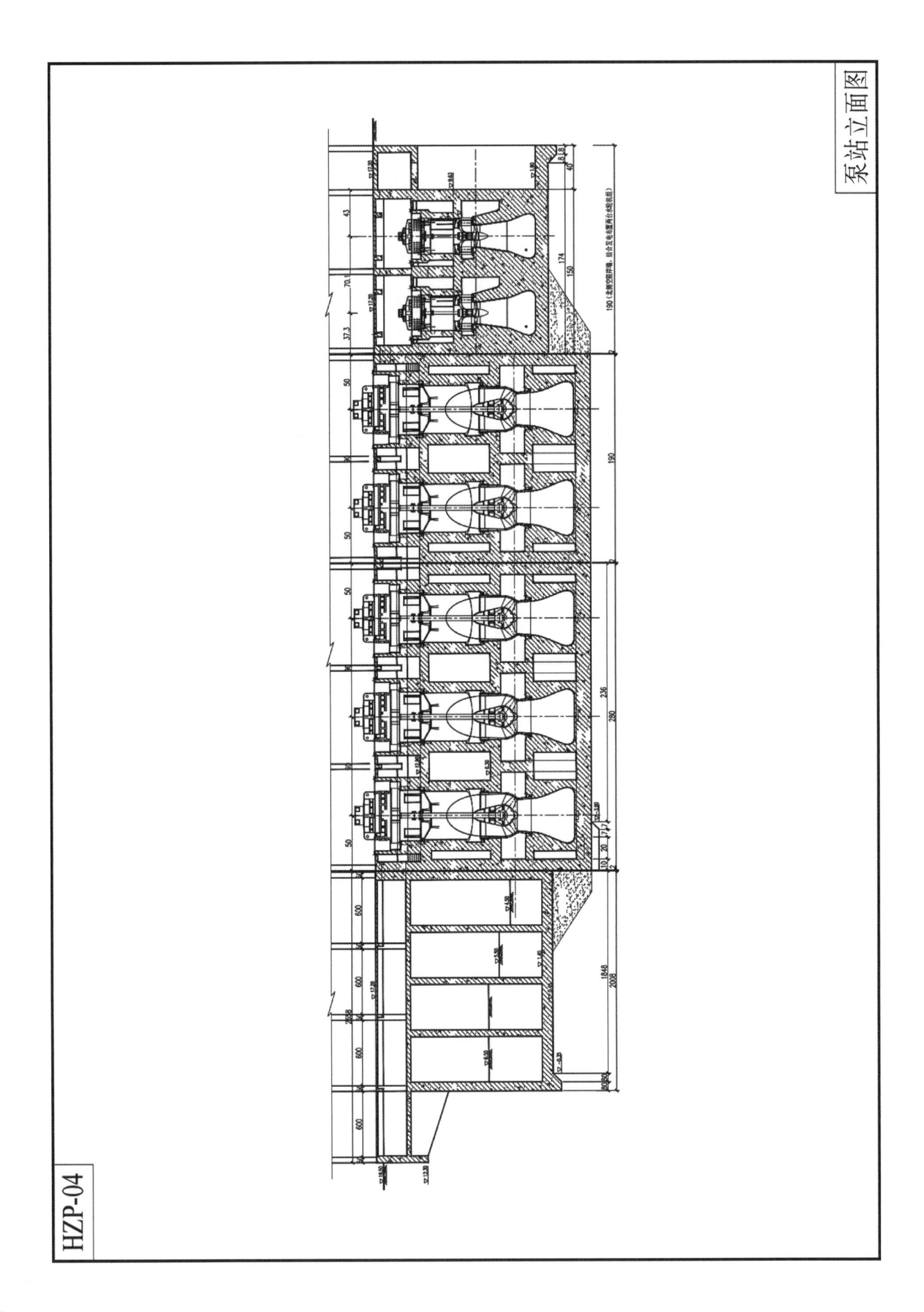

南水北调东线一期江苏境内泵站工程

HZP-04

泵站立面图

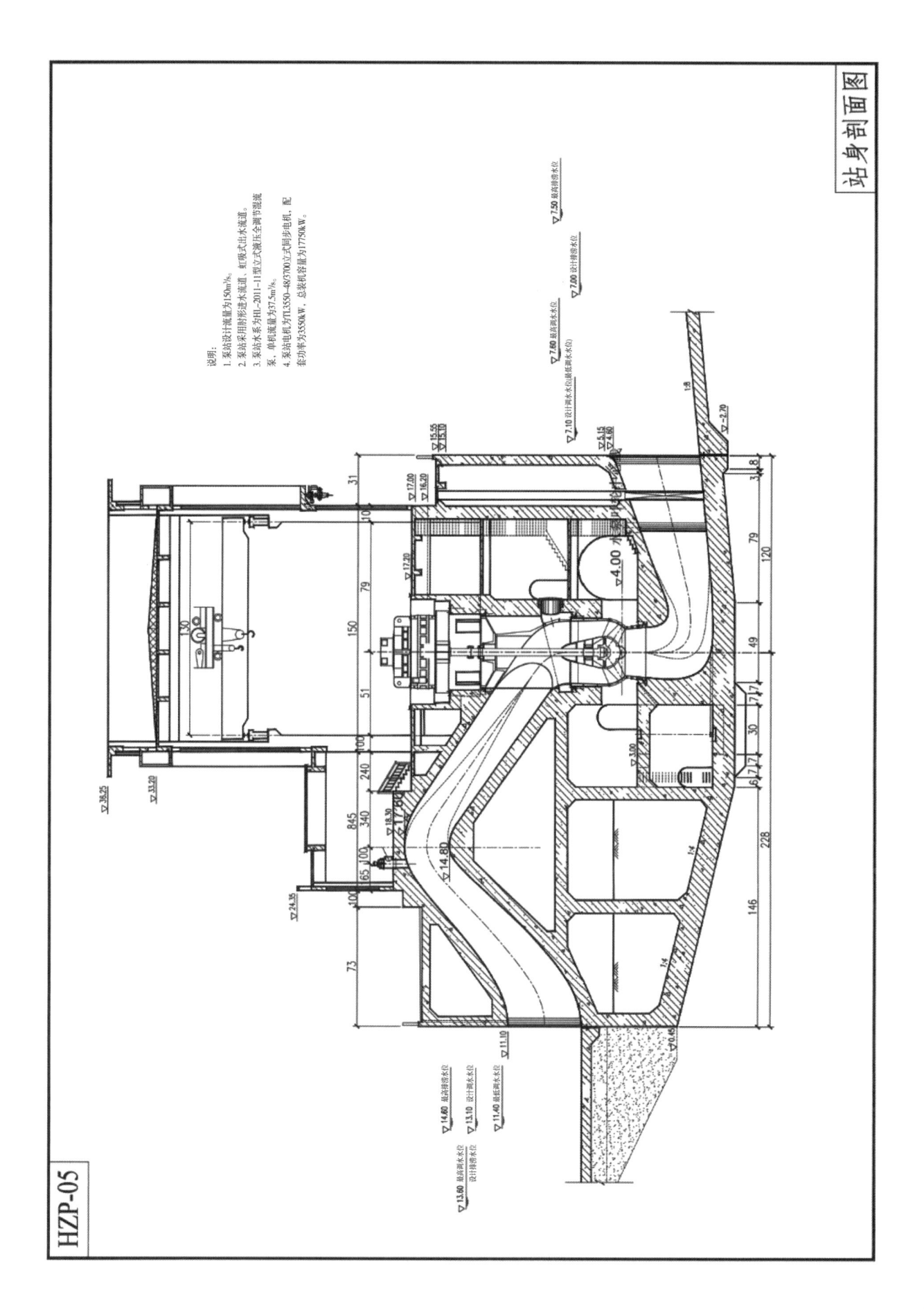

2．南水北调东线一期江苏境内泵站概况

站身剖面图

HZP-05

说明：
1. 泵站设计流量为150m³/s。
2. 泵站采用肘形进水流道，虹吸式出水流道。
3. 泵站水泵为HL-2011-11型立式液压全调节混流泵。单机流量为37.5m³/s。
4. 泵站电机为TL3550-48/3700立式同步电机，配套功率为3550kW，总装机容量为17750kW。

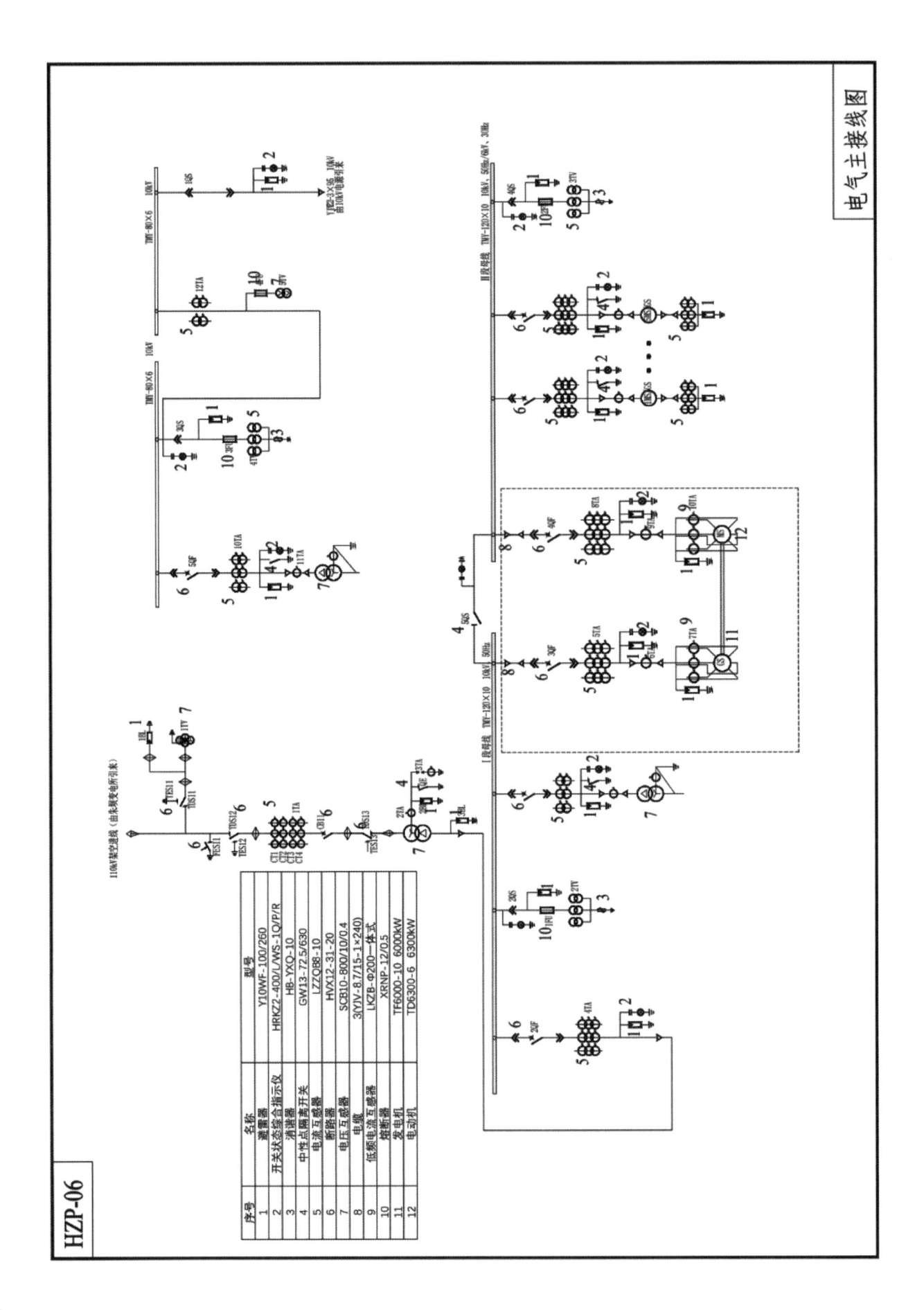

电气主接线图

HZP-06

序号	名称	型号
1	避雷器	Y10WF-100/260
2	开关状态综合指示仪	HRKZ2-400/LWS-1Q/P/R
3	消谐器	HB-YXQ-10
4	中性点隔离开关	GW13-72.5/630
5	电流互感器	LZZQB8-10
6	断路器	HVX12-31-20
7	电压互感器	SCB10-800/10/0.4
8	电缆	3(YJV-8.7/15-1×240)
9	低频电流互感器	LKZB-Φ200一体式
10	消弧器	XRNP-12/0.5
11	发电机	TF6000-10 6000kW
12	电动机	TD6300-6 6300kW

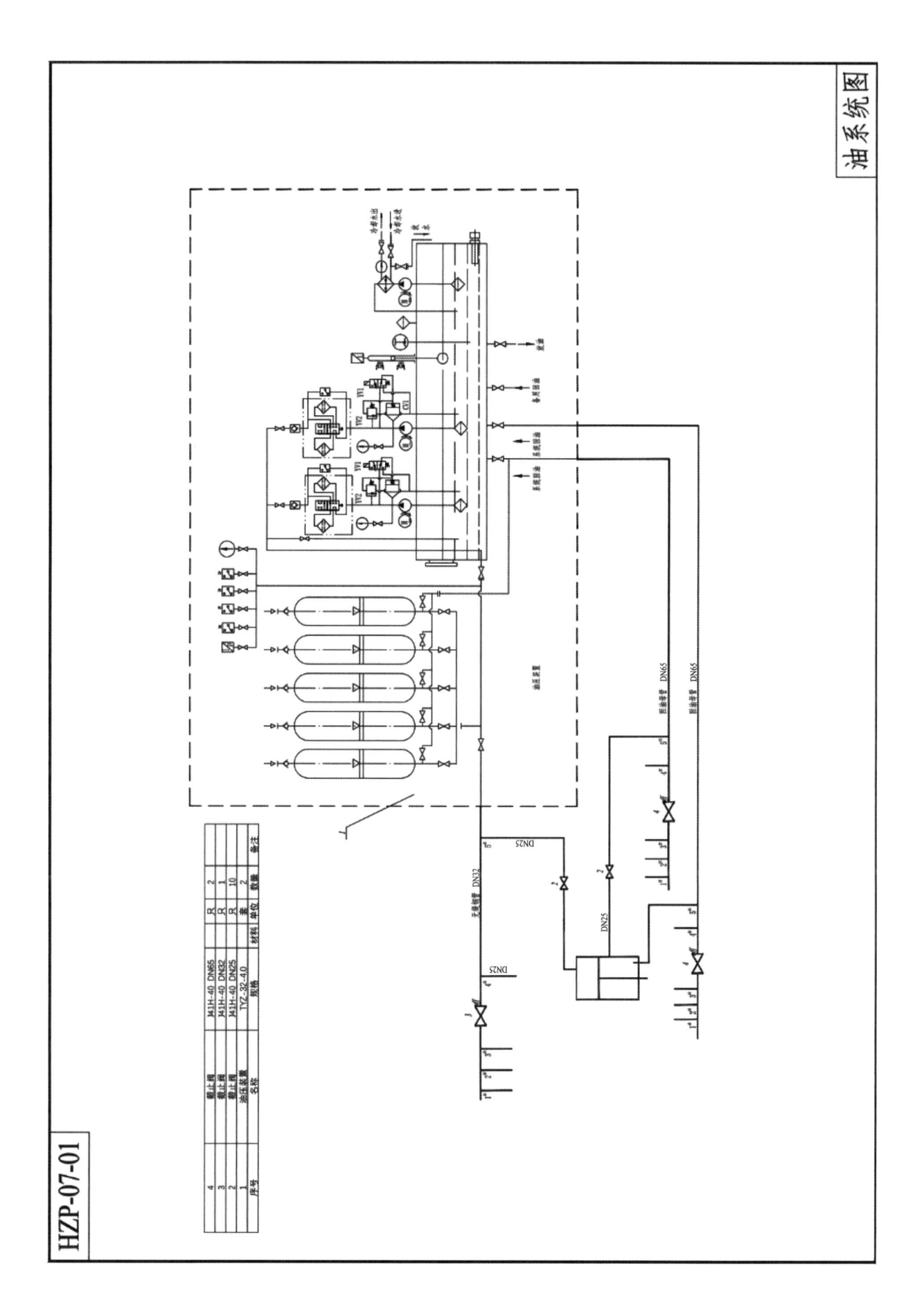

2．南水北调东线一期江苏境内泵站概况

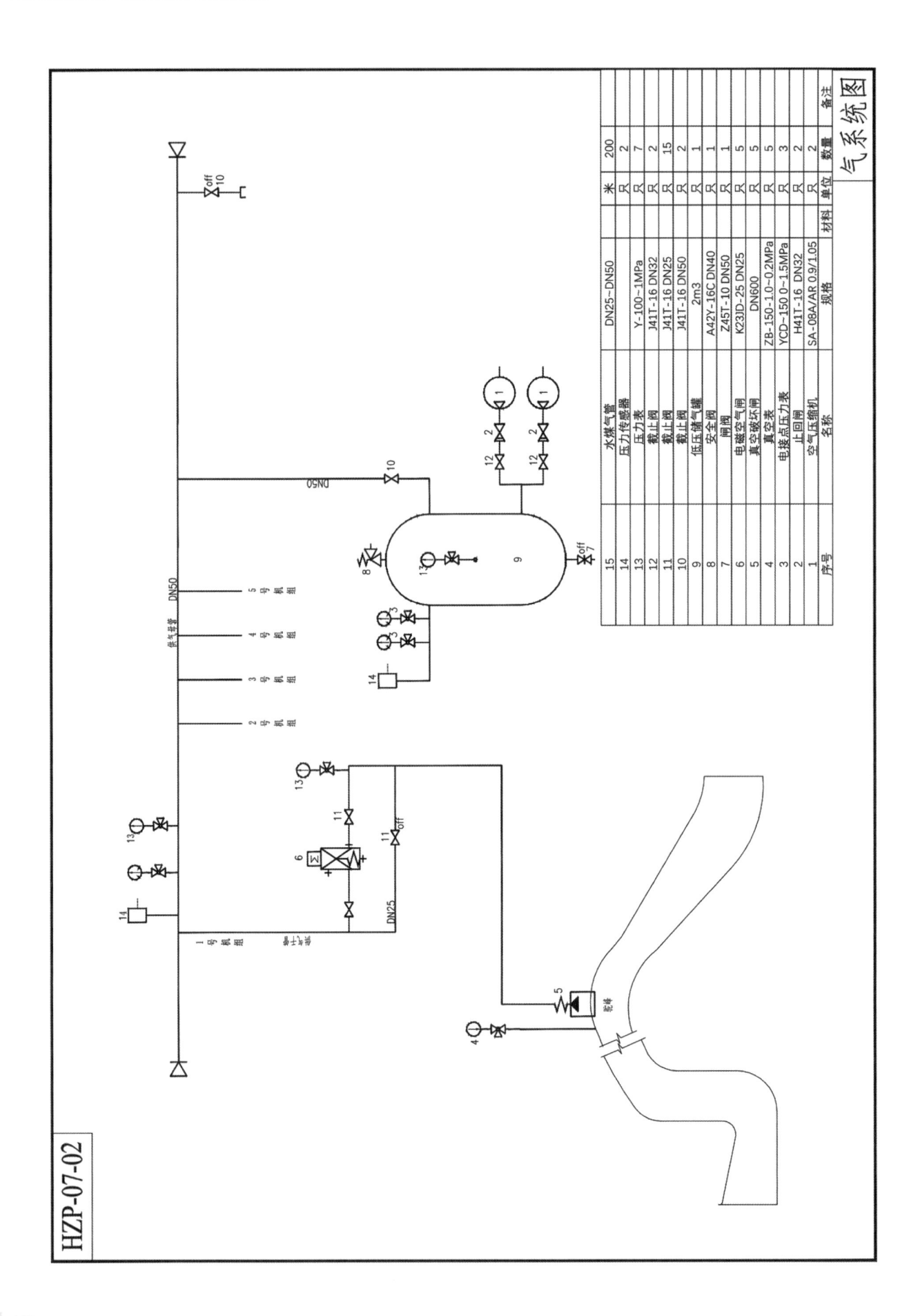

南水北调东线一期江苏境内泵站工程

气系统图

序号	名称	规格	单位	数量	备注
15	水煤气管	DN25~DN50	米	200	
14	压力传感器	Y-100-1MPa	只	2	
13	压力表	Y-100-1MPa	只	7	
12	截止阀	J41T-16 DN32	只	2	
11	截止阀	J41T-16 DN25	只	15	
10	截止阀	J41T-16 DN50	只	2	
9	低压储气罐	2m³	只	1	
8	安全阀	A42Y-16C DN40	只	1	
7	闸阀	Z45T-10 DN50	只	1	
6	电磁空气阀	K23JD-25 DN25	只	5	
5	真空破坏阀	DN600	只	5	
4	真空压力表	ZB-150-1.0~0.2MPa	只	5	
3	电接点压力表	YCD-150 0~1.5MPa	只	3	
2	止回阀	H41T-16 DN32	只	2	
1	空气压缩机	SA-08A/AR 0.9/1.05	只	2	

HZP-07-02

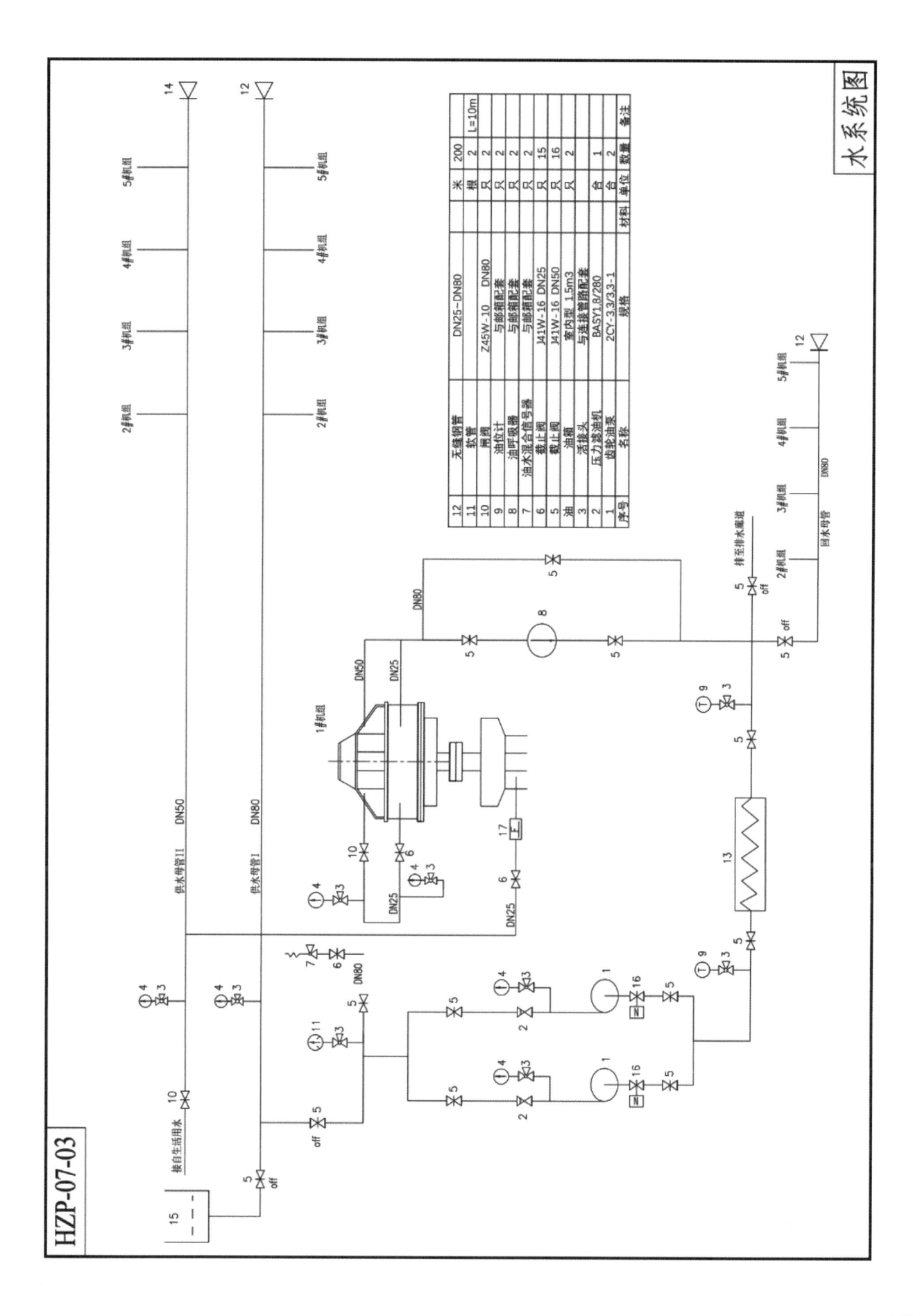

2．南水北调东线一期江苏境内泵站概况

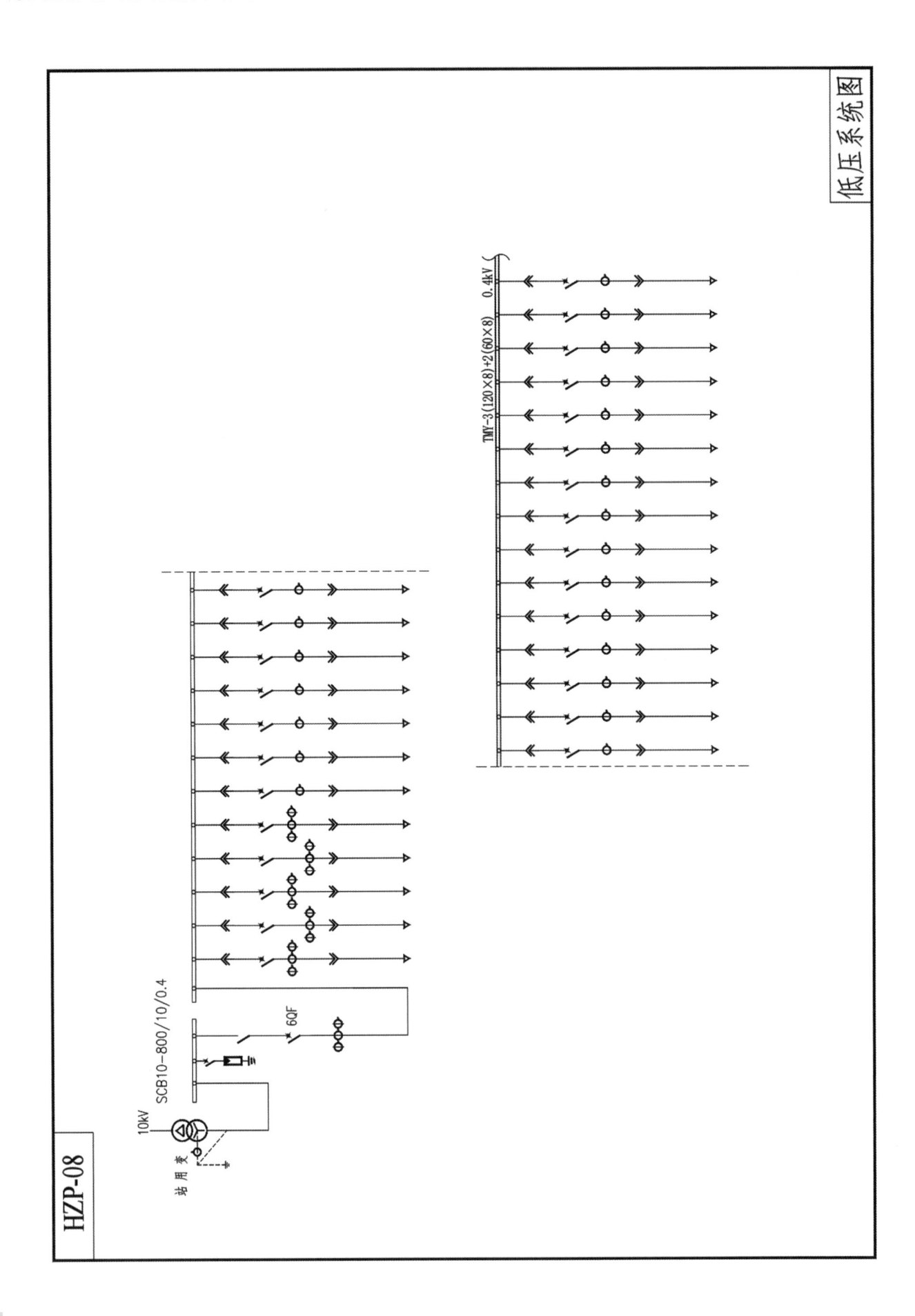

低压系统图

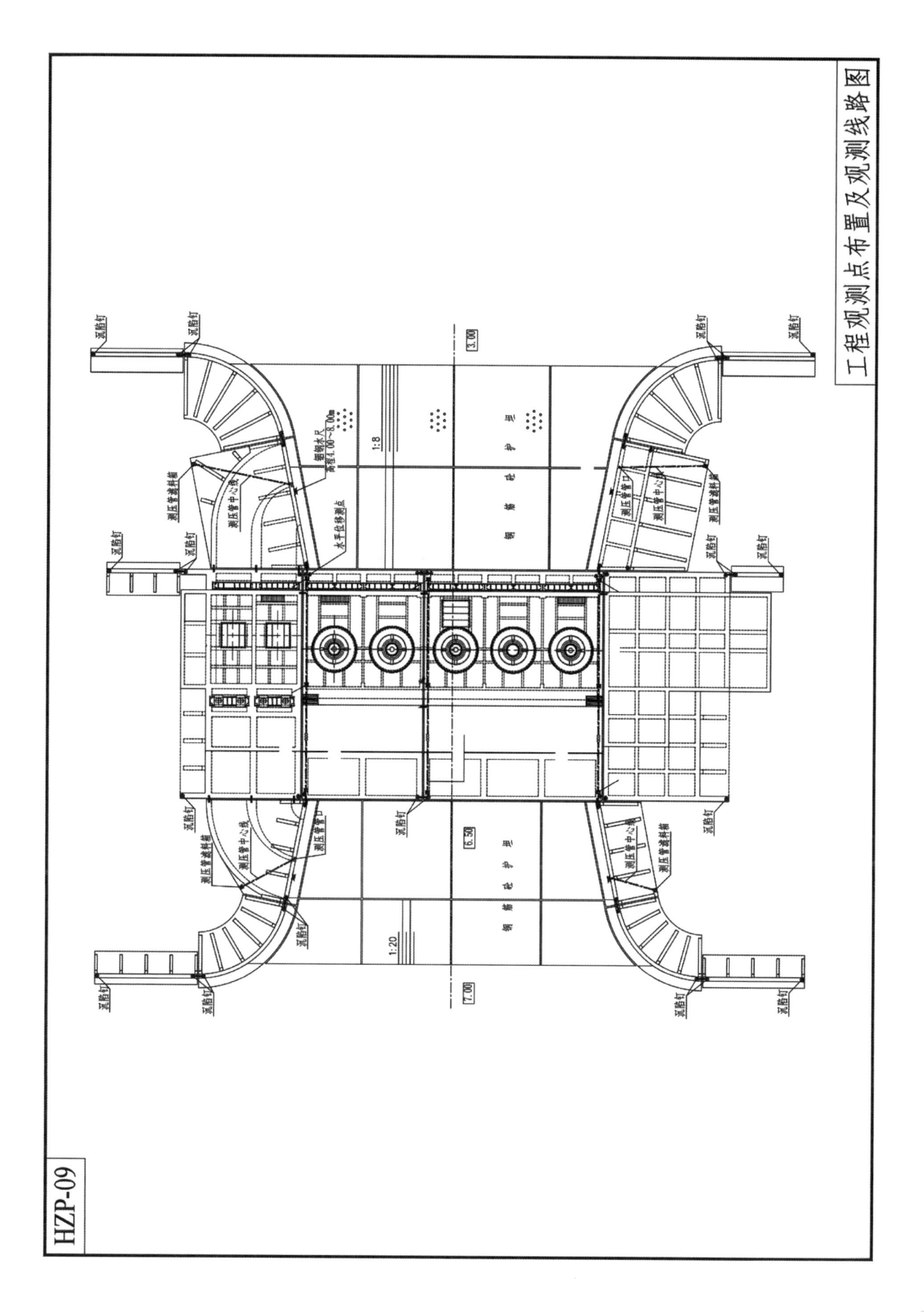

2. 南水北调东线一期江苏境内泵站概况

工程观测点布置及观测线路图

HZP-09

151

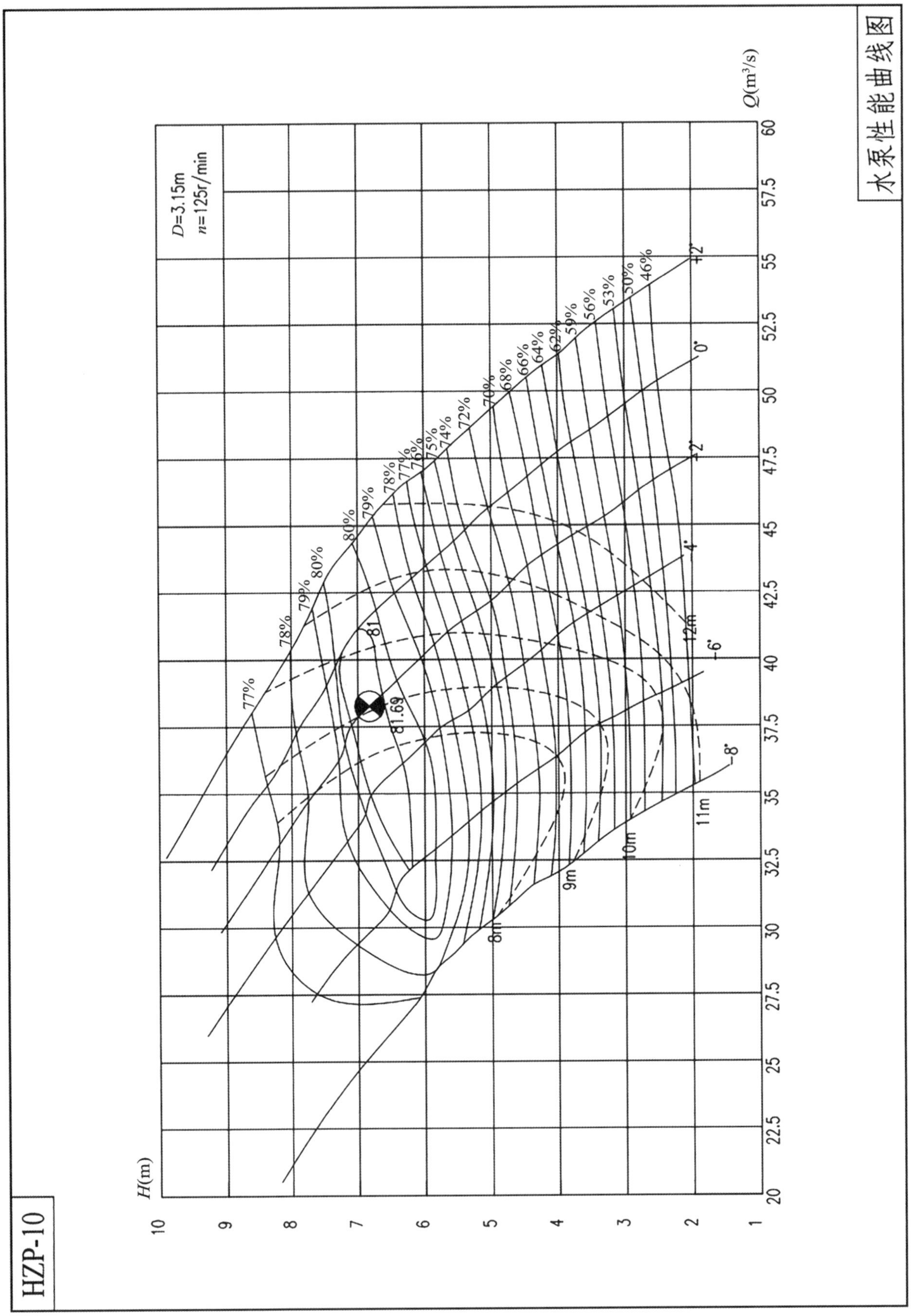
水泵性能曲线图
HZP-10
D=3.15m
n=125r/min
Q(m³/s)
H(m)
20
22.5
25
27.5
30
32.5
35
37.5
40
42.5
45
47.5
50
52.5
55
57.5
60
1
2
3
4
5
6
7
8
9
10
77%
78%
79%
80%
80%
79%
78%
77%
76%
75%
74%
72%
70%
68%
66%
64%
62%
59%
56%
53%
50%
46%
81
81.69
+2°
0°
-2°
-4°
-6°
-8°
8m
9m
10m
11m
12m

2. 南水北调东线一期江苏境内泵站概况

HZP-11 自动化拓扑图

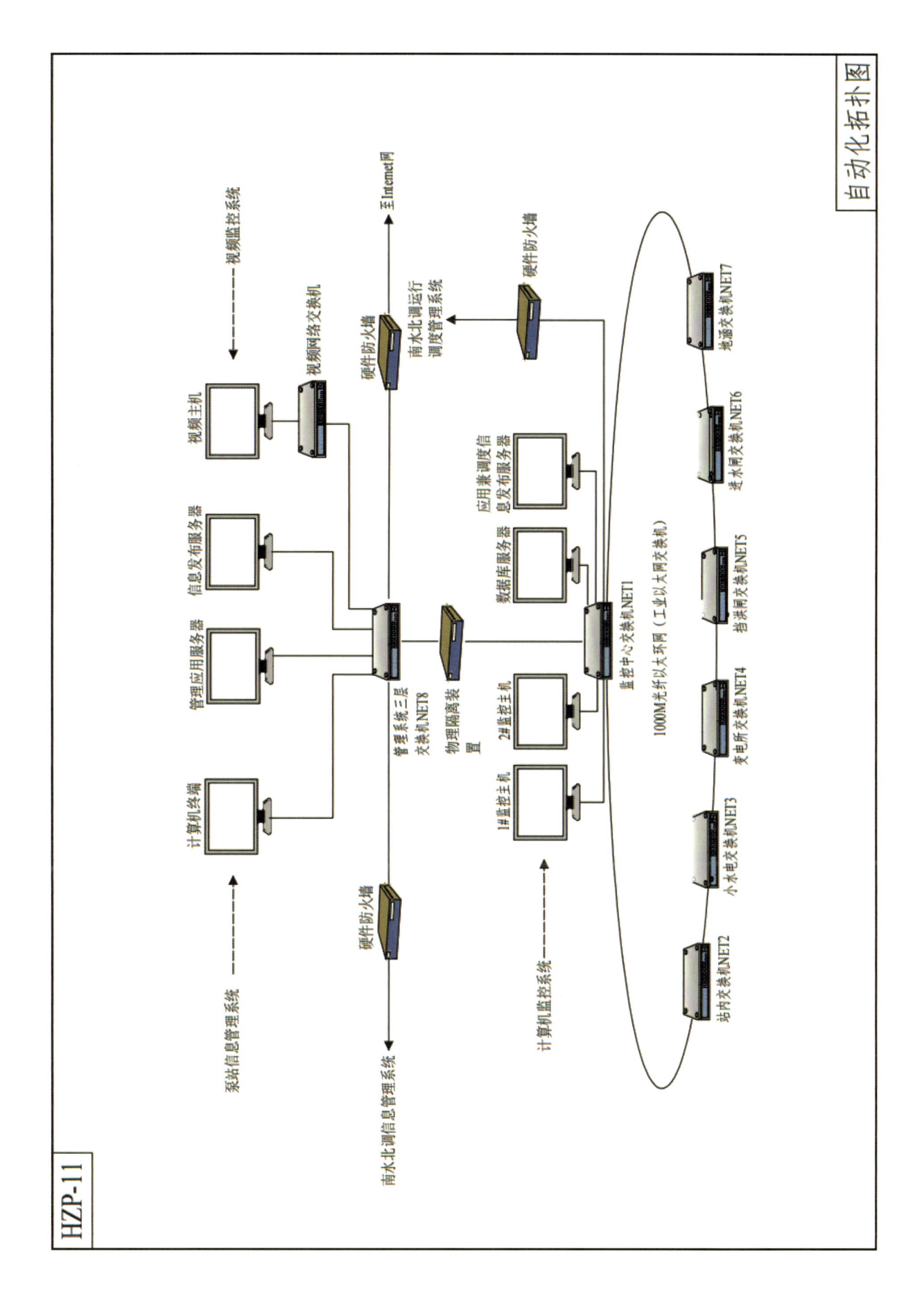

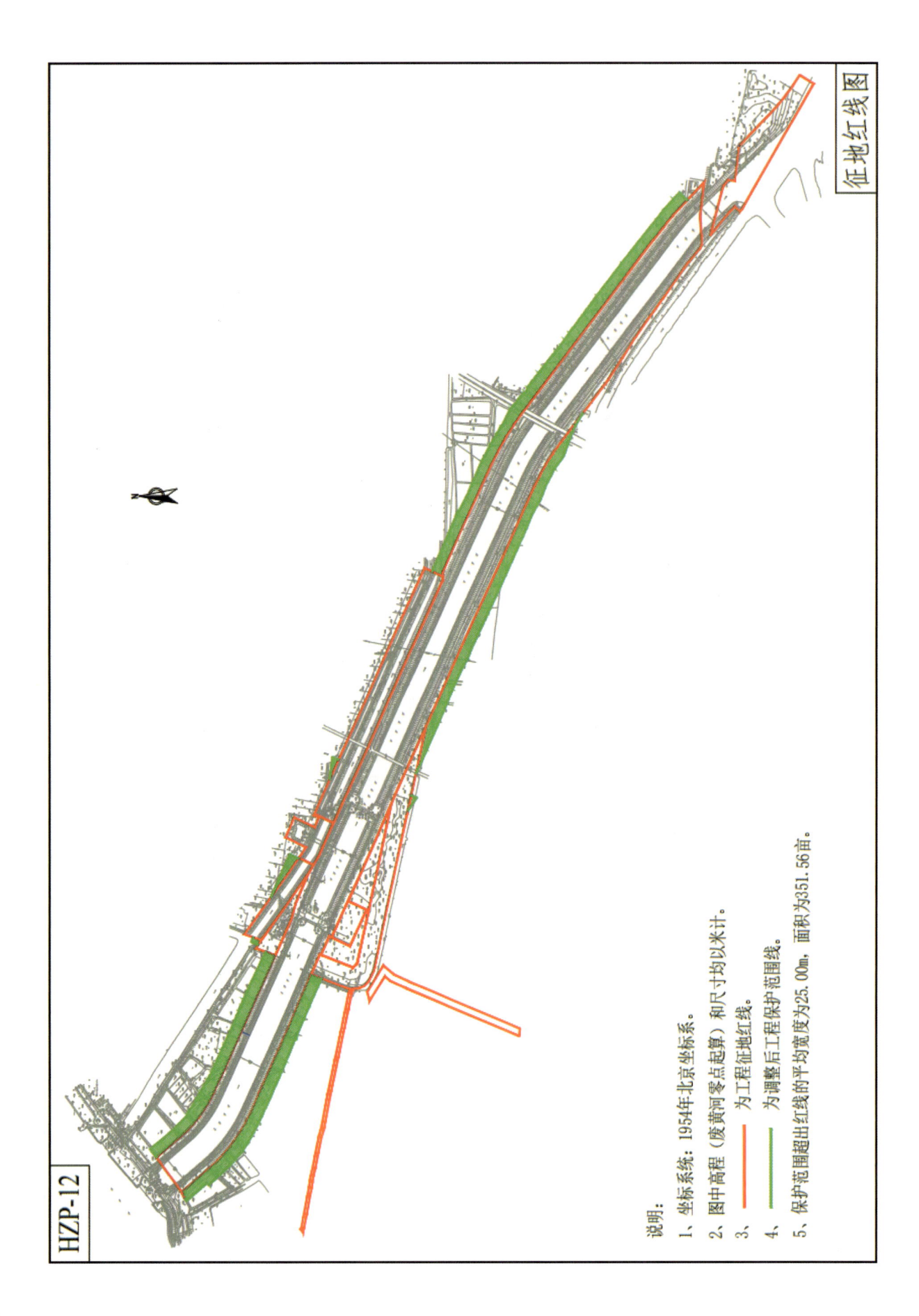

征地红线图

HZP-12

说明：
1. 坐标系统：1954年北京坐标系。
2. 图中高程（废黄河零点起算）和尺寸均以米计。
3. ——— 为工程征地红线。
4. ——— 为工程保护范围线。
5. 保护范围超出红线的平均宽度为25.00m，面积为351.56亩。

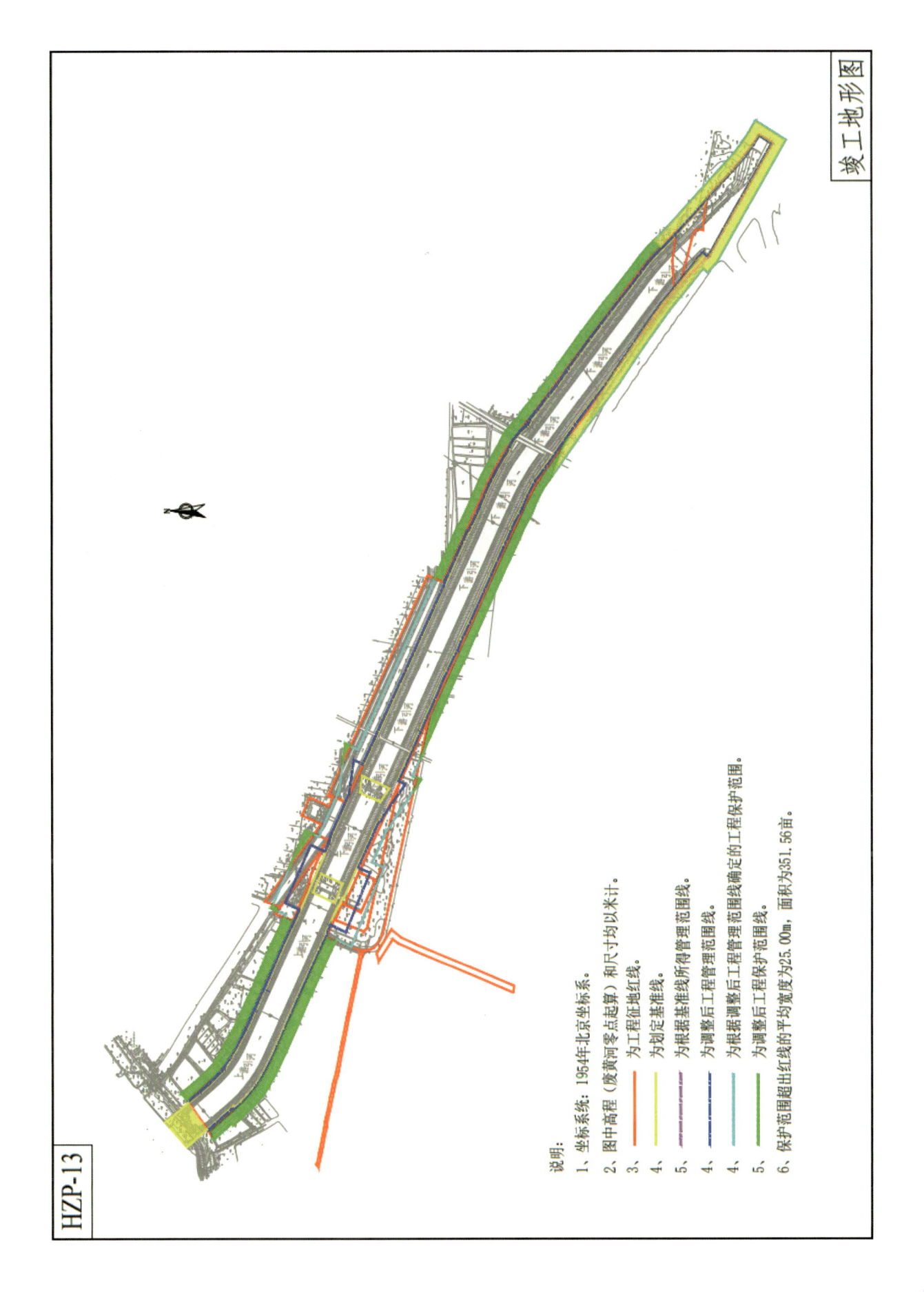

2．南水北调东线一期江苏境内泵站概况

竣工地形图

HZP-13

说明：
1、坐标系统：1954年北京坐标系。
2、图中高程（废黄河零点起算）和尺寸均以米计。
3、———— 为工程征地红线。
4、———— 为划定基准线。
5、———— 为根据基准线所得管理范围线。
6、———— 为调整后工程管理范围线。
4、———— 为根据调整后工程管理范围线确定的工程保护范围线。
5、———— 为调整后工程保护范围。
6、保护范围超出红线的平均宽度为25.00m，面积为351.56亩。

2.3.2 淮阴三站

图 2-8 淮阴三站

1. 工程概况

淮阴三站在淮安市清江浦区和平镇境内，位于淮阴一站南侧 156 m 处，与淮阴一站并列布置。淮阴三站工程是南水北调东线抽引长江水的主体骨干工程之一，与淮阴一站、淮阴二站及洪泽站共同组成南水北调东线第三梯级，主要任务是抽引第二梯级淮安站来水直接北调或入洪泽湖。工程建成后，使淮阴一、二、三站抽水规模达到 300 m³/s，具有向北调水、提高灌溉保证率等功能。

淮阴三站属温带季风气候，四季分明，季风显著，年平均气温在 13.6℃至 14.7℃。年平均降水量约 940 mm，最低气温多出现在 12 月下旬至 2 月中旬，最高气温多出现在 7 月中旬至 8 月上旬，而 6 月中旬至 7 月上旬正值雨季，最高气温一般不是太高。淮阴三站西北侧有二河，东南侧有苏北灌溉总渠，东北侧有入海水道，中间有夹河。本站主要河道水量均为过境水，水量受上游来水影响较大。地下水主要补给为大气降水、附近河道湖塘侧渗补给，主要排泄为潜水蒸发和河沟侧排。场地区河水和地下水对混凝土及混凝土中钢结构均无侵蚀性。场地区域地质构造稳定性较好。工程所处地区地震动反应谱特征周期为 0.40 s，地震动峰值加速度为 0.1 g，相应地震基本烈度为Ⅶ度。

淮阴三站工程主要建设内容为引河工程、变电所工程、管理所工程、挡洪闸工程等。工程规模为大（1）型工程，工程等别为Ⅰ等，泵站站身、防渗范围内翼墙等主要建筑物级别为 1 级，非防渗范围内翼墙、清污机桥等其他次要建筑物级别为 3 级。泵站设计防洪标准 100 年一遇，校核防洪标准为 300 年一遇。淮阴三站为堤后式泵站，采用整体块基型结构，采用平直管进、出水流道，快速闸门断流，设计流量为 100 m³/s，调水期设计扬程 3.18 m。泵站所选水泵为长沙水泵厂有限公司生产的 178GZ-4.78 型变频调节贯流泵组 4 台套（含备机 1 台套），单机流量为 33.4 m³/s，叶轮直径 3.2 m，转速 125 r/min，配套 TBP2200-48/2900 同步电机，功率 2 200 kW，总装机容量为 8 800 kW。

表2-15 特征水位及扬程信息表

单位：m

<table>
<tr><td colspan="3"></td><td>站下引水渠口</td><td>站上出水渠口</td></tr>
<tr><td rowspan="9">特征水位</td><td rowspan="4">供水期</td><td>设计水位</td><td>9.00</td><td>13.00</td></tr>
<tr><td>最低运行水位</td><td>8.50</td><td>10.50</td></tr>
<tr><td>最高运行水位</td><td>9.50</td><td>13.50</td></tr>
<tr><td>平均运行水位</td><td>9.00</td><td>12.33</td></tr>
<tr><td rowspan="2">排涝期</td><td>设计水位</td><td>—</td><td>—</td></tr>
<tr><td>最高水位</td><td>—</td><td>—</td></tr>
<tr><td rowspan="2">挡洪水位</td><td>设计（1%）</td><td>11.46</td><td>15.40</td></tr>
<tr><td>最高（0.33%）</td><td>12.00</td><td>16.43</td></tr>
<tr><td rowspan="6">扬程</td><td rowspan="4">供水期</td><td>设计扬程</td><td colspan="2">3.18</td></tr>
<tr><td>最小扬程</td><td colspan="2">0.61</td></tr>
<tr><td>最大扬程</td><td colspan="2">4.78</td></tr>
<tr><td>平均扬程</td><td colspan="2">2.30</td></tr>
<tr><td rowspan="3">排涝期</td><td>设计扬程</td><td colspan="2">—</td></tr>
<tr><td>最小扬程</td><td colspan="2">—</td></tr>
<tr><td>最大扬程</td><td colspan="2">—</td></tr>
</table>

表2-16 泵站基础信息表

<table>
<tr><td colspan="2">所在地</td><td>清江浦区和平镇境内</td><td>所在河流</td><td colspan="2">二河、灌溉总渠</td><td>运用性质</td><td colspan="2">引水、灌溉</td></tr>
<tr><td colspan="2">泵站规模</td><td>大（1）型</td><td>泵站等别</td><td colspan="2">I</td><td>主要建筑物级别</td><td colspan="2">1</td><td rowspan="2">建筑物防洪标准</td><td>设计</td><td>100年一遇</td></tr>
<tr><td colspan="2">站身总长（m）</td><td>34.0</td><td rowspan="2">工程造价（万元）</td><td rowspan="2" colspan="2">24 778</td><td>开工日期</td><td colspan="2">2005.10</td><td>校核</td><td>300年一遇</td></tr>
<tr><td colspan="2">站身总宽（m）</td><td>37.2</td><td>竣工日期</td><td colspan="4">2009.12</td></tr>
<tr><td colspan="2">装机容量（kW）</td><td>8 800</td><td>台数</td><td colspan="2">4</td><td>装机流量（m³/s）</td><td colspan="2">133.6</td><td>设计扬程（m）</td><td>3.18</td></tr>
<tr><td rowspan="4">主机泵</td><td rowspan="2">型式</td><td colspan="3">卧式贯流泵</td><td rowspan="2">主电机</td><td colspan="5">三相交流同步电动机</td></tr>
<tr><td colspan="3">178GZ-4.78</td><td colspan="5">TBP2200-48/2900</td></tr>
<tr><td>台数</td><td>4</td><td>每台流量（m³/s）</td><td colspan="2">33.4</td><td>台数</td><td>4</td><td>每台功率（kW）</td><td colspan="2">2 200</td></tr>
<tr><td>转速（r/min）</td><td>125</td><td>传动方式</td><td colspan="2">直联</td><td>电压(V)</td><td>10 000</td><td>转速（r/min）</td><td colspan="2">125</td></tr>
<tr><td rowspan="2">主变压器</td><td colspan="2">型号</td><td colspan="3">S10—25000/110</td><td colspan="2">输电线路电压(kV)</td><td colspan="3">110</td></tr>
<tr><td colspan="2">总容量（kVA）</td><td>25 000</td><td>台数</td><td colspan="2">1</td><td colspan="2">所属变电所</td><td colspan="3">越闸变电所</td></tr>
<tr><td colspan="2">主站房起重设备</td><td>双梁吊钩桥式</td><td colspan="2">起重能力（kN）</td><td>25/5</td><td colspan="2">断流方式</td><td colspan="3">快速闸门</td></tr>
<tr><td colspan="2" rowspan="2">闸门结构型式</td><td>上游</td><td colspan="3">快速闸门</td><td rowspan="2">启闭机型式</td><td>上游</td><td colspan="3">QHQ-2×160 卷扬式启闭机</td></tr>
<tr><td>下游</td><td colspan="3">平面钢闸门</td><td>下游</td><td colspan="3">QPKYⅡ-2×300KN-8m 型启闭机</td></tr>
</table>

续表

进水流道形式		平直		出水流道形式		平直	
主要部位高程(m)	站房底板	2.175	水泵层	1.71	电机层	9.7	副站房层	9.7
	叶轮中心	4.4	上游护坦	6.5	下游护坦	5.0		
站内交通桥	净宽(m)	7.5	桥面高程(m)	14.2	设计荷载	—	高程基准面	废黄河
站身水位组合	设计水位(m)	下游	9.00		上游	13.00		
	校核水位(m)	下游	11.46		上游	15.40		

2. 批复情况

2004年12月31日，国家发展改革委《关于南水北调东线第一期工程长江至骆马湖段（2003）年度工程可行性研究报告的批复》（发改农经〔2004〕3061号）批准了《南水北调东线第一期工程长江至骆马湖段（2003）年度工程可行性研究报告》，淮阴三站是其中的一个设计单元工程。

2005年8月17日，水利部以《关于南水北调东线第一期工程长江至骆马湖段（2003）年度工程江都站改造工程、淮安四站工程、淮安四站输水河道工程、淮阴三站工程初步设计的批复》（水总〔2005〕350号）批复淮阴三站工程初步设计。

2005年7月15日，国家发展改革委《关于核定南水北调东线第一期工程长江至骆马湖段（2003）年度工程江都站改造工程、淮安四站工程、淮安四站输水河道工程、淮阴三站工程初步设计概算的通知》（发改投资〔2005〕1294号），核定工程概算为23 942万元。经国家相关部门批准调整后，淮阴三站工程国家核定概算总投资额为24 778万元。

3. 工程建设有关单位

项目法人：南水北调东线江苏水源有限责任公司

建设单位：江苏省南水北调淮阴三站淮安四站工程建设局
　　　　　江苏省南水北调淮阴三站工程建设处

设计单位：淮安市水利勘测设计研究院有限公司

监理单位：江苏省水利工程科技咨询有限公司

质量监督单位：南水北调工程江苏质量监督站

质量检测单位：江苏省水利建设工程质量检测站

施工单位：中国水利水电第十一工程局有限公司（主体土建、安装）
　　　　　江苏淮阴水利建设有限公司（泵站引河工程）
　　　　　江苏中淮建设集团有限公司（变电所工程）
　　　　　淮安市天成建筑工程有限公司（管理所工程）
　　　　　浙江浙大中控信息技术有限公司（自动化系统）
　　　　　南京深圳装饰安装工程有限公司（装饰工程）

设备及材料供应商：长沙水泵厂有限公司（水泵成套设备）

山东省水电设备厂（清污机）

江苏武进液压启闭机有限公司（液压启闭机）

安徽鑫龙电器股份有限公司（泵站高低压开关柜）

山东泰开电气集团有限公司（GIS组合开关）

江苏恒源电力物资有限公司（变压器）

上海航星通用电器有限公司（变电所高低压开关柜）

江苏江扬电缆有限公司（电缆）

管理（运行）单位：江苏省灌溉总渠管理处

4. 工程布置与主要建设内容

淮阴三站工程位于淮安市清江浦区和平镇境内，与现有淮阴一站并列布置，和淮阴一、二站及洪泽站共同组成南水北调东线第三梯级。

淮阴三站工程主要建设内容包括：泵站工程、引河工程、变电所工程、管理所工程、挡洪闸工程（江苏省投资项目，不包括在本次验收范围之内）。

泵站工程为堤后式泵站，设计流量100 m³/s，选用叶轮直径3.2 m的变频调节贯流泵机组4台套（包括备机1台套），水泵型号为178GZ-4.78，单机流量33.4 m³/s，配套功率2 200 kW，同步电机型号TBP2200-48/2900，总装机容量8 800 kw。泵站采用平直管进出水流道，快速闸门断流，液压启闭机启闭，采用变频技术调节流量。

泵站站身分为水泵流道层、电缆夹层、变频器室层、地面层，水泵叶轮安装高程为4.4m；泵站主厂房跨度13.5 m，厂房内布置一台主钩75 t、副钩10 t的双梁桥式起重机，主厂房南侧布置检修间，北侧布置控制楼，厂房、控制楼及油泵房总建筑面积2 536 m²。泵站中心线下游250 m处布置清污机桥，桥长109.8 m，桥面净宽5.15 m，拦污设施采用9台套回转式清污机、2扇固定式拦污栅，桥面配套皮带输送机。

淮阴三站引河工程划分为四段：挡洪闸上游引河长471 m，河底高程6.5～7.5 m，底宽70～96 m，青坎高程13.5～8.9 m，宽5～10 m，堤顶高程18.5 m，顶宽10 m，边坡1:3；泵站中心线上游255 m外至挡洪闸段长335 m，河底高程6.5 m，底宽40 m，高程13.0 m处设10 m宽青坎，堤顶高程15.5 m，顶宽8 m，边坡1:3。泵站清污机桥下游50 m至灌溉总渠段长211 m，河底高程5.0 m，底宽50 m，高程10.5 m处设5 m宽青坎，堤顶高程14.2 m，边坡1:3；一站引河改道段中心线长809 m，河底高程为5.0 m，高程10.5 m处设5 m宽青坎，堤顶高程14.20 m，顶宽8m，边坡1:3。除挡洪闸上游引河高程17.0 m以下河坡采用灌浆块石护坡外，其余引河河坡青坎以下采用混凝土护坡、青坎以上采用混凝土格栅草皮护坡。

新建变电所为淮阴一站与淮阴三站共用110 kV室内变电所，供电电压等级为110 kV，采用双电源、双变压器的接线形式。淮阴一站保留6 kV供电，淮阴三站采用10 kV供电。变电所保留原20 000 kVA三圈式变压器1台（利用现有设备大修后安装），新增25 000 kVA双圈式变压器1台。

淮阴三站管理所工程初步设计按费率批复概算202万元，同时淮阴三站工程征地拆赔淮阴一站老管理设施，赔建管理设施批复概算326万元。经苏北灌溉总渠管理处与江苏水源公司协调，淮阴一、三站共建管理设施，合并批复概算为528万元，委托南水北调淮阴三站工程建设处一并建设。

淮阴一、三站共用管理所工程总建筑面积3 196 m²，包括办公楼、宿舍楼、招待所（含餐厅）、仓库、水塔、篮球场及附属设施等，其中：办公楼建筑面积1 258 m²，宿舍楼建筑面积912 m²，招待所、餐厅建筑面积766 m²，仓库建筑面积236 m²，水泵房建筑面积24 m²，除办公楼采用钢筋混凝土框架结构外，其余均采用砖混结构。

5. 分标情况及承建单位

2005年8月5日，国务院南水北调办以《关于南水北调东线一期淮阴三站淮安四站江都站改造工程招标分标方案的批复》（国调办建管函〔2005〕69号）批准了淮阴三站的招标分标方案，批复淮阴三站工程分为13个标段。

2007年12月10日，江苏水源公司根据淮阴三站工程建设情况，向江苏省南水北调办报送《关于调整南水北调东线一期淮阴三站工程分标方案的请示》（苏调水司〔2007〕127号），申请将原批复标段调整为11个标段，经省南水北调办初审后报国务院南水北调办。2007年12月18日，国务院南水北调办以《关于调整南水北调东线一期淮阴三站江都站改造工程分标方案的批复》（国调办建管〔2007〕167号）批复同意了江苏水源公司关于调整淮阴三站分标方案的请示。

淮阴三站工程实际完成工程量：土方234.5万m³、混凝土32 727.43 m³、砌石垫层7 043 m³，钢筋制安1 742.8 t，金属结构341.89 t，回转式清污机9台套，液压启闭机8台套，主机泵成套设备4台套，变压器1台套。

6. 建设情况简介

2005年8月3日，江苏水源公司印发《关于成立江苏省南水北调淮阴三站淮安四站工程建设局的通知》（苏水源综〔2005〕5号），组建江苏省南水北调淮阴三站淮安四站工程建设局，负责淮阴三站工程和淮安四站工程及淮四输水河道工程总体协调工作。

（1）主要建筑物施工简况

泵站工程：2007年4月26日淮阴三站泵站主体工程正式开工。6月25日完成多头小直径防渗墙施工，8月10日完成泵站站塘开挖；9月6日至10月21日分块分批完成底板（包括集水井层）混凝土浇筑；12月26日完成进水流道混凝土浇筑。2008年1月16日完成出水流道混凝土浇筑；4月6日完成电缆夹层混凝土浇筑；5月22日完成变频器室层混凝土。2009年6月26日组织通过水下工程阶段验收；8月1日至8月4日完成上下游放水，8月1日至10月19日拆除上下游围堰；11月30日基本完成装饰工程；12月13日，淮阴三站泵站机组设备通过了试运行验收；2010年6月份，完成了淮阴三站站区绿化工程；11月30日，泵站工程通过单位工程验收。2011年7月30日通过合同项目验收。

清污机桥工程：2008年2月29日，建设、设计、监理、施工单位代表共同对清污机桥基槽进行了验收；3月27日逐块完成1至5#底板混凝土封底；4月28日完成所有平底板、斜底板混凝土浇筑；9月14日完成清污机桥桥墩混凝土浇筑；10月8日，完成所有桥面板混凝土浇筑。截至2009年6月水下验收前，完成了全部清污机桥土建施工。2010年11月30日，泵站工程通过单位工程验收，2011年7月30日通过合同项目验收。

水土保持工程自淮阴三站工程总开工实施以来，贯穿实施，截至目前已全部完成实施内容。其内容包括：引河格栅护坡、站区绿化、弃土区防治等。2010年11月30日，泵站工程通过单位工程验收。2011年2月19日，水土保持工程通过专项验收。

2007年10月17日，变电所、管理所工程等10个子单位工程通过验收，投入使用。

2008年6月18日开始浇筑泵站厂房柱，9月20日完成厂房屋面梁板混凝土浇筑；12月2日完成励磁室混凝土框架施工；12月17日完成控制楼混凝土框架施工。2009年6月26日进行淮阴三站泵站水下工程阶段验收时，全部完成房屋建筑工程。2010年11月30日，房屋建筑工程通过单位工程验收。

2008年11月25日第一、第二台水泵运抵现场，2009年1月3日完成两台水泵安装，2009年3月5日第三、四台水泵运抵现场，3月24日安装就位。2009年6月7日变频器装置运抵工地，9月30日完成安装。

（2）重大设计变更

无重大设计变更。

淮阴三站泵站引河工程先期与江苏省投资项目高良涧越闸拆建（挡洪闸）工程于2005年10月一同开工实施，作为淮阴三站泵站工程实施时的施工导流，于2006年5月通过水下工程阶段验收；变电所工程和管理所工程于2006年1月、9月分别开工实施，2007年10月完工，能满足淮阴一站正常运行供电、办公需要，同时提供淮阴三站工程施工电源；2007年4月，淮阴三站泵站主体工程正式开工，并于2009年12月通过机组联合试运行验收。

7. 工程新技术应用

（1）防渗墙施工技术

根据淮阴三站泵站工程站塘多头小直径深搅桩水泥土防渗墙不承重只防渗的特点，对防渗墙施工进行了改进，取消通常施工中的预搅下沉环节，下沉即喷浆。从检验数据和实际效果上充分证明了淮阴三站泵站站塘防渗墙施工是非常成功的，质量是优良的，防渗效果是非常明显的。

（2）整体吊装结构技术

淮阴三站是我国首座采用整体吊装结构的大型直联贯流泵机组的泵站，该泵站的水泵叶轮直径为目前国内最大的。淮阴三站在大型整体吊装贯流泵泵站结构设计方面积累了成功经验，并对超长底板结构设计、开敞式泵房结构设计等方面进行了有益的尝试。泵站运行及验收结果表明，站身没有出现结构裂缝。

（3）变频调节技术

为了实现在淮阴三站供水泵站中节能降耗的目标，淮阴三站采用了变频调节技术。变频调节是现代一种先进的高效节能技术，它集电力电子技术和计算机技术一身。该变频器一是具有纯净电源输入特点，符合电压、电流谐波畸变标准 IEEE 519 1992 的要求，能够保护其他在线设备免授谐波干扰。二是具有高功率因数和几近完美的正弦波输入电流。该变频器利用输入线电流向电机提供有功功率的效果较好，能够获取几近完美的正弦波输入电流使得功率因数在整个调速范围内，无需使用外部功率因数补偿电容即可超过95%。三是具有较好的正弦波输出电压。该变频器本身能够提供几近完美的正弦波输出，只产生极少的失真电压波形，无需再使用外部输出滤波器。同时变频器引发的转矩脉动也被消除，降低了机械设备的应力。

8. 工程质量

经施工单位自评、监理处复评、项目法人（建设处）确认，淮阴三站改造工程质量评定等级评定为优良。5 个单位工程（水利标准 3 个，非水利标准 2 个）、98 个分部工程、1 074 个单元（分项）工程，按照水利工程施工质量检验评定相关标准评定的泵站引河工程、泵站工程、清污机桥工程等 3 个单位工程全部优良，优良率 100%；按照相关行业标准评定的房屋建筑工程、水土保持工程等 2 个单位工程全部合格，合格率 100%，不参与优良等级统计。

9. 运行管理情况

自 2013 年正式通水至 2023 年 12 月底，淮阴三站累计运行 16 888 台时，累计抽水 206 182 万 m^3。最多年运行天数为 75 d；最多年运行台时为 5 121 台时；最大运行流量 136.1 m^3/s；站下最低运行水位 8.97 m，最高运行水位 9.67 m；站上最低运行水位 10.73 m，最高运行水位 12.73 m；最小运行扬程 1.26 m，最大运行扬程 3.50 m；单台机组最小运行功率 835 kW，最大运行功率 1 492 kW，全站最大运行功率 5 118 kW。

10. 主要技改和维修情况

（1）机组大修

2021 年对 4# 机组展开大修，由南水北调江苏泵站技术有限公司实施。主要维修内容包括：4 号机组解体大修、维护、安装、电气试验。经大修处理，淮阴三站 4 号机组后轴承渗油现象得到解决，经试运行各项指标正常，达到大修预期标准。

（2）电缆整改

2020 年，对淮阴三站进行电缆整改，由南水北调江苏泵站技术有限公司实施。主要维修内容包括：对淮阴三站电缆夹层区、主厂房区、室外电缆沟区三个区域进行线缆重新规范敷设，挂牌标识，对柜体开孔部位和穿墙处进行防火隔离和密封等。整改后的电缆之间距离增大，有利于电缆散热，同时整体布置整齐、美观，也便于日常巡视检查和发现问题处理。

11. 工程质量获奖情况

（1）2012 年度江苏省水利工程建设优质工程奖。

（2）2010 年 6 月，江苏省南水北调淮安四站工程建设处获得国务院南水北调办"2009 年度南水北调工程建设质量管理先进集体"荣誉。

12. 图集

HYTP-01：泵站位置图

HYTP-02：枢纽总平面布置图

HYTP-03：工程平面图
HYTP-04：泵站立面图
HYTP-05：泵站剖面图
HYTP-06：电气主接线图
HYTP-07-01：水系统图
HYTP-08：低压系统图
HYTP-09：工程观测点布置及观测线路图
HYTP-10：水泵性能曲线图
HYTP-11：自动化拓扑图
HYTP-12：征地红线图（无）
HYTP-13：竣工地形图

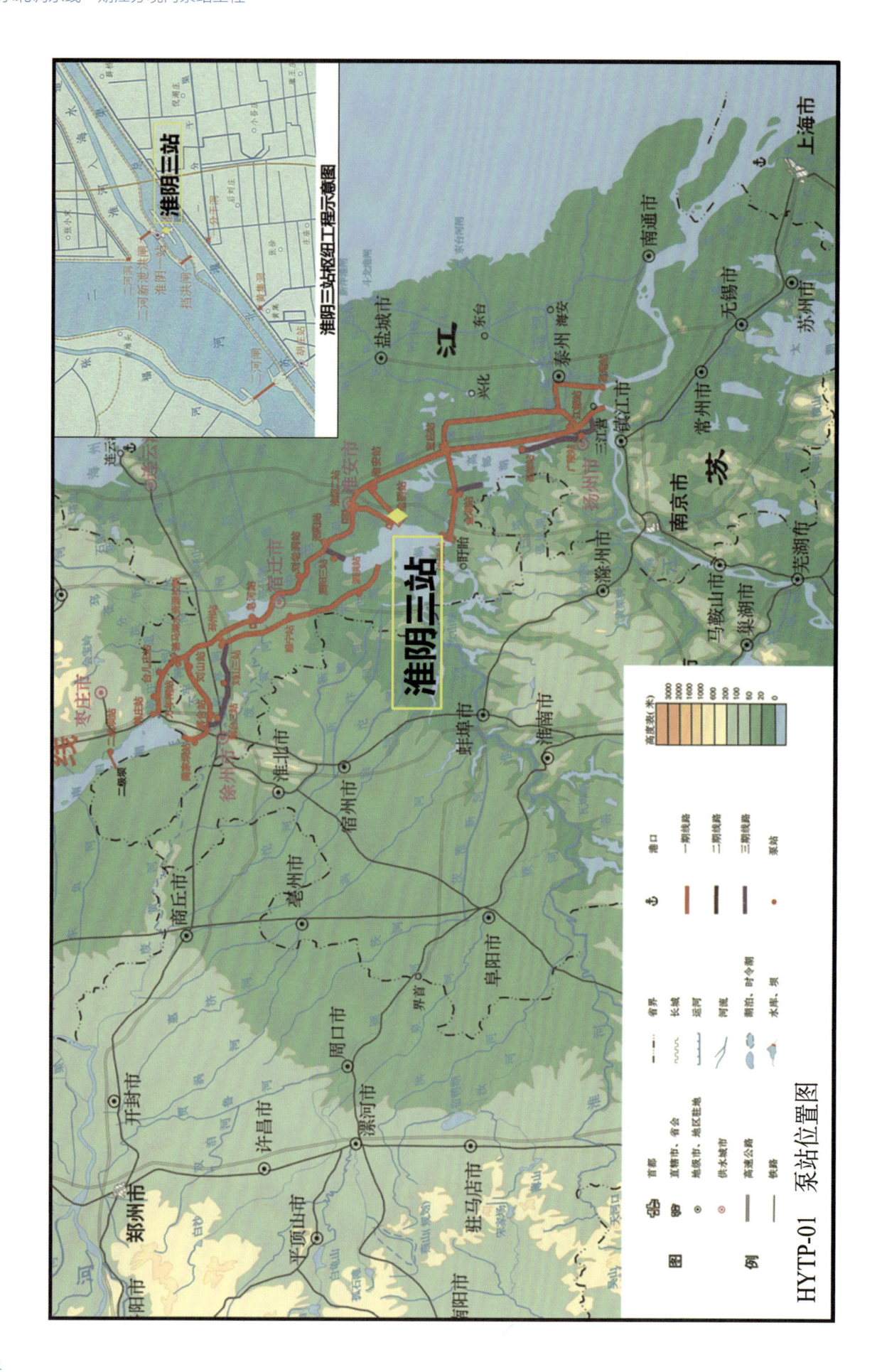

南水北调东线一期江苏境内泵站工程

HYTP-01 泵站位置图

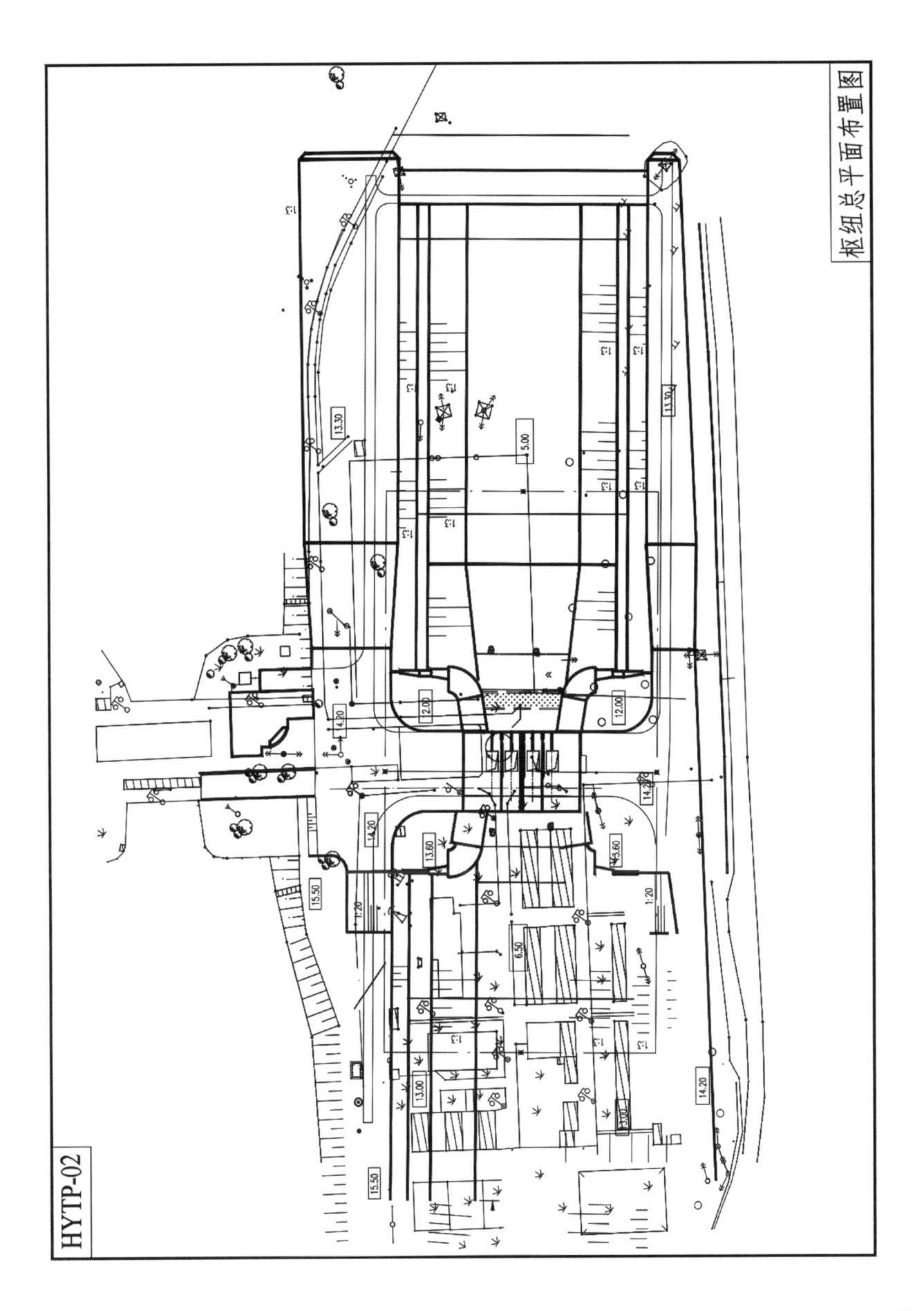

2. 南水北调东线一期江苏境内泵站概况

枢纽总平面布置图

HYTP-02

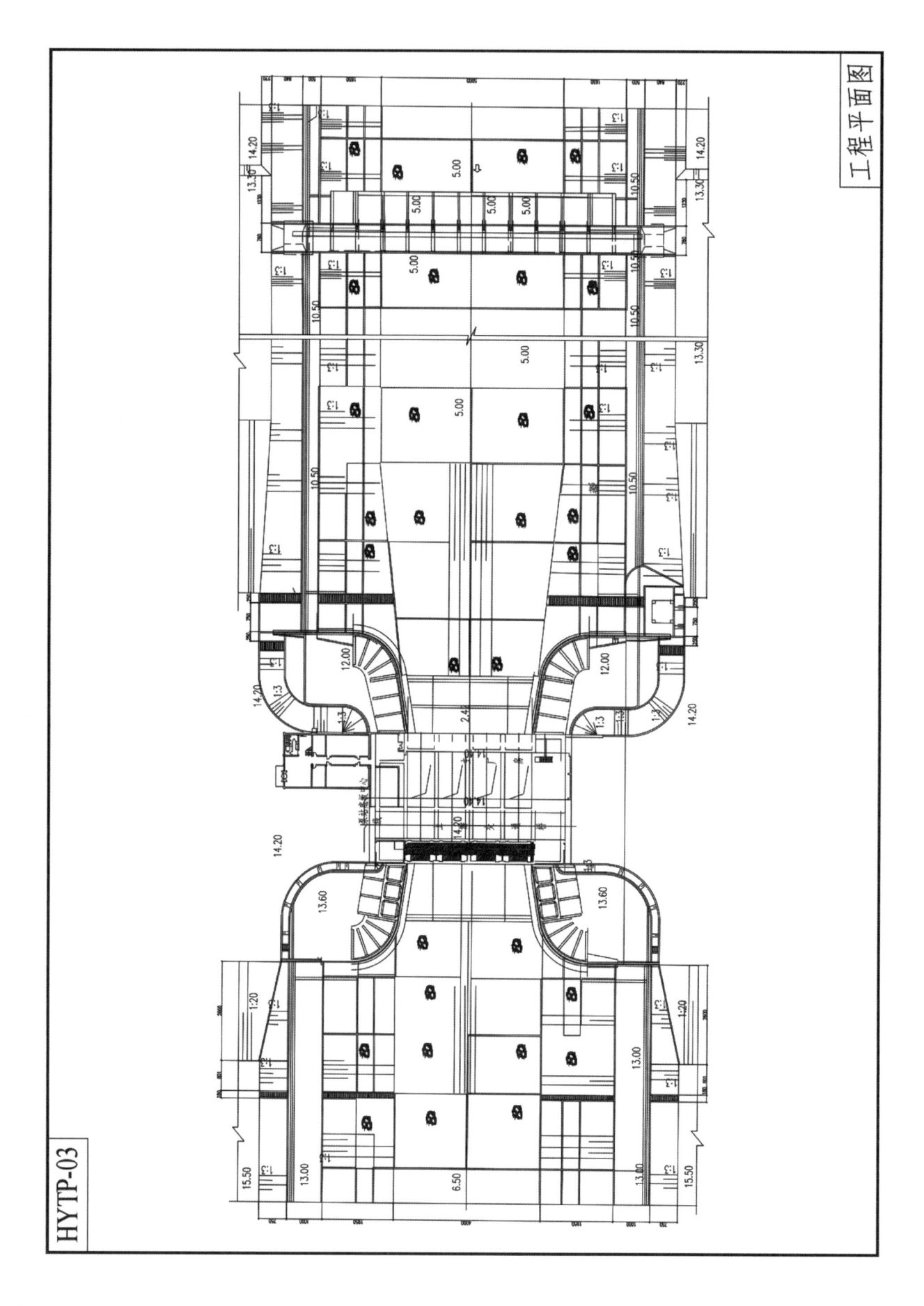

南水北调东线一期江苏境内泵站工程

工程平面图

HYTP-03

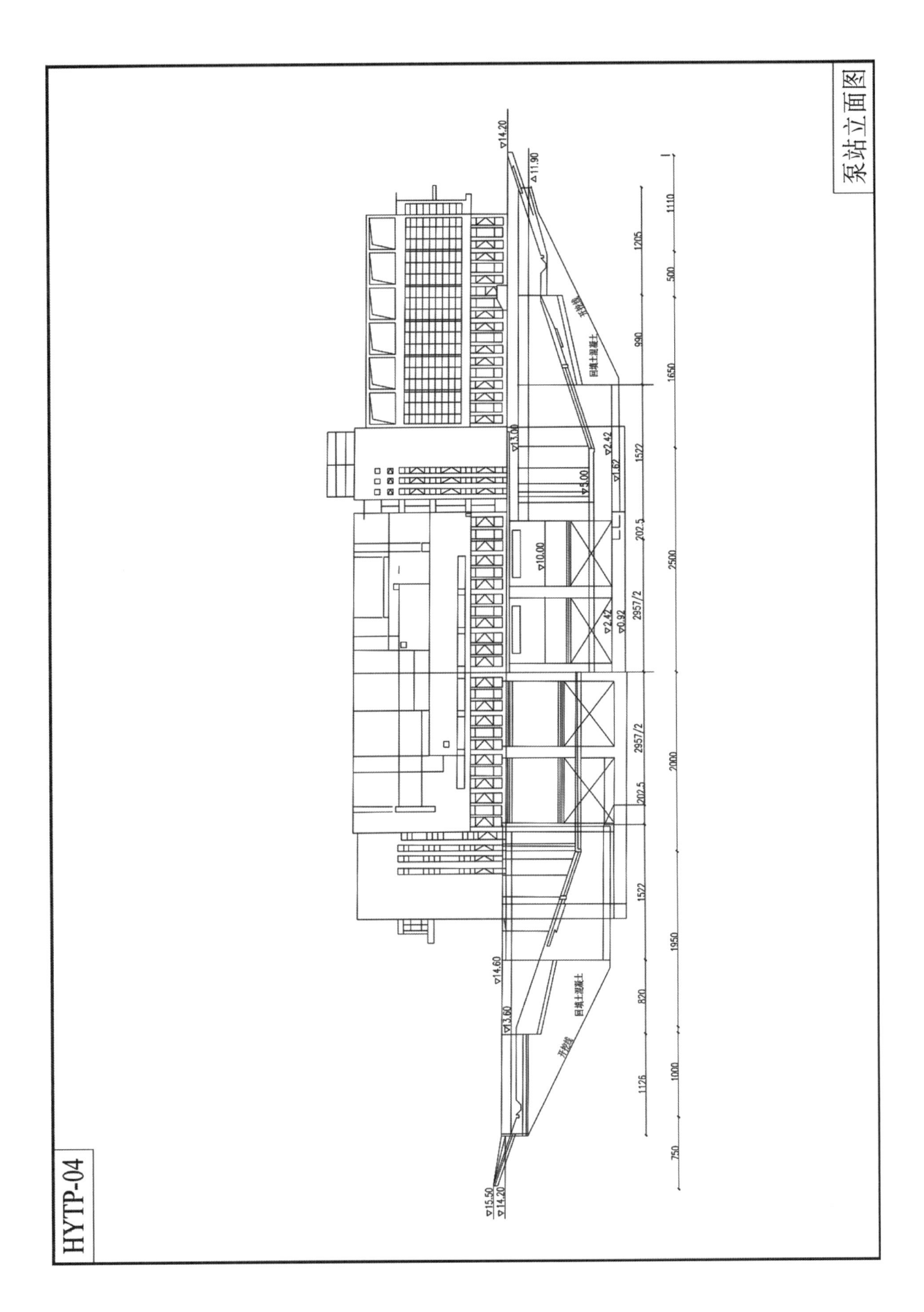

2. 南水北调东线一期江苏境内泵站概况

泵站立面图

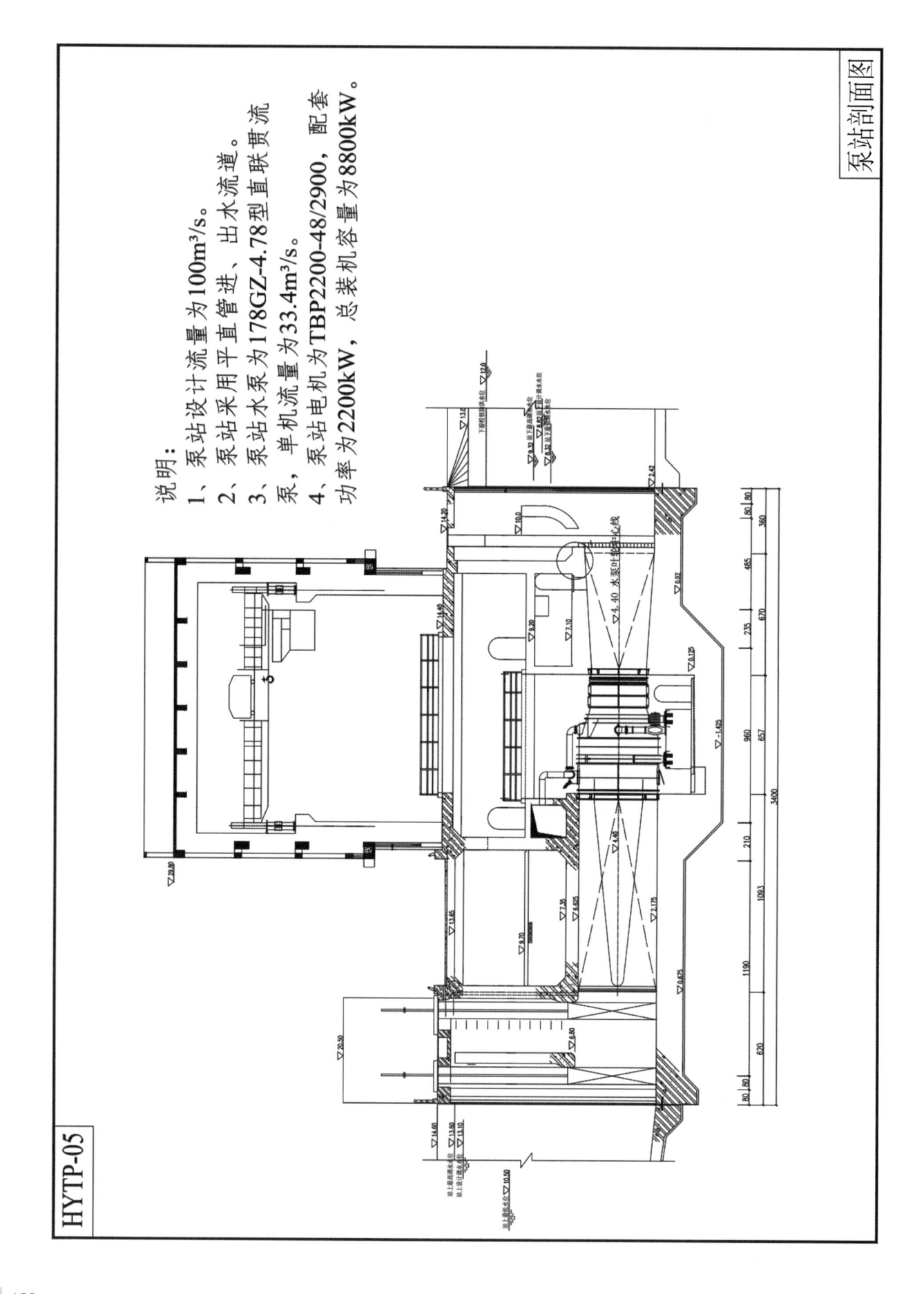

泵站剖面图

说明：
1. 泵站设计流量为100m³/s。
2. 泵站采用平直管进、出水流道。
3. 泵站水泵为178GZ-4.78型直联贯流泵，单机流量为33.4m³/s。
4. 泵站电机为TBP2200-48/2900，配套功率为2200kW，总装机容量为8800kW。

HYTP-05

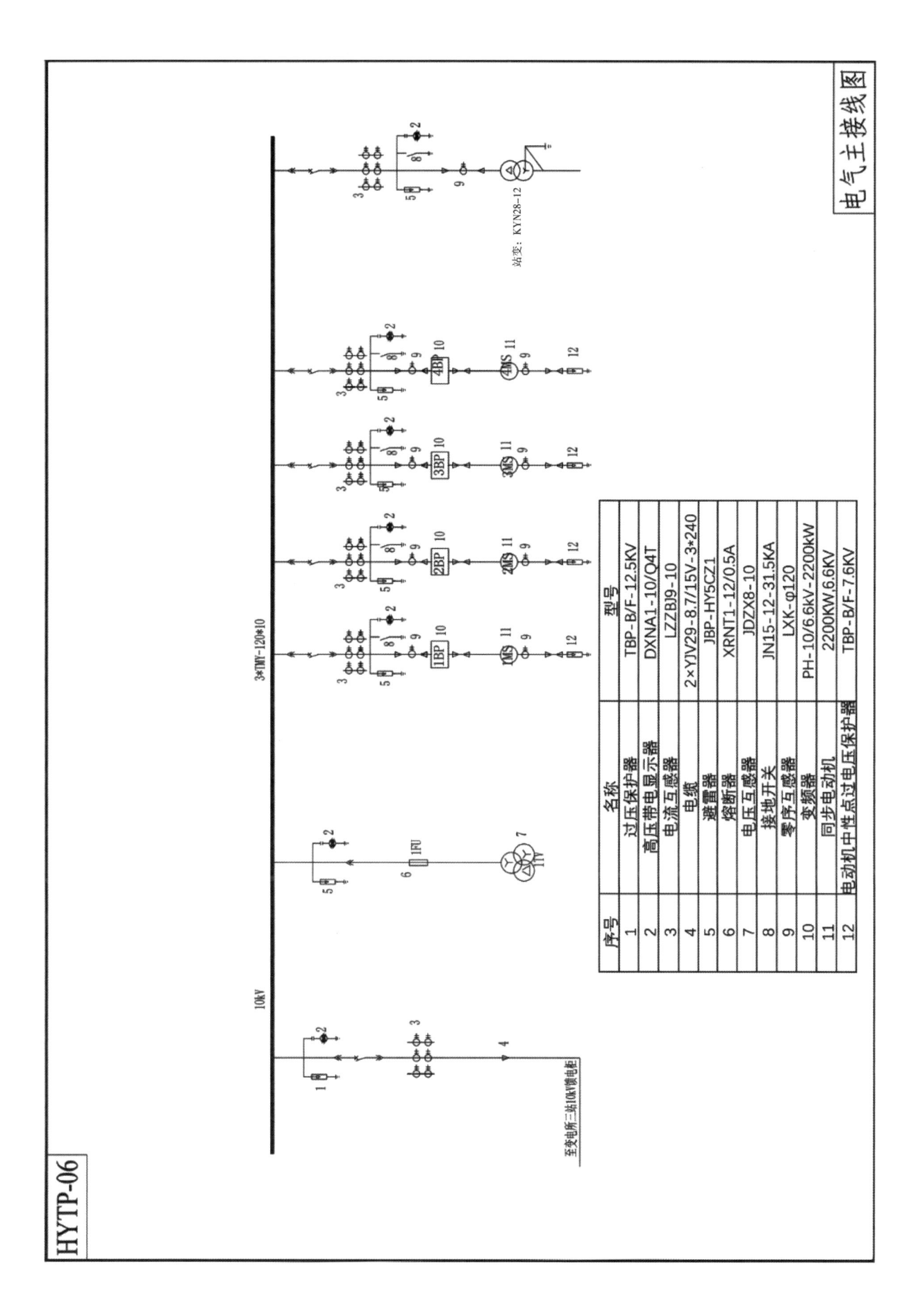

2．南水北调东线一期江苏境内泵站概况

电气主接线图

序号	名称	型号
1	过压保护器	TBP-B/F-12.5KV
2	高压带电显示器	DXNA1-10/Q4T
3	电流互感器	LZZBJ9-10
4	电缆	2×YJV29-8.7/15V-3*240
5	避雷器	JBP-HY5CZ1
6	熔断器	XRNT1-12/0.5A
7	电压互感器	JDZX8-10
8	接地开关	JN15-12-31.5KA
9	零序互感器	LXK-φ120
10	变频器	PH-10/6.6kV-2200kW
11	同步电动机	2200KW,6.6KV
12	电动机中性点过电压保护器	TBP-B/F-7.6KV

HYTP-06

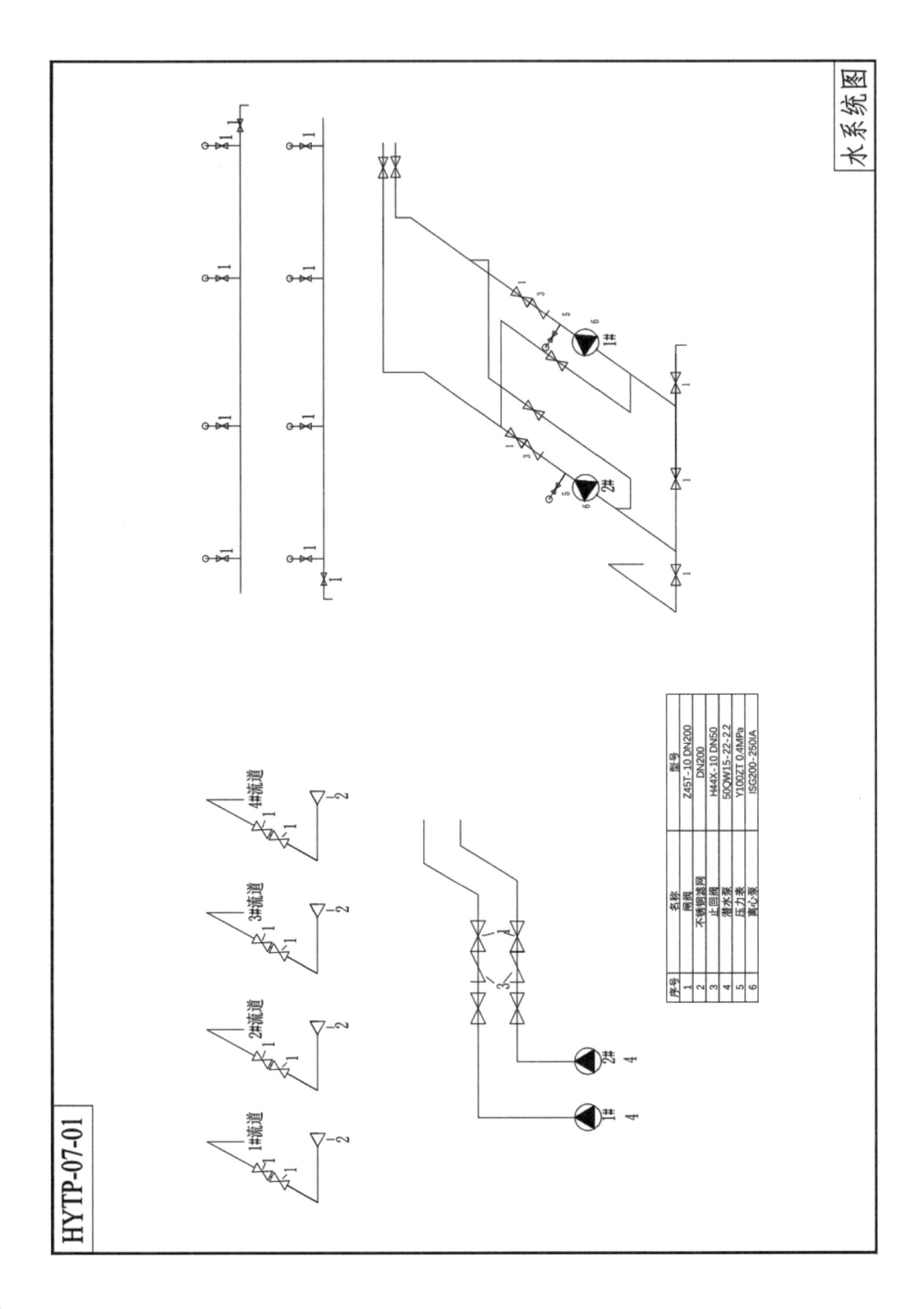

南水北调东线一期江苏境内泵站工程

水系统图

HYTP-07-01

序号	名称	型号
1	闸阀	Z45T-10 DN200
2	不锈钢滤网	DN200
3	止回阀	H44X-10 DN50
4	潜水泵	500QW15-22-2.2
5	压力表	Y100ZT 0.4MPa
6	离心泵	ISG200-250IA

170

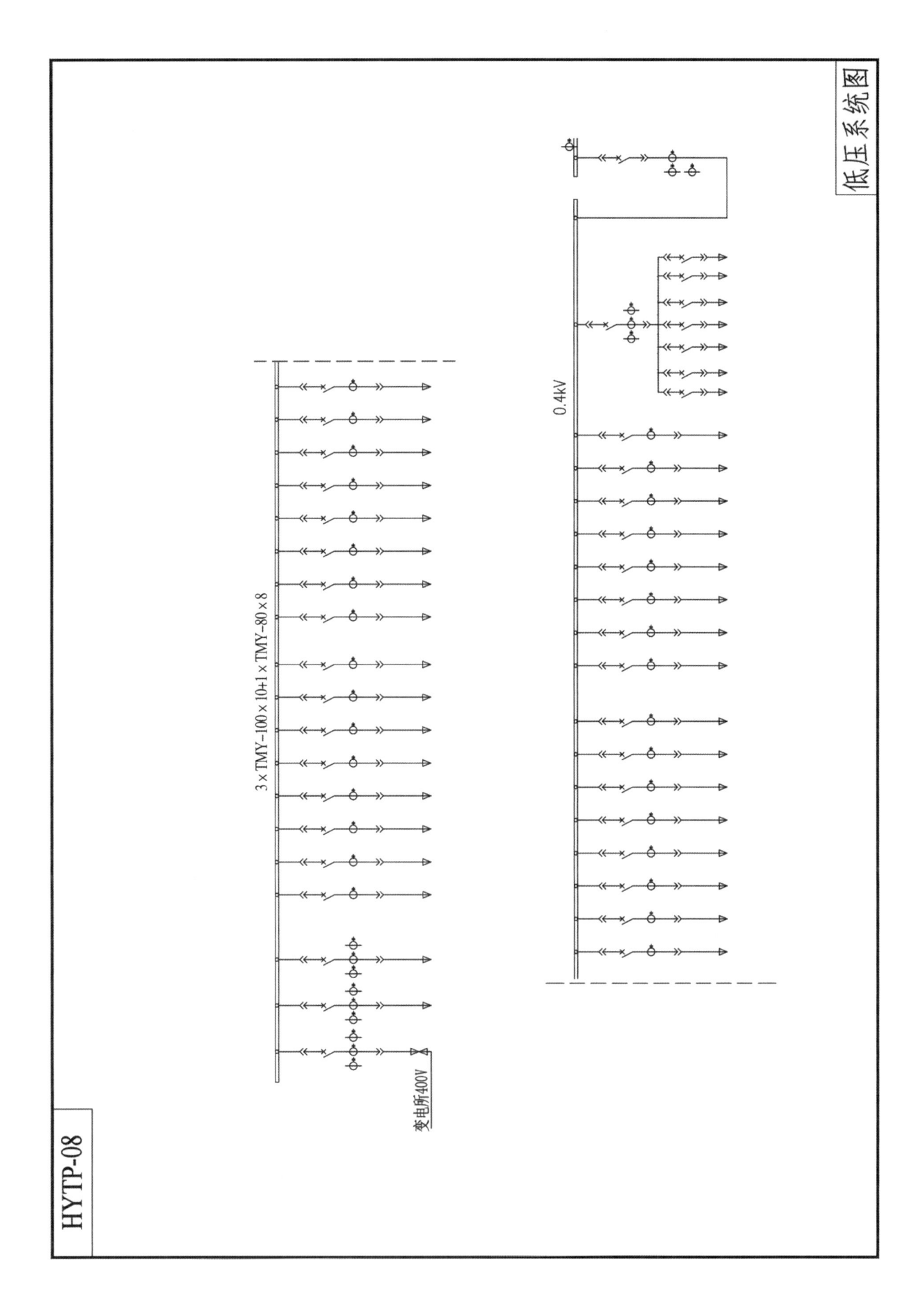

2．南水北调东线一期江苏境内泵站概况

低压系统图

0.4kV

$3 \times TMY-100 \times 10 + 1 \times TMY-80 \times 8$

变电所400V

HYTP-08

171

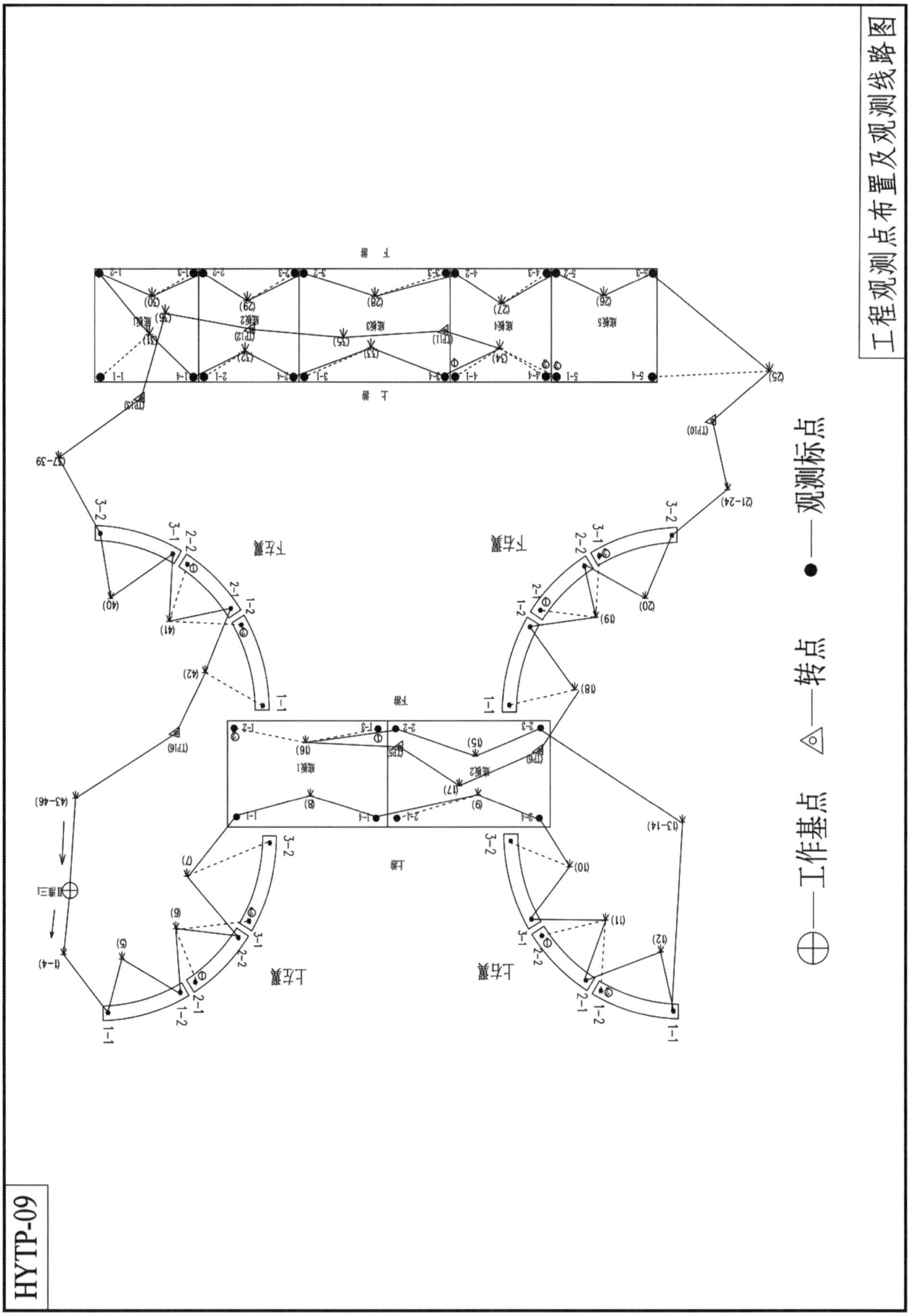
工程观测点布置及观测线路图
HYTP-09
工作基点
转点
观测标点
底板1
底板2
底板3
底板4
底板5
上左翼
上右翼
下左翼
下右翼

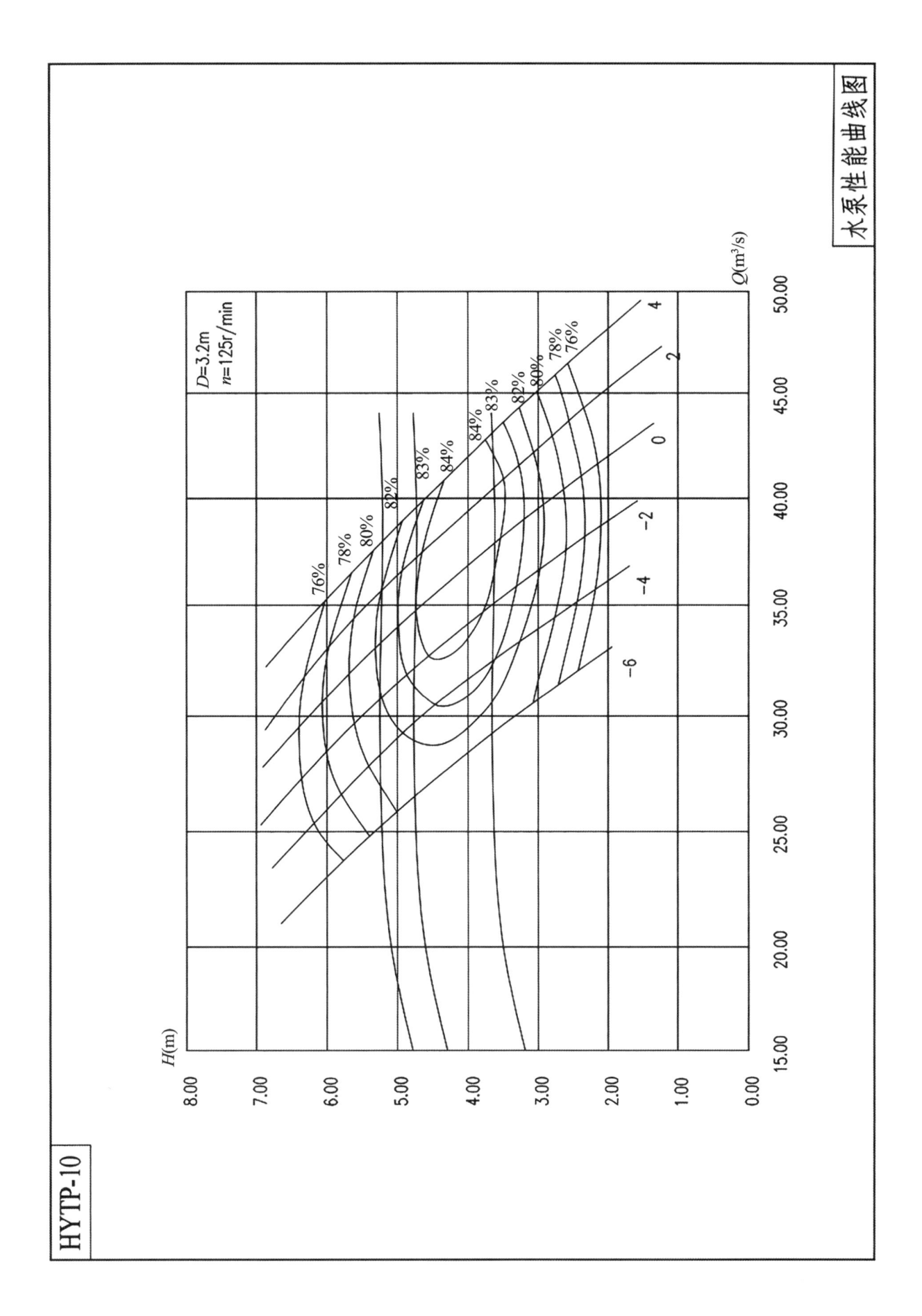

2. 南水北调东线一期江苏境内泵站概况

水泵性能曲线图

HYTP-10

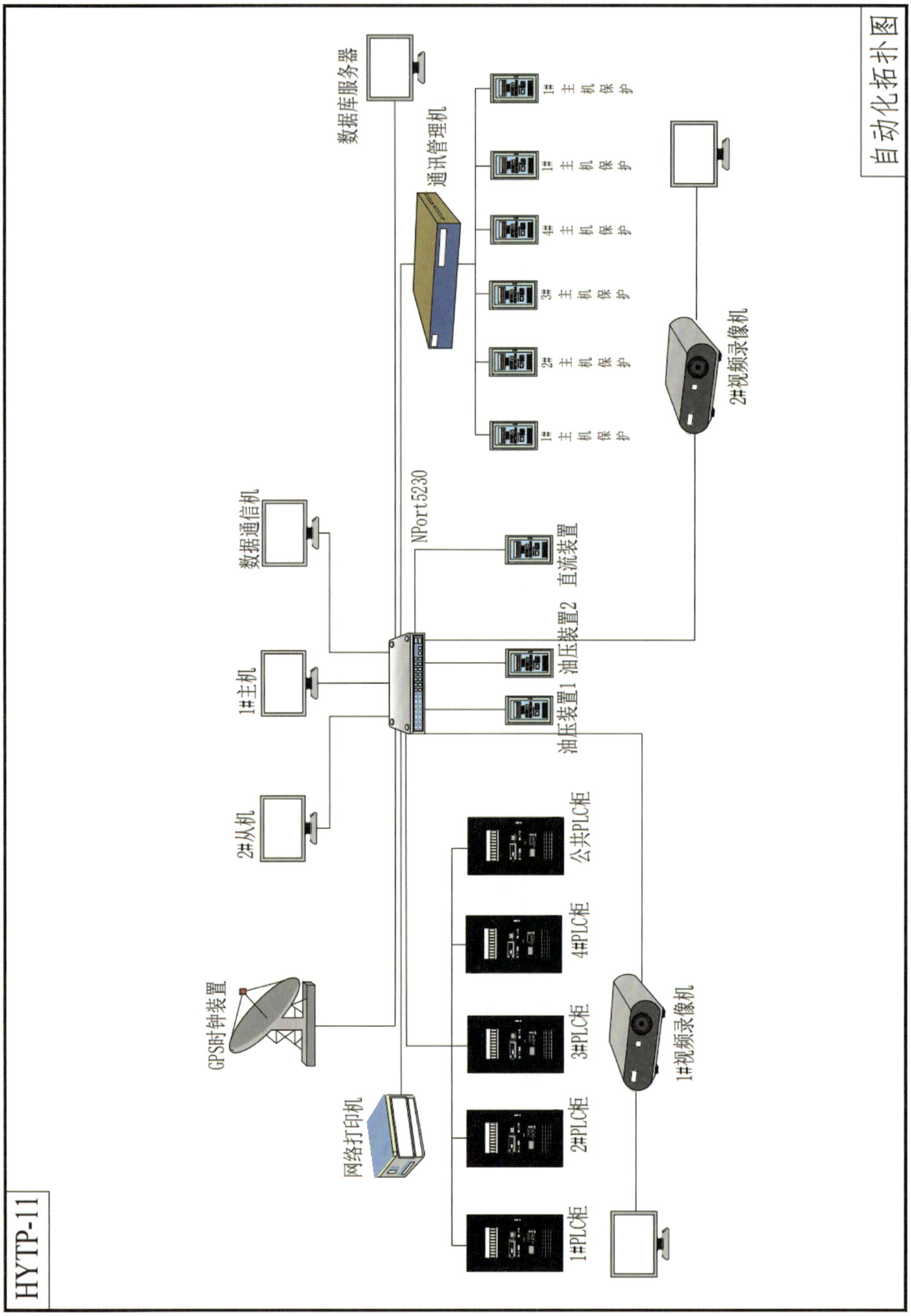
自动化拓扑图
HYTP-11
数据库服务器
通讯管理机
1#主机保护
1#主机保护
4#主机保护
3#主机保护
2#主机保护
1#主机保护
2#视频录像机
数据通信机
NPort5230
直流装置
油压装置2
油压装置1
1#主机
2#从机
公共PLC柜
4#PLC柜
3#PLC柜
2#PLC柜
1#PLC柜
GPS时钟装置
网络打印机
1#视频录像机

2. 南水北调东线一期江苏境内泵站概况

HYTP-13 竣工地形图

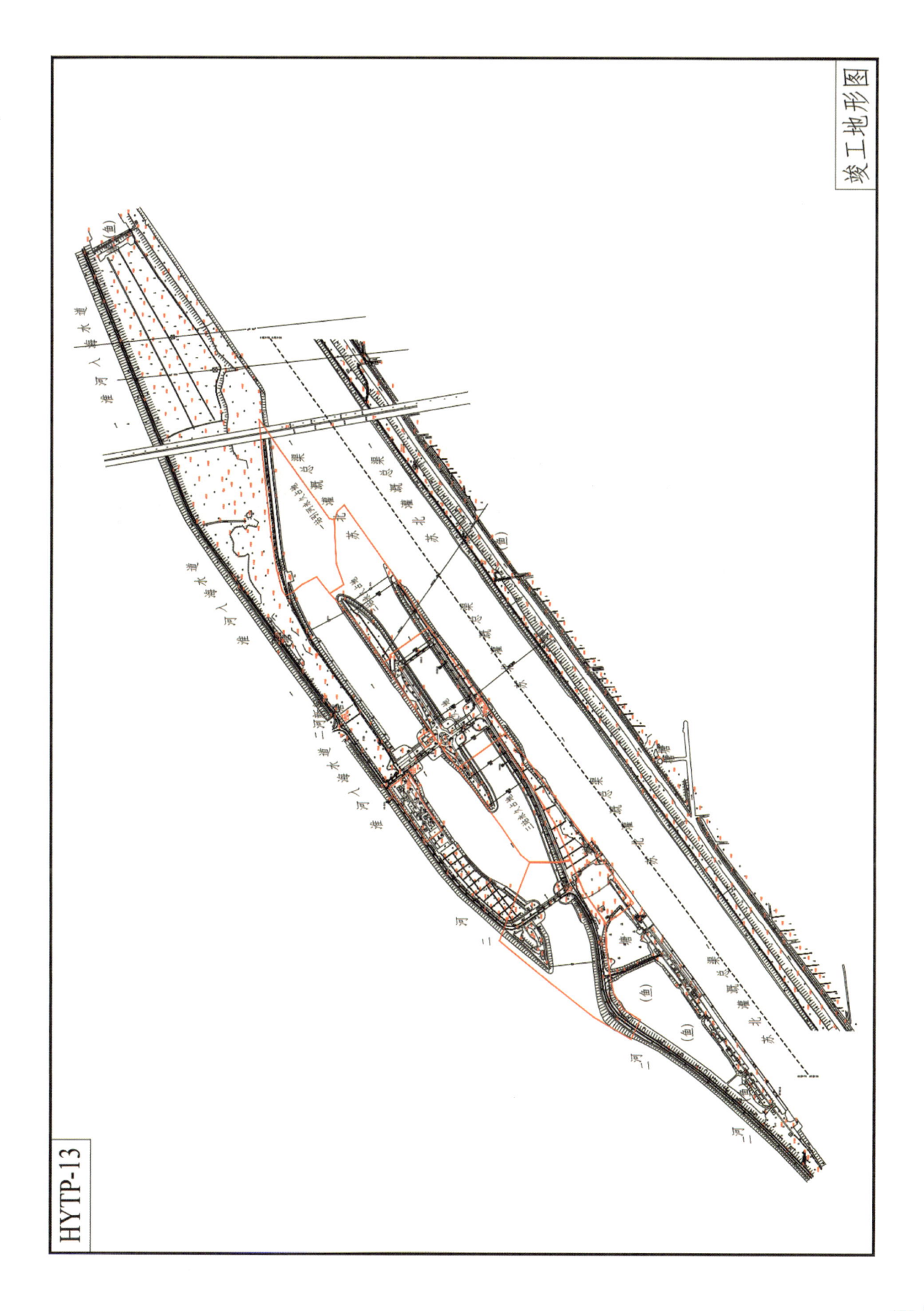

2.4 第四梯级泵站

2.4.1 泗阳站

图 2-9　泗阳站

1. 工程概况

泗阳站位于江苏省宿迁市泗阳县内，与 1996 年 12 月建成的泗阳第二抽水站、泗阳节制闸、泗阳船闸共同组成中运河泗阳水利枢纽，是南水北调东线工程第四梯级泵站之一。其主要任务是与刘老涧枢纽、皂河枢纽一起，通过中运河向骆马湖输水 175 m³/s，与运西徐洪线共同满足向骆马湖调水 275 m³/s 的调水目标，同时为泗阳闸至刘老涧闸之间工农业、乡镇生活和航运补充水源。泗阳站还可利用上游来水，采用变频方式发电，发电能力 3 550 kW。

泗阳站地处温带半湿润季风气候地区，四季分明，春秋少雨、夏季多雨；多年平均水温 14.3℃，多年平均降水 928 mm，降雨年际、年内变化较大；地质多为灰色粉质黏土、重粉质壤土夹细砂、轻粉质黏土薄层。工程所处地区地震动峰值加速度为 0.10 g，相应的地震基本烈度为Ⅶ度。

泗阳站主要建筑物有厂房、进水建筑物、出水建筑物等。泗阳站工程规模为大（2）型工程，工程等别为Ⅱ等，泗阳站设计防洪标准为 100 年一遇，校核防洪标准为 300 年一遇。泵站厂房为堤身式块基型，采用肘形进水流道、虹吸式出水流道和真空破坏阀断流，设计流量为 165 m³/s，供水期设计扬程 6.3 m。泵站所选水泵为日立泵制造（无锡）有限公司生产的 3100ZLQ33-6.3 型立式液压全调节轴流泵组 6 台套（含备机 1 台套），单机流量为 33 m³/s，叶轮直径为 3.1 m，转速 125 r/min。电机为上海电机厂生产的 TL3000-48/3250 型同步电机，电压 10 kV，配套功率 3 000 kW，总装机容量 18 000 kW。

泗阳站于 2009 年 12 月 30 日开工建设，2013 年 12 月完工。2012 年 1 月 8 日泗阳站水下工程通过阶段验收，2012 年 4 月机电设备安装结束，2012 年 5 月 12 日，泗阳站通过江苏水源公司主持的试运行验收。2018年11月江苏省南水北调工程建设领导小组办公室对南水北调东线一期工程泗阳站改建设计单元工程进行了完工验收。截至2021年12月，泗阳站机组累计运行14 944.2台时，累计调水15.46亿 m³。

表2-17 特征水位及扬程信息表

单位：m

			站下引水渠口	站上出水渠口
特征水位	供水期	设计水位	10.25	16.55
		最低运行水位	10.25	16.05
		最高运行水位	13.25	17.05
		平均运行水位	10.75	16.30
	排涝期	设计水位	—	—
		最高水位	—	—
	挡洪水位	设计（1%）	17.00	17.50
		最高（0.33%）	17.40	18.00
扬程	供水期	设计扬程	6.30	
		最小扬程	2.80	
		最大扬程	6.80	
		平均扬程	5.55	
	排涝期	设计扬程	—	
		最小扬程	—	
		最大扬程	—	

表2-18 泵站基础信息表

所在地		泗阳县中运河	所在河流	中运河	运用性质		灌溉、排涝、发电、补水	
泵站规模		大（2）型	泵站等别	Ⅱ	主要建筑物级别	1	建筑物防洪标准	设计 100年一遇
								校核 300年一遇
站身总长（m）		56.42	工程造价（万元）	30 614	开工日期	2009.12	竣工日期	2018.11
站身总宽（m）		38.50						
装机容量（kW）		18 000	台数	6	装机流量（m³/s）	198.0	设计扬程（m）	6.3
主机泵	型式	立式液压全调节轴流泵			主电机	型式	立式同步电动机	
		3100ZLQ33-6.3					TL3000-48/3250	
	台数	6	每台流量（m³/s）	33		台数	6	每台功率（kW）	3 000
	转速（r/min）	125	传动方式	立式直联		电压（V）	10 000	转速（r/min）	125
主变压器		型号	SS11—31500/110			输电线路电压(kV)		110
		总容量（kVA）	31 500	台数	1	所属变电所		泗阳众兴变电所

续表

主站房起重设备		桥式行车	起重能力（t）		32/5	断流方式		真空破坏阀
闸门结构型式	上游	—		启闭机型式	上游		—	
	下游	平板钢闸门			下游		绳鼓启闭机	
进水流道形式		肘形流道		出水流道形式			虹吸式流道	
主要部位高程(m)	站房底板	1.3	水泵层	5.80	电机层	19.50	副站房层	19.50
	叶轮中心	6.75	上游护坦	10.30	下游护坦	6.00	驼峰底	18.20
站内交通桥	净宽（m）	5.43	桥面高程（m）	19.00	设计荷载	公路-Ⅱ级	高程基准面	废黄河
站身水位组合	设计水位（m）	下游		10.50	上游		16.50	
	校核水位（m）	下游		17.40	上游		18.00	

2. 批复情况

2005年10月，国家发展和改革委员会以《关于南水北调东线一期工程项目建议书的批复》（发改农经〔2005〕2108号）批复工程项目建议书。

2008年11月，国家发展和改革委员会以《关于审批南水北调东线一期工程可行性研究总报告的请示的通知》（发改农经〔2008〕2974号），批复了南水北调东线一期工程可行性研究报告，泗阳站工程为其中的一个设计单元工程。

2009年4月8日，国务院南水北调工程建设委员会办公室以《关于南水北调东线一期长江～骆马湖段其他工程泗阳站改建工程初步设计报告（技术方案）的批复》（国调办投计〔2009〕40号），批准了泗阳站工程初步设计技术方案。

2009年7月16日，国务院南水北调工程建设委员会办公室以《关于南水北调东线一期长江～骆马湖段其他工程泗阳站改建工程初步设计报告（概算）的批复》（国调办投计〔2009〕132号），批复泗阳站工程总投资30 614万元。经国家相关部门批准调整后，泗阳站工程总投资为30 614万元。

3. 工程建设有关单位

项目法人：南水北调东线江苏水源有限责任公司

现场建设管理机构：江苏省南水北调泗阳站工程建设处

设计单位：上海勘测设计研究院

监理单位：江苏河海工程建设监理有限公司

工程监督：国务院南水北调工程建设委员会办公室

质量监督单位：南水北调工程江苏质量监督站

质量检测单位：河海大学实验中心

主体工程施工单位：中国水利水电第十一工程局有限公司

水泵及附属设备供应单位：日立泵制造（无锡）有限公司

电机及附属设备供应单位：上海电气集团上海电机厂有限公司

高低压开关柜供应单位：江苏大全长江电器股份有限公司

变压器采购供应单位：江苏新科水利电力成套设备有限公司（变压器生产单位：南通晓星变压器有限公司）

110 kV 组合开关（GIS）供应单位：山东泰开高压开关有限公司

微机监控、视频监控系统设备采购及安装单位：南京南瑞集团公司

电缆供应单位：江苏南亚电缆集团有限公司

清污机设备供应单位：江苏一环集团有限公司

钢材供应单位：江苏省水利物资总站

管理（运行）单位：江苏水源公司和骆运管理处

4. 工程布置与主要建设内容

南水北调东线一期工程泗阳站改建设计单元工程（以下简称"泗阳站工程"）位于泗阳县县城东南约 3 km 处的中运河输水线上，在原泗阳一站下游 347 m 处。

根据初步设计批复，工程主要建设内容包括：拆除泗阳一站，移址新建泗阳泵站，新建变电所、清污机桥、闸下交通桥，拆建徐淮公路桥等。

泗阳泵站：泗阳站采用一列式布置，设计调水流量 165 m³/s，设计扬程 6.30 m，泵站安装叶轮直径 3.10 m 的 3100ZLQ33-6.3 立式全调节轴流泵 6 台套（含 1 台备机），单机流量 33 m³/s，总装机流量 198 m³/s（1 台备机流量 33 m³/s）；配 3000kW/10kVTL3000-48 同步电机，总装机容量 18 000 kW。泵站为堤身式块基型结构，采用肘形进水流道、虹吸式出水流道和真空破坏阀断流。6 台机组分三机一联两块底板布置，站身底板顺水流向宽 38.50 m，垂直水流向总长 56.42 m。主厂房南端布置检修间及南副厂房（中控室、会议室），北端布置北副厂房（高低压开关室、变频发电机组室和 110 kV 室内变电所）。站身上游侧站内交通桥宽 5.43 m，桥面高程 19.0 m，荷载标准为公路 – Ⅱ级。进水流道口设置发电工况流量调节工作门并兼检修闸门，配卷扬启闭机，进水流道前设拦污栅，为满足发电功能的需要，泵站出水流道出口设拦污栅。

变电所：泗阳站 110 kV 专用供电电源是从泗阳众兴变电所经架空线路至泗阳站变电所。变电所结合泵站控制室采用室内布置，配 31 500 kVA 三圈式变压器 1 台，采用 GIS 组合开关控制。35 kV 电源经架空线由泗阳城南变电所引来，作为备用电源。

清污机桥：清污机桥桥墩上游边缘距泵站进口前缘 15 m，桥面宽 8.5 m，桥的底板宽（顺水流向）13 m，长（垂直水流向）56.82 m，孔宽 3.97 m，共 12 孔。配回转式清污机 12 台套，并配置皮带输送机。

闸下交通桥：泗阳站闸下交通桥布置在节制闸下游 350 m 处，为临时结合永久使用，共 10 跨，单孔跨径 20 m，总长 200 m，总宽 5.5 m，净宽 4.5 m，采用装配式预应力混凝土简支梁桥，下部桥墩结构为双柱结构，基础采用钻孔灌注桩，荷载标准为公路 – Ⅱ级。

徐淮公路桥：徐淮公路桥为原址拆建，上部结构为梁板式，共 5 跨，每跨均为 20 m，总跨度 100 m，桥面宽 9 m+2×1.55 m，下部桥墩结构为双柱结构，基础采用钻孔灌注桩，荷载标准为公路 – Ⅱ级。

5. 分标情况及承建单位

2009 年 3 月 26 日，国务院南水北调办以《关于南水北调东线一期工程刘老涧二站泗阳站工程招

标分标方案的批复》（国调办建管〔2009〕32号）批复泗阳站工程分标方案，泗阳站工程划分为建设监理、土建施工及设备安装等13个标段。交通桥施工标因与土建施工及设备安装标合招而取消，液压启闭设备采购及安装标因出水流道改为虹吸而取消。在2010年，泗阳站已完成国调办批复的全部11项招标工作。

泗阳站工程完成主要工程量：土方挖填132万 m³（含围堰、导流河等临时工程土方）、混凝土3.86万 m³、砌石及垫层3.88万 m³、钢筋2252t、金属结构制作及安装264 t，房屋建筑总面积4 317.4 m²。回转式清污机12台套、卷扬启闭机12台套、主机泵成套设备6台套、变频发电机组1台套、变压器1台套、高低压开关柜及辅机系统等。

6. 建设情况简介

2009年12月28日国务院南水北调办以《关于南水北调东线一期泗阳站改建工程开工请示的批复》（国调办建设管〔2009〕247号）批复同意泗阳站工程的开工建设。2009年2月14日，江苏水源公司以《关于成立江苏省南水北调泗阳站工程建设处的通知》（苏水源综〔2009〕9号）成立了"江苏省南水北调泗阳站工程建设处"，作为项目法人的现场管理机构。建设处承担公司委托的建管职责，全面负责泗阳站工程建设现场管理工作。

（1）主要建筑物施工简况

工程于2010年3月10日开始施工，4月18日完成；降水井和观测井于3月26日开工，4月16日完成；防渗地连墙于4月20日开工，6月3日完成；泵站基础CFG桩于5月28日开工，6月19日完成；泵站底板垫层于2010年9月1日完成；10月21日进水流道层完成；11月10日水泵层完成；11月28日联轴层完成。2011年4月10日电机层完成；4月16日出水流道顶板完成。上下游连接段工程穿插安排，于2011年12月20日全部完成。上下游引河（一期围堰内）混凝土护坡，于2011年10月19日开始，12月19日上游高程17.10 m、下游高程13.50 m以下护坡全部完成。2012年4月5日原泗阳一站拆除工作全部完成，至4月19日完成河道青坎以下混凝土及河底土方推填。

清污机桥于2011年1月30日开始南侧块底板施工，4月12日底板全部完成；5月14日墩墙完成；6月3日，桥面板完成。上游翼墙于2010年12月21日开始基础灌注桩施工，2011年3月3日完成；2011年3月15日第一节翼墙底板开始施工，8月30日全部翼墙完成。下游翼墙于2010年12月18日第一节翼墙底板开始施工，2011年7月17日全部翼墙完成。

闸下交通桥于2010年2月4日闸下交通桥灌注桩开始施工，3月17日全部完成；5月14日冒梁及以下部分完成；5月28日闸下交通桥梁板吊装完成，桥面贯通。2010年9月30日闸下交通桥通过阶段性验收。

导流河工程于2009年12月30日正式开始施工，2010年1月28日通过了导流河水下阶段验收，工程质量评定为优良，3月29日导流河工程基本完成。4月2日通过单位工程验收。

徐淮公路桥在施工图阶段移交给泗阳县人民政府进行建设。徐淮公路桥为原址扩建，荷载标准改为为公路-Ⅰ级。2012年4月19日通过验收且已投运。

2011年1月9日开始浇筑泵站厂房柱，8月31日完成厂房屋面梁板；2011年7月24日开始北副厂房混凝土框架施工，12月11日封顶；2011年7月28日开始南副厂房混凝土框架施工，2011年10月17日封顶。2011年10月份完成门卫房水文亭施工及装饰。

(2)重大设计变更

无重大设计变更。

泗阳站工程于 2009 年 12 月 30 日开工，2012 年 12 月 26 日江苏省南水北调办公室主持通过了泗阳站工程通水验收，2013 年 12 月 13 日通过江苏水源公司组织的档案初步验收，2017 年 4 月完成全部工程建设内容。2018 年 11 月泗阳站工程通过完工验收。

7. 工程新技术应用

针对泗阳站地基基础的防渗要求，采用桩顶放置水泥土、桩间保留原状土的复合褥垫层代替传统的砂石材料褥垫层，既满足了泵房地基防渗要求，又符合有效传递上部荷载，控制桩、土的承载比例，充分发挥了复合地基承载作用的要求。

8. 工程质量

经施工单位自评、监理处复评、项目法人（建设处）确认，泗阳站设计单元工程质量评定等级评定为合格。泗阳站工程泵站工程、房屋建筑工程、闸下交通桥、管理设施等 4 个单位工程，均按相关行业标准评定为合格等级。按照水利工程施工质量检验评定标准，上游引河段、上游连接段、下游连接段、清污机桥、下游引河段、闸门制作安装及启闭机安装、起重设备安装、拦污栅及清污机设备安装、地基基础及防渗、辅助设备安装工程、电气设备安装工程、监测设施等 12 个分部评为优良工程，优良率 85.7%。

9. 运行管理情况

泗阳站自 2013 年正式通水至 2022 年 7 月底，累计运行 1427 d、91 605 台时，累计抽水 998 033 万 m³，累计用电 16 203 万 kW·h。最多年运行天数为 259 d；最多年运行台时为 16 764 台时；最大运行流量 170 m³/s；站下最低运行水位 10.17 m，最高运行水位 13.58 m；站上最低运行水位 15.31 m，最高运行水位 16.55 m；最小运行扬程 3.28 m，最大运行扬程 5.96 m；单台机组最小运行功率 1 535 kW，最大运行功率 2 702 kW，全站最大运行功率 13 112 kW。

10. 主要技改和维修情况

2019—2020 年，因导叶体水平偏差较大、镜板水平偏差较大、叶轮外壳汽蚀、泵轴轴颈磨损等问题分别对 5#、6# 机组展开大修，由南水北调江苏泵站技术有限公司实施。主要对受油器进行改造，将上操作油管改为两段轴，对漏油箱进行了改造，解决了受油器渗油问题，也方便了日后检修；将电机定、转子返厂，转子进行降噪处理，定子进行了修复和加强绝缘，解决了运行噪音大等问题。项目完成后，经两年多的运行检验，各项数据与指标均合格。目前，泗阳站 6 台主机组第一轮大修全部完成。

11. 工程质量获奖情况

（1）2011 年 6 月获得国务院南水北调工程建设委员会办公室安全生产监管先进单位。

（2）2012 年 2 月获江苏省水利厅颁发的"2011 年度全省水利工程建设廉政文化示范点"（苏水

监〔2012〕1号）。

12. 图集

  SYP-01：泵站位置图
  SYP-02：枢纽总平面布置图
  SYP-03：工程平面图
  SYP-04：泵站立面图
  SYP-05：泵站剖面图
  SYP-06：电气主接线图
  SYP-07-01：油系统图
  SYP-07-02：气系统图
  SYP-07-03：水系统图
  SYP-08：低压系统图
  SYP-09：工程观测点布置及观测线路图
  SYP-10：水泵性能曲线图
  SYP-11：自动化拓扑图
  SYP-12：征地红线图
  SYP-13：竣工地形图

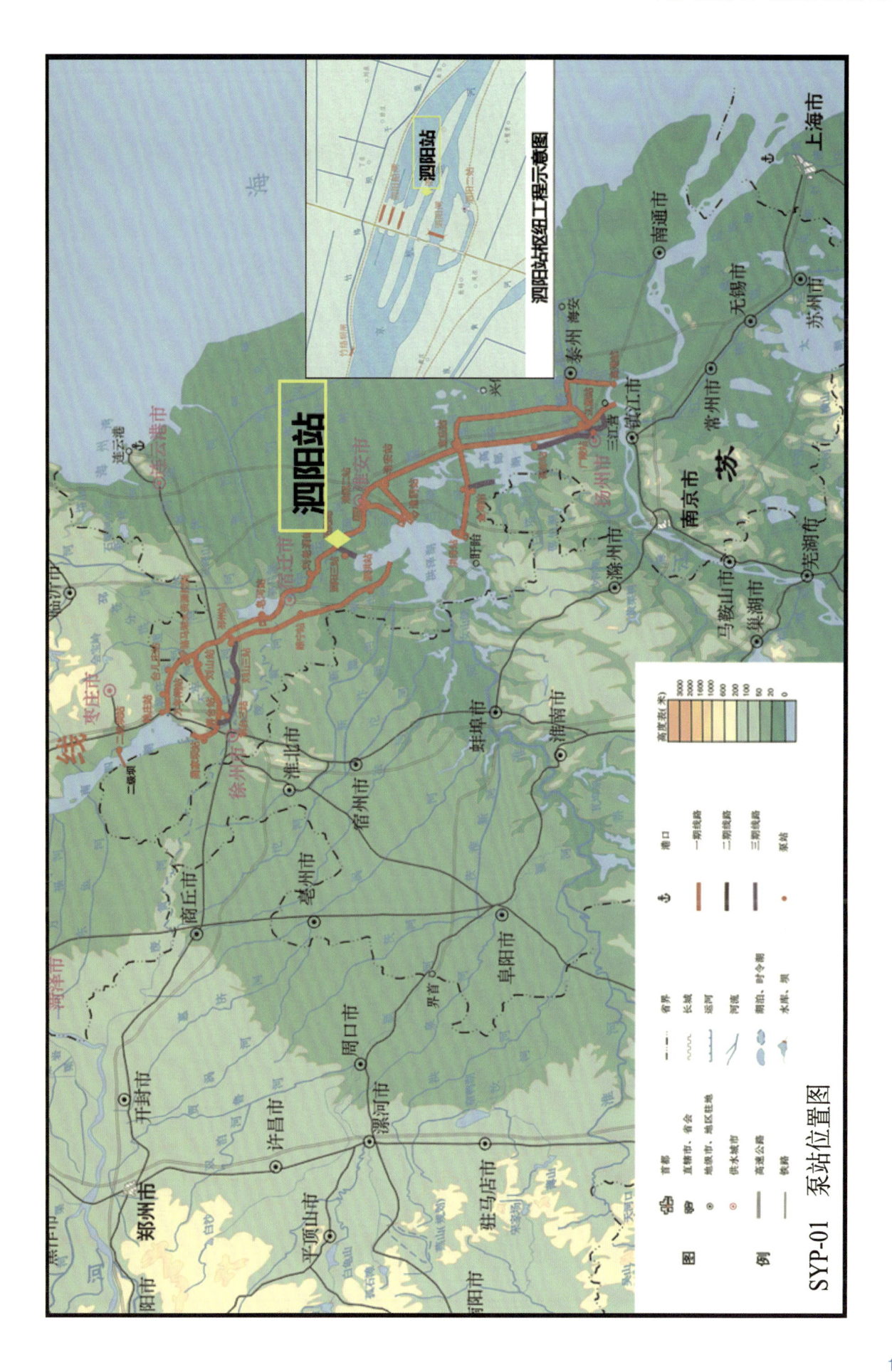

2．南水北调东线一期江苏境内泵站概况

SYP-01 泵站位置图

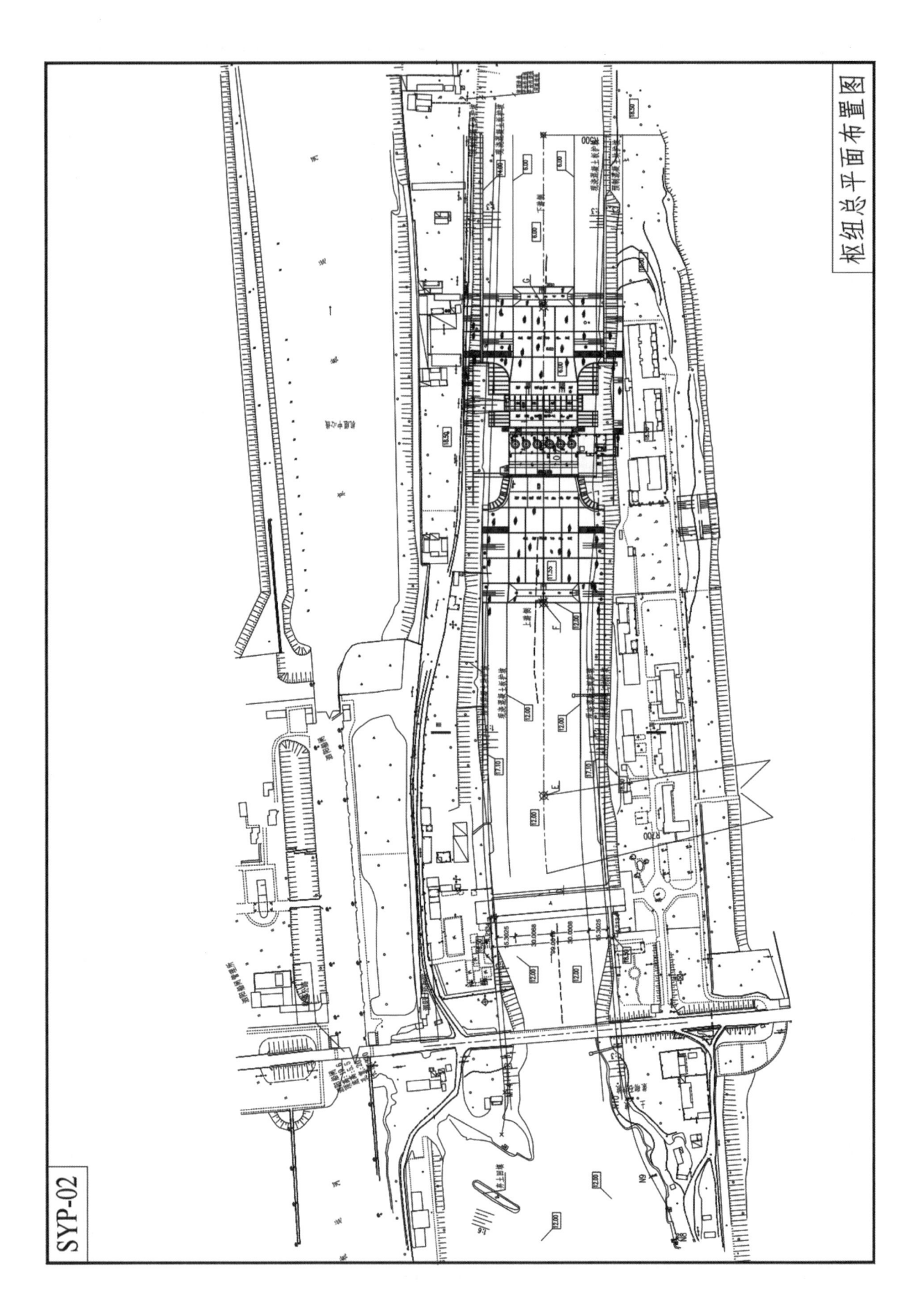

枢纽总平面布置图

SYP-02

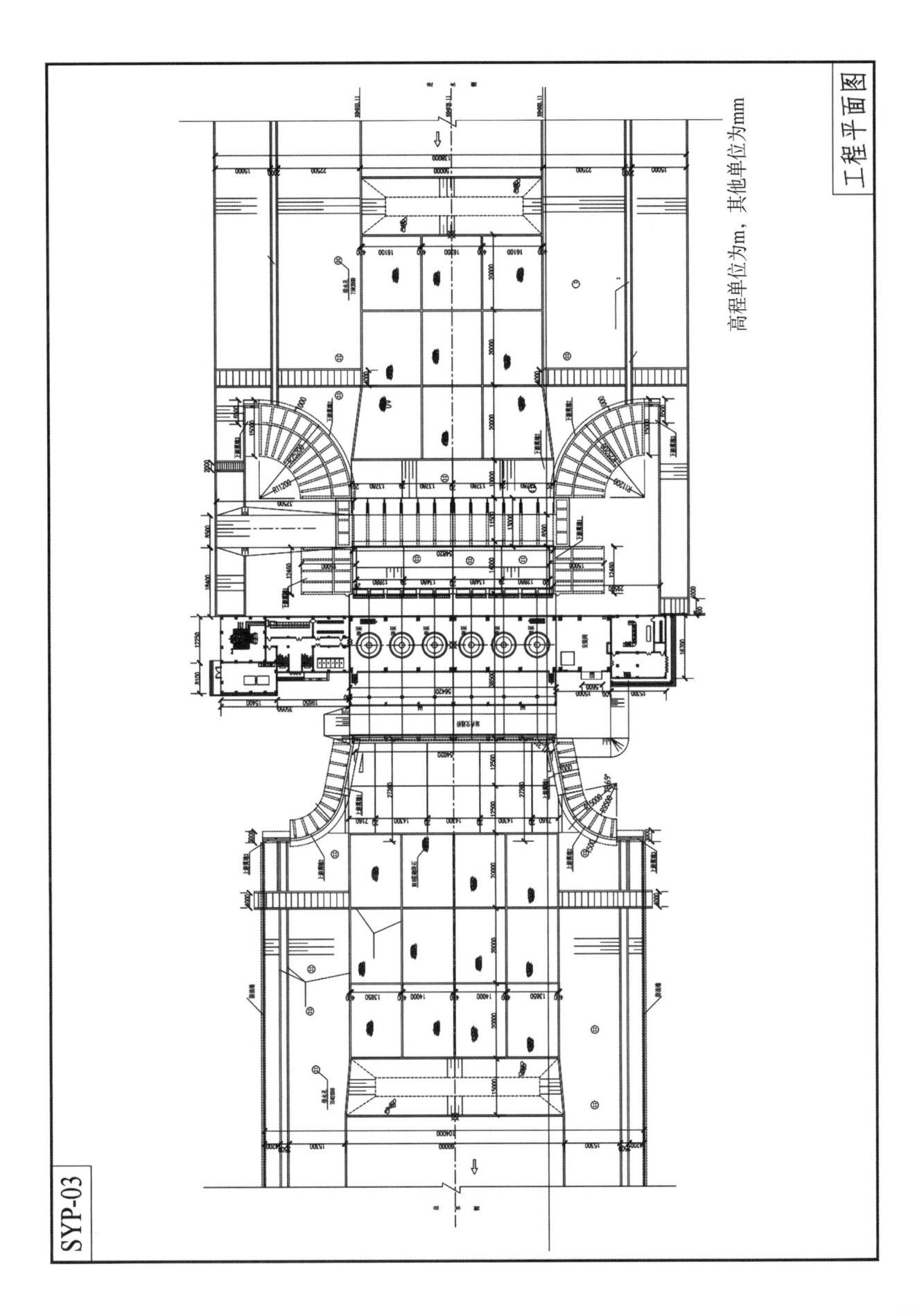

2. 南水北调东线一期江苏境内泵站概况

SYP-03

工程平面图

高程单位为m，其他单位为mm

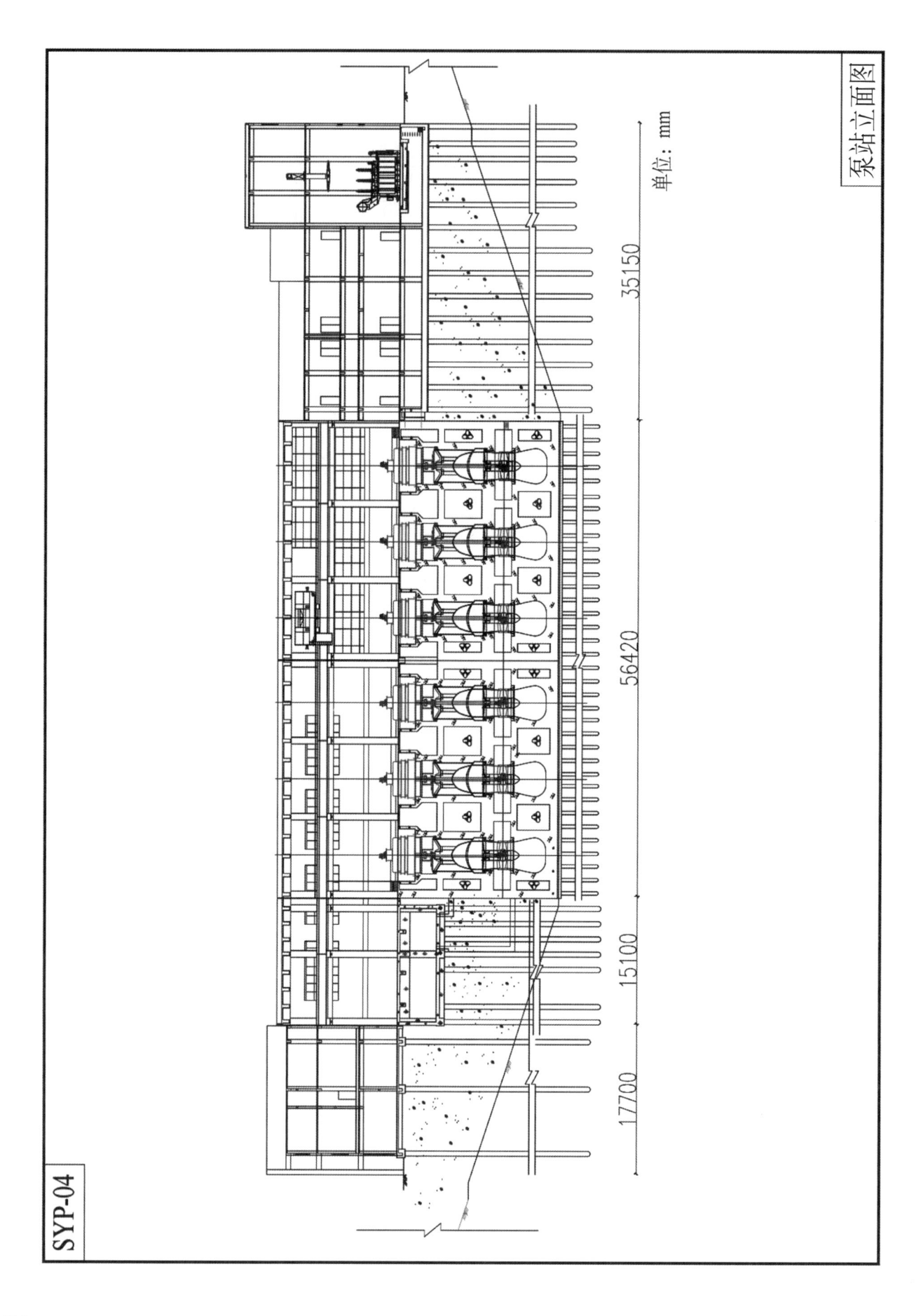

南水北调东线一期江苏境内泵站工程

SYP-04

泵站立面图

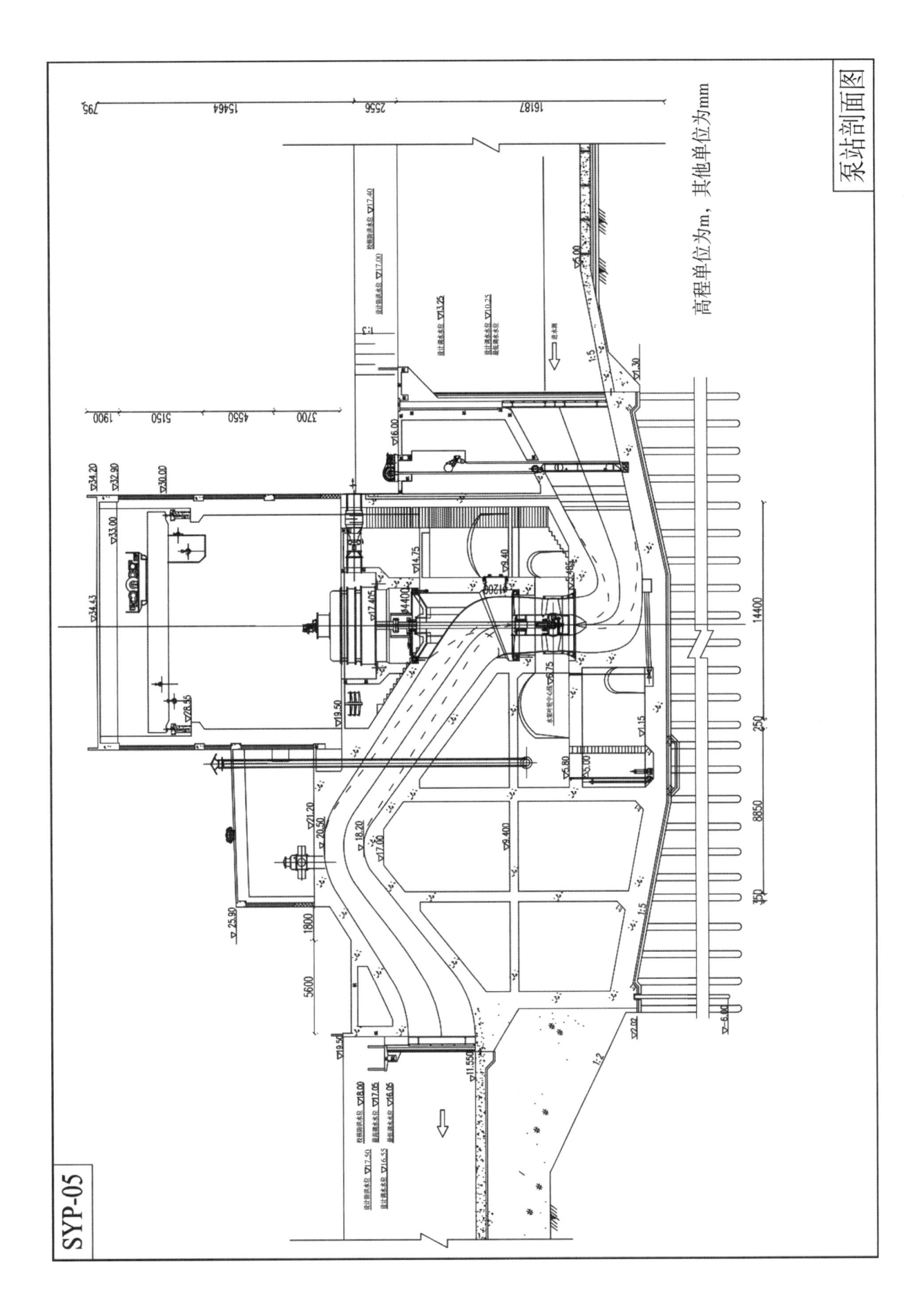

2．南水北调东线一期江苏境内泵站概况

泵站剖面图

SYP-05

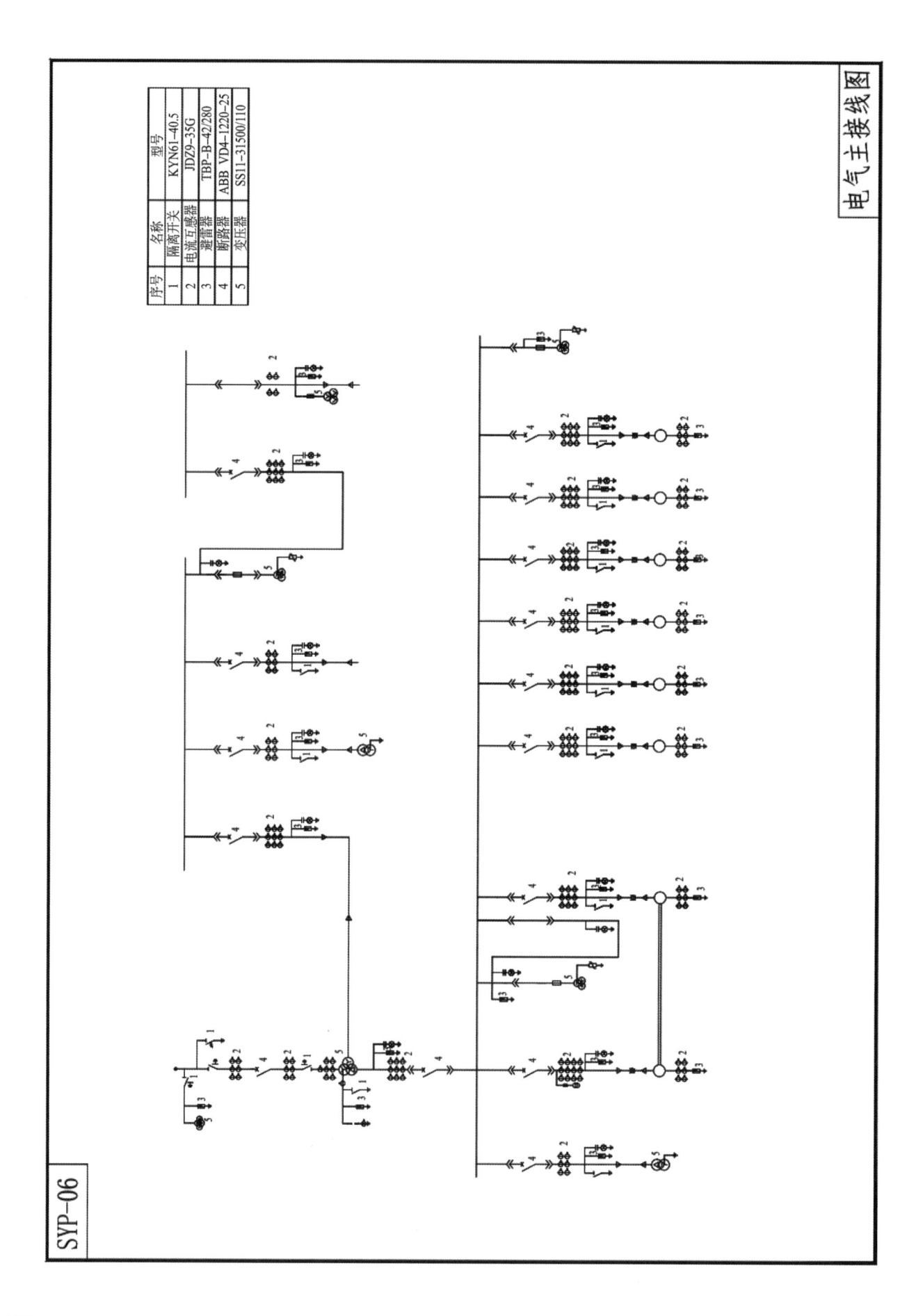

南水北调东线一期江苏境内泵站工程

序号	名称	型号
1	隔离开关	KYN61-40.5
2	电流互感器	JDZ9-35G
3	避雷器	TBP-B-42/280
4	断路器	ABB VD4-1220-25
5	变压器	SS11-31500/110

电气主接线图

SYP-06

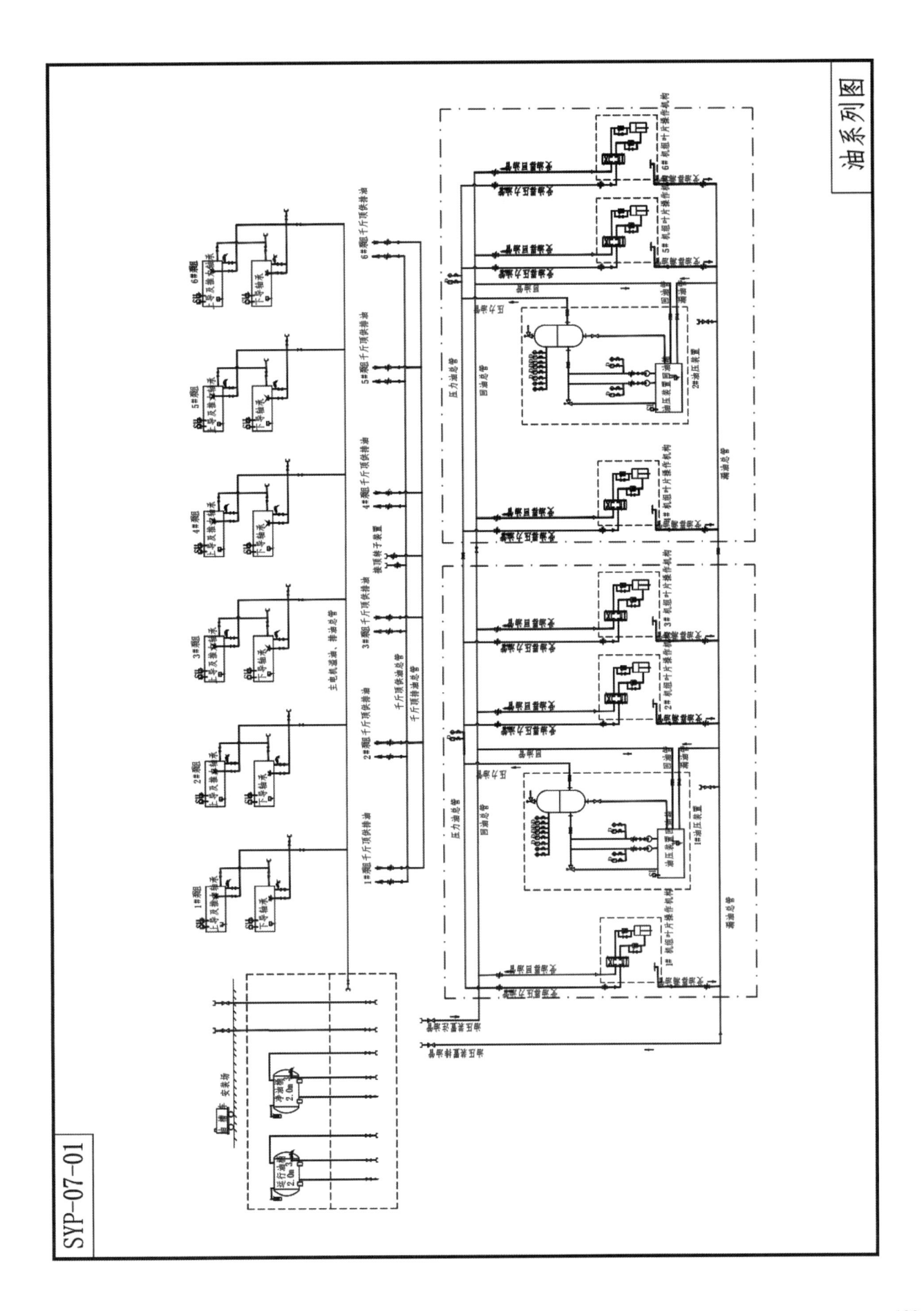

2．南水北调东线一期江苏境内泵站概况

SYP-07-01

油系列图

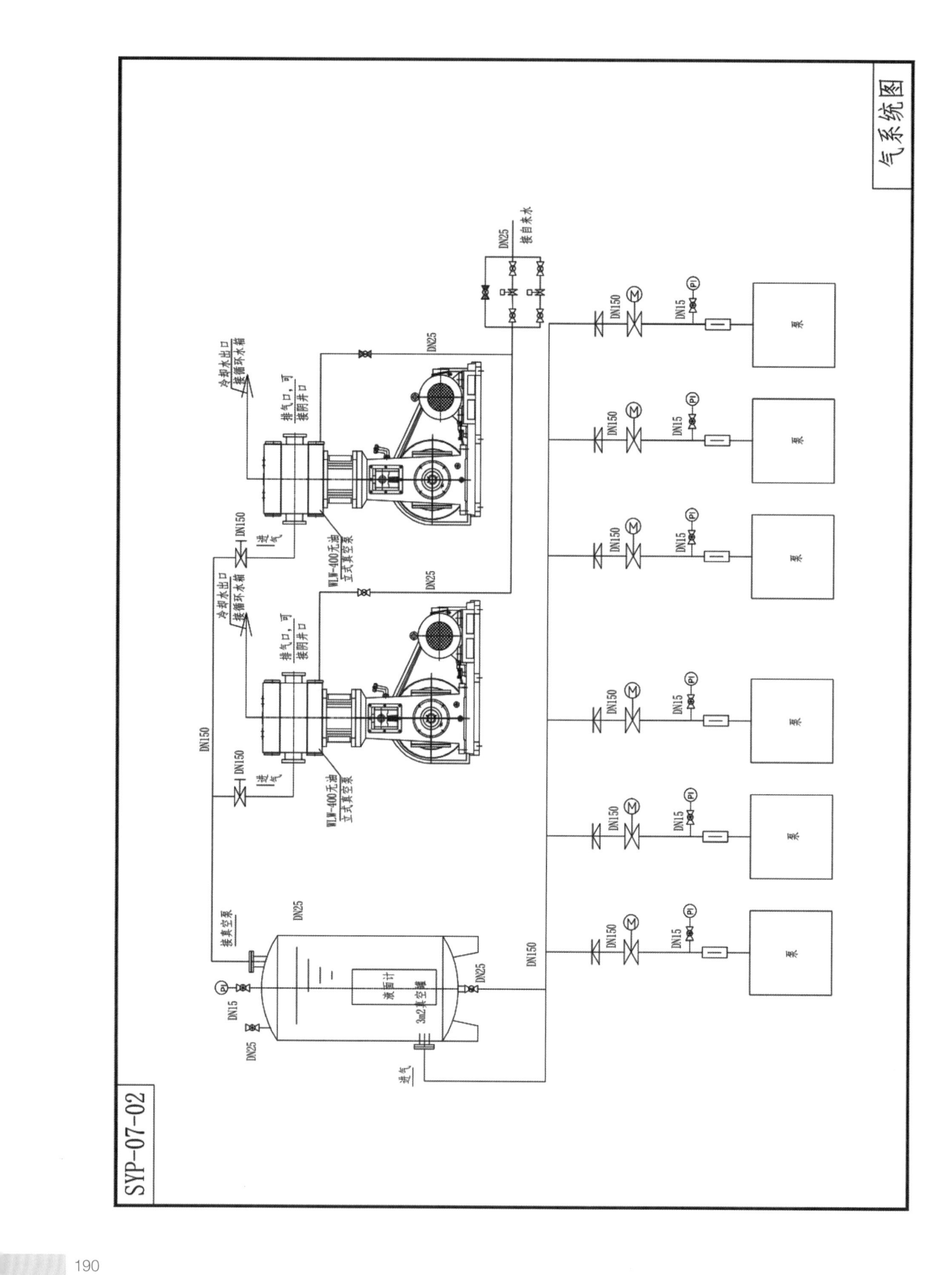

南水北调东线一期江苏境内泵站工程

气系统图

SYP-07-02

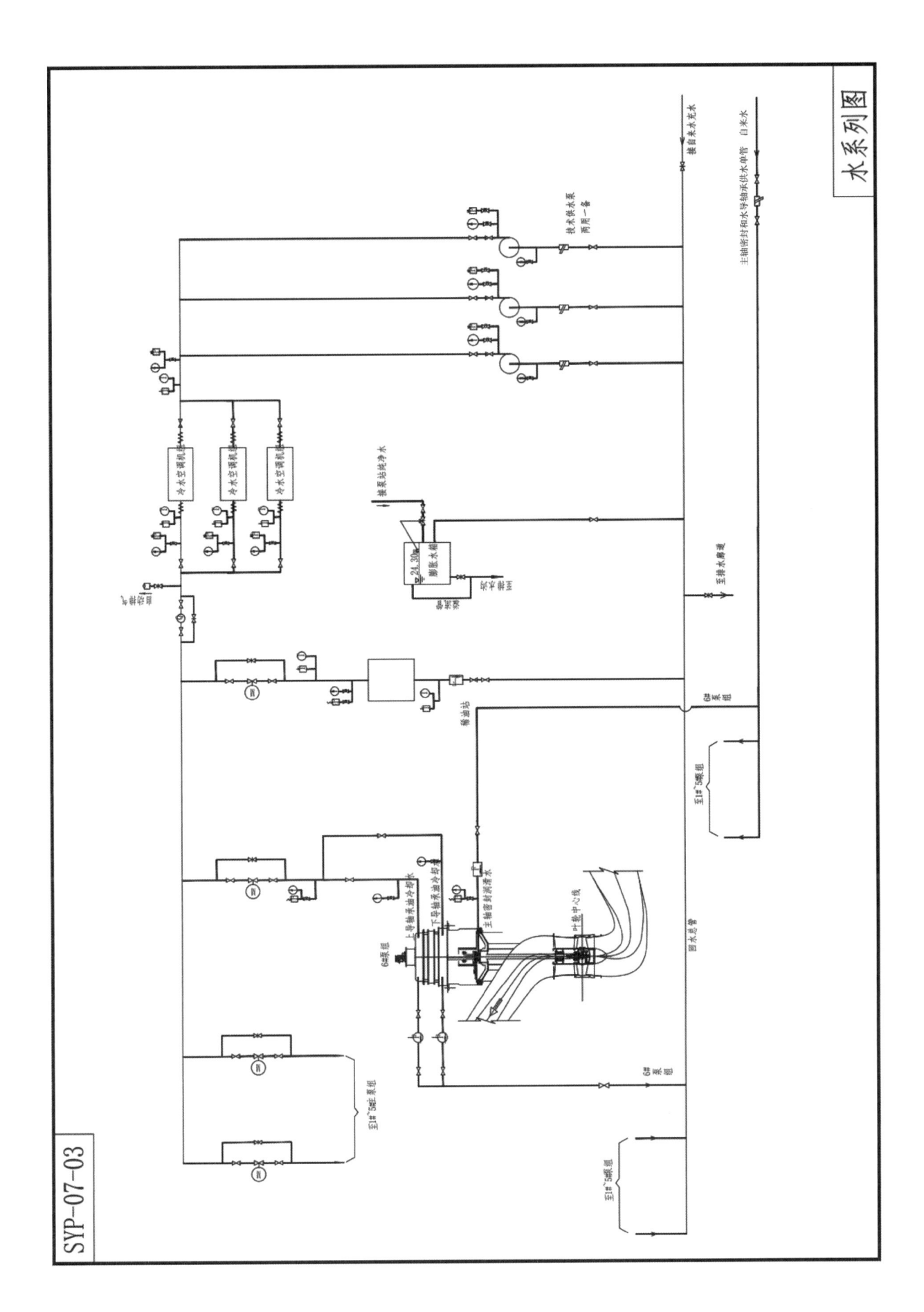

2．南水北调东线一期江苏境内泵站概况

SYP-07-03

水系列图

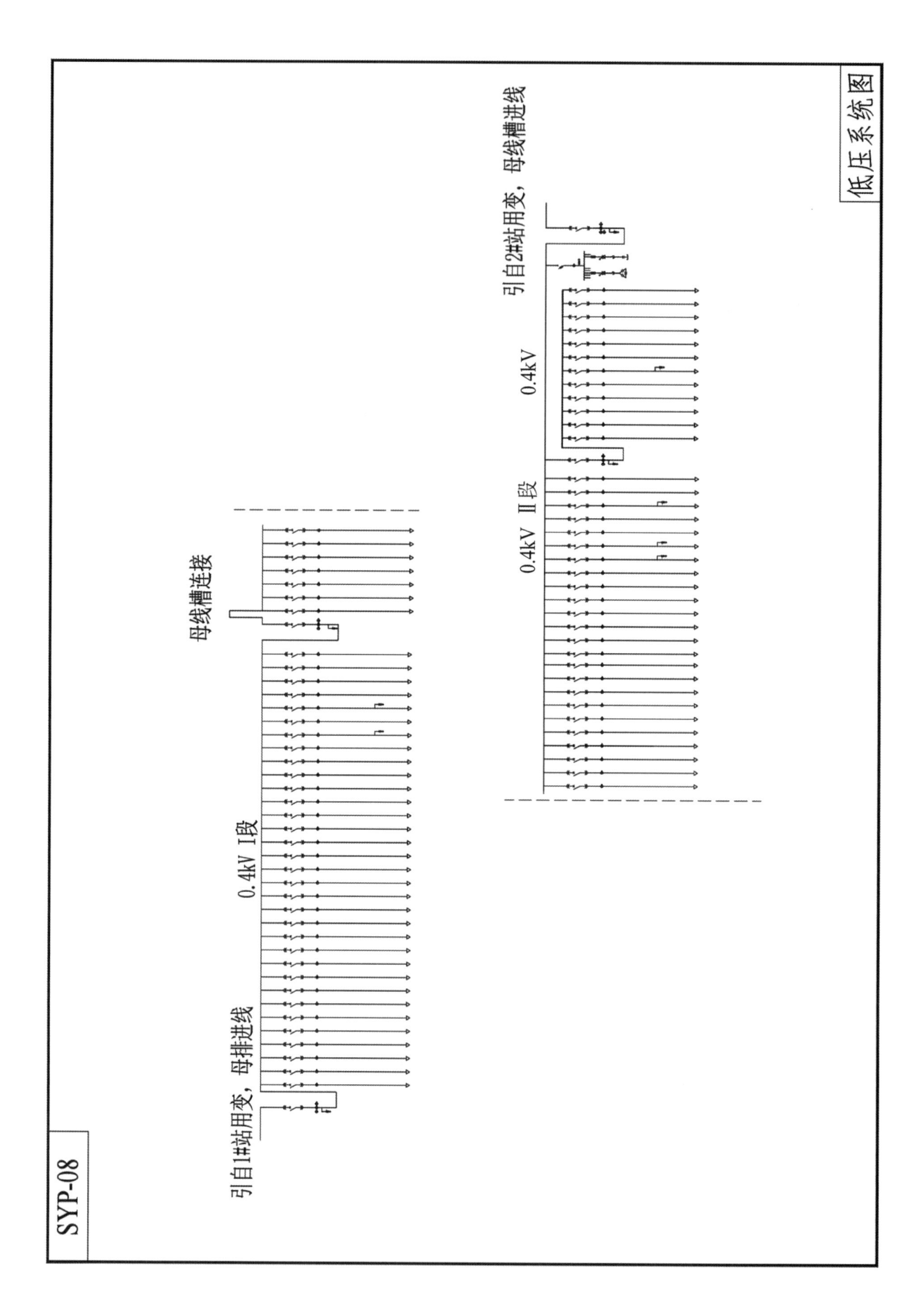

南水北调东线一期江苏境内泵站工程

SYP-08

低压系统图

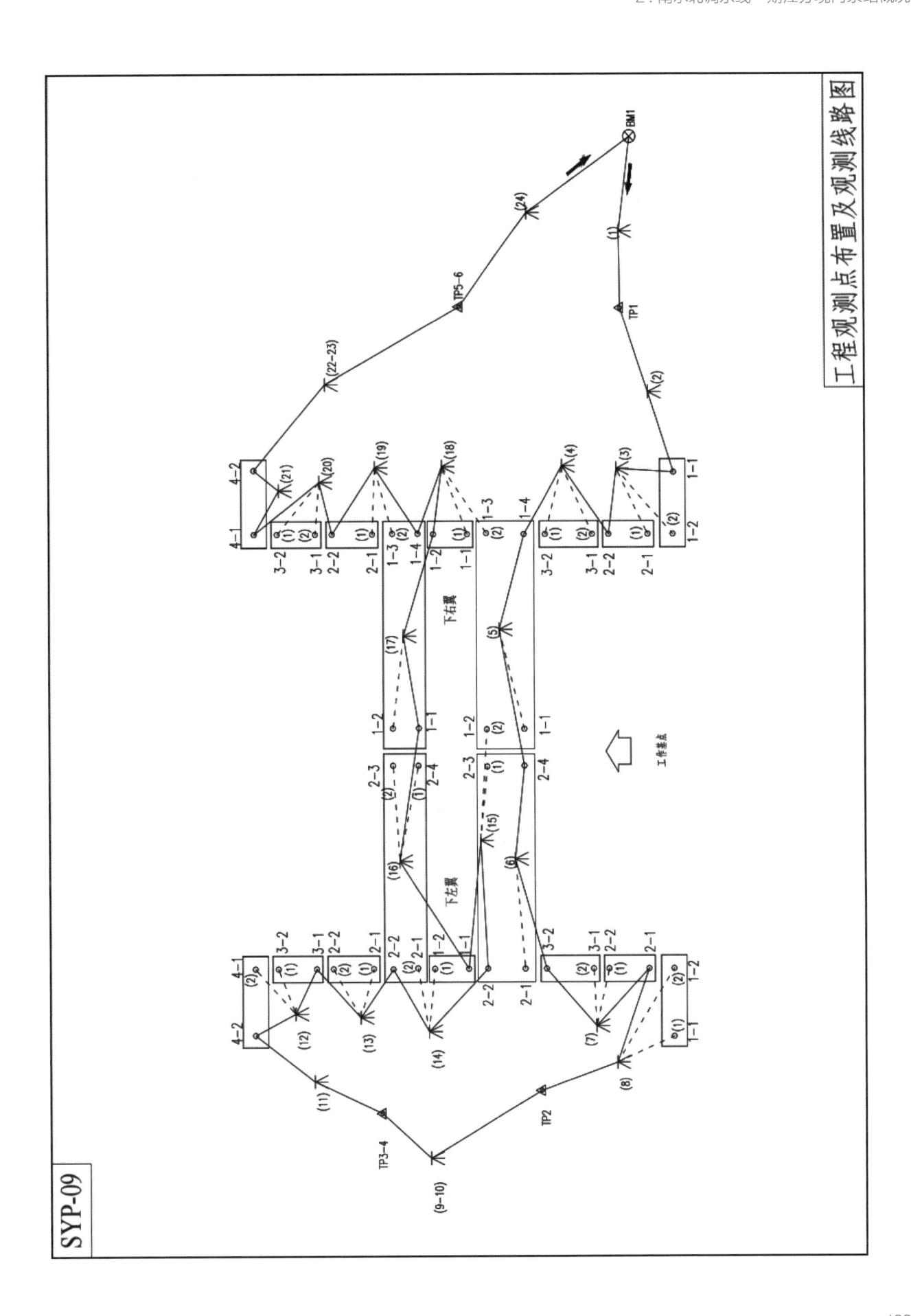

2．南水北调东线一期江苏境内泵站概况

工程观测点布置及观测线路图

SYP-09

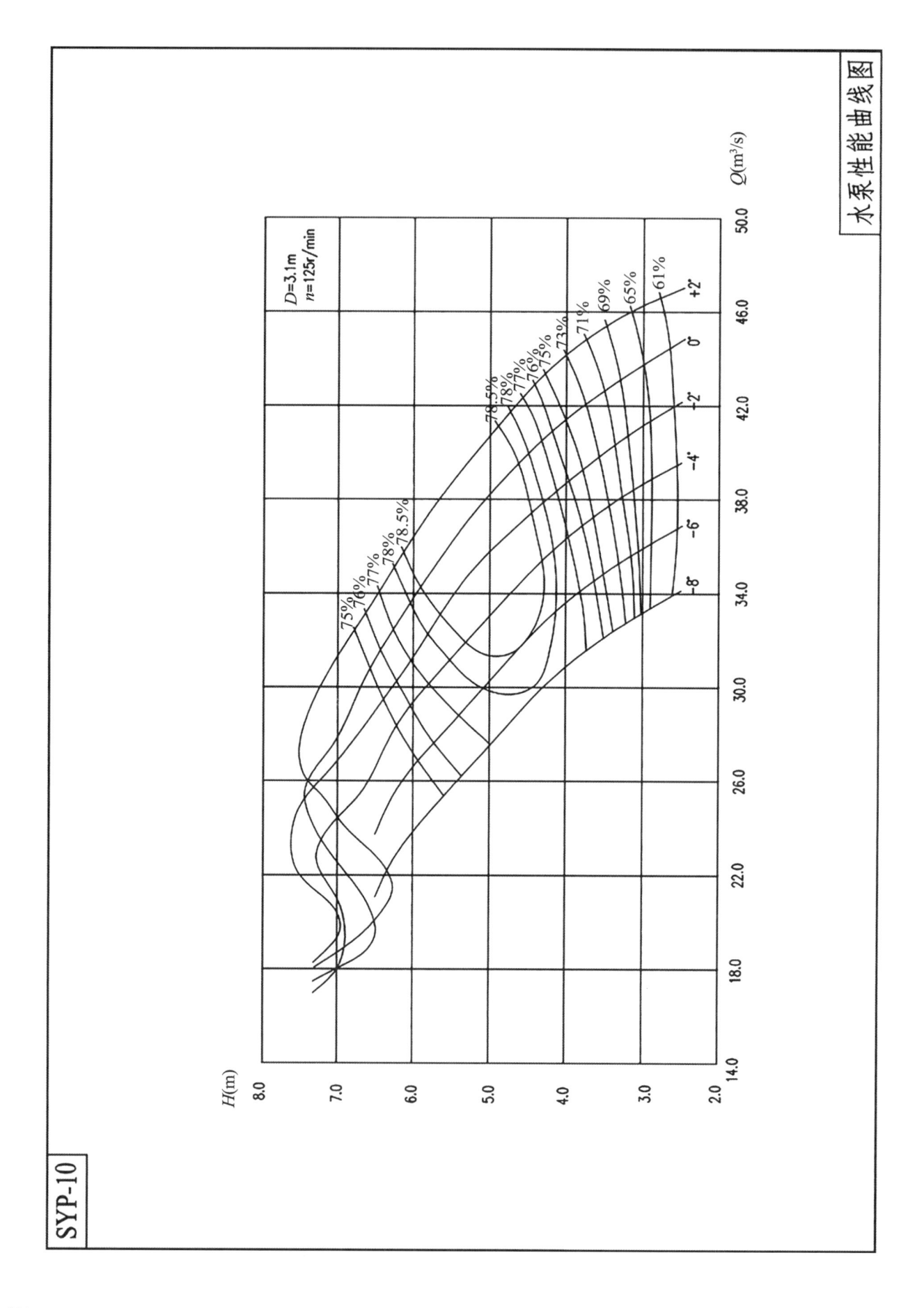

水泵性能曲线图

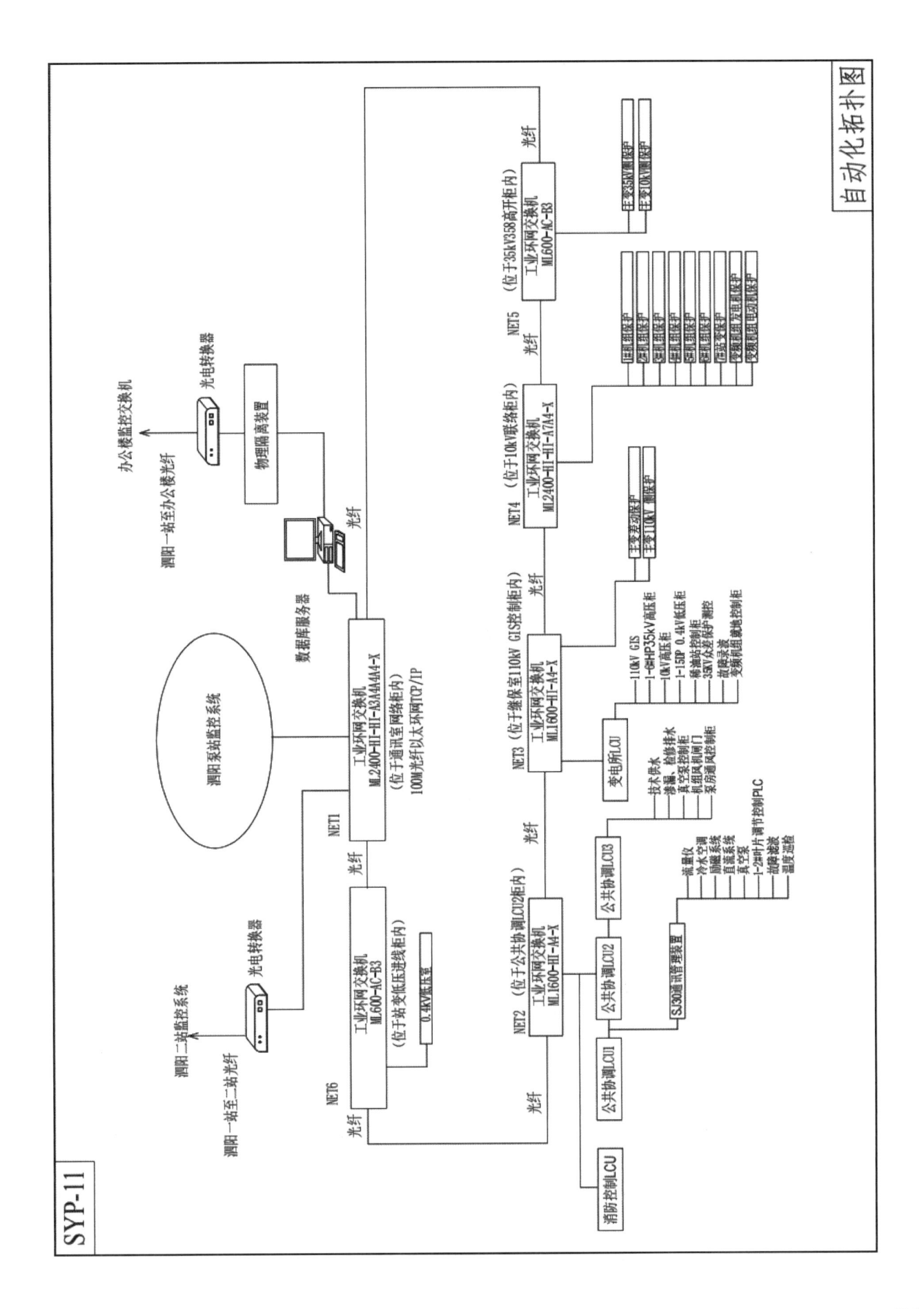

2．南水北调东线一期江苏境内泵站概况

自动化拓扑图

SYP-11

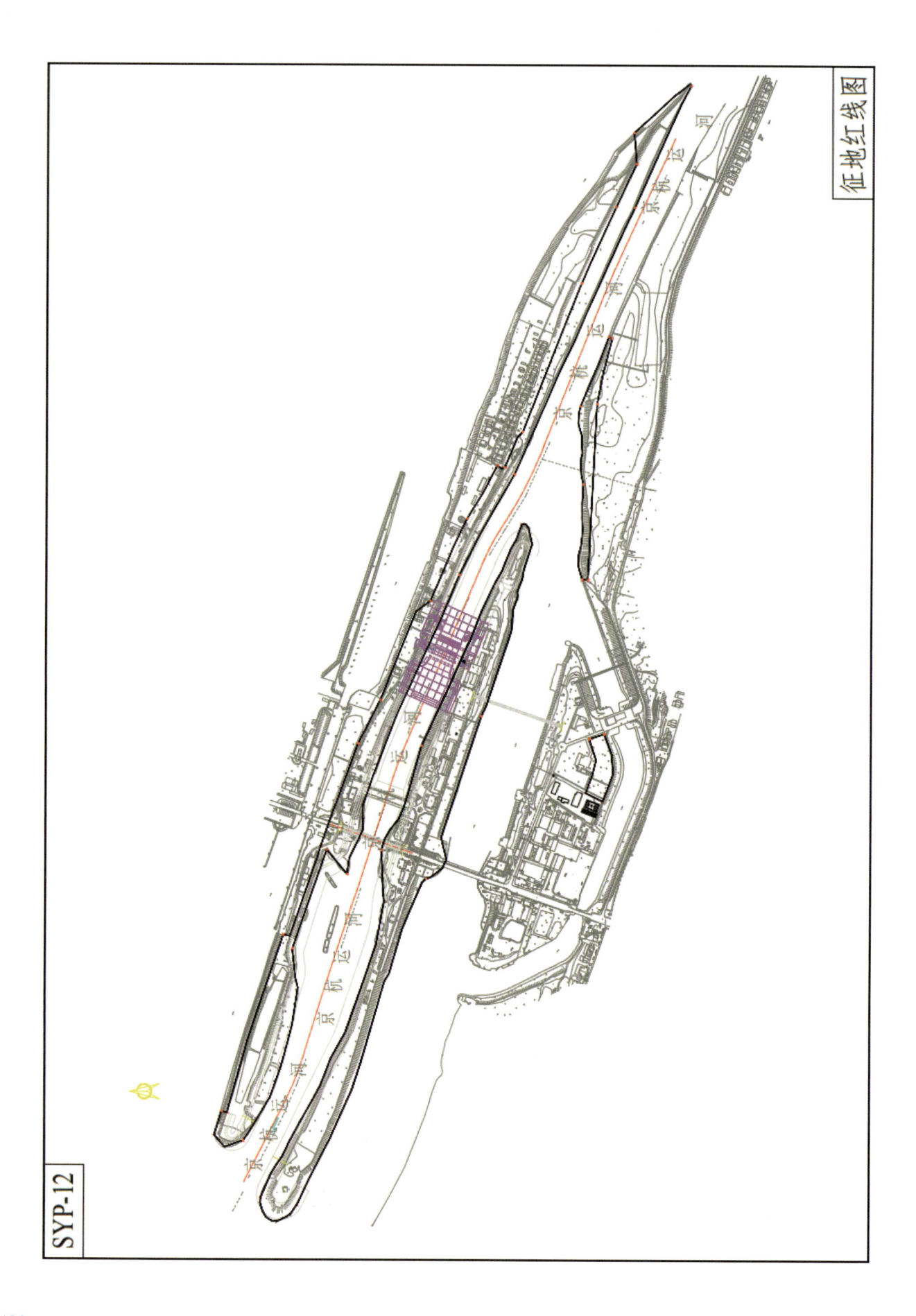

南水北调东线一期江苏境内泵站工程

征地红线图

SYP-12

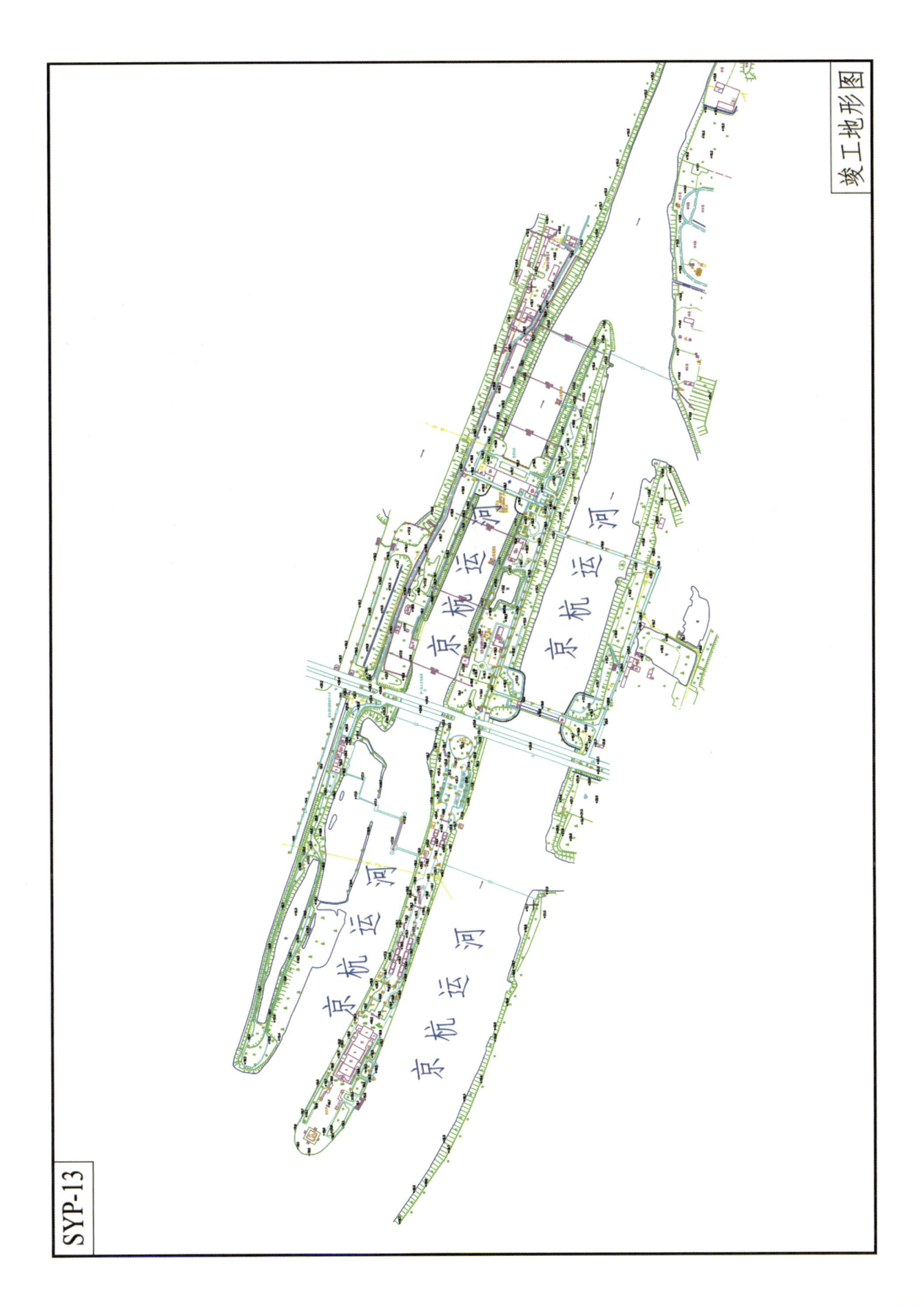

2. 南水北调东线一期江苏境内泵站概况

竣工地形图

京杭运河

京杭运河

京杭运河

京杭运河

SYP-13

2.4.2　泗洪站

图 2-10　泗洪站

1. 工程概况

泗洪站枢纽工程位于江苏省泗洪县朱湖镇东南的徐洪河上，距三岔河大桥下游约 4 km，洪泽湖顾勒河口上游约 16 km 处。泗洪站与泗阳站共同组成南水北调东线工程的第四梯级泵站，其主要任务是将第三梯级抽入洪泽湖的江水通过运西线徐洪河继续北送至第五梯级睢宁站，再由房亭河入骆马湖，同时结合地方排涝和通航。

泗洪站位于淮河流域东南部的季风气候区，处于南北气候过渡地带，气候湿润、四季分明，多年平均降水量为 902.0 mm，年均蒸发量 1 833.1 mm。工程在大地构造上位于华北地台南缘与扬子准地台苏北坳陷结合部。工程场地的地震动峰值加速度为 0.15 g，地震动反应谱特征周期为 0.35 s。相应地震烈度为Ⅶ度。

泗洪站枢纽工程包括泵站、排涝调节闸、徐洪河节制闸、利民河排涝闸、泗洪船闸及引河等调水、排涝、挡洪、航运交通建筑物。泵站工程规模为大（2）型，工程等别为Ⅱ等。泵站主要建筑物泵房、进水池、出水池、防渗范围内的翼墙为 1 级建筑物，上下游引河等次要建筑物为 3 级建筑物，相应防洪标准为 100 年一遇设计、300 年一遇校核。泵站为堤身式块基型结构，采用平直管进出水流道和快速闸门断流，设计流量为 120 m³/s，有 5 台套水泵机组，其中 1 台备用。泵站所选水泵为 3000HSTM 型后置式灯泡贯流泵，单机流量为 30 m³/s，叶轮直径 3.05 m，转速 107.1 r/min。电机为 TG2000-56 型卧式同步电机，配套功率 2 000 kW，泵站总装机容量为 10 000 kW。

泗洪站于2009年11月正式开工，2013年4月通过试运行验收，5月通过设计单元工程通水验收，2020年8月通过完工验收。泗洪站自2013年移交管理单位以来多次投入运行，充分发挥了工程效益。截至2021年12月，泗洪站机组累计运行54 684.15台时，累计调水51.26亿 m³。

表2-19 特征水位信息表

单位：m

			引水渠口	出水渠口
特征水位	调水	设计水位	11.27	14.50
		最低运行水位	10.77	12.75
		最高运行水位	13.50	15.50
		平均运行水位	12.50	14.10
	排涝	设计水位	12.27	15.41
		最高水位	—	16.98
	防洪	设计水位（1%）	17.80	18.10
		校核水位（0.33%）	18.40	18.70
扬程	供水期	设计扬程	3.23	
		最小扬程	—	
		最大扬程	4.73	
		平均扬程	1.60	
	排涝期	设计扬程	3.14	
		最小扬程	—	
		最大扬程	—	

表2-20 泵站基础信息表

所在地		泗洪县朱湖镇东南	所在河流	徐洪河	运用性质		抽水、排涝
泵站规模		大（2）型	泵站等别	Ⅱ	主要建筑物级别	1	建筑物防洪标准	设计	100年一遇
							校核	300年一遇
站身总长（m）		98.36	工程造价（万元）	61 928	开工日期	2009.11	竣工日期	2020.8
站身总宽（m）		63.51						
装机容量（kW）		10 000	台数	5	装机流量（m³/s）	150	设计扬程（m）	3.23
主机泵	型式	后置式灯泡贯流泵			主电机	型式	卧式同步电动机
		3000HSTM					TG2000-56
	台数	5	每台流量（m³/s）	30		台数	5	每台功率（kW）	2 000
	转速（r/min）	107.1	传动方式	直联		电压（V）	6 000	转速（r/min）	107.1
主变压器	型号	S11-16000/110			输电线路电压（kV）		110
	总容量（kVA）	16 000	台数	1	所属变电所		泗洪戚庄变电所

续表

主站房起重设备		桥式行车	起重能力（kN）		320/50	断流方式		快速闸门
闸门结构 型式		上游	平面钢闸门	启闭机型式	上游	QPKY-D-2×250kN 液压启闭机		
		下游	平面钢闸门		下游	—		
进水流道形式			平直管流道	出水流道形式		平直管流道		
主要部位高程(m)	站房底板	1.30	水泵层	6.3	电机层	无	副站房层	20.30
	叶轮中心	6.30	上游护坦	从4.80m渐变至5.67m	下游护坦	4.5	—	—
站内交通桥	净宽（m）	5	桥面高程（m）	19.50	设计荷载	公路-Ⅱ级	高程基准面	废黄河
站身水位组合	设计水位（m）	下游	11.27		上游	14.50		
	校核水位（m）	下游	11.27		上游	15.50		

2. 批复情况

2005年10月，国家发展和改革委员会以《关于南水北调东线一期工程项目建议书的批复》（发改农经〔2005〕2108号）批复工程项目建议书。

2008年11月，国家发展和改革委员会以《关于审批南水北调东线一期工程可行性研究总报告的请示的通知》（发改农经〔2008〕2974号），批复了南水北调东线一期工程可行性研究报告，泗洪站枢纽工程为其中的一个设计单元工程。

2009年3月，国务院南水北调办公室以《关于南水北调东线一期长江～骆马湖段其他工程泗洪站枢纽工程初步设计报告（技术方案）的批复》（国调办投计〔2009〕35号）批复泗洪站枢纽工程初步设计技术方案。

根据水利部及国务院南水北调办批复，泗洪站枢纽工程总投资为61 928万元。

3. 工程建设有关单位

项目法人：南水北调东线江苏水源有限责任公司
现场建设管理机构：江苏省南水北调泗洪站工程建设处
设计单位：淮安市水利勘测设计研究院有限公司
　　　　　江苏省水利勘测设计研究院有限公司
监理单位：江苏省苏水工程建设监理有限公司
工程监督：国务院南水北调工程建设委员会办公室
　　　　　江苏省南水北调工程建设领导小组办公室
质量监督单位：南水北调工程江苏质量监督站
质量检测单位：江苏省水利建设工程质量检测站
施工单位：江苏省水利建设工程有限公司（土建、安装）、泗洪县供电公司（电力线路）等
灯泡贯流泵机组成套设备采购承包商：荏原博泵泵业有限公司

液压启闭设备采购承包商：江苏武进液压启闭机有限公司

清污机设备采购单位：江苏一环集团有限公司

变压器采购单位：中电电气（江苏）股份有限公司

高低压开关柜供应商：江苏东源电器集团股份有限公司

110 kV 组合开关（GIS）供应商：江苏精科智能电气股份有限公司

电力电缆供应商：江苏亨通电力电缆有限公司

自动化设备供应商：南京南瑞集团公司

钢材供应单位：江苏省水利物资总站

工程管理单位：南水北调东线江苏水源有限责任公司泗洪站管理所

4. 工程布置与主要建设内容

泗洪站枢纽工程是南水北调东线一期工程江苏境内运西线上第四梯级泵站，位于泗洪县朱湖镇东南的徐洪河上，距洪泽湖顾勒河口约 16 km。

泗洪站枢纽工程主要建设内容包括：新建泵站、船闸、徐洪河节制闸、排涝调节闸及利民河排涝闸。

新建泵站：泵站设计净扬程 3.23 m，平均净扬程 1.6 m，设计流量 120 m³/s，安装后置式灯泡贯流泵 5 台套（含 1 台备机），单机设计流量 30 m³/s，配套电机功率 2 000 kW，总装机容量 10 000 kW。泵站为堤身式布置，块基型结构，平直管出水，快速闸门断流。泵站进水流道设检修闸门。

船闸：船闸为单线、单级布置，上下闸首为块基型整体结构，闸室为坞式整体结构，闸室尺寸为 180 m×16 m×3.5 m（长×宽×门槛水深），设人字形钢闸门，配液压启闭机。

徐洪河节制闸：徐洪河节制闸设计流量 1 120 m³/s，开敞式平底板结构，共 10 孔，每孔净宽 10 m，设平面钢闸门，配 QPQ2×250kN 卷扬式启闭机。闸下交通桥桥面净宽 7.0 m，桥面高程 21.0 m（废黄河零点，下同）。

排涝调节闸：排涝调节闸设计流量 120 m³/s，开敞式平底板结构，共 5 孔，每孔净宽 9.0 m，设平面钢闸门、400kN 门式起重机，闸室下游侧设回转式清污机。

利民河排涝闸：利民河排涝闸设计流量 72 m³/s，开敞式平底板结构，共 3 孔，每孔净宽 6.6 m，设平面钢闸门，配 QPQ2×160kN 卷扬式启闭机。闸室上游侧设回转式清污机。

5. 分标情况及承建单位

根据《关于南水北调东线一期工程泗洪站工程招标分标方案的批复》（国调办建管〔2009〕48 号）、《关于调整南水北调东线一期工程泗洪站工程招标分标方案的批复》（国调办建管〔2014〕171 号）批复，泗洪站枢纽工程共分为建设监理标 1 个、土建施工标 2 个、进场道路施工标 1 个、贯流泵机组等设备采购标 9 个，共计 13 个标段。

2005 年 5 月，国务院南水北调办以《关于委托江苏省南水北调办承担工程建设部分行政监督管理工作意见的函》（国调办建管〔2005〕35 号）委托江苏省南水北调办承担部分行政监督管理、负责工程质量监督管理，承担工程项目安全生产监督管理等职责。

2005 年 6 月，国务院南水北调办以《关于成立南水北调工程江苏质量监督站的批复》（国调办建管函〔2005〕57号）批复成立南水北调工程江苏质量监督站，行使政府质量监督职责，对工程施工全过程行使质量监督。

6. 建设情况简介

2004年5月，江苏省人民政府以《省政府关于设立南水北调东线江苏水源有限公司的批复》（苏政复〔2004〕38号）批准成立南水北调东线江苏水源有限责任公司，建设期负责江苏境内南水北调工程建设管理，工程建成后，负责江苏境内南水北调工程的供水经营业务。2004年6月，国务院南水北调工程建设委员会《关于南水北调东线江苏境内工程项目法人有关问题的批复》（国调委办发〔2004〕3号），同意江苏水源公司作为项目法人承担南水北调东线江苏省境内工程的建设和运行管理任务。江苏水源公司负责江苏省内南水北调工程的建设管理，具体负责南水北调工程的资金筹措、招标设计、资金使用管理、现场建设管理单位的组建、工程招标、工程质量安全进度管理及已建成泵站的管理等工作。

（1）主要建筑物施工简况

泵站工程：2011年9月23日开始基坑开挖；11月2日开始混凝土浇筑；12月25日全部完成二、三联孔底板混凝土施工。2012年5月25日，高程20.3 m以下主体完成；12月6日开始闸门、启闭机设备进场安装调试；期间穿插进行上下游翼墙、护坦、护坡、护底；12月25日完成所有水下工程施工内容。2013年4月10日拆除上下游围堰。2012年10月13日主机泵设备陆续到工，10月15日开始第一台套的安装，2013年1月18日5台主机泵基本安装结束。桥式起重机于2011年12月18设备到工开始安装，12月27日完成；12月30日通过江苏省特种设备安全监督检验研究院（HA）检验，并取得安全检验合格证书、验收检验报告、特种设备安装安全质量监督检验证书。泵站工作闸门、液压启闭机于2012年12月12日进场安装，2013年4月10日安装调试完毕并通过联动验收。2013年初开始主厂房和控制楼装饰，6月完成主厂房、控制楼、工具间装饰工程。

船闸工程：2009年12月21日开始基坑开挖；2010年2月5日开始第一仓混凝土（下闸首底板）浇筑，6月24日完成闸室底板混凝土施工，7月9日完成闸室墙施工；2011年5月24日完成上下游20节导航墙施工，6月6日完成所有靠船墩施工。2010年11月28日闸门、启闭机设备进场安装调试；2011年10月23日完成上下闸首房屋施工；2012年10月10日完成电气设备及自动化安装调试，10月23日完成所有工程施工内容。

节制闸工程：2010年11月5日开始基坑开挖，11月30日节制闸开始第一联底板混凝土浇筑，12月27日完成闸室底板浇筑完毕；2011年4月12日闸墩、排架混凝土浇筑完毕，5月9日完成工作桥施工，6月11日完成上下游翼墙混凝土浇筑，上下游护坦、防冲槽于6月5日施工完毕；2012年9月30日完成桥头堡、启闭机房施工。2011年5月8日，闸门、启闭机设备进场安装，5月20日进行联合调试；2012年10月27日完成电气设备及自动化安装调试。

排涝调节闸：2011年10月1日开始基坑开挖，12月25日开始二联孔底板混凝土浇筑；2012年1月3日完成三联孔闸室底板浇筑完毕，4月25日闸墩混凝土浇筑完毕，9月16日完成工作桥施工，上下游护坦于11月24日施工完毕。2012年11月18日，闸门、门机及清污机进场安装。

利民河排涝闸：2011年12月8日开始土方开挖。2012年2月25日开始施打洞身处旋挖桩，5月17日闸底板浇筑；7月21日进行闸墩浇筑；10月10日工作桥浇筑；11月30日开始闸门、启闭机及清污机进场安装；12月25日水下工程全部完成。

(2) 重大设计变更

无重大设计变更。

泗洪站枢纽工程于2009年11月开工，2013年5月主体工程建设完成，2013年5月24日通过南水北调东线第一期泗洪站设计单元工程通水验收。2015年5月通过初步验收，7月完成全部工程建设内容。2023年5月获得中国水利工程优质（大禹）奖。

7. 工程新技术应用

(1) 纤维混凝土

针对工程体量大、大体积混凝土防裂问题，在流道墩墙及顶板等易裂部位采用纤维混凝土，在闸墩易裂部位加强抗裂钢筋的配置，并设置钢筋暗梁；设计上注意大型泵站流道设计合理结构形式和尺寸，加强结构的抗裂计算和配筋设计，解决了裂缝等危害，确保了浇筑质量。

(2) 减震支承

针对水泵机组运行时产生震动现象，研制了一种防止或有效减轻卧式灯泡体贯流泵机组震动的减振支承。加强了防振减振效果，避免因轻微震动引起水泵机组固定连接部位产生松动或移位的现象。

(3) 新型机组结构

针对灯泡贯流泵机组的安全和可靠运行问题，通过采用轴承布置、主轴密封装置、变频调节系统等主要设备的先进结构设计技术，保证了灯泡贯流泵机组的安全和可靠运行。

8. 工程质量

经南水北调工程江苏质量监督站质量总评核定，泗洪站枢纽设计单元工程质量合格，且为优良等级。泗洪站枢纽工程共划分为船闸、节制闸、泵站、导流河、永久道路、排涝调节闸、利民河排涝闸、管理设施、水保环保等9个单位工程、108个分部工程、2 343个单元（分项）工程。其中船闸、节制闸、泵站、排涝调节闸、利民河排涝闸、导流河等6个单位工程按水利标准评定为优良等级，其余3个单位工程均按相关行业标准评定为合格等级。

9. 运行管理情况

泗洪站自2013年正式通水至2023年12月底，泗洪站累计运行68 184台时，累计抽水635 268万 m^3，累计用电3 440万 kW·h。最多年运行天数为156 d；最多年运行台时为13 244台时；最大运行流量150.84 m^3/s；站下最低运行水位11.32 m，最高运行水位13.65 m；站上最低运行水位11.98 m，最高运行水位14.82 m；最小运行扬程0.06 m，最大运行扬程2.84 m；单台机组最小运行功率297 kW，最大运行功率564 kW，全站最大运行功率2 354 kW。

10. 主要技改和维修情况

(1) 电缆整改

2018年，对泗洪站电缆进行整改，由南水北调江苏泵站技术有限公司、南水北调泗洪站管理所负责具体实施。主要对电缆夹层、竖井桥架、电缆沟、泵站调节闸和船闸走廊桥架进行线缆重新规范敷设，对桥架进行必要的修补、除锈、防护，规定部位线缆挂牌标识，对关键通道进行必要的防火隔离和线缆穿墙密封等。通过电气试验、系统调试及试运行确保各系统通电时检查各信号、状态指示正常，各设备和子系统运行正常。该项目规范了电缆敷设，消除了线缆交叉缠绕、缺少标识标牌、敷设不规范等影响工程安全运行问题，提升了工程形象和管理面貌。

（2）循环冷却水系统改造

2020年，对泗洪站循环冷却水系统进行改造，由南水北调泗洪站管理所实施。主要改造内容包括在循环冷却水管道上加装一套控制装置，通过控制管路压力实现智能补水，可与供水泵配合，在满足运行要求的前提下，将母管压力维持在稳定的范围，延长冷却水系统的使用寿命，从根本上解决闸阀频繁动作、供水母管压力波动问题，有效提升泗洪泵站供水系统的稳定性和可靠性。

（3）高压变频器同步切换改造

2022年，对泗洪站高压变频器进行同步切换改造，由南水北调泗洪站管理所实施。主要改造内容包括对高压变频器控制回路改造和运行程序升级，对主机高压开关柜一次回路改造，对励磁系统和主机PLC控制流程修改，并在计算机监控系统中增加了同步切换监控画面和一键同步切换流程等。通过多次调试及带电同步切换试运行，圆满实现了泗洪泵站高压变频器同步切换功能，提高了泵站主机运行状态切换效率，降低了泵站能源单耗。

11. 图集

SHP-01：泵站位置图

SHP-02：枢纽总平面布置图

SHP-03：工程平面图

SHP-04：泵站立面图

SHP-05：泵站剖面图

SHP-06：电气主接线图

SHP-07-01：水系统图

SHP-08：低压系统图

SHP-09：工程观测点布置及观测线路图

SHP-10：水泵性能曲线图

SHP-11：自动化拓扑图

SHP-12：征地红线图

SHP-13：竣工地形图

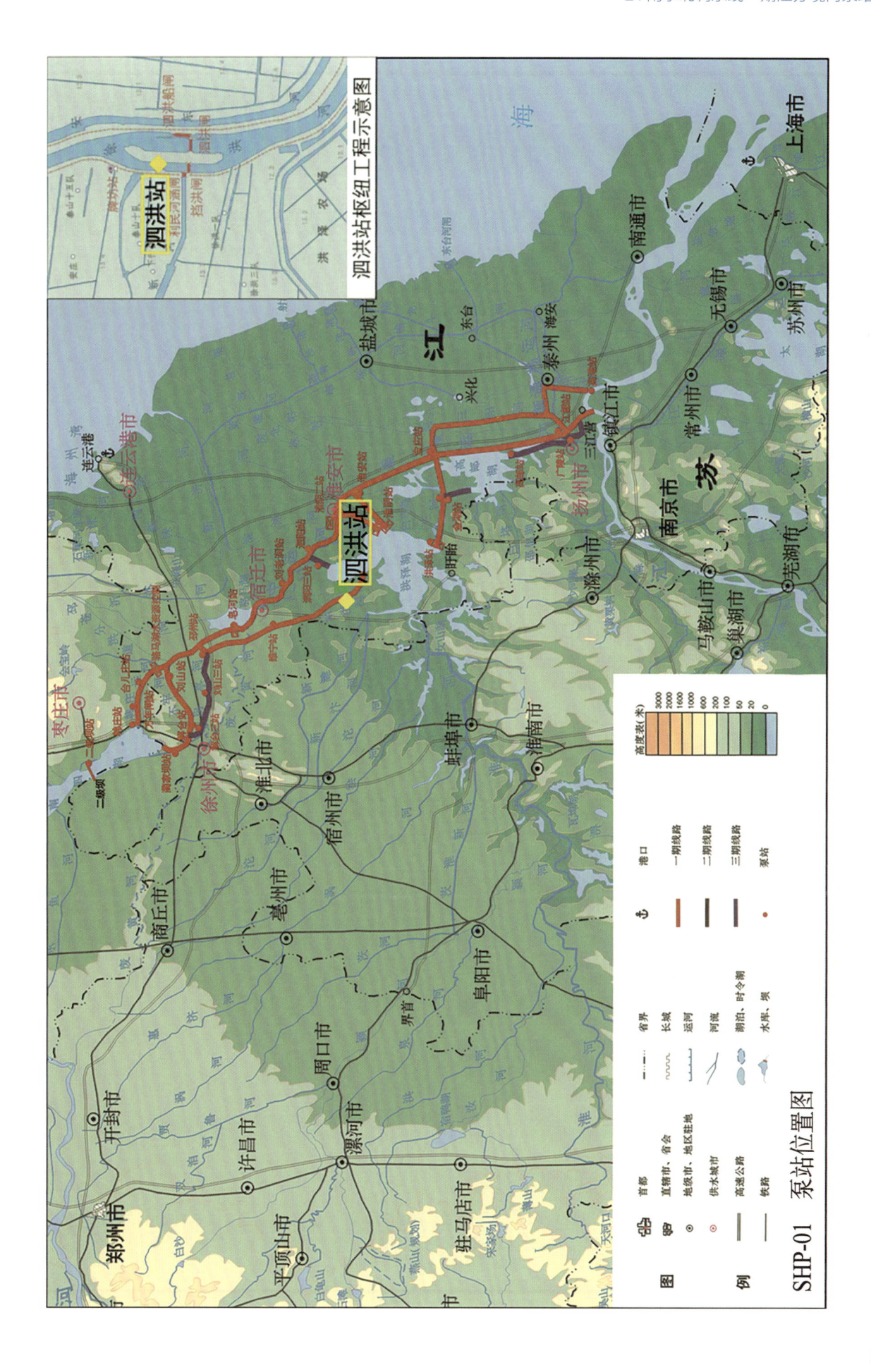

2. 南水北调东线一期江苏境内泵站概况

SHP-01 泵站位置图

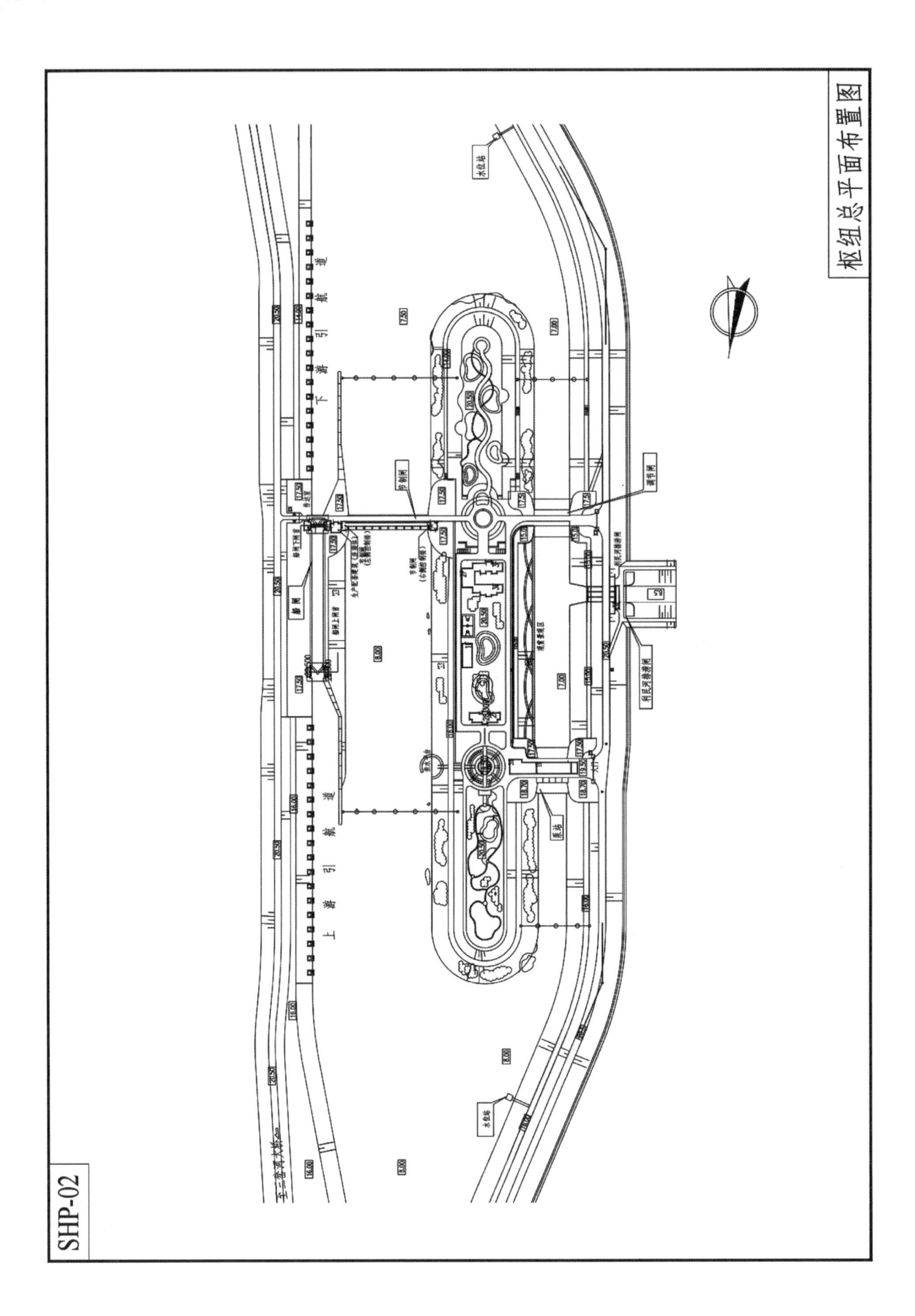

枢纽总平面布置图

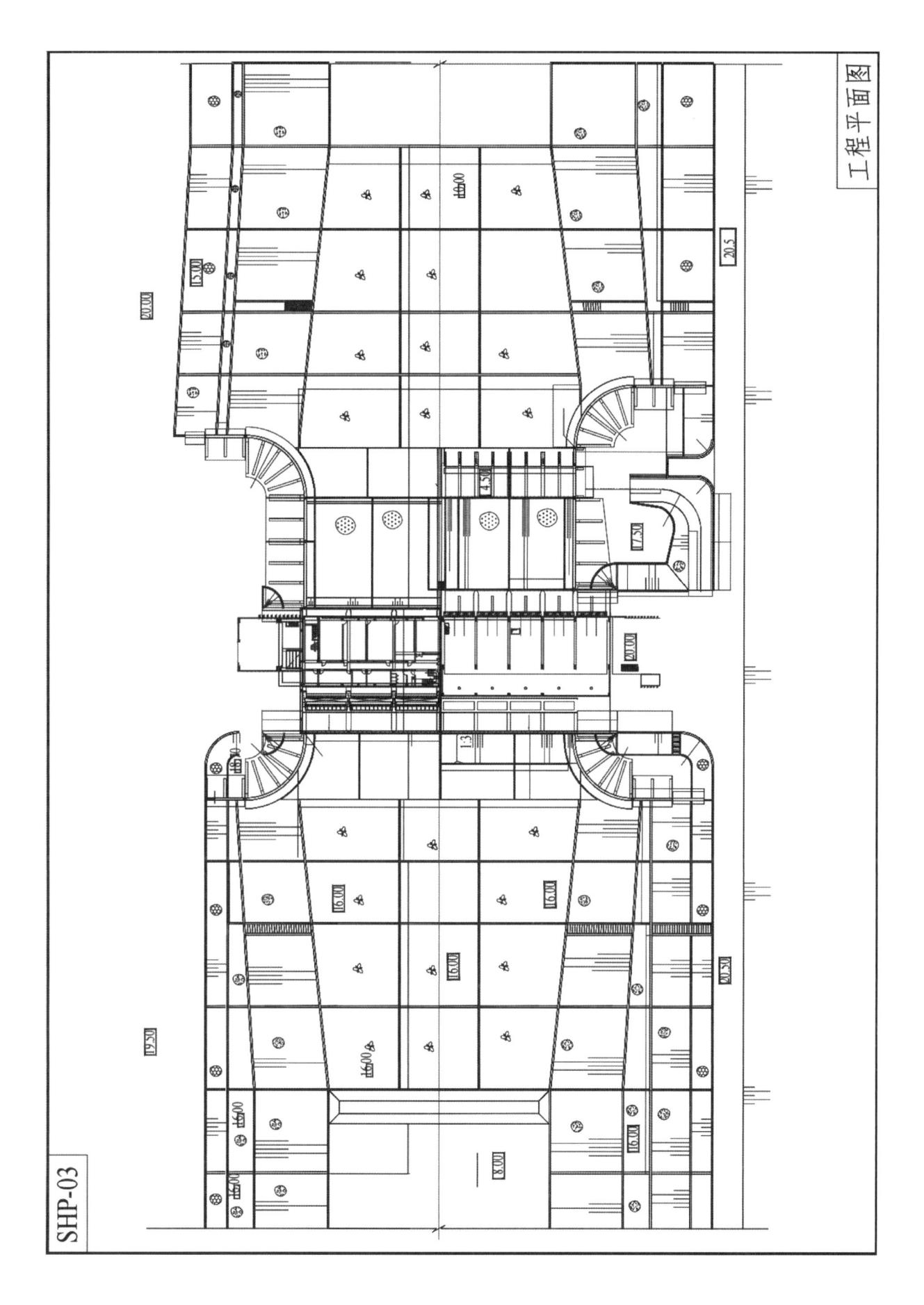

2. 南水北调东线一期江苏境内泵站概况

工程平面图

SHP-03

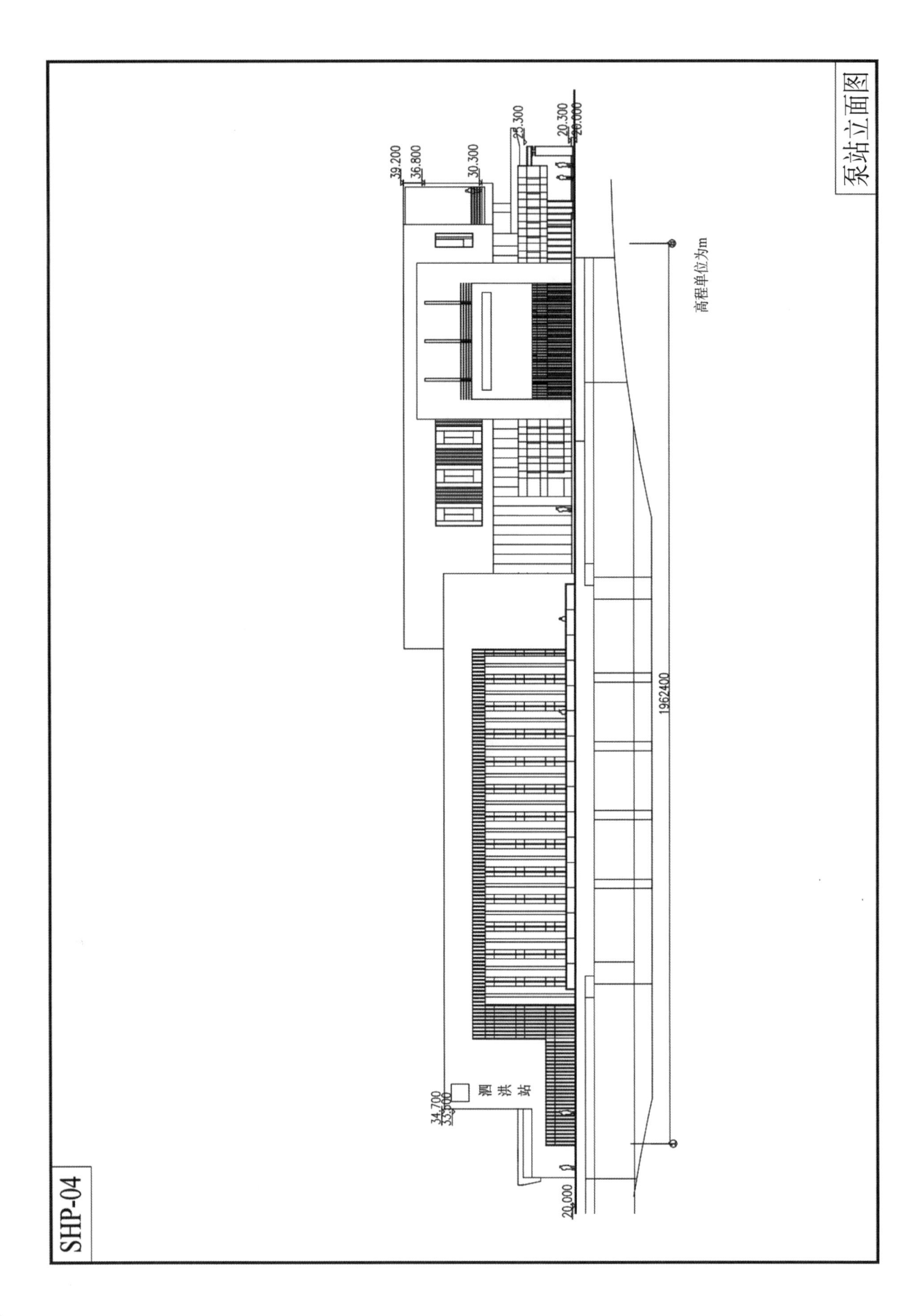

泵站立面图

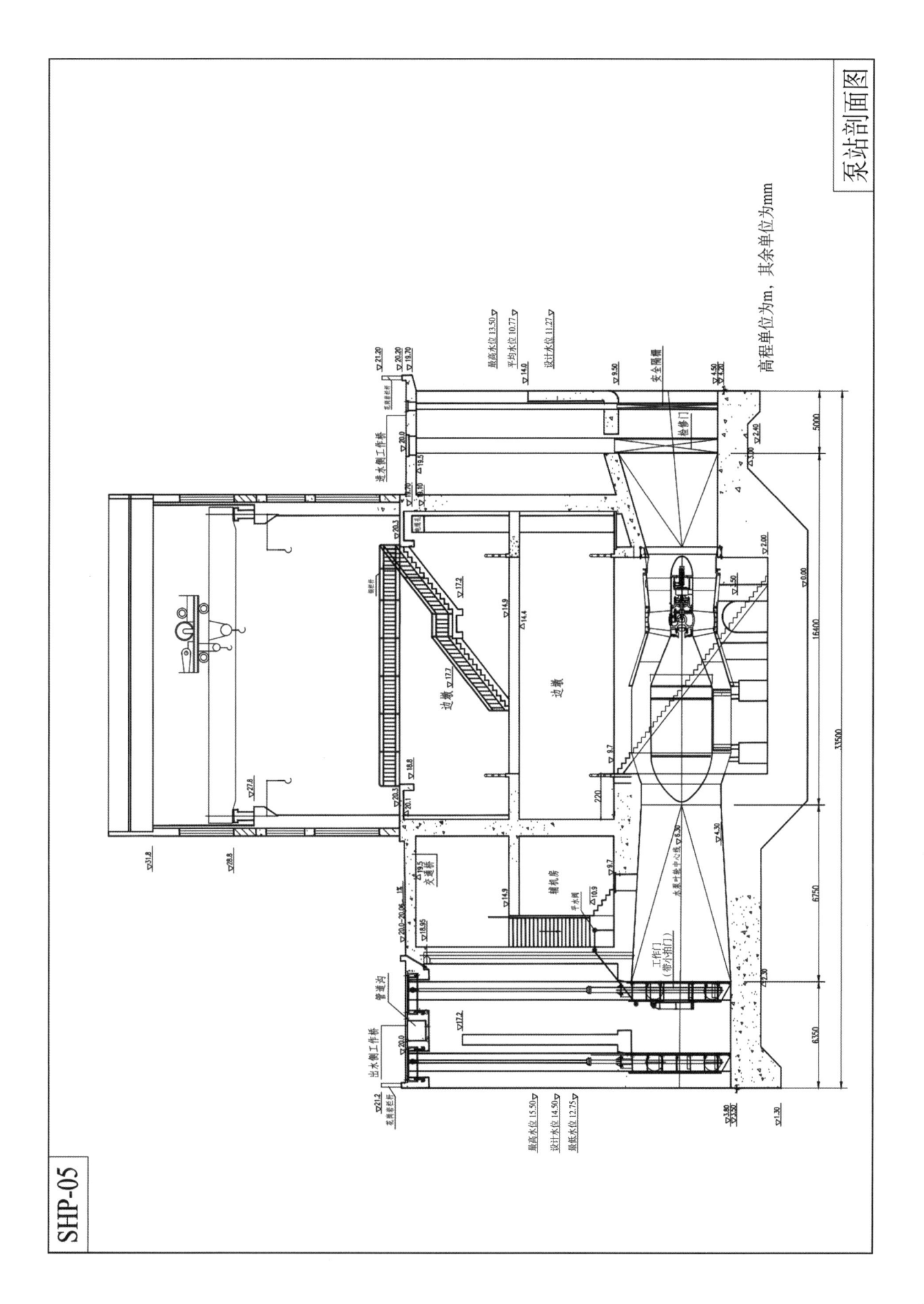

2. 南水北调东线一期江苏境内泵站概况

泵站剖面图

SHP-05

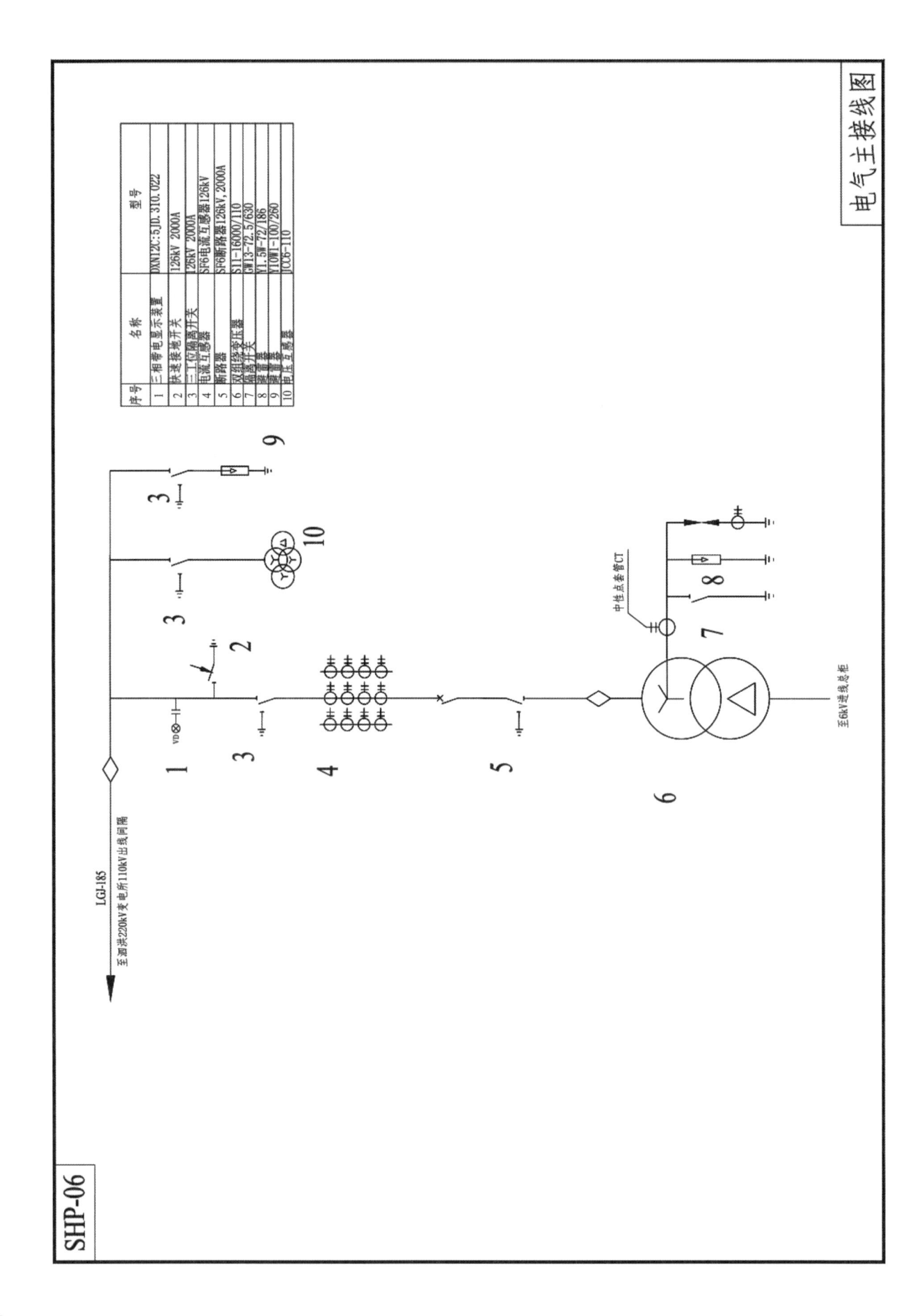

南水北调东线一期江苏境内泵站工程

电气主接线图

序号	名称	型号
1	三相带电显示装置	DXN12C-5JL310.022
2	快速接地开关	126kV 2000A
3	三工位隔离器	126kV 2000A
4	电流互感器	SF6电流互感器126kV
5	断路器	SF6断路器126kV, 2000A
6	双绕组变压器	S11-16000/110
7	隔离开关	GW13-72.5/630
8	避雷器	Y1.5W-72/186
9	避雷器	Y10W1-100/260
10	电压互感器	JCC6-110

SHP-06

LGJ-185
至洒洪220kV变电所110kV出线间隔

中性点套管CT

至6kV进线总柜

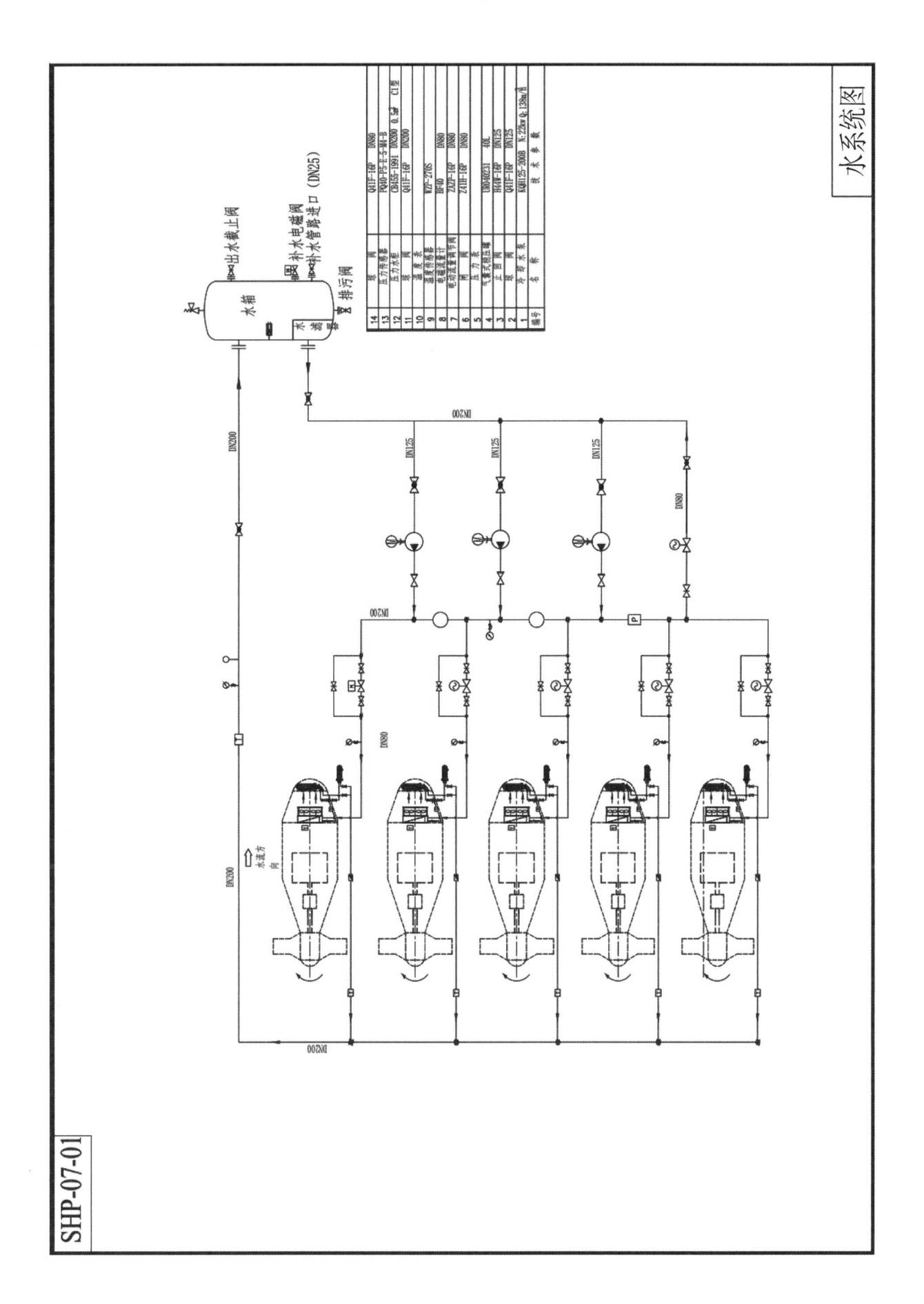

2. 南水北调东线一期江苏境内泵站概况

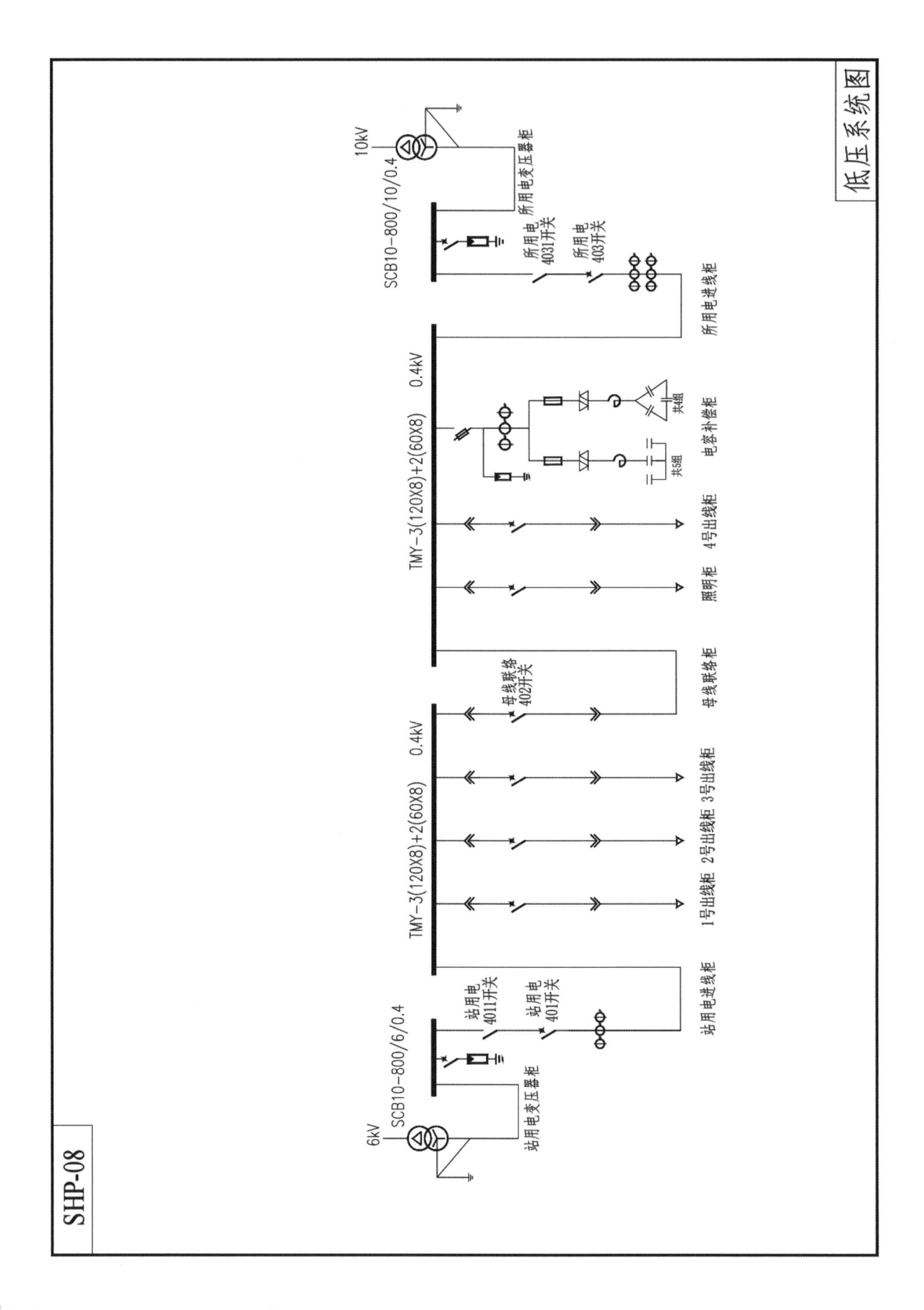

低压系统图

SHP-08

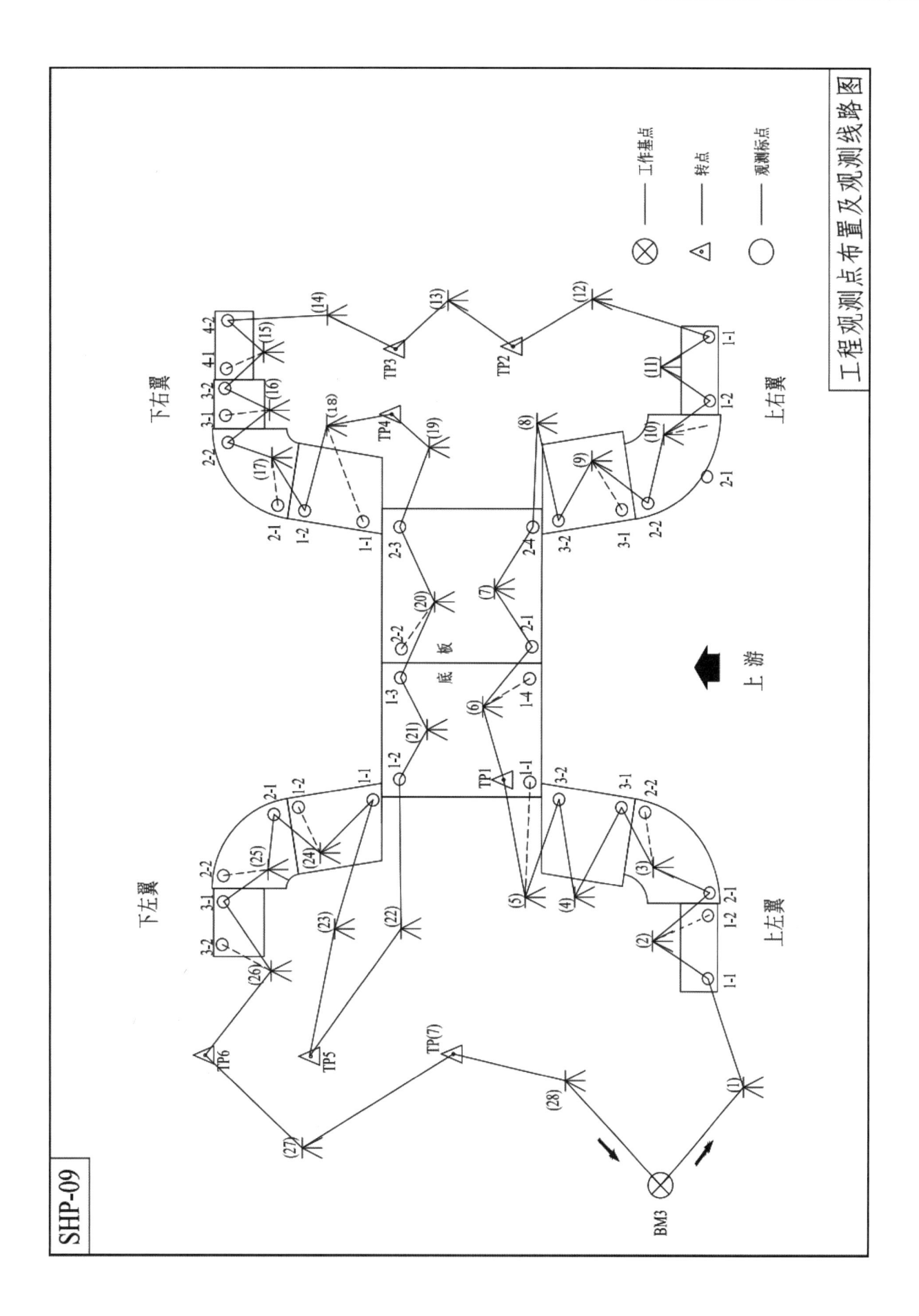

2. 南水北调东线一期江苏境内泵站概况

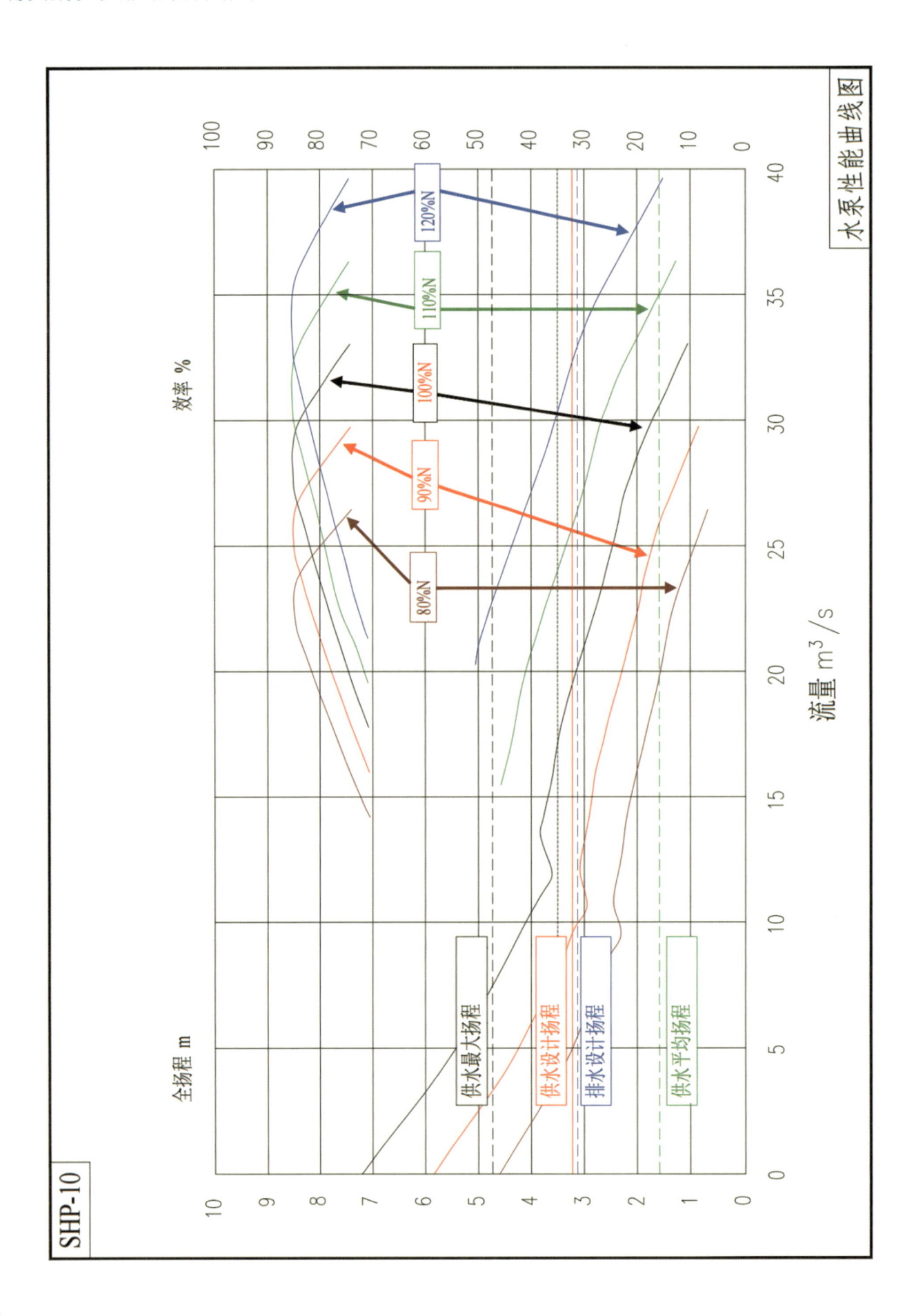

水泵性能曲线图 SHP-10

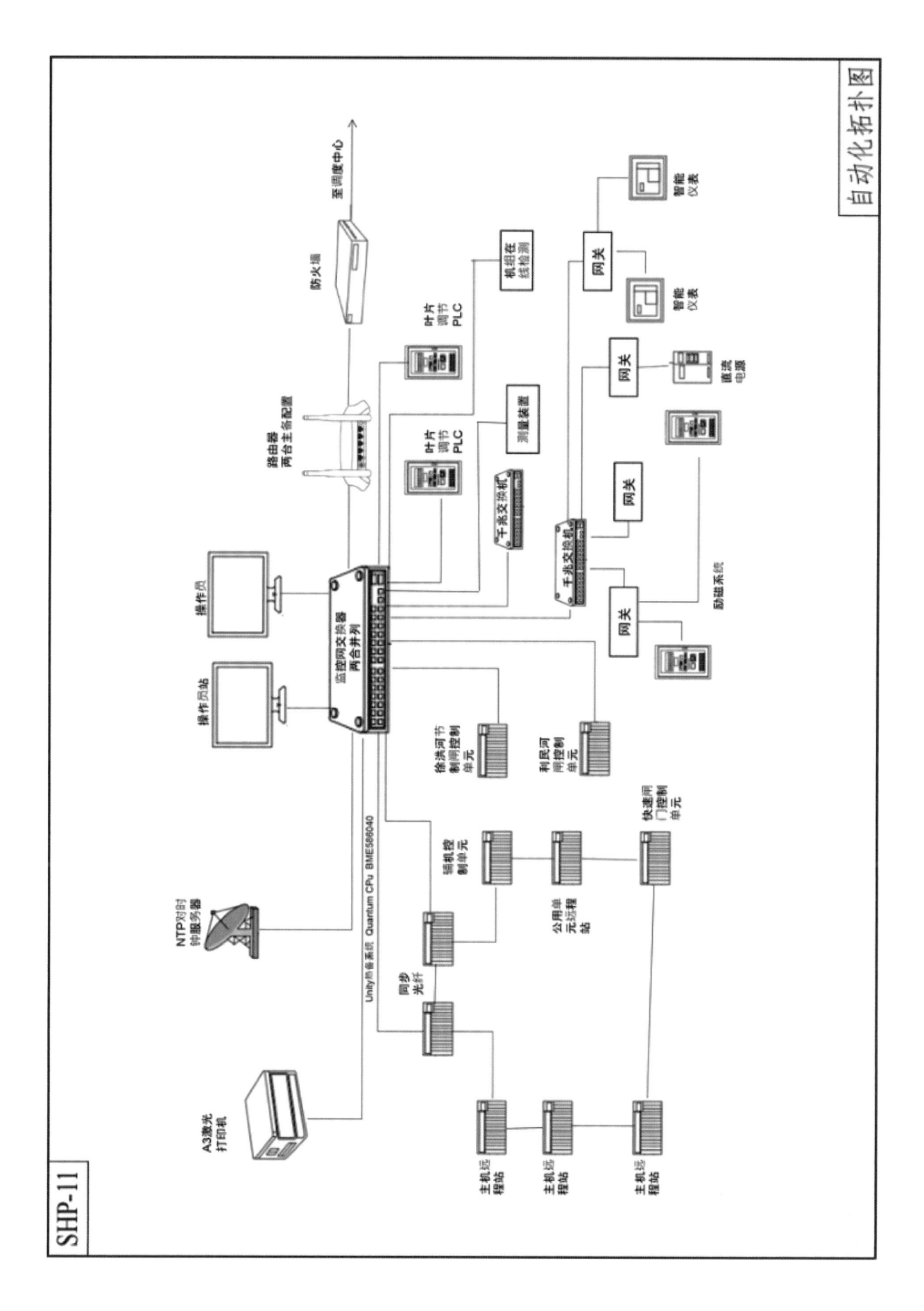

2. 南水北调东线一期江苏境内泵站概况

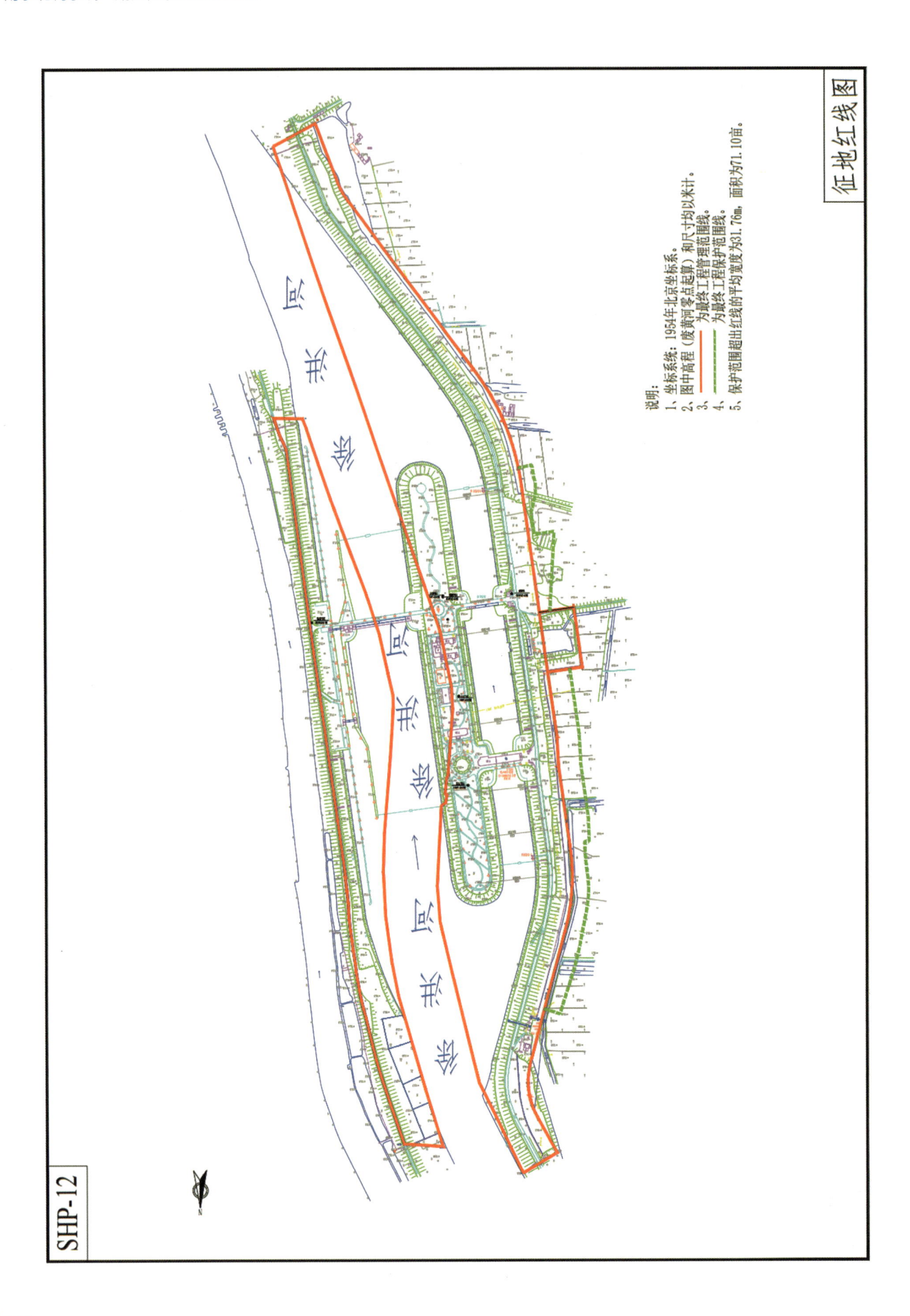

征地红线图

SHP-12

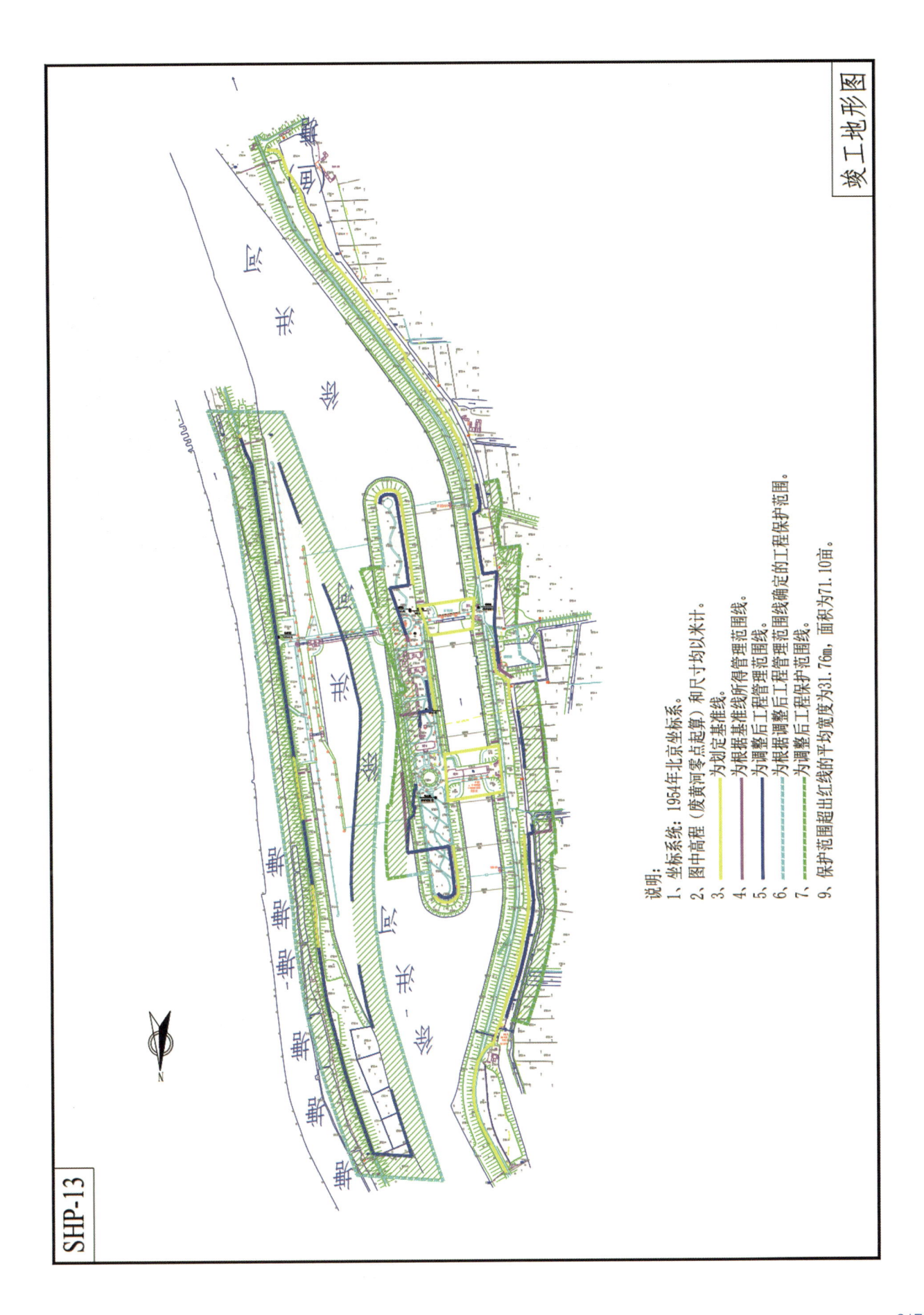

2. 南水北调东线一期江苏境内泵站概况

竣工地形图

SHP-13

说明：
1、坐标系统：1954年北京坐标系
2、图中高程（废黄河零点起算）和尺寸均以米计。
3、———— 为划定基准线。
4、———— 为根据基准线所得管理范围线。
5、———— 为调整后工程管理范围线。
6、———— 为根据调整后工程管理范围线确定的工程保护范围。
7、———— 为调整后工程保护范围线。
9、保护范围超出红线的平均宽度为31.76m，面积为71.10亩。

2.5 第五梯级泵站

2.5.1 刘老涧二站

图2-11 刘老涧二站

1. 工程概况

刘老涧二站工程位于江苏省宿迁市宿豫区仰化镇境内大运河上，刘老涧一站南侧，刘老涧复线船闸北侧。刘老涧二站工程是刘老涧枢纽工程的重要组成部分，该站与刘老涧一站共同组成南水北调东线一期工程运河线上的第五梯级，主要任务是与皂河枢纽、泗阳枢纽一起，通过中运河线向骆马湖输水 175 m³/s，与运西徐洪河线共同满足向骆马湖调水 275 m³/s 的目标，兼顾沿线供水和灌溉，改善航运。

刘老涧泵站属于暖温带半湿润的季风气候区，具有明显的季风环流特征，四季分明，春季干燥多风，雨量集中在炎热的夏季，多年平均蒸发量 1 050 mm，年平均气温 14.1℃，年平均总降水量 922 mm。刘老涧二站工程位于华北准地台东南部，区域地质资料显示场地区域位于相对稳定地块上，地质构造稳定性较好。工程场地区地震动峰值加速度 0.20 g，相应的地震基本烈度为Ⅷ度。

刘老涧二站工程为闸站合一，建设内容主要为新建刘老涧二站泵站、站内交通桥、变电所和清污机桥，拆建刘老涧节制闸（保留老闸作为交通桥），扩挖上下游引河河道等。泵站规模为大（2）型泵站，工程等别为Ⅱ等。泵站、节制闸及相应防渗范围内的翼墙为1级建筑物；上下游引河堤防为2级，其他次要建筑物为3级。泵站设计洪水标准为100年一遇，校核洪水标准300年一遇。泵站为堤身式块基型结构，采用肘形进水流道、虹吸式出水流道和真空破坏阀断流，设计流量 80 m³/s，设计扬程 3.7 m。泵站所选水泵为无锡日立生产的 3000ZLQ29.4-3.7 型全调节立式轴流泵，有4台套水泵机组，其中1台套备用，单机流量为 29.4 m³/s，叶轮直径 3.0 m，转速 125 r/min。电机为上海电气集团上海电机厂生产的 TL2000-48 型立式同步电机，配套功率 2 000 kW，泵站总装机容量为 8 000 kW。

刘老涧二站工程于2009年6月30日开工，2011年9月通过泵站机组试运行验收，2012年12月通过设计单元工程通水验收，2014年9月通过设计单元完工技术性初验，2016年1月通过完工验收。截至2014年10月底，全部工程已完成并移交管理单位。刘老涧二站工程于2019年3月获得2017—

2018年度中国水利工程优质（大禹）奖。截至2021年12月，刘老涧二站机组累计运行19 009.5台时，累计调水18.76亿 m³。

表 2-21 特征水位及扬程信息表

单位：m

			站上	站下
特征水位	调水期	设计水位	19.55	15.85
		最低运行水位	18.65	15.85
		最高运行水位	19.55	16.85
		平均运行水位	19.25	15.85
	排涝期	设计水位	—	—
		最高水位	—	—
	防洪水位	100年一遇	19.22	18.89
		300年一遇	19.28	18.97
扬程	供水期	设计扬程	3.70	
		最小扬程	1.80	
		最大扬程	3.70	
		平均扬程	3.40	
	排涝期	设计扬程	—	
		最小扬程		
		最大扬程		

表 2-22 泵站基础信息表

所在地	宿迁市宿豫区仰化镇境内		所在河流	中运河	运用性质	灌溉、补水	
泵站规模	大（2）	泵站等别	II	主要建筑物级别	1	建筑物防洪标准	设计 100年一遇
							校核 300年一遇
站身总长（m）	86.25	工程造价（万元）	22 192	开工日期	2009.6.30	竣工日期	2011.9
站身总宽（m）	70.0						
装机容量（kW）	8 000	台数	4	装机流量（m³/s）	117.5	设计扬程（m）	3.7
主机泵	型式	立式轴流泵			主电机	型式	立式同步电动机
		3000ZLQ29.4-3.7					TL2000-48
	台数	4	每台流量（m³/s）	29.4		台数	4	每台功率（kW）	2 000
	转速（r/min）	125	传动方式	直联		电压(V)	6 000	转速（r/min）	125
主变压器	型号	S11-12500-35/6			输电线路电压（kV）	35	
	总容量（kVA）	12 500	台数	1	所属变电所	宿豫区大兴变电所	

续表

主站房起重设备	电动双梁桥式起重机	起重能力（t）	32/5	断流方式	真空破坏阀	
闸门结构型式	下游	平面钢闸门	启闭机型式	下游	电动葫芦	
进水流道形式		肘形流道	出水流道形式		虹吸式流道	
主要部位高程(m)	站房底板	5.70	水泵层	11.45	电机层	23.30	副站房层	23.30
	叶轮中心	12.40	上游护坦	10.00	下游护坦	10.00	驼峰底	17.55
站内交通桥	净宽（m）	4.50	桥面高程（m）	22.00	设计荷载	公路-Ⅱ级	高程基准面	废黄河
站身水位组合	设计水位（m）	下游	15.85	上游	19.55	
	校核水位（m）	下游	16.00	上游	19.00	

2. 批复情况

2006年10月，江苏省水利勘测设计研究院有限公司完成《南水北调东线第一期工程刘老涧二站工程初步设计报告》，2008年11月水利部水利水电规划设计总院（以下简称水利部水规总院）审查通过了《南水北调东线第一期工程刘老涧二站工程初步设计报告》；2009年3月，国务院南水北调工程建设委员会办公室（以下简称国务院南水北调办）以《关于南水北调东线一期长江～骆马湖段其他工程刘老涧二站工程初步设计报告（技术方案）的批复》（国调办投计〔2009〕36号）批复了刘老涧二站工程初步设计。批复的主要建设内容包括：新建刘老涧二站泵站、站内交通桥、变电所和清污机桥，重建刘老涧节制闸（保留老闸作为交通桥），扩挖上下游引河河道等；泵站位于刘老涧老闸下250 m，采用闸站结合的布置形式，南侧布置泵站、北侧为节制闸，上下游引河利用原老闸上下游河道局部进行修整，站下游22 m处布置清污机桥。节制闸北端布置变电所，在刘老涧新闸闸下利用施工交通桥作为站内永久交通桥。批复刘老涧二站工程施工总工期为24个月。

2009年7月，国务院南水北调办以《关于南水北调东线一期长江～骆马湖段其他工程刘老涧二站工程初步设计报告（概算）的批复》（国调办投计〔2009〕131号）核定刘老涧二站工程概算总投资20 722万元。

3. 工程建设有关单位

项目法人：南水北调东线江苏水源有限责任公司
现场建设管理机构：江苏省南水北调刘老涧二站工程建设处
设计单位：江苏省水利勘测设计研究院有限公司
监理单位：江苏省苏水工程建设监理有限公司
质量监督单位：南水北调工程江苏质量监督站
质量检测单位：江苏省水利建设工程质量检测站
土建施工单位：江苏淮阴水利建设有限公司
水泵及附属设备采购：日立泵制造（无锡）有限公司
电气设备采购：江苏大全长江电器股份有限公司（高、低压开关柜）

江苏新科水利电力成套设备有限公司（变压器供应商）

江苏南亚电缆集团有限公司（高、低压电缆供应商）

自动化采购、安装承包单位：南京南瑞集团公司

主水泵供应商：日立泵制造（无锡）有限公司

主电机供应商：上海电气集团上海电机厂有限公司

清污设备制造商：江苏一环集团有限公司

钢材供应商：江苏省水利物资总站

厂房、控制楼及管理房等装饰工程：常州中泰装饰工程有限公司

管理所环境绿化工程：淮安水源绿化有限公司

管理（运行）单位：江苏省骆运水利工程管理处

4. 工程布置与主要建设内容

刘老涧二站位于江苏省宿迁市宿豫区仰化镇境内大运河上，刘老涧复线船闸北侧。

刘老涧泵站是南水北调东线一期工程的第5个梯级泵站，该梯级泵站由刘老涧一站和刘老涧二站组成，主要任务是与皂河枢纽、泗阳枢纽一起，通过中运河线向骆马湖输水175 m³/s，与运西徐洪河线共同满足向骆马湖调水275 m³/s的目标，兼顾沿线供水和灌溉，改善航运。

（1）泵站工程

泵站工程为站身直接挡水的堤身式块基型结构，安装4台套3000ZLQ29.4-3.7立式轴流泵（含备机1台）。水泵叶轮直径3 000 mm，单机设计流量29.4 m³/s，配4台套TL2000-48同步立式电机，单机功率2 000 kW，总装机容量8 000 kW。泵站采用肘形进水、整体虹吸式出水、真空破坏阀断流，采用液压调节机构调节流量，进水流道设检修闸门，配电动葫芦启闭。

泵站站身分为进水流道层、水泵层、出水流道层、联轴层和电机层，水泵叶轮中心安装高程12.40 m；泵站主厂房净宽10.4 m，厂房内布置一台主钩32 t、副钩5 t的双梁桥式起重机。主厂房布置于泵站上，检修间布置于厂房南侧，采用独立的桩基承台基础；控制楼布置于节制闸上，控制楼底层为高低压开关室、变电所等，二层布置中央控制室、办公室，三层布置会议室、启闭机房。厂房、检修间、控制楼、启闭机房总建筑面积2 711.65 m²。泵站中心线下游22 m处布置清污机桥，共8孔2块底板，单孔净宽3.2 m，底板顺水流向长12 m，面高程10.00 m，采用8台套回转式清污机，桥面配套皮带输送机。

（2）引河工程

刘老涧二站上下游引河由刘老涧老闸下游引河整理、拓浚而成，在满足防洪、排涝等要求的前提下，尽可能维持了河道现状断面，引河堤防按2级堤防标准设计。

上游引河河底宽55 m，河底高程10.00 m，两岸堤顶高程22.00 m，青坎高程16.00 m，宽7 m，青坎以下河道边坡坡比为1:3，以上为1:2.5，设计断面与现状断面基本一致。

下游引河河底宽55 m，河底高程10.00 m，两岸堤顶高程22.00 m，青坎高程17.00 m，北侧宽3 m，南侧宽7 m，青坎以下河道边坡坡比为1:3，以上部分南侧为1:2.5，北侧为1:2。对下游引河南堤有一段凸进河道的部分予以裁直，以保证水流流态的顺畅。

上游引河边坡护砌至刘老涧老闸下游护坡，并与之顺接；下游引河护坡长度196 m；隔堤端部裹头增设抛石防护，厚50 cm。引河青坎以下河坡采用C20素混凝土护坡，青坎以上采用草坪砖护坡。

（3）变电所工程

刘老涧二站35kV户内变电所电源从宿豫区110 kV大兴变电所引接，主变压器型号为S11-12500-35/6，主接线形式为单母线，设置35 kV进线1回、主变出线1回、电压互感器间隔1回、备用出线2回。另由35 kV仰化变电所10 kV185船闸线54号杆支接1回10 kV保安电源，保安电源容量500 kVA。

（4）房屋建筑工程

房屋建筑工程主要包括主厂房、控制楼、检修间、启闭机房、传达室、检修门库等，上部建筑结构的安全等级为二级，在一类、二类环境中的结构合理使用年限为50年，设计基准期为50年，建筑耐火等级为二级。工程总建筑面积3 201.35 m^2，其中主厂房704.54 m^2，检修间247.23m^2，启闭机房201.83 m^2，控制楼1 558.05 m^2，其他489.7 m^2，均为现浇钢筋混凝土框架结构，加砌混凝土砌块填充墙，柱、梁、板混凝土强度等级为C30，外墙砌块等级为A5.0、内墙砌块等级为A3.5，使用M7.5专用砂浆砌筑。主厂房基础坐落在泵站水工结构上，控制楼基础坐落在节制闸水工结构上，检修间和变压器室等基础采用钻孔灌注桩基础，地基基础设计等级为丙级。钻孔灌注桩桩径为800 mm。其余房屋采用天然地基基础。

（5）节制闸工程

节制闸位于泵站北侧，为刘老涧老闸的赔建工程，工程规模同刘老涧老闸，设计流量500 m^3/s，共三孔一块底板，单孔净宽10 m。闸室底板为钢筋混凝土筏式结构，闸室顺水流向长30 m，垂直水流向长35.1 m，底板面高程10.00 m。闸墩顶高程为22.40 m。闸墩自上而下设有交通桥、工作桥排架、闸站控制楼和下游交通便道。上游交通桥净宽4.5 m，对应于站上交通桥，荷载标准为公路-Ⅱ级。工作闸门为实腹式平面钢闸门，配QPQ2×250kN卷扬式启闭机3台套。配浮箱叠梁检修门10块计1套。

（6）站内交通桥工程

站内交通桥工程位于刘老涧新闸下游约240 m，南接刘老涧节制闸交通桥，用于沟通刘老涧一站与二站的场内交通。桥梁等级为四级公路桥，荷载标准为公路-Ⅱ级，桥下无通航要求。交通桥共6跨，每跨20 m，桥长6×20 m，上部结构为后张法预应力钢筋砼空心板，桥面总宽为5.5 m，行车道宽为4.5 m，两侧各设0.5m防撞墙，防撞墙结合埋设电缆管路。桥面连续采用3跨1联，共2联，桥面横坡i=2.0%。下部结构均采用钢筋砼双柱排架式桥墩和双柱排架式轻型桥台，基础为钻孔灌注桩基础。

5. 分标情况及承建单位

刘老涧二站工程土建施工及设备安装标于2009年7月31日发布招标公告；8月10日至14日发售招标文件；9月8日开标，9月10日评标结束，共有9家单位参与投标，中标单位为江苏淮阴水利建设有限公司；10月13日发出中标通知书，中标价为7 379.51万元。

刘老涧二站工程水泵及其附属设备采购标、电机及其附属设备采购标均于2009年8月24日发布招标公告；8月31日至9月4日发售招标文件；9月24日开标，同日评标结束；水泵及其附属设备采购标共有4家单位参与投标，中标单位为日立泵制造（无锡）有限公司，中标价为867.78元；电机及其附属设备采购标共有3家单位参与投标，中标单位为上海电气集团上海电机厂有限公司，中标价为798.88元。

刘老涧工程土方挖填71万 m^3，砼及钢筋砼3.1万 m^3，砌石及垫层6 027 m^3，钢筋制安2 201 t，金属结构制安478 t，回转式清污机8台套，卷扬式启闭机3台套，主机泵4台套，主变压器1台。

6. 建设情况简介

2009年2月23日，江苏水源公司以《关于成立江苏省南水北调刘老涧二站工程建设处的通知》（苏水源综〔2009〕2号）批准成立了江苏省南水北调刘老涧二站工程建设处，作为项目法人的现场管理机构，具体负责刘老涧二站工程建设现场管理工作。

2009年4月30日，江苏水源公司向国务院南水北调办提交了《关于南水北调东线一期刘老涧二站工程开工建设的请示》（苏水源工〔2009〕43号），2009年5月12日，国务院南水北调办以《关于南水北调东线一期刘老涧二站工程开工请示的批复》（国调办建管函〔2009〕26号）批复同意刘老涧二站工程开工建设。

2009年5月20日，江苏水源公司办理了刘老涧二站工程质量监督申请；5月24日，监理单位签发了站内交通桥工程项目开工令；11月28日，监理单位签发了刘老涧二站工程土建施工及设备安装项目开工令。

（1）主要建筑物施工简况

2009年5月26日桥梁钻孔灌注桩开始施工，10月27日完成防撞护栏、搭板、桥面整体化，站内交通桥基本建成。

2009年11月28日，刘老涧二站主体工程正式开工，12月20日完成闸站主体工程基坑土方开挖。2010年1月2日完成泵站底板混凝土浇筑；2月10日完成泵站进水流道层混凝土浇筑；4月8日完成水泵层及出水流道底板混凝土浇筑；5月27日完成泵站联轴层及出水流道顶板混凝土浇筑；6月13日完成泵站站身电机层（高程23.30 m）混凝土浇筑。

2010年2月24日节制闸底板基坑验槽；3月13日完成底板混凝土浇筑；5月8日完成闸墩及电缆层底板混凝土浇筑；9月27日完成节制闸工作桥（高程32.00 m）混凝土浇筑。

清污机桥分为3个浇筑层，从底部向上依次分为底板、桥墩、桥面。清污机桥底板分2块，共8孔。2010年2月28日完成了南侧清污机桥底板混凝土浇筑；3月28日完成了南侧桥墩混凝土浇筑；4月23日完成南侧桥面板混凝土浇筑。8月8日完成了北侧清污机桥底板混凝土浇筑；10月3日完成了北侧桥墩混凝土浇筑；10月21日完成北侧桥面板混凝土浇筑。

房屋建筑工程主要包括主厂房、控制楼、检修间、启闭机房、传达室、检修门库等。2010年6月26日，检修间钻孔灌注桩基础开始施工，7月20日，主厂房和控制楼框架开始施工，9月4日，主厂房完成封顶，10月22日，检修间完成封顶，10月28日，控制楼及启闭机房完成封顶。2011年3月7日，厂房墙体砌筑及粉刷完成，7月10日厂房装饰装修完成。2011年5月10日，35 kV开关室封顶，至9月底完成装修施工。2011年4月6日，传达室封顶，8月底完成装修施工，2011年6月4日，检修门库封顶，至10月底完成装修施工。

（2）重大设计变更

①施工导流设计方案优化调整

刘老涧二站施工期导流流量为612 m³/s，初步设计阶段施工导流方案为：利用刘老涧新闸导流400 m³/s，新建导流闸导流212 m³/s；招标设计阶段根据初步设计审查意见对刘老涧二站施工导流方案作了优化，经方案比选，选用了利用刘老涧新闸强迫行洪515 m³/s，利用刘老涧一站反转下泄40 m³/s，架设临时机组抽排 57 m³/s 的导流方案。施工导流设计方案优化调整作为重大设计变更，设计单位进行了专项论证，并提交了"刘老涧二站工程导流方案"专题报告。国务院南水北调办以《关于南水北调东线一期刘老涧二站工程施工导流方案设计变更有关意见的函》（综投计函〔2011〕509 号）批复同意。

②取消节制闸边孔应急通道

初步设计节制闸边孔按内部船只的应急通道考虑，以保证行洪期刘老涧船闸停航情况下防汛检查和水上监测船只的应急通行。因刘老涧老闸闸孔净宽 8.0 m，常水位下闸上公路桥桥下净空 4.3 m，因此刘老涧老闸通航净宽和通航净空均显不足，通航安全隐患较大，在招标设计阶段将节制闸通航孔改为节制孔，取消边孔应急通道。2013 年 5 月，国务院南水北调办以《关于转发批复设计方案执行情况第一次专项检查发现的重大设计变更审查意见的通知》批复同意。

③增加发电功能

刘老涧二站主要任务是与皂河枢纽、泗阳枢纽一起，通过中运河线向骆马湖输水 175 m³/s，与运西徐洪河线共同满足向骆马湖调水 275 m³/s 的目标，兼顾沿线供水和灌溉，改善航运。原设计无发电任务，但为进一步发挥泵站工程的综合效益，在保证南水北调调水主要功能，同时保证泵站高效、稳定、可靠运行的前提下，增加刘老涧二站发电功能，利用上游余水，在非调水期间相机发电。2013 年 3 月，江苏水源公司以《关于报送南水北调东线第一期工程江苏境内部分泵站增加发电功能等设计变更的请示》（苏水源计〔2013〕15 号）上报了变更请示。2013 年 5 月，国务院南水北调办以《关于转发批复设计方案执行情况第一次专项检查发现的重大设计变更审查意见的通知》批复同意，刘老涧二站的发电容量为 1 400 kW。

主体工程于 2009 年 10 月开工，于 2011 年 9 月通过泵站机组试运行验收，2012 年 2 月通过单位工程验收，2012 年 12 月通过设计单元工程通水验收，2013 年 1 月通过合同项目完成验收。

7. 工程新技术应用

（1）机械变频机组降速发电

针对能否充分利用刘老涧二站能源的问题，采用机械变频机组法反转降速发电，运行平稳高效，经同期对比，在相同水头下，单机刘老涧二站发电量高于刘老涧站。

（2）膨胀土改良技术

针对刘老涧二站地基主要为膨胀土的问题，采用膨胀土改良技术，通过对刘老涧二站厂区膨胀土进行系统的室内模拟试验和现场验证性和工艺性试验，改良后的膨胀土能够满足工程设计强度、抗压和抗渗要求。"膨胀土改良技术研究与工程应用"课题研究成果获 2011 年度省水利科技进步二等奖。

8. 工程质量

经施工单位自评、监理处复评、项目法人（建设处）确认，刘老涧工程质量评定等级评定为优良。5 个单位工程，77 个分部工程（水利标准 21 个，非水利标准 56 个），900 个单元工程。按照水利工程施工质量检验评定相关标准评定的 21 个分部工程和 20 个单元工程质量等级优良，900 个单元工程质量等级合格，主要分部工程站身改造工程优良率 92.81%，主要分部工程泵站工程优良率 100%，水闸工程优良率 100%；按照其他相关行业标准评定 56 个分部，880 个分项，全部合格，合格率 100%；

单位工程外观质量得分率90.85%。

9. 运行管理情况

自2013年正式通水至2023年12月底，刘老涧二站累计运行24 307台时，累计抽水237 306万 m³，累计用电2 021万 kW·h。最多年运行天数为72 d；最多年运行台时为6 308台时；最大运行流量115 m³/s；站下最低运行水位15.30 m，最高运行水位16.37 m；站上最低运行水位17.96 m，最高运行水位19.28 m；最小运行扬程2.12 m，最大运行扬程3.42 m；单台机组最小运行功率914 kW，最大运行功率2 031 kW，全站最大运行功率8 100 kW。

10. 主要技改和维修情况

（1）机组大修

2021—2022年，对刘老涧二站3#机组展开大修，由南水北调江苏泵站技术有限公司实施。主要对3#机组进行了拆解、检查、维护，实施了受油器上操作油管一段轴改两段轴、泵轴返厂堆焊处理、水导轴承返厂改造，更换了测温传感器，调整了叶片间隙，并对操作架进行了返厂处理，解决了机组震动偏大、水导轴颈磨损严重、叶角差超差等问题，既方便了受油器轴套密封损坏时操作油管的更换，提高了检修效率，也提高了机组安全运行能力。

（2）供电系统改造

2022年，对刘老涧二站35 kV电缆进行改造，由江苏中超电力科技有限公司实施。主要对35 kV进线电缆线路进行改造，将距离二站较近的46#塔作为终端塔，就近引下35 kV线路，通过建设4+1孔拖拉管方式穿越河底，将电缆直连至现状分支箱处的方式。通过此项目的实施，将原有800 m线路缩短至300 m，并减少了1个中间接头，解决了原有线路中间接头存在被击穿的风险隐患，提高了线路安全运行能力，通过交流耐压试验和现场多次带电试运行检验，电缆目前工作正常可靠。

（3）电缆整改

2020年，因设计夹层空间狭小，电气预埋管位置不合理，导致部分电缆存在相互缠绕、不美观、不规范，存在安全隐患等原因，决定对刘老涧二站电缆进行整改，由南水北调江苏泵站技术有限公司实施。主要通过对刘老涧二站电缆夹层区、联轴层区、主变室电缆沟等区域实施线缆规范敷设，桥、支架的制作、安装、修补、除锈、防护，规定部位线缆挂牌标识等工程，解决了高低压电缆及控制电缆交叉凌乱、敷设不规范、不美观等问题，提高了电缆安全运行能力。

11. 工程质量获奖情况

（1）2010年5月获得国务院南水北调办2009年度"质量管理优秀单位"。

（2）2016年荣获江苏省住房和城乡建设厅组织评定的省第十七届优秀工程设计二等奖。

（3）2010年6月获得国务院南水北调办"2009年度南水北调工程建设质量管理先进集体"。

（4）2014年获得淮安市"翔宇杯"优质建设工程。

（5）2019年3月获得2017—2018年度中国水利工程优质（大禹）奖。

12. 图集

   LLJTP-01：泵站位置图
   LLJTP-02：枢纽总平面布置图
   LLJTP-03：工程平面图
   LLJTP-04：泵站立面图
   LLJTP-05：泵站剖面图
   LLJTP-06：电气主接线图
   LLJTP-07-01：油系统图
   LLJTP-07-02：气系统图
   LLJTP-07-03：水系统图
   LLJTP-08：低压系统图
   LLJTP-09：工程观测点布置及观测线路图
   LLJTP-10：水泵性能曲线图
   LLJTP-11：自动化拓扑图
   LLJTP-12：征地红线图
   LLJTP-13：竣工地形图

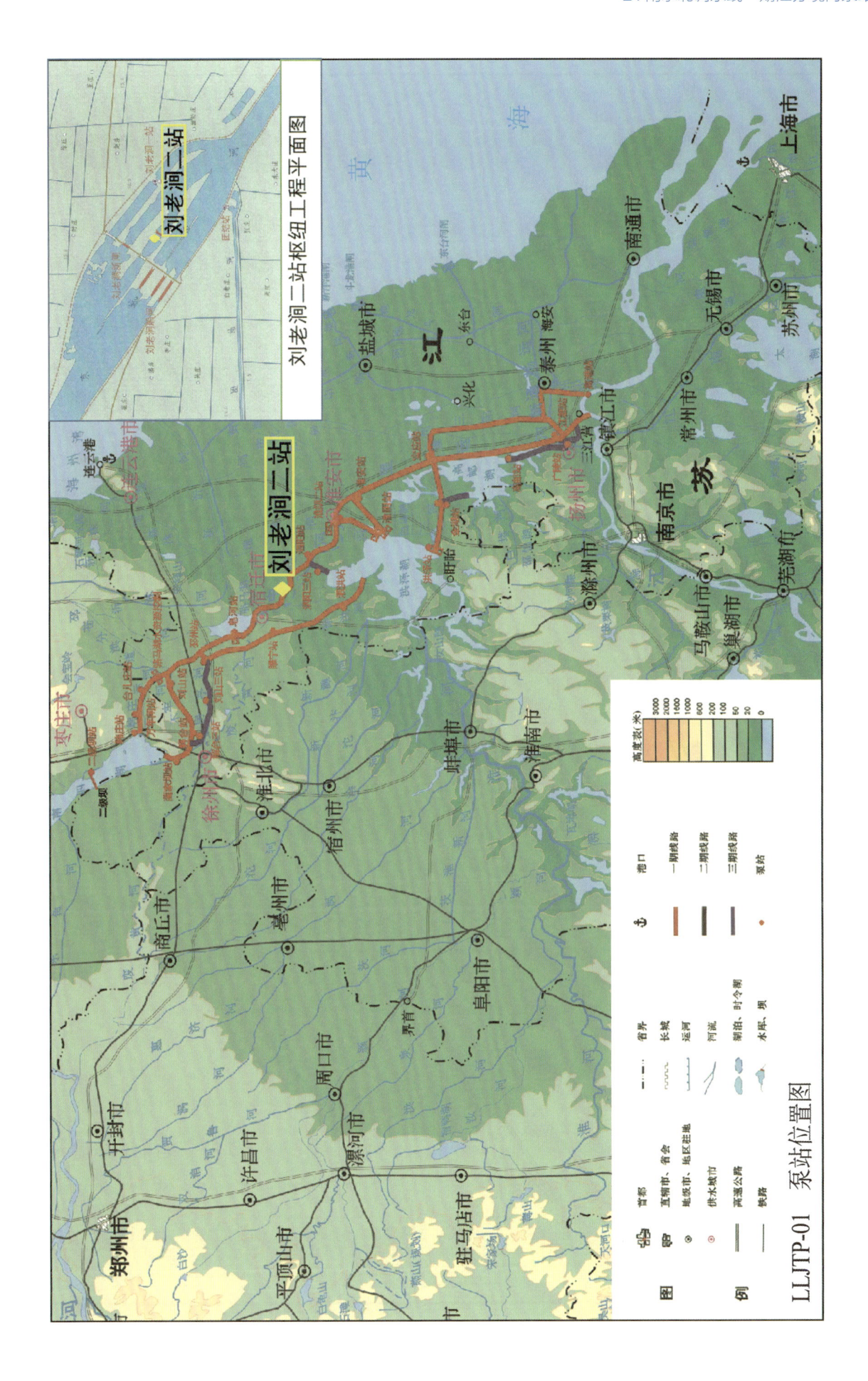

2. 南水北调东线一期江苏境内泵站概况

刘老涧二站枢纽工程平面图

LLJTP-01 泵站位置图

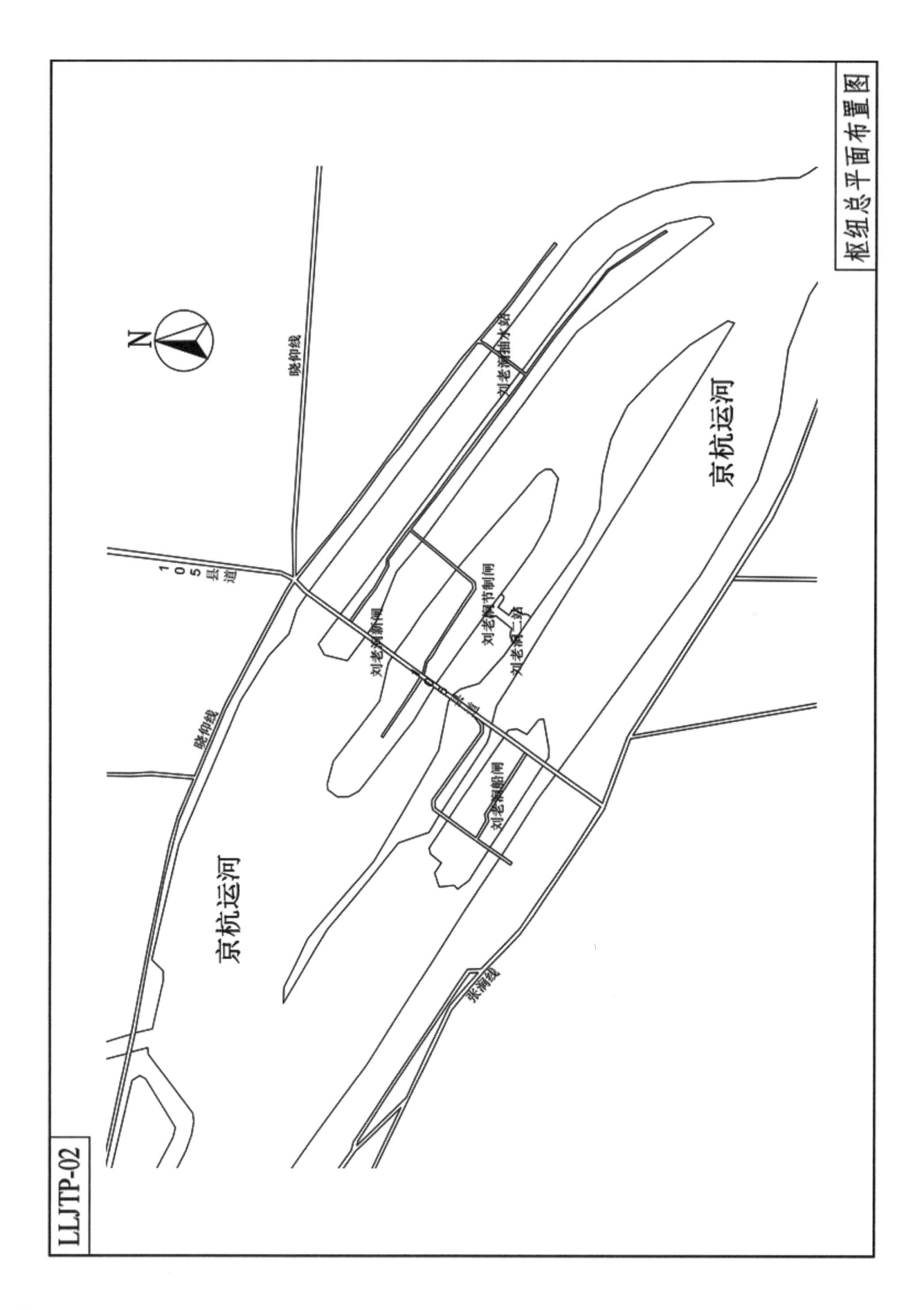

南水北调东线一期江苏境内泵站工程

枢纽总平面布置图

LLJTP-02

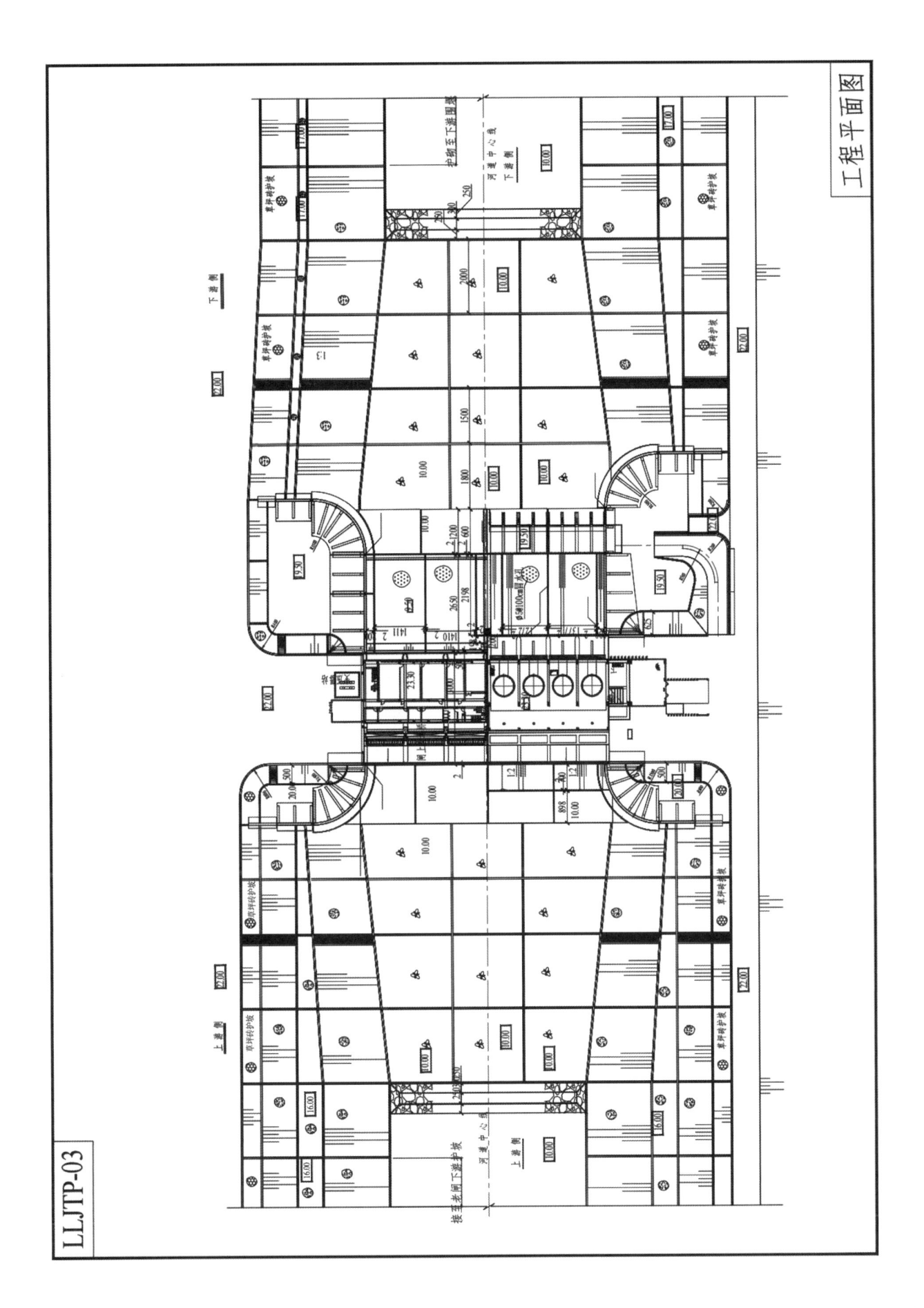

2. 南水北调东线一期江苏境内泵站概况

工程平面图

LLJTP-03

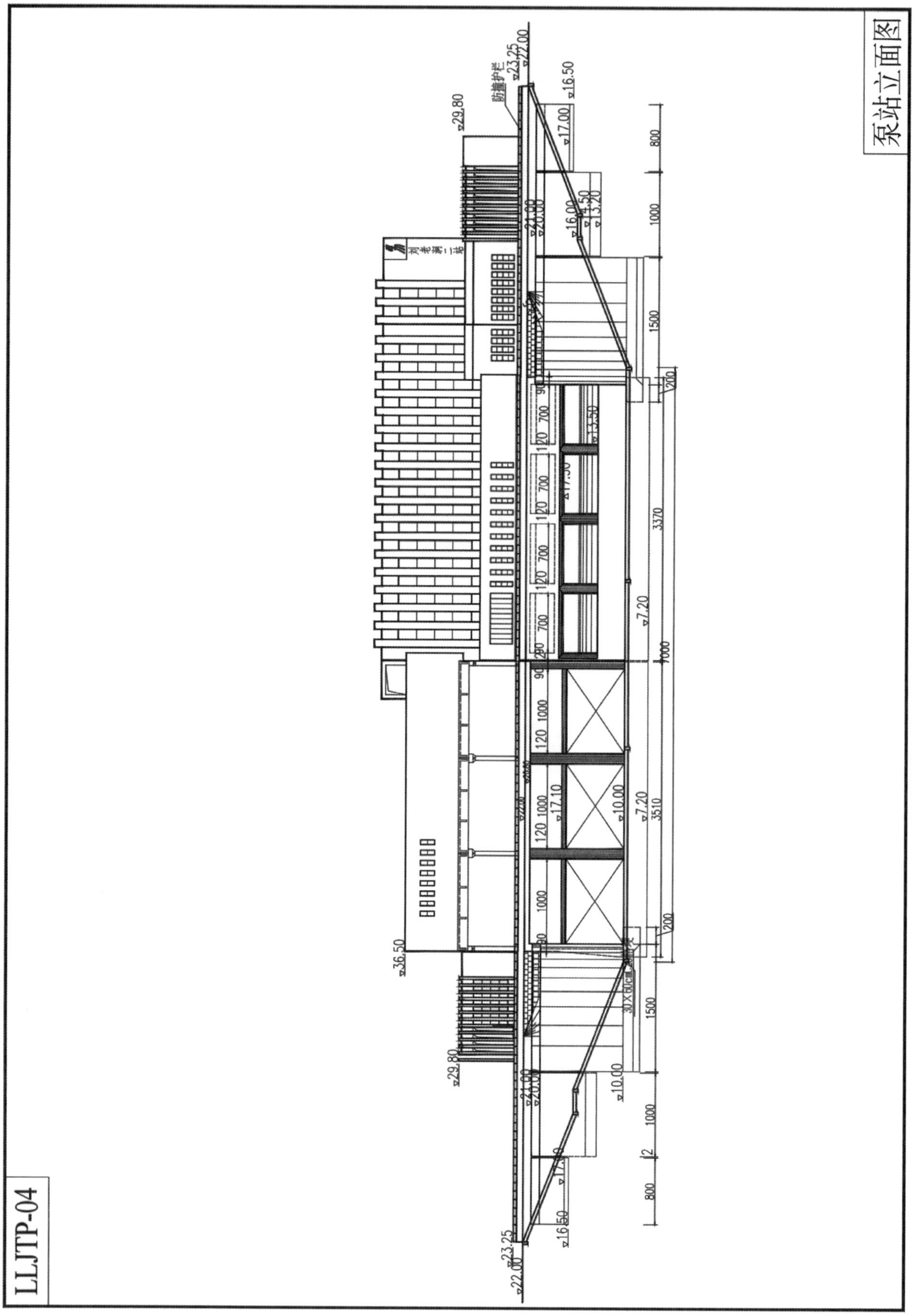
泵站立面图
LLJTP-04
防撞护栏
∇29.80
∇36.50
∇23.25
∇22.00
∇16.50
∇17.00
∇21.00
∇20.00
∇16.00
∇10.00
∇7.20
∇17.10
800
1000
1500
200
3370
7000
3510
700
120
30×60

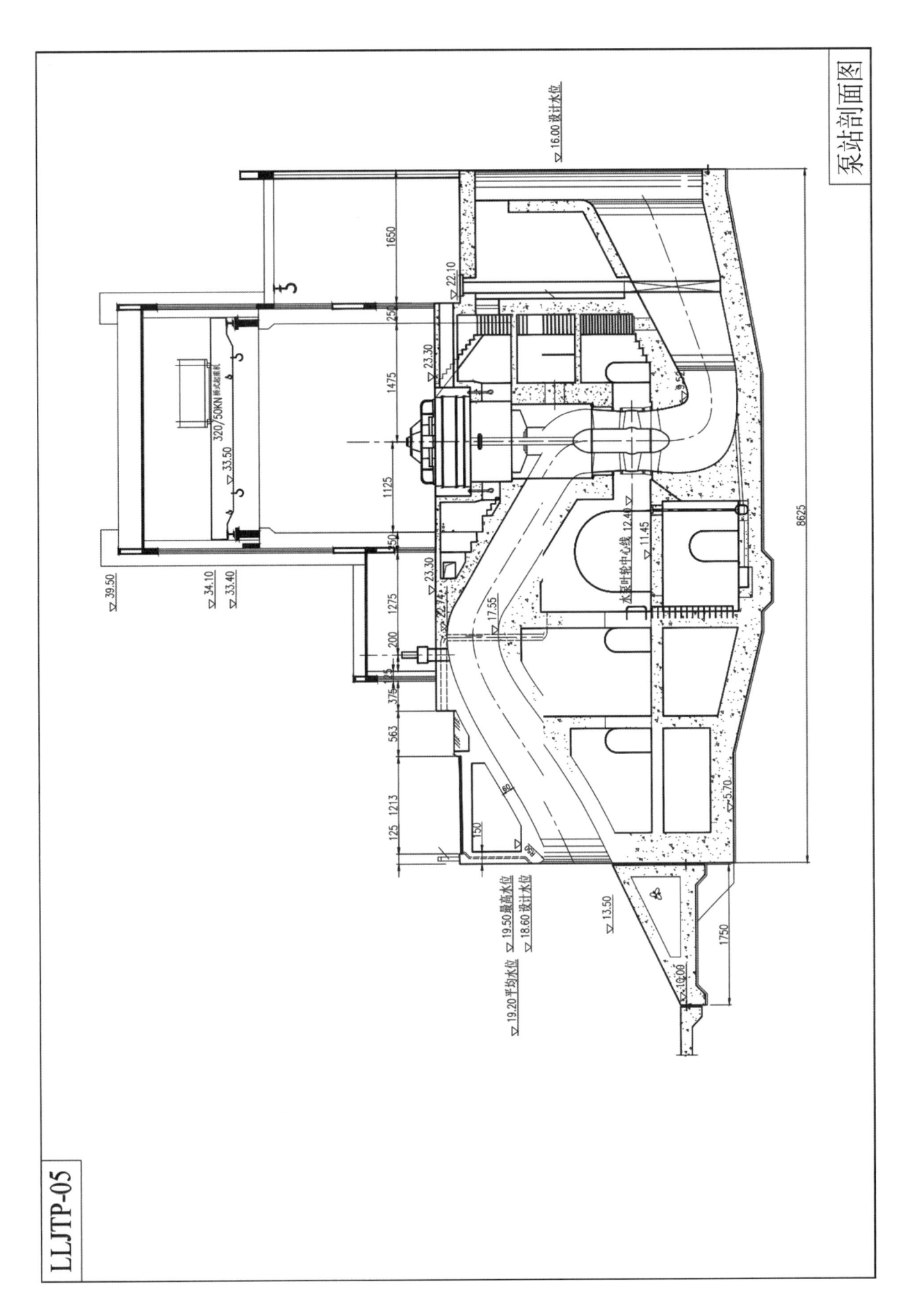

2. 南水北调东线一期江苏境内泵站概况

泵站剖面图

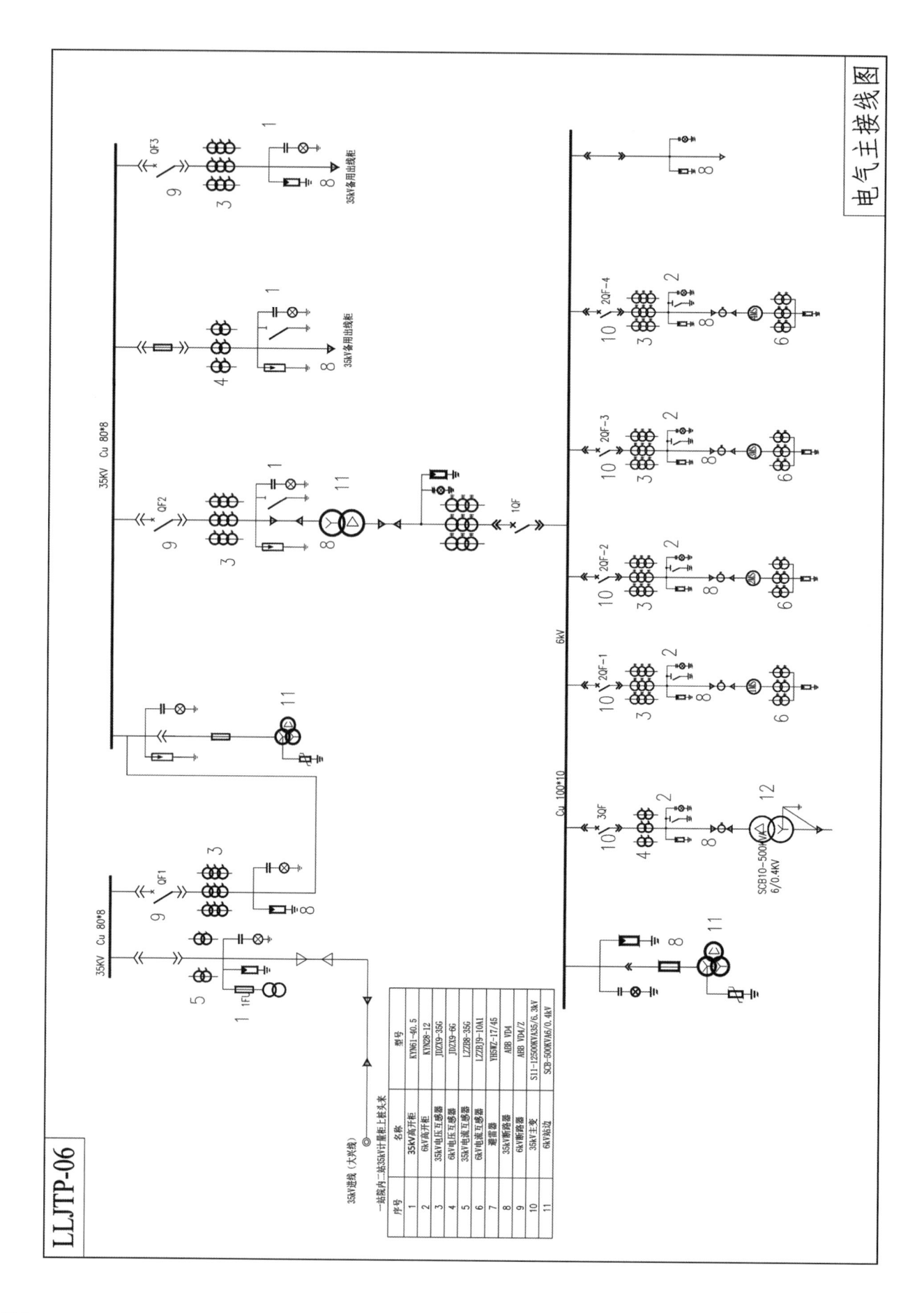

电气主接线图

LLJTP-06

一站室内二站35kV计量柜上桩头末

序号	名称	型号
1	35kV高开柜	KYN61-40.5
2	6kV高开柜	KYN28-12
3	35kV电压互感器	JDZX9-35G
4	6kV电压互感器	JDZX9-6G
5	35kV电流互感器	LZZB8-35G
6	6kV电流互感器	LZZBJ9-10A1
7	避雷器	YH5WZ-17/45
8	35kV断路器	ABB VD4
9	6kV断路器	ABB VD4/Z
10	35kV主变	S11-12500kVA35/6.3kV
11	6kV站变	SCB-500kVA6/0.4kV

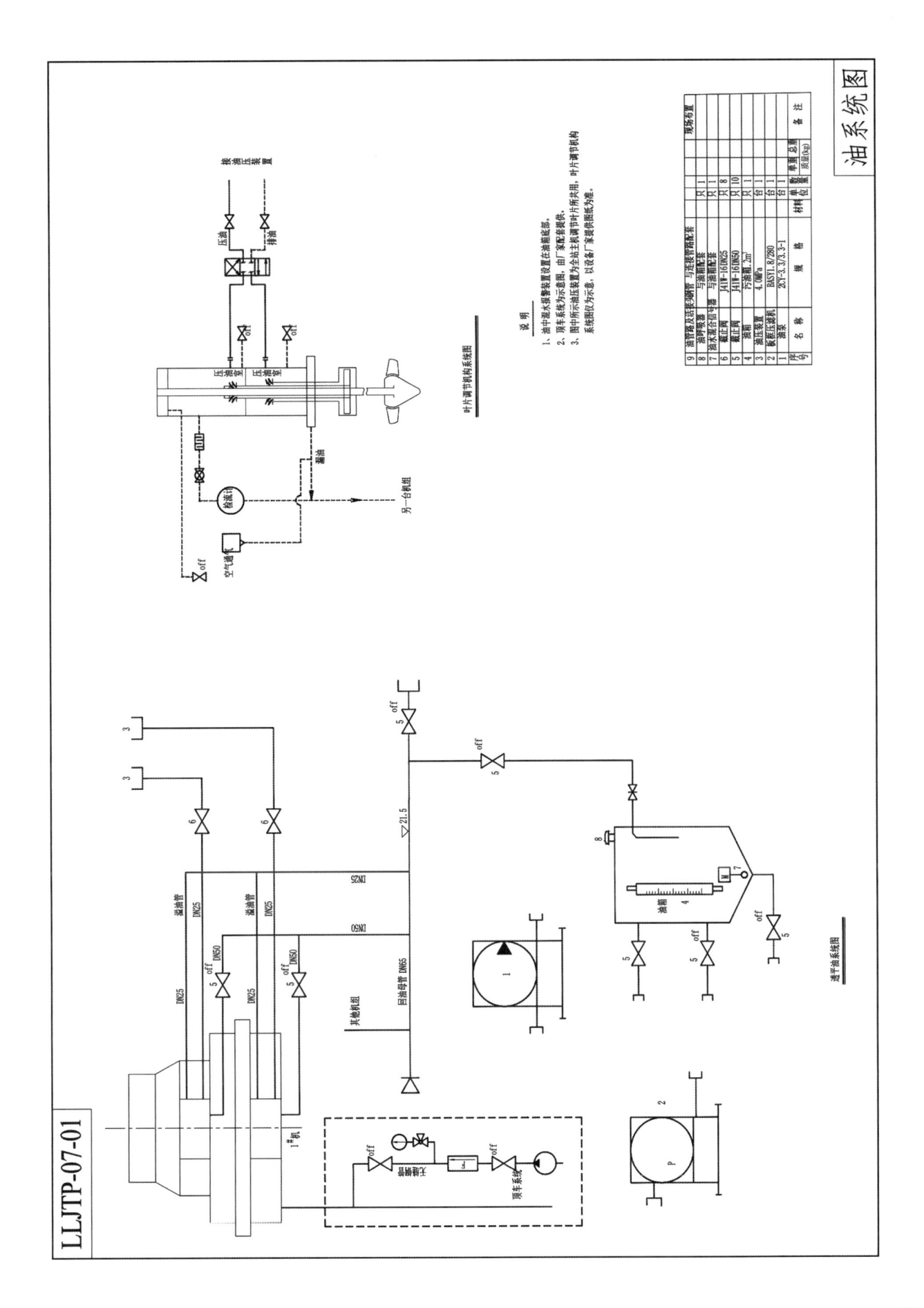

2．南水北调东线一期江苏境内泵站概况

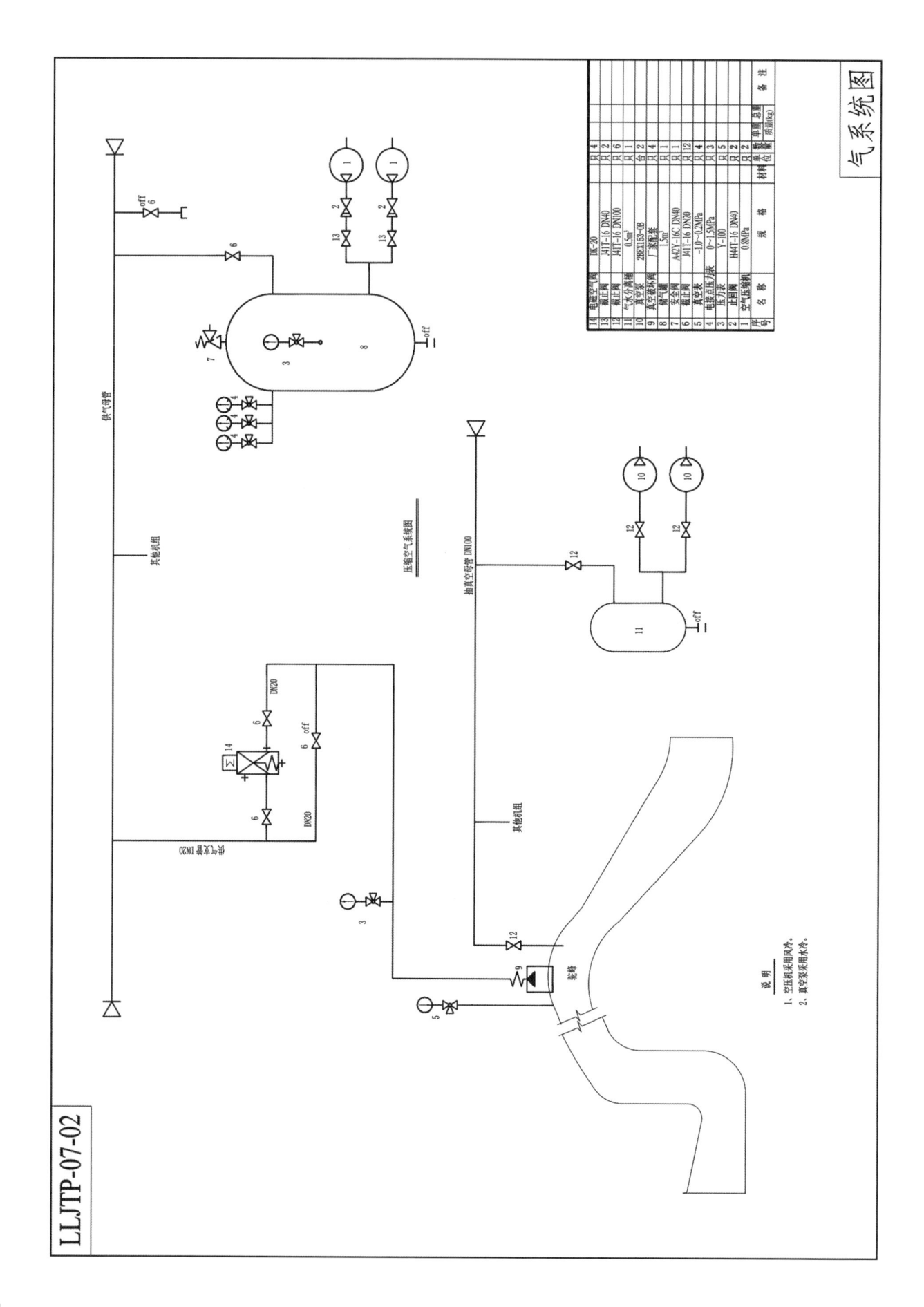

南水北调东线一期江苏境内泵站工程

气系统图

序号	名称	规格	单位	数量	单重(kg)	总重(kg)	材料	备注
1	空气压缩机	0.8MPa	只	2				
2	止回阀	H4T-16 DN40	只	5				
3	压力表	Y-100	只	3				
4	电接点压力表	0~1.5MPa	只	4				
5	真空表	-1.0~0.2MPa	只	1				
6	截止阀	J41T-16 DN20	只	12				
7	安全阀	A42Y-16C DN40	只	1				
8	储气罐	1.5m³	台	1				
9	真空破坏阀	2BEX153-0B	只	4				
10	真空泵		台	2				
11	气水分离器	0.5m³	只	1				
12	截止阀	J41T-16 DN100	只	6				
13	截止阀	J41T-16 DN40	只	2				
14	电磁空调	DX-20	只	4				

压缩空气系统图

抽真空母管 DN100

供气母管

净气管 DN20

其他机组

蜗壳

说明
1. 空压机采用风冷。
2. 真空泵采用水冷。

LLJTP-07-02

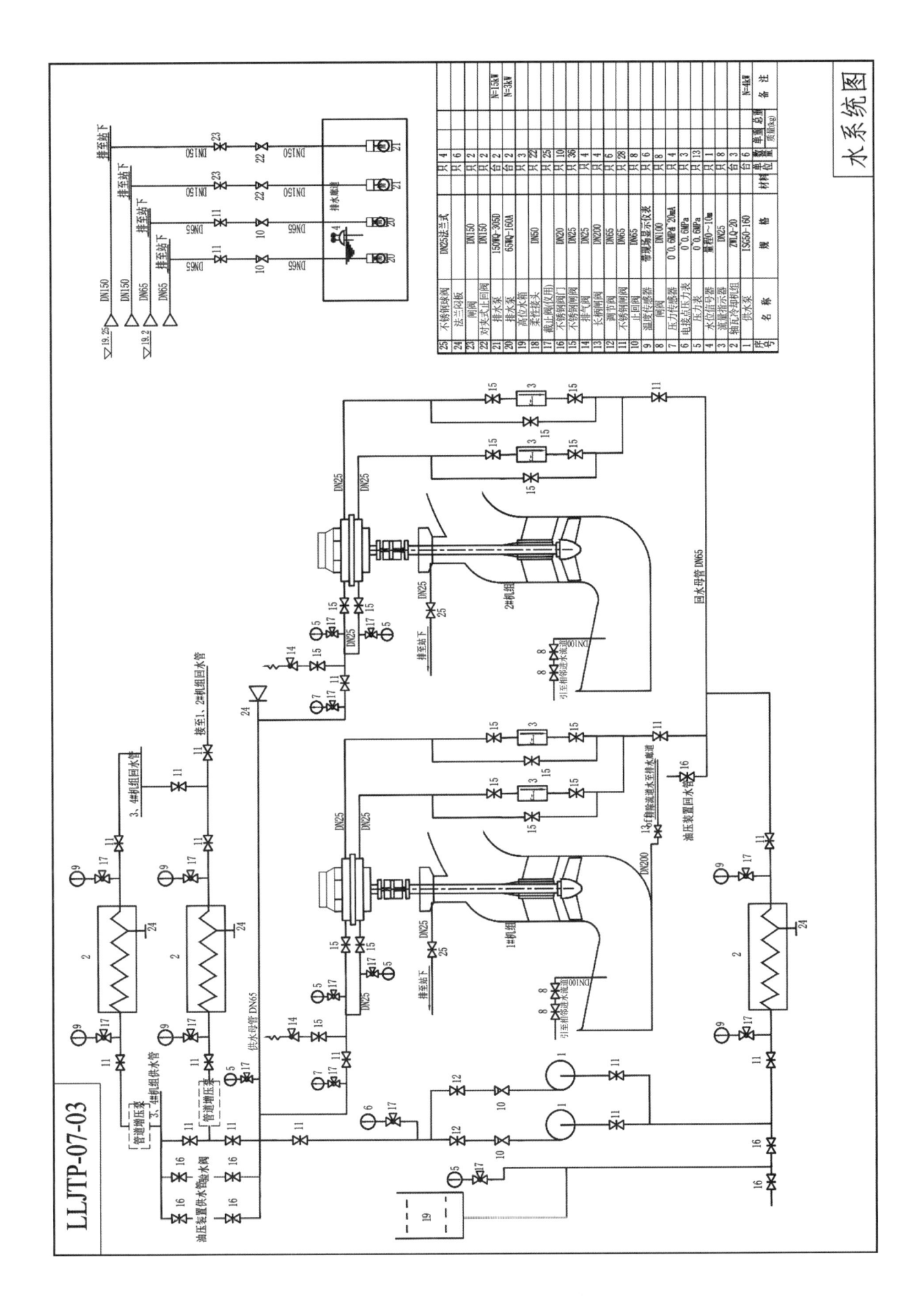

2．南水北调东线一期江苏境内泵站概况

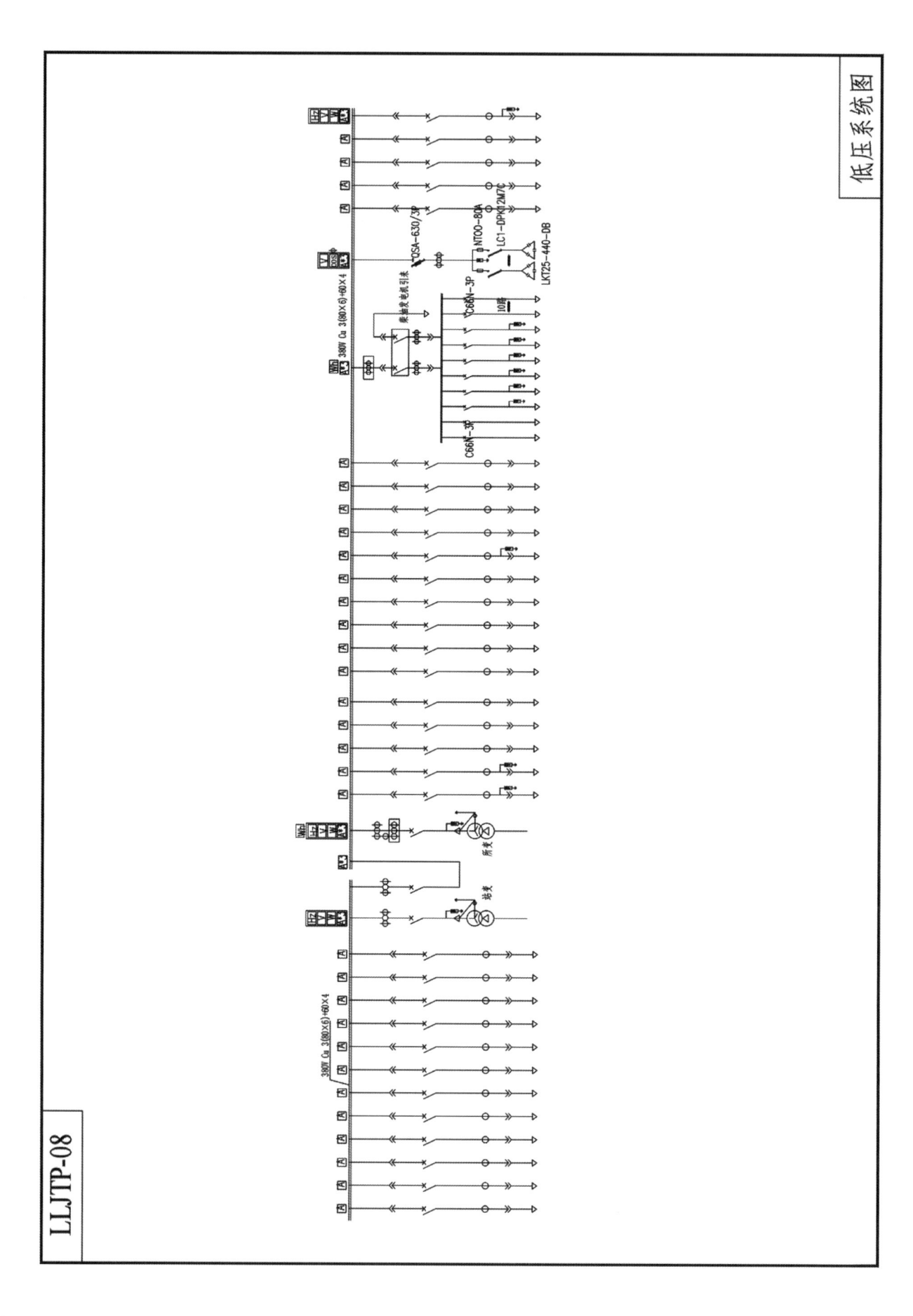

低压系统图

LLJTP-08

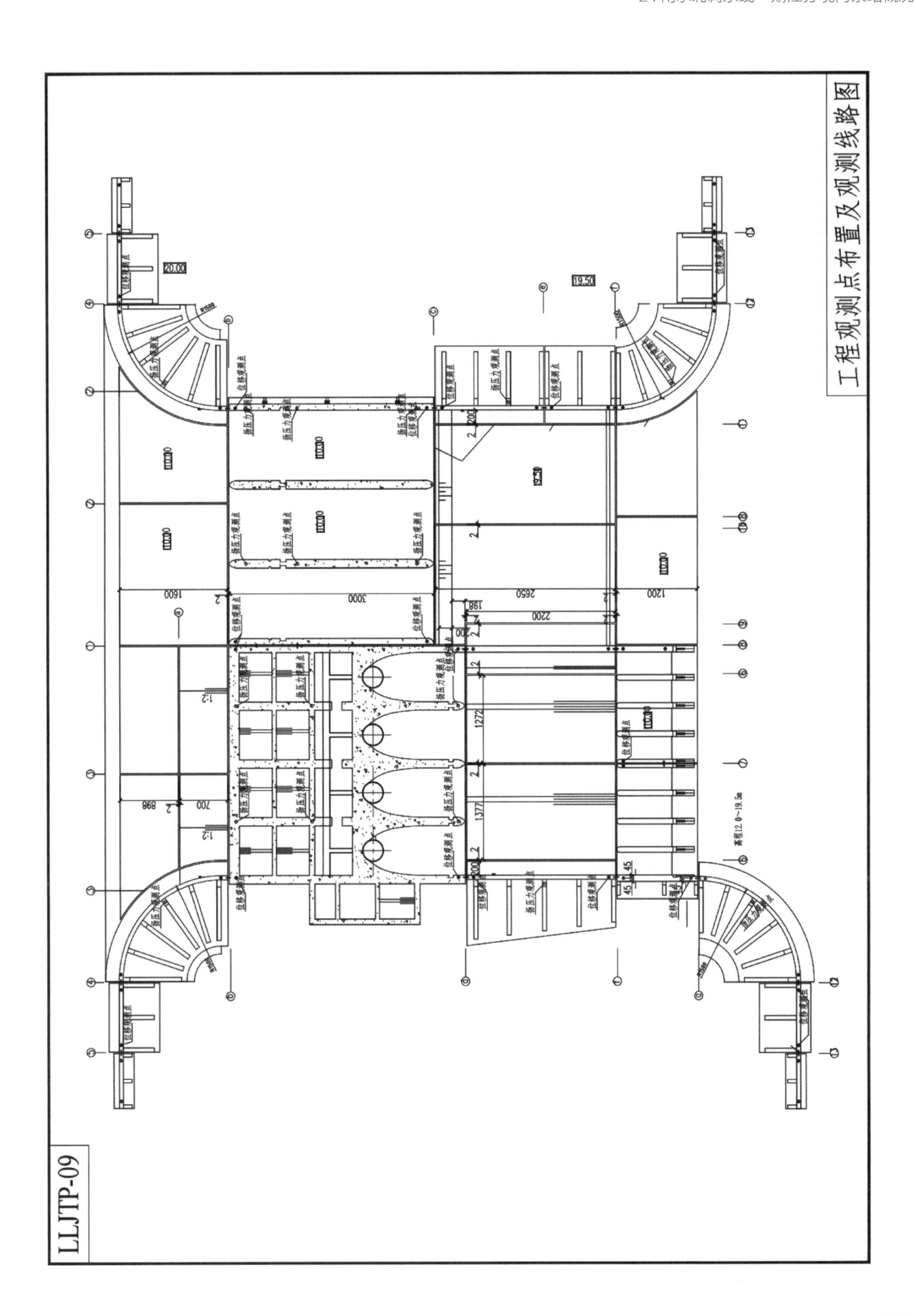

2．南水北调东线一期江苏境内泵站概况

工程观测点布置及观测线路图

LLJTP-09

237

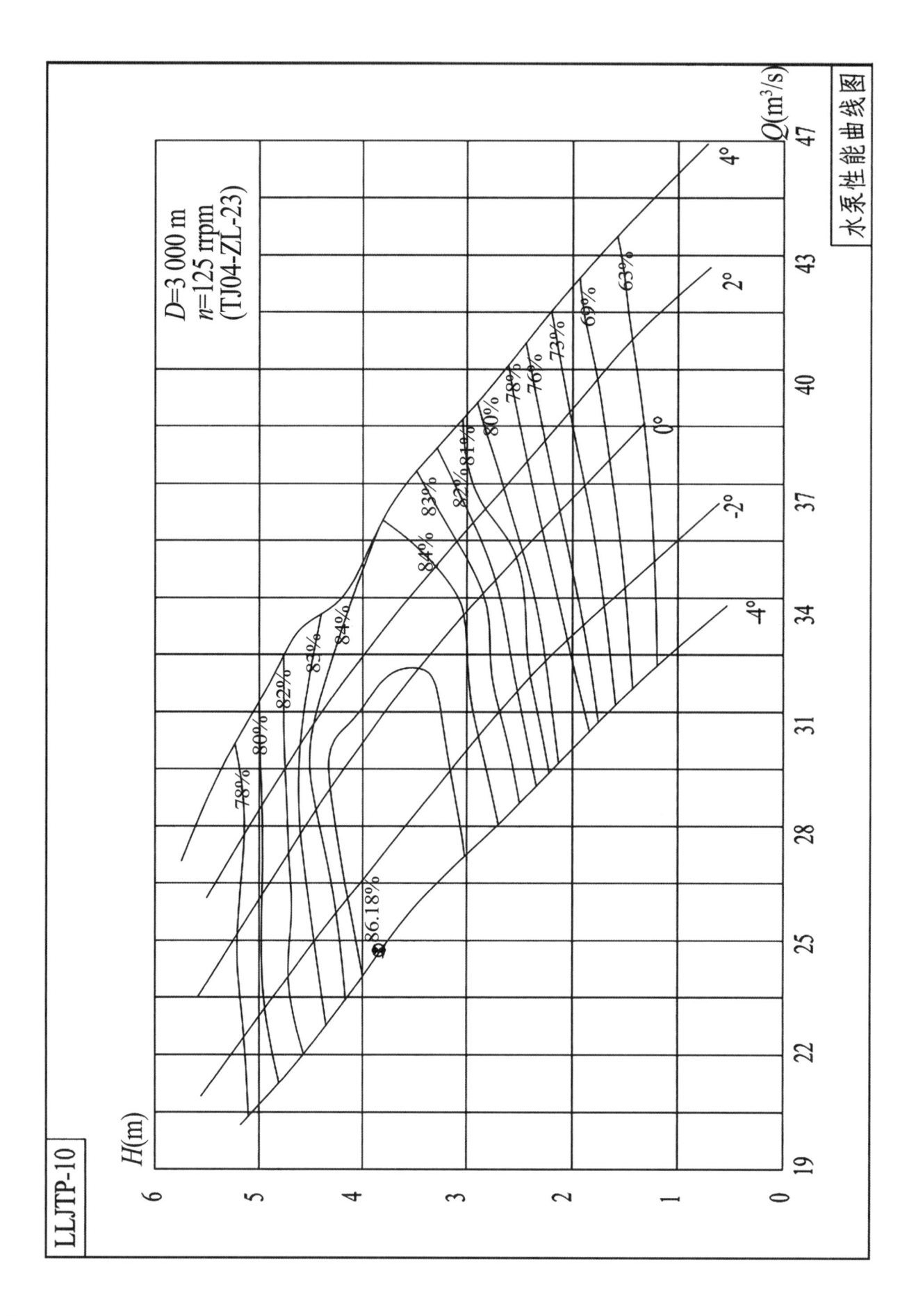

水泵性能曲线图 (LLJTP-10)

$D=3000$ m, $n=125$ rpm (TJ04-ZL-23)

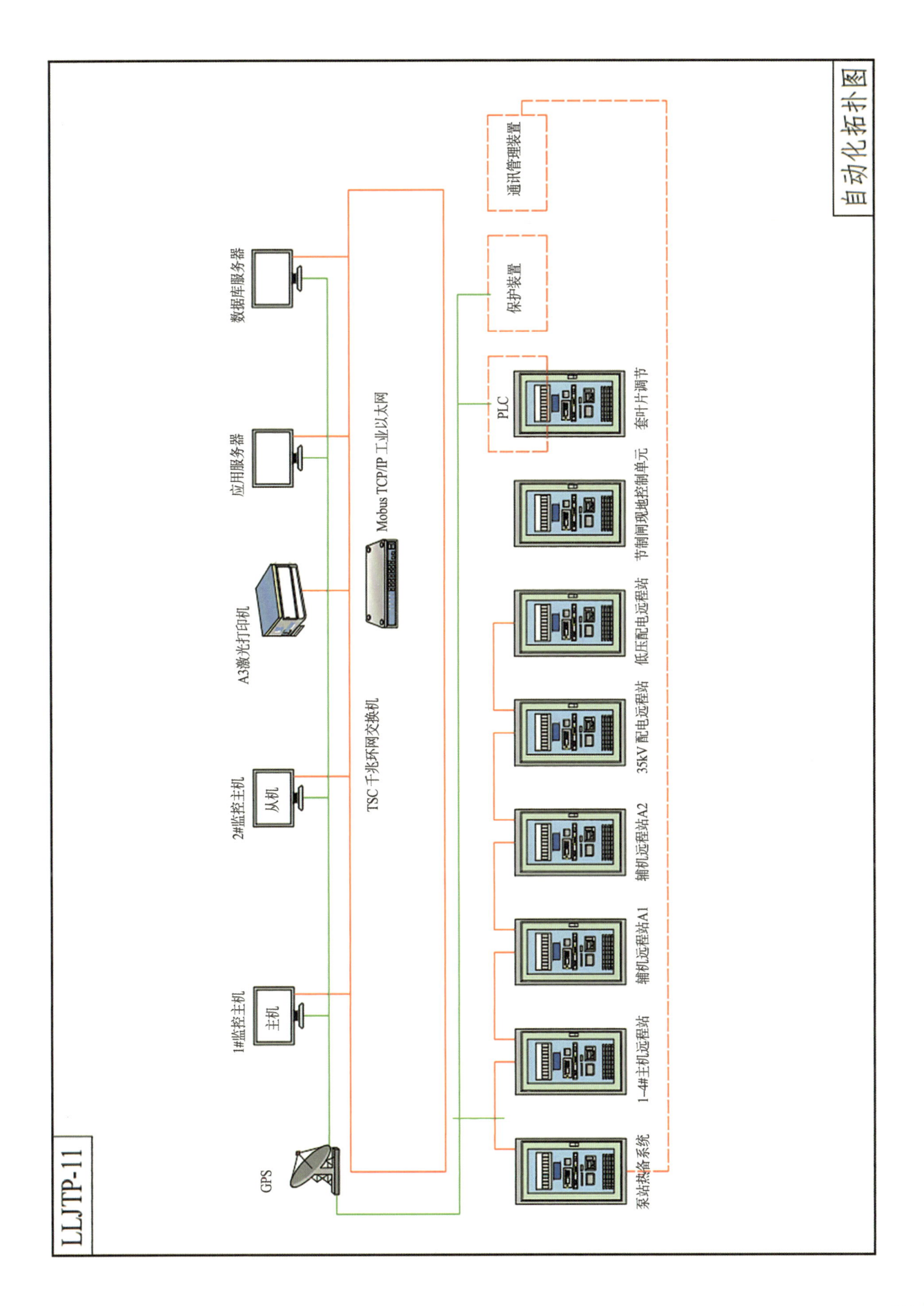

2. 南水北调东线一期江苏境内泵站概况

南水北调东线一期江苏境内泵站工程

LLJTP-12

征地红线图

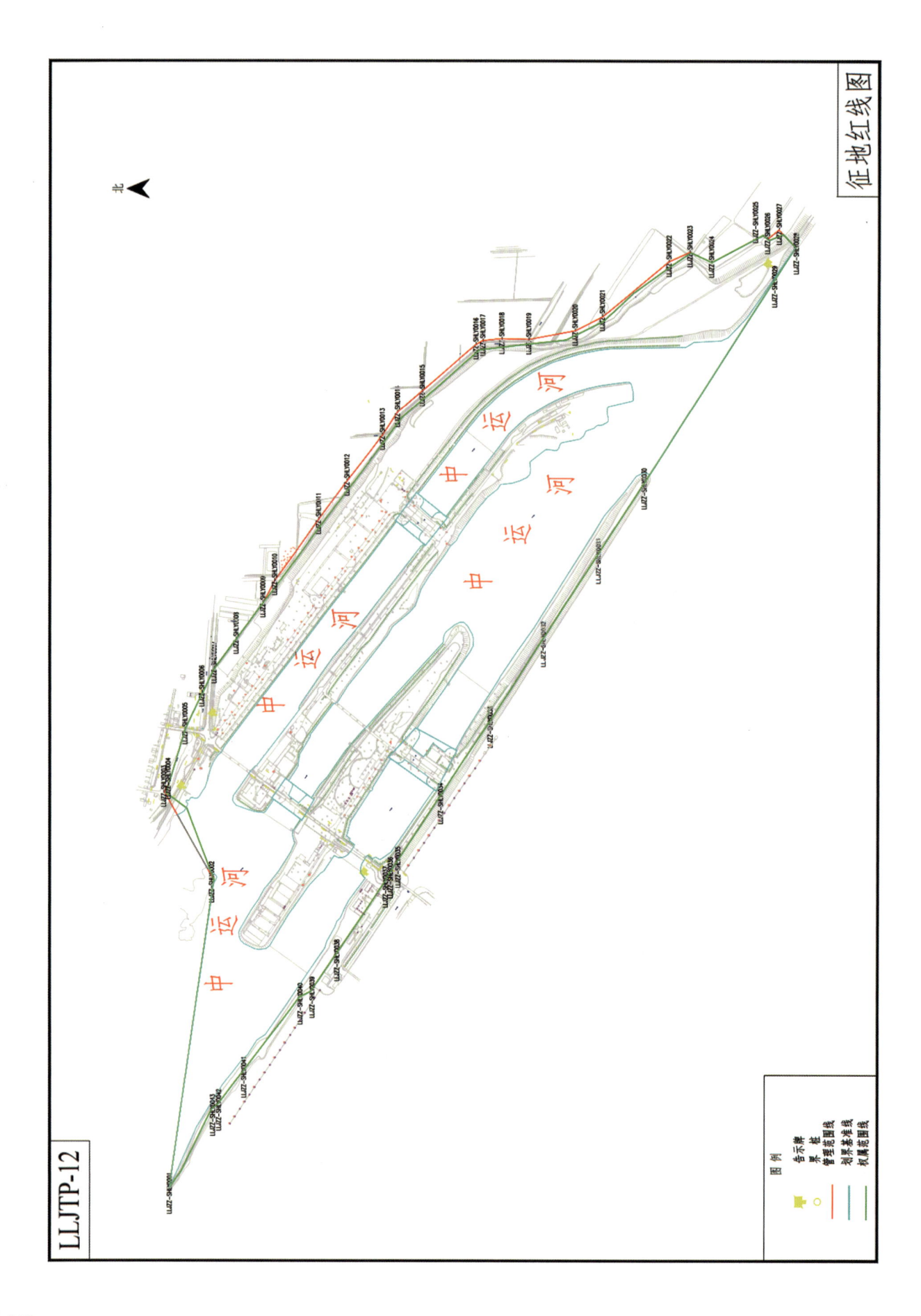

240

2. 南水北调东线一期江苏境内泵站概况

竣工地形图

LLJTP-13

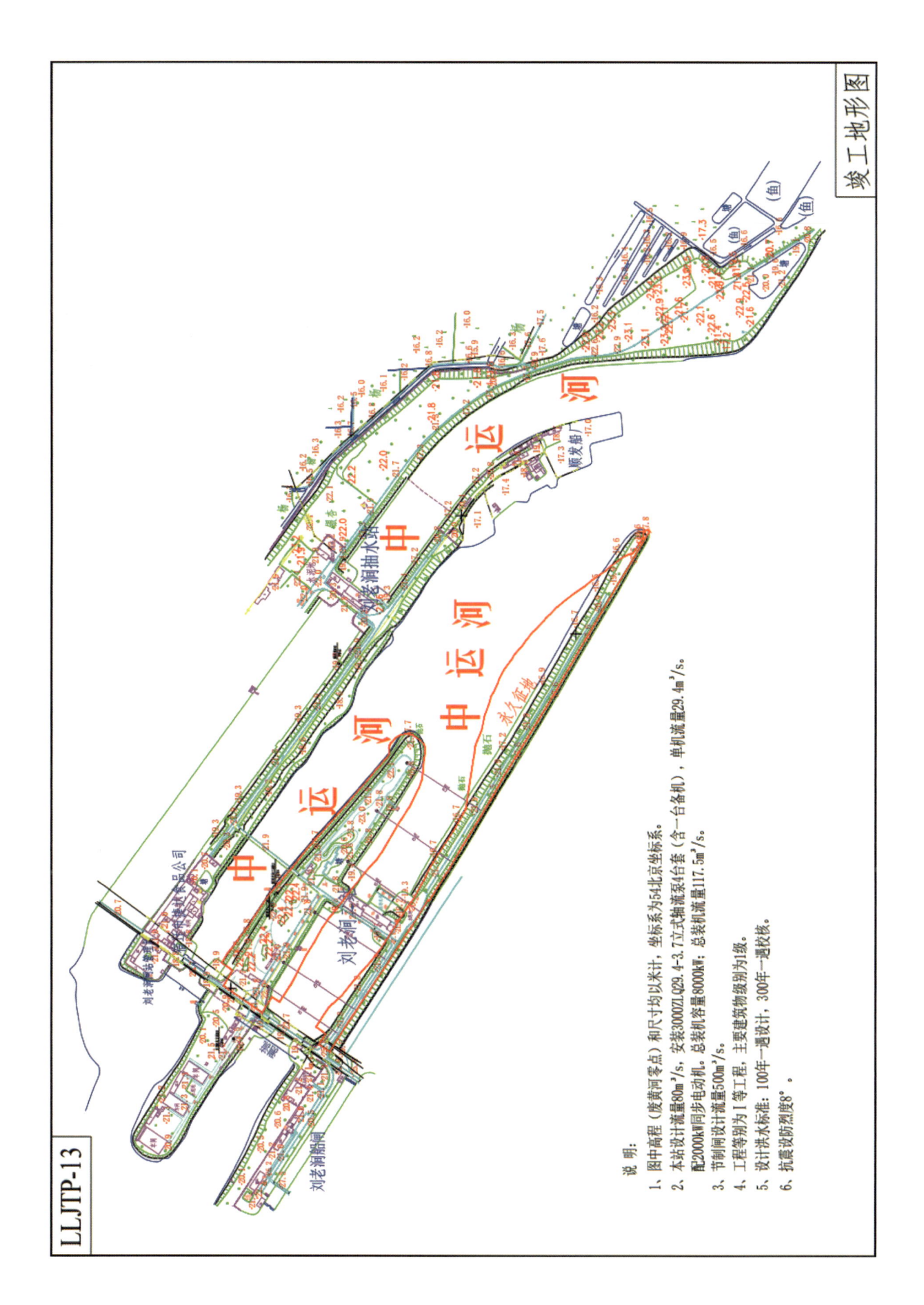

说 明：
1. 图中高程（废黄河零点）和尺寸均以米计，坐标系为54北京坐标系。
2. 本站设计流量80m³/s，安装3000ZLQ29.4-3.7立式轴流泵4台套（含一台备机），单机流量29.4m³/s，配2000kW同步电动机，总装机容量8000kW；总装机流量117.5m³/s。
3. 节制闸设计流量500m³/s。
4. 工程等别为Ⅰ等工程，主要建筑物级别为1级。
5. 设计洪水标准：100年一遇设计，300年一遇校核。
6. 抗震设防烈度8°。

2.5.2 睢宁二站

图 2-12 睢宁二站

1. 工程概况

睢宁二站位于徐州市睢宁县沙集镇境内的徐洪河输水线上，睢宁一站（沙集站）西侧。睢宁二站是南水北调东线一期工程第五梯级的泵站之一，其主要任务是与泗洪站、邳州站一起，通过徐洪河输水线向骆马湖输水 100 m³/s，与中运河共同满足向骆马湖调水 275 m³/s 的目标。

睢宁二站属于暖温带半湿润季风气候区，冷暖变化和旱涝灾害十分突出。夏季炎热，雨水集中；冬季干旱，雨雪稀少；春季温和，秋季气爽。平均降雨量 922.1 mm，平均水面蒸发量 1 100 mm，陆地蒸发量 625 mm，降雨的时空分布极不均匀，常有旱、涝、渍、冻等自然灾害。工程地处华北地层区东南部，地层发育不全，区域构造稳定性差。工程场地区地震动峰值加速度为 0.30 g，地震动反应谱特征周期为 0.35 s，相应地震基本烈度为Ⅷ度。

睢宁二站主要包括泵站、防渗翼墙、清污机桥等。泵站规模为大（2）型泵站，工程等别为Ⅱ等。泵站、进水池、出水池及防渗范围内翼墙等主要建筑物为 1 级建筑物，清污机桥、进场交通桥及堤防工程等次要建筑物为 3 级建筑物。泵站设计洪水标准为 100 年一遇，校核洪水标准为 300 年一遇。泵站为堤身式块基型结构，采用肘形进水流道、虹吸式出水流道和真空破坏阀断流，设计流量为 60 m³/s，供水期设计扬程为 8.3 m。泵站所选水泵为无锡日立生产的 2600HDQ20-9 型立轴导叶式混流泵，共有 4 台套水泵机组，其中 1 台套备用，单机流量为 20 m³/s，叶轮直径 2.6 m，转速 150 r/min。电机为湖北华博阳光电机公司生产的 TL3000-40/3250 型立式同步电机，配套功率 3 000 kW，泵站总装机容量为 12 000 kW。

睢宁二站于 2011 年 3 月开工，2013 年 5 月通过设计单元工程通水验收具备运行使用条件，2014 年 4 月完工，2018 年 9 月通过完工验收。截至目前，工程运行正常，较好地发挥了工程效益与社会效益。2012 年，睢宁二站工程被江苏省水利厅评为"2012 年水利工程建设文明工地"。截至 2021 年 12 月，睢宁二站机组累计运行 48 225.71 台时，累计调水 34.97 亿 m³。

表 2-23 特征水位及扬程信息表

单位：m

			站下引水渠口	站上出水渠口
特征水位	供水期	设计水位	13.30	21.6
		最低运行水位	12.30	19.73
		最高运行水位	15.30	22.50
		平均运行水位	13.30	21.10
	排涝期	设计水位	—	—
		最高水位	—	—
	挡洪水位	100年一遇	21.33	21.61
		300年一遇	21.49	21.77
扬程	供水期	设计扬程	8.30	
		最小扬程	4.43	
		最大扬程	10.20	
		平均扬程	7.80	
	排涝期	设计扬程	—	
		最小扬程	—	
		最大扬程	—	

表 2-24 泵站基础信息表

所在地	睢宁县沙集镇		所在河流	徐洪河	运用性质		防洪、排涝、输水	
泵站规模	大（2）型	泵站等别	Ⅱ	主要建筑物级别	1	建筑物防洪标准	设计	100年一遇
							校核	300年一遇
站身总长（m）	67.0	工程造价（万元）	25 518	开工日期	2011.3	竣工日期	2014.4	
站身总宽（m）	15.4							
装机容量（kW）	12 000	台数	4	装机流量（m³/s）	80	设计扬程（m）	8.3	
主机泵	型式	立轴导叶式混流泵			主电机	型式	立式同步电动机	
		2600HDQ20-9					TL3000-40/3250	
	台数	4	每台流量（m³/s）	20		台数	4	每台功率（kW）	3 000
	转速（r/min）	150	传动方式	直联		电压（V）	10 000	转速（r/min）	150
主变压器	型号	S11-16000-110/10			输电线路电压(kV)		110	
	总容量（kVA）	16 000	台数	1	所属变电所		倪村变电所	
主站房起重设备	桥式起重机	起重能力（kN）	320/50		断流方式		真空破坏阀	
闸门结构型式	上游	—	启闭机型式	上游		—		
	下游	快速闸门		下游		汽车吊启闭		

续表

进水流道形式		肘形流道	出水流道形式		虹吸式流道	
主要部位高程（m）	站房底板	3.7	水泵层	8.75	电机层	22.5	副站房层	25.1
	叶轮中心	9.8	上游护坦	15	下游护坦	8.5	驼峰底	22.7
站内交通桥	净宽（m）	8	桥面高程（m）	23.85	设计荷载	公路-Ⅱ级	高程基准面	废黄河
站身水位组合	设计水位（m）	下游	13.3		上游	21.6
	校核水位（m）	下游	21.49		上游	21.77

2. 批复情况

2008年11月，国家发展改革委以《关于审批南水北调东线一期工程可行性研究总报告的请示的通知》（发改农经〔2008〕2974号），批复了南水北调东线一期工程可行性研究报告，睢宁二站工程为其中的一个设计单元工程。

2010年9月，国务院南水北调办以《关于南水北调东线一期长江至骆马湖段其他工程睢宁二站工程初步设计报告的批复》（国调办投计〔2010〕205号）批准睢宁二站工程初步设计，批复概算总投资为24 085万元，施工总工期30个月。

根据南水北调工程投资"静态控制、动态管理"等有关规定，工程建设过程中，国务院南水北调办对睢宁二站年度投资等相关费用进行了批复，主要批复如下：

（1）2013年6月，国务院南水北调办以《关于南水北调东线一期工程江苏境内睢宁二站等6个设计单元工程2009至2011年价差报告的批复》（国调办投计〔2013〕133号），其中批复睢宁二站工程2011年度价差投资190万元。

（2）2013年7月，国务院南水北调办以《关于南水北调东线一期邳州泵站和睢宁二站工程待运行期管理维护方案的批复》（国调办投计〔2013〕154号），其中批复睢宁二站工程待运行期管理维护投资232万元。

（3）2013年12月，国务院南水北调办以《关于南水北调东线一期工程江苏境内12个设计单元工程2012年价差报告的批复》（国调办投计〔2013〕301号），其中批复睢宁二站工程2012年度价差投资662万元。

（4）2014年12月，国务院南水北调办以《关于南水北调东线一期工程江苏境内13个设计单元工程2013年价差报告的批复》（国调办投计〔2014〕338号），其中批复睢宁二站工程2013年度价差投资349万元。

至此，国务院南水北调办批复睢宁二站工程总投资25 518万元。

3. 工程建设有关单位

项目法人：南水北调东线江苏水源有限责任公司
现场建设管理机构：江苏省南水北调睢宁二站工程建设处
设计单位：徐州市水利建筑设计研究院
监理单位：徐州市水利工程建设监理中心

质量监督单位：南水北调工程江苏质量监督站

质量检测单位：江苏省水利建设工程质量检测站

土建施工单位：江苏淮阴水利建设有限公司

水泵及附属设备采购：日立泵制造（无锡）有限公司

电气设备采购：江苏大全长江电器股份有限公司（高低压开关柜设备）

　　　　　　　无锡市电力变压器有限公司（变压器设备）

　　　　　　　无锡江南电缆有限公司（电缆供应商）

自动化系统：南京南瑞集团公司

清污设备：江苏一环集团有限公司

钢材水泥采购单位：江苏省水利物资总站

厂房、控制楼及管理房等装饰工程：常州中泰装饰工程有限公司

管理（运行）单位：江苏省骆运水利工程管理处

4. 工程布置与主要建设内容

睢宁二站工程位于徐州市睢宁县沙集镇境内的徐洪河输水线上，睢宁一站（沙集站）西侧。两站中心线夹角12°，相距262 m，睢宁二站工程下游引河与徐沙河相连，上游引河接徐洪河河道。

根据初步设计批复，睢宁二站工程主要建设内容包括：新建睢宁二站，改建睢宁一站主要变电设施、清污机桥，修建对外交通道路和桥梁。

泵站工程为站身直接挡水的堤身式块基型结构，设计调水流量60 m³/s，设计扬程8.3 m。考虑睢宁一、二站共用20 m³/s备用流量，安装4台套2600HDQ20—9立式混流泵（含备机1台套）。水泵叶轮直径2 600 mm，单机设计流量20 m³/s，总装机流量为80 m³/s，配4台套TL3000—40/3250型立式同步电机，单机功率3 000 kW，总装机容量12 000 kW。采用肘形进水流道、整体虹吸式出水流道和真空破坏阀断流，采用液压调节机构调节流量。

泵站站身自下而上为进水流道层、水泵层、检修层、联轴层和电机层。泵房内4台机组呈一列式布置，站身顺水流向长33.5 m，垂直水流向长度为31.8 m，4台机组安装在一块底板上，底板面自高程7.00 m下降至5.30 m，呈倾斜状，机组中心距7.60 m，叶轮中心安装高程为9.80 m。厂房内设置320 kN/50 kN桥式起重机1台。站身上游侧设有站上交通桥，桥面高程23.85 m（与两岸堤顶等高），桥面净宽7.0 m。站身下游侧设有检修门槽，配2套计4扇检修闸门。下游侧墩顶布置工作便桥，桥面高程23.85 m。

泵站上游引河接徐洪河河道，引河长度为407 m，采用梯形断面，河道底宽34 m，河底高程15.00 m，边坡1∶2.5，河坡顶高程23.00 m，泵站出水池出口45 m长段采用30 cm厚C20灌砌石护底、护坡，其后接C20混凝土护底、护坡，护坡顶高程23.00 m，混凝土护坡厚12 cm，护底厚15 cm。左侧裹头段及右侧混凝土护坡之后段采用15 cm厚模袋混凝土护砌，护砌底高程为15.00 m，顶高程为20.00 m，高程20.00 m至23.00 m采用C20混凝土护坡。

站下游引河与徐沙河相连，引河长293 m，共分二段，分别为徐沙河—清污机桥段和清污机桥—站身段。

徐沙河—清污机桥段：引河（至徐沙河道中心线）长173 m，采用梯形复式断面，底宽32.4 m，

河底高程 8.5 m，堤顶（地面）高程 23.7 m，迎水面高程 18.00 m 处设 3 m 宽平台，平台上下坡比 1∶3。高程 18.0 m 以下采用 12 cm 厚 C20 混凝土护坡，18.0 m 以上采用草皮护坡；左右两侧裹头段河坡采用 15cm 模袋混凝土护砌，护砌底高程 8.50 m，顶高程 18.0 m，其上采用草皮护坡。

清污机桥—站身段：引河长 120 m，采用 U 形断面，底宽 29.4 m，河底高程 8.5 m，两侧采用钢筋混凝土扶壁式垂直挡土墙，挡土墙顶高程 15.00 m，设 1m 高挡浪板，两侧高程，平台铺设预制混凝土块。高程 14.80 m 至 18.00 m 采用砼预制块护坡，18.00 m 以上采用草皮护坡。引河西侧设马道与原地面相连。

清污机桥布置在泵站机组中心下游 165 m 处，共 6 孔，2 块底板，单孔净宽 4.2 m，底板顺水流向长 12 m，总宽 32 m，桥顶面高程 18.0 m，安装 6 台套回转式清污机，配皮带输送机输送污物。

进场交通桥位于徐沙河与徐洪河河口西约 180 m，与徐洪河北支正交。荷载标准为公路–Ⅱ级，采用预应力钢筋混凝土连续箱梁结构，共 3 跨，中跨跨度为 50 m，两侧各 28.5 m，桥面净宽 7 m，两侧设 2×0.5 m 防撞护栏，总宽度为 8 m。桥梁净高按五级航道标准确定，桥面最高高程为 30.33 m。中跨桥墩采用实体墩，边跨桥墩采用肋板式桥台，基础采用承台配灌注桩基础，灌注桩直径为 1 500 mm。

进场道路自徐淮公路开始至睢宁二站入口，参照四级公路标准，总长约为 2.0 km，道路路面结构为 30 cm 厚 12% 石灰土、15 cm 厚级配碎石基层，20 cm 厚 C25 混凝土面层。路面宽度为 7.0 m，两侧路肩宽度为 0.5 m。

临时交通桥位于徐沙河南支，共 9 跨，跨度均为 13.0 m，采用预制空心板梁、灌注桩基础，灌注桩直径为 1 000 mm，桥面总宽度为 4.5 m+2×0.5 m，荷载标准为公路–Ⅱ级。

5. 分标情况及承建单位

2010 年 12 月 10 日，国务院南水北调办《关于南水北调东线一期工程睢宁二站工程分标方案的批复》（国调办建管〔2010〕265 号）批复睢宁二站工程划分为建设监理、土建施工及设备安装、管理设施施工、钢筋采购、水泵及其附属设备采购、电机及其附属设备采购、110kV 组合开关设备采购、电气设备采购、变压器采购、高低压电缆采购、清污机系统设备采购、微机监控及视频监视系统设备采购及安装共计 12 个标段。

2012 年 3 月 14 日，国务院南水北调办《关于调整南水北调东线一期工程邳州站等工程招标分标方案的批复》（国调办建管〔2012〕44 号）批复了睢宁二站工程电力线路施工标段。

工程实施阶段按批复标段全部招标完成，无调整。

睢宁二站工程初步设计批复主要工程量为：土方开挖 82.9 万 m^3，土方回填 32.6 万 m^3，砌石及垫层 2.01 万 m^3，混凝土 5.18 万 m^3，钢筋 3 267 t 及 4 套主机组设备安装等。对照初步设计，实际完成工程量中土方量减少了 8.1 万 m^3，混凝土方量增加了 0.06 万 m^3，砌石及垫层减少了 1.11 万 m^3，钢筋增加了 163 t，钢结构增加了 32.1 t。

6. 建设情况简介

2011 年 3 月 1 日，江苏水源公司向国务院南水北调办提交了《关于南水北调东线一期睢宁二站工程开工建设的请示》（苏水源工〔2011〕35 号），2011 年 3 月 7 日，国务院南水北调办印发了《关于南水北调东线一期睢宁二站工程开工请示的批复》（国调办建管函〔2011〕29 号）。

2004年5月7日，江苏省人民政府以《省政府关于设立南水北调东线江苏水源有限公司的批复》（苏政复〔2004〕38号）批准成立南水北调东线江苏水源有限责任公司，建设期负责江苏境内南水北调工程建设管理，工程建成后，负责江苏境内南水北调工程的供水经营业务。2004年6月10日，国务院南水北调办以《关于南水北调东线江苏境内工程项目法人有关问题的批复》（国调委办发〔2004〕3号）同意南水北调东线江苏水源有限责任公司作为项目法人承担南水北调东线江苏省境内工程的建设和运行管理任务。

（1）主要建筑物施工简况

睢宁二站工程主体土建及设备安装由江苏淮阴水利建设有限公司承建。施工单位于2011年3月16日进场，开始临时设施布设，4月20日开始土方开挖，直至2012年7月，完成电机层混凝土浇筑；2012年9月完成主厂房封顶；2013年1月底完成4台主机泵安装；2013年5月完成交通桥及进场道路建设。主要施工简况详见《睢宁二站工程完工验收施工管理工作报告》。

睢宁二站工程供电线路由徐州阳光送变电有限公司承建。主要工程范围包括220 kV倪村变扩建110 kV间隔工程、110 kV线路工程、10 kV间隔和线路工程、主变压器安装调试、110 kV组合开关（GIS）间隔安装等工程。工程于2012年9月29日开工，11月16日完成基础工程，12月17日完成铁塔施工，2013年3月5日完成架线施工。架线及整体工程的竣工预验收于2013年3月26日由监理组织进行，验收合格。

110 kV供电线路于2013年4月18日通过验收，并于2013年4月20日正式送电。10 kV沙源线（保安电源）于2012年10月20日通过睢宁县供电公司配电工区验收，并于2013年4月18日正式送电。

（2）重大设计变更

睢宁二站工程的主要任务是与泗洪站、邳州站一起，通过徐洪河输水线向骆马湖输水100 m^3/s，与中运河共同满足向骆马湖调水275 m^3/s的目的。原设计无发电任务，但为进一步发挥泵站工程的综合效益，在保证南水北调调水主要功能，同时保证泵站高效、稳定、可靠运行的前提下，决定增加睢宁二站发电功能，利用上游余水在非调水期间相机发电。2013年3月，江苏水源公司以《关于报送南水北调东线第一期工程江苏境内部分泵站增加发电功能等设计变更的请示》（苏水源计〔2013〕15号）上报了变更请示。2013年5月，国务院南水北调办以《关于转发批复设计方案执行情况第一次专项检查发现的重大设计变更审查意见的通知》批复同意。

施工单位于2011年3月16日进场，开始临时设施布设，4月20日开始土方开挖，直至2012年7月，完成电机层混凝土浇筑；2012年9月完成主厂房封顶；2013年1月底完成4台主机泵安装，5月完成交通桥及进场道路建设；2014年4月29日，江苏水源公司主持通过睢宁一站改造及管理设施单位工程验收。2013年5月23日，江苏省南水北调办主持通过睢宁二站设计单元工程通水验收；2014年6月26日，江苏水源公司主持通过睢宁二站合同项目完成验收。

7. 工程新技术应用

（1）透水模板布施工技术

为提高混凝土浇筑表面致密性能，预防混凝土表面气泡、裂缝等常见病害的发生，建设单位联合河海大学进行新型材料模板布性能的应用与研究，通过室内与现场试验，研究了不同模板布对混凝土成型外观及耐久性指标的影响，揭示了透水模板提高混凝土耐久性的细观形成机制，首次提出了"透水模板布施工工艺指南"这一研究成果。该成果被应用于本工程中，并于2013年7月12日通过了江苏省水利厅组织的新科技创新项目鉴定。

（2）新型叶片调节机构

睢宁二站采用全调节水泵叶片的调节结构，使油缸下置式结构变为离开水的油缸上置式结构，转轮内不再充有油，彻底解决了漏油污染水质的问题。

（3）V形密封

睢宁二站采用新型的V形密封，其环形密封圈的截面成V字形，V字形开口朝向转轮体外方向，在弹簧和外部水压的共同作用下，使V形张口外扩，有效防止了外部的水渗入转轮内。

8. 工程质量

经施工单位自评、监理处复评、项目法人（建设处）确认，睢宁二站工程质量评定等级为优良。6个单位工程、78个分部工程（水利标准13个，非水利标准65个）、1 104个单元工程中按照水利工程施工质量检验评定相关标准评定的22个分部工程质量等级均为优良，优良率均大于92.31%，1 104个单元工程质量等级合格，其中399个单元工程质量等级优良，主要分部工程泵站工程优良率92.31%，主要分部工程厂房工程优良率94.3%；按照其他相关行业标准评定3个分部，65个分项，全部合格，合格率100%。

9. 运行管理情况

自2013年正式通水至2023年12月底，睢宁二站累计运行61 455台时，累计抽水448 397万 m^3。累计用电8 104万度。最多年运行天数为133 d；最多年运行台时为9 745台时；最大运行流量82 m^3/s；站下最低运行水位11.95 m，最高运行水位14.32 m；站上最低运行水位19.70 m，最高运行水位21.23 m；最小运行扬程5.41 m，最大运行扬程7.90 m；单台机组最小运行功率1 480 kW，最大运行功率2 946 kW，全站最大运行功率7 977 kW。

10. 主要技改和维修情况

（1）机组大修

2019—2022年分别对1#至4#机组展开大修，均由南水北调江苏泵站技术有限公司实施。本次大修主要对机组进行了拆解、检查、维护，实施了受油器上操作油管一段轴改两段轴、泵轴返厂堆焊处理、水导轴承返厂改造、更换了测温元件、调整了叶片间隙、导叶体水平调整及中底座处渗水等内容，解决了受油器渗油、机组震动偏大、水导轴颈磨损严重和导叶体中底座处渗水等问题，既方便了受油器轴套密封损坏时操作油管的更换，提高了检修效率，也提高了机组安全运行能力。

（2）电缆整改

2019年，因设计夹层空间狭小，电气预埋管位置不合理等原因，导致部分桥架内部线缆未严格按照从上到下、分层隔离布置原则进行敷设，部分电缆存在相互缠绕，不美观、不规范，且存在安全隐患等问题对睢宁二站电缆进行整改，由南水北调江苏泵站技术有限公司实施。本次整改主要通过将电缆按照"从上至下、分层布置、强弱分离、错落有致"的原则布置，电缆敷设在相应的层级，采用规范、美观的布置走线方式并捆扎固定。光缆、网线、视频信号线、电话线等通信线缆敷设规范，分层、不交叉缠绕。本次整改既消除了电缆存在的安全隐患，也提升了工程管理形象。

（3）叶调机构改造

2019—2022年，结合4台机组大修，睢宁二站逐台对叶片调节机构两段式操作油管的上段实施2段式改造，并对受油器进行适当改造；遇到故障时，对第3段油管及总成进行整体更换，减少维修成本，大幅缩短消缺时间。

（4）GIS室环境改造

GIS室楼梯为敞开式，雨天雨水易通过墙体进入墙内，可能造成墙内电线短路，存在一定安全隐患，于是2020年在除高压线侧区域之外增设0.8 cm厚钢结构钢化玻璃围挡。

（5）主机组风道改造

2021年，睢宁二站对主机风道口进行临时封堵，利用放置于风道内的除湿机来降低定子绕组及尾端互感器的环境湿度。改善定子绕组整体绝缘，解决了历史遗留问题。与传统专用电缆引励磁电加热定子除湿的方法相比较，本方法不仅操作简单方便，而且更加的经济实用，节约了运行管理成本。

（6）冷却水系统改造

2021年，睢宁二站对4#机组实施改造，实现水泵填料部分的冷却润滑可以在需要时自动给水冷却、不需要时自动关闭，可靠性高；能有效防止主机组因突发故障停机，值班人员来不及去开启原供水冷却系统，导致填料处的填料和水泵大轴由于温度急剧升高而烧损的事故。

11. 工程质量获奖情况

（1）睢宁二站工程被评为"2012年度江苏省水利工程建设文明工地"。

（2）淮阴水建睢宁二站项目部先后被国务院南水北调办评为2011年度安全生产先进管理单位、南水北调工程建设2012年度安全生产管理优秀单位。

（3）2017-2018年度江苏省水利优质工程奖。

（4）2012年度江苏省水利工程建设文明工地。

（5）江苏省第十八届优秀工程设计二等奖。

（6）2019年度江苏省工程勘察设计行业水系统工程二等奖。

（7）中国勘察设计协会2019年度行业优秀勘察设计水系统二等奖。

（8）工程勘察获得2014年度江苏省第十四届优秀工程勘察二等奖。

（9）"南水北调工程大型高效泵装置优化水力设计理论及应用"课题，获2012年度江苏省科学技术一等奖。

（10）"异形结构混凝土透水模板施工技术与应用研究"课题，获2015年度江苏省水利科技进步三等奖。

（11）2019—2020年度中国水利工程优质（大禹）奖。

12. 图集

SNTP-01：泵站位置图
SNTP-02：枢纽总平面布置图
SNTP-03：工程平面图
SNTP-04：泵站立面图
SNTP-05：泵站剖面图
SNTP-06：电气主接线图
SNTP-07-01：油系统图
SNTP-07-02：气系统图
SNTP-07-03：水系统图
SNTP-08-01：高压系统图
SNTP-08-02：低压系统图
SNTP-09：工程观测点布置及观测线路图
SNTP-10：水泵性能曲线图
SNTP-11：自动化拓扑图
SNTP-12：征地红线图
SNTP-13：竣工地形图

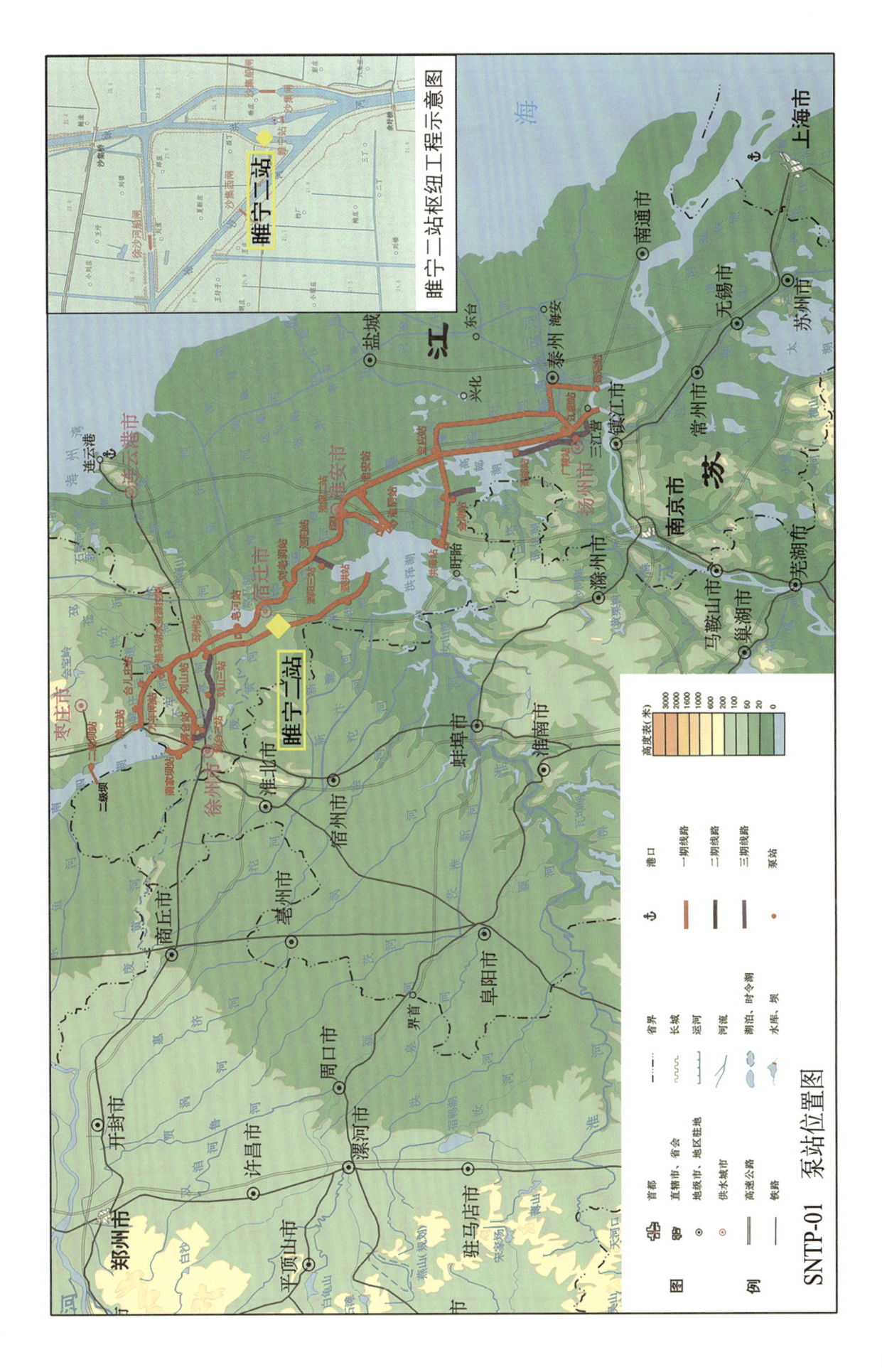

2. 南水北调东线一期江苏境内泵站概况

睢宁二站枢纽工程示意图

SNTP-01 泵站位置图

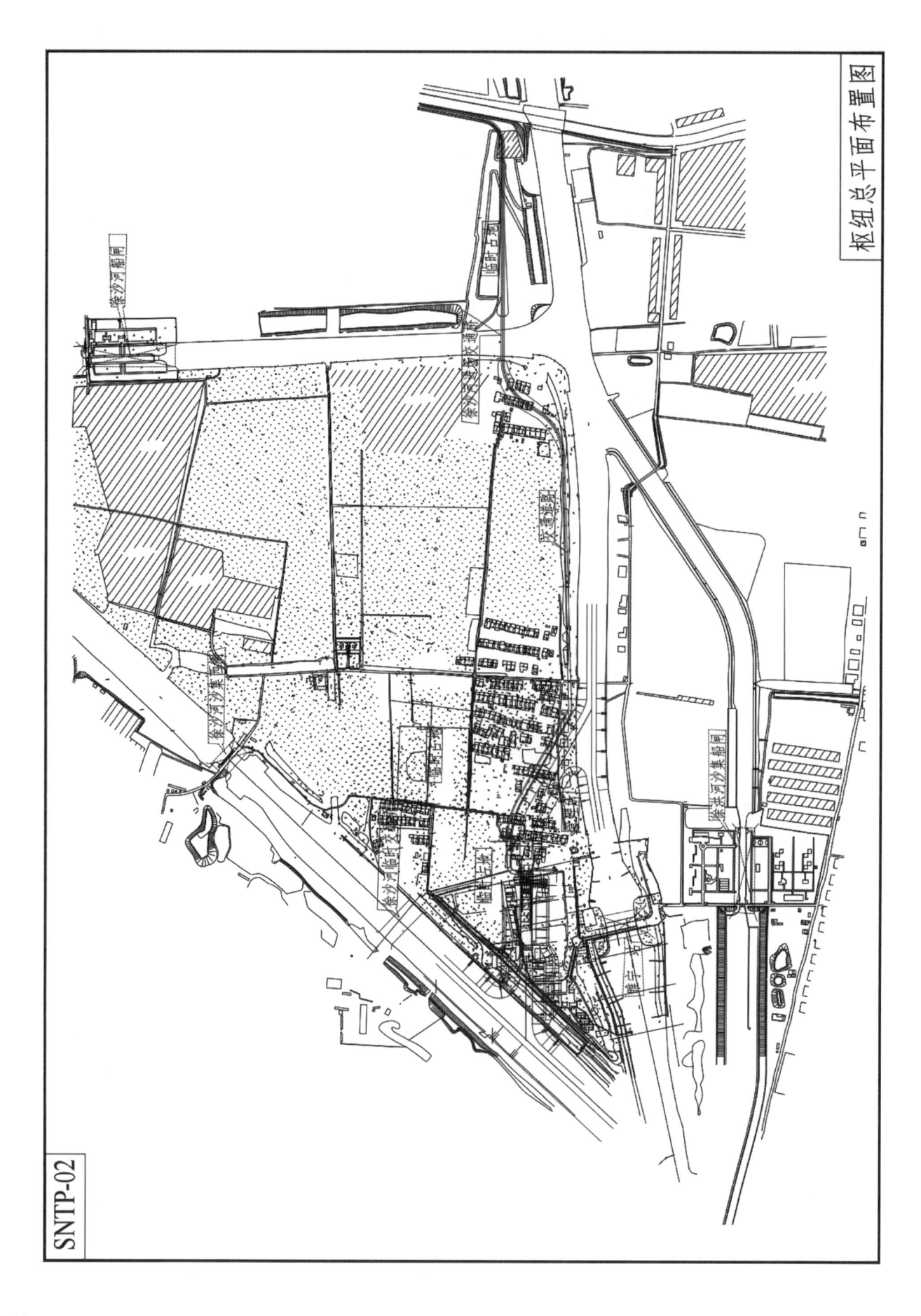

南水北调东线一期江苏境内泵站工程

枢纽总平面布置图

SNTP-02

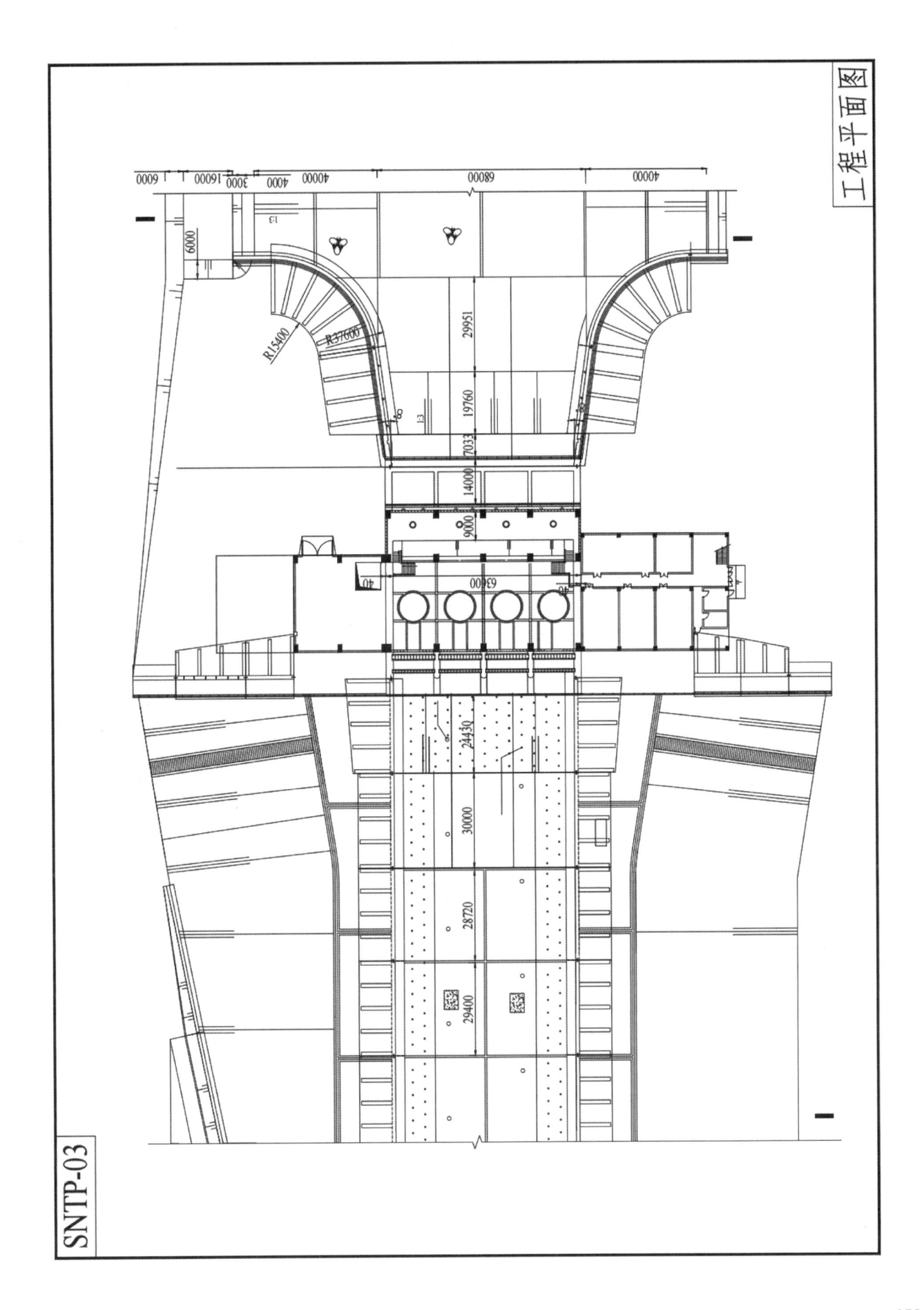

2. 南水北调东线一期江苏境内泵站概况

工程平面图

SNTP-03

253

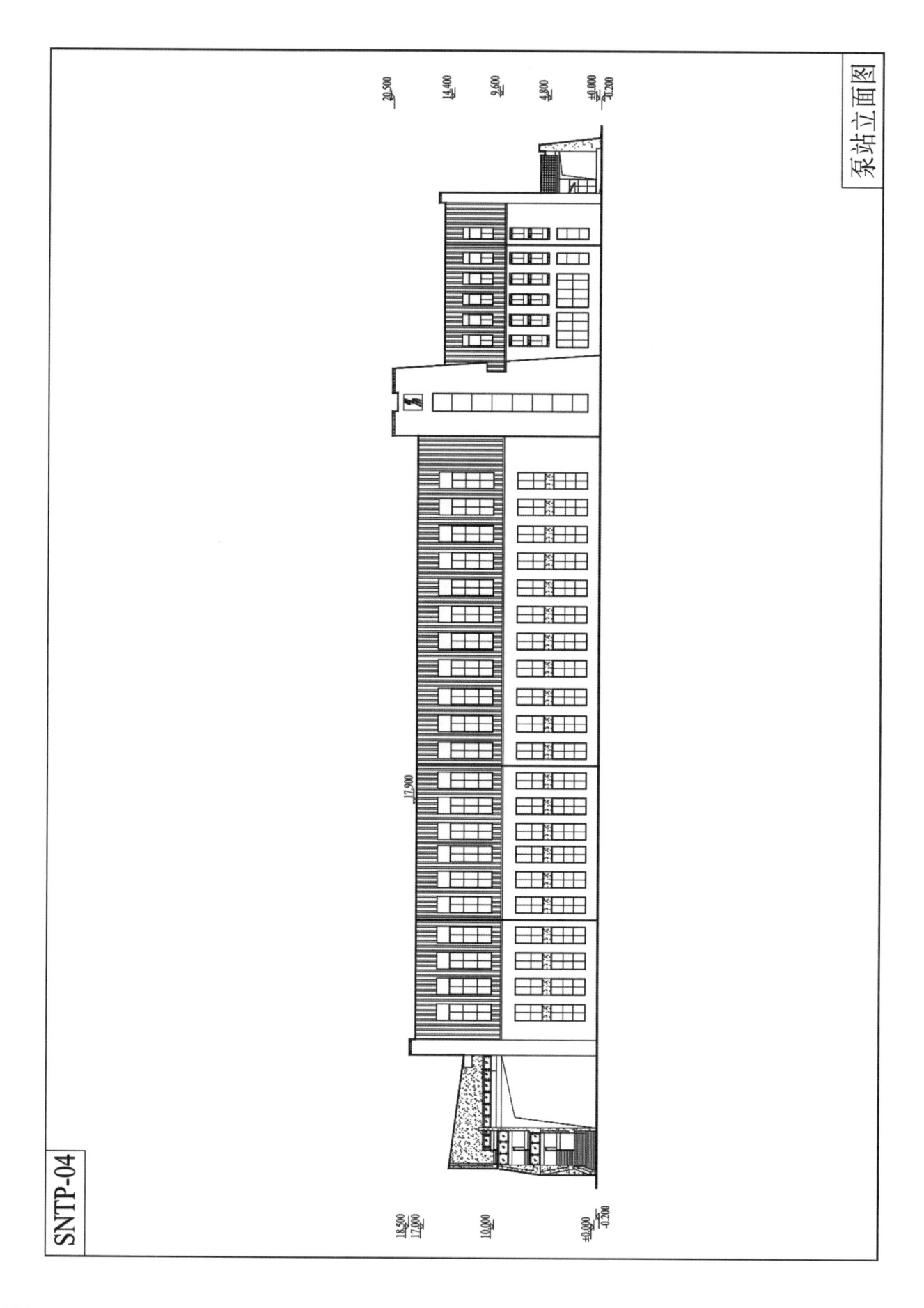

泵站立面图

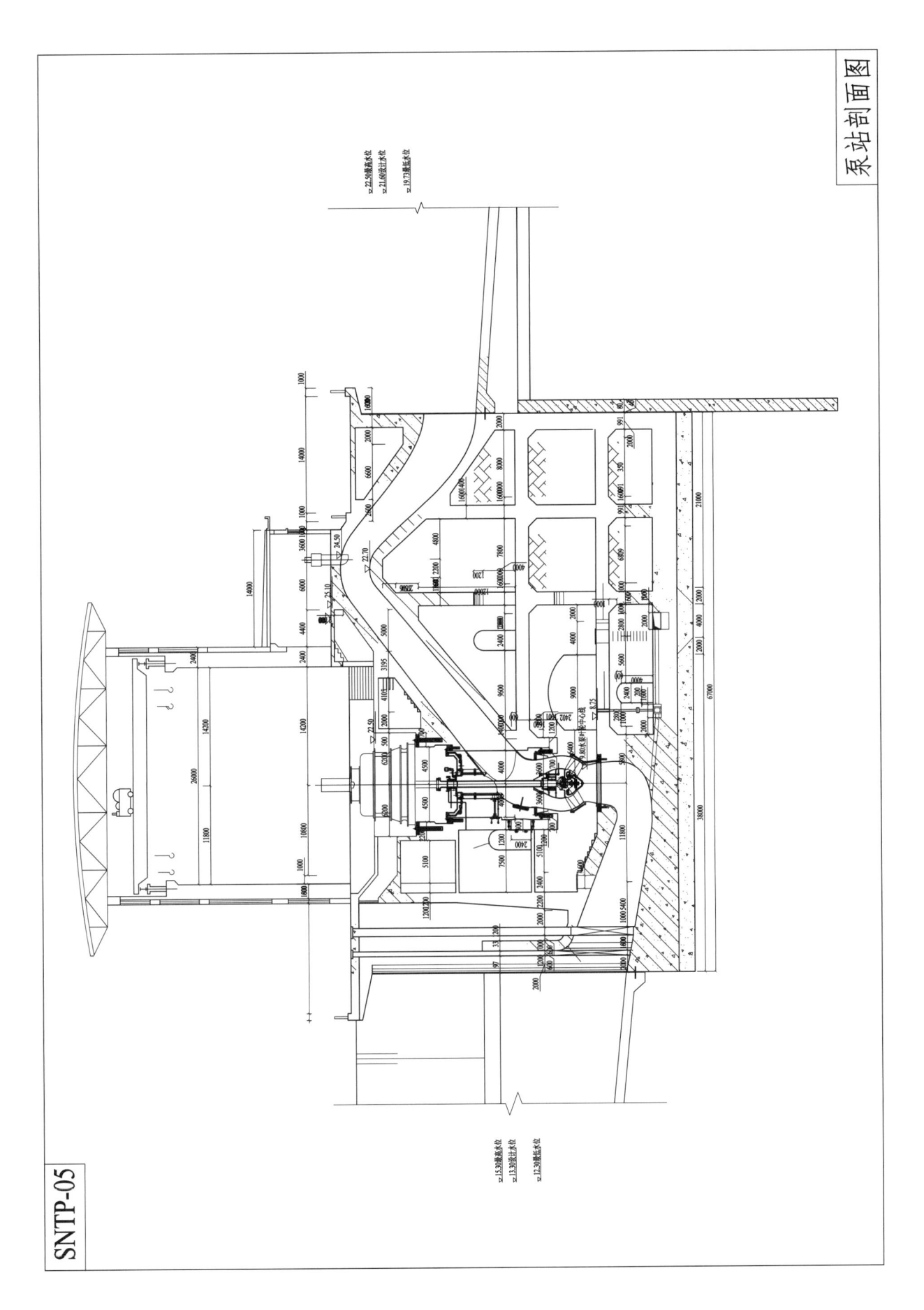

2．南水北调东线一期江苏境内泵站概况

泵站剖面图

SNTP-05

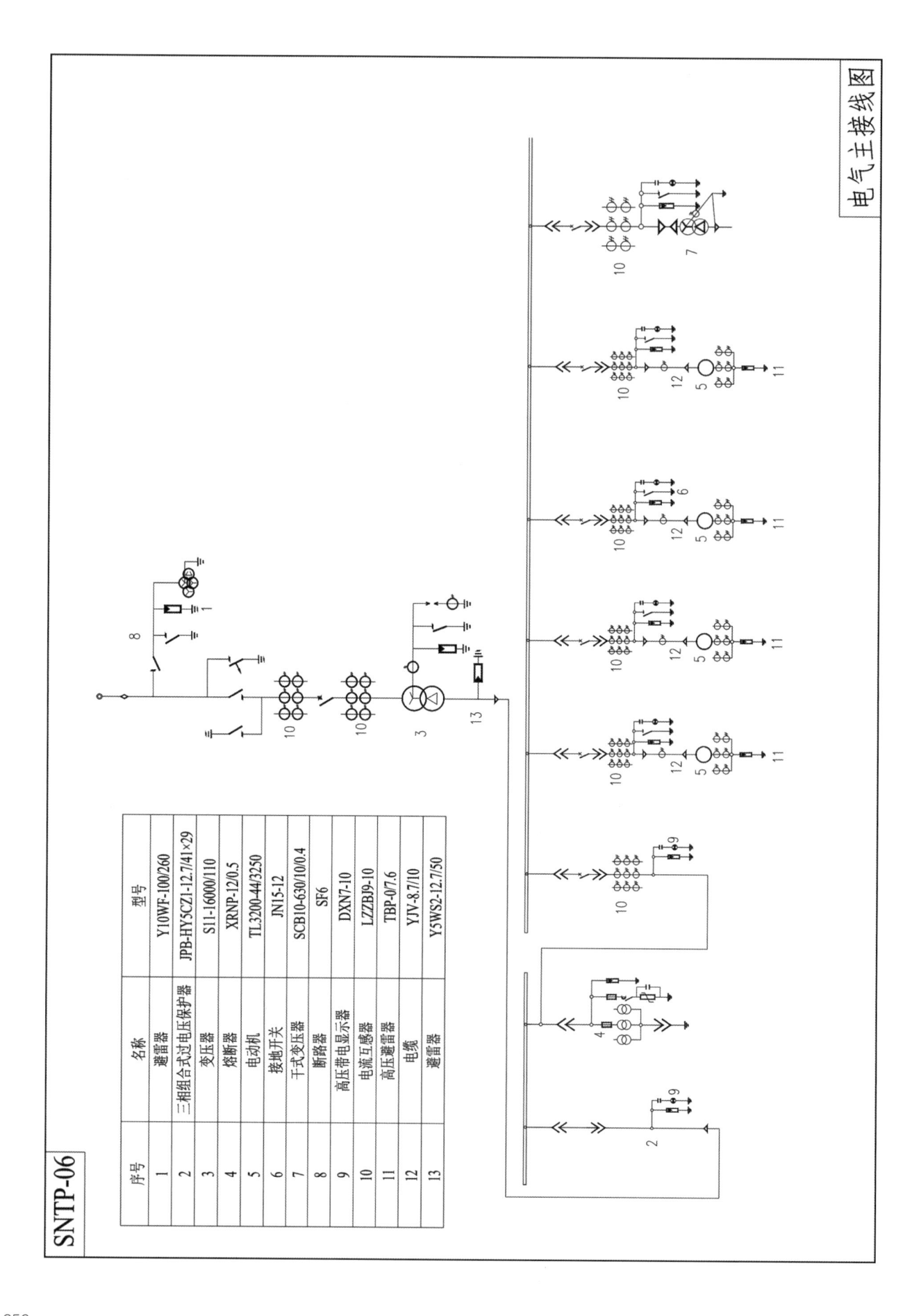

电气主接线图

序号	名称	型号
1	避雷器	Y10WF-100/260
2	三相组合式过电压保护器	JPB-HY5CZ1-12.7/41×29
3	变压器	S11-16000/110
4	熔断器	XRNP-12/0.5
5	电动机	TL3200-44/3250
6	接地开关	JN15-12
7	干式变压器	SCB10-630/10/0.4
8	断路器	SF6
9	高压带电显示器	DXN7-10
10	电流互感器	LZZBJ9-10
11	高压避雷器	TBP-0/7.6
12	电缆	YJV-8.7/10
13	避雷器	Y5WS2-12.7/50

SNTP-06

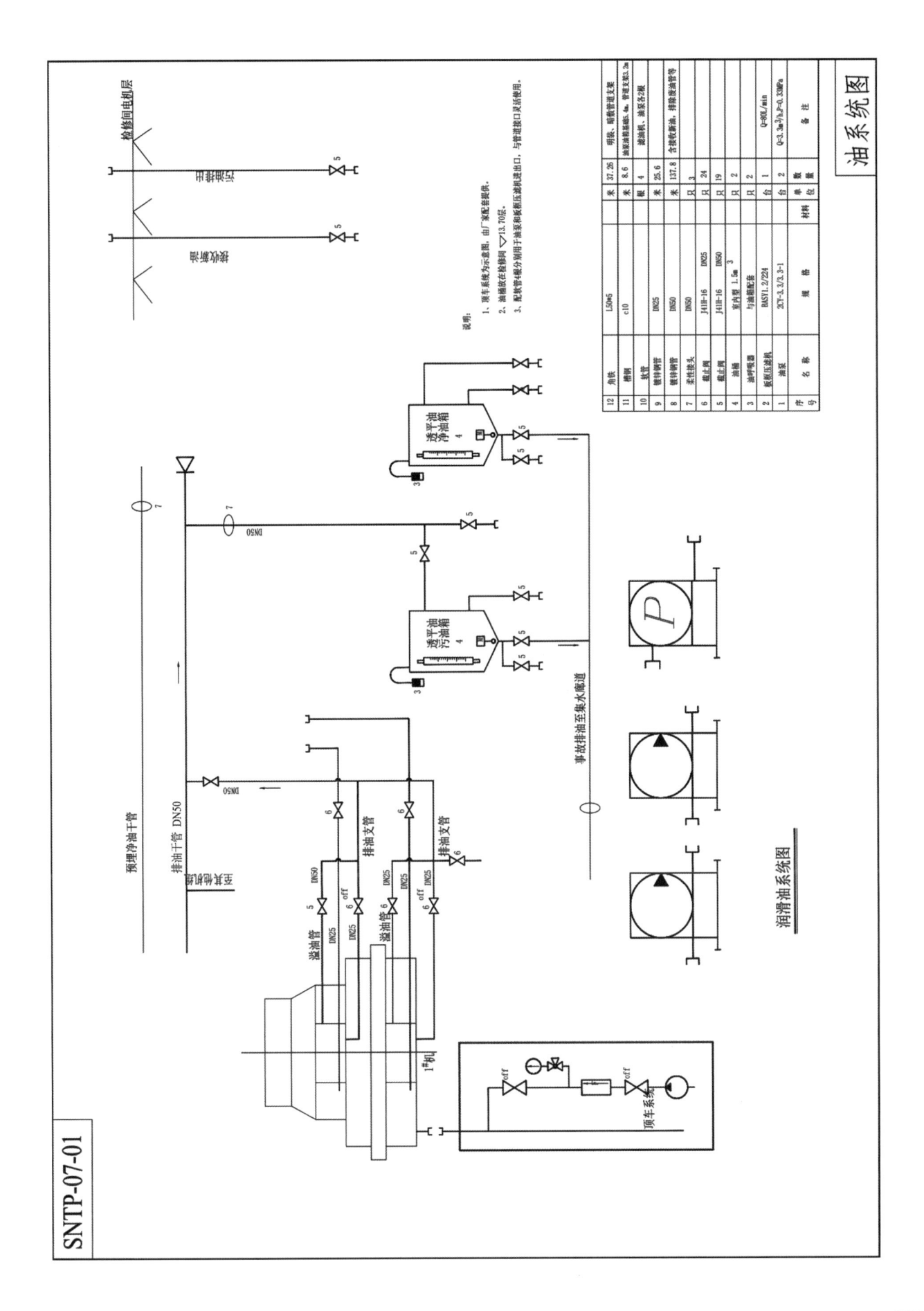

2. 南水北调东线一期江苏境内泵站概况

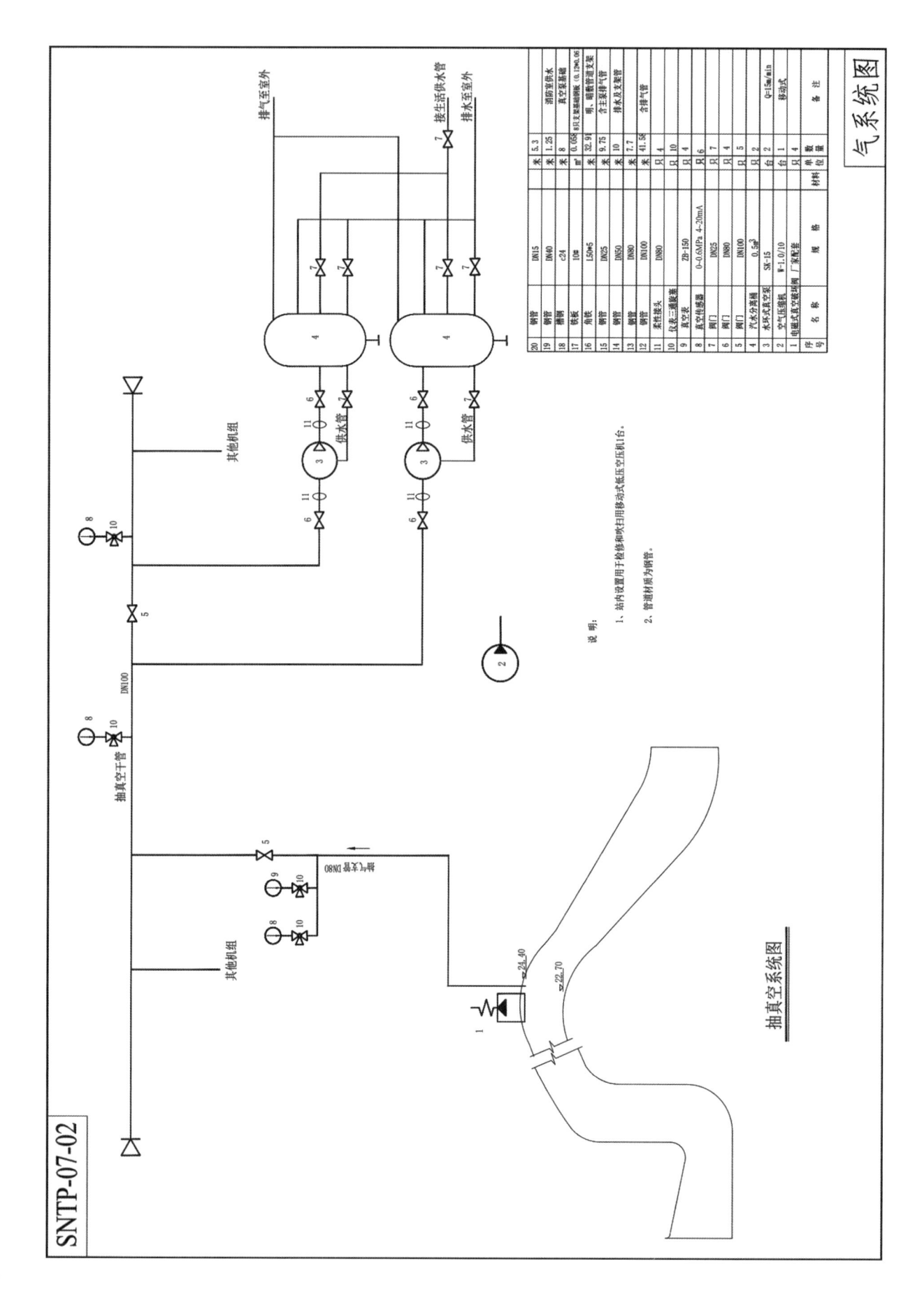

南水北调东线一期江苏境内泵站工程

抽真空系统图

序号	名 称	规 格	材料	单位	数量	备 注
1	电磁式真空破坏阀	W-1.0/10	厂家配套	台	4	
2	空气压缩机	SK-15		台	2	Φ-15m³/min 移动式
3	水环式真空泵	0.5m³		只	5	
4	汽水分离箱	DN100		只	4	
5	阀门	DN80		只	6	
6	阀门	DN25		只	7	
7	阀门	DN25		只	10	
8	真空传感器	0-0.6MPa 4-20mA		只	4	
9	真空表	ZB-150		只	10	
10	仪表三通旋塞			只	4	
11	柔性接头	DN80	钢管	米	41.5#	含排气管
12	钢管	DN100	钢管	米	7.7	含排气管
13	钢管	DN80	钢管	米	10	排水及支架管
14	钢管	DN50	钢管	米	9.75	含主泵排气管
15	钢管	DN25	钢管	米	32.91	明、暗敷管道支架
16	角铁	L50x5		米	8	8只支墩基础砌筑 0.12m3, 0.06
17	铁板	10#		m²	0.06x	
18	槽钢	c24		米	1.25	真空泵基础
19	钢管	DN40		米	8	
20	钢管	DN15		米	5.3	消防管供水

说 明:
1. 站内设置用于检修和吹扫用移动式低压空压机1台。
2. 管道材质为钢管。

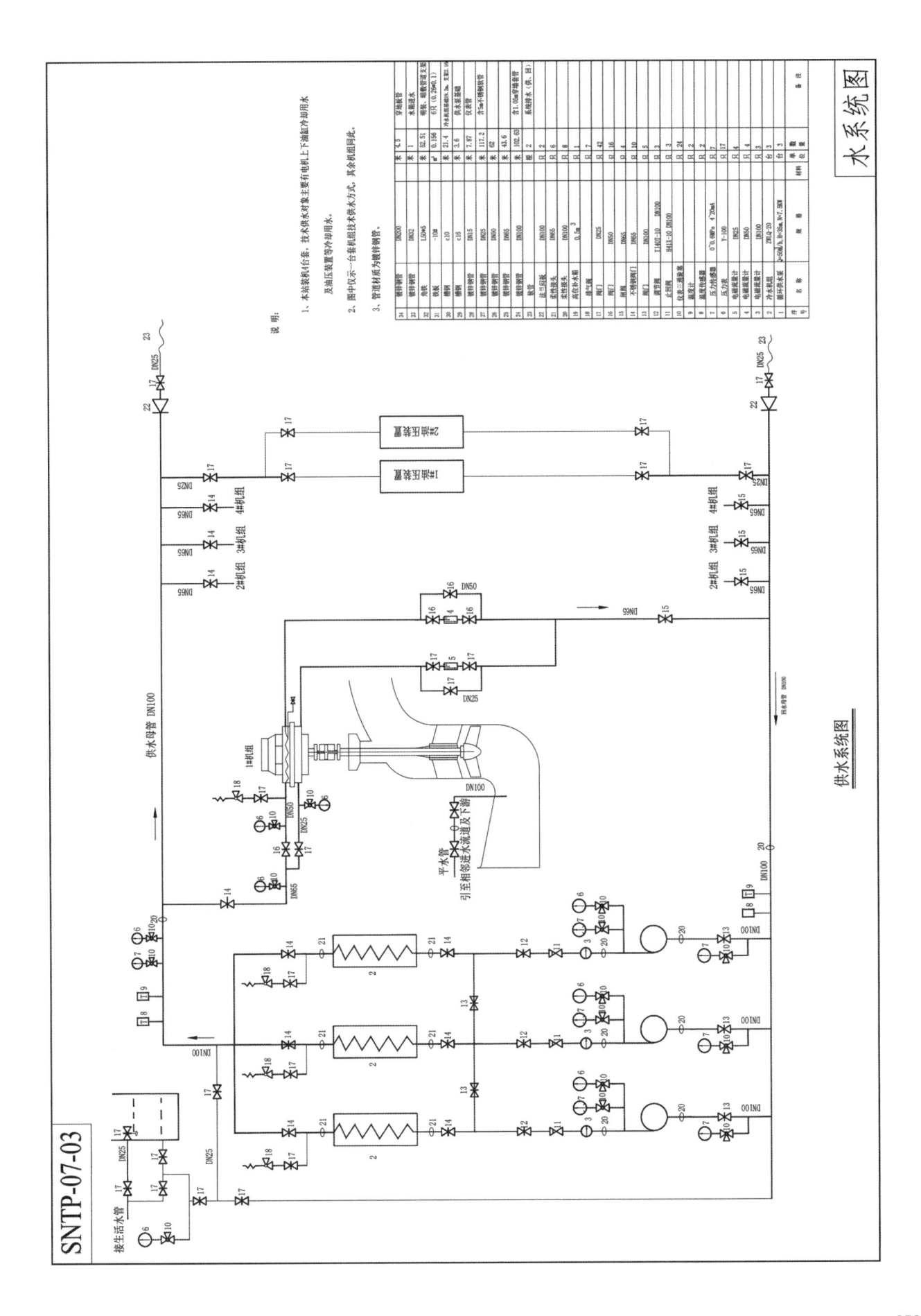

2．南水北调东线一期江苏境内泵站概况

SNTP-07-03

供水系统图

水系统图

说明：

1、本站装机4台套，技术供水对象有电机上下油缸冷却用水及油压装置等冷却用水。
2、图中仅示一台套机组技术供水方式，其余机组同此。
3、管道材质为镀锌钢管。

序号	名称	规格	材料	单位	数量	备注
1	循环水箱			台	3	
2	冷却器	p=30m⁹.n=5t/m,b=7，国家		台	3	
3	电磁流量计	ZMLQ-20		只	3	
4	电磁温度计	DN50		只	4	
5	压力表	Y-100		只	17	
6	压力传感器	DN25		只	7	
7	温度传感器			只	24	
8	温度传感器			只	3	
9	仪表三通旋塞			只	3	
10	调压阀	H411-10 DN100		只	3	
11	止回阀	H41T-10 DN100		只	24	
12	水表	DN100		只	5	
13	闸阀	DN65		只	16	
14	大旋转阀门	DN100		只	42	
15	阀门	DN65		只	16	
16	阀门	DN50		只	42	
17	闸阀	DN25		只	8	
18	排污阀	DN15		只	5	
19	高低水表箱	c16		米	117.2	
20	柔性接头	c10		米	7.87	
21	法兰弯头			米	62	
22	镀锌钢管	DN65		米	43.6	
23	镀锌钢管	DN100		米	102.63	
24	镀锌钢管	DN25		米	21.4	
25	镀锌钢管	DN50		米	3.6	
26	镀锌钢管	L50×5		m²	0.156	
27	铁件			米	52.51	
28	角钢			米	1	
29	明敷、暗敷管道支架	6只(0.25×0.1)		米	4.5	
30	穿墙套管	木柜括水				

供水系统图

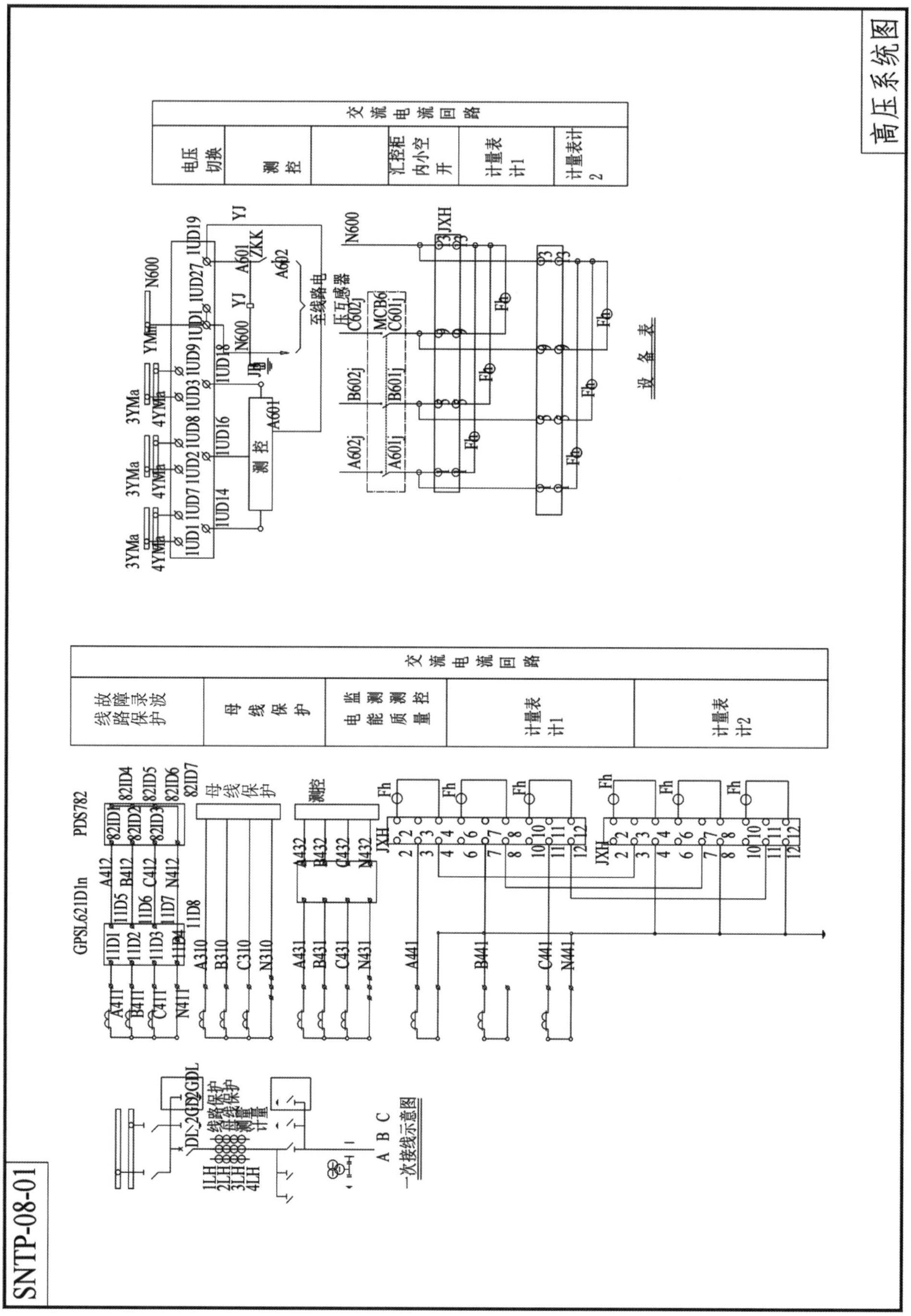
高压系统图
SNTP-08-01
交流电流回路
电压切换
测控
汇控柜内小空开
计量表计1
计量表计2
至线路电压互感器
设备表
线路故障录波保护
母线保护
电能质量监测测控
一次接线示意图
GPSL621D1n
PDS782
JXH
N600
A441
B441
C441
N441
A310
B310
C310
N310
A431
B431
C431
N431

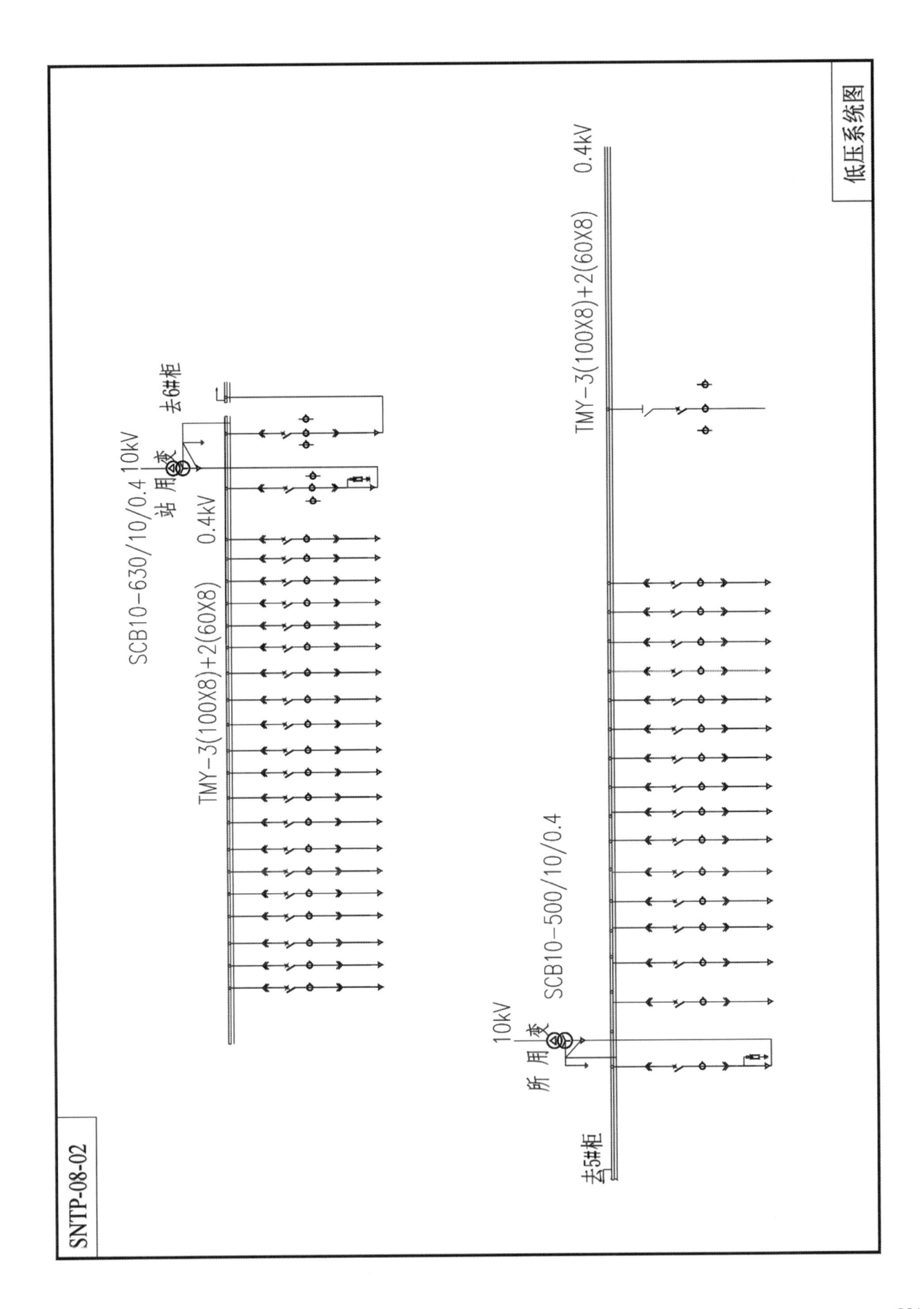

2. 南水北调东线一期江苏境内泵站概况

低压系统图

SNTP-08-02

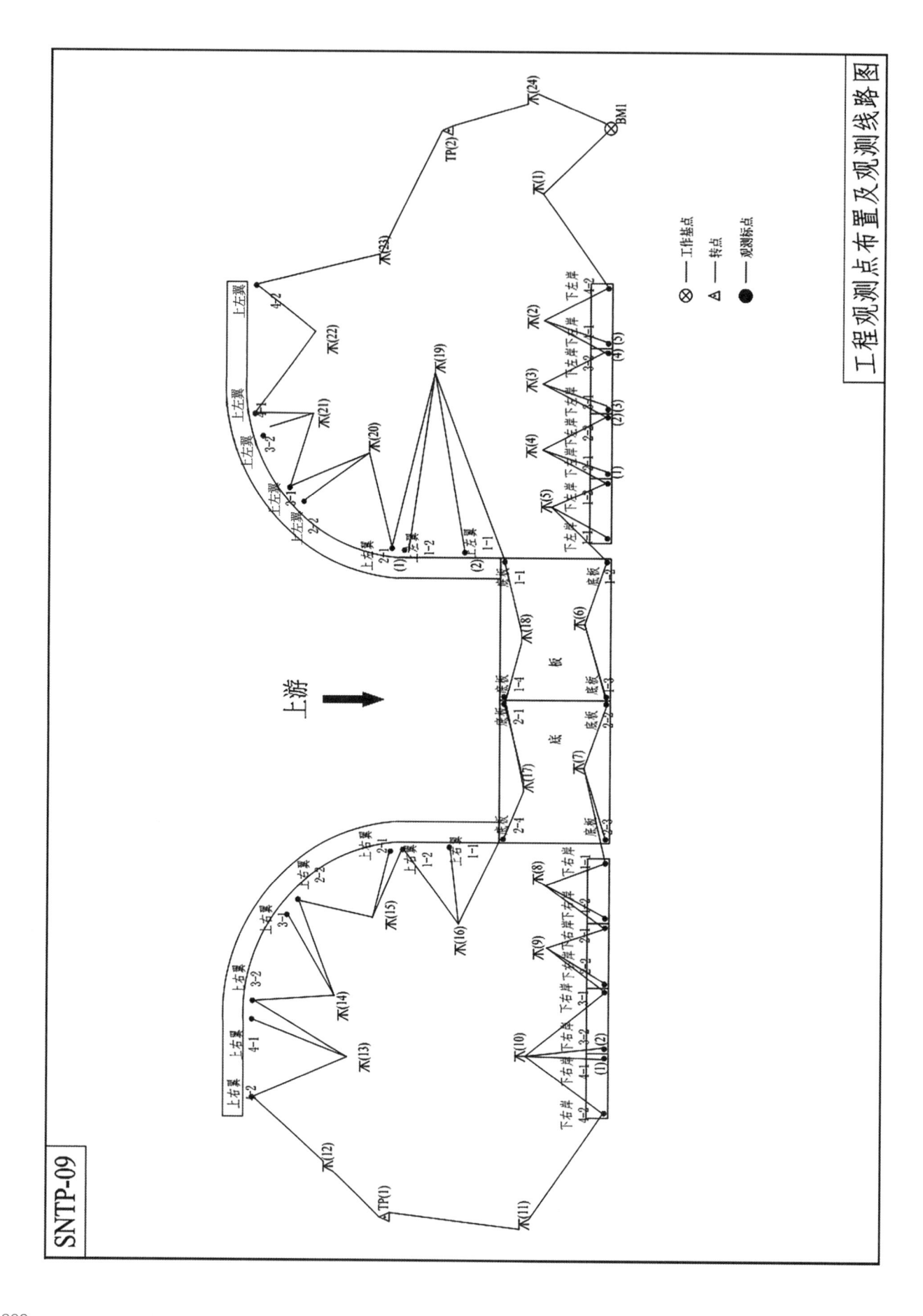

工程观测点布置及观测线路图

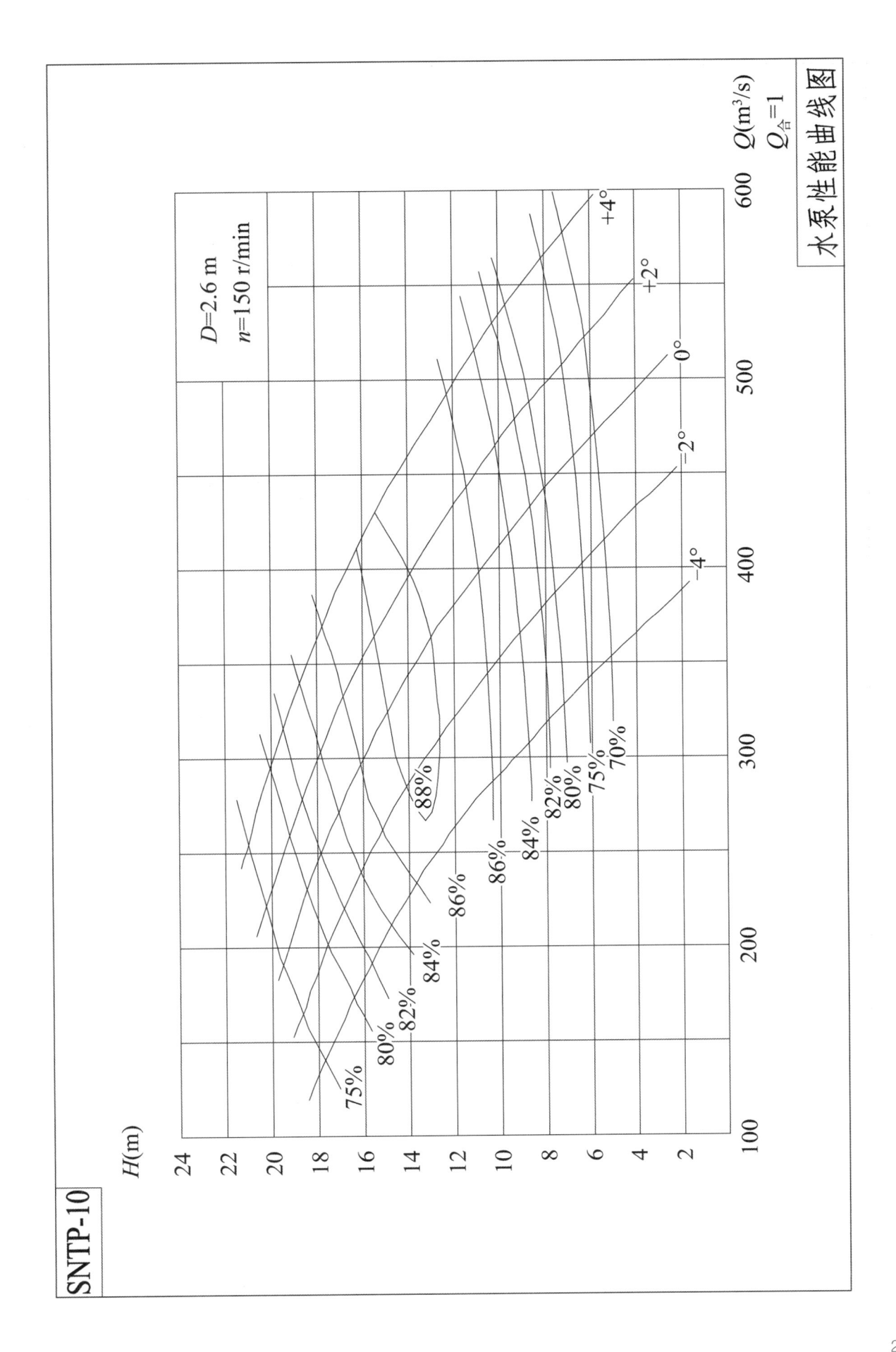

2. 南水北调东线一期江苏境内泵站概况

SNTP-10

水泵性能曲线图

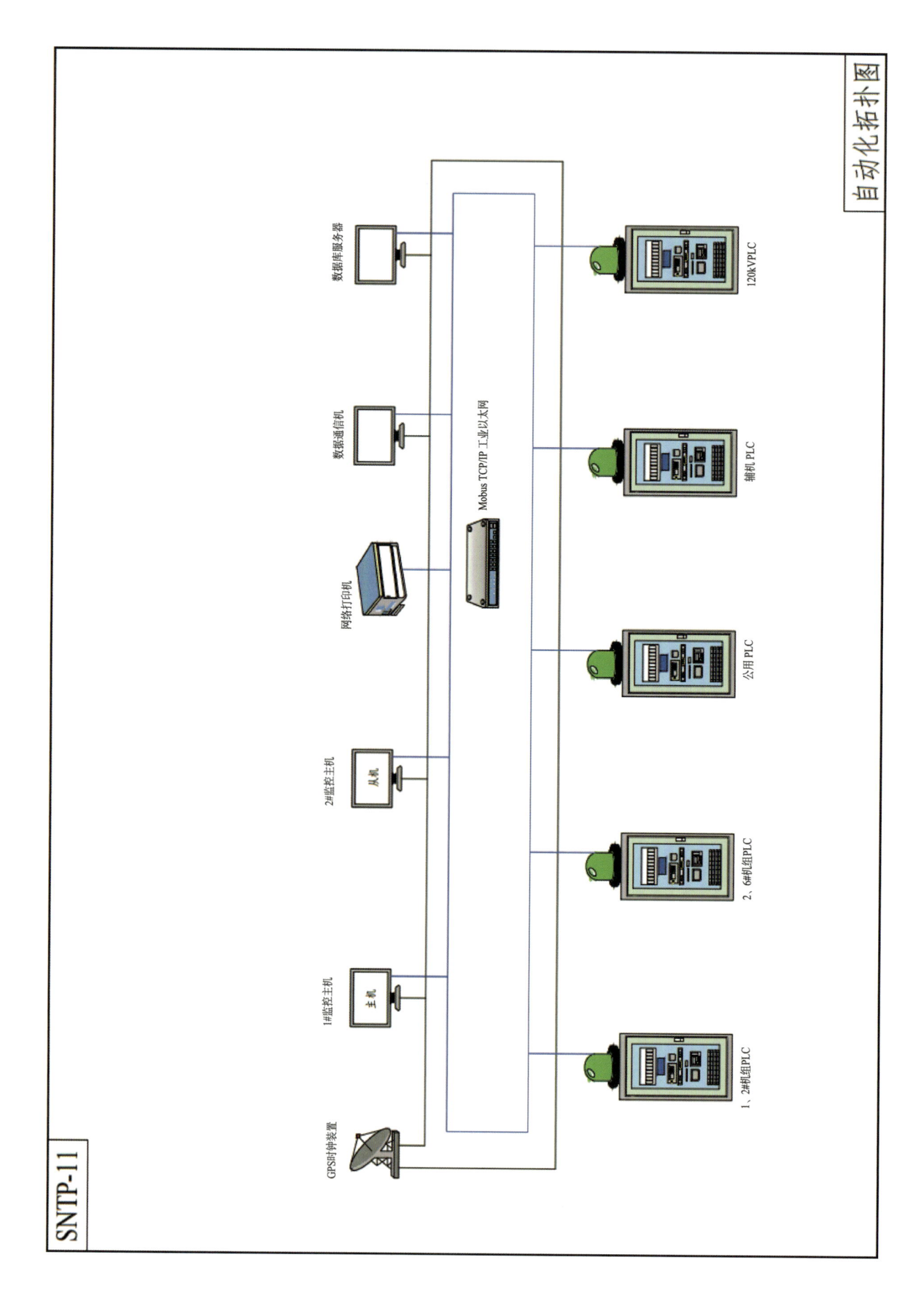

南水北调东线一期江苏境内泵站工程

自动化拓扑图

SNTP-11

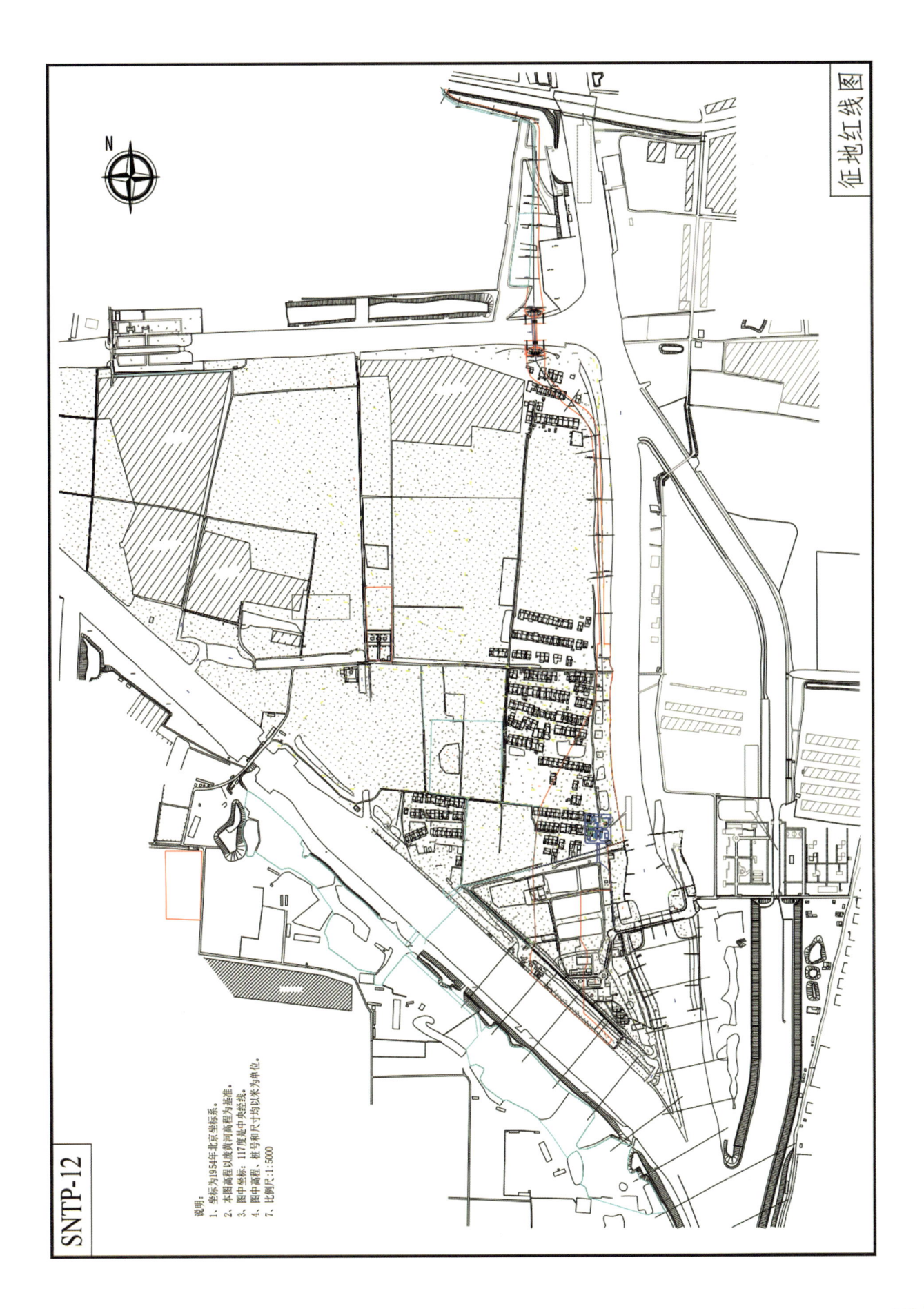

2. 南水北调东线一期江苏境内泵站概况

征地红线图

SNTP-12

说明：
1. 坐标为1954年北京坐标系。
2. 本图高程以废黄河高程为基准。
3. 图中坐标，117度是中央经线。
4. 图中高程、桩号和尺寸均以米为单位。
5. 比例尺：1:5000

265

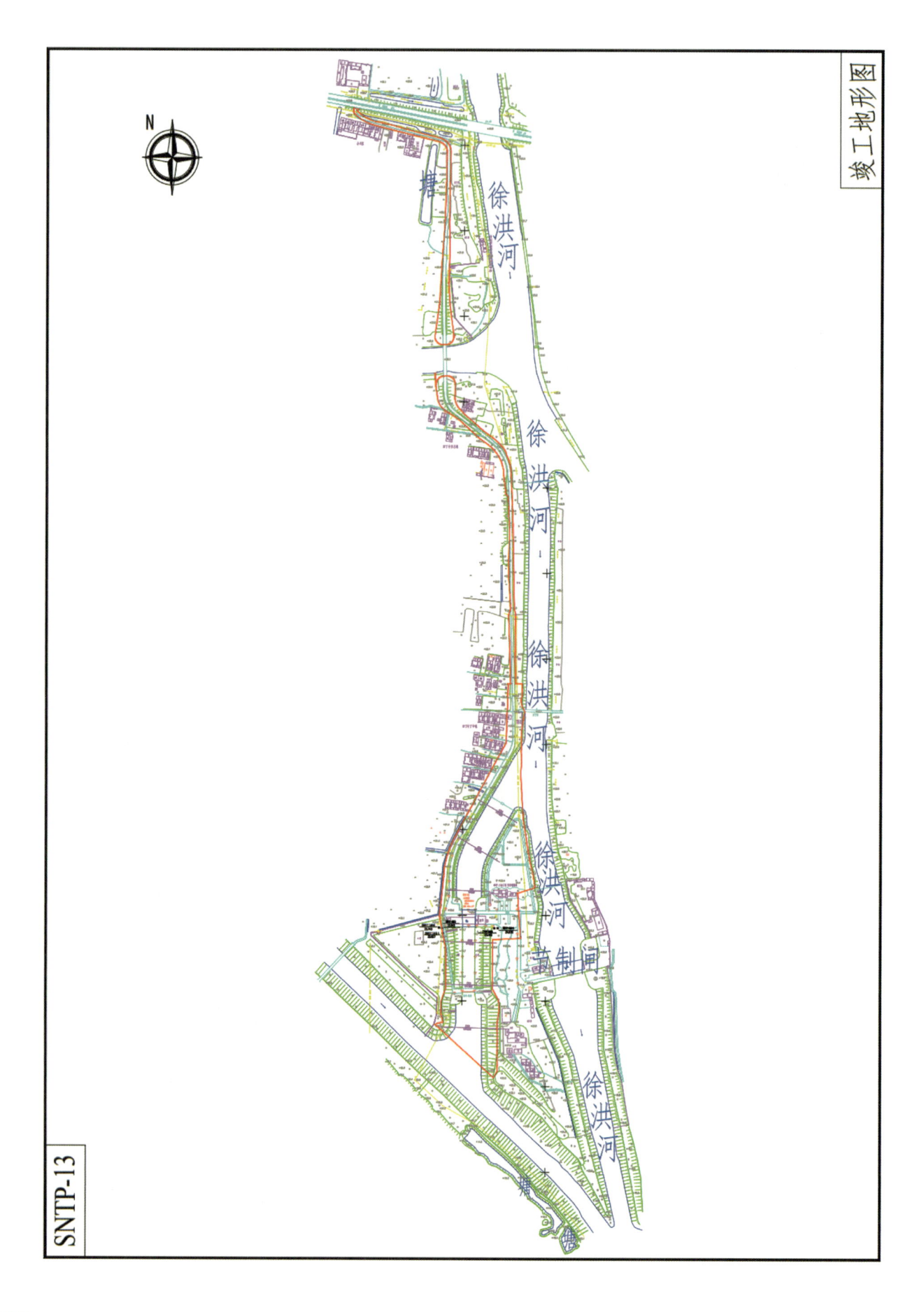

南水北调东线一期江苏境内泵站工程

竣工地形图

SNTP-13

2.6 第六梯级泵站

2.6.1 皂河抽水站

图 2-13 皂河抽水站

1. 工程概况

皂河抽水站位于江苏省宿迁市皂河镇北 5 km 的中运河与邳洪河夹滩上，是南水北调东线工程的第六梯级泵站之一，也是江苏江水北调第六梯级泵站，其主要任务是与刘老涧泵站、泗阳泵站一起通过中运河向骆马湖调水 100 m³/s，与南水北调运西徐洪河线共同实现向骆马湖调水 275 m³/s，此外，它还承担黄墩湖滞洪区排涝任务以及改善中运河航运条件等。

皂河抽水站工程地处黄淮海平原中部，夏季湿热，冬季干冷，四季分明；年平均气温为 14.2 ℃，主导风向冬季盛行东北风，夏季盛行东南风，年平均风速为 3.5 m/s；年降水量 859.2 mm，多集中在夏季，年降雪日数约有 9 天，冻土深度为 23 cm。根据区域地质资料显示，该场地地貌分区属徐淮黄泛平原区，地貌类型属堤外洼地平原。区内除中运河及邳洪河两岸堤顶高程（22.8～28.1 m）较高外，其余地势较平坦，地面高程多 18.8～20.2 m。皂河抽水站地震动峰值加速度为 0.30 g，相应的地震基本烈度为Ⅷ度。

皂河抽水站更新改造包括：更新改造现有机泵及附属设备，更换、改造电气设备、拦污栅、启闭机、闸门等；泵站土建维修加固，下游新建穿邳洪河地涵及引水闸、清污机桥及公路桥等。泵站规模为大（1）型泵站，工程等别为Ⅰ等，站身及防渗范围内翼墙等主要建筑物级别为 1 级，其他次要建筑物为 3 级。泵站设计洪水标准为 100 年一遇，校核洪水标准为 300 年一遇。泵站为半堤身式块基型厂房，采用钟形进水流道、平直管出水流道和液压快速闸门断流，设计流量为 200 m³/s，设计扬程 4.78 m。泵站选用江苏航天水力设备有限公司生产的 6HL-70 型立式全调节导叶式混流泵 2 台套，采用一用一备运行方式，单机流量为 100 m³/s，比转速为 700，叶轮直径 5.70 m，转速 75 r/min。电机为湖北华博阳光电机有限公司生产的 TL7000-80/7400 型立式同步电动机，配套功率 7 000 kW，泵站总装机容量为 14 000 kW。

皂河抽水站更新改造工程于 2010 年 9 月开工建设，2012 年 5 月通过泵站机组试运行验收，2014 年 9 月通过单位工程及合同项目完成验收，2016 年 1 月，工程通过江苏省南水北调办公室的设计单元完工验收。皂河水利枢纽充分利用"亚洲第一泵"优势，开展皂河水利风景区建设，2016 年 12 月，通过省级水利风景区验收，2017 年 11 月被推选为"江苏省最美水地标"。截至 2021 年 12 月，皂河抽水站机组累计运行 79 859 台时，累计调水 185.1 亿 m³。

表 2-25 特征水位及扬程信息表

单位：m

			站下引水渠口	站上出水渠口
特征水位	供水期	设计水位	18.22	23.00
		最低运行水位	17.70	20.50
		最高运行水位	19.24	23.50
		平均运行水位	18.02	22.70
	排涝期	设计水位	19.30	24.50
		最高水位	19.72	25.50
	挡洪水位	设计（1%）	23.50	25.00
		最高（0.33%）	26.00	26.00
扬程	供水期	设计扬程	4.78	
		最小扬程	1.26	
		最大扬程	5.80	
		平均扬程	4.68	
	排涝期	设计扬程	5.20	
		最小扬程	—	
		最大扬程	6.70	

表 2-26 泵站基础信息表

所在地	宿迁市皂河镇北		所在河流	中运河		运用性质	抗旱、灌溉、排涝、航运	
泵站规模	大（1）型	泵站等别	I	主要建筑物级别	1	建筑物防洪标准	设计	100 年一遇
							校核	300 年一遇
站身总长（m）	40.4	工程造价（万元）	13 248	开工日期	2010.09	竣工日期	2013.12	
站身总宽（m）	23.4							
装机容量（kW）	14 000	台数	2	装机流量（m³/s）	200	设计扬程（m）	4.78	
主机泵	型式	立式全调节导叶式混流泵			主电机	型式	立式同步电动机	
		6HL-70					TL7000-80/7400	
	台数	2	每台流量（m³/s）	100		台数	2	每台功率（kW）	7 000
	转速（r/min）	75	传动方式	直联		电压（V）	10 000	转速（r/min）	75

续表

主变压器	型号	SSZ11-31500、S11-31500		输电线路电压(kV)		110	
	总容量(kVA)	31 500	台数	2	所属变电所	220kV 闻涛变电所	
主站房起重设备		桥式行车	起重能力（kN）	1250/200	断流方式	快速门	
闸门结构型式	上游	平面钢闸门	启闭机型式	上游	液压启闭机		
	下游	平面钢闸门		下游	电动葫芦		
进水流道形式		钟形流道		出水流道形式	双螺旋形蜗壳压水室和平直出水管		
主要部位高程(m)	站房底板	9.00	水泵层	22.50	电机层	28.86	副站房层	27.86
	叶轮中心	16.00	上游护坦	13.97	下游护坦	9.0		
站内交通桥	净宽(m)	6.0	桥面高程(m)	27.50	设计荷载	公路－Ⅱ级	高程基准面	废黄河
站身水位组合	设计水位（m）	下游	18.22		上游	23.00		
	校核水位（m）	下游	17.50		上游	26.00		

2. 批复情况

2001年，国家发展计划委员会和水利部编制完成了《南水北调东线工程规划（2001年修订）》。此后，在东、中、西线规划等12个附件的基础上，编制完成了《南水北调工程总体规划》。2004年6月，中水淮河工程有限责任公司、中水北方勘测设计研究有限责任公司会同江苏省水利勘测设计研究院有限公司和山东省水利勘测设计院共同编制完成了《南水北调东线第一期工程项目建议书》，并通过水利部审查。2005年3月，编制完成《南水北调东线第一期工程可行性研究报告（送审稿）》上报水利部，2005年11月，通过水利部水利水电规划设计总院审查。2008年11月，国家发改委以《关于审批南水北调东线一期工程可行性研究总报告的请示的通知》（发改农经〔2008〕2974号），批复了南水北调东线一期工程可行性研究报告。2006年10月，江苏省水利勘测设计研究院有限公司完成《南水北调东线第一期工程皂河一站更新改造工程初步设计报告》，2008年12月水利部水利水电规划设计总院（以下简称水利部水规总院）审查通过了《南水北调东线第一期工程皂河一站更新改造工程初步设计报告》；2009年4月，国务院南水北调工程建设委员会办公室（以下简称国务院南水北调办）以《关于南水北调东线一期长江—骆马湖段其他工程皂河一站更新改造工程初步设计报告（技术方案）的批复》（国调办投计〔2009〕39号）批复了皂河一站更新改造工程初步设计。

2009年7月，国务院南水北调办以《关于南水北调东线一期长江—骆马湖段其他工程皂河一站更新改造工程初步设计报告（概算）的批复》（国调办投计〔2009〕141号）批复皂河一站更新改造工程投资12 219万元。经国家相关部门批准调整后，批复皂河一站更新改造工程总投资13 248万元。

3. 工程建设有关单位

项目法人：南水北调东线江苏水源有限责任公司
现场建设管理机构：江苏省南水北调皂河站工程建设处及皂河一站工程部
设计单位：江苏省水利勘测设计研究院有限公司

监理单位：上海宏波工程咨询管理有限公司
质量监督单位：南水北调工程江苏质量监督站
质量检测单位：江苏省水利建设工程质量检测站
土建施工单位：徐州市水利建设工程有限公司
　　　　　　　江苏省水利建设工程有限公司
主电机改造供应商：湖北华博阳光电机有限公司
主水泵改造供应商：江苏航天水力设备有限公司
电气及自动化设备供应商：许继电气股份有限公司
清污设备供应商：曲阜恒威水工机械有限公司
高低压电缆供应商：江苏华远电缆有限公司
液压启闭机供应商：武汉船舶工业公司
钢筋供应商：江苏省水利物资总站
管理（运行）单位：江苏省皂河抽水站

4. 工程布置与主要建设内容

皂河泵站枢纽是南水北调东线第一期工程的第六梯级泵站之一，位于江苏省宿迁市宿豫区皂河镇北 5 km 处，东临中运河、骆马湖，西接邳洪河、黄墩湖。该梯级泵站由皂河一站和皂河二站组成，主要任务是与泗阳泵站、刘老涧泵站一起，通过中运河线向骆马湖输水 175 m³/s，与运西徐洪河线共同满足向骆马湖调水 275 m³/s 的目标，并承担邳洪河和黄墩湖地区的排涝任务。

皂河一站更新改造工程包括皂河一站改造、兴建穿邳洪河地涵、引水闸、站下交通桥和站下清污机桥。

皂河一站更新改造工程对现有皂河一站进行改造，改造后的皂河一站安装 2 台叶轮直径 5 700 mm 立式混流泵，单机流量 100 m³/s，总流量 200 m³/s。穿邳洪河地涵，设计排涝流量 100 m³/s，共 4 孔，孔径为 3.2 × 3.2 m。皂河一站引水闸设计流量 200 m³/s，共 4 孔，每孔净宽为 6 m；清污机桥布置于引水闸东侧，设置 6 孔回转式清污机。站下交通桥共 10 孔，中间 4 跨布置在引水闸上，其余 6 跨为引水闸两侧引桥，孔径 20 m。

皂河一站站身结构采用半堤后式，钟形进水流道，双螺旋蜗壳式出水室，平直管出水流道，采用快速闸门断流。泵站站身部分的主要工作内容是对主机组进行改造，皂河一站原装设有 2 台套国内最大的立式全调节大型蜗壳式混流泵，水泵叶轮直径 5.70 m，转速 75 r/min，主机组配套 TL7000-80/7400 型立式同步电动机 2 台套，额定电压 10 kV，总装机容量 14 000 kW。

5. 分标情况及承建单位

建设处按照南水北调基建程序要求，有序进行工程报建工作。根据《关于南水北调东线一期工程皂河一站更新改造工程和皂河二站工程招标分标方案的批复》（国调办建管〔2009〕202 号），皂河一站更新改造工程共分 11 个标段。2009 月 12 日 24 日皂河一站监理标在宁开标，2011 年 1 月 14 日完成自动化系统采购与安装标的开标工作。

皂河一站更新改造工程完成主要工程量：土方挖填 30.2 万 m³、混凝土 3.3 万 m³、砌石及垫层 8 845 m³，钢筋制作安装 1 968 t，主机泵改造 2 台套，回转式清污机 6 台套，液压式启闭机 8 台套，卷扬式启闭机 4 台。

6. 建设情况简介

徐州市水利建设工程有限公司承建的南水北调皂河一站更新改造工程及配套建筑物工程土建施工及设备安装工程于 2010 年 9 月 18 日开工建设。2009 年 9 月 26 日，南水北调东线江苏水源有限责任公司（以下简称江苏水源公司）印发《关于成立江苏省南水北调皂河站工程建设处的通知》（苏水源综〔2009〕18 号），批准成立了江苏省南水北调皂河站工程建设处，负责皂河一站和皂河二站工程现场建设管理。

（1）主要建筑物施工简况

① 一站配套建筑物施工

a. 穿邳洪河地涵及引水闸土建工程

2010 年 11 月 8 日至 2011 年 11 月 2 日完成引水闸基坑土方开挖、底板浇筑、下涵洞洞首浇筑、墩墙砼浇筑、工作桥及排架砼浇筑、启闭机房、电气设备安装工程。

穿邳洪河地涵共 14 节洞身，2010 年 12 月开始浇筑，至 2011 年 3 月中旬浇筑完成。

上下游翼墙在主体工程施工的同时穿插进行，其中上游南侧 1# 空箱翼墙于 2011 年 1 月 27 日浇筑完成。2011 年 3 月 31 日完成护坡、护底施工。

b. 一站清污机桥土建工程

2010 年 11 月 26 日至 2011 年 3 月 14 日完成基坑土方开挖、底板、桥墩及桥面板施工。

2010 年 11 月 28 日至 2011 年 3 月 31 日，完成下游空箱翼墙底板、墙身、护坡、护底施工。

c. 一站公路桥工程

2011 年 5 月 31 日至 11 月 13 日，完成基础工程及下部构造、上部构造、防护工程、引道工程、桥面系及防撞栏杆施工。

d. 闸门及启闭机制造、安装

穿邳洪河地涵及引水闸闸门及启闭机由江苏蔚联水利机械有限公司制造安装，其中闸门门体于 2010 年 9 月 24 日开始制作，2011 年 3 月 10 日完工。2011 年 3 月 21 日闸门、启闭机开始安装，3 月 30 日联合调试完毕。

e. 清污设备采购及安装

2010 年 11 月 17 日及 11 月 30 日建设处组织召开了两次设备制造联络会议，2011 年 3 月 1 日皂河一站清污设备通过出厂验收，3 月 21 日清污机设备进场安装，3 月 27 日清污机安装结束，3 月 28 日通过监理部组织的清污机空载运行验收。

② 皂河一站更新改造工程施工

2010 年 10 月，皂河一站更新改造工程由江苏省水利建设工程有限公司和徐州市水利工程建设有限公司开工实施。2011 年 3 月底完成了下游拦污栅、下游闸门、上下游护坡、下游清淤、下游门槽维修、高低压开关柜等改造项目，3 月 20 日未改造机组通过了空载试运行；4 月 2 日通过了水下工程阶段验收；

4月底完成了一台套机组的改造工作，5月4日通过了皂河一站更新改造工程2号机组试运行验收。

2010年10月至2012年5月完成2台主机组及其附属设备的更新改造工作。

2011年3月底，完成电气设备高低压柜、变压器、励磁系统、变频器、动力箱、直流屏、电缆、电缆桥架、避雷及接地装置、电气照明器具及配电盘（箱）安装。2013年12月10日通过了皂河站自动化合同验收。

土建工程施工：2010年11月10日至2011年1月6日完成河道清淤、拆除上下游浆砌石护坡、灌砌石护坡、上下游护坡、副厂房电机层，4月2日通过水下工程验收。2011年4月至2012年8月完成门厅施工、主厂房改造、开挖发电机房基础土方、拆除上游启闭机房部分屋顶、新建发电机房及启闭机房改造。

主厂房、办公楼外装饰及绿化工程：2014年4月15日开始进行主厂房及办公楼外墙装饰工程施工，2014年9月24日对主厂房及办公楼外墙装饰主体工程进行合同验收。

（2）重大设计变更

无重大设计变更。

2010年09月18日江苏省南水北调东线第一期工程皂河一站配套建筑物及设备安装工程开工令签发，2010年10月5日皂河一站更新改造建筑物及设备安装工程开工令签发。2011年5月4日通过一站2#机组试运行验收，2011年12月10日通过一站配套建筑物单位工程验收。2012年4月2日通过一站配套建筑物、一站更新改造水下工程阶段验收；2012年5月28日通过一站1#机组试运行验收；2012年12月23日至26日通过一站更新改造设计单元工程通水验收。2014年4月30日皂河一站更新改造配套建筑物工程合同项目完成验收；2014年9月24日通过皂河一站更新改造工程单位工程暨合同项目完成验收；2014年5月11日至12日通过档案专项验收。

7. 工程新技术应用

（1）状态检测与故障诊断新技术

针对皂河抽水站自动化系统不足的问题，建设单位采用了状态检测与故障诊断新技术，利用计算机对水电机组的状态进行在线监测，能实时了解机组的运行参数、当前工作状况，及时发现事故隐患，并能进行报警监测和事故追溯，更能瞬时保存大量异常信息，便于进行事故分析，能大大提高泵站运行的可靠性及效率，具有较高的经济效益。

（2）皮带输送机纠偏装置

针对皂河抽水站清污机皮带长时间运行会跑偏现象，建设单位研制了皮带输送机纠偏装置，并获得国家专利证书，解决了清污机皮带长时间运行跑偏的问题，具有较高的效益。

（3）监控原液压减载装置上位机

针对皂河抽水站原液压减载装置上位机无法监控的问题，现场管理单位于2017年将其更换为天津生产的GDY-20/6.0-12D型高压顶车装置，增加12块主机推力瓦监视压力传感器，通过传感器将压力传到联轴器机旁控制柜集中显示，并通过数显压力表将参数送给上位机，彻底解决了上位机监控不方便、不安全的问题，达到安全、便捷、可控的目的，具有较高的效益。

8. 工程质量

经施工单位自评、监理处复评、项目法人（建设处）确认，皂河抽水站工程质量评定等级为优良。4个单位工程（水利标准3个，非水利标准1个）、28个分部工程，243个单元中，按照水利工程施工质量检验评定相关标准评定的3个分部工程质量等级均为优良，优良率均大于89.4%；243个单元工程质量等级合格，其中229个单元工程质量等级优良，优良率94.2%；主要分部水泵、电机机组技术改造工程优良率100%；按照其他相关行业标准评定1个单位工程，72个分项，全部合格，合格率100%；单位工程外观质量得分率88.9%。

9. 运行管理情况

截至2023年7月，皂河抽水站机组累计运行85 790.98台时，累计调水198.8亿 m^3。

10. 主要技改和维修情况

无。

11. 工程质量获奖情况

2012年建设处被江苏省南水北调办、江苏水源公司授予"工程质量管理先进单位"称号。

12. 图集

ZHOP-01：泵站位置图
ZHOP-02：总平面布置图
ZHOP-03：工程平面图
ZHOP-04：泵站立面图
ZHOP-05：泵站剖面图
ZHOP-06：电气主接线图
ZHOP-07-01：油气系统图
ZHOP-07-02：水系统图
ZHOP-08：低压系统图
ZHOP-09：工程观测点布置及观测路线图
ZHOP-10：水泵性能曲线图
ZHOP-011：自动化拓扑图
ZHOP-012：征地红线图

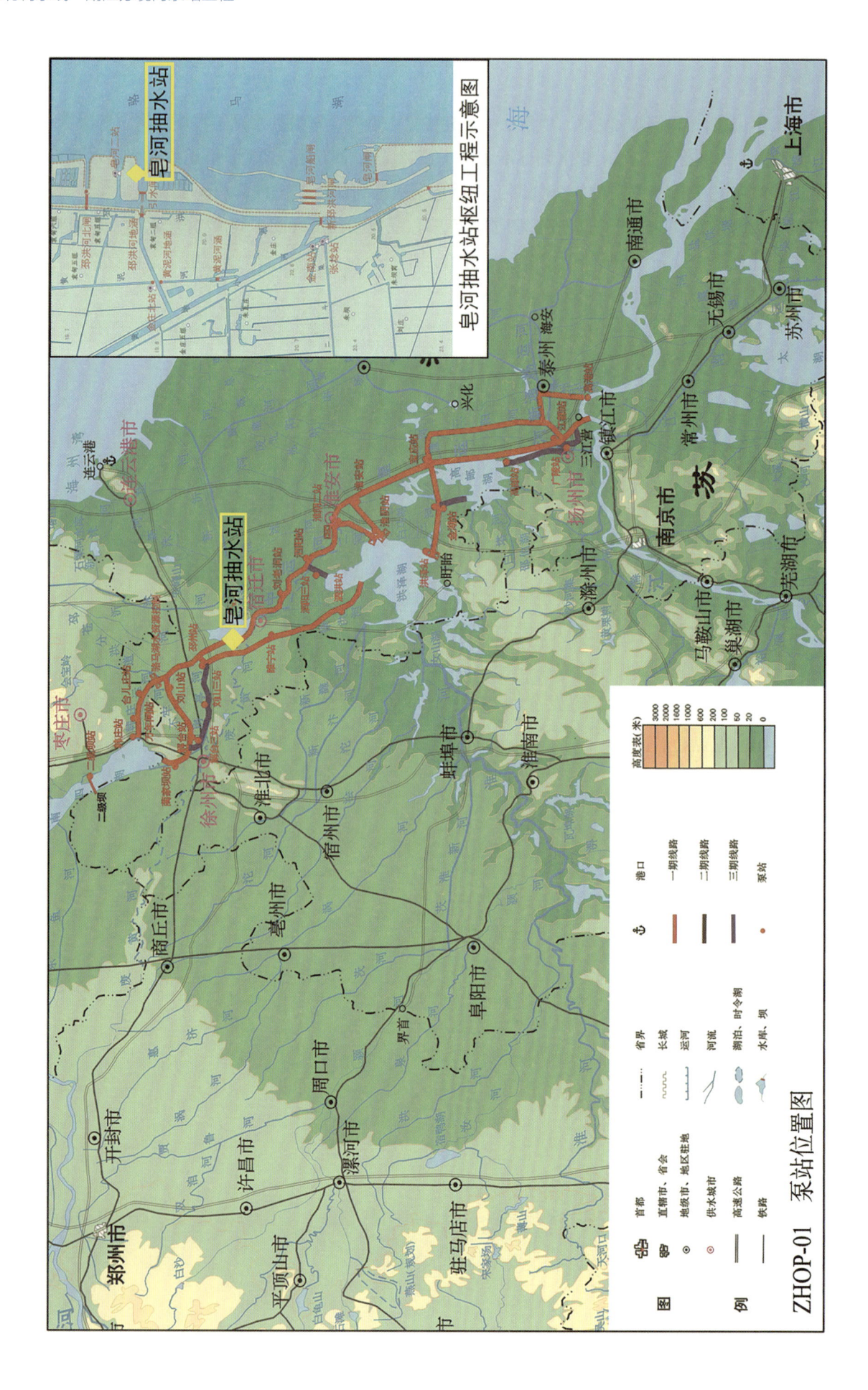

南水北调东线一期江苏境内泵站工程

皂河抽水站枢纽工程示意图

ZHOP-01 泵站位置图

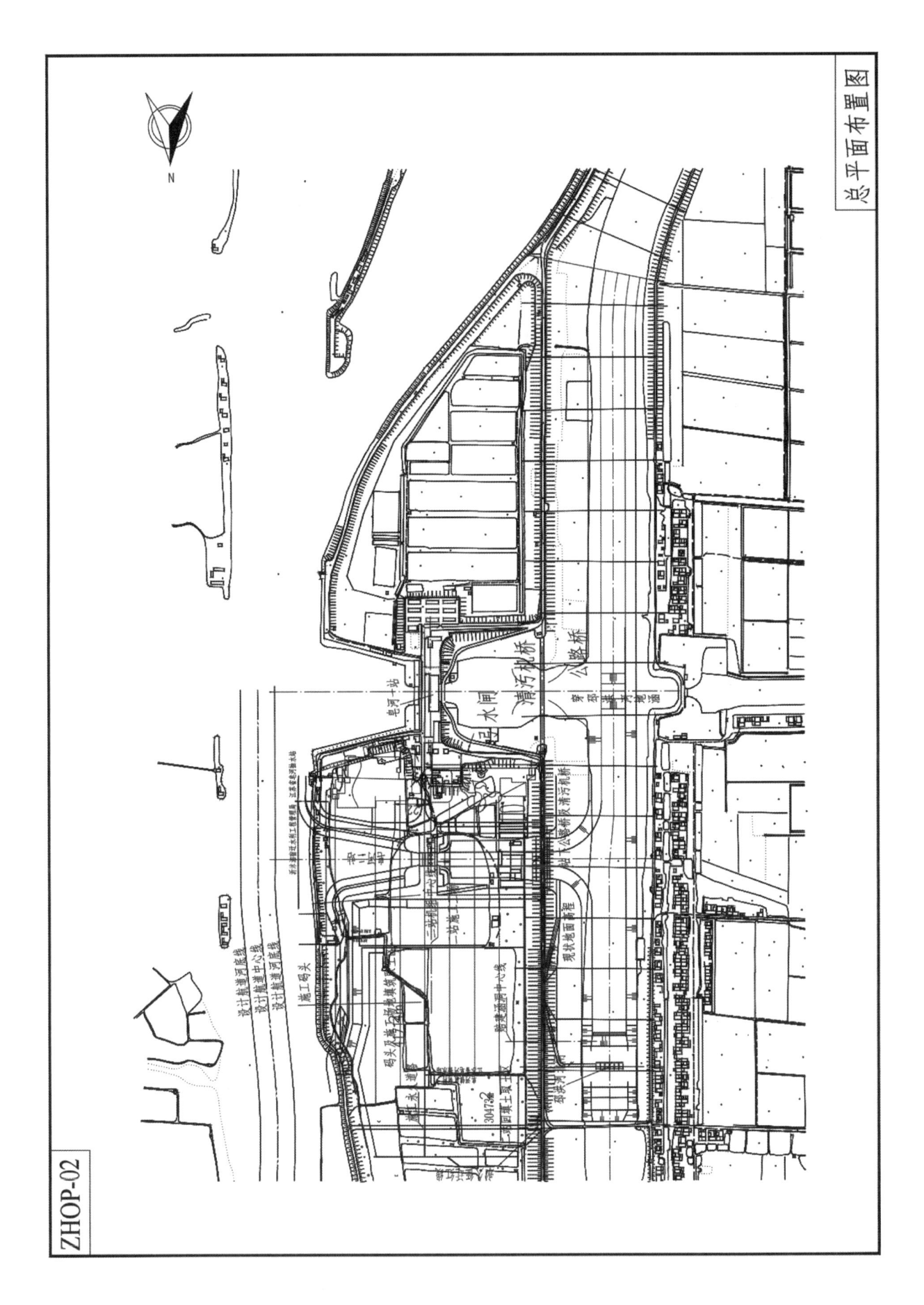

2. 南水北调东线一期江苏境内泵站概况

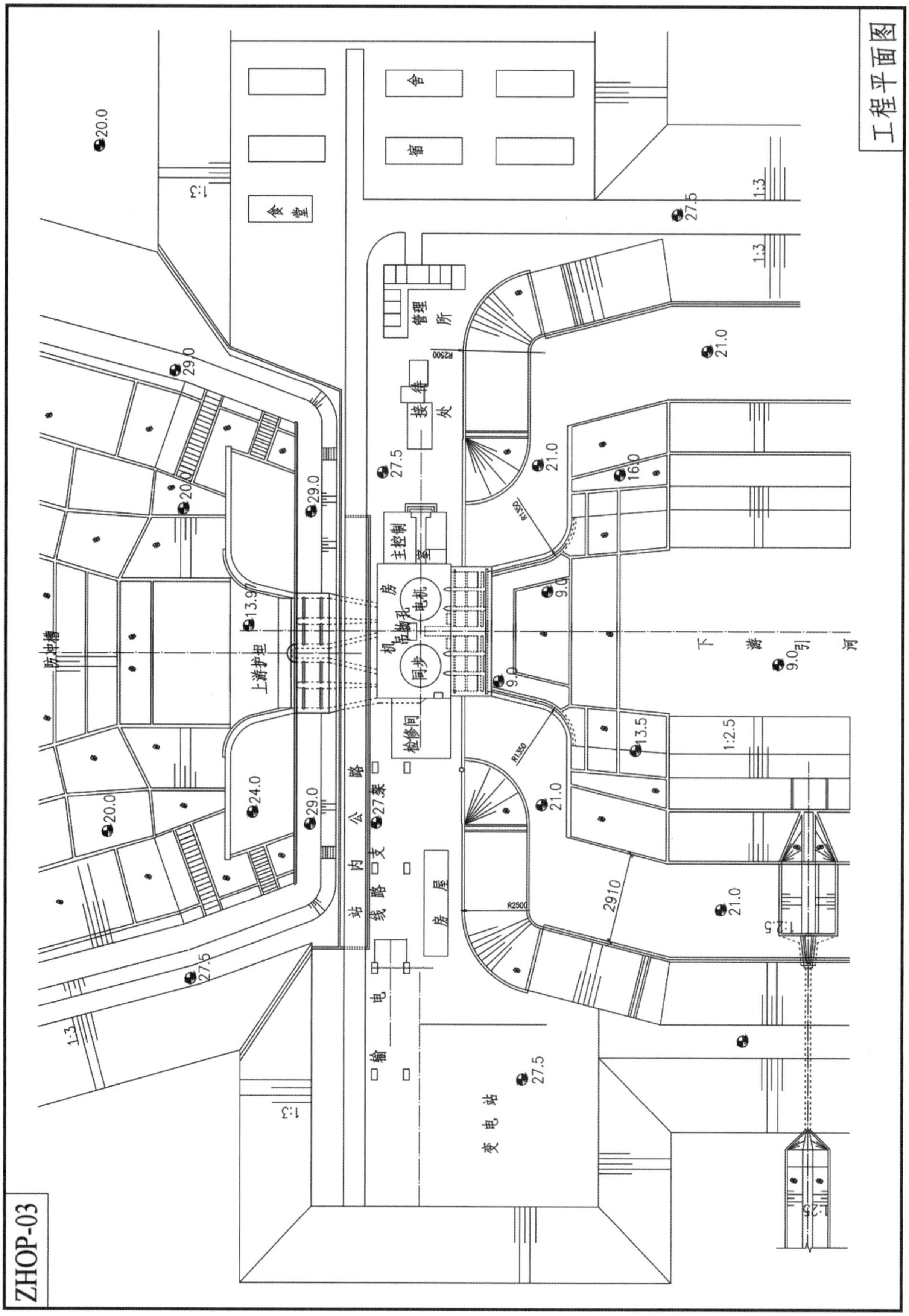
工程平面图
ZHOP-03
食堂
宿舍
管理所
接待处
主控制室
机房
同步电机
吊物孔
检修间
上游护坦
防冲槽
站内公路
线路支架
输电
房屋
变电站
下游引河
R2500
R1350
2910
1:3
1:2.5
20.0
29.0
27.5
21.0
16.0
13.97
9.0
13.5
24.0

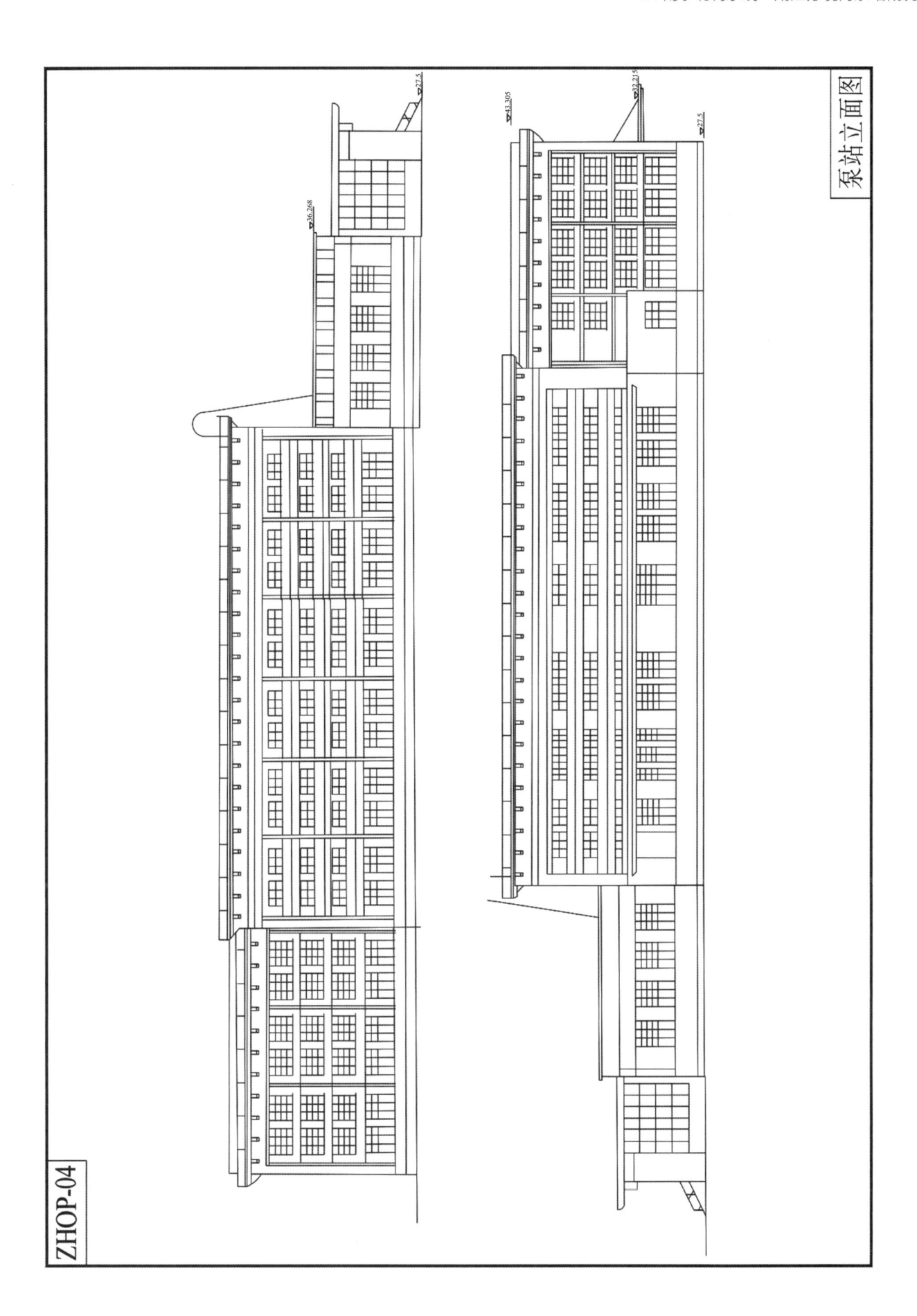

2．南水北调东线一期江苏境内泵站概况

泵站立面图

ZHOP-04

277

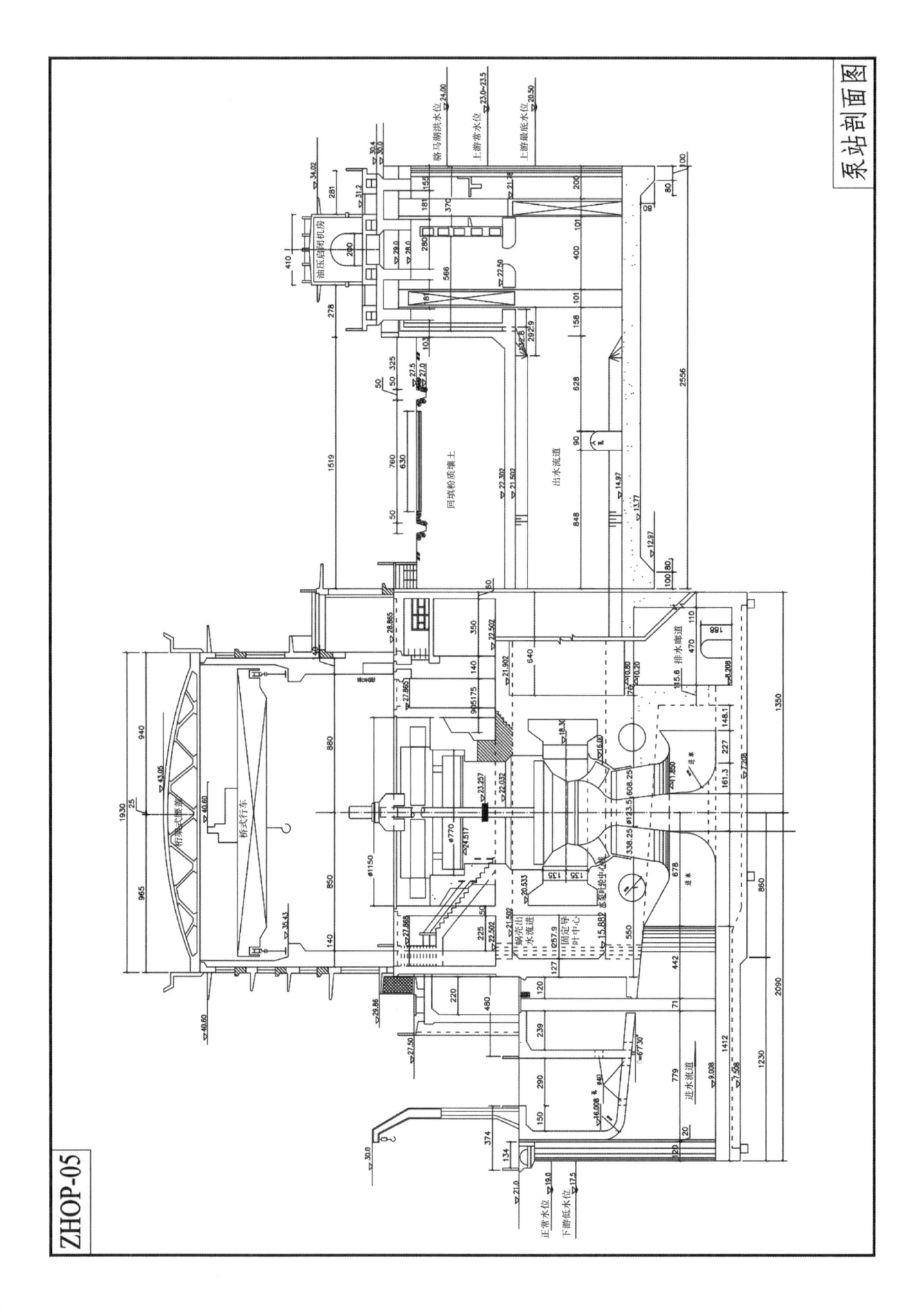

ZHOP-05

泵站剖面图

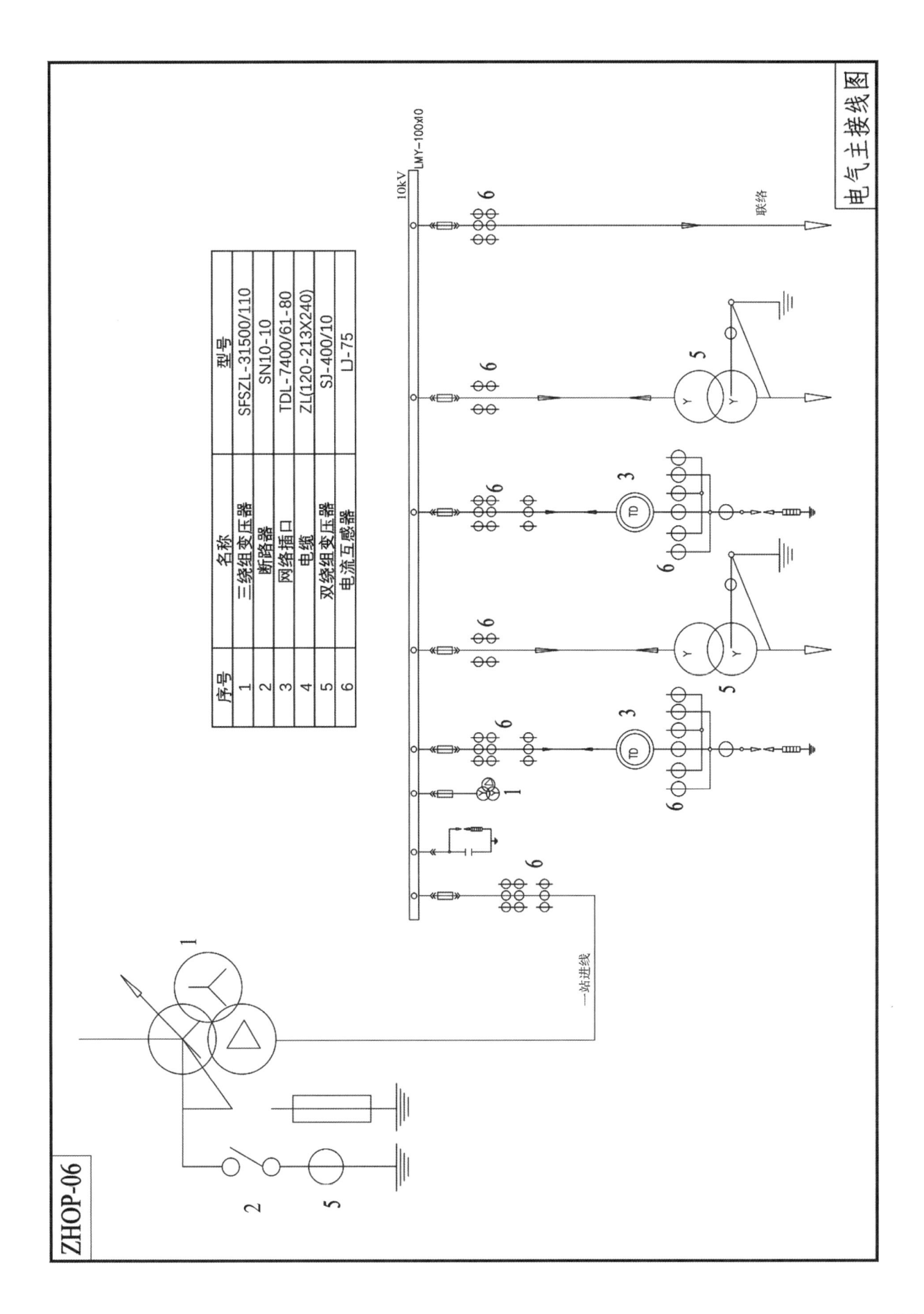

2．南水北调东线一期江苏境内泵站概况

电气主接线图

序号	名称	型号
1	三绕组变压器	SFSZL-31500/110
2	断路器	SN10-10
3	网络插口	TDL-7400/61-80
4	电缆	ZL(120-213×240)
5	双绕组变压器	SJ-400/10
6	电流互感器	LJ-75

ZHOP-06

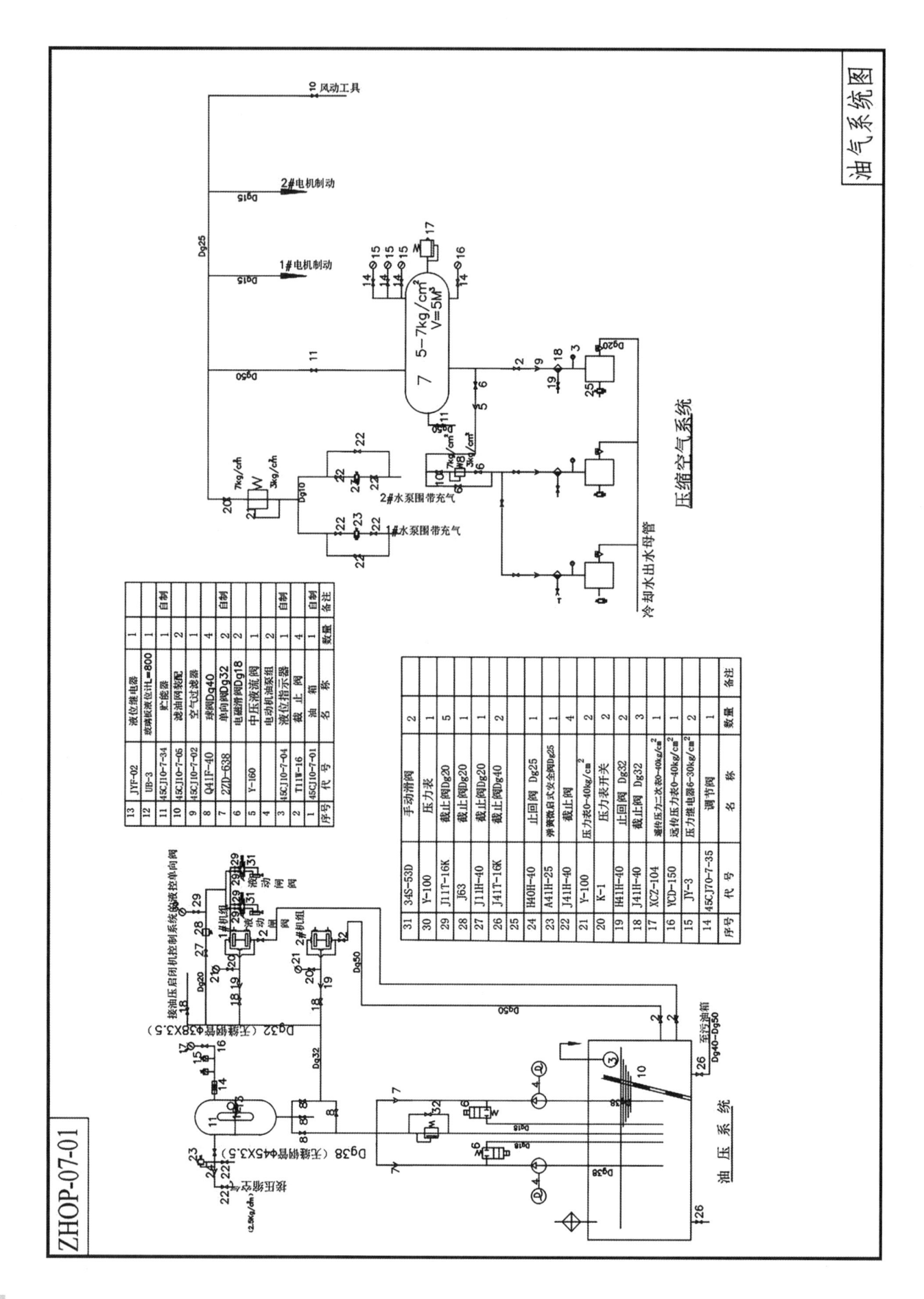

油气系统图

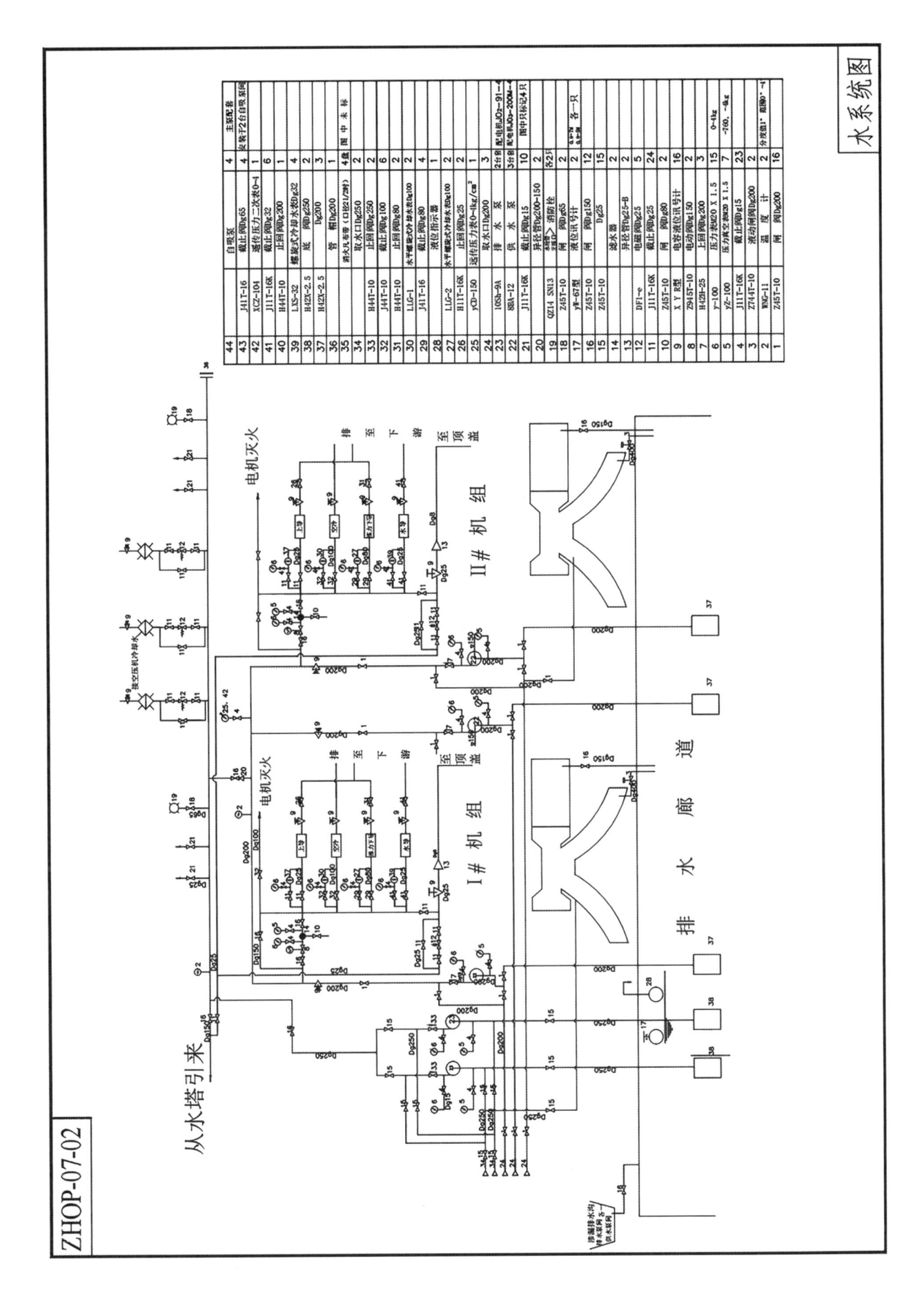

2．南水北调东线一期江苏境内泵站概况

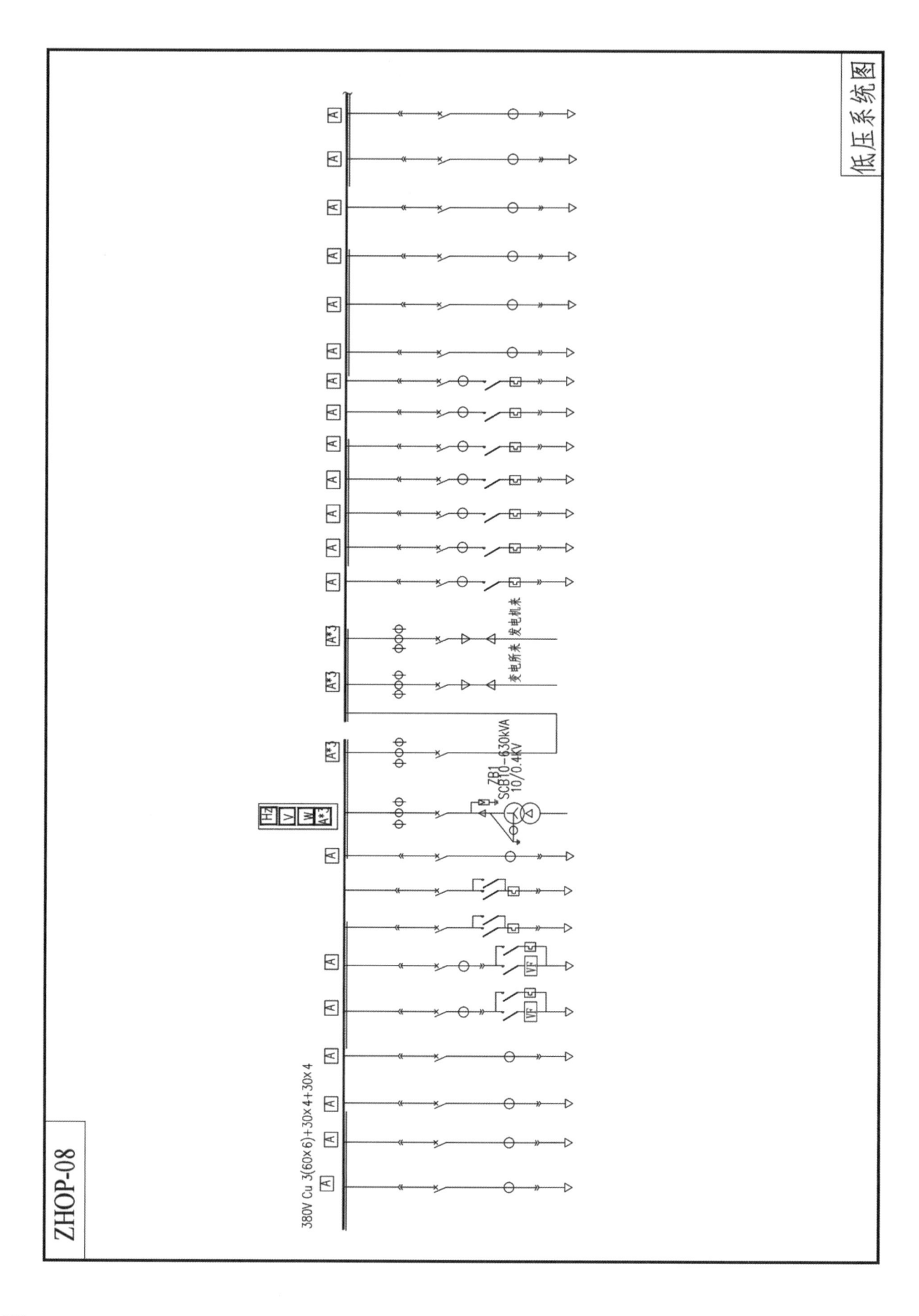

ZHOP-08

低压系统图

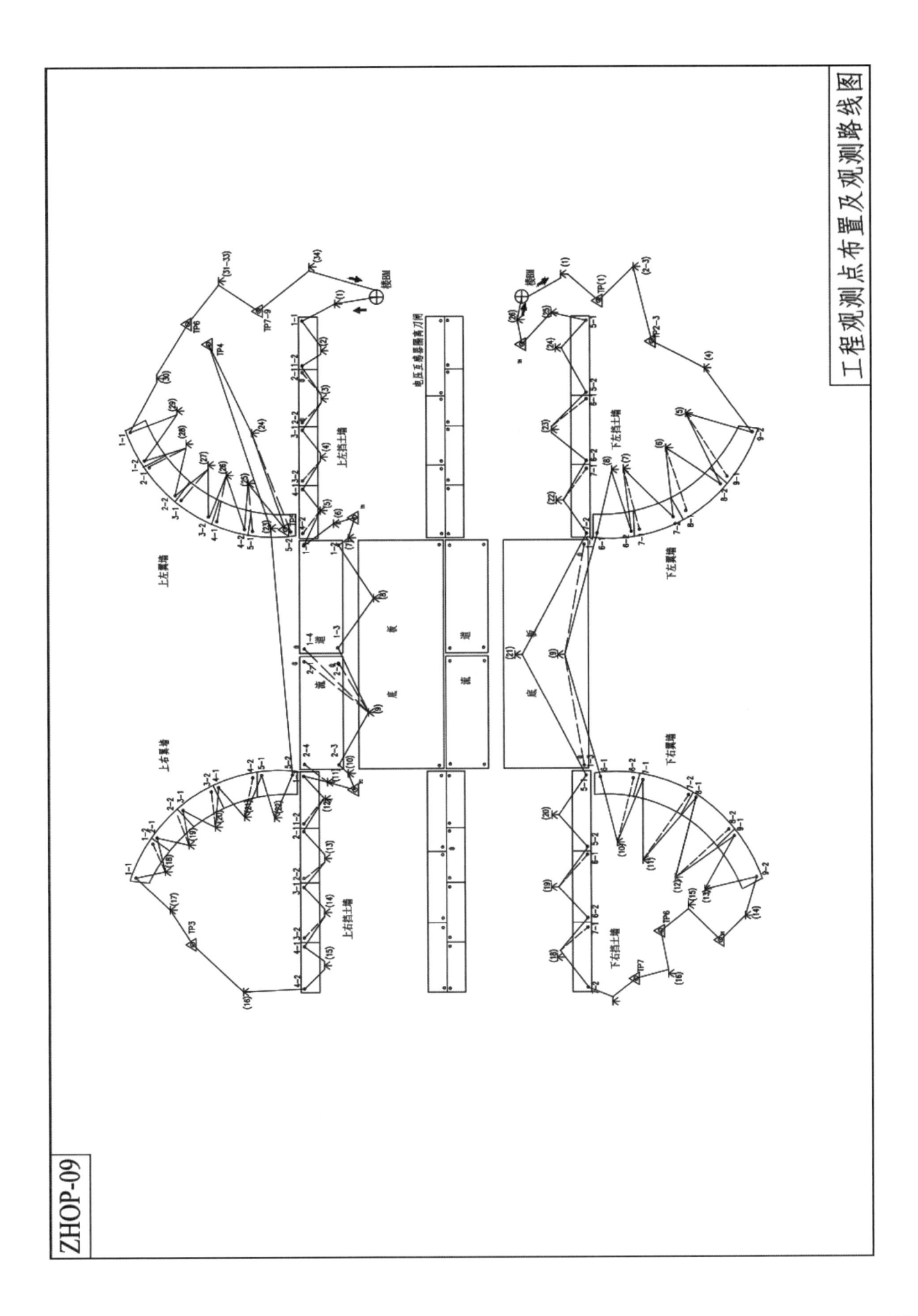

2. 南水北调东线一期江苏境内泵站概况

工程观测点布置及观测路线图

ZHOP-09

南水北调东线一期江苏境内泵站工程

ZHOP-10

泵站性能曲线图

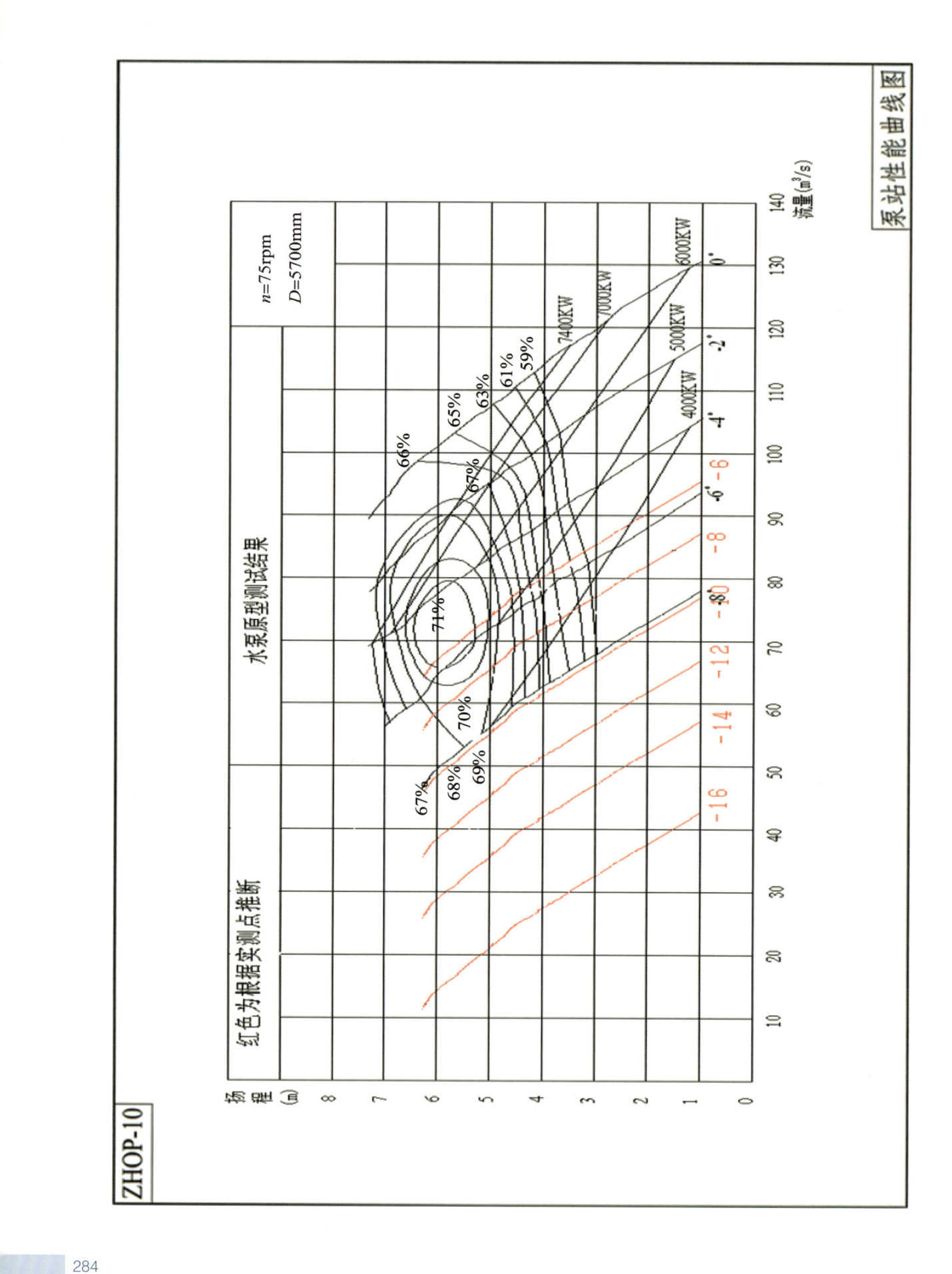

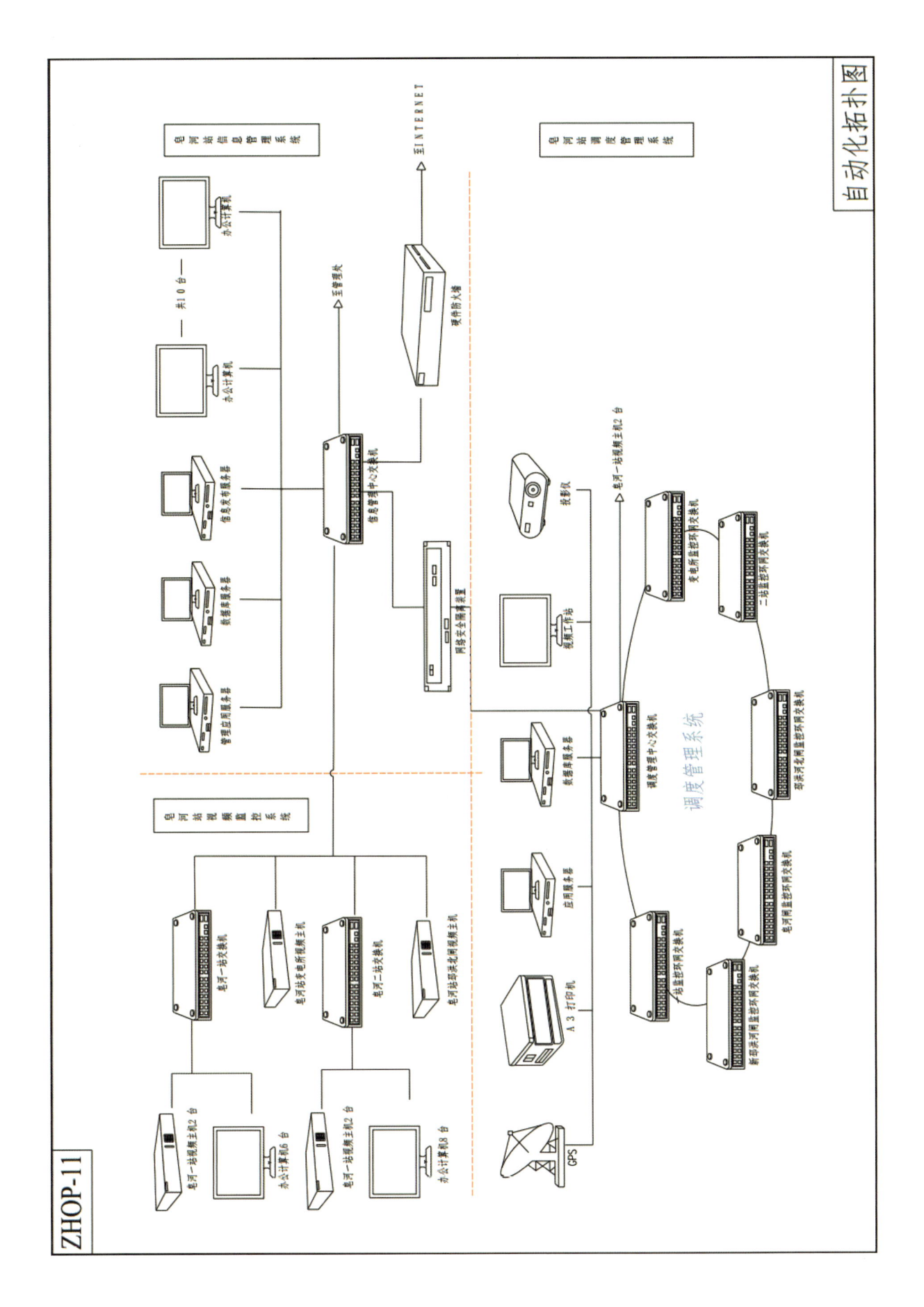

2．南水北调东线一期江苏境内泵站概况

南水北调东线一期江苏境内泵站工程

ZHOP-12

征地红线图

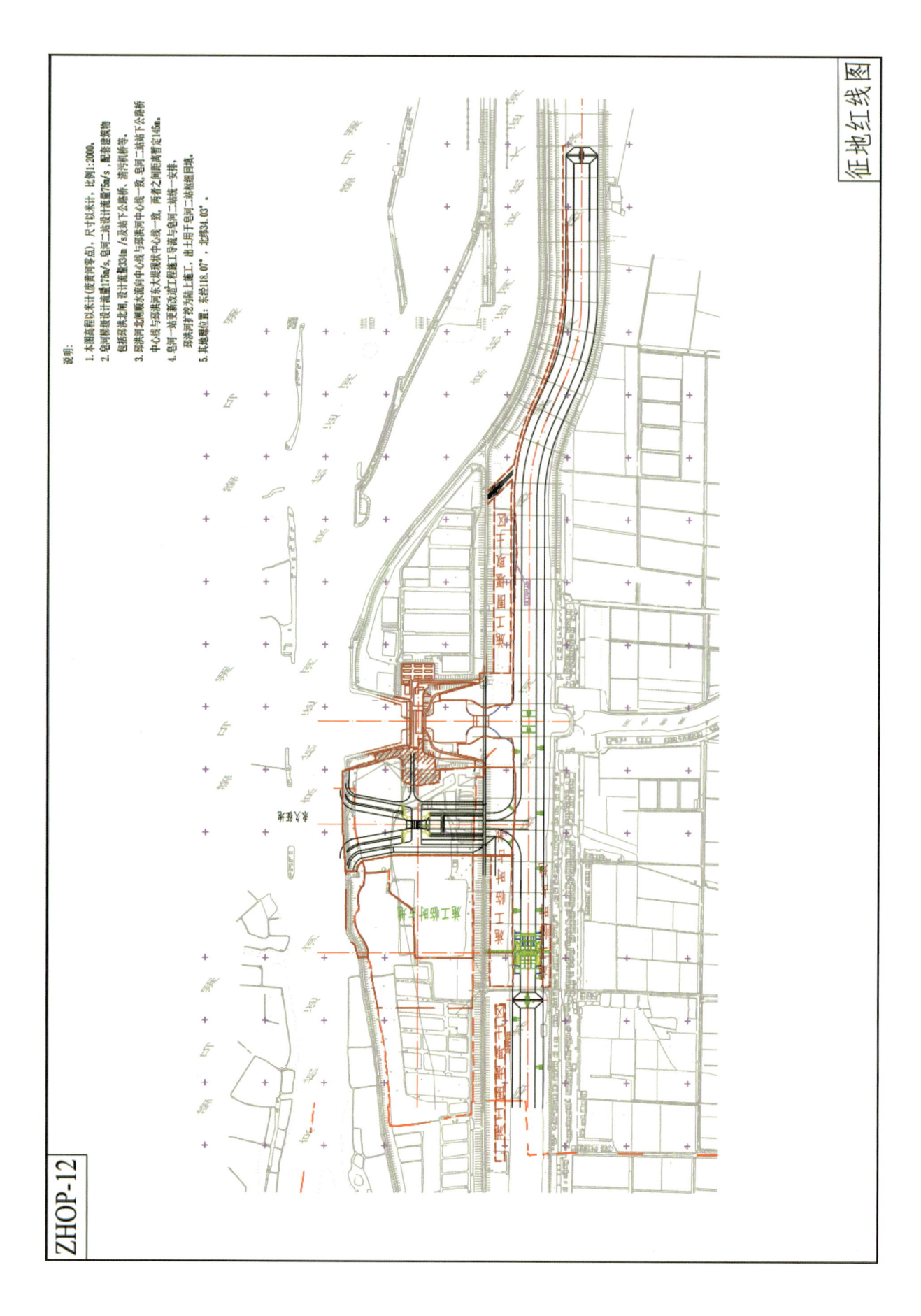

2.6.2 皂河二站

图 2-14 皂河二站

1. 工程概况

皂河泵站枢纽工程位于江苏省宿迁市皂河镇北 6 km 处，东侧为中运河，属二级航道，南部紧邻皂河一、二线船闸，西侧邳洪河东大堤为防汛公路，连接通往宿迁市区。新建的皂河二站是南水北调东线第一期工程的第六梯级泵站之一，设计流量 75 m³/s，作为皂河一站的备机泵站，是以调水为主，结合灌溉、排涝、航运的综合性水利枢纽工程。

皂河二站所在地多年平均降水量 859.2 mm，一日最大降水量可达 180 mm；年平均风速为 2.9 m/s，30 年一遇最大风速为 23.7 m/s。工程场地土层变化较大，但分布尚有规律，泵站部位建筑场地类别为Ⅲ类，清污机桥及邳洪河北闸部位建筑场地为Ⅱ类。泵站地基土多为粉质黏土、重粉质壤土，但下伏的 3 层土，土质软弱易沉降，故工程不采用天然地基，对地基进行了处理。皂河二站地震动峰值加速度为 0.30g，相应的地震基本烈度为Ⅷ度。

皂河二站主要建设内容包括站身、主副厂房、上下游翼墙及护底护坡、上下游引河及堤防等。皂河二站泵站规模为大（2）型泵站，工程等别为Ⅱ等，主要建筑物级别为 1 级。泵站设计洪水标准为 100 年一遇，校核洪水标准为 300 年一遇。泵站为堤身式泵房，采用肘形进水流道、低驼峰虹吸式出水流道和真空破坏阀断流，设计流量为 75 m³/s。泵站所选水泵为日立泵制造（无锡）有限公司生产的 2700ZLQ25-4.7 型立式全调节轴流泵 3 台套，单机流量为 25 m³/s，叶轮直径 2.65 m，转速 150 r/min。电机为上海电气集团上海电机厂有限公司生产的 TL2000-40/3250 型同步电机，配套功率 2 000 kW，泵站总装机容量为 6 000 kW。

新建皂河二站工程于 2010 年 10 月正式开工；2012 年 5 月，通过泵站机组试运行验收，2012 年 12 月通过单位工程验收和工程通水验收；2014 年 4 月，工程合同项目完成验收。截至 2021 年 12 月，皂河二站机组累计运行 10 181 台时，累计调水 9.24 亿 m³。

表 2-27 特征水位及扬程信息表

单位：m

			站下引水渠口	站上出水渠口
特征水位	供水期	设计水位	18.30	23.00
		最低运行水位	17.80	20.50
		最高运行水位	19.30	23.50
		平均运行水位	18.10	22.70
	排涝期	设计水位	19.80	24.50
		最高水位	23.00	25.50
	挡洪水位	设计（1%）	23.87	25.00
		最高（0.33%）	26.00	26.00
扬程	供水期	设计扬程	4.70	
		最小扬程	1.20	
		最大扬程	5.70	
		平均扬程	4.60	
	排涝期	设计扬程	4.70	
		最小扬程	1.50	
		最大扬程	5.70	

表 2-28 泵站基础信息表

所在地	宿迁市皂河镇北		所在河流	中运河	运用性质	调水、灌溉、排涝、航运	
泵站规模	大（2）型	泵站等别	Ⅱ	主要建筑物级别	1	建筑物防洪标准	设计 100年一遇
							校核 300年一遇
站身总长（m）	71.52	工程造价（万元）	27 316	开工日期	2010.10	竣工日期	2019.6
站身总宽（m）	18.0						
装机容量（kW）	6 000	台数	3	装机流量（m³/s）	75	设计扬程（m）	4.7
主机泵	型式	立式轴流泵		主电机	型式	立式同步电动机	
		2700ZLQ25-4.7				TL2000-40/3250	
	台数	3	每台流量（m³/s）	25		台数	3	每台功率（kW）	2 000
	转速（r/min）	150	传动方式	直联		电压(V)	10 000	转速（r/min）	150
主变压器	型号	SSZ11-31500、S11-31500		输电线路电压(kV)		110	
	总容量（kVA）	31 500	台数	2	所属变电所	220kV 闻涛变电所	
主站房起重设备	桥式行车	起重能力（kN）	320/50	断流方式	真空破坏阀		
闸门结构型式	上游	平面钢闸门	启闭机型式	上游	卷扬启闭机		
	下游	平面钢闸门		下游	2×3t 电动葫芦		
进水流道形式		肘型	出水流道形式		低驼峰虹吸式		

续表

主要部位高程(m)	站房底板	10.80	水泵层	14.15	电机层	27.65	副站房层	27.65
	叶轮中心	15.00	上游护坦	16.50	下游护坦	14.50	驼峰底	23.80
站内交通桥	净宽(m)	6.0	桥面高程(m)	27.65	设计荷载	公路-Ⅱ级	高程基准面	废黄河
站身水位组合	设计水位(m)	下游		18.30	上游		23.00	
	校核水位(m)	下游		17.50	上游		26.00	

2. 批复情况

2006年10月，江苏省水利勘测设计研究院有限公司完成《南水北调东线第一期工程皂河二站工程初步设计报告》，2008年12月水利部水利水电规划设计总院（以下简称水利部水规总院）审查通过了《南水北调东线第一期工程皂河二站工程初步设计报告》；2009年4月，国务院南水北调工程建设委员会办公室（以下简称国务院南水北调办）以《关于南水北调东线一期长江—骆马湖段其他工程皂河二站工程初步设计报告（技术方案）的批复》（国调办投计〔2009〕41号）批复了皂河二站工程初步设计。批复的主要建设内容包括：新建皂河二站泵站、站下清污机桥、公路桥及邳洪河北闸；在皂河一站变电站基础上改建成一、二站共用变电站；疏浚邳洪河河道，及建设相应管理设施等。批复皂河二站工程施工总工期为30个月。

2009年7月，国务院南水北调办以《关于南水北调东线一期长江—骆马湖段其他工程皂河二站工程初步设计报告（概算）的批复》（国调办投计〔2009〕129号）核定皂河二站工程概算总投资27 316万元。

3. 工程建设有关单位

项目法人：南水北调东线江苏水源有限责任公司

现场建设管理机构：江苏省南水北调皂河站工程建设处

设计单位：江苏省水利勘测设计研究院有限公司

监理单位：上海宏波工程咨询管理有限公司

质量监督单位：南水北调工程江苏质量监督站

质量检测单位：江苏省水利建设工程质量检测站

土建施工单位：江苏盐城水利建设有限公司

水泵及附属设备采购：日立泵制造（无锡）有限公司

电气设备采购：上海电气集团上海电机厂有限公司（电机及附属设备供应商）

　　　　　　　许继电气股份有限公司（高低压开关柜设备）

　　　　　　　正泰电气股份有限公司（110 kV组合开关（GIS）设备）

　　　　　　　杭州钱江电气集团股份有限公司（变压器设备）

　　　　　　　江苏华远电缆有限公司（电缆供应商）

自动化系统：许继电气股份有限公司

清污设备采购：曲阜恒威水工机械有限公司

钢材供应商：江苏省水利物资总站

厂房、控制楼及管理房等装饰工程：南京深圳装饰安装工程有限公司

管理（运行）单位：江苏省骆运水利工程管理处

4. 工程布置与主要建设内容

皂河二站位于现皂河一站以北 330 m 处，泵房与皂河一站并排布置，以两站站上交通桥对齐为原则布置在一条直线上。

皂河二站工程主要建设内容包括：新建皂河二站泵站、站下清污机桥、公路桥及邳洪河北闸；在皂河一站变电站基础上改建成一、二站共用变电站；疏浚邳洪河河道，及建设相应管理设施等。

新建泵站工程采用堤身式块基型结构，共安装 2700ZLQ25-4.7 立式轴流泵配 TL2000-40 同步电机 3 台套，水泵叶轮直径 2.7 m，泵站设计扬程 4.7 m，单机流量 25 m³/s，配套电机功率 2 000 kW，总装机容量 6 000 kW。泵站站身采用钻孔灌注桩基础。泵房内 3 台机组呈一列式布置于一块底板上，机组中心距 8.2 m，站身底板底面高程为 8.35～11.50 m（废黄河高程，下同），水泵层、联轴层、电机层面高程分别为 14.15 m、22.85 m、27.65 m，水泵叶轮中心高程为 15.0 m。泵站采用肘形进水流道、低驼峰虹吸式出水流道，破坏真空（抽水运行）、快速闸门（高水位排涝运行）断流。进水流道入口处设检修闸门，配电动葫芦起吊；出水流道末端设工作闸门、事故备用闸门，均采用 QP2×160 kN 快速卷扬式启闭机。下游交通桥桥面高程 27.65 m，桥面宽 6.0 m；站身上游侧于虹吸管上部布置交通桥，桥面高程 27.65 m，桥面宽 6.0 m，交通桥上游侧为工作桥，桥面宽 4.2 m，桥面高程 27.65 m。上下游翼墙顶高程分别为 26.5 m、21.0 m。

下游公路桥以东 125 m 处设置清污机桥，清污机桥共布置 14 孔，单孔净宽 3.76 m。清污机桥桥面高程 22.0 m，底板高程与下游引河河底高程相平为 14.5 m，中间 10 孔配回转式清污机，两边 4 孔布置固定式拦污栅。清污机桥桥长 75 m，桥上布置皮带输送机。

下游公路桥位于邳洪河东堤与泵站下游引河交汇处，设计荷载标准为公路-Ⅱ级，桥梁长 120 m，分 6 跨布置，桥面净宽 7 m。桥梁上部结构采用预应力空心板，桥墩基础为 Φ120 cm 钻孔灌注桩，双柱排架式桥墩、桥台。

邳洪河北闸设计流量 345 m³/s，共 6 孔，单孔净宽 8 m。闸室采用开敞式布置，共设两块底板，底板面高程 15.2 m，闸室上方设置工作桥和交通桥。工作闸门采用平面钢闸门，配 QP2×160 kN 卷扬式启闭机。

原变电所为皂河一站专用变电所，由于皂河二站的新建，变电所扩建工程按照两站合用的原则进行，拆建配电房 200 m²、控制室 350 m²，变电所选配室外组合开关，设置两回 110 kV 进线间隔、110 kV 电压互感器间隔 2 个、联络间隔 1 个，变电所内装设 2 台 31 500 kVA 主变压器。

疏浚工程：皂河一站下游引河口至邳洪河闸上游 600 m 处，疏浚长度 1.84 km。

管理区位于皂河一站和皂河二站之间，初步设计批复按费率控制经费 159 万元。

工程水土流失防治按一级防治标准进行设计。总体布局上，闸站主体工程防治区、管理区以园林式绿化美化为主，河道工程防治区、弃土区及取土区以防止水土流失为主，采取乔灌草相结合的方式进行绿化。工程措施主要为护坡、排水沟和土地整治。工程环境保护设计主要内容为：施工生产废水和生活污水处理、噪声防护措施、环境空气质量保护措施、固体废弃物处理措施、生态环境保护措施、

运行期污水处理措施等。

5. 分标情况及承建单位

2009年10月，江苏水源公司向国务院南水北调办报送《关于南水北调东线一期工程皂河一站更新改造、皂河二站工程招标分标方案的请示》（苏水源工〔2009〕108号）。同年11月，国务院南水北调办以《关于南水北调东线一期皂河一站更新改造工程和皂河二站工程招标分标方案的批复》（国调办建管〔2009〕202号），批复皂河二站工程共12个标段，即变电所土建及场地填筑施工标、皂河二站土建施工及设备安装标、建设监理标、钢筋采购标、水泵及附属设备采购标、电机及附属设备采购标、变电所110 kV组合开关采购标、变电所变压器采购标、高低压开关柜采购标、电缆采购标、清污机设备采购标、自动化系统采购及安装标，其中监理标1个，施工标2个，材料及设备采购标9个。

目前皂河二站工程已完成合同内容，完成主要工程量如下：土方挖填188.7万 m³、混凝土3.7万 m³、砌石2.2万 m³，钢筋制安2 369 t，金属结构304.4 t，主机泵3台套，变压器2台，回转式清污机10台套，卷扬式启闭机12台套。

6. 建设情况简介

2004年6月10日，国务院南水北调办以《关于南水北调东线江苏境内工程项目法人有关问题的批复》（国调委办发〔2004〕3号）同意南水北调东线江苏水源有限责任公司（以下简称江苏水源公司）作为项目法人承担南水北调东线江苏省境内工程的建设和运行管理任务。2009年9月26日，江苏水源公司印发《关于成立江苏省南水北调皂河站工程建设处的通知》（苏水源综〔2009〕18号），批准成立了江苏省南水北调皂河站工程建设处，负责皂河一站和皂河二站工程现场建设管理。2010年1月5日国务院南水北调办以《关于南水北调东线一期皂河站工程开工请示的批复》（国调办建管〔2010〕1号）同意皂河站的开工报告，1月20日在皂河二站工程现场召开了隆重的开工典礼。

（1）主要建筑物施工简况

皂河二站泵站主体工程于2010年7月开始基坑开挖，9月11日完成泵站基础钻孔灌注桩施工，10月12日完成站身底板砼浇筑，11月14日完成进水流道层砼浇筑。2011年1月16日完成出水流道下空箱砼浇筑，5月3日完成出水流道层砼浇筑，5月15日完成电机层砼浇筑；期间穿插进行上下游翼墙、护坦、上下游引河堤防填筑及护砌工程施工；6月开始厂房、检修间土建框架施工，10月完成控制楼现浇砼层面施工。

闸门及启闭机由江苏蔚联水利机械有限公司制造安装，2011年8月完成上游闸门、启闭机设备制造并通过出厂验收，5月20日进行泵站预试运行，5月27至28日进行泵站机组试运行，主要机电设备投运基本正常。10月基本完成自动控制系统设备安装、调试。

清污机桥工程于2011年10月1日开始基坑土方开挖，2012年5月完成电气设备及附属设施安装。

公路桥工程于2011年10月1日开始基坑土方开挖，2012年1月完成桥面铺装层施工并通车。

110 kV变电所工程于2010年6月完成基础土方填筑，7月开始预制管桩施打，9月完成一层框架砼浇筑，2011年3月完成主体框架结构施工。

邳洪河北闸于2010年11月5日闸室基坑土方开挖结束，10月11日闸区附属设施完工；11月2

日完成电气设备安装、调试。

闸门及启闭机由江苏蔚联水利机械有限公司制造安装，闸门门体于 2010 年 9 月 24 日开始制作，3 月 10 日完工；3 月 21 日闸门、启闭机开始安装；3 月 30 日联合调试完毕。

邳洪河疏浚于 2010 年 11 月开工，2011 年 3 月底完工。

施工码头工程于 2010 年 4 月 27 日开始码头基础砂石垫层施工。2010 年 9 月水下验收后开始越堤拆除，10 月完成码头引道砼浇筑并交付主体施工单位使用。

2011 年 6 月开始办公楼预应力管桩基础施打；2012 年 3 月完成墙体粉刷，5 月完成装饰工程施工；期间根据现场条件穿插进行管理区道路、传达室、室外给排水、围墙等施工，至 12 月初完成合同内容。

水土保持工程于 2012 年 3 月开始施工，至 11 月中旬完成水土保持及管理区绿化合同内容。

皂河一、二站电力接入系统工程由江苏水源公司委托江苏省电力公司宿迁供电公司进行建设，双方于 2009 年 11 月签订了委托建设合同。220 kV 宿迁变至 110 kV 皂河变同塔双回 110 kV 线路工程、220 kV 宿迁变 110 kV739 皂河站间隔扩建、皂河站通信工程、皂河站配套 110 kV 线路工程等于 2019 年 5 月建设完成并投入使用。

（2）重大设计变更

皂河二站工程重大设计变更共 1 项，即为泵站增加反向发电功能。

为进一步发挥泵站工程综合效益，在保证泵站稳定、能可靠抽水运行的前提下，招标设计阶段泵站增加了发电功能，利用上游余水，在非调水期进行发电，即在原设计主机组抽水工况基础上增加同转速反向发电功能，相应增加 2 台高压换向柜和上游拦污栅设施等。2013 年 5 月 24 日，国务院南水北调办以《关于转发批复设计方案执行情况第一次专项检查发现的重大设计变更审查意见的通知》，对皂河二站增加发电功能进行了批复。

工程于 2010 年 1 月开工，2012 年 11 月完工。2012 年 5 月通过机组试运行验收，2012 年 11 月通过设计单元工程通水验收；2014 年 10 月通过设计单元完工验收技术性初步验收；2015 年 12 月通过设计单元完工验收。

7. 工程新技术应用

（1）叶片调节

皂河二站叶轮部件采用三维动态模拟设计，动作范围远大于叶片调节行程，确保叶片在工作范围内调节自如，以提高水泵叶片的可靠性。

（2）V 形密封技术

皂河二站叶片密封采用引进日立公司的 V 形密封先进技术，并获得了国家专利。根据实际使用和一系列密封试验显示，该技术密封效果非常好，既能防止叶轮内的油泄漏，又能使外部水难以渗入叶轮内，彻底解决了全调节水泵叶片的密封问题。

（3）分块可调节水润滑轴承

针对导轴承磨损、老化及性能稳定性等问题，皂河二站导轴承部分采用了分块可调节水润滑轴承，轴瓦材料采用了耐老化、性能稳定和耐磨性能良好的弹性金属塑料瓦。弹性金属塑料瓦运行稳定、安全可靠，在国内许多水轮发电机组中运行情况良好。

8. 工程质量

经施工单位自评、监理处复评、项目法人（建设处）确认，皂河二站工程质量评定等级为优良。8 个单位工程、62 个分部工程（水利标准 30 个，非水利标准 32 个）、862 个单元中按照水利工程施工质量检验评定相关标准评定的 30 个分部工程质量等级均为优良，优良率大于 87.3%，862 个单元工程质量等级合格，其中 422 个单元工程质量等级优良，优良率 90.2%，主要分部工程泵站工程优良率 91.1%；按照其他相关行业标准评定 32 个分部、291 个分项、全部合格，合格率 100%；单位工程外观质量得分率 93.8%。

9. 运行管理情况

自 2013 年正式通水至 2023 年 12 月底，皂河二站累计运行 15 714 台时，累计抽水 142 208 m³，累计用电 1 425 万度。最多年运行天数为 76 d；最多年运行台时为 5 198 台时；最大运行流量 75 m³/s；站下最低运行水位 18.18 m，最高运行水位 19.25 m；站上最低运行水位 20.96 m，最高运行水位 23.38 m；最小运行扬程 2.63 m，最大运行扬程 4.98 m；单台机组最小运行功率 1 270 kW，最大运行功率 1 800 kW，全站最大运行功率 5 234 kW。

10. 主要技改和维修情况

（1）机组大修

2018—2020 年，因油缸渗油、叶调机构分离器渗油等问题分别对 1# 至 3# 机组展开大修，由南水北调江苏泵站技术有限公司实施。通过主电机、主水泵的解体、维检、安装、试运行及电机返厂改造等内容，并采取一段操作油管改造为二段操作油管的方式，减小了叶调渗油、反应迟缓、检修困难等问题；同时将电机转子返厂进行了降噪处理，有效地将电机运行噪音从 130 dB 降至 85 dB 以下，减轻了噪音污染，满足了相关规范要求，保障了机组安全可靠运行。

（2）电缆整改

2019 年，因建设时期电缆敷设标准低、未分层隔离布置、部分电缆相互缠绕、不美观、不规范等问题，建设处决定对皂河二站电缆进行整改，由南水北调江苏泵站技术有限公司实施。通过对主厂房电缆沟区、联轴层区、室外电缆沟区等三个区域线缆的规范敷设，桥、支架的制作、安装、修补、除锈、防护、线缆挂牌标识及线缆穿墙处进行必要防火隔离和密封，消除了电缆部位存在的安全隐患，通过电缆整改树立了规范化、精细化、标准化的管理形象并满足了相关要求，打造了南水北调水源品牌，树立了南水北调水源标杆。

11. 工程质量获奖情况

（1）2012 年建设处被江苏省南水北调办、江苏水源公司授予"工程质量管理先进单位"称号。

（2）2010、2011、2012 年度建设处均被江苏省南水北调办、江苏水源公司授予"工程建设目标考核优良等级单位"称号。

（3）2011 年建设处被国务院南水北调办授予"安全生产管理优秀单位""南水北调工程基建统计先进单位"称号，被江苏省水利厅授予"工人先锋号""2011 年江苏省水利工程建设文明工地"称号。

（4）2012年建设处被国务院南水北调办授予"南水北调工程宣传先进集体"称号。

（5）2013年建设处被江苏省总工会授予"五一劳动奖状"。

（6）"墩墙混凝土温度裂缝预导控制研究及应用"获得江苏省2013年度水利科技优秀成果二等奖。

（7）2015年"一种高效的射水法地下连续墙成型器"获得国家实用新型专利（专利号：CN201520158315.9）。

（8）2017年11月被江苏省水利厅、文化厅、旅游局推选为"江苏省最美水地标"。

12. 图集

ZHTP-01：泵站位置图

ZHTP-02：枢纽总平面布置图

ZHTP-03：工程平面图

ZHTP-04：泵站立面图

ZHTP-05：泵站剖面图

ZHTP-06：电气主接线图

ZHTP-07-01：油气系统图

ZHTP-07-02：水系统图

ZHTP-08：低压系统图

ZHTP-09：工程观测点布置及观测线路图

ZHTP-10：泵站性能曲线图

ZHTP-11：自动化拓扑图

ZHTP-12：征地红线图

ZHTP-13：竣工地形图

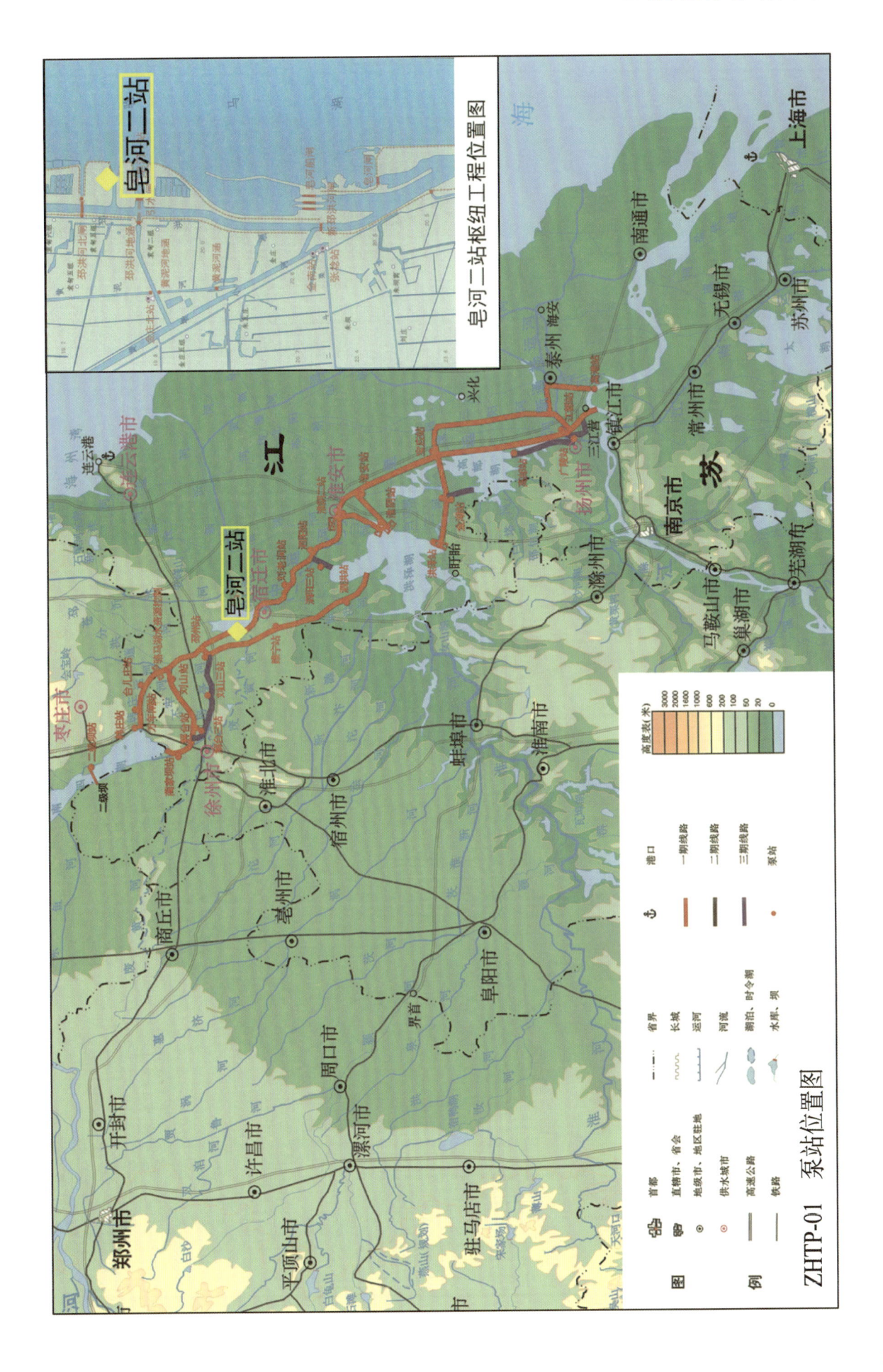

2．南水北调东线一期江苏境内泵站概况

皂河二站枢纽工程位置图

ZHTP-01 泵站位置图

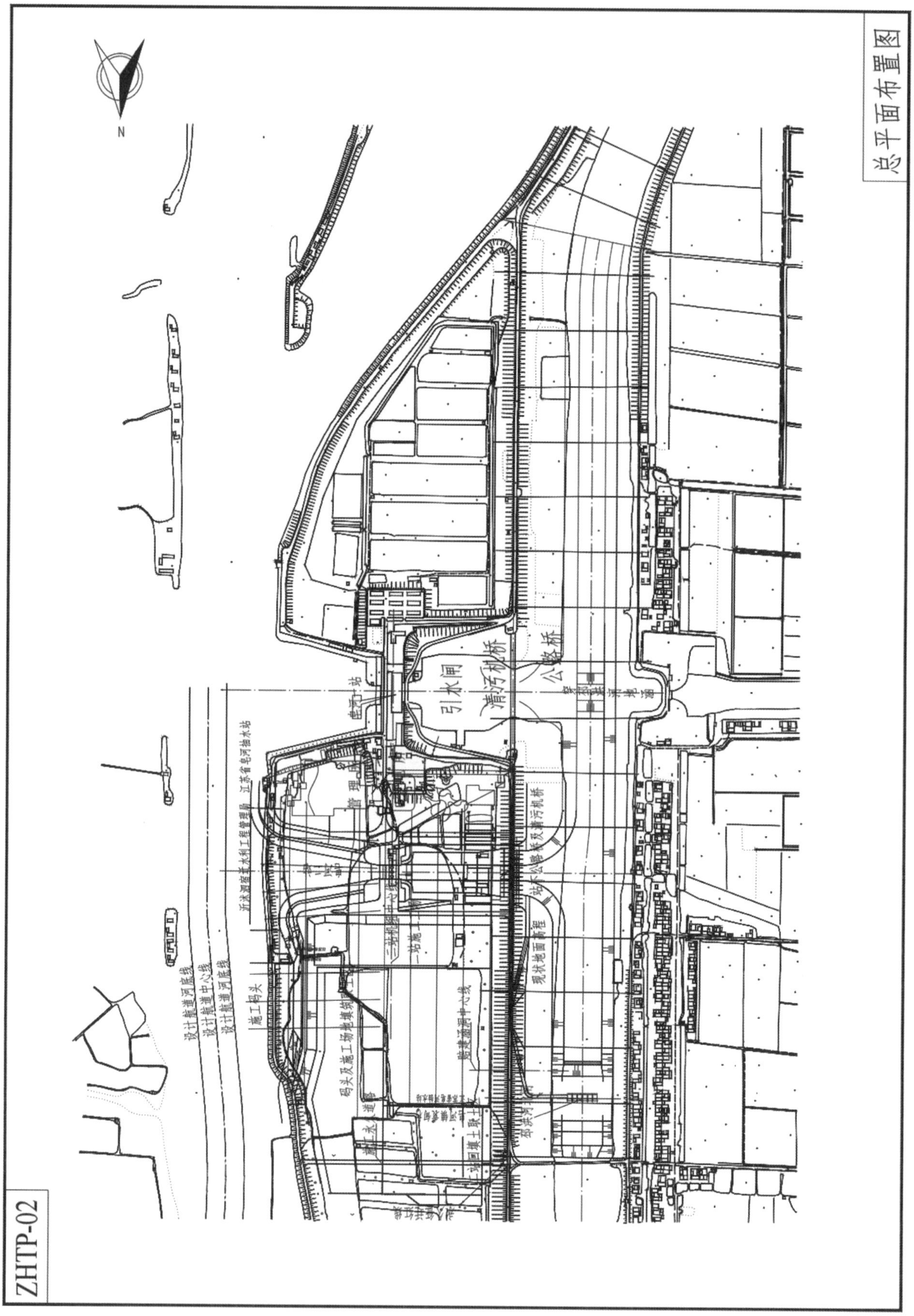
总平面布置图
ZHTP-02
N
引水闸
清污机桥
公路桥

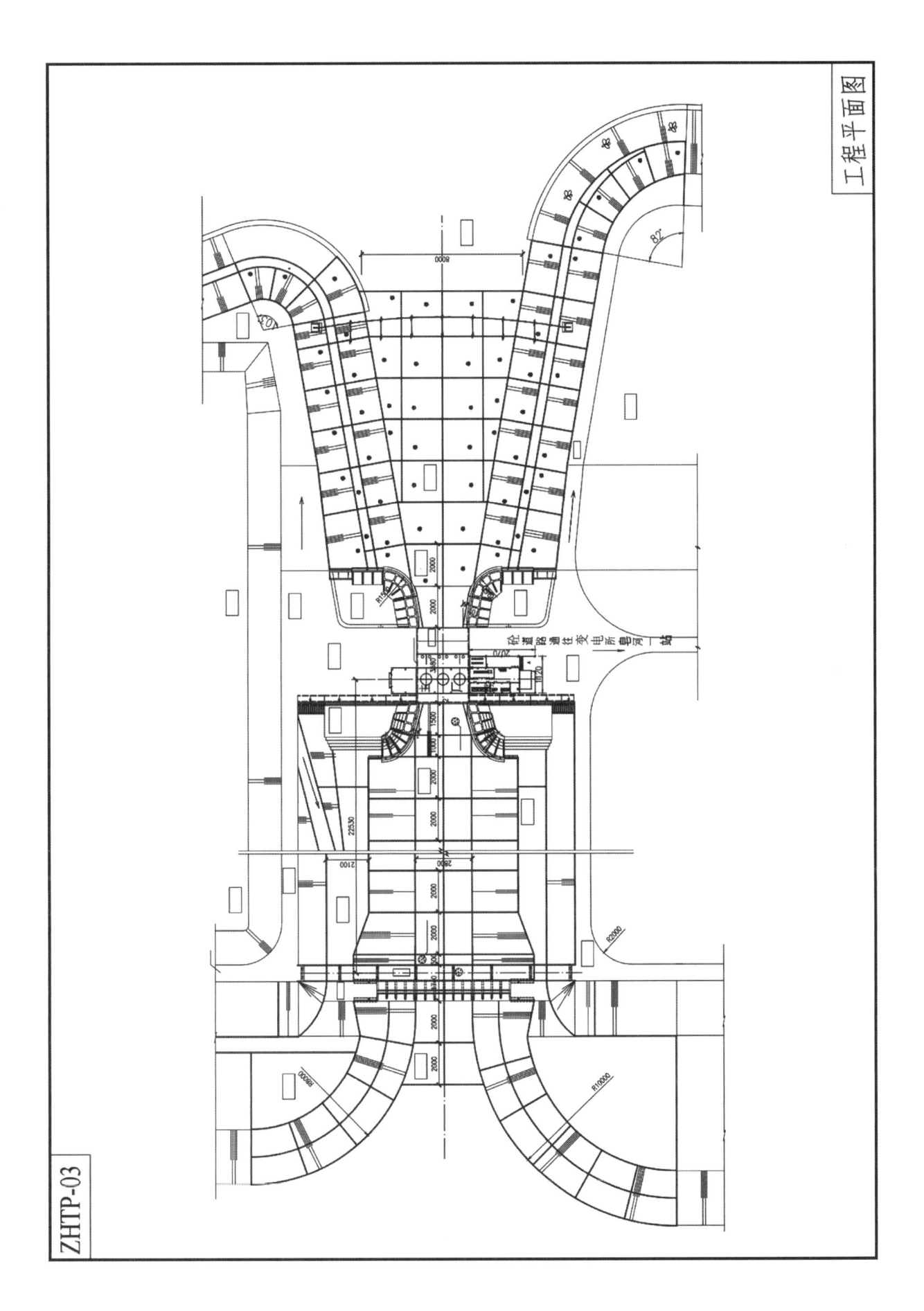

2．南水北调东线一期江苏境内泵站概况

工程平面图

ZHTP-03

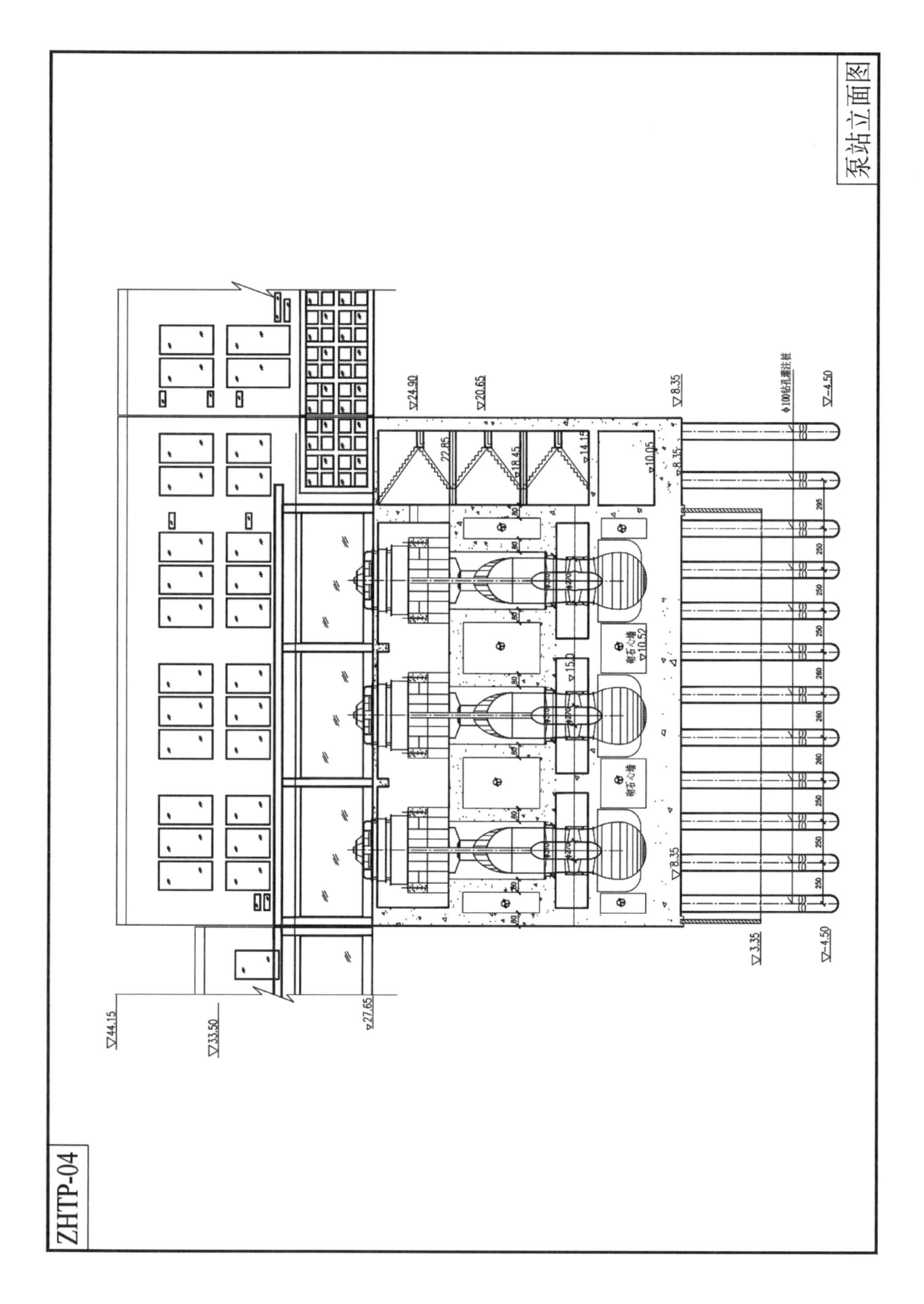

南水北调东线一期江苏境内泵站工程

ZHTP-04

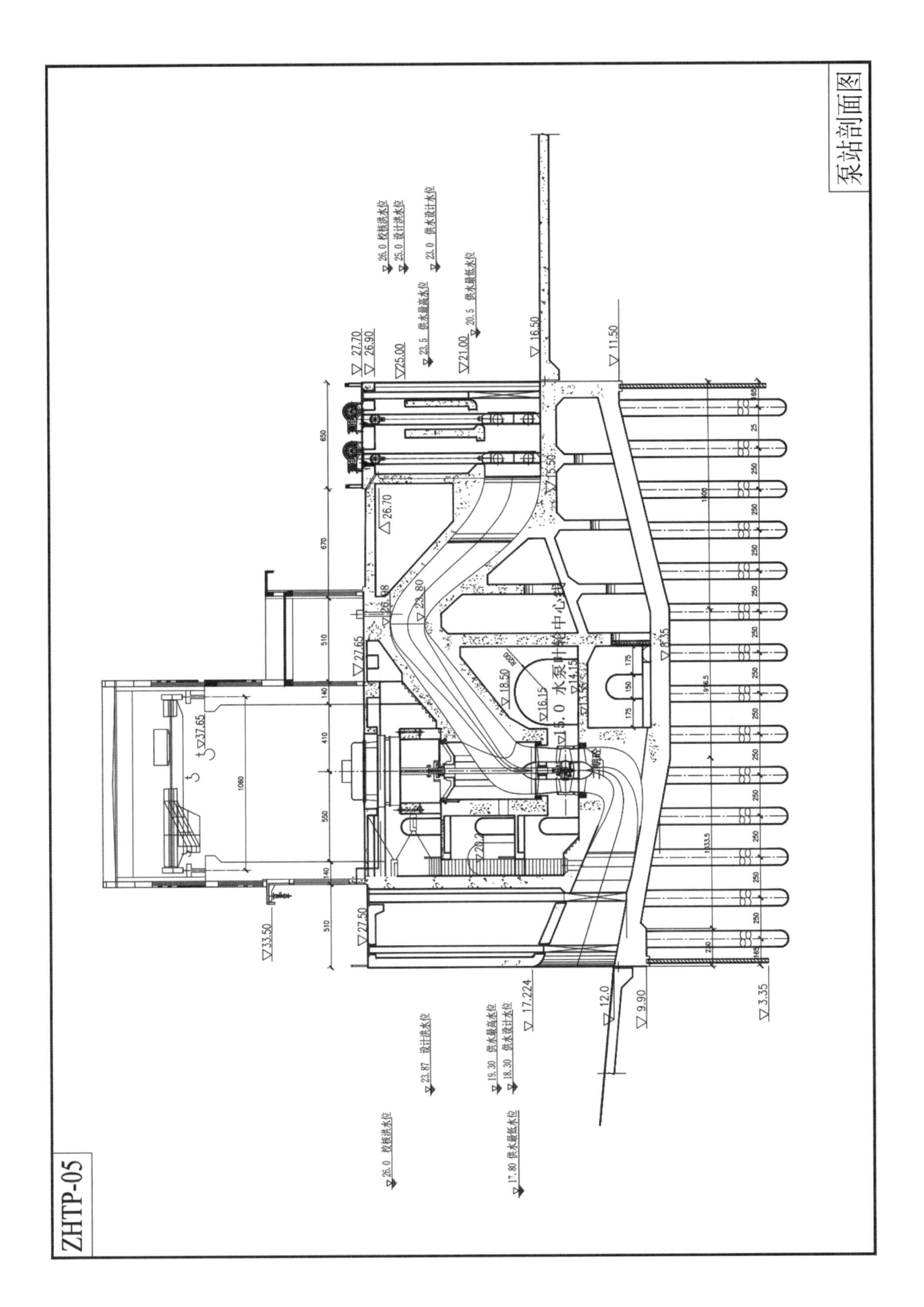

2．南水北调东线一期江苏境内泵站概况

泵站剖面图

ZHTP-05

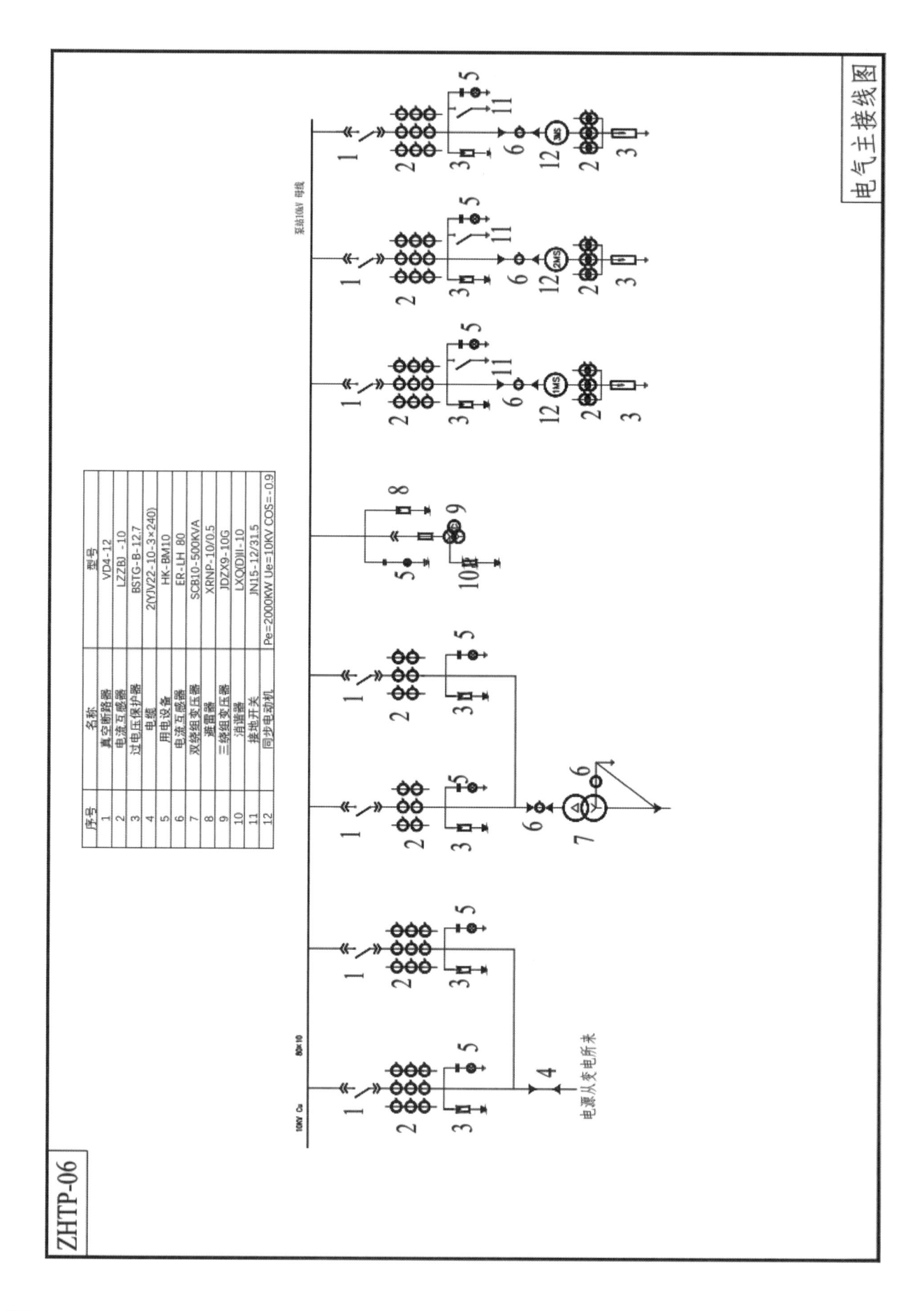

南水北调东线一期江苏境内泵站工程

ZHTP-06 电气主接线图

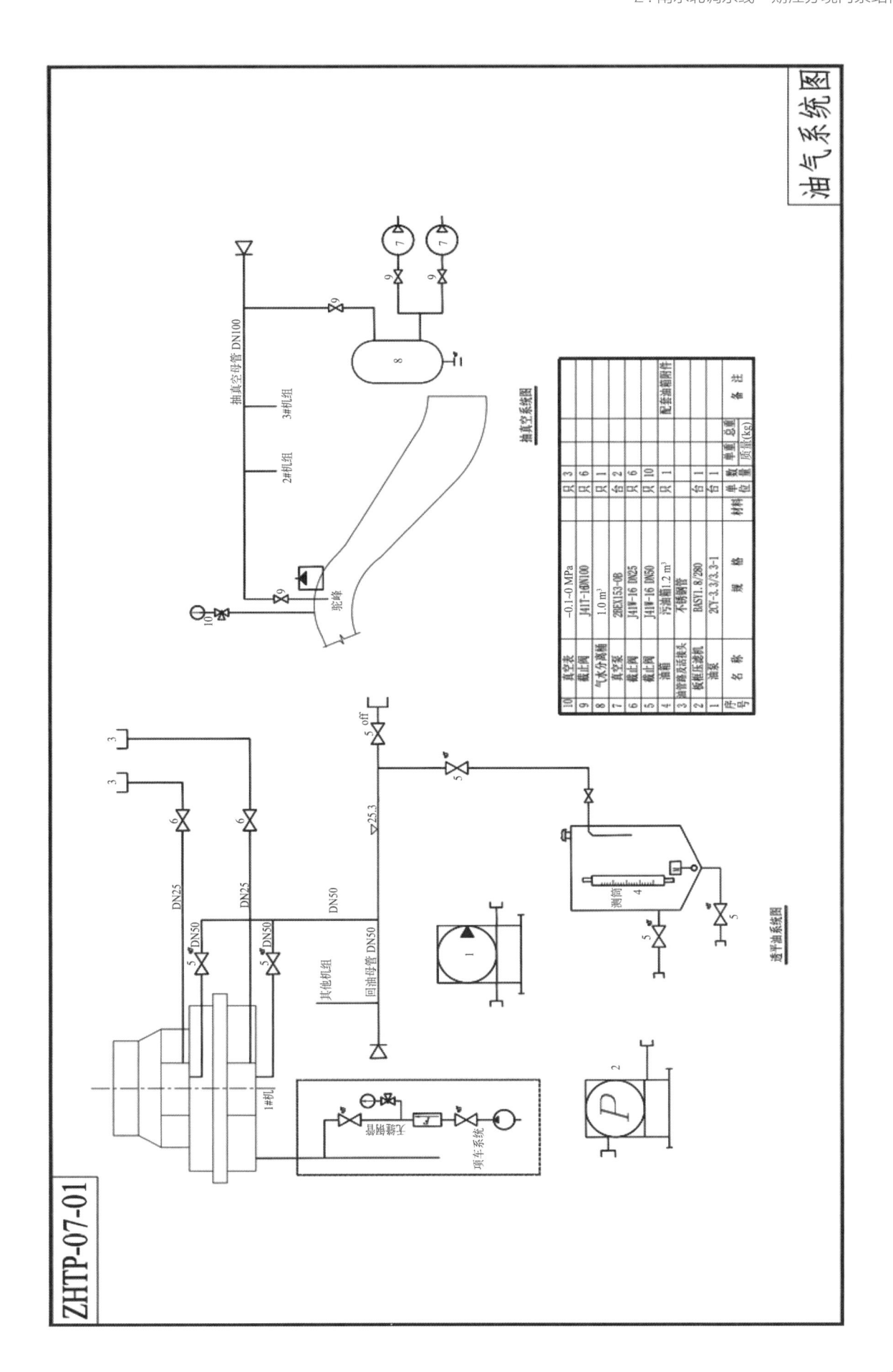

2. 南水北调东线一期江苏境内泵站概况

油气系统图

抽真空系统图

连平油系统图

序号	名称	规格	材料	数量	单重(kg)	总重(kg)	备注
1	渣泵	2CY-3.3/3.3-1		台	1		
2	板框压滤机	BASY1.8/280		台	1		
3	油管路无活接头	不锈钢管		只	1		
4	油箱	污油箱1.2 m³		只	10		
5	截止阀	J41W-16 DN50		只	6		
6	截止阀	J41W-16 DN25		台	2		
7	真空泵	2BE153-08		只	1		
8	"水分离箱"	1.0 m³		只	6		配套油箱附件
9	截止阀	J41T-16DN100		只	3		
10	真空表	-0.1-0 MPa					

ZHTP-07-01

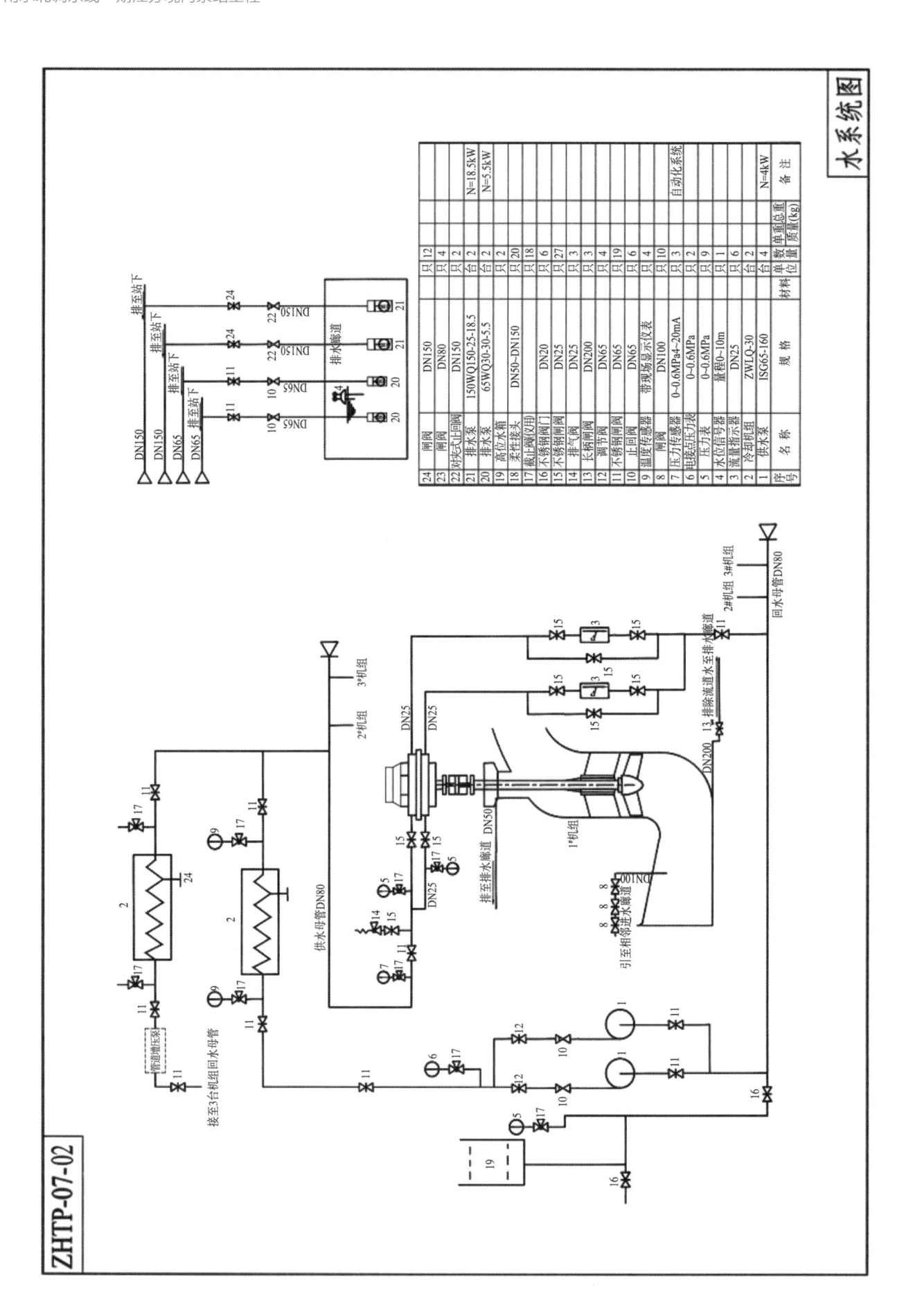

序号	名称	规格	材料位	数量	单重 总质量(kg)	备注
1	供水泵	ISG65-160	台	4		N=4kW
2	冷却机组	ZWLQ-30	台	2		
3	流量指示器		只	6		
4	水位信号器	量程0-10m	只	1		
5	压力表	0-0.6MPa	只	9		
6	耐震点压力表	0-0.6MPa	只	3		
7	压力传感器	0-0.6MPa 4-20mA	只	3		
8	温度传感器		只	10		自动化系统
9	带现场显示仪表	DN100	只	4		
10	闸阀	DN65	只	6		
11	不锈钢闸阀	DN65	只	19		
12	止回阀	DN65	只	4		
13	调节阀	DN200	只	3		
14	长柄闸阀	DN25	只	27		
15	不锈钢闸阀	DN20	只	6		
16	排气阀	DN50-DN150	只	18		
17	截止阀(又用)	DN150	只	20		
18	柔性接头	65WQ30-30-5.5	台	2		N=5.5kW
19	高位水箱		台	2		
20	排气泵	150WQ150-25-18.5	台	2		N=18.5kW
21	排水泵	DN150	只	2		
22	对夹式止回阀	DN80	只	4		
23	闸阀	DN150	只	12		
24	闸阀					

水系统图

ZHTP-07-02

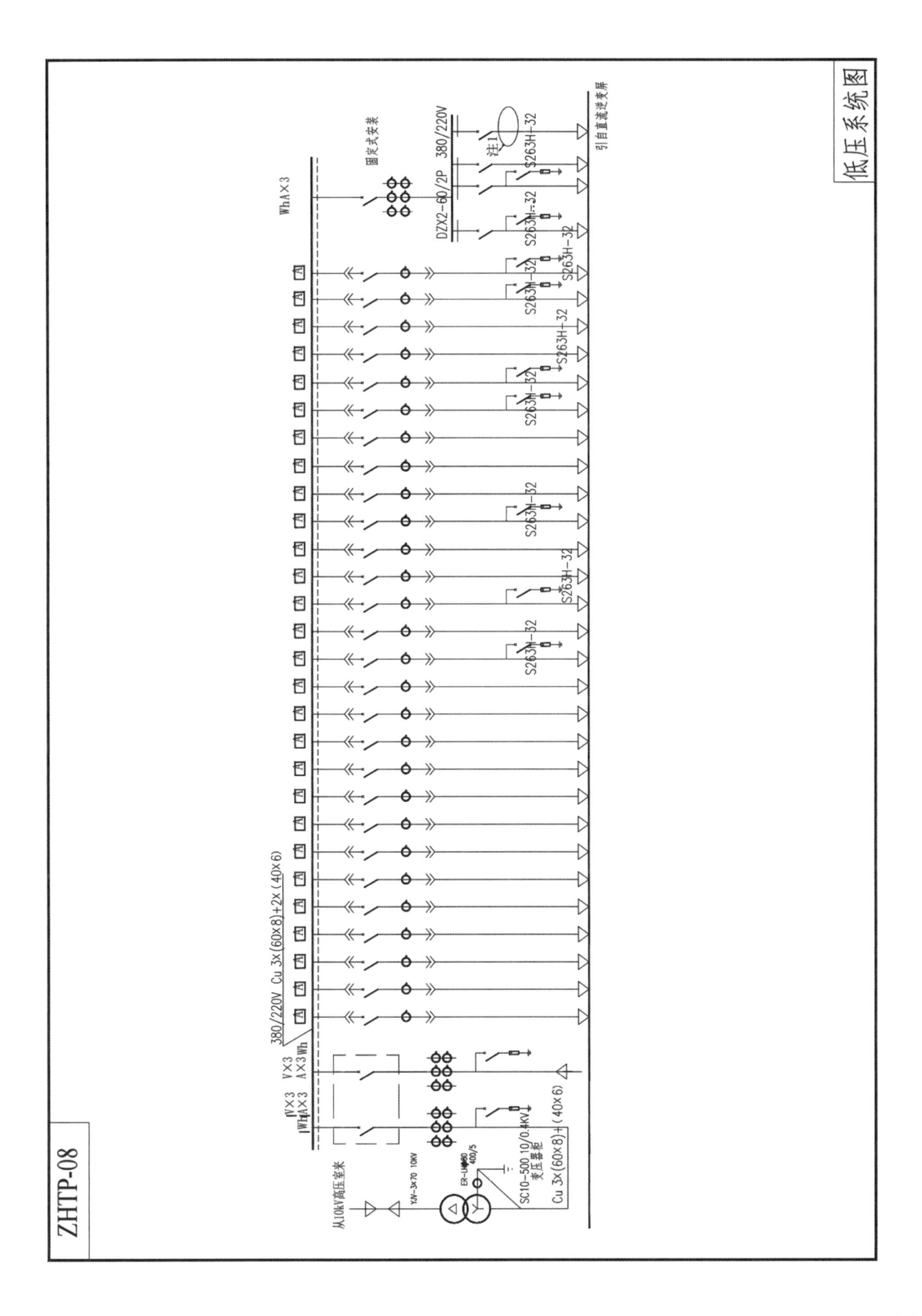

2. 南水北调东线一期江苏境内泵站概况

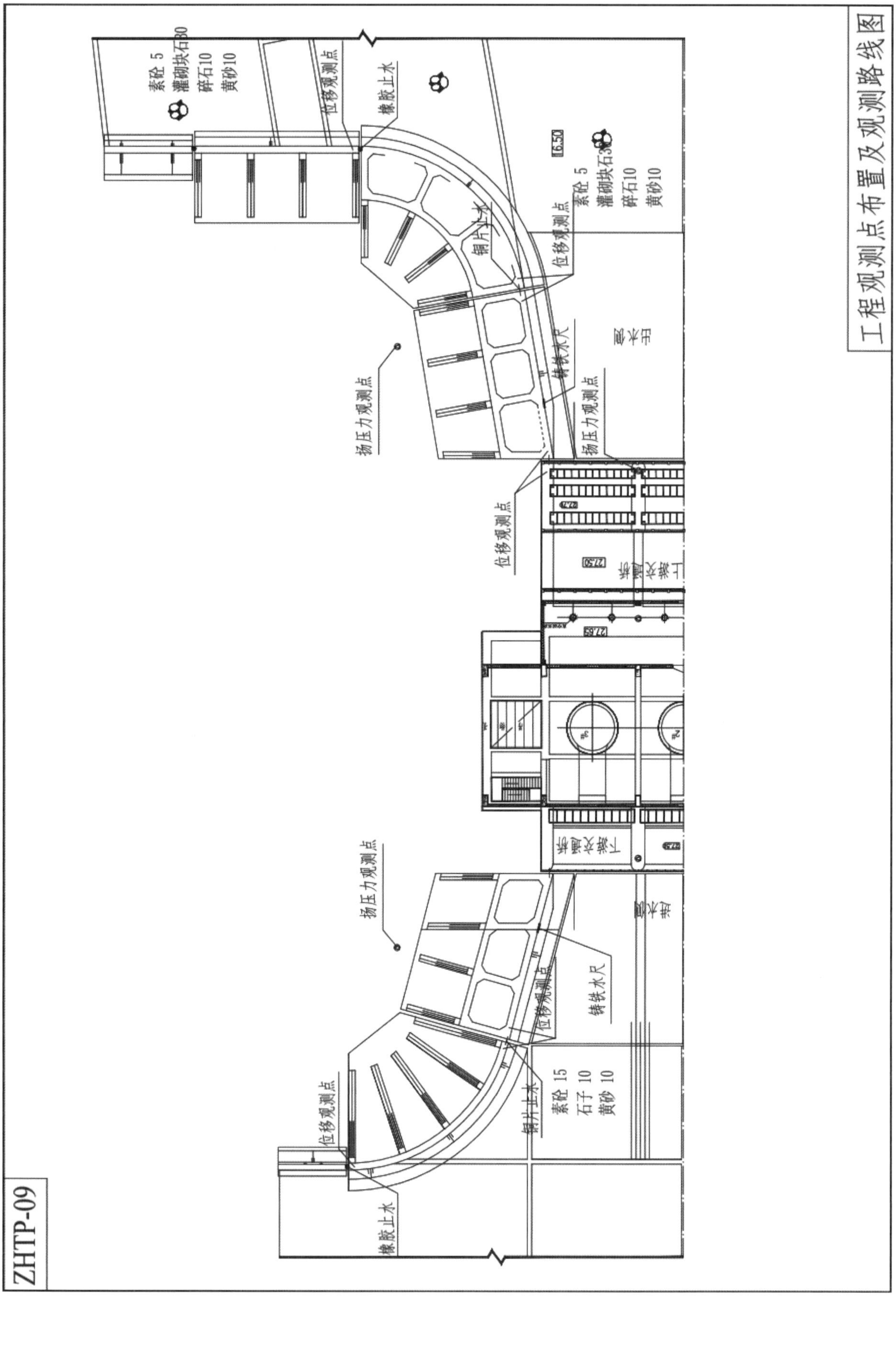
工程观测点布置及观测路线图
ZHTP-09
素砼 5
灌砌块石30
碎石10
黄砂10
位移观测点
橡胶止水
铜片止水
16.50
扬压力观测点
铸铁水尺
27.50
27.65
素砼 15
石子 10
黄砂 10

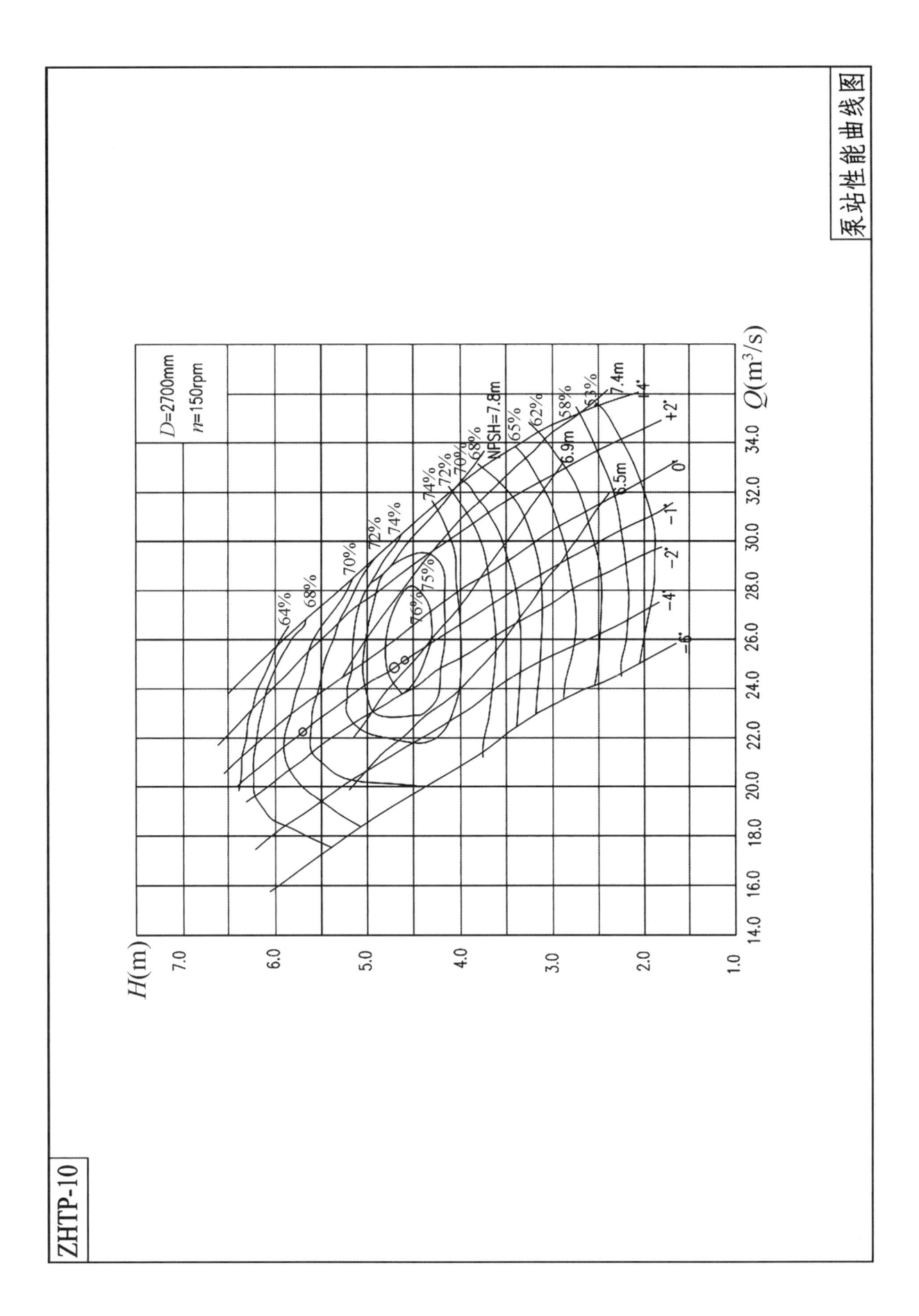

2. 南水北调东线一期江苏境内泵站概况

泵站性能曲线图

ZHTP-10

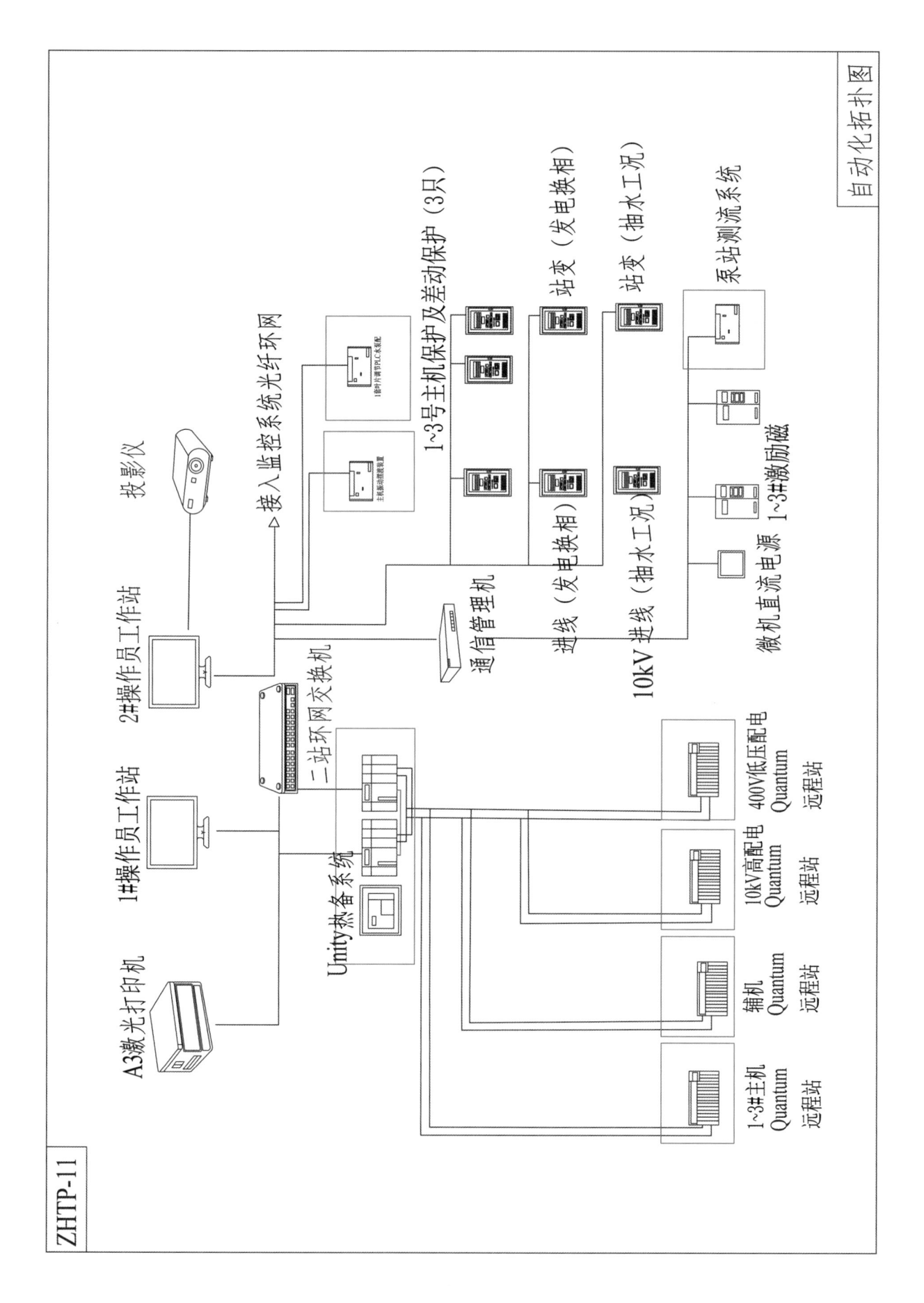

自动化拓扑图

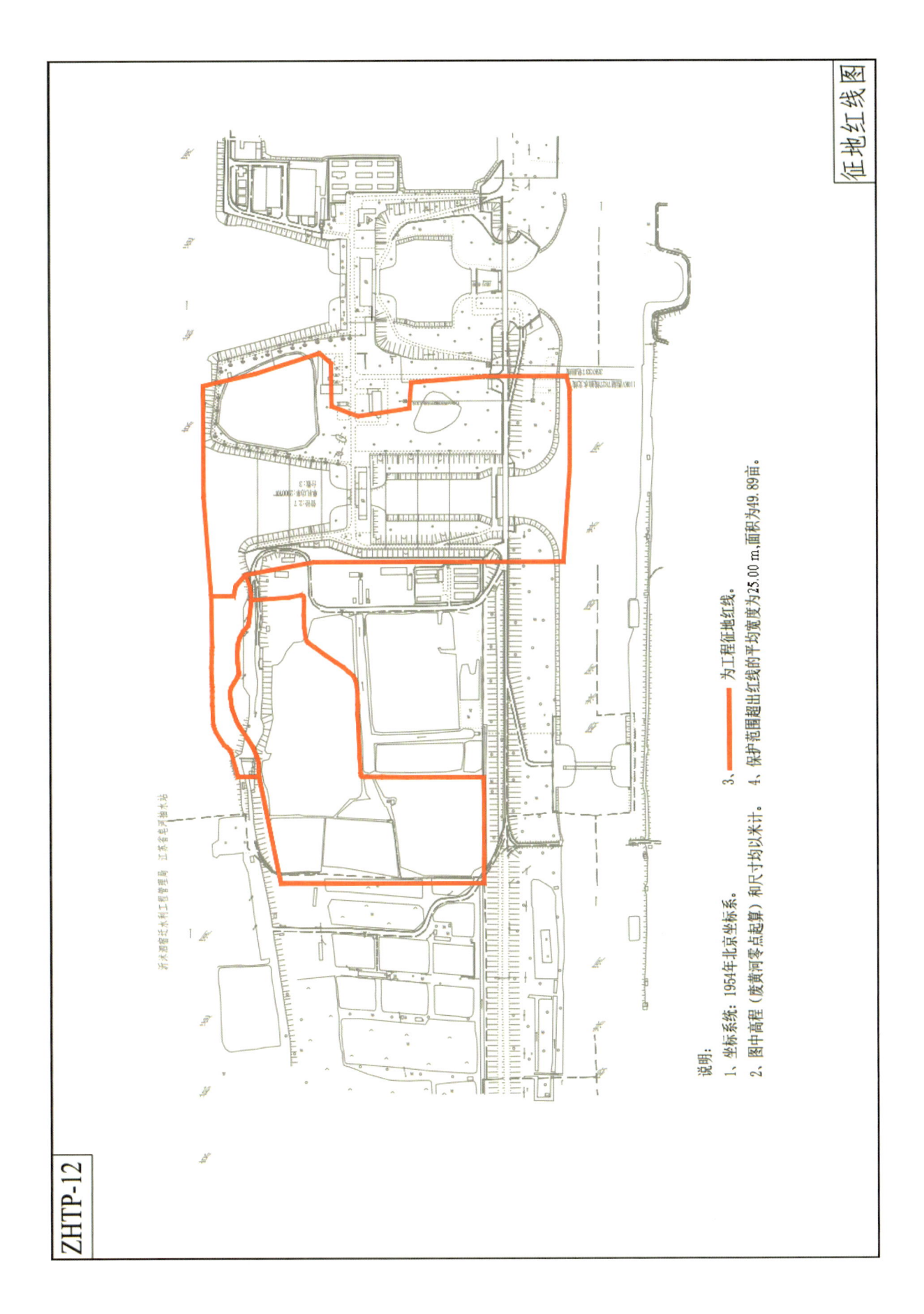

2. 南水北调东线一期江苏境内泵站概况

征地红线图

ZHTP-12

说明：
1、坐标系统：1954年北京坐标系。
2、图中高程（废黄河零点起算）和尺寸均以米计。
3、———— 为工程征地红线。
4、保护范围超出红线的平均宽度为25.00 m，面积为49.89亩。

307

南水北调东线一期江苏境内泵站工程

ZHTP-13

竣工地形图

2.6.3 邳州站

图 2-15 邳州站

1. 工程概况

邳州站位于江苏省邳州市八路镇刘集村徐洪河与房亭河交汇处东南角。邳州站是南水北调东线第一期工程的第六梯级泵站，工程的主要任务是与泗洪站、睢宁泵站一起，通过徐洪河输水线向骆马湖输水 100 m³/s，与中运河共同满足向骆马湖调水 275 m³/s 的目标，并结合房亭河以北地区的排涝进行建设。

邳州站位于江苏省邳州市境内，本区属暖温带半湿润季风气候区，冷暖变化和旱涝灾害十分突出。多年平均年降雨量为 903.6 mm，多年平均年水面蒸发量为 1 100.0 mm，多年平均气温为 13.9℃，多年平均风速为 3.1 m/s。本工程位于黄淮海平原东南缘的沂沭泗冲积平原区，基本地貌类型为堤外洼地平原，地势相对低洼平坦，地表高程 22.5~23.5 m。徐州复背斜以东主要为新华夏系断裂，基本控制着本地区的地质构造格局。邳州站地震动峰值加速度为 0.20 g，相应的地震基本烈度为Ⅷ度。

邳州站的水工建筑物由泵站、刘集南闸、公路桥、清污机桥、管理区附属建筑物等组成。泵站规模为大（2）型泵站，工程等别为Ⅱ等，主要建筑物为 1 级建筑物，次要建筑物为 3 级建筑物。泵站设计洪水标准为 100 年一遇，校核洪水标准为 300 年一遇。泵站为堤身式泵房，采用整体块基型结构，设计流量为 100 m³/s。泵站所选水泵为日立泵制造（无锡）有限公司生产的 3300ZGQ33.4-3.1 型卧式全调节竖井贯流泵 4 台套水泵机组（含 1 台套备机），单机流量为 33.4 m³/s，叶轮直径 3.30 m，转速

105.6 r/min。电机为湘潭电机股份有限公司 TKS710-8TH 型卧式同步电机，配套功率 1 950 kW，泵站总装机容量为 7 800 kW，通过 H25M19 型立式齿轮减速箱传动。

邳州站于 2011 年 3 月正式开工，2013 年 2 月通过泵站机组试运行验收，4 月顺利通过设计单元通水验收。截至 2014 年 10 月底，工程完成全部建设内容并移交管理单位，总工期 26 个月。邳州站自 2013 年投入运行以来，多次参与向山东省调水工作，并于 2020 年首次参加省内抗旱运行。截至 2023 年 12 月，邳州站机组累计运行 52 023 台时，累计调水 55.85 亿 m³。

表 2-29　特征水位及扬程信息表

单位：m

			站下引水渠口	站上出水渠口
特征水位	供水期	设计水位	20.10	23.20
		最低运行水位	19.10	20.60
		最高运行水位	22.10	23.20
		平均运行水位	20.10	22.80
	排涝期	设计水位	21.80	25.70
		最高水位	22.10	26.30
	挡洪水位	设计	23.50	27.80
		最高	26.00	28.00
扬程	供水期	设计扬程	3.10	
		最小扬程	0	
		最大扬程	4.10	
		平均扬程	2.70	
	排涝期	设计扬程	4.00	
		最小扬程	—	
		最大扬程	—	

表 2-30　泵站基础信息表

所在地	邳州市八路镇	所在河流	徐洪河	运用性质	输水、排涝	
泵站规模	大（2）型	泵站等别	Ⅱ	主要建筑物级别	1	建筑物防洪标准 设计 100 年一遇 校核 300 年一遇
站身总长（m）	51.2	工程造价（万元）	31 644	开工日期	2011.3	竣工日期 2013.4
站身总宽（m）	38.2					
装机容量（kW）	7 800	台数	4	装机流量（m³/s）	133.4	设计扬程（m） 3.1
主机泵	型式	卧式全调节竖井贯流泵 3300ZGQ33.4-3.1 型		主电机	型式	卧式同步电机 TKS710-8TH
	台数	4	每台流量（m³/s）	33.4		台数 4 每台功率（kW） 1 950
	转速（r/min）	105.6	传动方式	齿轮箱减速传动		电压（V） 10 000 转速（r/min） 750

续表

主变压器	型号	S11-10000/110		输电线路电压(kV)		110	
	总容量(kVA)	10 000	台数	1	所属变电所	110 kV 银杏变电所	
主站房起重设备		桥式行车	起重能力（kN）	320/50	断流方式	快速闸门	
闸门结构型式	上游	平面钢闸门	启闭机型式	上游	液压启闭机		
	下游	平面钢闸门		下游	—		
进水流道形式		直管式		出水流道形式	直管式		
主要部位高程(m)	站房底板	27.7	水泵层	10.6	电机层	18.25	副站房层	27.7
	叶轮中心	14.6	上游护坦	14.00	下游护坦	12.00		
站内交通桥	净宽（m）	7.6	桥面高程（m）	27.5	设计荷载	公路-Ⅱ级	高程基准面	废黄河
站身水位组合	设计水位（m）	下游	20.10（调水）	上游	23.20（调水）		
	校核水位（m）	下游	26.00	上游	28.00		

2. 批复情况

2005年10月20日，国家发展改革委以《关于南水北调东线一期工程项目建议书的批复》（发改农经〔2005〕2108号）对南水北调东线工程批复立项。

2008年11月8日，国家发展改革委以《关于审批南水北调东线一期工程可行性研究总报告的请示的通知》（发改农经〔2008〕2974号）批复了南水北调东线一期工程可行性研究报告，邳州站工程为其中的一个设计单元工程。

2010年9月28日，国务院南水北调办《关于南水北调东线一期长江至骆马湖段其他工程邳州站工程初步设计报告的批复》（国调办投计〔2010〕208号）批复邳州站工程初步设计，批复工程总概算为31 644万元。

2010年12月31日，南水北调江苏水源有限责任公司以《关于南水北调东线一期邳州站工程招标设计（技术方案）的批复》（苏水源计〔2010〕90号）批复了邳州站工程招标设计。

3. 工程建设有关单位

项目法人：南水北调东线江苏水源有限责任公司
现场建设管理机构：江苏省南水北调邳州站工程建设处
设计单位：上海勘测设计研究院
监理单位：江苏省苏水工程建设监理有限公司
质量监督单位：南水北调工程江苏质量监督站
质量检测单位：江苏省水利建设工程质量检测站
土建施工单位：徐州市水利工程建设有限公司
竖井贯流泵机组供应商：日立泵制造（无锡）有限公司
清污设备供应商：江苏省水利机械制造有限公司

高低压开关柜设备供应商：江苏菲达宝开电气有限公司
110kV 组合开关（GIS）设备供应商：山东泰开高压开关有限公司
变压器设备供应商：湖北阳光电气有限公司
电缆供应商：江苏润华电缆股份有限公司
液压启闭机设备供应商：江苏武进液压启闭机有限公司
自动化系统设备供应商：南京南瑞集团公司
钢材供应商：江苏省水利物资总站
厂房、控制楼及管理房等装饰工程：常州中泰装饰工程有限公司
管理（运行）单位：江苏水源公司

4. 工程布置与主要建设内容

邳州站工程位于江苏省邳州市八路镇刘集村徐洪河与房亭河交汇处东南角。

邳州站工程主要建设内容包括：新建泵站厂房、变电所，开挖上下游引河、新建清污机桥、交通桥，配套建设刘集南闸，修建泵站对外交通道路，补偿建设双杨灌溉涵洞等。

泵房为堤身式块基型结构，泵站底板垂直水流向长度 38.2 m，顺水流向长度 38.0 m，流道为直管进出水，进水侧底板高程 12.00 m，出水侧底板高程 14.00 m。辅机层高程为 18.20 m，电缆层高程为 23.00 m，安装间高程 27.70 m。主泵房总宽度为 18.60 m，出水侧设 7.60 m 宽交通桥，进水侧设 4.70 m 宽工作桥，桥面高程均为 27.50 m。

清污机桥分 12 孔 6 个栅段，均按 2 孔一联设计，孔宽为 5.15 m，底板分为 6 块。河岸段底板结合边坡布置成斜坡式，单块底板宽（顺水流向）11.5～13 m，长（垂直水流向）12 m。清污机桥底板高程 15.0 m，桥面高程为 26.50 m，桥面宽为 8.5 m，桥两端采用钢筋混凝土空箱与河堤顶道路相接。拦污栅与底板水平面夹角 75°，中间 6 孔配 6 台套回转式清污机，并配置皮带输送机。

刘集南闸设计净孔径 32 m，采用 4 孔 8 m 开敞式结构，4 孔一联设计。闸室顺水流方向长 15 m，垂直水流方向宽 38.50 m，底板顶面高程 15.00 m。地基为天然地基。闸门门型为升卧门，采用平面滚轮支承钢闸门，共 4 扇，孔口尺寸 8.0 m×7.8 m，门顶高程 22.8 m，闸门材质采用 Q235B，门体防腐采用喷锌外加油漆封闭层、面漆层。采用 2×160 kN 卷扬式启闭机启闭。

进水引渠为新开河道，长 813.50 m，横断面形状为梯形，渠底宽 24.0 m，渠底高程 15.00 m，两岸堤顶高程 26.50 m，马道高程 23.00 m，宽 10.0 m，边坡坡比为 1∶3，进水池前通过 50 m 长渐变段将渠道底宽由 24 m 渐变至 35.6 m，总长 50 m。进水渠在 23.00 m 高程马道及以上采用预制六角空心块护砌；在 23.00 m 高程马道以下采用现浇砼护坡；在清污机桥两侧各 30 m 范围和清污机桥至泵站进水池段渠底采用灌砌石护底。

出水渠长 245.04 m，出水渠横断面形状为梯形，渠底宽 34.0 m，渠底高程 18.0 m，两岸堤顶道路高程 29.00 m，马道高程 24.00 m，宽 15.0 m，边坡坡比为 1∶3。出水渠在 24.00 m 高程马道及以上采用预制六角空心块草皮护面；在 24.00 m 高程马道以下采用浆砌块石护坡和混凝土护底。

堤顶公路桥设计荷载公路-Ⅱ级，桥面总宽度取 8.0 m（7m+2×0.5 m），桥面顶高程 29.00 m，横坡 2.0%。采用装配式预应力混凝土简支梁桥，跨径 6×20 m，桥墩采用圆截面双柱式结构，每个桥墩承台下布置一排 2 根直径为 Φ1 200 mm 钻孔灌注桩，桩尖高程为 -4.50 m。桥台为钢筋混凝土 U 形结构，每个桥台

下布置两排钻孔灌注桩，每排3根，直径为Φ1 000 mm钻孔灌注桩，桩尖高程为-3.0 m。

5. 分标情况及承建单位

2010年12月9日，国务院南水北调办以《关于南水北调东线一期工程邳州站工程分标方案的批复》（国调办建管〔2010〕265号）批复邳州站工程划分为邳州站工程建设监理、邳州站土建施工及设备安装、邳州站房屋建筑装饰工程、邳州站工程钢筋采购、邳州站贯流泵机组设备采购、邳州站液压启闭设备采购、邳州站110 kV组合开关设备采购、邳州站电气设备采购、邳州站变压器采购、邳州站高低压电缆采购、邳州站清污机系统设备采购、邳州站自动化系统采购及安装等12个标段。另外，邳州站工程勘察设计及供电线路工程施工亦通过公开招标确定，因此邳州站总计14个标段。

实际完成工程量：土方开挖69.33万 m^3，回填43.99万 m^3；混凝土4.77万 m^3；钢筋3 243.89 t；金属结构511.034 t；完成副厂房建筑面积2 670.52 m^2，管理楼建筑面积1 589.34 m^2，完成管理区道路20 724.07 m^2，围墙3 103.74 m。安装竖井贯流泵成套设备4台套、闸门4扇、液压启闭机设备8台套、回转式清污机6台套、主变压器1台、GIS组合开关1台套、自动化、高低压开关及电缆等。

6. 建设情况简介

2011年1月25日国务院南水北调办以《关于南水北调东线一期邳州站工程开工请示的批复》（国调办建管〔2011〕10号）批复了邳州站工程的开工报告。2010年12月，江苏水源公司以《关于成立江苏省南水北调邳州站工程建设处的通知》（苏水源综〔2010〕48号）批准成立了江苏省南水北调邳州站工程建设处，作为项目法人的现场管理机构，具体负责工程建设现场管理工作。

（1）主要建筑物施工简况

泵站土建工程于2011年3月21日开始基坑开挖，4月1日开始降水井施工，6月17日开始地下连续墙砼浇筑，7月6日完成基坑开挖并通过验槽。2011年8月24日完成泵站底板浇筑，10月28日完成泵站流道浇筑，12月13日完成泵站辅机层、电缆层浇筑，2012年2月25日完成主厂房框架结构浇筑，3月11日完成屋面浇筑。2012年4月1日完成安装间灌注桩施工，4月11日完成底板浇筑，5月4日完成框架结构浇筑，5月12日完成安装间屋面浇筑。2012年6月10日完成副厂房灌注桩施工，8月25日完成地下室浇筑，9月9日完成一层浇筑，9月20日完成二层浇筑，9月29日完成屋面浇筑。2011年7月26日开始下游联结段施工，2012年6月21日完成。2011年9月4日开始上游联结段施工，2012年10月30日完成。

清污机桥土建工程于2011年10月7日开始基坑开挖，2012年5月10日完成底板浇筑，5月18日完成西侧砼空箱挡墙，5月27日完成砼墩墙浇筑，6月5日完成东侧砼空箱挡墙浇筑。

刘集南闸土建工程于2011年11月10日开始上下游围堰填筑，12月19日完成填筑；2012年1月2日开始进行基坑开挖，1月8日完成基坑验槽。2011年1月18日完成闸室底板砼浇筑，4月17日完成闸墩及交通桥砼浇筑，5月5日完成工作闸门安装，5月25日完成工作桥混凝土浇筑，6月8日完成刘集南闸启闭机安装、调试。2012年5月27日完成上游护坦，6月5日完成上游翼墙水下部分施工。2012年5月10日下游联结段全部翼墙施工完成，5月31日完成下游消力池、护坦。

泵站进出水渠工程2012年5月26日完成水下工程的引河段河道开挖（桩号：0+604～1+114.5），1月3日完成堤防填筑（桩号：0+604～1+114.5）；2012年6月3日全部完成混凝土护坡，11月30日完成引河段所有护底。2012年11月27日完成出水渠全部混凝土护坡、护底及格埂施工。

堤顶公路桥工程于2012年1月3日完成全部22根灌注桩的施工，3月22日完成全部42片空心桥梁板的预制，4月1日完成桥梁联系梁、墩柱及桥台，3月28日完成盖梁施工，4月11日完成预制桥梁板，4月27日完成桥面铺装层，5月13日完成砼防撞护栏。

管理楼及附属土建工程于2012年6月11日完成管理楼预制桩，8月30日完成基础浇筑，10月9日完成一层浇筑，10月20日完成二层浇筑，10月29日完成三层浇筑。车库水泵房于2012年12月26日完成基础浇筑，2013年1月28日完成主体浇筑。传达室于2012年12月14日完成基础浇筑，2013年1月3日完成主体浇筑。2013年6月7日完成管理区所有混凝土道路浇筑，7月12日完成管理区道路沥青混凝土面层铺装。2014年7月底完成围墙施工。

（2）重大设计变更

国务院南水北调办以《关于南水北调东线一期邳州站工程水泵装置设计变更的批复》（国调办投计〔2012〕106号）文件进行了批复，同意将灯炮贯流泵变更为竖井贯流泵。

邳州站工程于2011年3月开工，2013年2月通过泵站机组试运行验收，3月移交管理部门正常运行，4月通过设计单元工程通水验收；2014年10月通过合同项目完成验收，12月通过水土保持专项验收；2015年8月通过环境保护专项验收，11月通过档案专项验收；2016年5月通过征迁安置完工验收，8月通过消防专项验收。

7. 工程新技术应用

（1）采用国产大型竖井贯流泵

邳州站首次采用国产大型竖井贯流泵，与灯泡贯流泵相比，竖井贯流泵具有结构相对简单、安装检修方便、通风散热良好、国内招标、造价节省等优点。通过采用竖井贯流泵，泵站在高效和经济性方面取得了显著成果。

（2）采用国产的液压全调节装置

邳州站首次采用了国产的液压全调节装置。液压全调节竖井贯流泵结构能解决现有竖井贯流泵只有在水泵机组停机的状态下才能进行叶片角度调节的问题，并且能够实现大型竖井贯流泵机组的叶片全调节。

（3）提升泵站信息化管理水平

邳州站在水泵设计中运用超声波流量计，提升了南水北调工程的信息化管理水平，通过在水泵模型装置试验时进行的流量测量精度的对比试验，验证了多声道超声波流量计的设计布置方案完全满足工程要求。

（4）首次进行了原型流道的型线检测和偏差统计分析

邳州站首次进行了原型流道的型线检测和偏差统计分析，在此基础上提出质量控制的建议和要求，实现功能和外观的统一、内在质量的可靠性要求和外表质量精致相结合，为水泵机组的高效运行提供了保证。

8. 工程质量

经施工单位自评、监理复评、项目法人（建设处）确认，邳州站工程质量评定等级为优良。邳州站工程共 8 个单位工程、79 个分部工程（水利标准 26 个，非水利标准 53 个）、1 245 个单元（分项）工程。邳州站工程按水利标准评定的泵站、刘集南闸、清污机桥、双杨灌溉涵洞改建工程等 4 个单位工程质量等级评定为优良，按非水利标准评定的堤顶公路桥、厂房工程、管理楼及附属、水土保持等 4 个单位工程质量等级评定为合格（无优良等级）。

9. 运行管理情况

自 2013 年正式通水至 2023 年 12 月底，邳州站累计运行 52 034 台时，累计抽水 588 805 亿 m³。最多年运行天数为 120 d；最多年运行台时为 8 398 台时；最大运行流量 119.45 m³/s，站下最低运行水位 19.23 m，最高运行水位 20.93 m；站上最低运行水位 21.57 m，最高运行水位 23.55 m；最小运行扬程 1.53 m，最大运行扬程 3.49 m；单台机组最小运行功率 786 kW，最大运行功率 1 726 kW，全站最大运行功率 5 025 kW。

10. 主要技改和维修情况

（1）机组大修

2021 年 3# 机组运行时间已经达到规范要求，且运行中发现位于水泵层的 2# 漏油箱底部有水渗入现象，停机后拆除回油管检查时未见渗水现象。此外，2020 年透平油油质试验报告显示 3# 机组水导轴承润滑油存在杂质。于是，2021 年对 3# 机组进行大修。

2022 年，4# 机组运行时间已经达到规范要求，且出现水导油轴承密封件老化、性能下降、叶片角度显示与实际不符等现象，遂对 4# 机组进行检修，检修后，4# 机组运行良好。

1# 机组因运行时间和年限已超规范规定台时要求，且震动、噪声逐年加大，2022 年对其水导轴承进行油化验时，发现水导轴承的微水含量超标，为 113.7 mg/L（合格标准为 ≤ 100 mg/L），存在密封老化渗漏的可能，于是 2023 年 7 月对 1# 机组进行大修。

（2）叶调机构改造

2021 年，因叶片调节系统存在液压油渗漏、过调和欠调等问题，对叶调机构进行改造。通过外接铜管将回油导出至回油箱、降低调节装置回油管路高度来减小回油背压；强化辅助阀壳体与压盖之间的密封圈；将阀体内部辅助阀主压力油供油通道封堵，改为外接压力铜管供油，解决渗油问题；通过整定调节机构的调节时间，改变回油管路节流阀大小，从而改变回油流速，将回油过程时间适当延长，从而实现主配压阀的动作和水泵接力器的精准控制，改善过调和欠调问题。改造后叶片调节基本稳定，渗油问题已基本解决。

（3）电缆整改

2019 年，因建设时期电缆未严格按照电缆敷设规范要求进行敷设，造成不同电压等级的电缆在电缆桥架上未按照从上到下、分层隔离布置原则进行敷设，存在部分电缆相互缠绕，外观不美观、不规范等问题，于是决定对电缆进行整改，由南水北调江苏泵站技术有限公司实施。对划分的区域进行线缆重新规范敷设，桥、支架的制作、安装、修补、除锈、防护，规定部位线缆挂牌标识，对电缆引至电气柜、控制屏的开孔部位和线缆穿墙处进行必要防火隔离和密封，对电缆沟、电缆支架及电缆进行保洁等相关工作。项目实施后电缆敷设更加规范、美观。

11. 工程质量获奖情况

（1）2011年"大型灯泡贯流泵关键技术研究与应用"获水利部大禹水利科学技术奖一等奖。

（2）2017年获得中国水利水电勘测设计协会"全国优秀水利水电工程勘测设计奖银质奖"（证书号201701020202）。

（3）2017年11月，获得中国勘察设计协会全国优秀工程勘测设计行业奖优秀市政公用工程——给排水（含固废）二等奖。

（4）2017年7月获得上海市勘察设计行业协会上海市优秀勘察设计项目二等奖。

（5）"南水北调工程大型高效泵装置优化水力设计理论及应用"获2012年度江苏省科学技术奖一等奖（证书号2012-1-9-D6）。

（6）"大型竖井贯流泵装置研究与应用"获2014年江苏省水利科技优秀成果奖二等奖（证书号20122327-1）。

（7）"一种液压全调节竖井贯流泵结构"获实用新型专利（专利号CN201420131426.6）。邳州站共获国家发明专利授权8件。

（8）自2010年至2013年，邳州站工程建设单位连续被江苏省南水北调办、江苏水源公司评为泵站工程建设先进单位、工程建设目标考核优良等级单位。

12. 图集

PZP-01：泵站位置图

PZP-02：总平面布置图

PZP-03：工程平面图

PZP-04：泵站立面图

PZP-05：泵站剖面图

PZP-06：电气主接线图

PZP-07-01：油系统图

PZP-07-02：水系统图

PZP-08：低压系统图

PZP-09：工程观测点布置及观测路线图

PZP-10：泵站性能曲线图

PZP-11：自动化拓扑图

PZP-12：征地红线图

PZP-13：竣工地形图

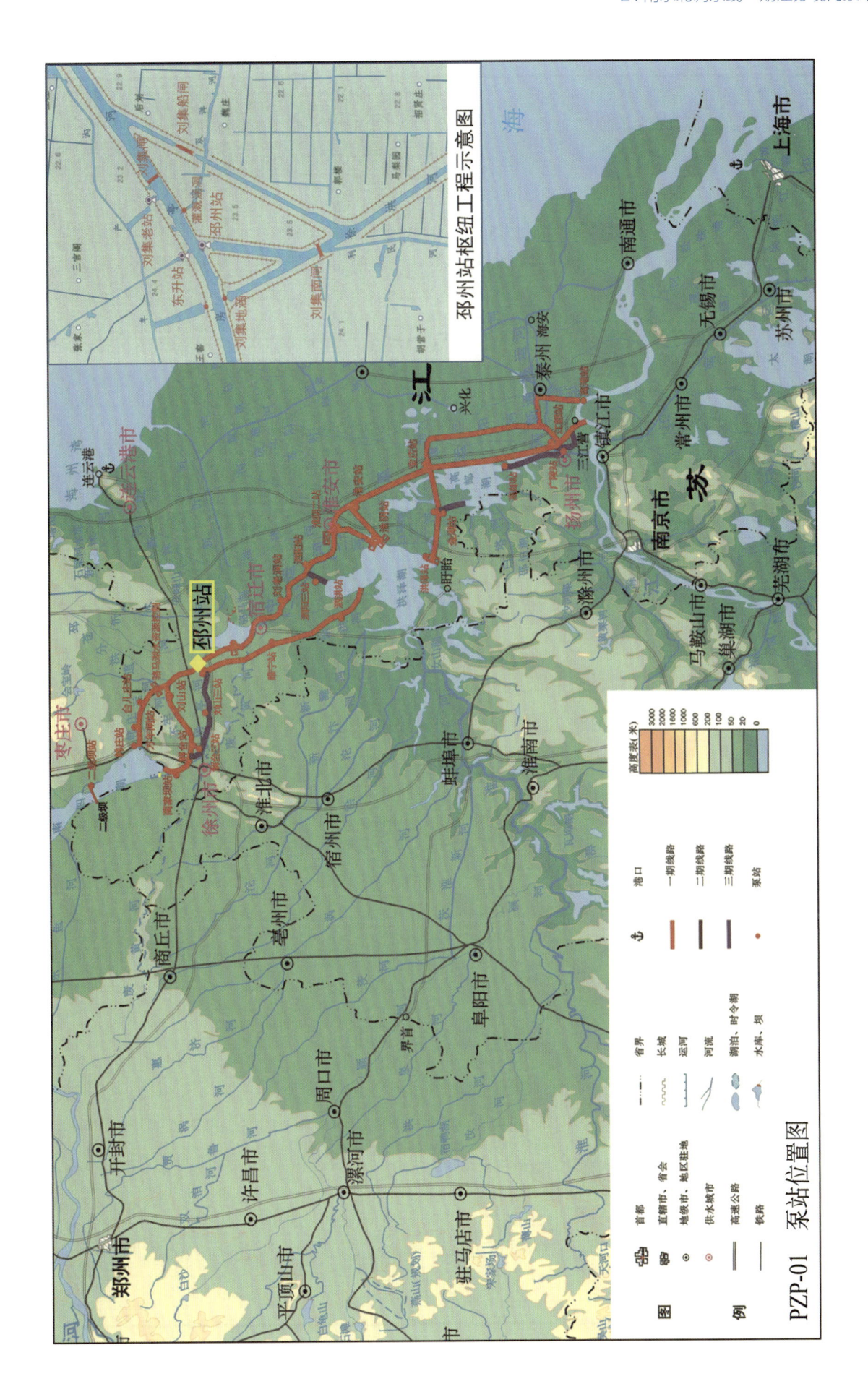

2. 南水北调东线一期江苏境内泵站概况

邳州站枢纽工程示意图

PZP-01 泵站位置图

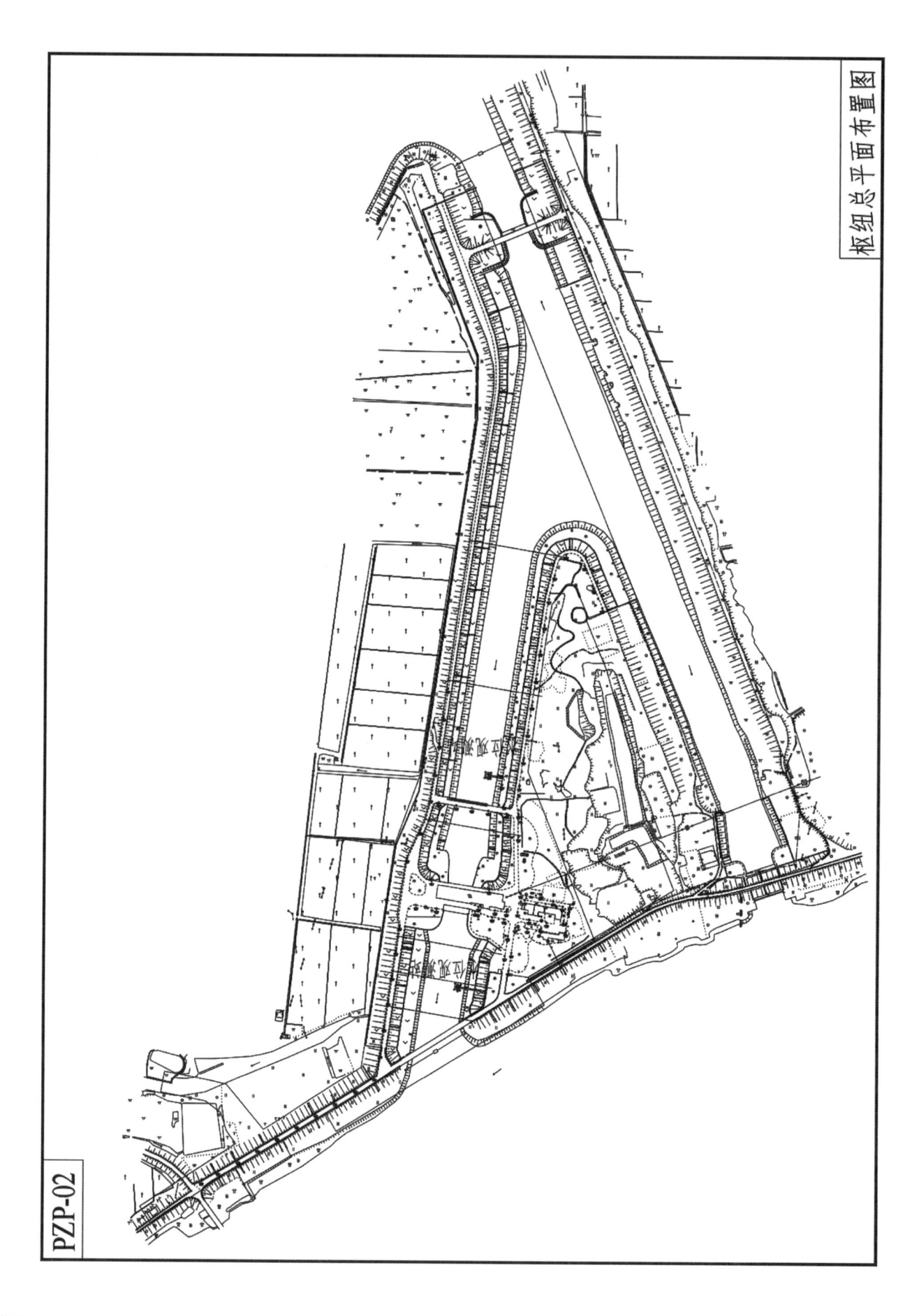

南水北调东线一期江苏境内泵站工程

枢纽总平面布置图

PZP-02

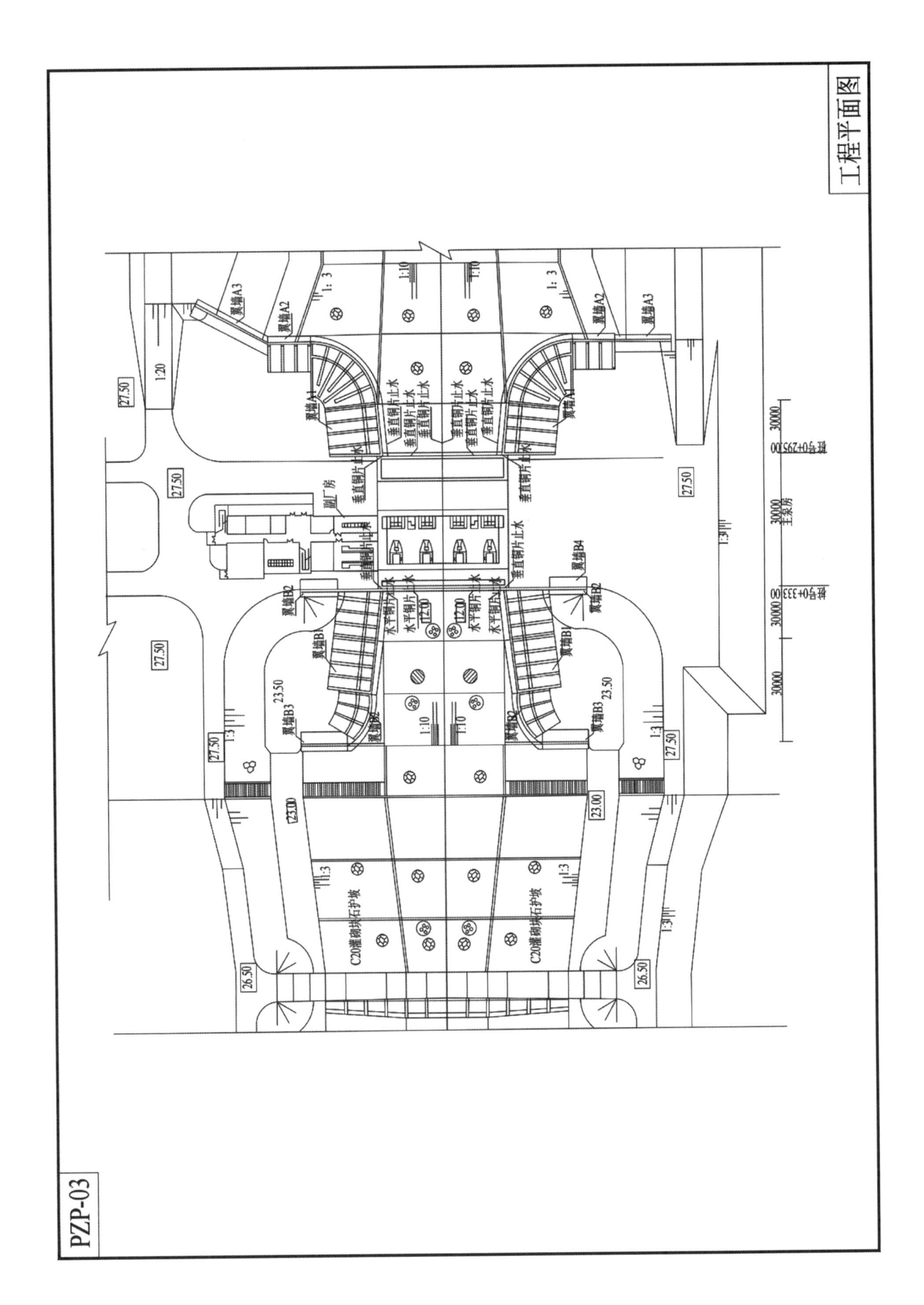

2．南水北调东线一期江苏境内泵站概况

工程平面图

PZP-03

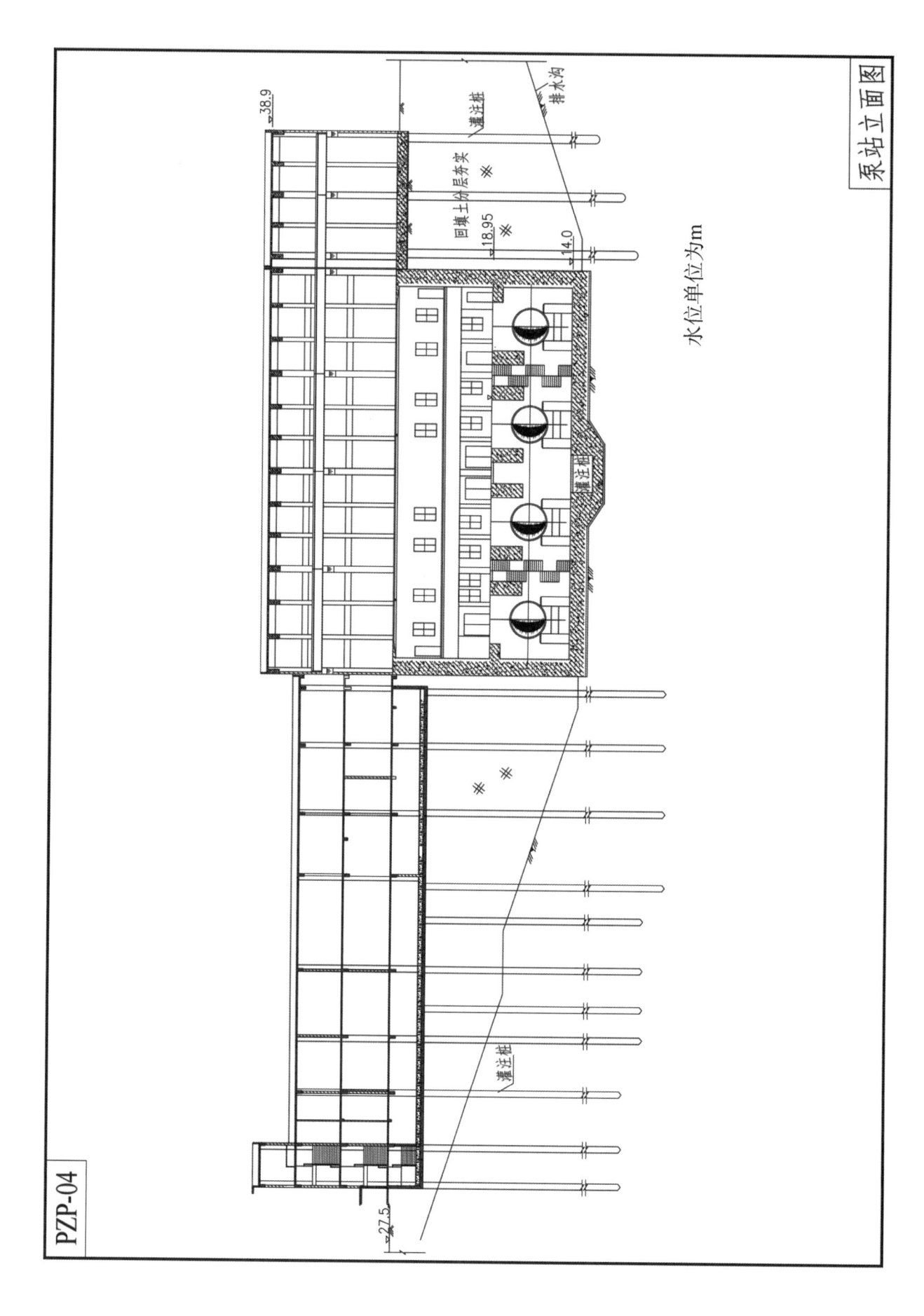

南水北调东线一期江苏境内泵站工程

PZP-04

泵站立面图

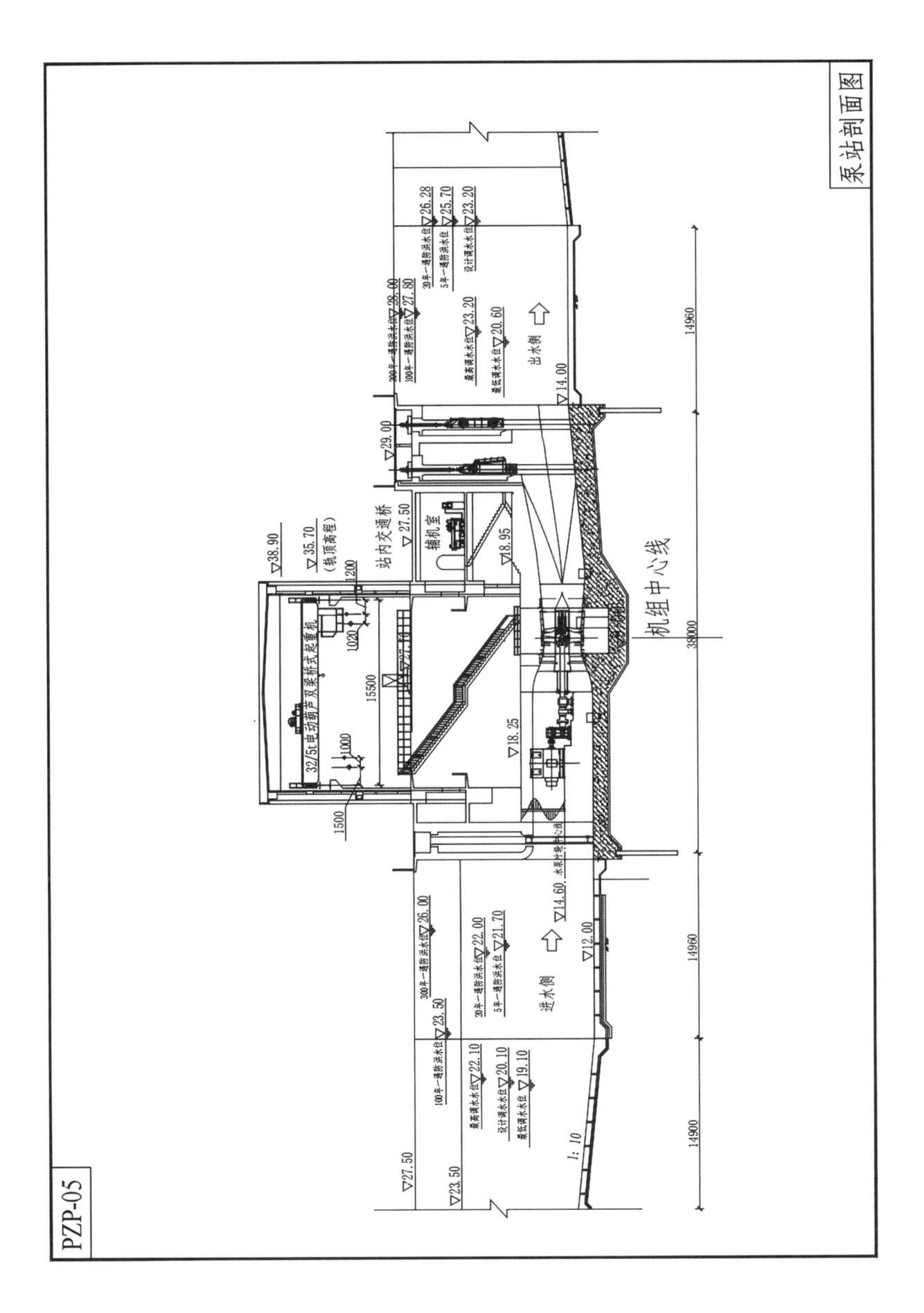

2．南水北调东线一期江苏境内泵站概况

泵站剖面图

PZP-05

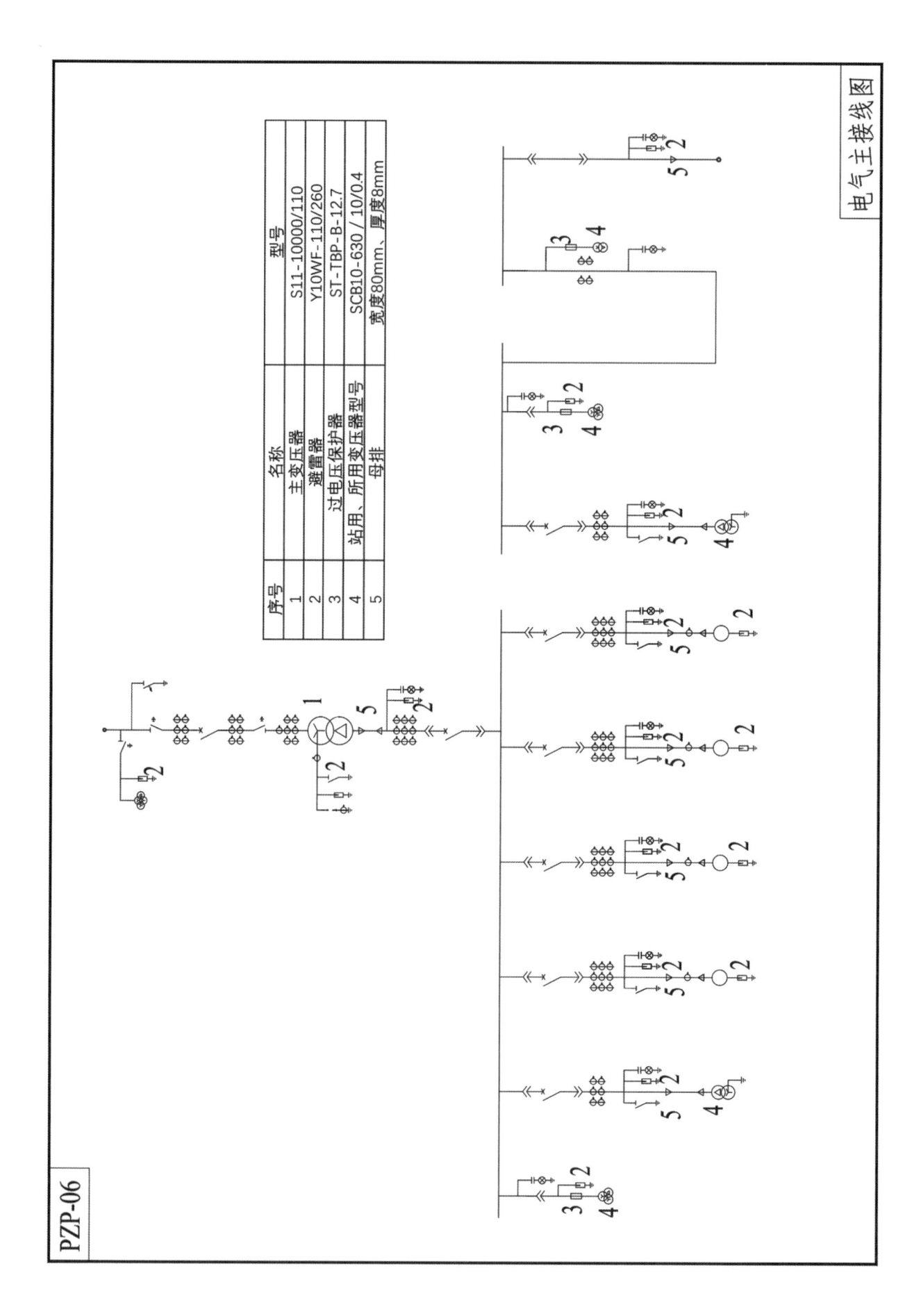

序号	名称	型号
1	主变压器	S11-10000/110
2	避雷器	Y10WF-110/260
3	过电压保护器	ST-TBP-B-12.7
4	站用、所用变压器型号	SCB10-630/10/0.4
5	母排	宽度80mm、厚度8mm

电气主接线图

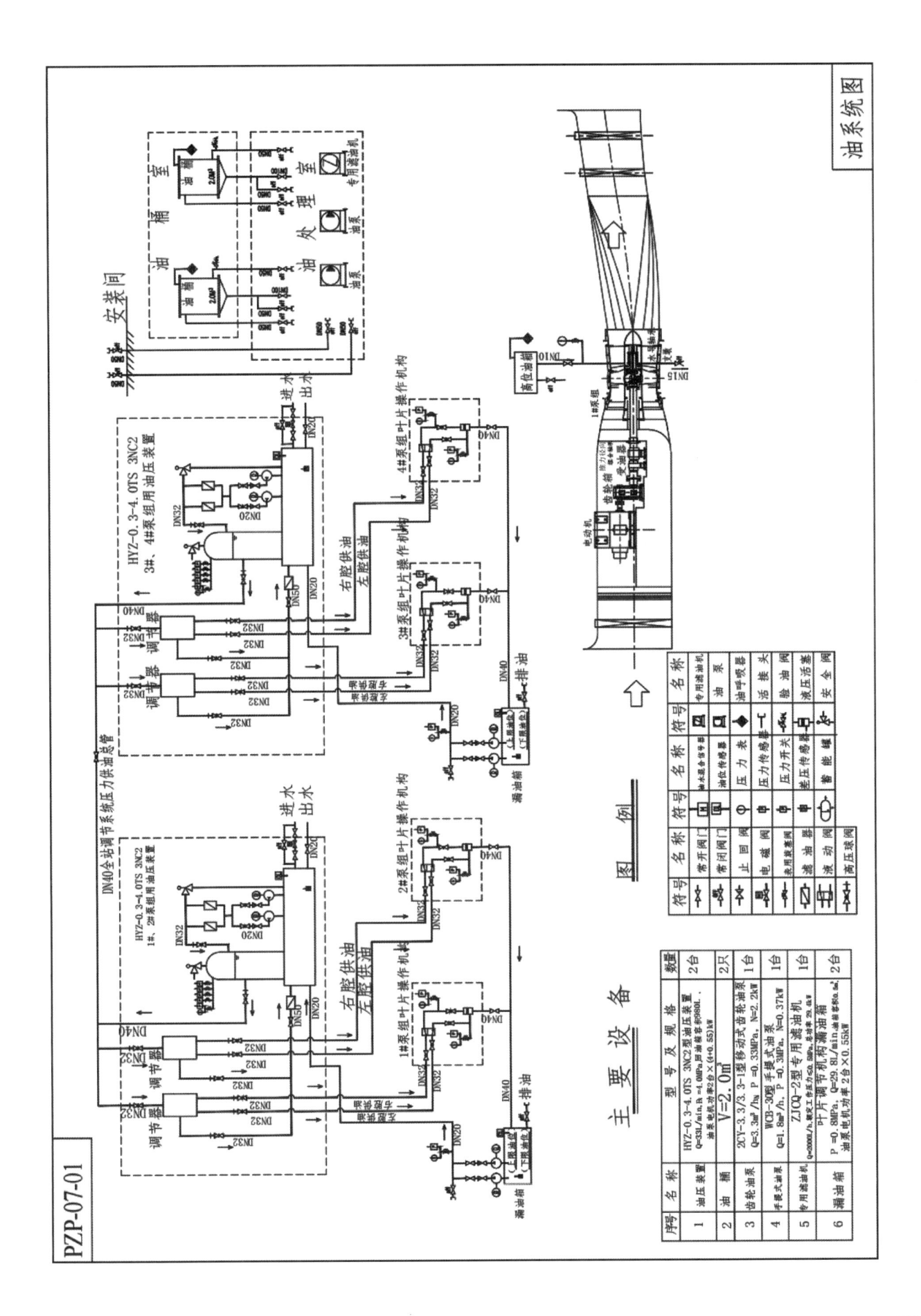

2．南水北调东线一期江苏境内泵站概况

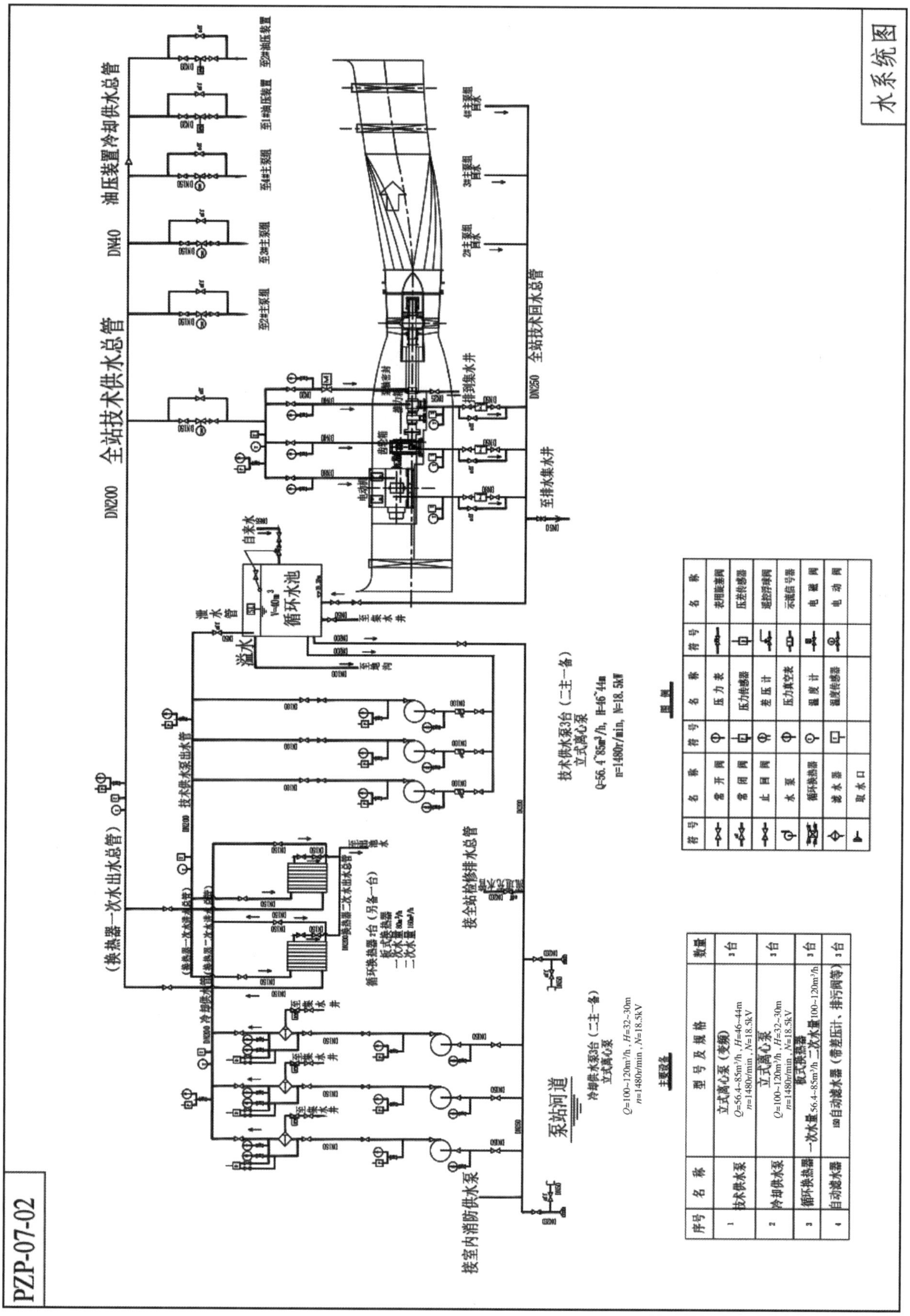
水系统图
PZP-07-02
全站技术供水总管
DN200
DN40
油压装置冷却供水总管
全站技术回水总管
DN250
至排水集水井
循环水池
自来水
溢水
(换热器一次水出水总管)
技术供水泵出水总管
接全站检修排水总管
泵站河道
接室内消防供水泵
技术供水泵3台（二主一备）
立式离心泵
Q=56.4~85m^3/h, H=46~44m
n=1480r/min, N=18.5kW
冷却供水泵3台（二主一备）
立式离心泵
Q=100~120m^3/h, H=32~30m
n=1480r/min, N=18.5kV
循环换热器 2台（另备一台）
主要设备
序号 名称 型号及规格 数量
1 技术供水泵 立式离心泵（变频） Q=56.4~85m^3/h, H=46~44m n=1480r/min, N=18.5kV 3台
2 冷却供水泵 立式离心泵 Q=100~120m^3/h, H=32~30m n=1480r/min, N=18.5kV 3台
3 循环换热器 板式换热器 一次水量56.4~85m^3/h 二次水量100~120m^3/h 3台
4 自动滤水器 自动滤水器（带差压计、排污阀等） 3台
图例

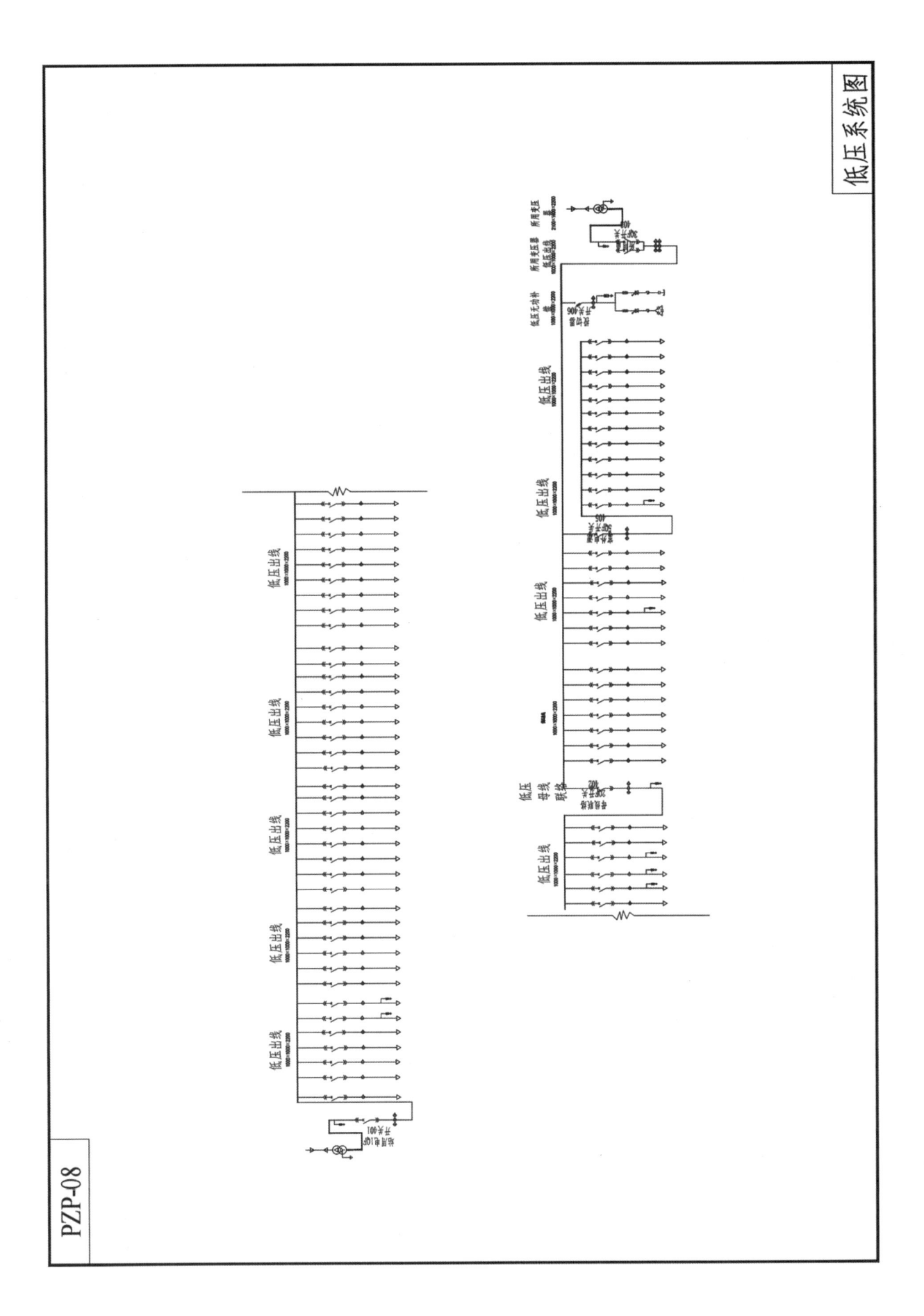

2．南水北调东线一期江苏境内泵站概况

低压系统图

PZP-08

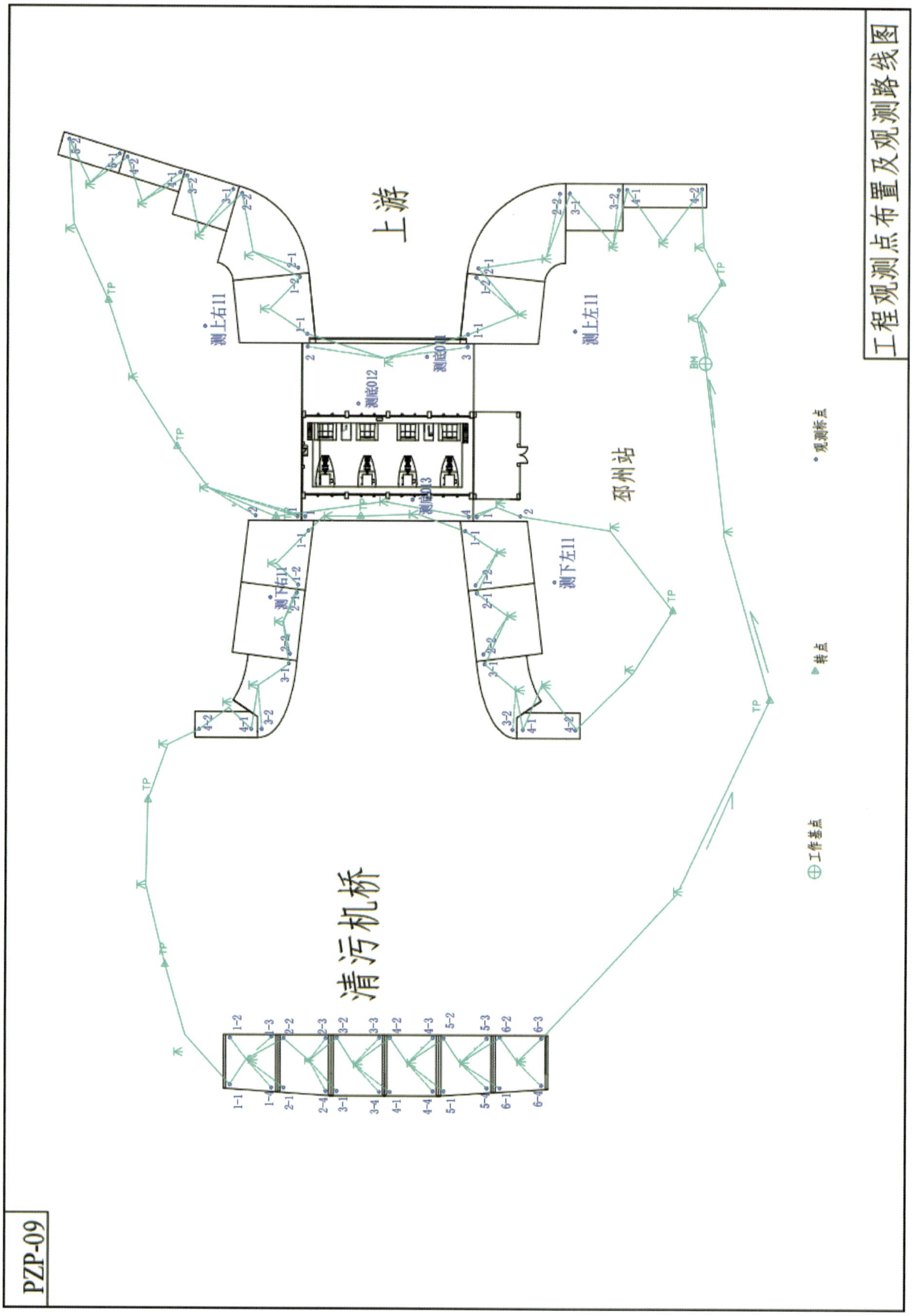
工程观测点布置及观测路线图
上游
邳州站
清污机桥
观测标点
转点
工作基点
PZP-09

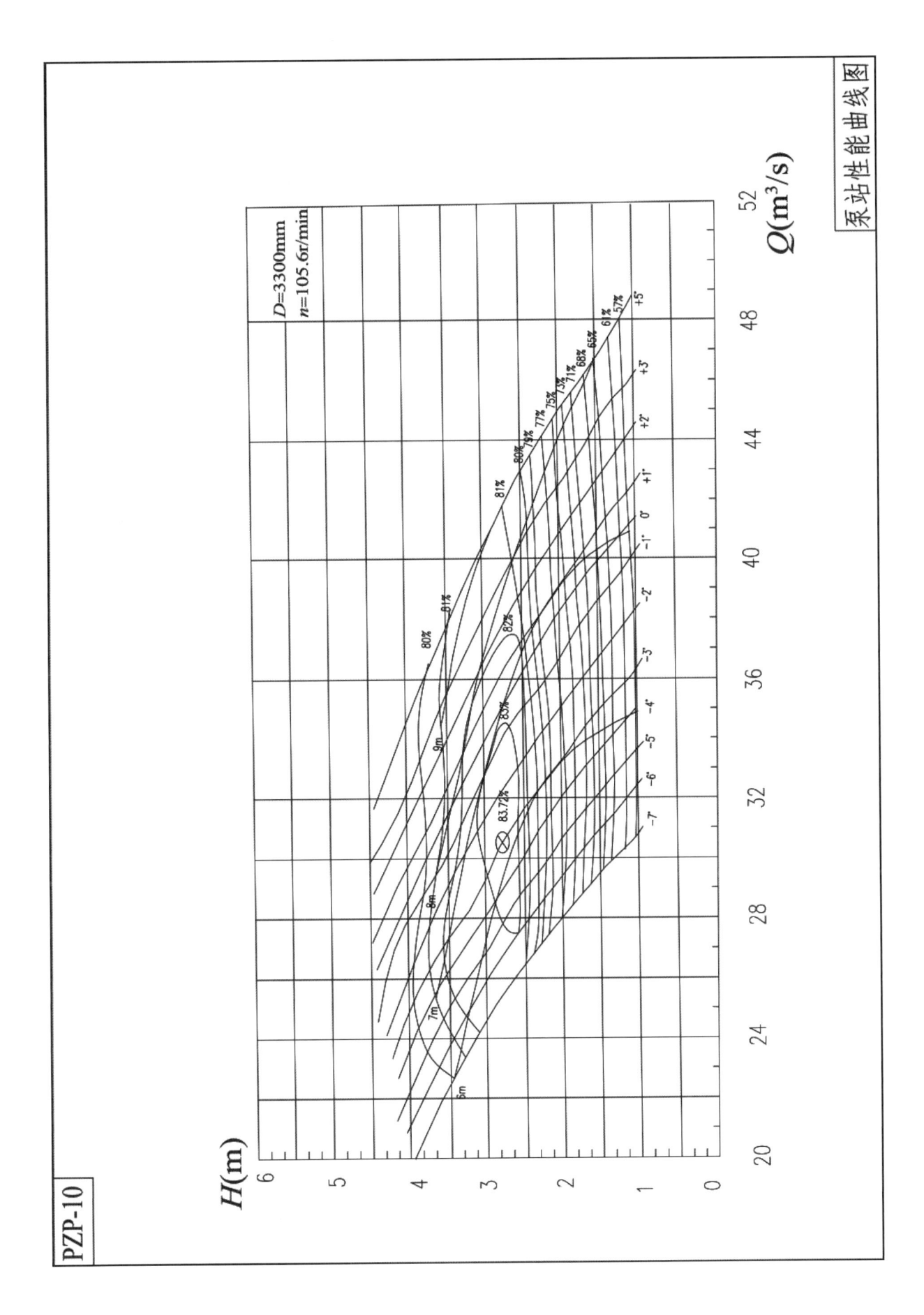

2. 南水北调东线一期江苏境内泵站概况

PZP-10 泵站性能曲线图

$D=3300\text{mm}$
$n=105.6\text{r/min}$

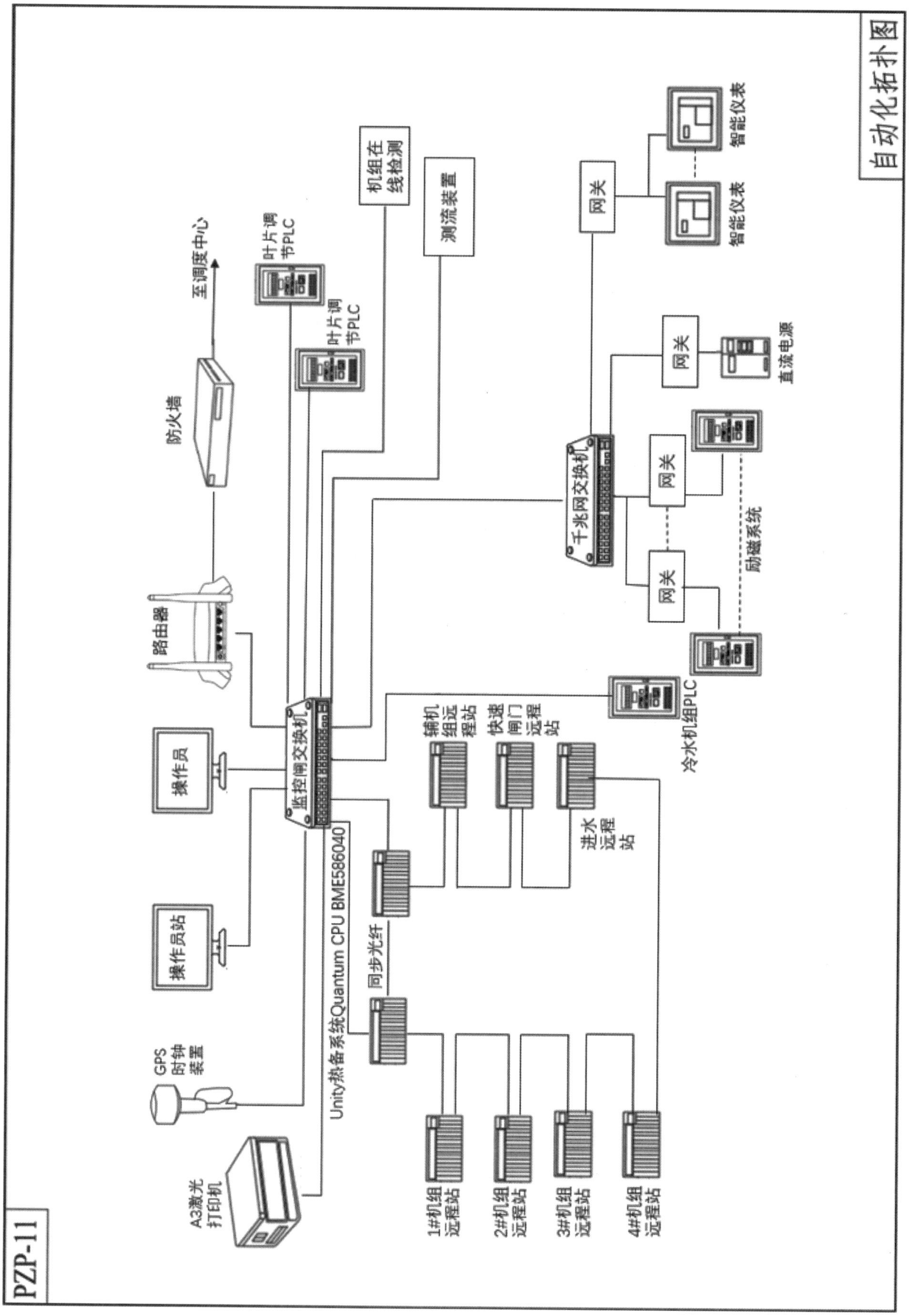
自动化拓扑图
PZP-11
智能仪表
智能仪表
网关
网关
直流电源
千兆网交换机
网关
网关
励磁系统
冷水机组PLC
机组在线检测
测流装置
叶片调节PLC
叶片调节PLC
至调度中心
防火墙
路由器
监控闸交换机
操作员
操作员站
GPS时钟装置
A3激光打印机
Unity热备系统Quantum CPU BME586040
同步光纤
辅机组远程站
快速闸门远程站
进水远程站
1#机组远程站
2#机组远程站
3#机组远程站
4#机组远程站

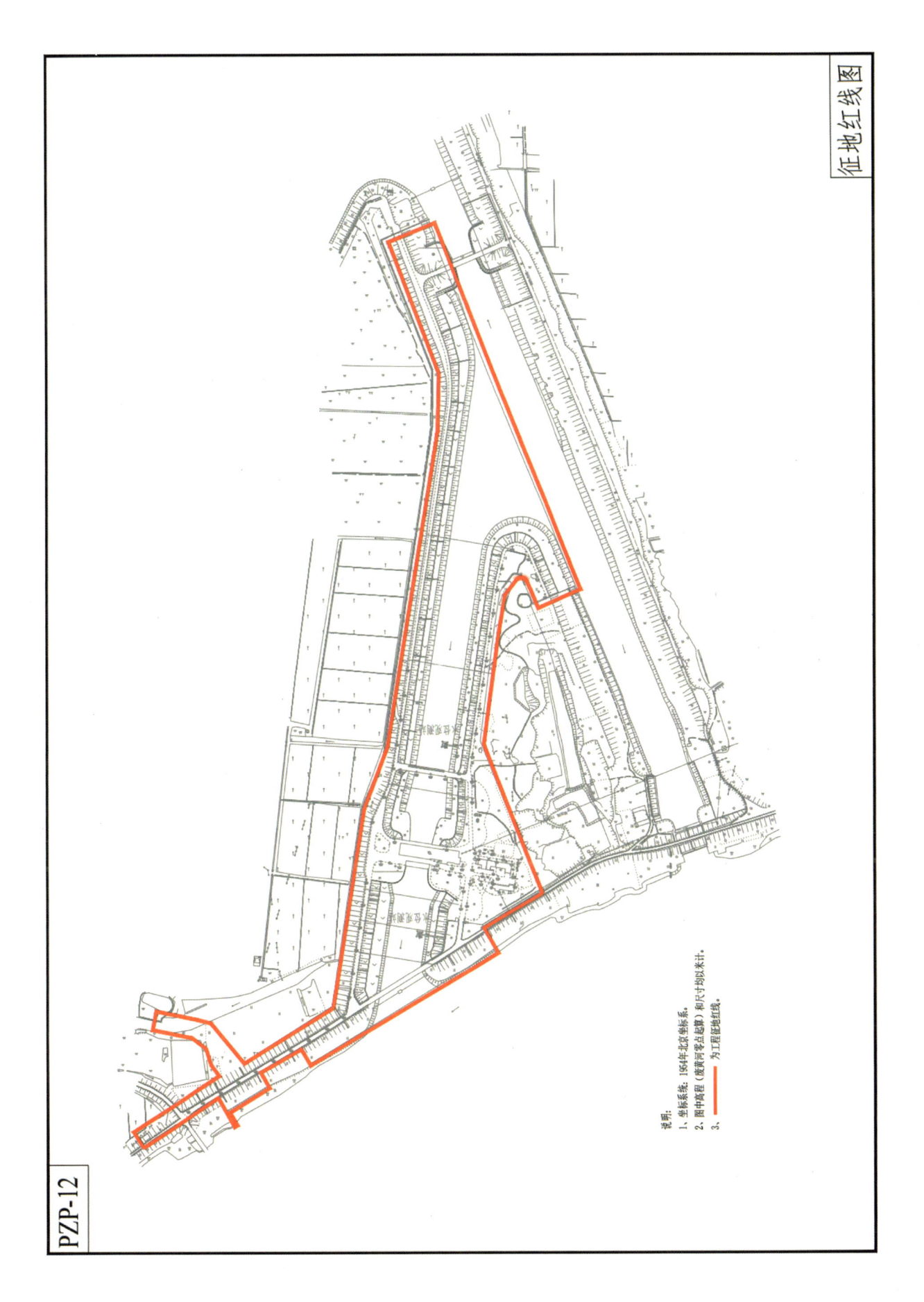

2. 南水北调东线一期江苏境内泵站概况

征地红线图

PZP-12

南水北调东线一期江苏境内泵站工程

PZP-13

竣工地形图

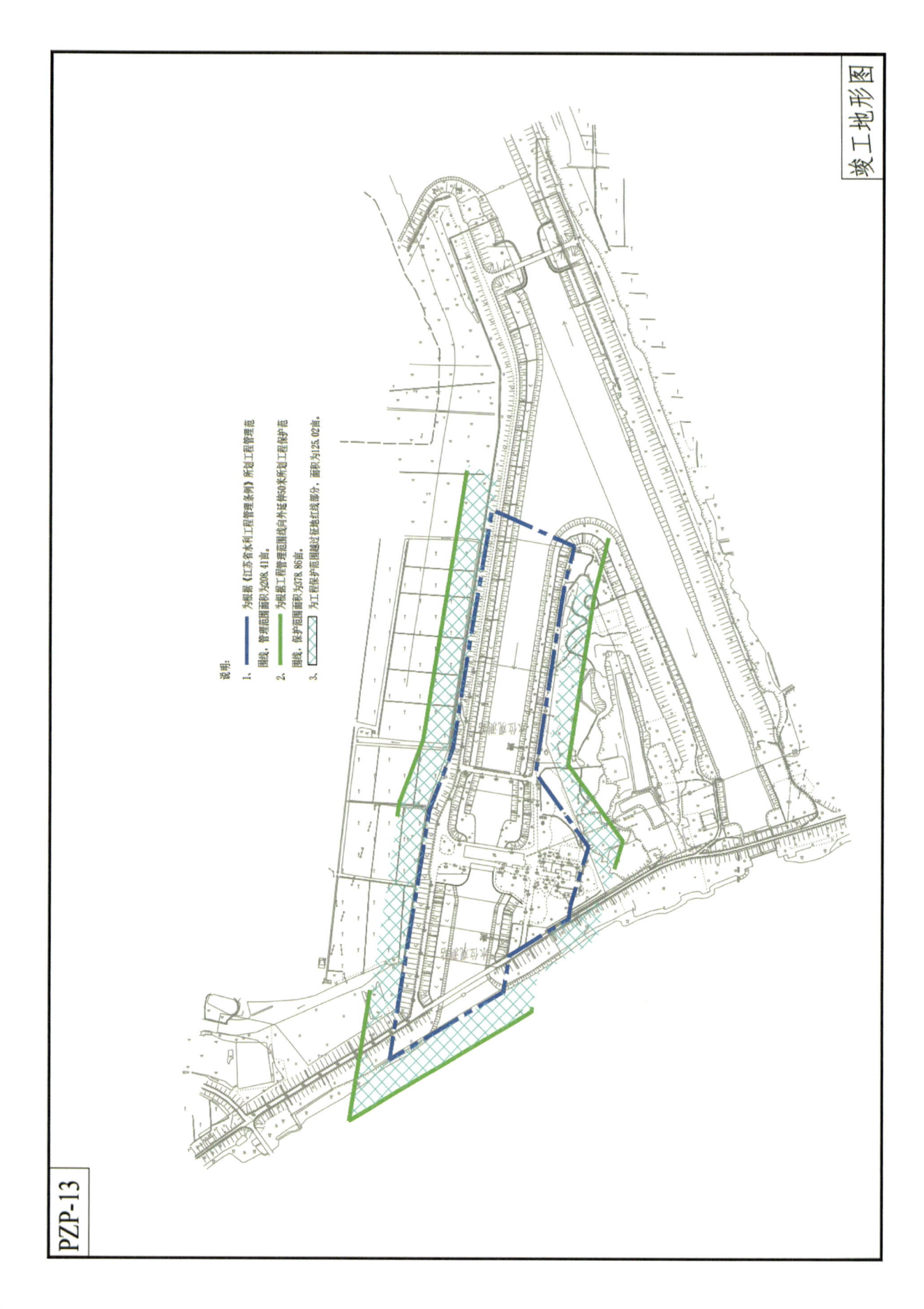

2.7 第七梯级泵站——刘山站

图 2-16 刘山站

1. 工程概况

刘山站工程位于沂沭泗流域的京杭运河不牢河段，在邳州市宿羊山镇境内，距徐州市区约 60 km，是南水北调东线工程的第七级抽水泵站，该站主要任务是从骆马湖通过京杭大运河不牢河调水 125 m³/s 至第八梯级解台泵站，同时改善徐州市的用水和不牢河段的航运条件。

刘山泵站工程位于黄淮平原中部，微山湖以南，气候温和湿润。年平均气温为 14.2 ℃；降雨多集中于夏季，年降水量 848.1 mm。地貌分区属徐淮黄泛平原区河流泛滥及冲积平原，区内除运河两岸堤顶高程（29～31 m）较高外，地势较平坦，地面高程多在 24～26 m，京杭大运河从此通过，有公路北通 307 国道，南接陇海铁路，水陆交通十分便利。工程场地位于华北准地台东南部的鲁西台隆起，北部济宁、邵阳湖区为济宁凹陷，微山湖湖西的丰沛地区为丰沛中新断陷，湖东属兖州凸起的西南部。场地处于郯庐断裂带西部，地震主要受构造活动控制，地震活动具有强度大而频度低的特点，工程所处地区地震动反应谱特征周期为 0.40 s，地震动峰值加速度为 0.15 g，相应地震基本烈度为Ⅶ度。

刘山泵站主要建设内容分为主体工程和导流工程两部分，包括新建泵站、节制闸、清污机桥，新建跨不牢河公路桥等。泵站工程规模为大（2）型泵站，工程等别为Ⅱ等。泵站、节制闸等主要建筑物为 1 级建筑物，清污机桥等次要建筑物为 3 级建筑物。泵站设计洪水标准为 100 年一遇，校核洪水标准为 300 年一遇。泵站采用堤身式块基型结构、肘形进水流道、平直管出水流道和快速闸门断流，设计流量 125 m³/s，供水期设计扬程 5.73 m。厂房内安装 5 台无锡市锡泵制造有限公司生产的 2900ZLQ32-6 型立式轴流泵（含备用机 1 台），设计流量 31.5 m³/s，水泵叶轮直径 2.9 m，配南京汽轮电机（集团）有限责任公司生产的 TL2800-40/3250 立式同步电动机，配套电机功率 2 800 kW，总装机容量 14 000 kW。

泵站工程于 2005 年 3 月开工建设，主体工程于 2007 年 3 月竣工，2008 年 10 月 14 日通过试运行验收，2009 年 1 月 12 日，泵站、节制闸等工程通过单位工程验收，2010 年 4 月 30 日，刘山站工程通过合同项目完成验收，2012 年 12 月 19 日通过设计单元工程完工验收。截至 2023 年 12 月，刘山站机组累计运行 16 991 台时，累计调水 19.03 m³。

表 2-31 特征水位及扬程信息表

单位：m

			站下引水渠口	站上出水渠口
特征水位	供水期	设计水位	21.27	27.00
		最低运行水位	20.50	26.00
		最高运行水位	23.50	27.00
		平均运行水位	22.79	26.46
	排涝期	设计水位	—	—
		最高水位	—	—
	挡洪水位	设计（1%）	28.13	29.75
		最高（0.33%）	29.42	29.91
扬程	供水期	设计扬程	5.73	
		最小扬程	2.50	
		最大扬程	6.50	
		平均扬程	3.67	
	排涝期	设计扬程	—	
		最小扬程	—	
		最大扬程	—	

表 2-32 泵站基础信息表

所在地	邳州市宿羊山镇境内		所在河流	不牢河段	运用性质		供水、航运	
泵站规模	大（2）型	泵站等别	Ⅱ	主要建筑物级别	1	建筑物防洪标准	设计	100 年一遇
							校核	300 年一遇
站身总长（m）	43.32	工程造价（万元）	24 454	开工日期	2005.03	竣工日期	2012.12	
站身总宽（m）	32.3							
装机容量（kW）	14 000	台数	5	装机流量（m³/s）	157.5	设计扬程（m）	5.73	

续表

主机泵	型式	立式轴流泵		主电机	型式	立式同步电动机	
		2900ZLQ32-6				TL2800-40/3250	
	台数	5	每台流量（m³/s）	31.5		台数	5	每台功率（kW）	2 800
	转速（r/min）	150	传动方式	直联		电压（V）	10 000	转速（r/min）	150
主变压器	型号	S10-20000kVA110/10.5kV		输电线路电压(kV)		110	
	总容量（kVA）	20 000	台数	1	所属变电所	邵场 220 kV 变电所	
主站房起重设备		电动双梁桥式起重机	起重能力（kN）	320/50	断流方式	快速闸门断流	
闸门结构型式	上游	平面钢闸门	启闭机型式	上游	QP2×250kN 卷扬式启闭机		
	下游	平面钢闸门		下游	QP2×250kN 卷扬式启闭机		
进水流道形式		肘形流道		出水流道形式	平直管出水流道		
主要部位高程（m）	站房底板	12.10	水泵层	16.55	电机层	29.8	副站房层	—
	叶轮中心	17.50	上游护坦	20.50	下游护坦	13.50	驼峰底	—
站内交通桥	净宽(m)	7.5	桥面高程（m）	30.50	设计荷载	公路-Ⅱ级	高程基准面	17.0
站身水位组合	设计水位（m）	下游	21.27	上游	27.00		
	校核水位（m）	下游	29.30	上游	30.25		

2. 批复情况

2004 年 6 月 16 日，国家发展改革委以《关于南水北调东线骆马湖至南四湖段江苏境内工程可行性研究报告的批复》（发改农经〔2004〕1106 号）批准了本项目可行性研究报告。

2004 年 8 月 26 日，水利部以《关于南水北调东线第一期工程骆马湖—南四湖段江苏境内工程刘山泵站初步设计的批复》（水总〔2004〕355 号）批准了初步设计，批复建设工期 30 个月。

3. 工程建设有关单位

项目法人：南水北调东线江苏水源有限责任公司
设计单位：江苏省水利勘测设计研究院有限公司
监理单位：江苏省苏水工程建设监理有限公司
质量监督：南水北调工程江苏质量监督站
质量检测单位：江苏省水利建设工程质量检测站
建设单位：江苏省南水北调刘山解台站工程建设处
　　　　　江苏省南水北调刘山解台站工程建设处刘山工程部
政府监督：国务院南水北调工程建设委员会办公室
　　　　　江苏省南水北调工程建设领导小组办公室

勘测单位：江苏省工程勘测研究院有限责任公司

土建施工及设备安装单位：扬州水利建筑工程公司

主水泵制造商：无锡市锡泵制造有限公司

主电机制造商：南京汽轮电机（集团）有限责任公司

自动化设备设计、采购、安装承包单位：南京南瑞集团公司自动控制分公司

桥式起重机制造商：郑州铁路局装卸机械厂

高、低压开关柜制造商：江苏光大电控设备有限公司

变压器制造商：常州变压器厂

110 kV 高压开关（GIS）制造商：泰开电气集团有限公司

液压启闭机制造商：常州液压成套设备厂有限公司

清污设备制造商：无锡市通用机械厂有限公司

钢材供应商：江苏省水利物资总站

高、低压电缆供应商：江苏江扬电缆有限公司

110 kV 变电所设备安装单位：徐州冠宇供用电工程有限公司

110 kV 送电工程总承包单位：徐州电力勘察设计院

110 kV 变电外部工程总承包单位：江苏省电力公司徐州供电公司

泵站厂房装饰设计、施工单位：中国江苏国际经济技术合作公司

管理所房屋工程施工单位：江苏省聚峰建设集团有限公司

管理所绿化工程施工单位：南京开林园林绿化工程有限公司

导流施工 A 标段：邳州市水利建筑安装工程总公司

导流施工 B 标段：徐州市水利工程建设有限公司

委托管理单位：徐州市解台站管理所

4. 工程布置与主要建设内容

刘山站枢纽位于邳州市宿羊山镇境内的不牢河输水线上。

刘山站工程建设分主体工程和导流工程两部分。主体工程主要建设内容包括：新建泵站、新建节制闸、拆除原刘山节制闸建跨河公路桥、新建 110 kV 输电线路及综合楼管理设施等。导流工程包括：开挖导流河、新建跨导流河公路桥及导流闸等。

泵站为堤身式块基型结构，站身垂直水流方向长 43.32 m，顺水流方向长 32.3 m，底板分为两块，分 2 台一联和 3 台一联。其中：2 台一联站身位于北侧（紧临节制闸），3 台一联站身在南侧。站身底板底高程 11.20～14.31 m，水泵层、联轴层、电机层地面高程分别为 16.55 m、20.5 m、29.80 m，水泵叶轮中心高程 17.5 m。泵站采用肘形进水流道、平直管出水流道和快速闸门（带小拍门）断流。站出水侧设工作门和事故门各 5 台套，液压启闭机启闭。进水流道入口处设检修闸门，配电动葫芦启闭。

主厂房垂直水流方向长 43.32 m，顺水水流方向宽 14.4 m，地坪高程 29.8 m；机组按一列式布置，中心距 8.1 m。检修间布置在主厂房南侧，长×宽为 13 m×14.4 m，地坪高程 30.8 m；控制楼布置在节制闸上，长×宽为 57.82 m×12.8 m。在主厂房与检修间安装 320/50 kN 桥式起重机 1 台，跨度 12.5 m。

站身上游侧布置站内交通桥。

泵站侧上下游翼墙采用钢筋砼空箱扶壁式和扶壁式结构，墙顶高程分别为30.5 m和28.5 m。

清污机桥位于泵站进水侧，为3级水工建筑物，桥面高程28.5 m，桥面宽5.0 m，安装回转式清污机10台，配SPW型皮带输送机1台套。

站身、翼墙、清污机桥采用天然地基；检修间与油泵房采用钻孔灌注桩基础。

泵站与节制闸之间进水侧布置导流墙，以改善泵站北边孔进水水流条件。

刘山节制闸采用带胸墙的开敞式结构，设计流量828 m³/s，校核流量1 370 m³/s。共5孔，单孔净宽10 m，分设两块底板3孔一联、2孔一联。闸室采用钢筋砼空箱式底板，顺水流向长24.5 m，垂直流向长57.82 m，闸底板高程上游侧20.5 m，下游侧14.2 m，闸墩顶高程30.5 m。闸上游侧设交通桥，下游侧布置工作桥和控制室。闸门为平板钢闸门，配QPQ2×250 kN卷扬式启闭机。

刘山闸上公路桥位于枣泗2级公路线上，公路路面宽度11.0 m。刘山节制闸拆除后，需在原公路线位置新建跨不牢河公路桥，单跨跨径采用20 m，共10跨，桥长200 m，桥面净宽7.5 m。桥面高程与两岸堤顶同高，为30.5 m。设计荷载标准：公路-Ⅱ级。桥面板采用钢筋砼预应力大孔板结构，下部为钻孔灌注桩基础。

5. 分标情况及承建单位

刘山站工程共计完成18个项目的招标工作：2004年10月—2005年8月，建设处先后自行组织对刘山站导流工程、建设监理、闸站主体工程土建施工及设备安装、主机泵及附属设备等项目进行招标，委托招标代理公司对刘山站钢材采购进行招标。2005年9月以后，招标工作由江苏水源公司统一组织，先后对刘山站桥式起重机、清污机和液压启闭机、电气成套设备、自动化系统设备采购与安装、装饰工程等进行招标。

完成主要工程量：土方挖填182.58万 m³、砼及钢筋砼5.91万 m³、砌石及垫层3.86万 m³、钢结构544.26 t、钢筋5 120 t。回转式清污机10台套，液压启闭10台套，主机泵5台套，110 kV输电线路20.5 km，主厂房、检修间、控制楼及管理所综合楼等房屋共5 580 m²。

6. 建设情况简介

2005年10月11日，国务院南水北调办公室以《关于同意南水北调东线一期骆马湖至南四湖段江苏境内刘山泵站工程开工的批复》（国调办建管〔2005〕95号）批复刘山泵站工程开工报告。2004年12月29日，建设处以《关于申请对南水北调刘山站、解台站工程实施质量监督的请示》（苏调刘解建〔2004〕12号）向江苏省水利工程质量监督中心站申请对工程质量监督；2004年12月30日，江苏省水利工程质量监督中心站以《关于对南水北调刘山、解台站工程实施质量监督的通知》（苏水质监〔2004〕91号）批复质量监督申请。

（1）主要建筑物施工简况

刘山站施工导流工程施工单位于2005年3月3日进场，导流河土方工程自4月12日正式施工，至9月20日完成河道开挖及堤防填筑。跨导流河公路桥工程于2005年3月31日开始灌注桩施工，8月16日举行通车仪式。导流闸工程于2005年6月6日开始砼底板浇筑，2005年9月17日完成闸门启闭机安装调试。2005年9月29日，导流河、导流闸工程通过江苏省南水北调办公室主持的施工导流工程投入使用验收，自此导流工程启用。

主体工程施工单位于2005年9月15日进场，上下游围堰于2005年10月20日合拢，12月30日完成了闸站主体工程基坑土方开挖，并邀请质量监督、勘察、设计等部门进行了验槽。2006年1月1日泵站底板封底，7月1日完成泵站电机层砼浇筑，10月23日完成主厂房网架屋面施工。

节制闸工程于2006年1月18日开始进行第一块闸底板浇筑，7月12日完成站内交通桥及控制室底层的浇筑，这标志着刘山站主体工程上升至地面，2007年1月21日控制室封顶。

清污机桥工程于2006年7月13日进行底板浇筑，10月30日完成清污机桥土建部分施工。

跨不牢河公路桥工程于2006年9月10日开始梁板安装，10月20日完成路面沥青砼、桥面伸缩缝等施工，具备通车条件，12月30日公路桥通车试运行。

管理所房屋工程于2008年2月开工，3月10日开始桩基施工，3月22日结束桩基础施工并进行了检测；4月初开始基槽土方开挖，并相继开始基础承台和主体框架结构砼的施工；6月底开始填充墙施工，至9月底基本完成墙体粉刷等施工，并具备装饰施工条件；10月初装饰施工人员和材料到场进行装饰施工，传达室、围墙、道路、深水井、消防泵房、电气、管道等工程的施工穿插进行。至2009年3月底管理所房屋工程完工。

（2）重大设计变更

本工程在建设过程中无重大设计变更。

工程于2008年10月通过泵站机组试运行验收，2009年7月通过单位工程验收，2010年4月通过合同项目完成验收。

7. 工程新技术应用

（1）大体积混凝土高温季节防裂技术

刘山泵站为控制混凝土裂缝，除了保证浇筑温度，还在泵站的胸墙、隔水墩、水泵层、边墩、进水流道及节制闸的边墩等部位掺入PF-1型聚丙烯纤维，有效地控制了混凝土裂缝的出现，达到了预期的目的。

（2）闸门采用锌加涂料防腐

该项技术首次应用于大中型水利工程，锌加涂料具有较好的配套性能，能与除醇酸类外的多种油漆涂料进行配套使用，满足钢结构在不同环境下的耐候及装饰性要求，对于水工钢结构的腐蚀防护具有良好的应用前景。

8. 工程质量

经施工单位自评、监理处复评、项目法人（建设处）确认，刘山站工程质量评定等级为优良。刘山站工程共划分为10个单位工程、66个分部工程、695个单元工程及1 141个分项工程。导流闸、导流河、泵站、节制闸、清污机桥5个单位工程全部质量评定为优良等级，其中2个主要单位工程（泵站、节制闸）评定为优良等级，优良率100%；跨导流河公路桥、跨不牢河公路桥、管理所房屋、厂房装饰和管理所绿化等5个单位工程质量评定为合格等级。泵站、节制闸、清污机桥和导流河4个单位工程外观质量评定为优良等级，砼拌和物质量优良，原材料质量全部合格，经南水北调江苏质量监督站评定：刘山站设计单元工程施工质量满足设计、规范、合同要求，工程质量评定为优良等级。

9. 运行管理情况

自2013年正式通水至2023年12月底，刘山站累计运行16 821台时，累计抽水186 849万 m^3，最多年运行天数为127 d；最多年运行台时为5120台时；最大运行流量126 m^3/s；站下最低运行水位20.55 m，最高运行水位23.29 m；站上最低运行水位24.57 m，最高运行水位27.06 m；最小运行扬程2.19 m，最大运行扬程5.96 m；单台机组最小运行功率1 465 kW，最大运行功率2 653 kW，全站最大运行功率7 160 kW。

10. 主要技改和维修情况

（1）机组大修

2016—2018年，因泵站机组部分部件逐步老化、水导轴承间隙增大、螺栓松动、叶片调节机构运行不稳定、轴瓦温度传感器故障，引起机组震动、噪音偏大，影响设备安全运行和效益的充分发挥等原因，决定先后对1#至5#机组展开大修，由南水北调江苏泵站技术有限公司实施。大修内容包括对定、转子进行清理、刷漆，对冷却器进行检查、保养，更换所有的密封件，更换水导轴承，对叶片进行检查和维修，对叶片调节机构进行改造等。大修后机组运行正常。

（2）供水系统改造

2020年，因原冷却供水系统采用在泵站下游取水的方式，而下游水草杂物及水生生物较多，经常发生供水系统管道阻塞，致使供水母管水压力达不到要求，危及机组安全运行，同时由于水温波动大，造成冷却效果极不稳定，严重影响机组正常运行等原因，决定对供水系统进行改造，由南水北调江苏泵站技术有限公司实施。通过新购置水冷机组，采用专业的ZWLQ-20型轴瓦冷却器冷却系统，冷却采用闭式系统，不受水质影响，同时冷水水温会根据机组运行负荷无级调节，改造后冷却效果稳定，运行可靠。

（3）励磁系统改造

2020年，因原有励磁系统是北京前锋科技有限公司设计生产的第一代产品，产品型号为WKLF-11D22，主要为板块插装式，产品可靠性低，操作复杂，对操作人员操作水平要求高，存在问题较多，且现在已不生产，备品备件难购置等原因，决定对5台机组励磁系统进行升级更换，由南水北调江苏泵站技术有限公司实施。本次改造沿用北京前锋产品，更换型号为WKLF-102B（支持发电）的励磁系统。改造后系统稳定可靠。

（4）电缆整改

2020年，因建设时期电缆敷设未严格按照电缆敷设规范要求进行敷设，造成不同电压等级的电缆在电缆桥架上未按照从上到下、分层隔离布置原则进行敷设，部分电缆相互缠绕，外观不美观、不规范等问题突出，决定对电缆进行整改，由南水北调江苏泵站技术有限公司实施。主要对划分的区域进行线缆重新规范敷设，桥、支架的制作、安装、修补、除锈、防护，规定部位线缆挂牌标识，对电缆引至电气柜、控制屏的开孔部位和线缆穿墙处进行必要防火隔离和密封，对电缆沟、电缆支架及电缆进行清洁等相关工作。项目实施后电缆敷设更加规范、美观。

（5）节制闸启闭机改造

2023年，因节制闸启闭闸门时发现电机存在过载现象，可能造成电机绝缘加速老化或烧毁电机。因此对节制闸启闭机进行改造。由江苏省水利机械制造有限公司实施，将原有15 kW电机更换为22 kW电机，同时更换配套的减速器和制动器，改造后，经过大流量启闭闸门考验电机工作正常，无过载现象。

11. 图集

    LSP-01：泵站位置图

    LSP-02：枢纽总平面布置图

    LSP-03：工程平面图

    LSP-04：泵站立面图

    LSP-05：泵站剖面图

    LSP-06：电气主接线图

    LSP-07-01：油系统图

    LSP-07-02：水系统图

    LSP-08：低压系统图

    LSP-09：工程观测点布置及观测线路图

    LSP-10：水泵性能曲线图

    LSP-11：自动化拓扑图

    LSP-12：征地红线图

    LSP-13：竣工地形图

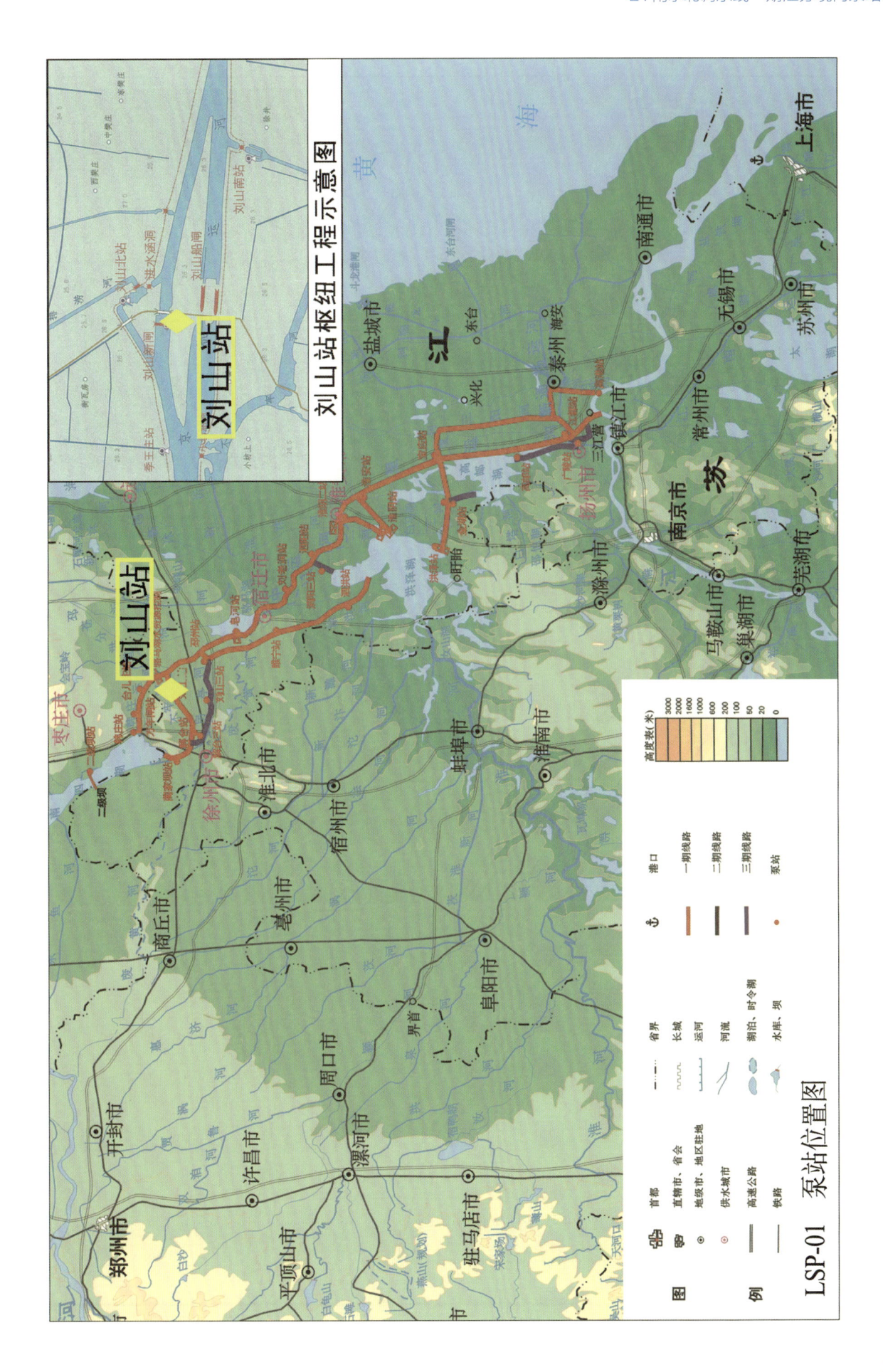

2. 南水北调东线一期江苏境内泵站概况

刘山站枢纽工程示意图

LSP-01 泵站位置图

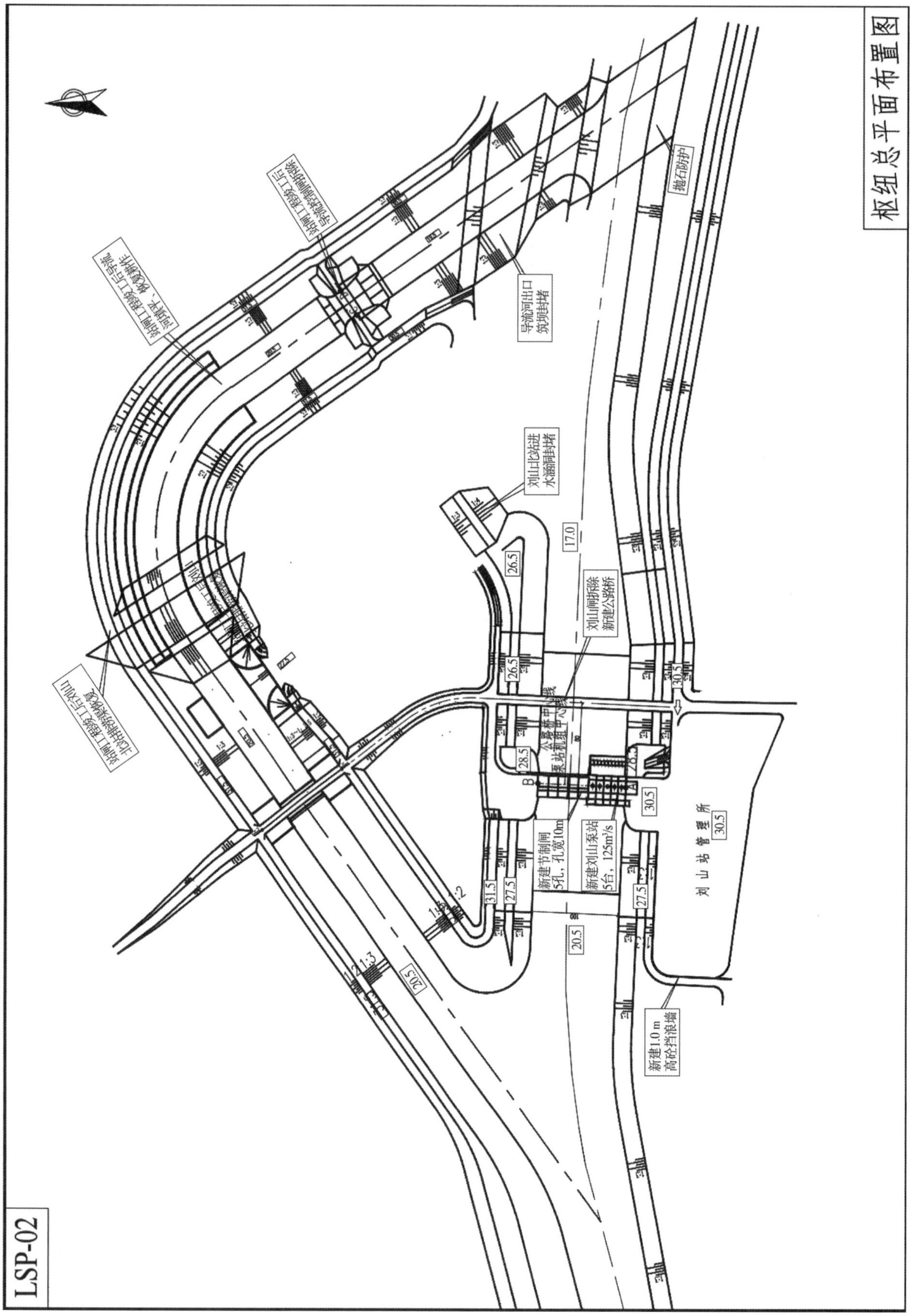
枢纽总平面布置图
LSP-02
抛石防护
导流河出口
剪坝封堵
刘山北站进
水涵闸封堵
刘山闸拆除
新建公路桥
新建节制闸
5孔，孔宽10m
新建刘山泵站
5台，125m³/s
刘山站管理所
新建1.0 m
高砼挡浪墙

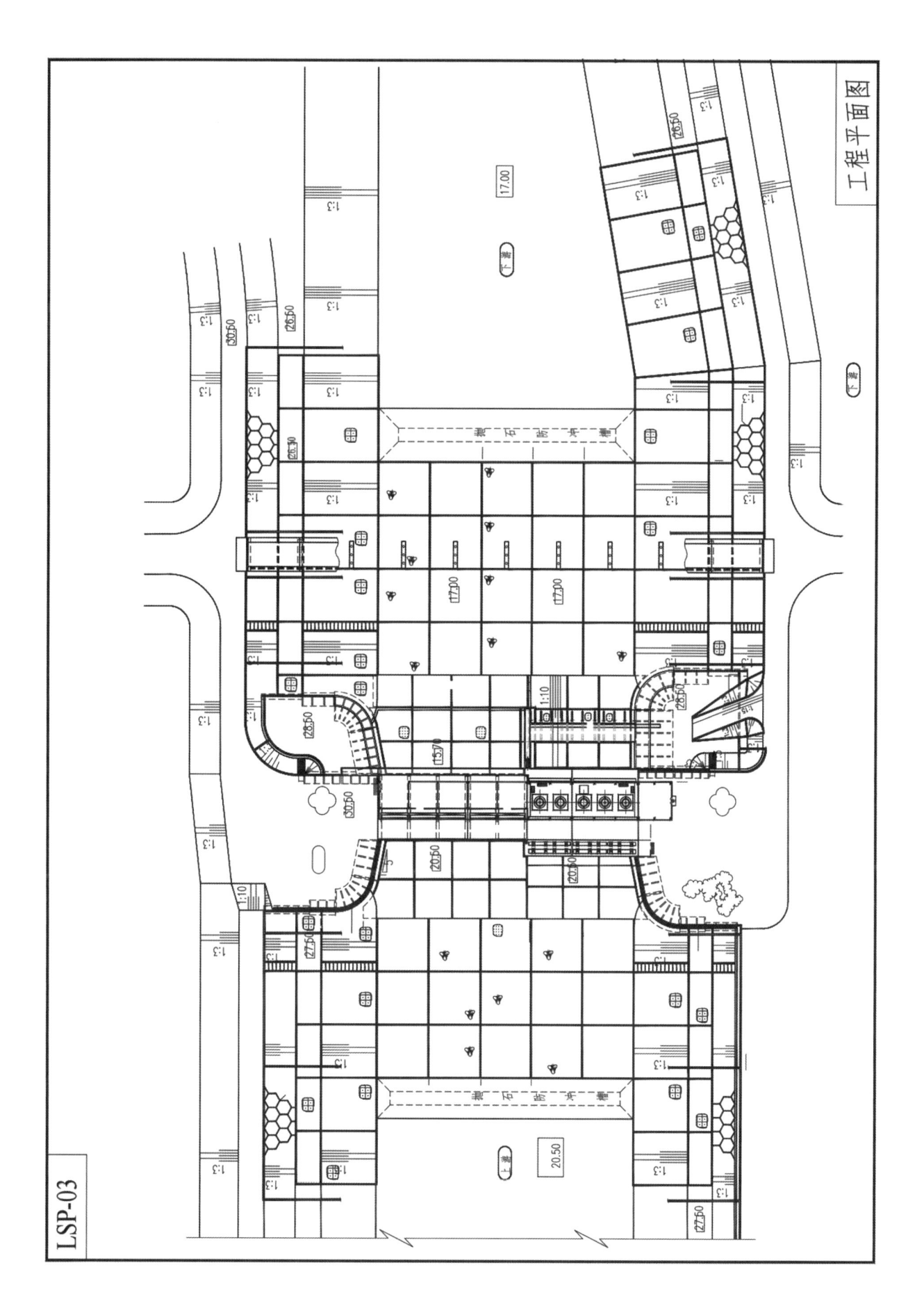

2. 南水北调东线一期江苏境内泵站概况

工程平面图

LSP-03

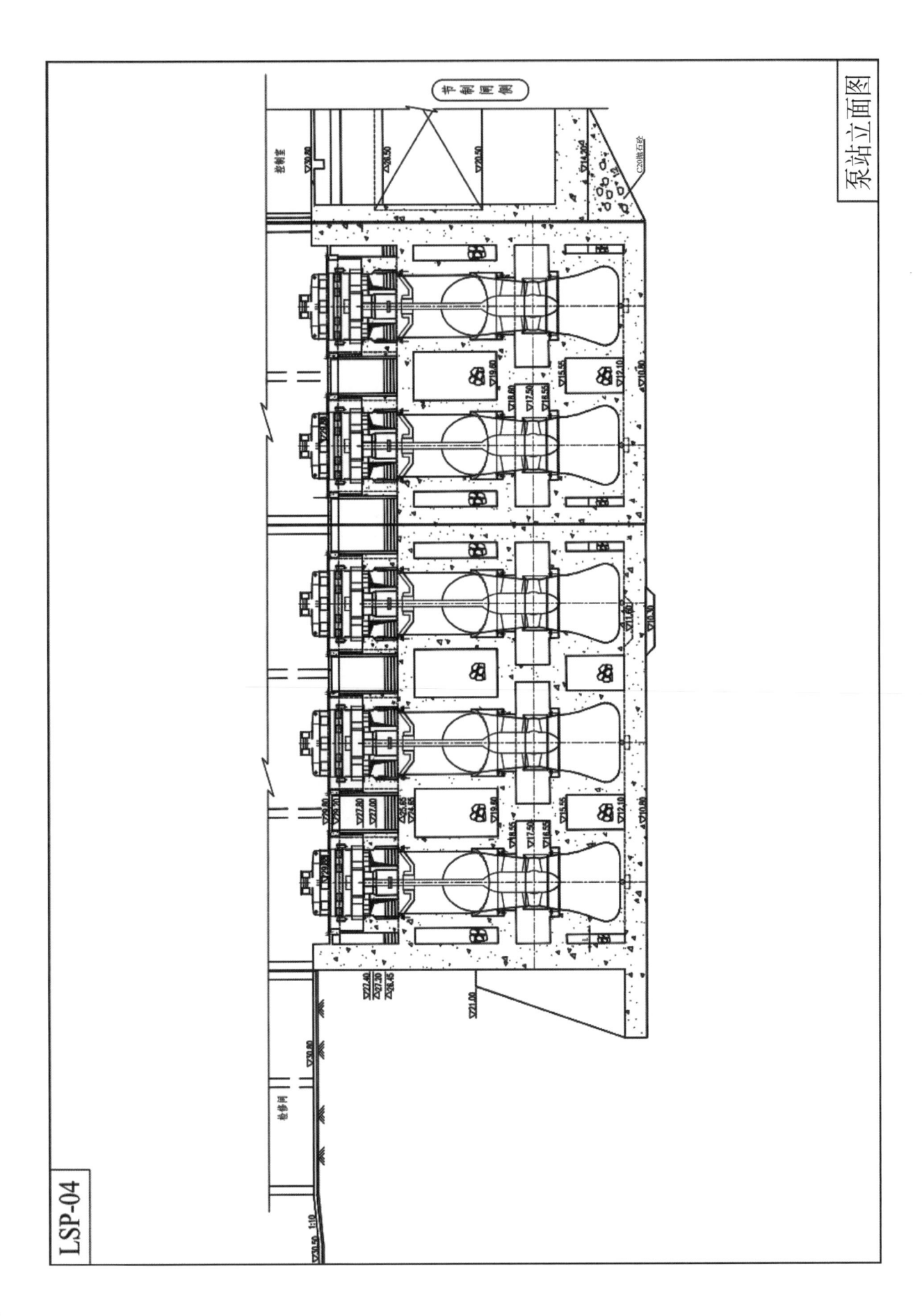

泵站立面图

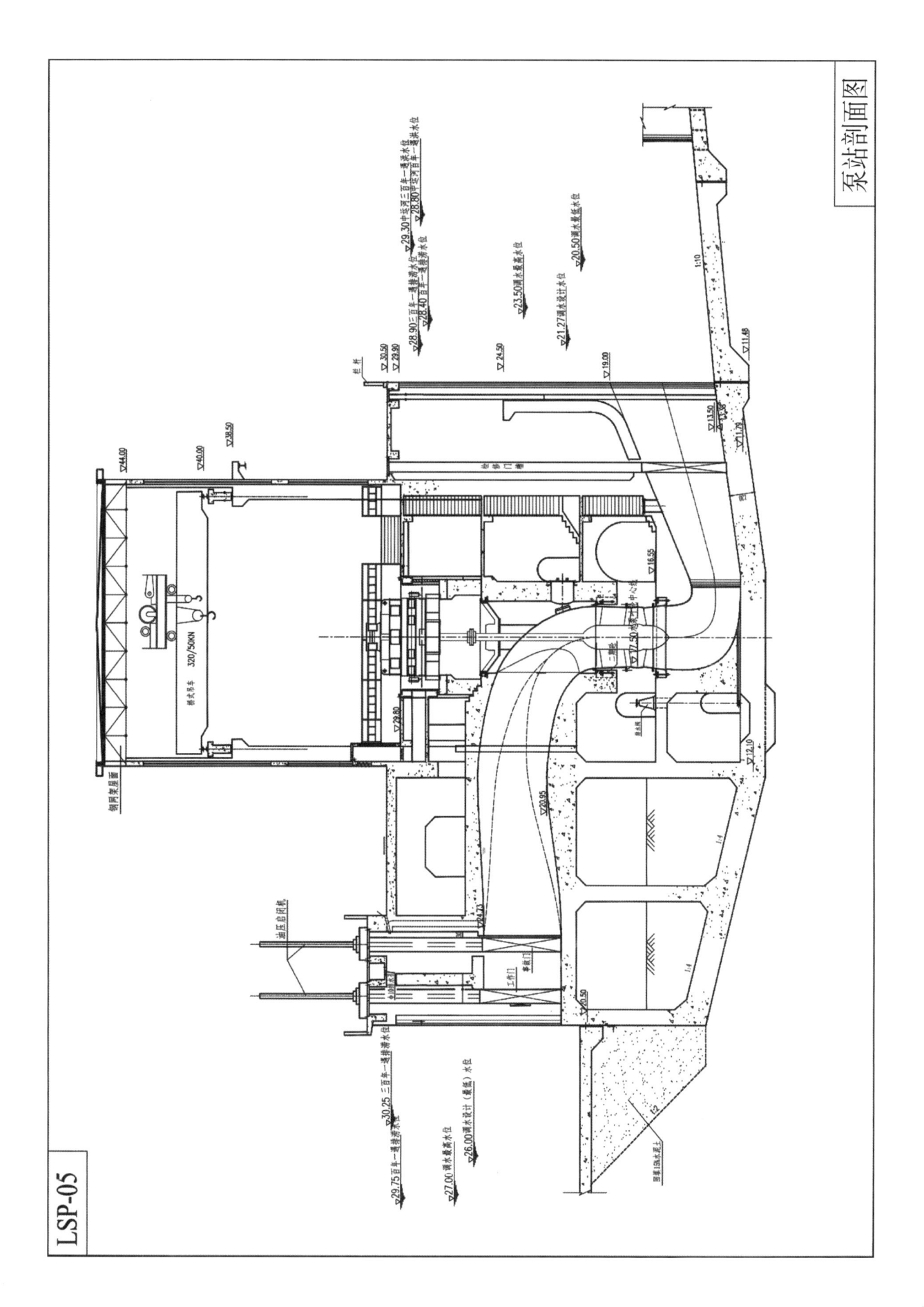

2. 南水北调东线一期江苏境内泵站概况

泵站剖面图

LSP-05

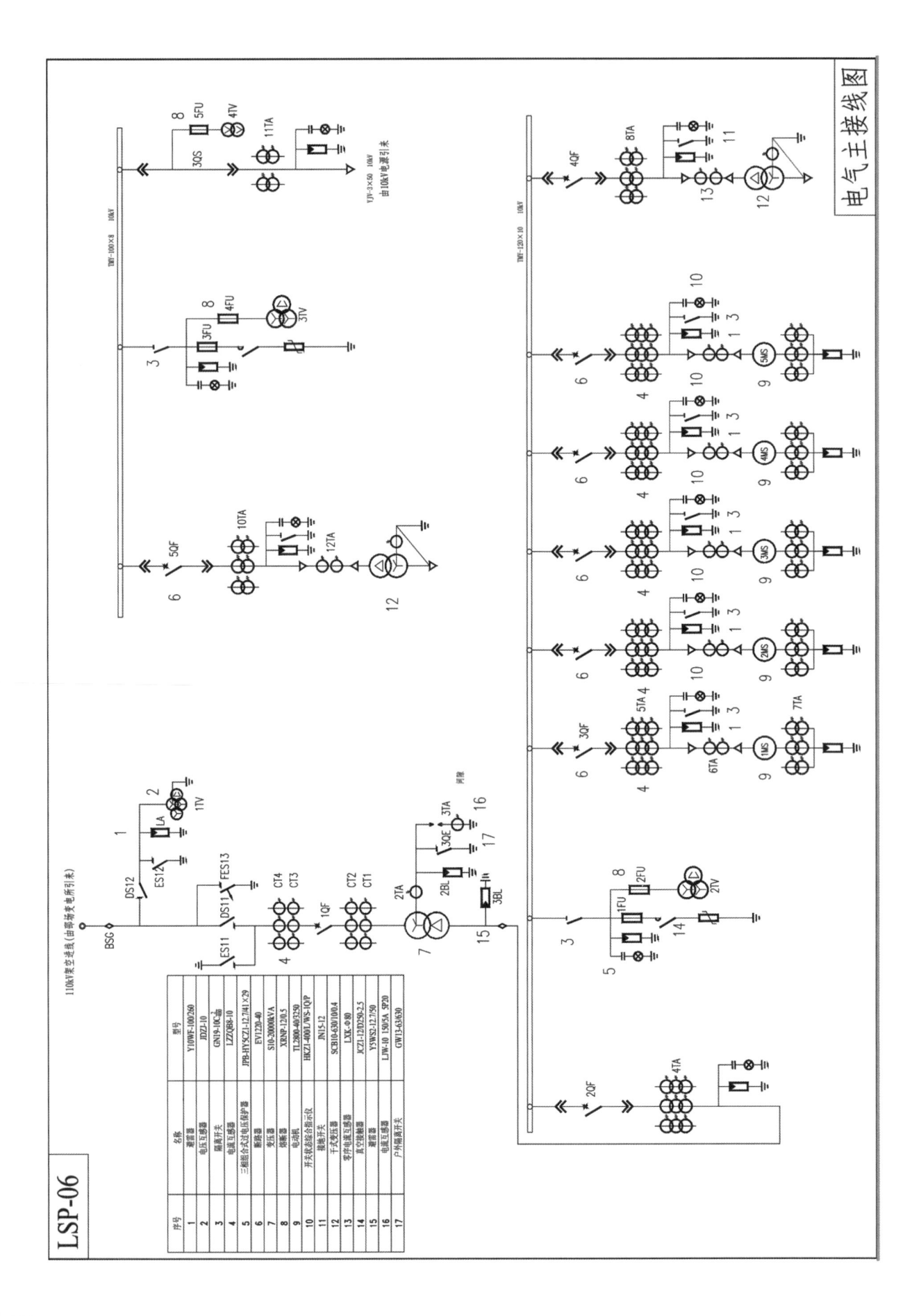

南水北调东线一期江苏境内泵站工程

电气主接线图

序号	名称	型号
1	避雷器	Y10WF-100/260
2	电压互感器	JDZJ-10
3	隔离开关	GN19-10C型
4	电流互感器	LZZQBB-10
5	三相组合式过电压保护器	JPB-HY5CZ1-12.7/41×29
6	断路器	EV1220-40
7	变压器	S10-20000kVA
8	电抗器	XRNP-120.5
9	电动机	TL2800-40/3250
10	开关状态综合指示仪	HKZ1-400/LJWS-1Q/P
11	微机开关	JN15-12
12	干式电流互感器	SCB10-630/100.4
13	零中流互感器	LXK-Φ80
14	真空接触器	JCZ1-12D250-2.5
15	避雷器	Y5WS2-12.7/50
16	电流互感器	LJW-10 150/5A SP20
17	户外隔离开关	GW13-63/630

LSP-06

344

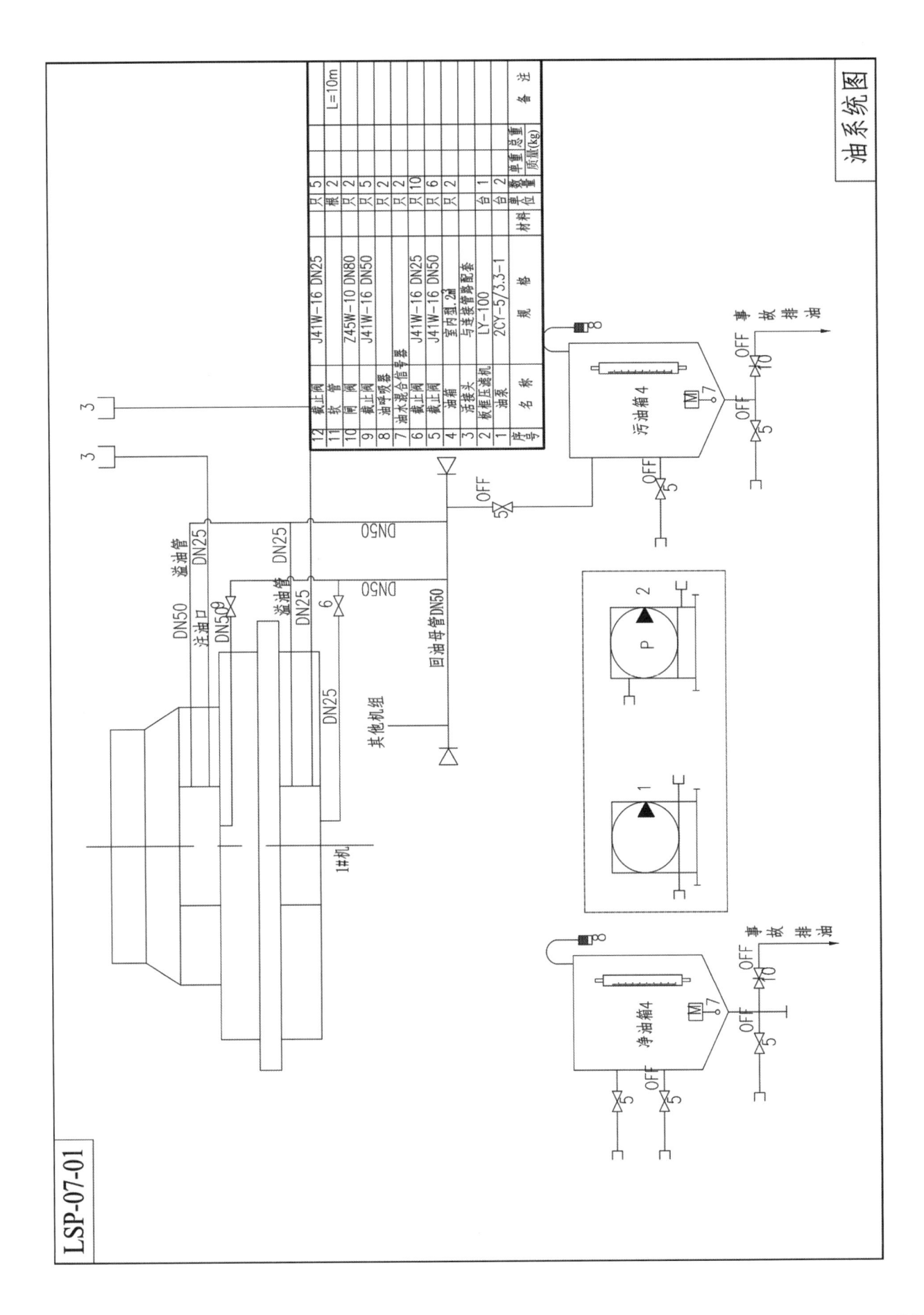

2．南水北调东线一期江苏境内泵站概况

油系统图

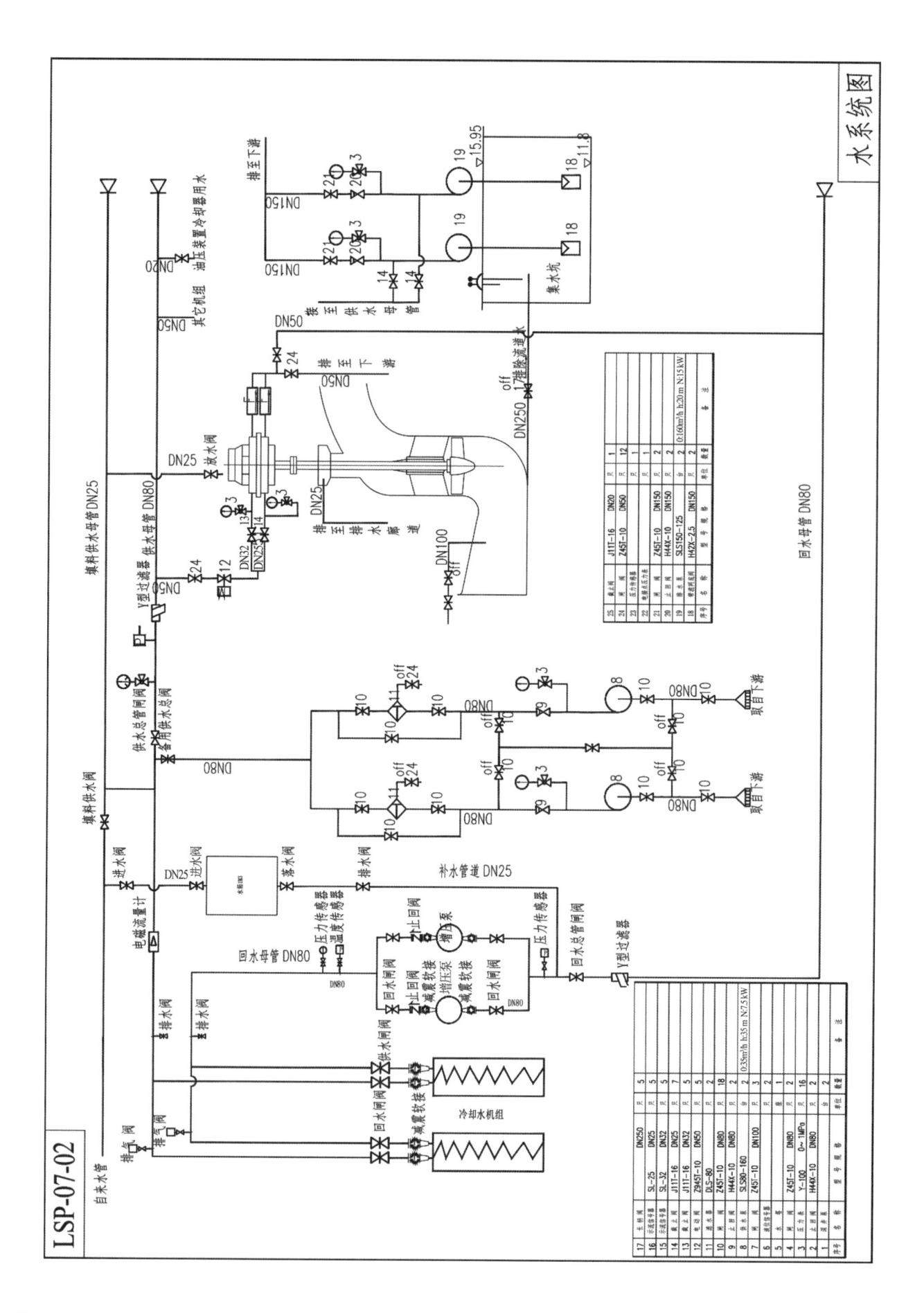

南水北调东线一期江苏境内泵站工程

水系统图

LSP-07-02

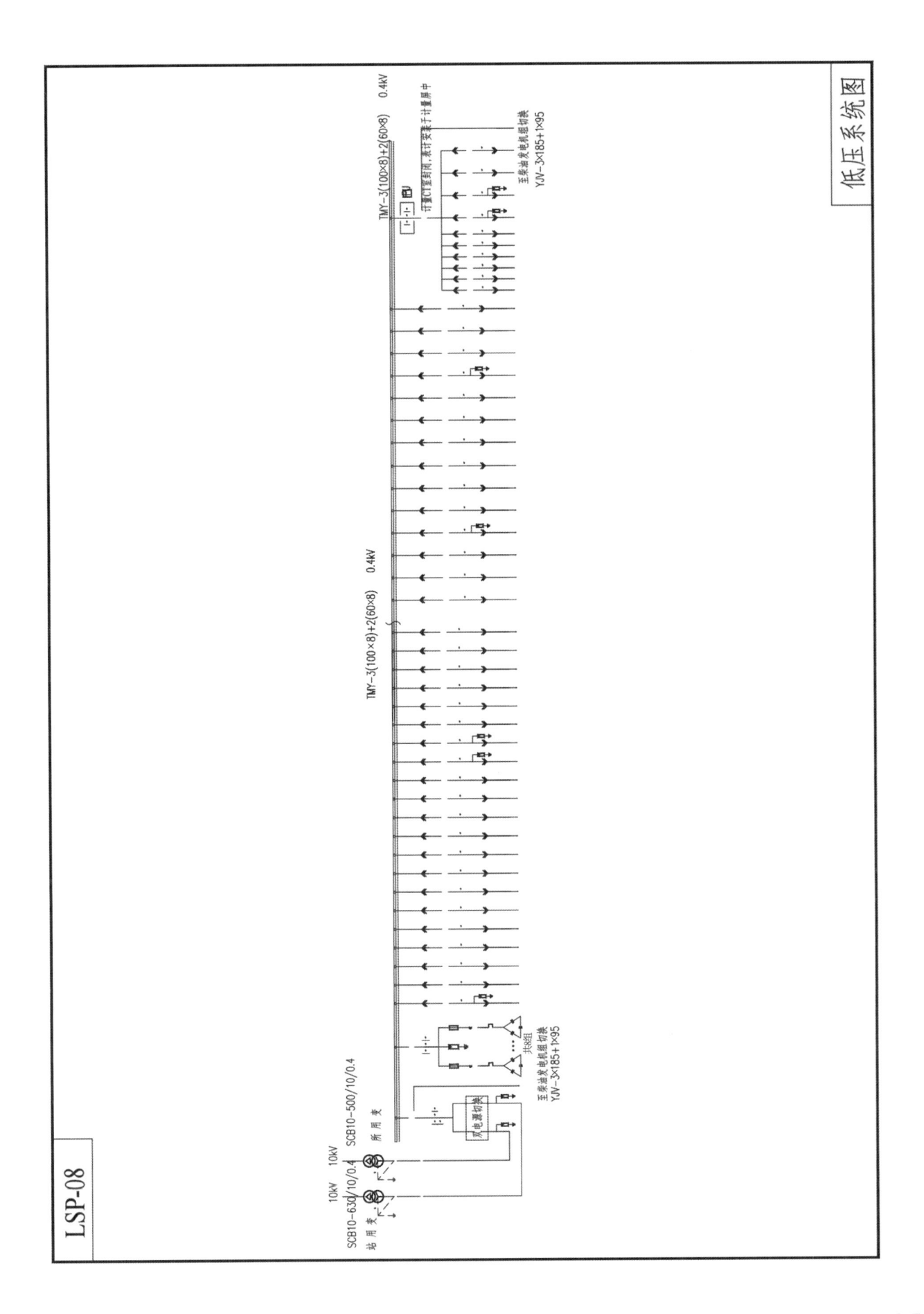

2. 南水北调东线一期江苏境内泵站概况

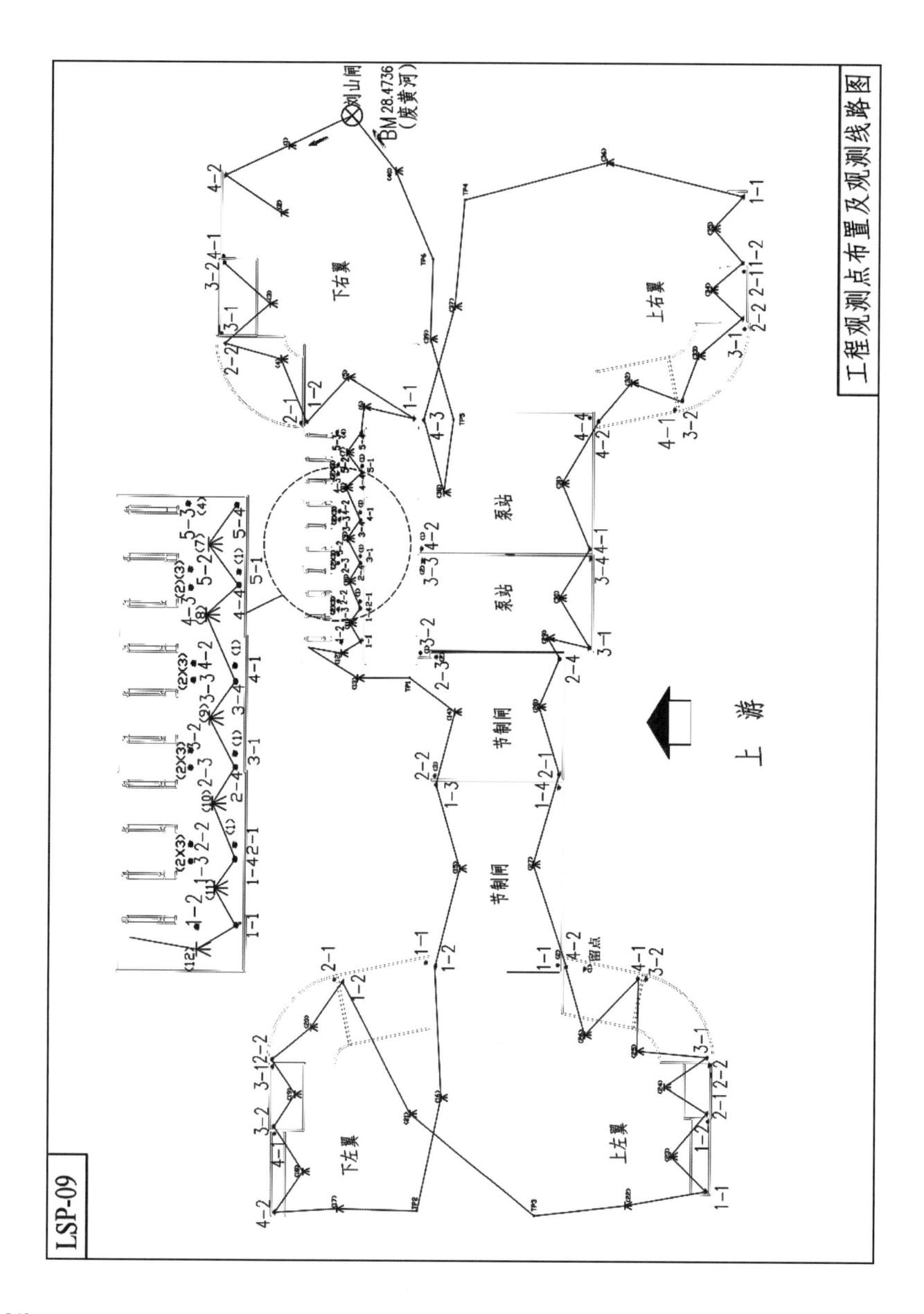

南水北调东线一期江苏境内泵站工程

工程观测点布置及观测线路图

LSP-09

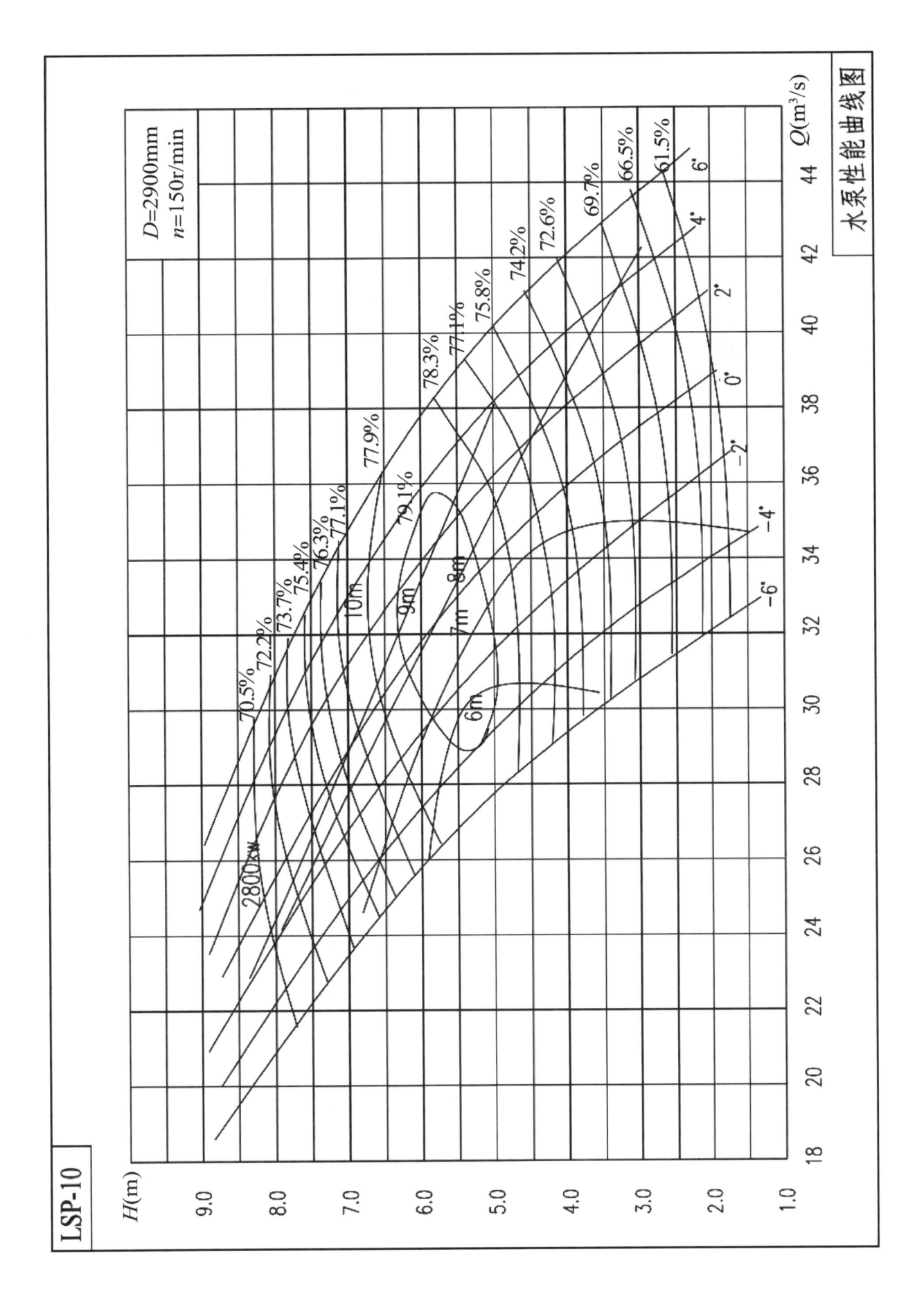

2. 南水北调东线一期江苏境内泵站概况

LSP-10 水泵性能曲线图

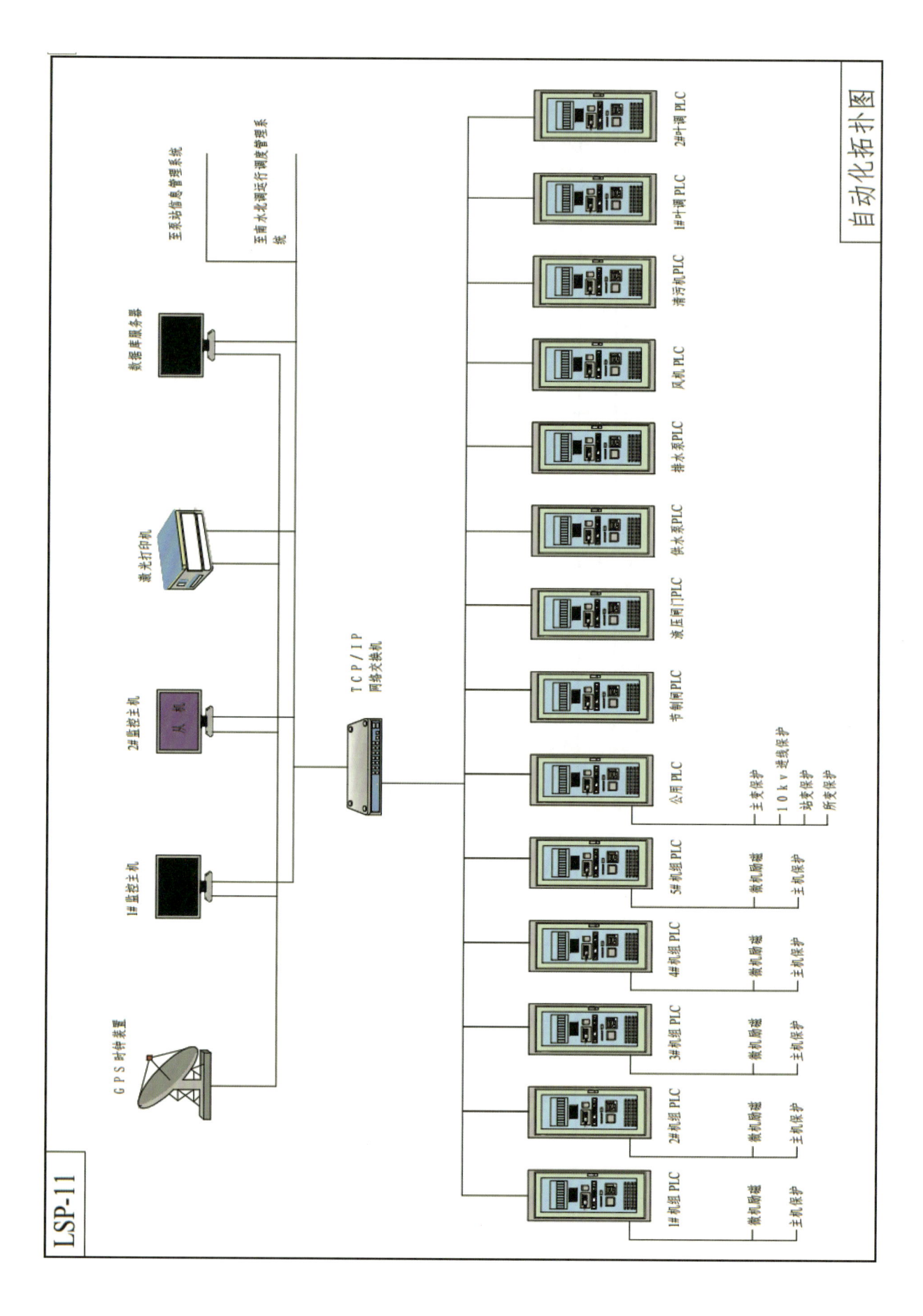

南水北调东线一期江苏境内泵站工程

自动化拓扑图

LSP-11

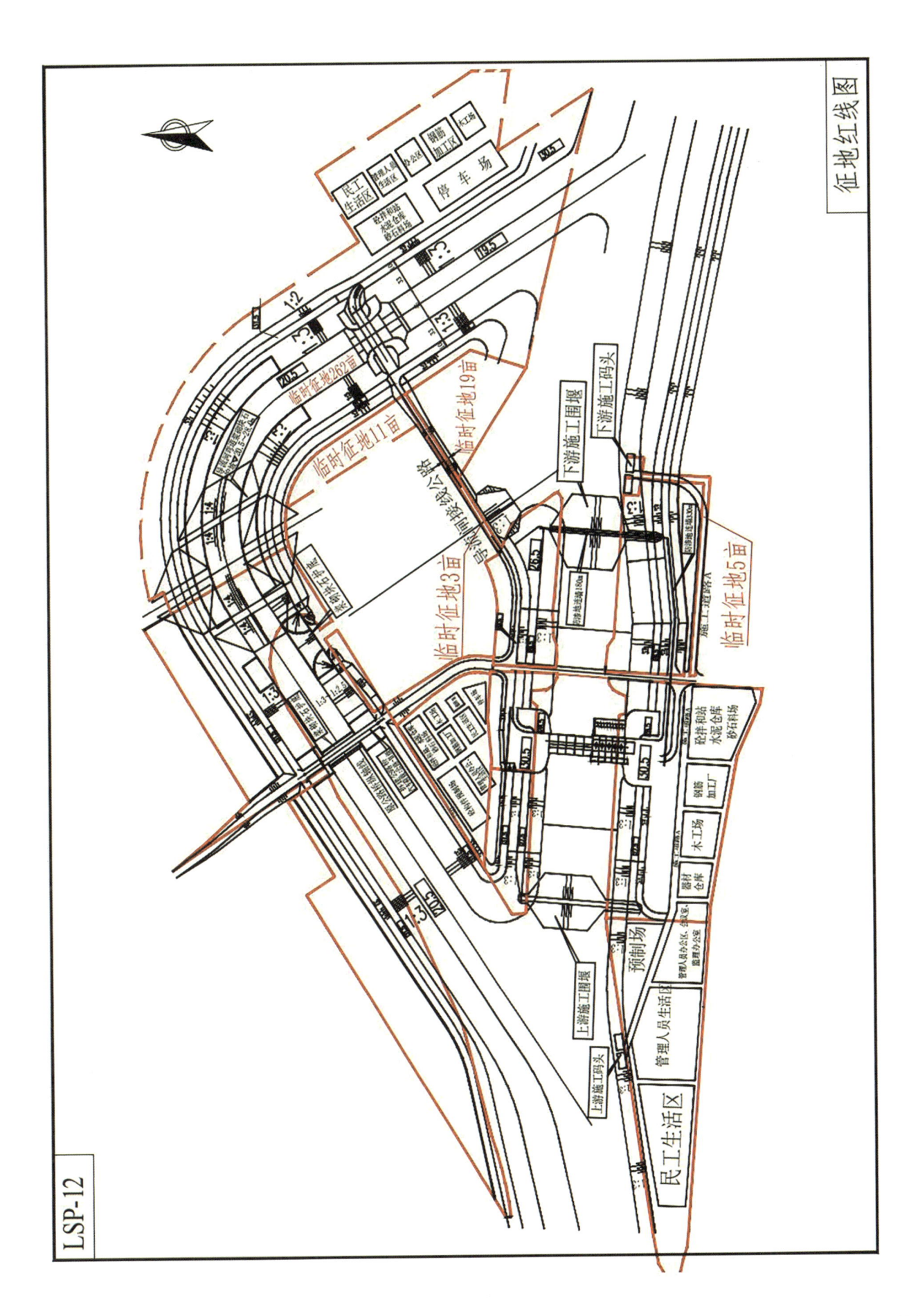

2. 南水北调东线一期江苏境内泵站概况

征地红线图

LSP-12

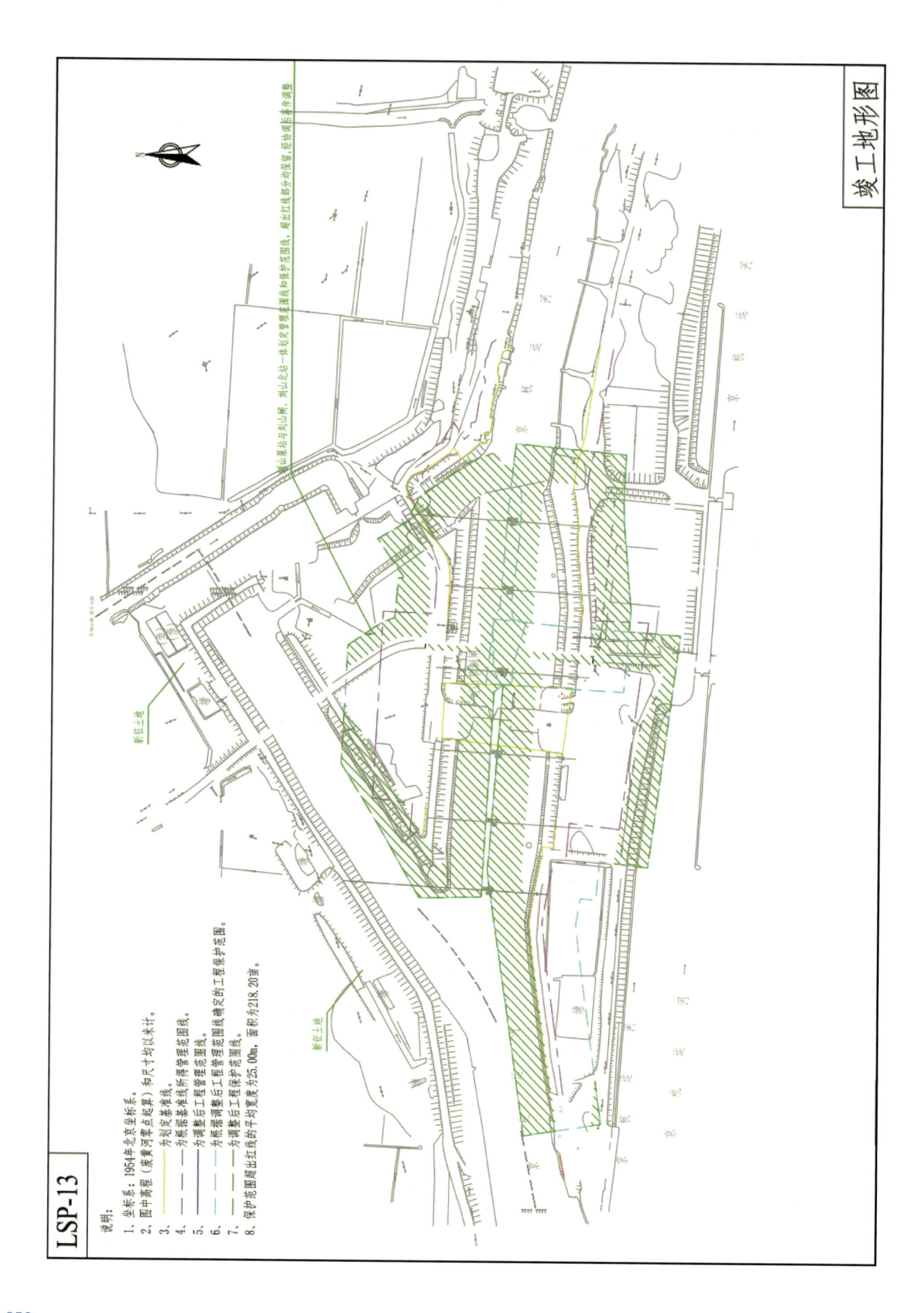

南水北调东线一期江苏境内泵站工程

竣工地形图

LSP-13

说明：
1、坐标系：1954年北京坐标系。
2、图中高程（废黄河零点起算）和尺寸均以米计。
3、———— 为划定基准线。
4、———— 为原始基准线所得管理范围线。
5、———— 为调整后工程管理范围线。
6、———— 为调整后工程管理范围线确定的工程保护范围。
7、———— 为调整后工程保护范围线。
8、保护范围超出红线的平均宽度为25.00m，面积为218.20亩。

2.8 第八梯级泵站——解台站

图 2-17 解台站

1. 工程概况

解台站位于徐州市徐州经济开发区大庙街道夏庄村，解台泵站是南水北调东线第八级梯级控制工程，其主要任务是解决黄淮海平原东部地区的缺水问题、提供沿线城镇居民生活和工业用水，以提高现有灌区的供水保证率，改善灌溉条件。另外，该泵站还结合输水，恢复和提高京杭运河的通航能力。

解台泵站工程地处黄淮平原中部，微山湖以南，气候温和湿润。年平均气温为15℃左右，全年平均风速为2.9 m/s，多为东北偏东风；年降水量800～900 mm，多集中在夏季；冬季有降雪日数9.2天，最大冻土深度为24 cm。本工程站身底板坐落于粉质黏土层上，该层地质条件较好，地基允许承载力250 kPa，可作为建筑物持力层，但该土层具有弱膨胀潜势，故泵站基坑开挖预留保护层。该地区地震动峰值加速度为0.10 g，地震动反应谱特征周期0.40 s。相应地震基本烈度Ⅶ度。

工程主要建设内容为泵站工程、清污机桥工程、泵站引河工程、节制闸工程、管理设施工程等。本工程规模为大（2）型泵站，工程等别为Ⅱ等。泵站、节制闸等主要建筑物为1级建筑物，清污机桥等次要建筑物为3级建筑物。泵站设计洪水标准为100年一遇，校核洪水标准为300年一遇。解台泵站为堤身式块基型结构，采用肘形进水流道、平直管出水流道和快速门加小拍门断流，设计调水流量

125 m³/s，设计扬程 5.84 m。泵站所选水泵为无锡市锡泵制造有限公司制造的 5 台套 2900ZLQ-32-6 型立式轴流泵（含备机 1 台套），单机流量为 31.5 m³/s，配 TL2800-40/3250 型同步电动机。水泵叶轮直径 2.9 m，单机功率 2 800 kW，总装机容量 14 000 kW。

解台站工程于 2004 年 10 月开工，2008 年 8 月通过试运行验收，2012 年 12 月通过设计单元工程完工验收。

解台站的主要任务是通过联合刘山站、蔺家坝泵站实现出骆马湖 125 m³/s、入南四湖 75 m³/s 的调水目标，同时结合配套节制闸工程，具有排泄徐州市涝水，改善航运条件等功能。工程设置 5 台套 2900ZLQ32-6 型立式轴流泵（4 用 1 备），设计流量 125 m³/s，叶轮直径 2.9 m，单机流量 31.5 m³/s，设计扬程 5.84 m，单机功率 2 800 kW，总装机容量 14 000 kW，泵站采用堤身式块基型结构，平直管进出水流道，快速门加小拍门断流。进口设 2 套检修闸门，出口设快速工作门、事故检修门各 5 套。泵站工作门、事故门均为钢质平面定轮直升式，配用 QPKY-2×160-4.6M 型液压启闭机，采用液压启门，自重闭门。解台节制闸与泵房一体，运用性质为防洪、节制水位，设计流量 500 m³/s，闸底高程 26.45 m，下游消力池底 21.0 m，闸总宽 34.7 m，闸总长 25.7 m，闸顶 34.3 m。闸门共 3 孔，采用胸墙式结构，设 3 扇 10 m×4.5 m 钢质平板门定轮直升式，设 3 套 6 台 QPKY-2×320KN 型液压启闭机启门、自重闭门。

表 2-33 特征水位及扬程信息表

单位：m

			站下引水渠口	站上出水渠口
特征水位	供水期	设计水位	26.00	31.84
		最低运行水位	26.00	31.00
		最高运行水位	27.00	32.08
		平均运行水位	26.13	31.58
	排涝期	设计水位	—	—
		最高水位	—	—
	挡洪水位	设计（1%）	31.95	32.50
		最高（0.33%）	32.45	33.00
扬程	供水期	设计扬程	5.84	
		最小扬程	4.00	
		最大扬程	6.08	
		平均扬程	5.45	
	排涝期	设计扬程	—	
		最小扬程	—	
		最大扬程	—	

表 2-34 泵站基础信息表

所在地	徐州经济开发区大庙街道夏庄村		所在河流	不牢河段	运用性质		调水、灌溉、排涝	
泵站规模	大（2）型	泵站等别	Ⅱ	主要建筑物级别	1	建筑物防洪标准	设计	100年一遇
							校核	300年一遇
站身总长（m）	114.02	工程造价（万元）	20 501	开工日期	2004.10	竣工日期	2008.08	
站身总宽（m）	14.40							
装机容量（kW）	14 000	台数	5	装机流量（m³/s）	157.5	设计扬程（m）	5.84	
主机泵	型式	立式轴流泵			主电机	型式	立式同步电动机	
		2900ZLQ32-6					TL2800-40-3250	
	台数	5	每台流量（m³/s）	31.5		台数	5	每台功率（kW）	2 800
	转速（r/min）	150	传动方式	直联		电压（V）	10 000	转速（r/min）	150
主变压器	型号	S10-20000/110			输电线路电压（kV）		110	
	总容量（kVA）	20 000	台数	1	所属变电所		潘家庵变电所	
主站房起重设备		桥式行车	起重能力（kN）	320/50kN	断流方式		快速门加小拍门	
闸门结构型式	上游	液压快速门	启闭机型式	上游	QPKY-2×320KN液压启闭机			
	下游	平面钢闸门		下游	电动葫芦			
进水流道形式		肘形进水流道		出水流道形式		平直管出水流道		
主要部位高程（m）	站房底板	17.60	水泵层	22.05	电机层	32.55	副站房层	—
	叶轮中心	23.00	上游护坦	27.00	下游护坦	19.0～22.00	驼峰底	—
站内交通桥	净宽(m)	7.00	桥面高程（m）	34.00	设计荷载	公路-Ⅱ级	高程基准面	22.00
站身水位组合	设计水位（m）	下游	26.00	上游	31.84			
	校核水位（m）	下游	32.45	上游	33.00			

2. 批复情况

2005年10月，国家发展改革委以《关于南水北调东线一期工程项目建议书的批复》（发改农经〔2005〕2108号）批复工程项目建议书。

2004年6月16日，国家发展改革委以《关于南水北调东线骆马湖至南四湖段江苏境内工程可行性研究报告的批复》（发改农经〔2004〕1106号）批准了本项目可行性研究报告。

2004年8月26日，水利部以《关于南水北调东线第一期工程骆马湖－南四湖段江苏境内工程解台泵站初步设计的批复》（水总〔2004〕356号）批准了工程初步设计。计划建设工期24个月。

2005年4月8日，国务院南水北调办《关于转发〈国家发改委关于调增南水北调东、中线一期工程三阳河、潼河及宝应站等19项单项工程征地拆迁补偿投资概算的通知〉的通知》（发改投资

〔2005〕520号），调增解台站征迁补偿费186万元、利息4万元，共计190万元。2009年11月27日，国务院南水北调办《关于南水北调东线一期三阳河潼河河道工程、宝应站工程等10项设计单元工程价差报告的批复》（国调办投计〔2009〕226号），核增解台站价差222万元。2013年5月20日，国务院南水北调办以《关于下达南水北调工程2013年第二批投资计划的通知》（国调办投计〔2013〕119号）下达解台站待运行期管理费1 494万元。

根据以上批复，解台站工程国家核定概算总投资20 501万元。

3. 工程建设有关单位

项目法人：南水北调东线江苏水源有限责任公司

现场建设管理单位：江苏省南水北调刘山解台站工程建设处

设计单位：江苏省水利勘测设计研究院有限公司

监理单位：上海东华工程咨询公司

质量监督：南水北调工程江苏质量监督站

质量检测单位：江苏省水利建设工程质量检测站

土建施工及设备安装单位：江苏省水利建设工程有限公司

政府监督：国务院南水北调工程建设委员会办公室

江苏省南水北调工程建设领导小组办公室

勘测单位：江苏省工程勘测研究院有限责任公司

110 kV变配电设备安装单位：徐州冠宇供用电有限公司

泵站自动化设备设计、安装单位：南京南瑞集团公司自动控制分公司

泵站厂房建筑装饰设计、施工单位：常泰建筑装潢工程有限公司

管理综合楼建筑装饰施工单位：南京深圳装饰安装工程有限公司

110kV输电线路总承包单位：徐州电力勘察设计院

设备及材料供应商：江苏省水利物资总站（钢筋）

无锡市锡泵制造有限公司（主水泵）

南京汽轮电机（集团）有限责任公司（主电机）

郑州铁路局装卸机械厂（桥式起重机）

江苏光大电控设备有限公司（高、低压开关柜）

常州变压器厂（变压器）

泰开电气集团有限公司（GIS）

常州液压成套设备厂有限公司（液压启闭机）

无锡市通用机械厂有限公司（清污设备）

江苏新科水利电力成套设备有限公司（高、低压电缆）

委托管理运行单位：南水北调东线江苏水源有限责任公司徐州分公司解台站管理所

4. 工程布置与主要建设内容

解台站枢纽位于徐州市贾汪区境内的不牢河输水线上。

主体工程主要建设内容包括：新建设计抽水流量 125 m³/s 的泵站、新建设计排涝流量 500 m³/s 的节制闸、拆除原解台节制闸建跨引河公路桥、扩挖上下游引河、新建 110 kV 输电线路、新建综合楼等管理设施。导流工程包括：新建导流闸、扩挖导流河、拆除灌溉闸建跨灌溉渠公路桥。

泵站为堤身式块基型结构，站身共分两块底板，分别布置 2 台套和 3 台套机组。其中，2 台联站身置于北侧（紧临节制闸），3 台联站身置于南侧。机组中心距 9.12 m，两块底板平面尺寸（长 × 宽）分别为 32.3 m × 17.5 m 和 32.3 m × 25.8 m。泵站采用肘形进水流道，平直管出水流道和快速门断流。站上游设工作门、事故门各 5 台套，均采用 QPPYⅡ-2 × 320 kN 液压启闭机启闭；站下进水流道配平面钢质检修门 2 套共 4 扇，电动葫芦起吊。站下游布置清污机桥，采用 10 台套 HQ-A 型回转式清污机，配 SPW 型皮带输送机输送污物。站房内部自下而上为流道层、水泵层、联轴层和电机层。进水流道层自高程 19.0 m 下降至 17.6 m，呈倾斜状，进口上缘高程 25.44 m；出水流道底高程 26.45 m，出口上缘高程 30.35 m；水泵层高程 22.05 m，水泵叶轮中心安装高程 23.0 m，上下游侧布置检修通道；联轴层高程 30.65 m，四周为钢筋混凝土面板检查通道；电机层高程 34.3 m。

主厂房宽 14.4 m，长 43.32 m，厂房内安装起重量 320/50 kN 电动桥式起重机一台，跨度 12.5 m。检修间布置于 3 台联南侧，与主厂房等宽，长度为 12 m；钻孔灌注桩基础。

泵站与节制闸之间下游侧布置导流墙，以改善泵站北边孔进水条件。

站下 12 m 处布置清污机桥，共 10 孔，每孔净宽为 3.5 m。清污机桥中墩分设于 3 块底板，边墩侧利用导流墙和翼墙。墩顶及桥面高程为 31.2 m。清污采用 HQ-A 型回转式清污机，栅体倾斜角 75°，配 SPW 型皮带输送机。

节制闸紧邻泵站布置，设计排涝流量 500 m³/s。闸室采用胸墙式结构，共 3 孔，每孔净宽 10.0 m。闸室顺水流向长 25.7 m，垂直水流向宽 34.7 m。闸底板为空箱式（空箱内填土），其顶面高程为 26.45 m、底面高程为 19.5 m，胸墙底高程为 30.45 m。闸顶高程与泵站主厂房相一致，其上布置泵站高低压开关室和控制室。控制室顺水流向长 11.5 m，下游设 1.8 m 宽人行便桥。节制闸工作闸门为平板钢闸门，采用 QPPYⅡ-2 × 320 kN 液压启闭机启闭；检修门为钢质浮箱叠梁门，采用汽车吊启闭。

泵站、节制闸上游侧布置站内交通桥，净宽 7.0 m，桥面高程 34.0 m；汽车荷载标准：公路-Ⅱ级。节制闸工作桥宽 5.2 m，桥面高程 36.3 m。

泵站、节制闸上、下游引河利用原有河道拓宽而成，进水引河河底高程 22.0 m，底宽 44.4～79.0 m，两侧河坡 1∶3。出水引河河底高程 27.0 m，底宽 66.7～88.0 m，两侧河坡 1∶3。

原解台节制闸拆除后，建跨引河公路桥。桥长 112 m，共 7 跨，每跨跨径 16 m；桥宽净 7 m+2 × 1.0 m。上部系预应力钢筋混凝土大孔板结构；桥墩采用双柱式桥墩，桥台采用薄壁桥台。3#、4#、5# 桥墩基础利用原节制闸底板，其余桥墩及桥台基础采用 φ120 cm 的钢筋混凝土灌注桩。为使北侧坡道与解台船闸平顺连接，桥梁采用 0.5% 纵坡。

原解台灌溉闸拆除后，建跨灌溉渠公路桥。桥长 64 m，共 4 跨，每跨跨径 16 m。桥宽、上部结构、墩台及基础均同跨引河公路桥。

5. 分标情况及承建单位

为落实国务院南水北调工程建设委员会加快推进南水北调工程建设的战略决策，江苏省水利厅于 2004 年 9 月 15 日批准成立江苏省南水北调刘山解台站工程建设处。2004 年 9 月 16 日建设处就解台站工程招标事宜以《南水北调东线第一期工程解台泵站工程招标报告》向江苏省水利工程招标投标办公室备案。解台站工程共分为16个标段。

实际完成工程量：土方挖填114.87万 m³，混凝土4.15万 m³，砌石及砂石垫层4.01万 m³，钢筋制作安装2 319 t，金属结构480 t；主机泵5台套，回转式清污机10台套，液压启闭设备13台套，110 kV输电线路8.5 km，厂房、检修间、变电所、控制室及管理所综合楼等房屋共5 630 m²。

6. 建设情况简介

2004年10月22日，国务院南水北调办以国调办建管函〔2004〕75号文批复了解台站的开工报告。2004年10月24日，解台站工程正式开工建设。2004年12月29日，建设处以（苏调刘解建〔2004〕12号）《关于申请对南水北调刘山站、解台站工程实施质量监督的请示》向江苏省水利工程质量监督中心站申请对工程质量监督；2004年12月30日，江苏省水利工程质量监督中心站以《关于对南水北调刘山、解台站工程实施质量监督的通知》（苏水质监〔2004〕91号）批复质量监督申请。

（1）主要建筑物施工简况

2005年1月29日工程完成闸塘土方开挖，12月22日完成闸底板砼浇筑；2005年1月29日完成上下游翼墙及交通桥排架砼浇筑；4月6日完成闸门及启闭设备安装。

导流河工程于2005年2月28日开工，4月25日完成土方开挖，5月5日完成混凝土护坡，5月17日完成浆砌石护坡护底。跨灌溉渠公路桥工程于2005年3月23日开工，4月10日完成钻孔灌注桩施工，4月27日完成桥墩桥台混凝土浇筑，5月9日完成桥面板安装，5月26日上部安装及桥面铺装全部完成。2005年6月3日导流控制闸、导流河及跨灌溉渠公路桥三个单位工程建成并通过省南水北调办组织的投入使用验收。

解台站主体工程建成通水以后，导流闸上部结构已于2007年底前拆除，导流闸和新开挖段导流河按设计要求填埋，恢复植被。

闸站主体工程上下游围堰于2005年8月11日合拢，基坑土方于10月23日开挖完成，10月24日泵站底板顺利封底，11月28日完成泵站底板浇筑，12月19日完成节制闸底板浇筑，2005年12月25日至2006年4月14日分别完成泵站进水流道层、水泵层、出水流道层、电机层混凝土浇筑；2006年5月20日前分别完成节制闸闸墩、胸墙、闸顶梁板及泵站、节制闸工作桥混凝土浇筑，2006年9月26日前，分别完成闸站上下游翼墙、上游混凝土铺盖，下游消力池、护坦工程。2006年8月13日，主水泵第一批设备到工，开始机电设备安装。2006年12月，主体工程土建施工和金属结构安装全部完成，12月20日通过江苏水源公司组织的水下工程阶段验收，新节制闸投入运用，跨闸站引河公路桥通车。2007年4月15日，机电设备、自动化系统调试工作全部完成，具备泵站机组试运行条件。2008年8月3—4日，解台泵站通过江苏水源公司主持的泵站机组试运行验收。

引河工程于2005年10月下旬，闸站基坑土方开挖完成后，进行施工围堰内引河土方开挖和河坡护砌，2007年2月进行施工围堰外土方施工（含水下部分）和河坡抛石护砌，2007年10月全部结束。

跨闸站引河公路桥工程于2005年10月7日开始施工，10月29日完成钻孔灌注桩施工；12月10日完成桥墩桥台施工。2006年1月14日桥面板吊装结束；6月7日完成桥面铺装层；10月2日完成两头接线桥面，10月24日全部完成。

厂房、控制室、检修间、油泵房、变电所房屋除利用闸站工程作为部分基础外，2006年3月20

日开始检修间、变电所、油泵房钻孔灌注桩施工，5月20日施工完成；6月2日完成钢筋混凝土框架、梁柱，8月9日完成厂房、检修间上部网架屋面施工；10月18日完成控制室、油泵房、变电所房屋建筑，并交付装饰单位施工；2007年8月完成装饰工程。

管理综合楼工程于2006年11月开工，2007年7月完成房屋建筑。2008年2月开始装饰工程施工，2008年6月完成装饰工程。

（2）重大设计变更

无重大设计变更。

2005年6月3日，江苏省南水北调办公室在徐州主持召开了南水北调东线第一期解台泵站导流工程投入使用验收会。2006年12月19—20日，江苏水源公司在徐州市主持召开了解台泵站工程主体水下工程阶段验收会。验收结论为"解台站主体水下工程已按批准的设计内容全部完成，工程施工符合设计要求，满足有关规程、规范的规定，工程建设管理规范，工程档案资料收集基本齐全。2006年12月19—20日，江苏水源公司在徐州市主持召开了解台泵站工程跨引河公路桥工程交工验收会。跨引河公路桥已具备通车条件，同意通过交工验收"。2008年8月3—4日，江苏水源公司在徐州市主持召开了解台泵站机组试运行验收会。同意解台泵站工程通过机组试运行验收，可正式移交管理单位管理运用"。2010年1月8日，江苏水源公司组织对解台站工程合同项目完成验收。验收结论"同意6个合同工程通过合同项目完成验收"。

7. 工程新技术应用

（1）并列布置方案

采用泵站、节制闸并列布置方案，通过站身、翼墙、导流墙、清污机桥的合理布置，利用清污机桥桥墩来控制由于偏流在站前产生的横向流速，避免了水流在前池引发较强的旋涡，带入空气，引起水泵震动，提高了水泵的汽蚀性能，为泵站的稳定、高效运行奠定了基础。

（2）侧向稳定技术

站身间设置顶块，解决了站身侧向稳定问题，省去了岸墙，也节省了工程投资。

8. 工程质量

解台站工程参与设计单元工程质量评定的共7个单位工程（不含已拆除的导流闸工程和作为检查项目的导流河临时工程）84个分部工程，929个单元工程，按水利行业质量评定标准评定的3个单位工程（泵站、水闸、引河工程）全部优良，按其他行业质量评定标准评定的4个单位工程（跨出水引河公路桥、跨灌溉渠公路桥、房屋建筑、管理设施工程）全部为合格等级（不评优良等级）。泵站、水闸、引河3个主要单位工程为优良等级，优良率100%。工程外观质量全部为优良等级，砼拌和物质量优良，原材料质量全部合格。综合评定解台站设计单元工程质量为优良等级。

9. 运行管理情况

自2013年正式通水至2023年12月底，解台站累计运行11 467台时，累计抽水125 234万 m³，最多年运行天数为122 d；最多年运行台时为4 697.8台时；最大运行流量32.2 m³/s；站下最低运行水位 26.05 m，最高运行水位 26.70 m；站上最低运行水位 30.78 m，最高运行水位 31.75 m；最小运行扬程 4.62 m，最大运行扬程 5.65 m；单台机组最小运行功率 1 721 kW，最大运行功率 2 386 kW，全站最大运行功率 7 056 kW。

10. 主要技改和维修情况

（1）机组大修

2015—2018 年，因机组部分部件逐步老化、螺栓松动、叶片调节机构无法正常调节等情况，引起机组震动、噪音偏大，影响设备安全运行和效益的充分发挥，管理所决定对 1# 至 5# 机组展开大修。主要对水导轴颈和填料轴颈进行重新堆焊、加工，对机组叶轮外壳进行汽蚀修补，对受油器及叶片调节机构进行更换等。大修后机组运行正常。

（2）供水系统改造

2019 年，因原冷却供水系统采用在泵站下游取水的方式，而下游水草杂物及水生生物较多，经常发生供水系统管道阻塞，致使供水母管水压力达不到要求，危及机组安全运行，同时由于水温波动大，造成冷却效果极不稳定，严重影响机组正常运行，故管理所决定对供水系统进行改造，由南水北调江苏泵站技术有限公司实施。主要通过新购置水冷机组，采用专业的 ZWLQ-20 型轴瓦冷却器冷却系统，冷却采用内循环系统，不受水质影响，同时冷水水温可根据机组运行负荷无级调节，改造后冷却效果稳定，运行可靠。

（3）励磁系统改造

2020 年，因原有励磁系统是北京前锋科技有限公司设计生产的第一代产品，产品型号为 WKLF-102，主要为板块插装式，这种产品可靠性低，操作复杂，对操作人员操作水平要求高，存在问题较多，且现在已不生产，备品备件难购置等原因，管理单位对 5 台机组励磁系统进行升级更换，由南水北调江苏泵站技术有限公司实施。本次改造沿用北京前锋产品，更换型号为 WKLF-102B（支持发电）的励磁系统。改造后系统稳定可靠。

（4）电缆整改

2018 年，因建设时期电缆未严格按照电缆敷设规范要求进行敷设，造成不同电压等级的电缆在电缆桥架上未按照从上到下、分层隔离布置原则进行敷设，部分电缆相互缠绕，外观不美观、不规范等问题突出，管理单位对电缆进行整改，由南水北调江苏泵站技术有限公司实施。主要对划分的区域进行线缆重新规范敷设，桥、支架的制作、安装、修补、除锈、防护，规定部位线缆挂牌标识，对电缆引至电气柜、控制屏的开孔部位和线缆穿墙处进行必要防火隔离和密封，对电缆沟、电缆支架及电缆进行清洁等相关工作。项目实施后电缆敷设更加规范、美观。

（5）节制闸启闭机改造

2022 年，因节制闸启闭机在运行过程中出现启门力不足及闸门纠偏困难问题，因此对节制闸启闭机进行改造，将液压启闭机油缸内径由 180 mm 增大至 250 mm，活塞杆直径由 90 mm 增大至 100 mm。拆除厚液压系统现场控制同步回路，改用 2 只普通调速阀 + 叠加式双单向节流阀 + 电磁换向阀旁路泄油的纠偏式。改造实施后，经过 2 个汛期闸门启闭考验，问题得到彻底解决。

11. 工程质量获奖情况

（1）提高泵站进水流道外观质量QC成果获得2006年"水利系统部级优秀质量管理小组"称号和中央四部委（中质协、中建协、共青团中央、全国总工会）颁发的"全国优秀质量管理小组"称号。

（2）2006年，被江苏省总工会授予"江苏省重点工程劳动竞赛功臣集体"称号，解台站工程分别被评为"江苏省南水北调建设文明工地"、"江苏省水利建设文明工地"和"全国水利系统文明工地"。

（3）"大型泵站虹吸式出水流道优化设计及模型试验研究"获2006年江苏省科学技术进步三等奖。

（4）"大型肘形进水流道泵站泵送混凝土防裂方法和应用研究"获2008年水利部大禹水利科学技术奖三等奖。

（5）"大型水泵液压调节关键技术研究与应用"获2010年江苏省科学技术奖一等奖。

（6）2011年获全国生产建设项目水土保持示范工程。

（7）"南水北调工程大型高效泵装置优化水力设计理论与应用"获2012年江苏省科学技术奖一等奖。

（8）"低扬程低水头水力机械节能关键技术研究与应用"获2013年度水利部大禹奖水利科学技术奖二等奖。

（9）2013—2014年度江苏省水利工程优质奖。

（10）2014年获江苏省第十六届优秀工程设计奖一等奖。

12. 图集

XTP-01：泵站位置图

XTP-02：枢纽总平面布置图

XTP-03：工程平面图

XTP-04：泵站立面图

XTP-05：泵站剖面图

XTP-06：电气主接线图

XTP-07-01：油系统图

XTP07-02：水系统图

XTP-08：低压系统图

XTP-09：工程观测点布置及观测线路图

XTP-10：泵性能曲线图

XTP-11：自动化拓扑图

XTP-12：征地红线图

XTP-13：竣工地形图

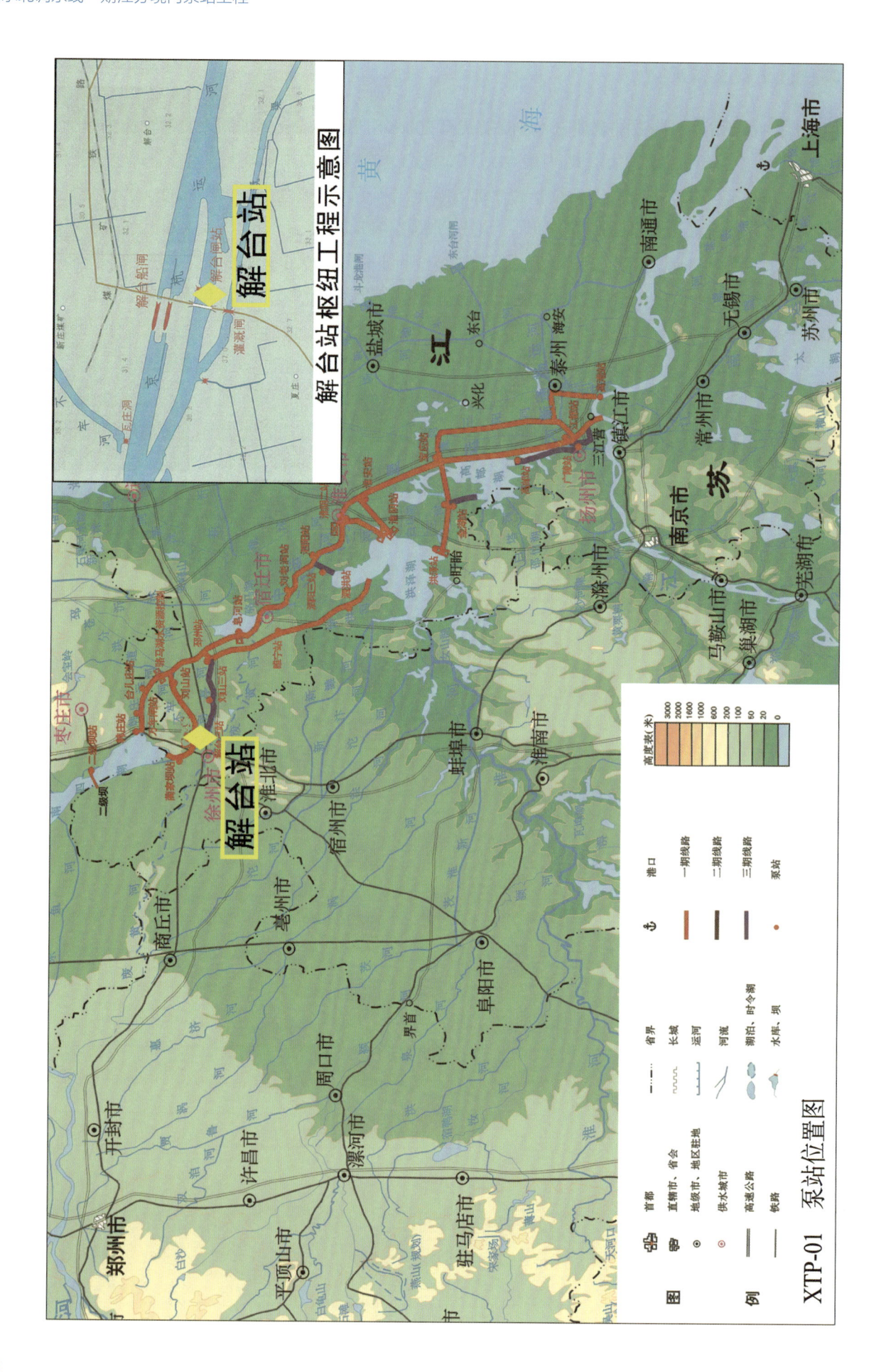

南水北调东线一期江苏境内泵站工程

解台枢纽工程示意图

XTP-01 泵站位置图

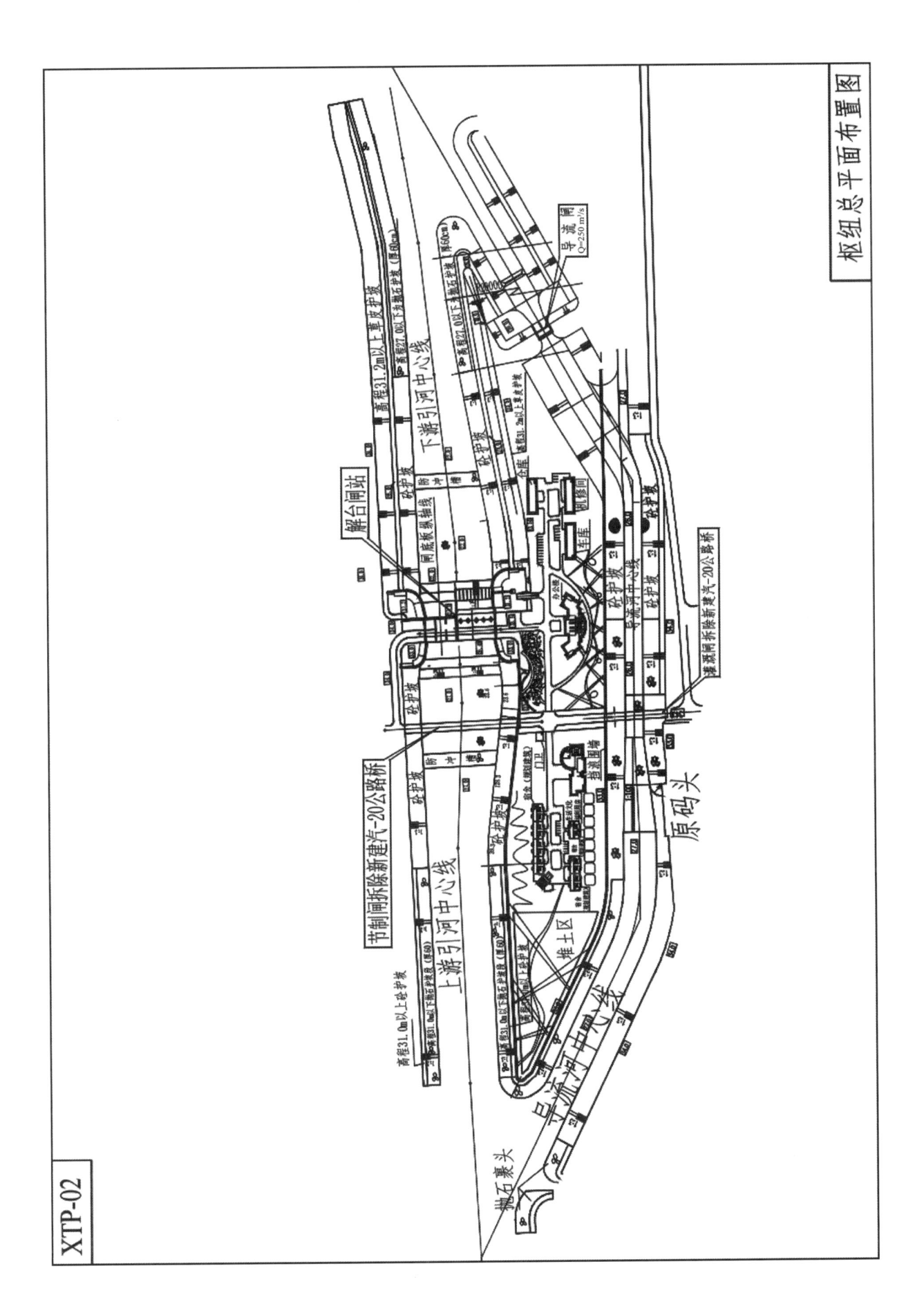

2. 南水北调东线一期江苏境内泵站概况

枢纽总平面布置图

XTP-02

363

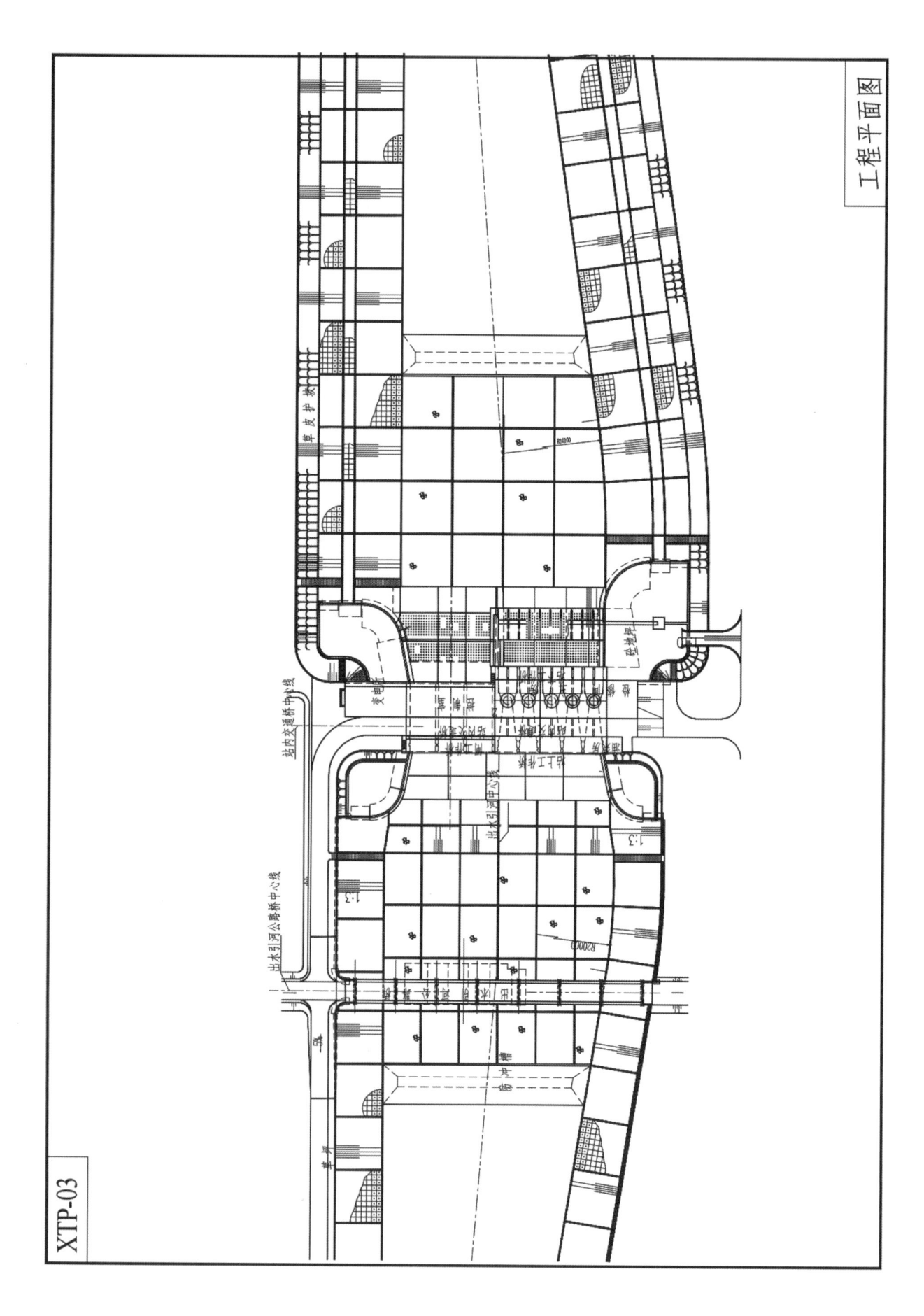

工程平面图

XTP-03

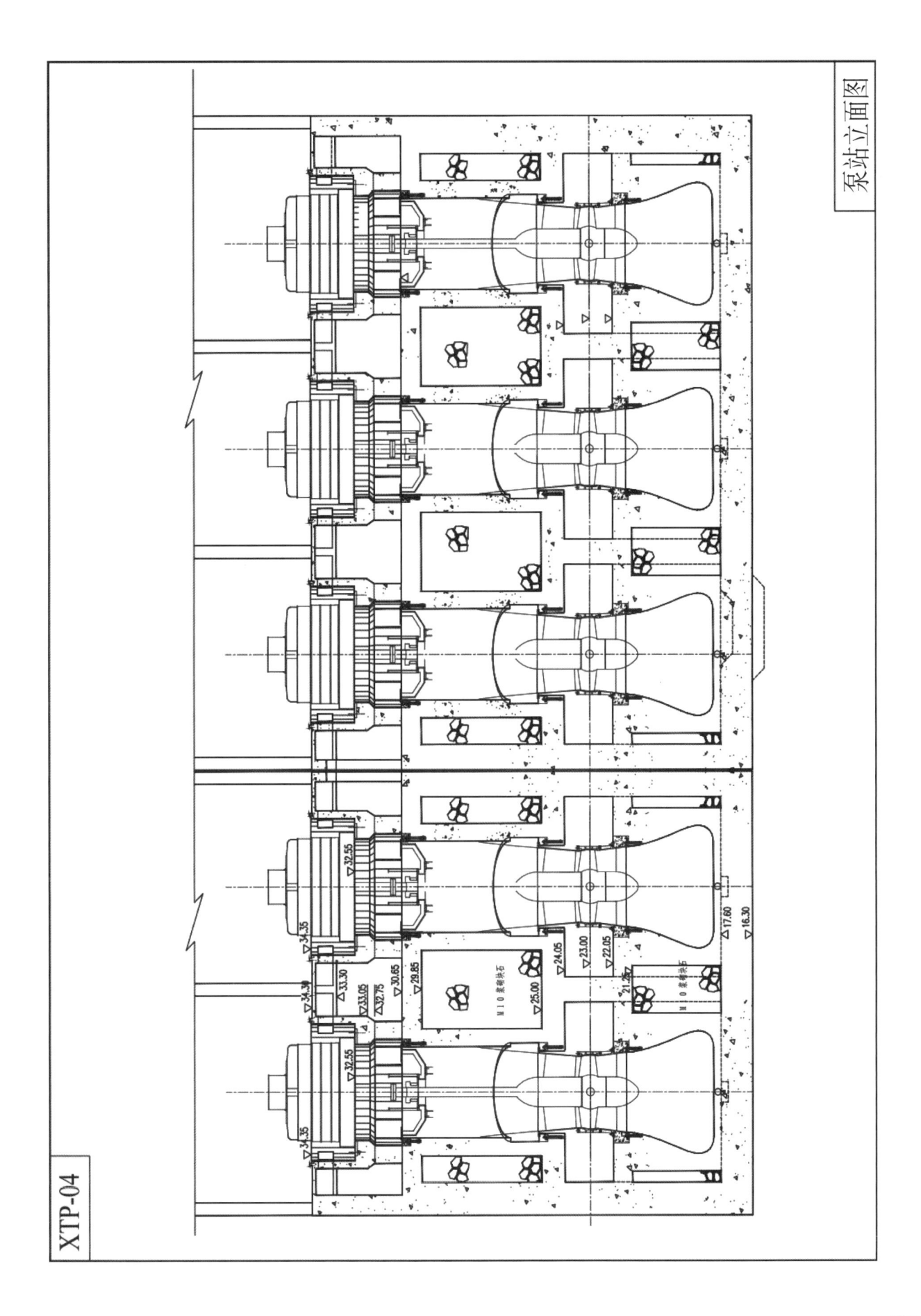

2．南水北调东线一期江苏境内泵站概况

泵站立面图

XTP-04

365

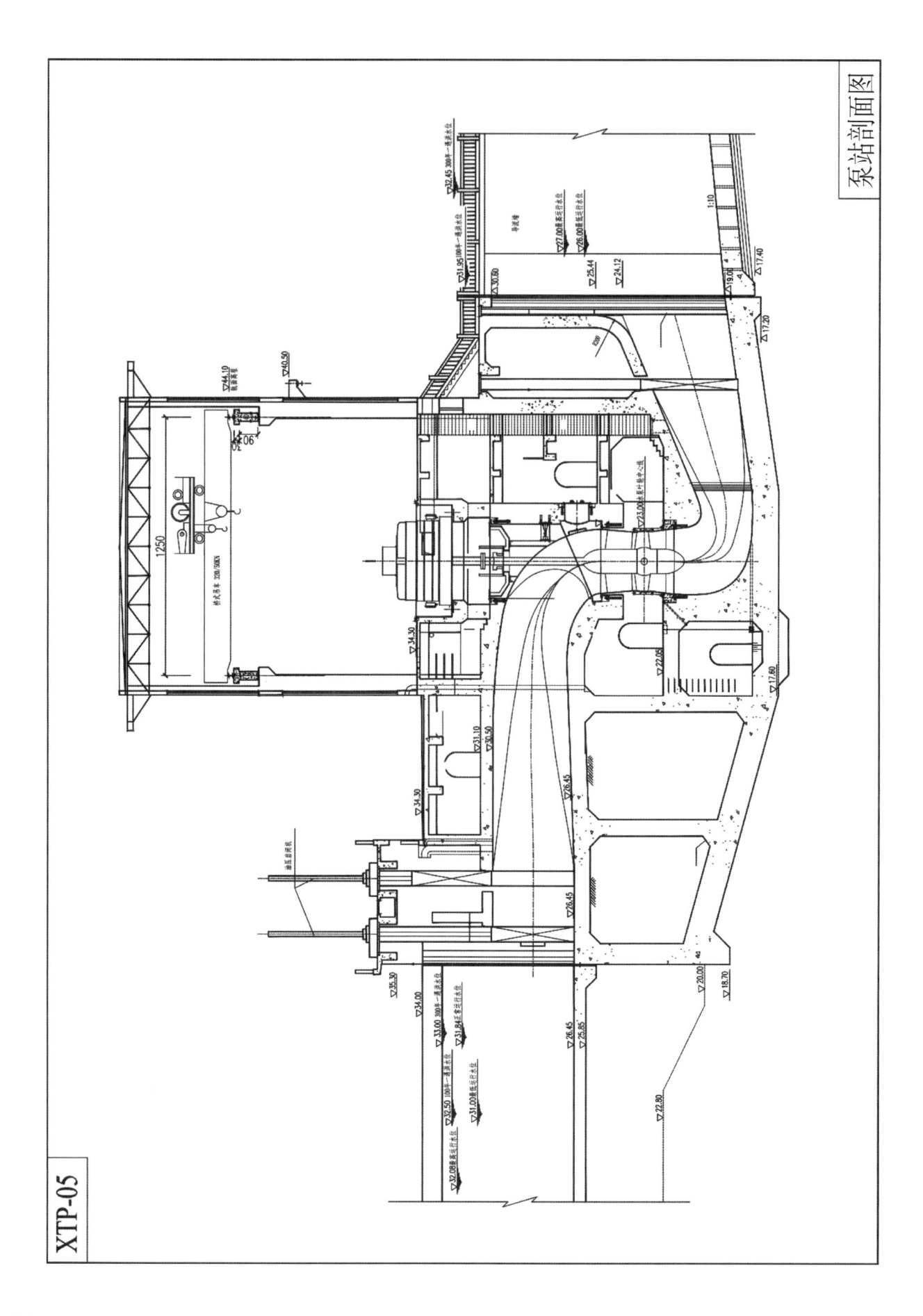

泵站剖面图

XTP-05

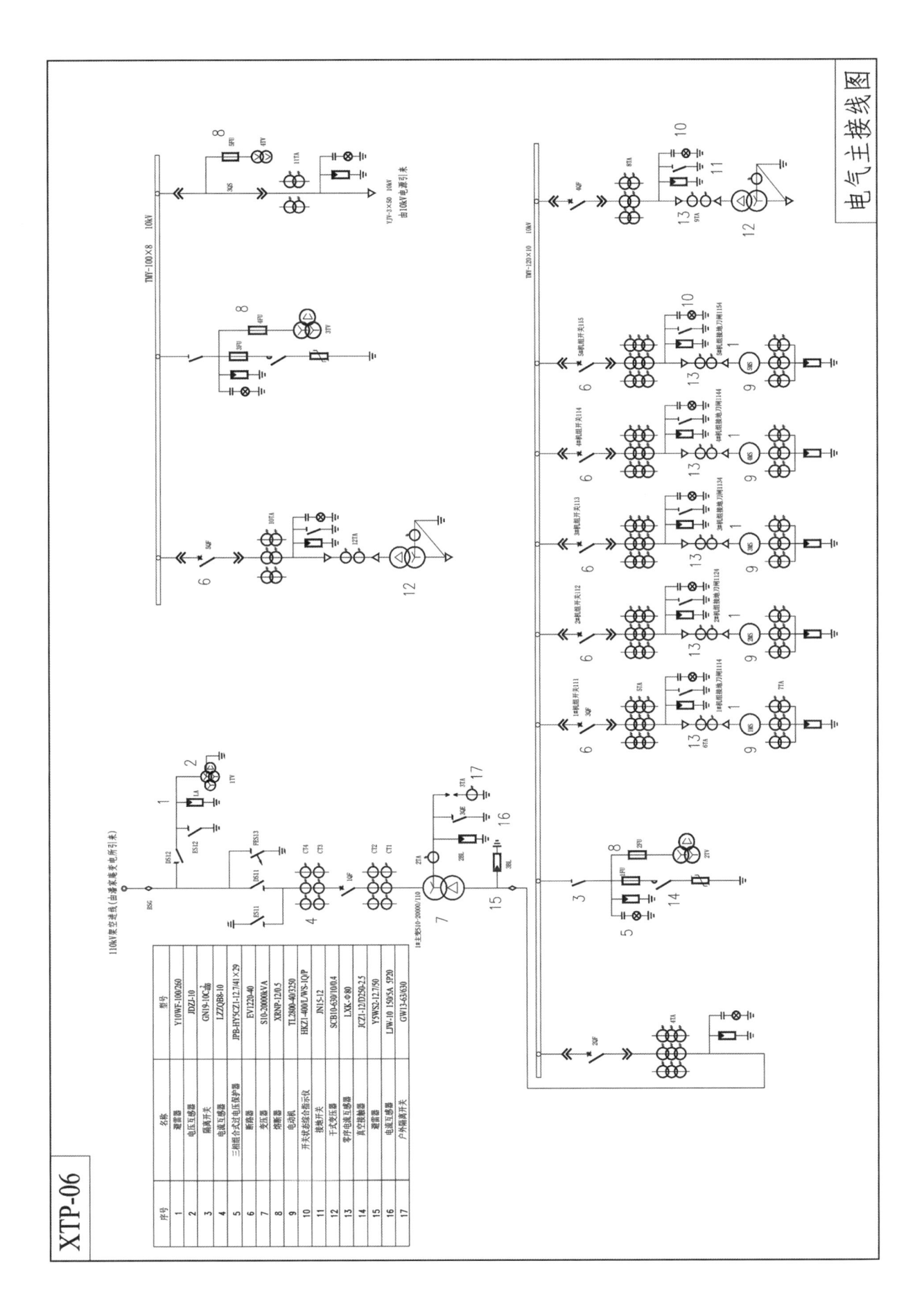

2．南水北调东线一期江苏境内泵站概况

电气主接线图

XTP-06

序号	名称	型号
1	避雷器	Y10WF-100/260
2	电压互感器	JDZJ-10
3	隔离开关	GN19-10C品
4	电流互感器	LZZQB8-10
5	三相组合过电压保护器	JPB-HYSCZ1-12.7/41×29
6	断路器	EV12N-40
7	变压器	S10-20000kVA
8	电动机	XRNP-12/0.5
9	熔断器	TL2800-40/1250
10	开关状态综合指示仪	HKZ1-400/LWS-IQP
11	换相开关	JN15-12
12	干式变压器	SCB10-630/100/0.4
13	零序电流互感器	LXK-Φ80
14	真空接触器	JCZ1-12/D250-2.5
15	避雷器	YSWS2-12.7/50
16	电流互感器	LJW-10 150/5A .5P20
17	户外隔离开关	GW13-63/630

油系统图

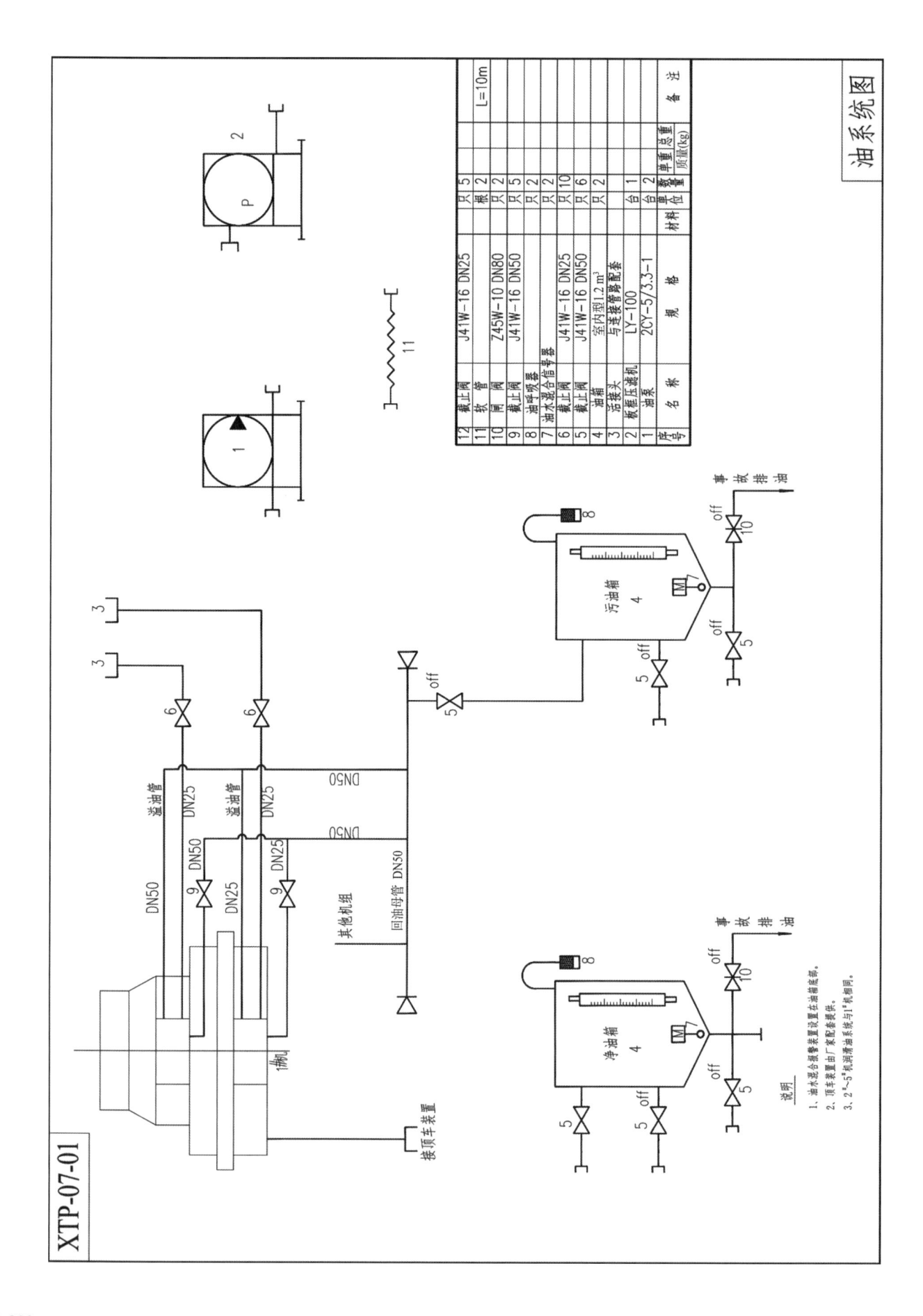

序号	名称	规格	材料	单位	数量	单重	总重 质量(kg)	备注
1	油泵	2CY-5/3.3-1		台	2			
2	板框压滤机	LY-100		台	1			
3	油接头	与连接管路配套		只	2			
4	油箱	室内型1.2 m³		只	6			
5	蝶止阀	J41W-16 DN50		只	10			
6	蝶止阀	J41W-16 DN25		只	2			
7	油水混合信号器			只	2			
8	油呼吸器			只	2			
9	蝶止阀	Z45W-10 DN80		只	5			
10	闸阀			只	2			
11	软管			根	2			
12	蝶止阀	J41W-16 DN25		只	5	L=10m		

说明：
1. 油水混合信号装置设置在油箱底部。
2. 顶车装置由厂家配套提供。
3. 2#~5#机润滑油系统与1#机相同。

XTP-07-01

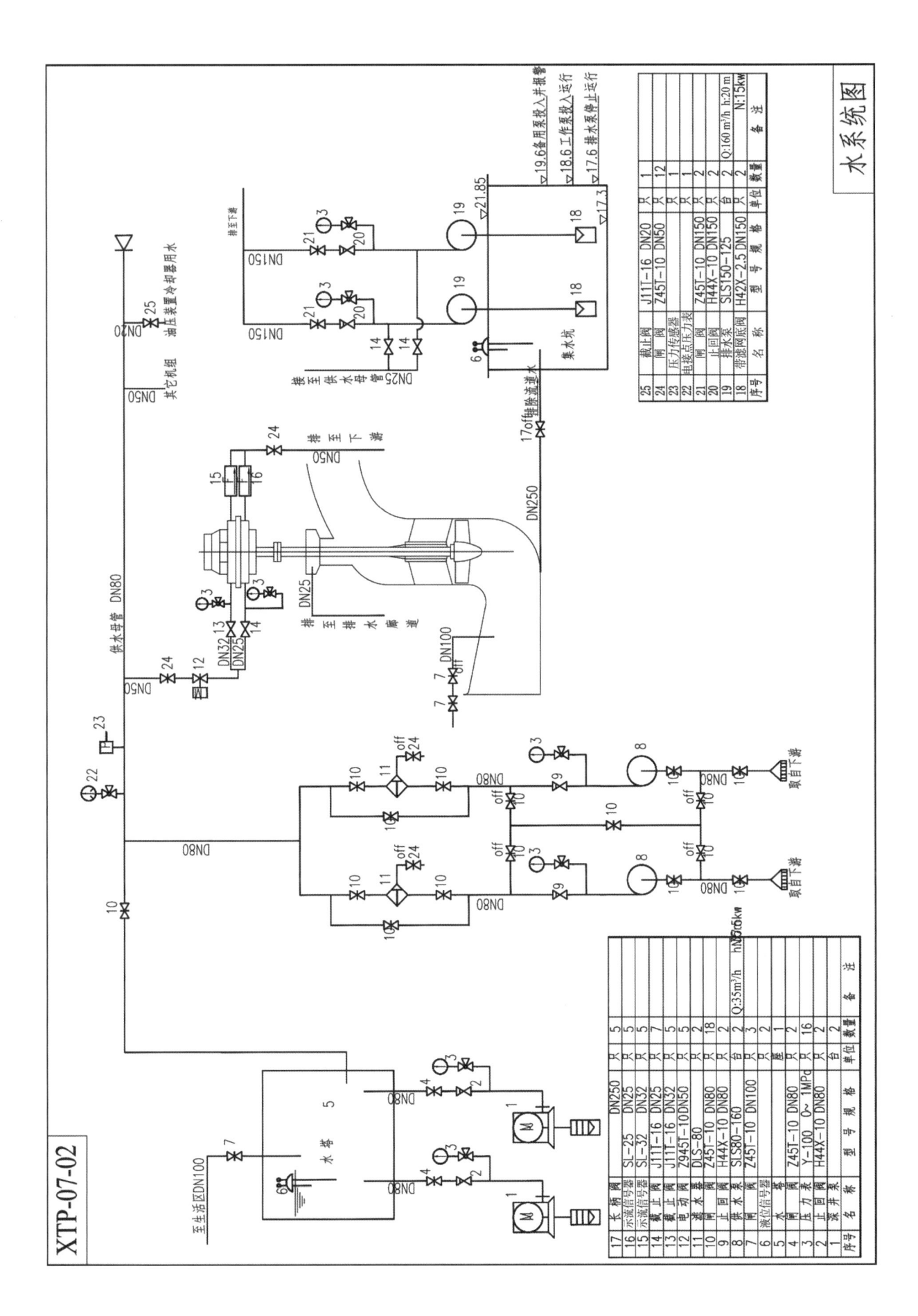

2. 南水北调东线一期江苏境内泵站概况

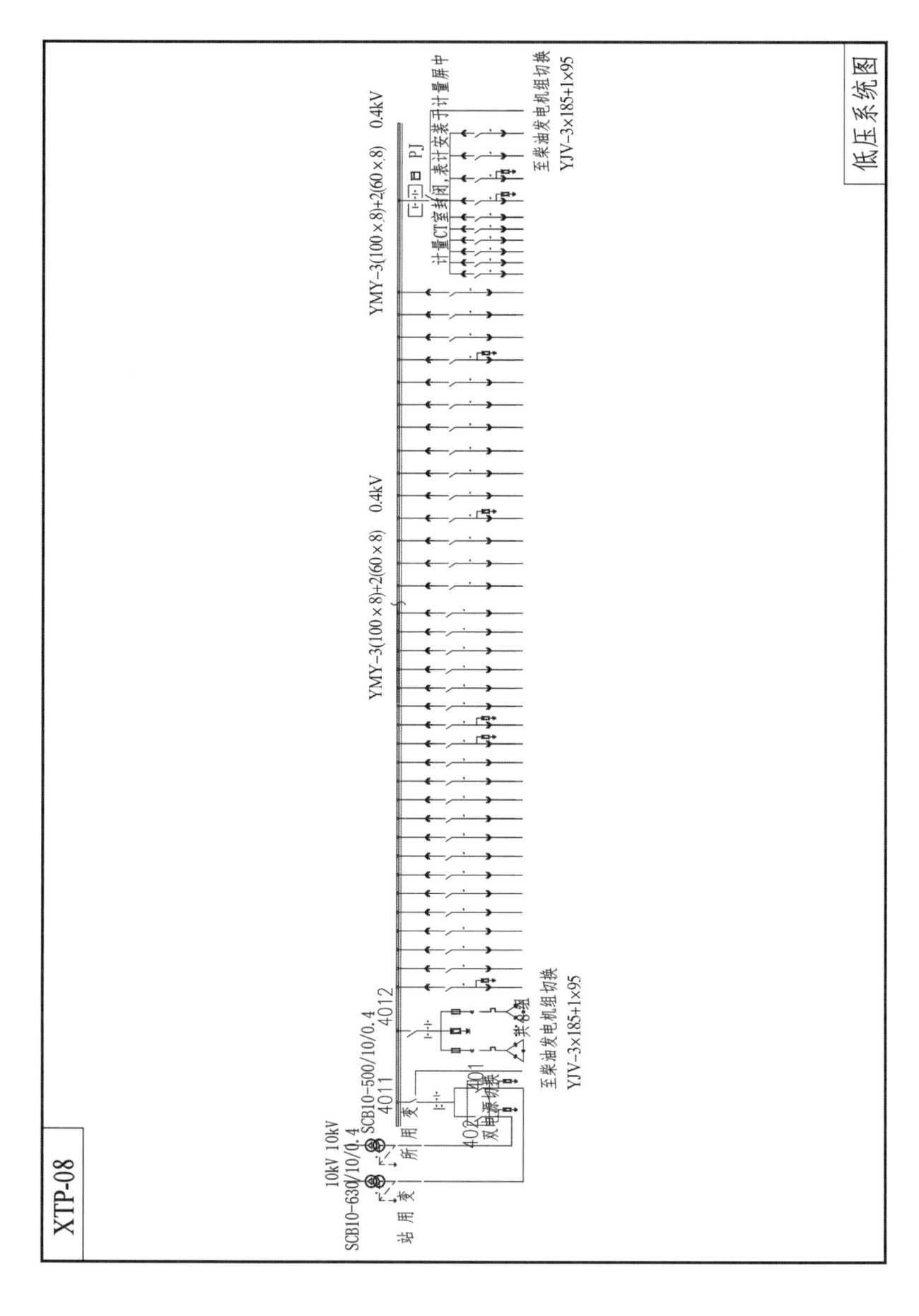

XTP-08

低压系统图

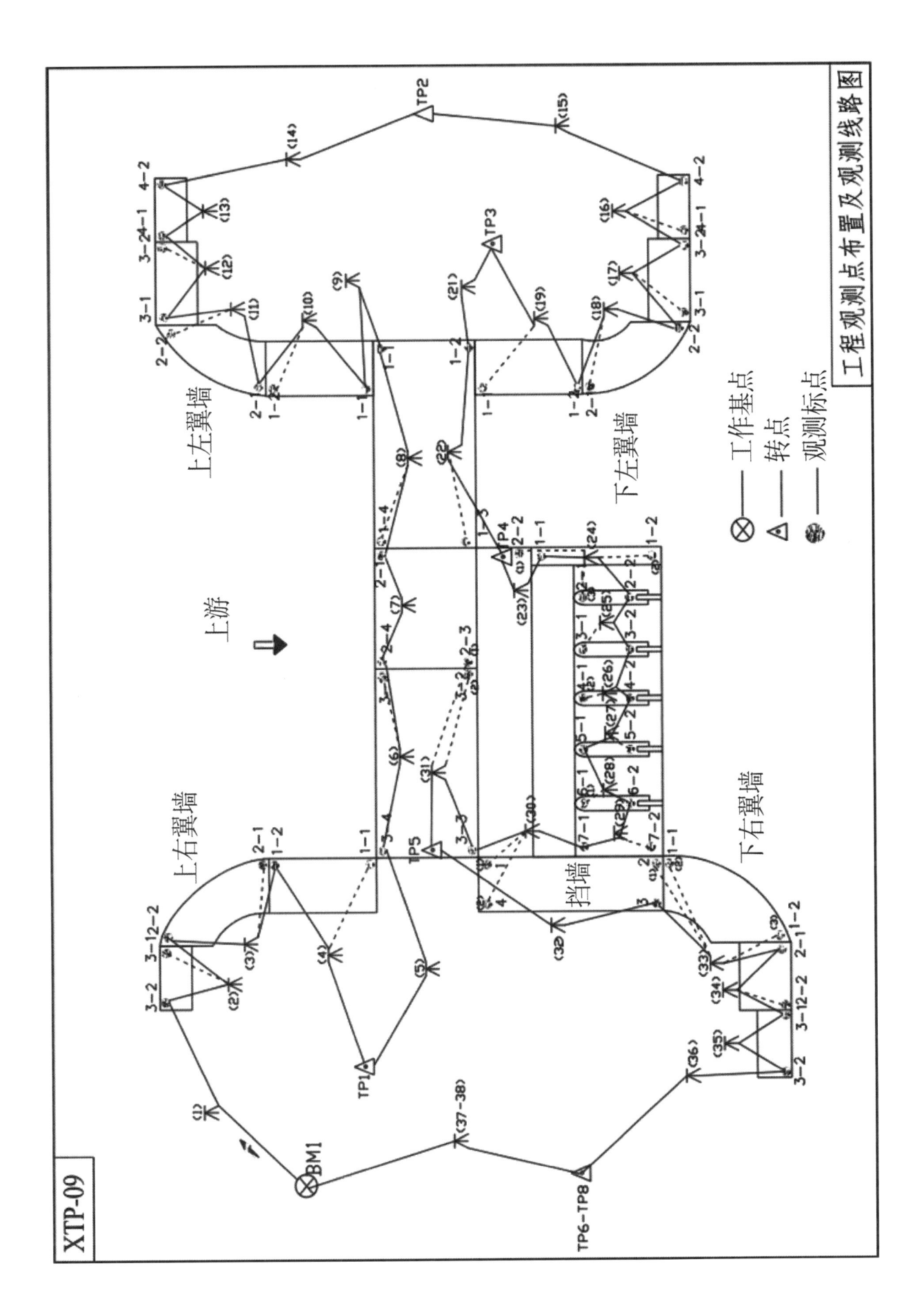

2. 南水北调东线一期江苏境内泵站概况

工程观测点布置及观测线路图

泵站性能曲线图

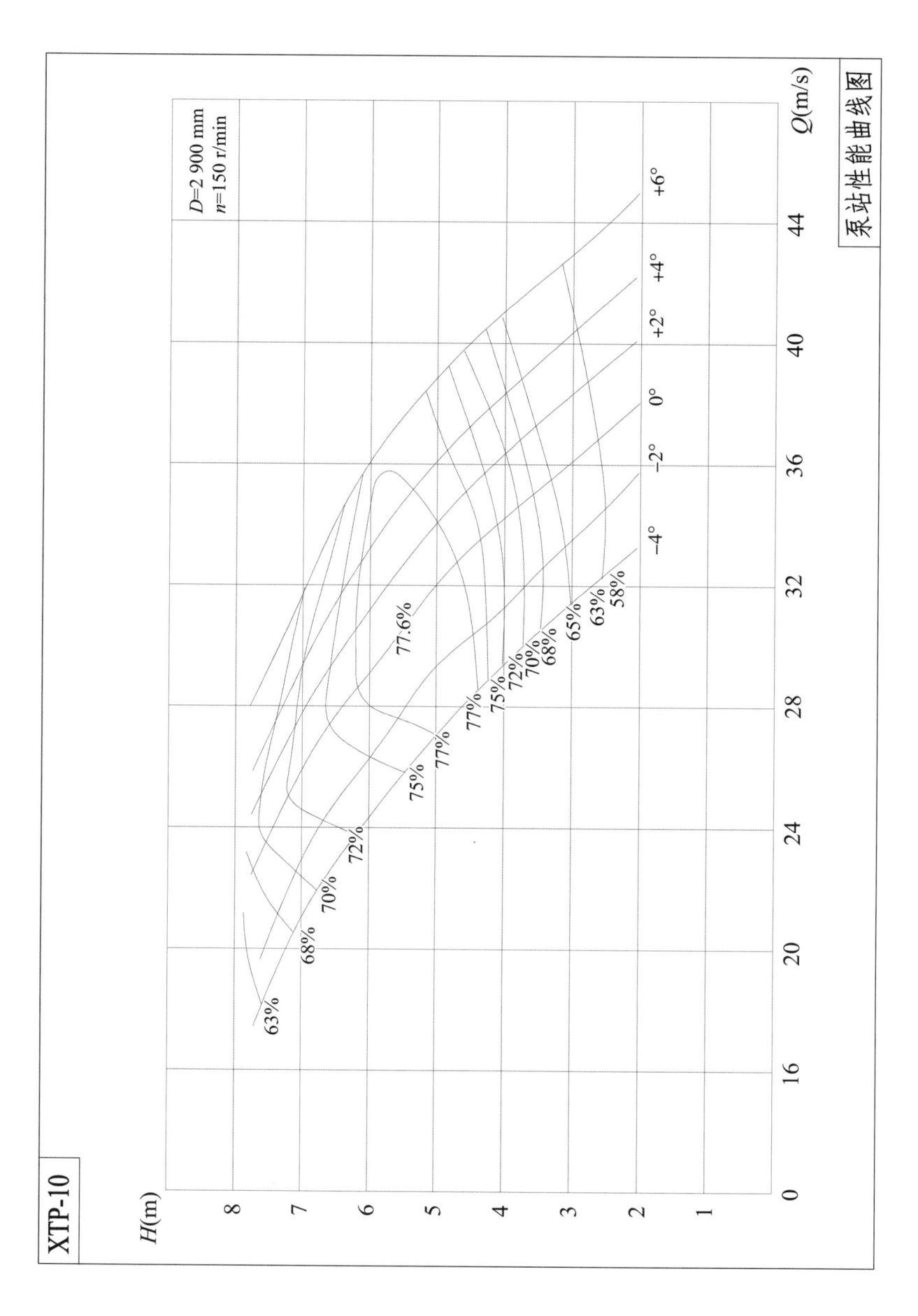

XTP-10

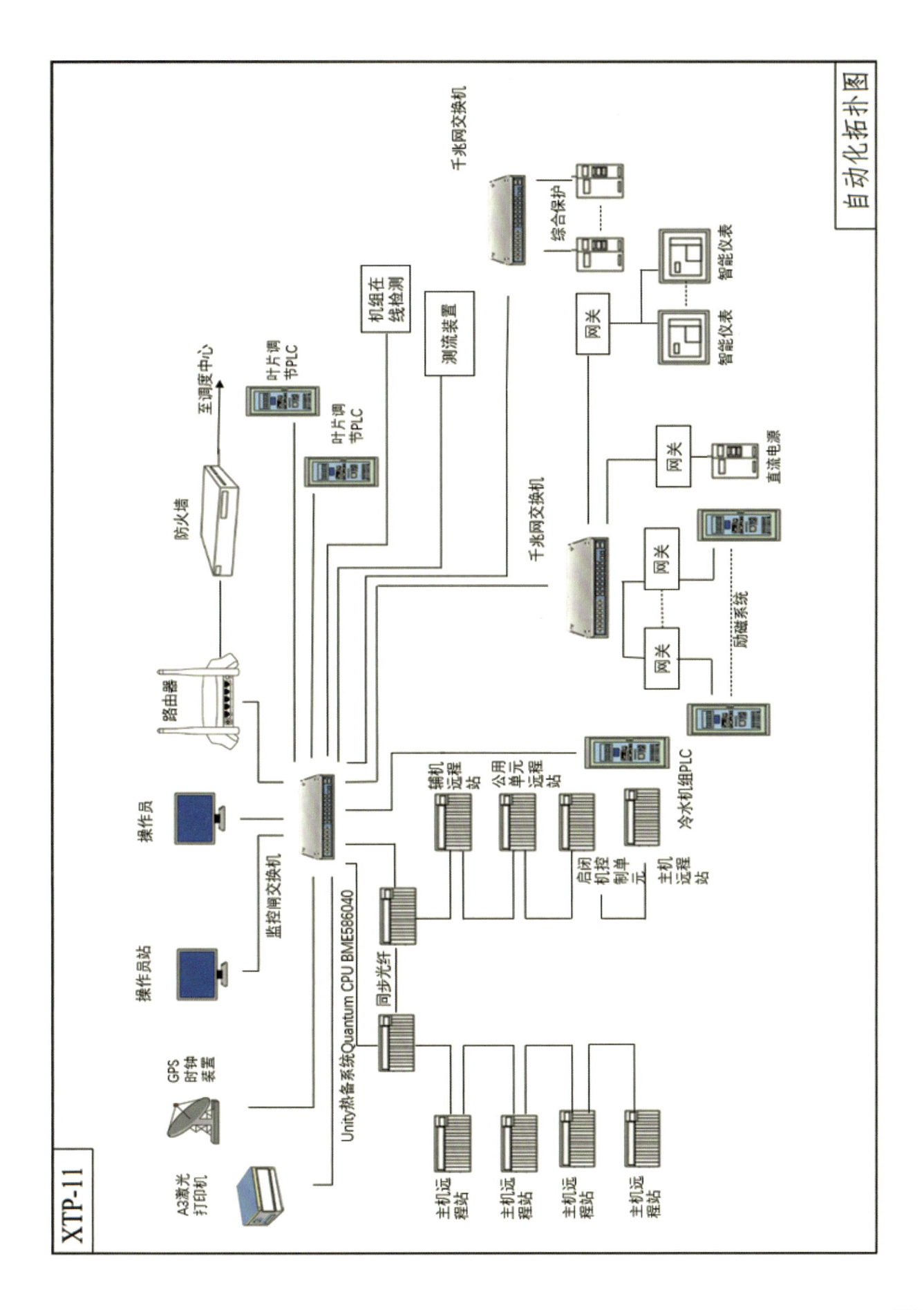

2．南水北调东线一期江苏境内泵站概况

自动化拓扑图

XTP-11

373

南水北调东线一期江苏境内泵站工程

XTP-12

征地红线图

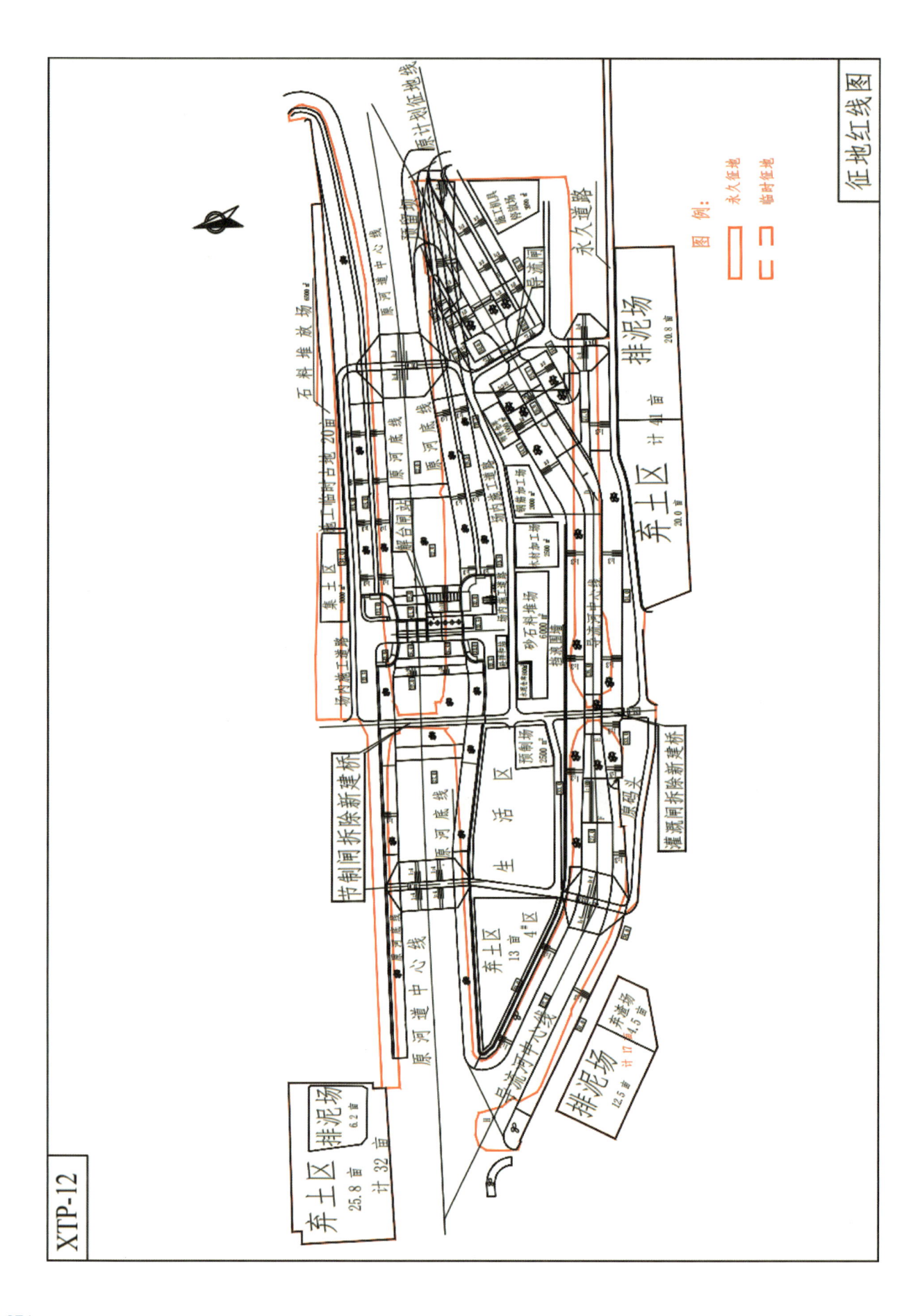

2. 南水北调东线一期江苏境内泵站概况

XTP-13 竣工地形图

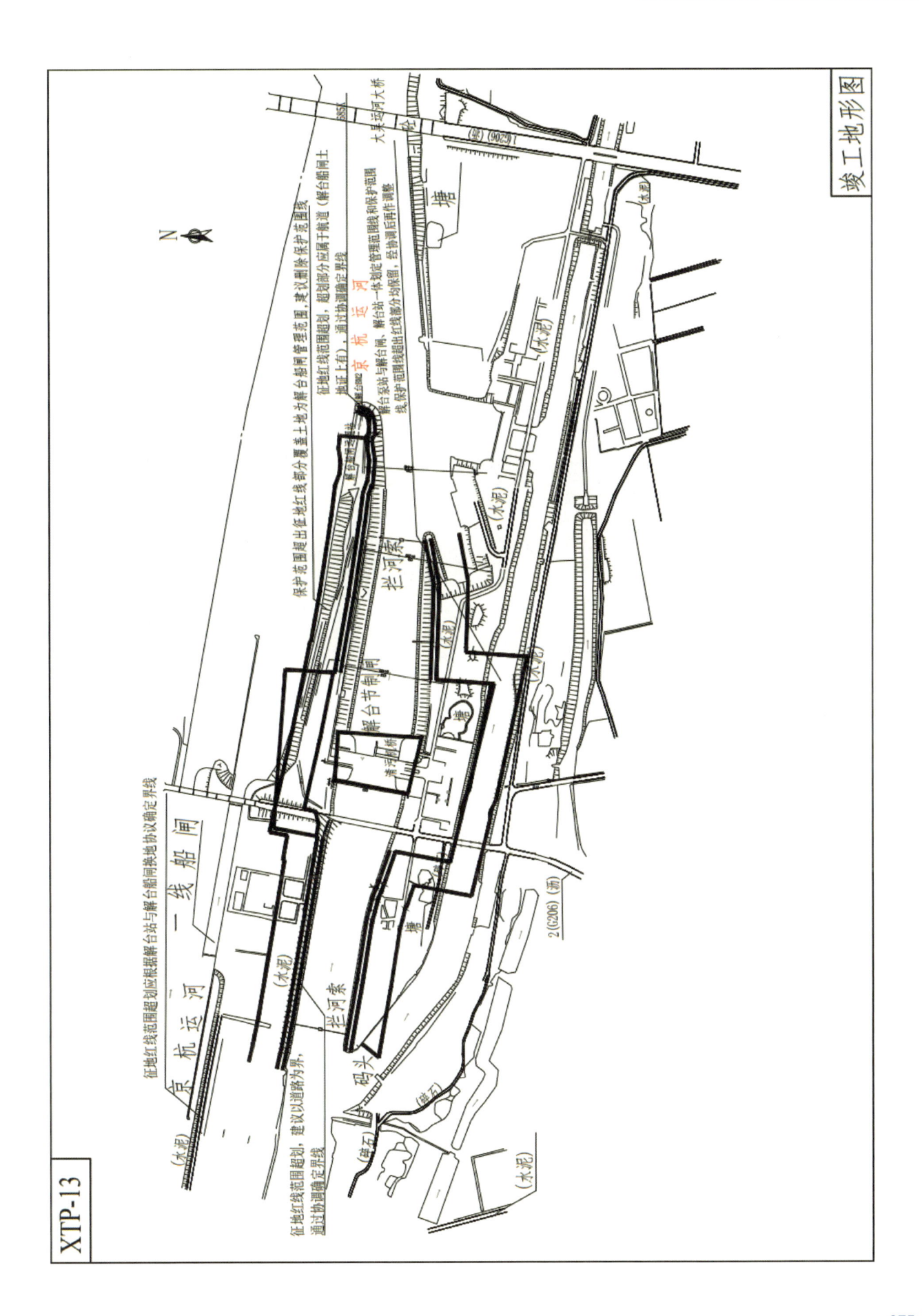

2.9 第九梯级泵站——蔺家坝站

图 2-18 蔺家坝站

1. 工程概况

蔺家坝泵站工程位于徐州市铜山区境内，是南水北调东线工程的第九梯级抽水泵站，也是送水出省的最后一级抽水泵站。主要任务是通过不牢河线实现从骆马湖向南四湖调水 75 m³/s 的目标，同时改善湖西 190 km² 洼地排涝条件。

蔺家坝泵站地处黄淮之间，属暖温带半湿润季风气候区，呈季风气候特点，四季分明，雨量充沛。常年平均气温 15℃，多年平均降雨量 800 mm。泵站位于南四湖湖西平原，东邻南四湖，场区附近除南部有少量低山丘陵外，其余均为冲湖积平原，地势低洼，地面高程一般在 33.0~33.5 m。主要建筑物地震设防烈度为Ⅶ度，地震动峰值加速度为 0.10 g，地震动反应谱特征周期为 0.40 s。

蔺家坝泵站工程的建设内容为顺堤河改道工程、泵站工程、清污机桥工程、防洪闸工程等。蔺家坝泵站工程等级为Ⅱ等，主要建筑物为 1 级，次要建筑物为 3 级。泵站设计洪水标准为 100 年一遇，校核洪水标准 300 年一遇。泵站为堤后式泵房，采用平直管进水流道、平直管出水流道和快速门加小拍门断流，设计流量为 75 m³/s，设计净扬程 2.40 m。泵站所选水泵为无锡锡泵生产的 2850ZGQ25-2.4 型后置灯泡式贯流泵，有 4 台套水泵机组，其中 1 台套备用，单机流量为 25 m³/s，转速为 120 r/min，叶轮直径 2.85 m。电机为 TKS-1250/630 型三相卧式同步电动机，配套功率 1 250 kW。泵站总装机容量为 5 000 kW。

蔺家坝泵站于 2006 年 1 月开工建设，2008 年 12 月通过试运行验收移交管理单位，2012 年 12 月通过设计单元工程完工验收技术性初步验收。2019年5月通过设计单元完工验收。截至2023年2月，蔺家坝泵站机组累计运行3 402台时，累计调水3.07亿 m³。

表2-35 特征水位及扬程信息表

单位：m

			站下引水渠口	站上出水渠口
特征水位	供水期	设计水位	30.90	33.30
		最低运行水位	30.20	31.80
		最高运行水位	31.70	33.30
		平均运行水位	—	—
	排涝期	设计水位	31.70	34.10
		最高水位	32.20	34.60
	挡洪水位	设计（1%）	33.89	36.82
		最高（0.33%）	34.39	37.49
扬程	供水期	设计扬程	2.40	
		最小扬程	0.10	
		最大扬程	3.10	
		平均扬程	2.08	
	排涝期	设计扬程	—	
		最小扬程	—	
		最大扬程	—	

表2-36 泵站基础信息表

所在地	徐州市铜山区	所在河流	站上游京杭运河湖西航道，站下游顺堤河接不牢河	运用性质	调水、排涝	
泵站规模	大（2）型	泵站等别	Ⅱ	主要建筑物级别	1	建筑物防洪标准	设计	100年一遇
							校核	300年一遇
站身总长（m）	81.22	工程造价（万元）	24 600	开工日期	2006.01	竣工日期	2008.12
站身总宽（m）	33.22						
装机容量（kW）	5 000	台数	4	装机流量（m³/s）	100	设计扬程（m）	2.40
主机泵	型式	后置灯泡式贯流泵 2850ZGQ25-2.4		主电机	型式	三相卧式同步电动机 TKS-1250/630
	台数	4	每台流量（m³/s）	25		台数	4	每台功率（kW）	1 250
	转速（r/min）	120	传动方式	行星齿轮变速箱		电压（V）	10 000	转速（r/min）	750
主变压器	型号	S10-M-6300/35±5%/10.5			输电线路电压（kV）	35
	总容量（kVA）	12 600	台数	2		所属变电所	220 kV 桃园变电所

续表

主站房起重设备		桥式行车	起重能力（kN）		32/5	断流方式		快速门加小拍门
闸门结构型式	上游	平面钢闸门	启闭机型式	上游		液压启闭机		
	下游	平面钢闸门		下游		液压启闭机		
进水流道形式		平直管进水流道	出水流道形式			平直管出水流道		
主要部位高程(m)	站房底板	20.65	水泵层	22.15	电机层	35.00	副站房层	29.65
	叶轮中心	26.50	上游护坦	27.50	下游护坦	27.00		
站内交通桥	净宽(m)	6.9	桥面高程（m）	34.20	设计荷载	20 t	高程基准面	废黄河
站身水位组合	设计水位（m）		下游	30.90	上游		33.30	
	校核水位（m）		下游	34.39	上游		37.49	

2. 批复情况

2004年8月，水利部以《关于南水北调东线第一期工程蔺家坝泵站工程初步设计的批复》（水总〔2004〕354号）文批准了蔺家坝泵站工程初步设计。

2004年8月，国家发改委以《国家发展改革委关于核定南水北调东线一期工程蔺家坝工程初步设计概算的通知》（发改投资〔2004〕1536号）文核定蔺家坝工程初步设计概算总投资17 845万元。经国家相关部门批准调整后，蔺家坝泵站工程总投资为25 700万元。

3. 工程建设有关单位

项目法人：南水北调东线江苏水源有限责任公司

现场建设管理机构：淮委建设局南水北调东线工程建管局

设计单位：中水淮河规划设计研究有限公司

监理单位：安徽省大禹工程建设监理咨询有限公司

质量监督单位：南水北调工程江苏质量监督站

质量检测单位：水利部基本建设工程质量检测中心

建设单位：淮河水利委员会治淮工程建设管理局

管理（运行）单位：江苏省南水北调蔺家坝泵站工程管理项目部

钢筋水泥采购单位：安徽省厚德物资设备有限责任公司

建筑工程及机电金结安装：安徽水利开发股份有限公司

管理设施及堤顶道路施工：淮委沂沭泗水利工程有限公司（徐州）

水土保持Ⅰ标施工：淮安水源绿化工程有限公司

水土保持Ⅱ标施工：蚌埠市园林绿化工程有限公司

水泵及附属设备采购：无锡市锡泵制造有限公司

电气设备采购：耐吉科技股份有限公司

计算机监控系统采购安装：合肥三立自动化工程有限公司

液压启闭机设计制造：江都市永坚有限公司

清污设备及拦污栅采购：无锡市通用机械厂有限公司

闸门、启闭机设计制造：江苏水利机械制造有限公司

4. 工程布置与主要建设内容

蔺家坝泵站工程布置在郑集河口以南 1.5 km 湖西大堤以西的顺堤河滩地上，距蔺家坝船闸约 8.5 km。

蔺家坝泵站工程主要由进水渠、清污机桥、进水池、主泵房、副厂房、安装间、出水池、防洪闸、出水渠和管理区等组成，并由西向东依次布置于顺堤河与京杭运河之间。从清污机桥进口到防洪闸出口总长 194.62 m。

进水渠主要是利用现有的顺堤河河道，只是在泵站进口部位作局部改道以平顺连接，渠道中心线距泵房轴线 238.45 m。顺堤河改道工程是蔺家坝泵站工程的组成部分，工程建设内容为约 1.5 km 长河道开挖，新老河道接头处清淤回填及进水渠段混凝土预制块护坡。

顺堤河原河道底宽 40.0 m，底高程 27.00 m，两岸边坡 1∶3，在距郑集河约 1 230 m 处河似 Y 形分为两叉，两叉河与郑集河立交。顺堤河改道工程在桩号 1+100～1+900 范围内将顺堤河原河道中心向西平移约 220 m，南端在桩号 1+900 和 2+247.32 处以半径为 140 m 两个圆弧段与直线段连接，北端接入原顺堤河西叉河，改道后顺堤河底宽、底高程及边坡与原河道相同。

清污机桥位于进水渠末端、前池池首，布置清污机、拦污栅和皮带运输机，是泵站的主要清污设备。底板轴线距泵房轴线 85.96 m。清污机桥为整体底板、墩墙式结构，共 12 孔，单孔净宽 5.0 m，按 3 孔一联设计，底板顺水流方向长 10.0 m，中间 6 孔设抓斗式清污机，两侧各 3 孔设拦污栅。

前池和进水池布置于清污机桥与主泵房之间，顺水流方向总长 64.36 m。进水池为斜坡式结构、出水池为钢筋混凝土直墙式结构，底板均厚 0.3～0.6 m；两侧翼墙为钢筋混凝土扶壁式和空箱式结构，进水池底宽 34.62～31.22 m，出水池底宽 31.22～36.82 m。

泵房为堤后式布置，不挡洪，下部为块基型结构，上部为 15.10 m 跨的排架结构。底板轴线距湖西大堤中心线 90.41 m，底板顺水流方向长 33.20 m，垂直水流方向设缝分为两块，总宽 33.22 m。主泵房内安装 4 台（其中 1 台备用）2850ZGQ25-2.4 型后置灯泡贯流机组，单机配套功率 1 250 kW，共 5 000 kW。副厂房布置在主泵房南侧，为三层框架结构（不包括电缆夹层），主要布置变配电设备；安装间布置在主泵房北侧，主要用于机电设备安装和维修，为单层排架结构。

出水池（包括连接段）布置于主泵房与防洪闸之间，顺水流方向长 69.06 m。

防洪闸布置于出水池末端的湖西大堤上，底板轴线距泵房轴线 94.66 m，为涵洞式框架结构，共 4 孔，单孔净宽 8.0 m，按 2 孔一联设计，底板顺水流方向长 18.0 m；闸顶设净宽 7 m+2×1.25 m 公路桥。

出水渠主要是利用现有的京杭运河（湖西航道），在防洪闸出口设长 95.6 m 的扩散段与京杭运河相连，保证出口流速小于 0.25～0.3 m/s，不影响湖西航道的正常航运。现状湖西航道（郑集河以南河段）过流能力不能满足调水要求，需进行疏浚扩挖。

泵站管理区设在泵站南侧，管理区内布置办公楼、职工宿舍等管理设施。

5. 分标情况及承建单位

2004年12月，建设单位上报了《关于南水北调东线一期工程蔺家坝泵站工程招标分标方案的请示》（建设〔2004〕165号）。2005年3月，国务院南水北调工程建设委员会办公室以《国调办建管函〔2005〕28号》文批复了该招标分标方案。蔺家坝泵站工程共分为12个标段，其中1个委托项目。

根据工程建设实际，2007年10月建设单位上报了《关于调整南水北调东线一期工程蔺家坝泵站工程招标分标方案的请示》（建设〔2007〕259号），在原招标分标方案的基础上增设了厂房、桥头堡及启闭机房装修工程标，电气设备采购标，将水土保持标由一个标段分解为生活区水土保持标与泵站站区水土保持标两个标段。2007年12月，国务院南水北调工程建设委员会办公室以《国调办建管函〔2007〕156号》文批准了工程招标分标调整方案，调整后蔺家坝泵站工程共分为15个标段，其中1个委托项目。

主要工程量为土方开挖92.77万 m^3，土方填筑31.35万 m^3，块石6 602m^3，混凝土3.52万 m^3，钢筋制安2 614 t，金属结构479.5 t，卷扬式启闭机4台套，液压启闭机8台套；4台套主机组设备等。

6. 建设情况简介

2005年12月，建设单位上报了《关于南水北调东线第一期工程蔺家坝泵站工程申请开工的请示》（淮调建管〔2005〕16号），2006年1月6日国务院南水北调办以"国调办建管〔2006〕1号"文批复了开工报告。

（1）主要建筑物施工简况

顺堤河改道工程于2006年1月开始改道开挖施工，2006年3月底完工。

泵站工程于2006年9月开始进水池施工；2007年1月开始主泵房基坑开挖，2月3日主泵房混凝土开始浇筑，7月中旬完成高程36.0 m以下土建施工，11月底基本完成副厂房施工，12月完成安装间施工。2007年10月下旬开始主机泵安装，2008年12月上旬完成主机组安装与调试。2009年7月完成安装间、主副厂房等房屋建筑及装修工程，泵站工程完工。

防洪闸工程于2006年10月初开始施工，2007年5月底完成防洪闸水下工程，并通过水下工程阶段验收。2008年11月防洪闸工程完工。

清污机桥工程于2006年4月下旬开始基坑开挖及基础处理，11月中旬完成进水渠段施工，11月下旬完成清污机桥段施工，2008年11月清污设备安装调试完成。2009年3月中旬清污机桥工程完工。

办公楼、宿舍楼的管理设施工程于2008年7月初开始施工，12月底基本完成，具备投入使用条件；2009年7月管理区室外工程完成。

河道疏浚工程于2008年9月初开始河道疏浚工程施工，9月底完工。

堤顶道路工程于2009年7月初开始堤顶道路工程施工，11月工程施工完成。

（2）重大设计变更

本工程无重大设计变更。

7. 工程新技术应用

蔺家坝泵站作为我国首座采用齿轮箱传动的大型灯泡贯流泵机组的泵站，为使水泵装置具有较优的水力性能，采用CFD仿真技术对该灯泡贯流泵机组的流道进行了优化设计和计算，并与水泵装置模型试验结果进行了比较。大型齿联传动灯泡贯流泵机组的成功运行，为国内其他大流量低扬程泵站的机组选型、设计及制造提供了可借鉴的经验。

8. 工程质量

本工程划分为7个单位工程、68个分部工程（水利标准30个，非水利标准38个）、1 596个单元工程（水利标准954个，非水利标准642个）。蔺家坝泵站工程的7个单位工程施工质量全部合格。其中：按水利工程施工质量检验评定相关标准评定的顺堤河改道、清污机桥、泵站、防洪闸、河道疏浚等5个单位工程中，顺堤河改道、清污机桥、泵站、防洪闸等4个单位工程施工质量为优良等级，单位工程优良率为80%，且主要单位工程施工质量优良；按其他行业相关质量检验评定标准评定的堤顶道路、管理设施2个单位工程施工质量合格。

9. 运行管理情况

自2013年正式通水至2023年12月底，蔺家坝站累计运行3 364台时，累计抽水30 549万 m^3。最多年运行天数为32 d；最多年运行台时为2016年的1 090台时；最大运行流量75 m^3/s；站下最低运行水位30.02 m，最高运行水位31.7 m；站上最低运行水位31.8 m，最高运行水位33.3 m；最小运行扬程0.1 m，最大运行扬程3.1 m；单台机组最小运行功率195.9 kW，最大运行功率695 kW，全站最大运行功率2 030 kW。

10. 主要技改和维修情况

（1）机组大修

2017年，因建筑物、机组底座等不均匀沉降，机组的水平、同心发生不同的变化，主机组的轴封部件在运行期间泄漏量过大，河水流入机组内部，现有的排水管道已经无法正常排出泄漏的水量，造成主机组下部通风口有大量渗漏呈水帘状，地面积水较多，容易流入其他电器控制柜底部造成短路或设备损坏，且空气围带为圆圈状，安装时穿过主机组大轴等原因，对4#机组开展大修，2012年，对2#机组开展大修，更换空气围带部件。2023年，在执行2022～2023年度调水出省运行中，3#机组运行8 h后产生异响且震动明显，对其前后导轴承和电机径向轴承加油保养后，再次开启运行，异响依然存在，且3#电机存在绝缘值偏低，吸收比（1.26）不合格现象，对3#机组开展大修。由南水北调江苏泵站技术有限公司实施。通过解体检修，机组运行情况正常。

（2）电缆整改

2020年，因建设时期电缆未严格按照电缆敷设规范要求进行敷设，造成不同电压等级的电缆在电缆桥架上未按照从上到下、分层隔离布置原则进行敷设，部分电缆相互缠绕，外观不美观、不规范等问题突出，管理单位对电缆进行整改，由南水北调江苏泵站技术有限公司实施。主要对划分的区域进行线缆重新规范敷设，桥、支架的制作、安装、修补、除锈、防护，规定部位线缆挂牌标识，对电缆引至电气柜、控制屏的开孔部位和线缆穿墙处进行必要防火隔离和密封，对电缆沟、电缆支架及电缆进行清洁等相关工作。项目实施后电缆敷设更加规范、美观。

11. 工程质量获奖情况

2015年12月，获得中国水利水电勘测设计协会颁发的全国优秀水利水电工程勘测设计奖金质奖。

2017年12月，获得安徽省工程勘察设计协会颁发的首届安徽省建筑信息模型（BIM）技术应用大赛基础设施类三等奖。

2019年8月，获得安徽省工程勘察设计协会颁发的2019年度安徽省优秀工程勘察设计行业奖"优秀工程勘察与岩土工程"一等奖。

由于各参建单位高度重视工程质量管理，蔺家坝站无论是内业资料整编质量还是工程实体质量，在江苏南水北调工程系统中都得到了极高的评价，在江苏省南水北调办组织的多次工程质量观摩活动中被指定为被观摩项目。建设单位的李万荣同志还被国务院南水北调办公室评选为2009年度南水北调工程建设质量管理先进个人。

12. 图集

LJBP-01：泵站位置图

LJBP-02：枢纽总平面布置图

LJBP-03：工程平面图

LJBP-04：泵站立面图

LJBP-05：泵站剖面图

LJBP-06：电气主接线图

LJBP-07-01：油系统图

LJBP-07-02：气系统图

LJBP07-03：水系统图

LJBP-08-01：高压系统图

LJBP-08-02：低压系统图

LJBP-09：工程观测点布置及观测线路图

LJBP-10：泵性能曲线图

LJBP-11：自动化拓扑图

LJBP-12：征地红线图

LJBP-13：竣工地形图

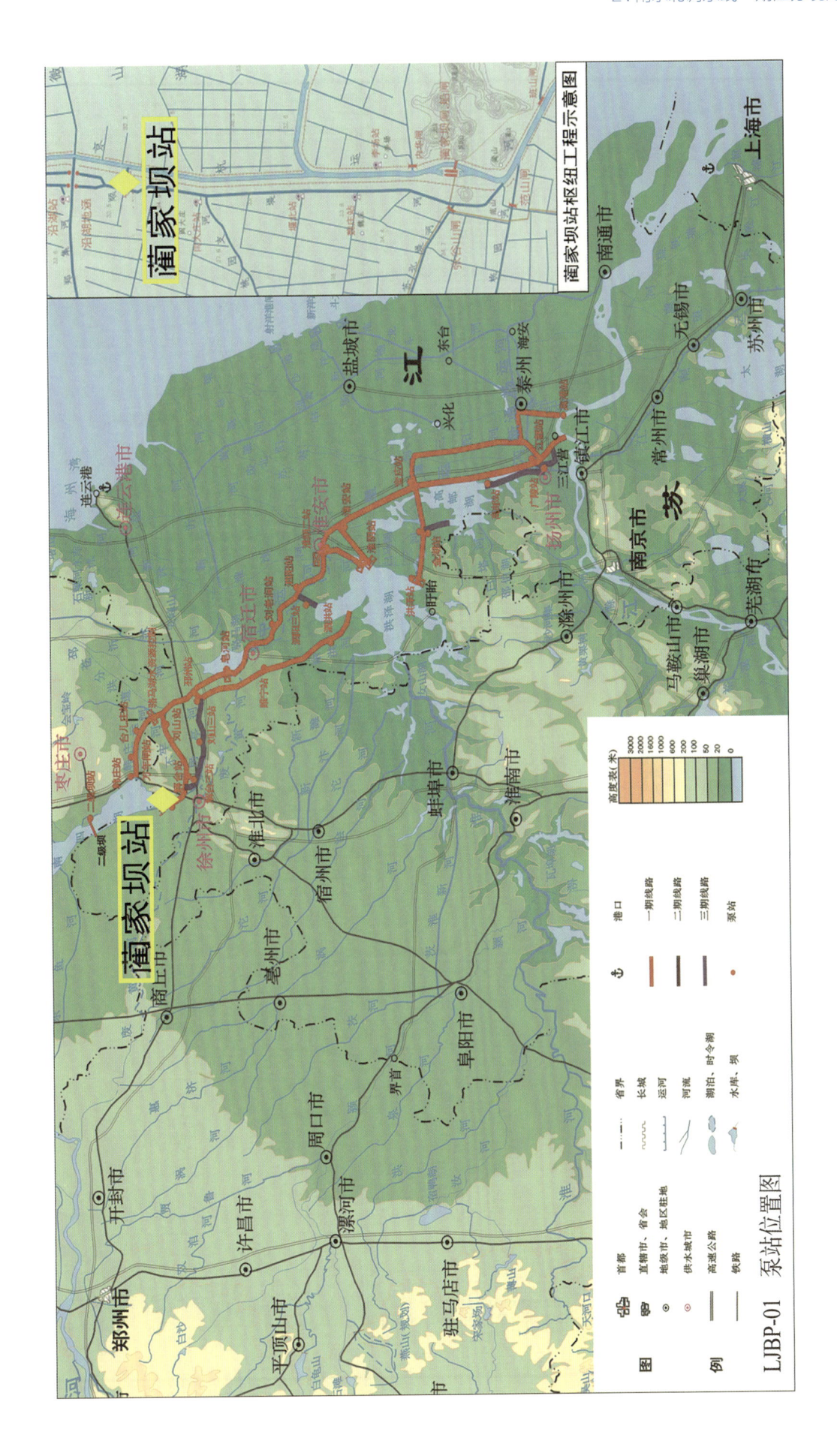

2. 南水北调东线一期江苏境内泵站概况

南家坝站枢纽工程示意图

LJBP-01 泵站位置图

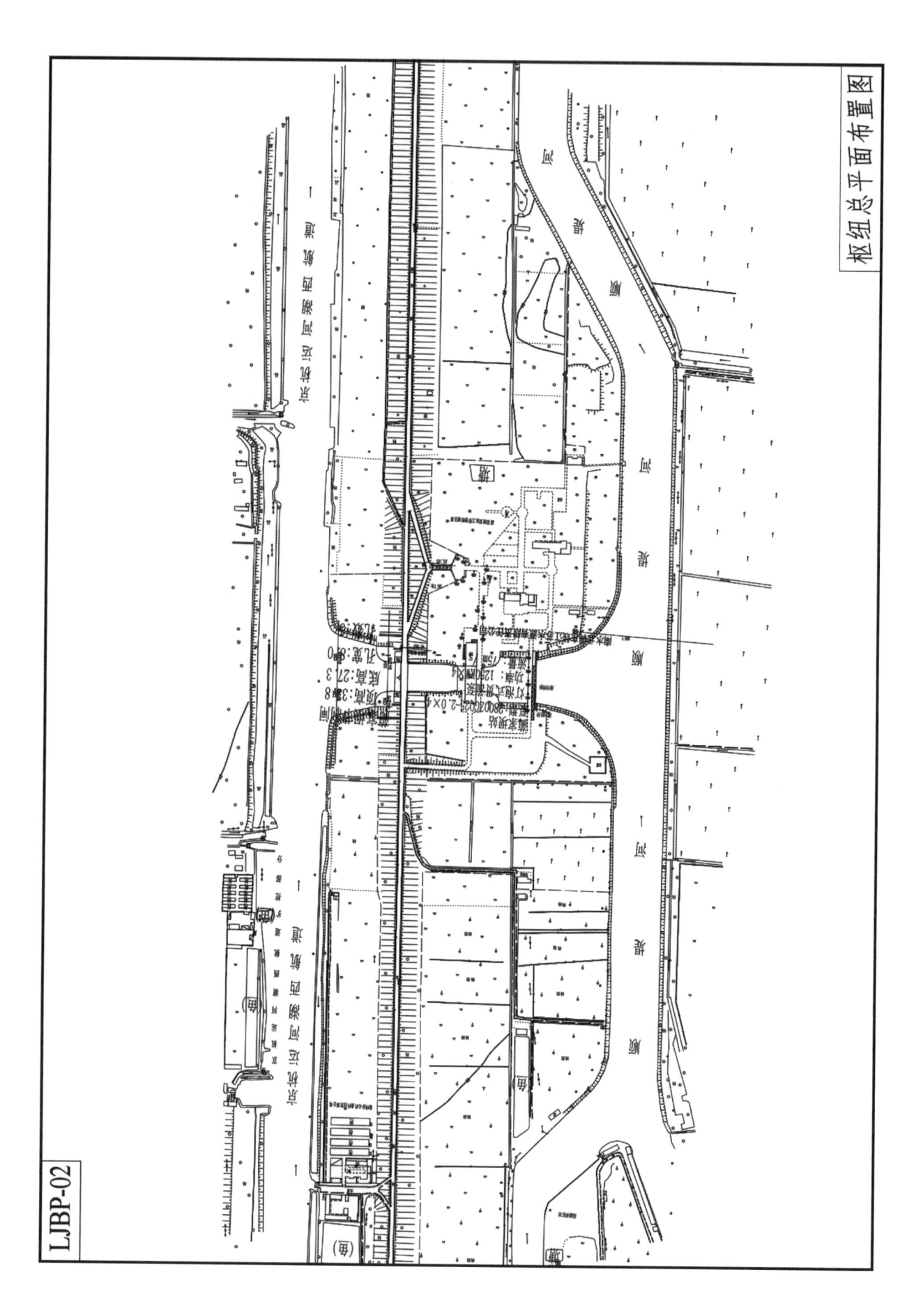

南水北调东线一期江苏境内泵站工程

枢纽总平面布置图

LJBP-02

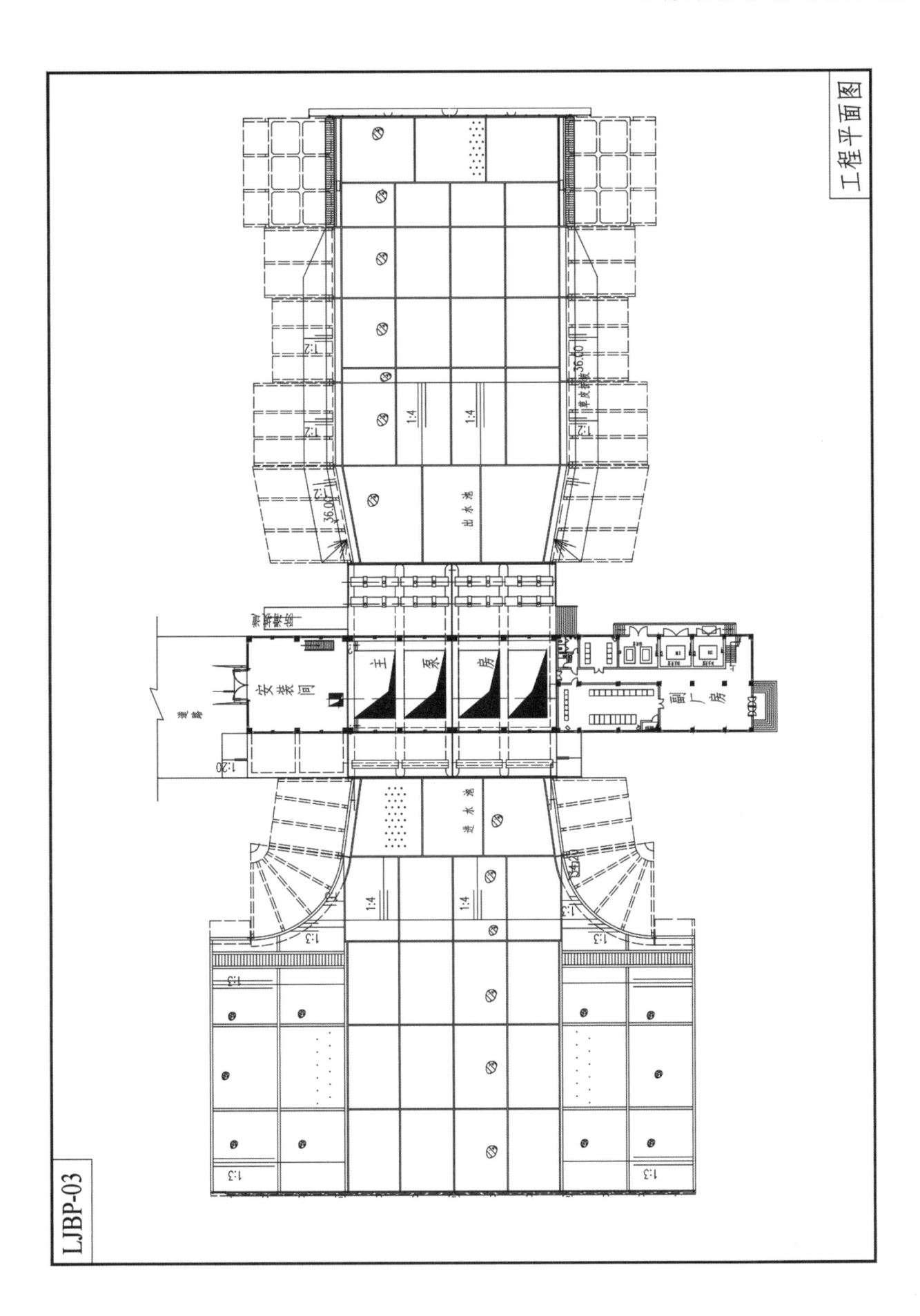

2.南水北调东线一期江苏境内泵站概况

工程平面图

LJBP-03

385

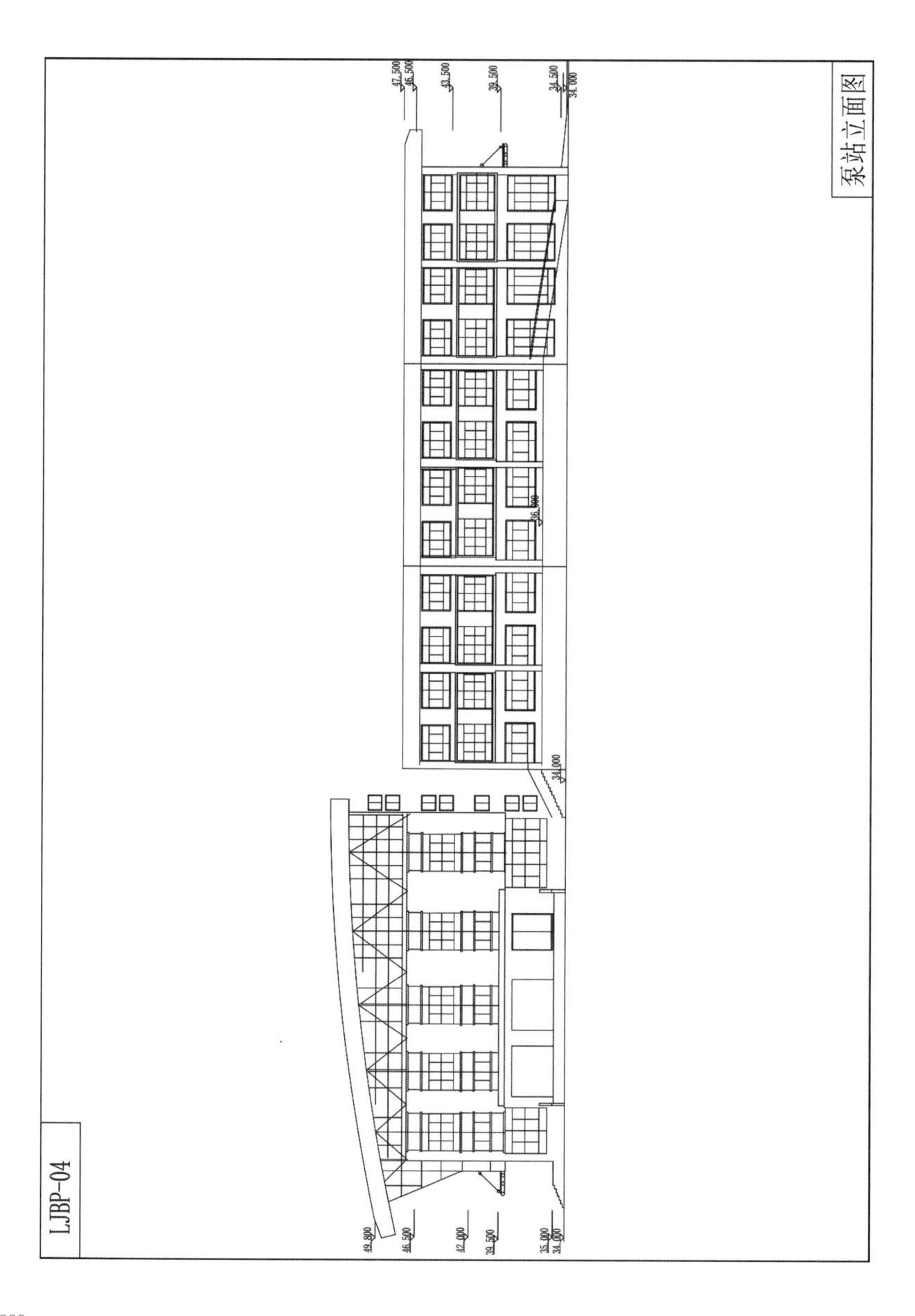

泵站立面图

LJBP-04

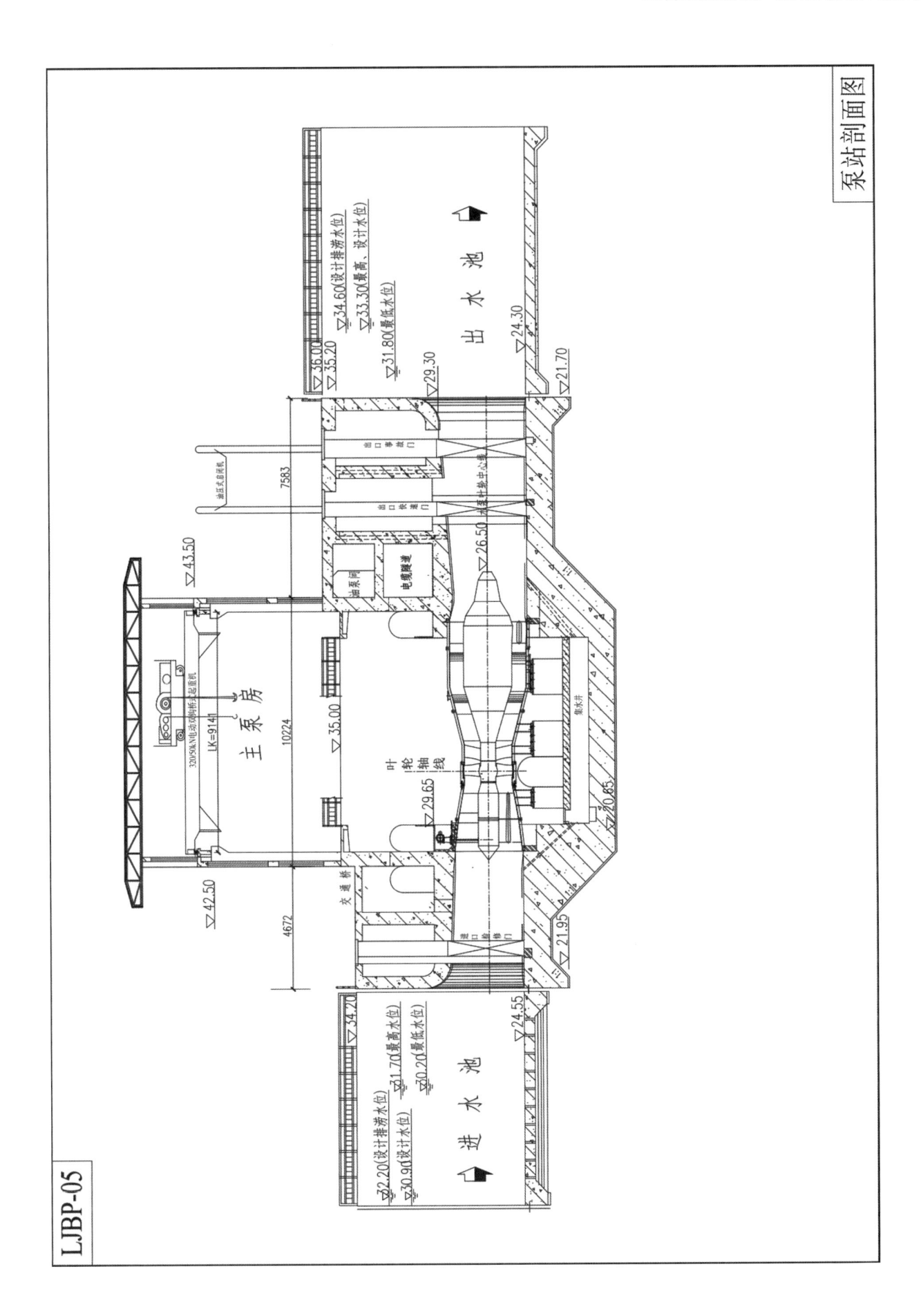

2. 南水北调东线一期江苏境内泵站概况

泵站剖面图

LJBP-05

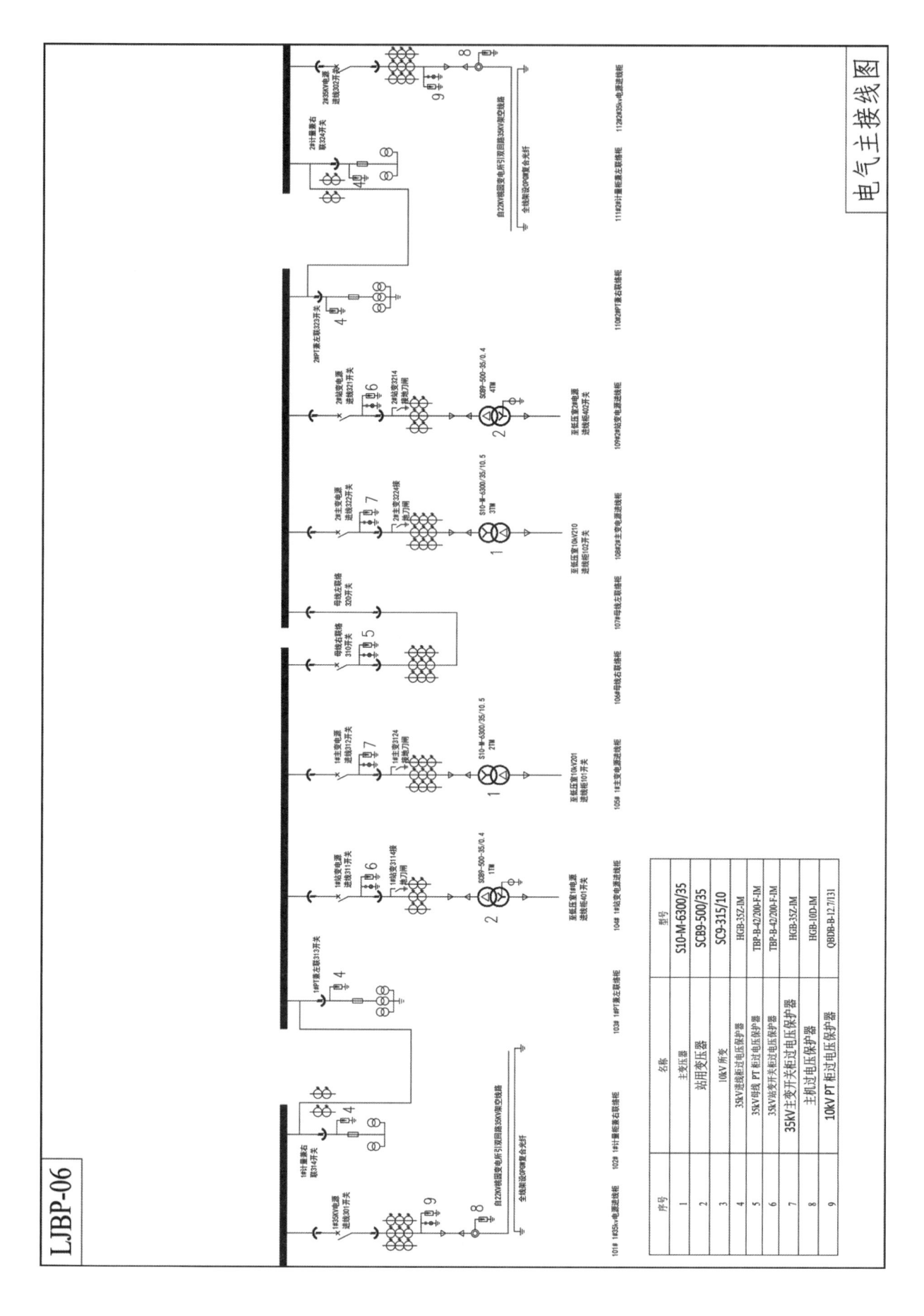

南水北调东线一期江苏境内泵站工程

LJBP-06

电气主接线图

序号	名称	型号
1	主变压器	S10-M-6300/35
2	站用变压器	SCB9-500/35
3	10kV 所变	SC9-315/10
4	35kV进线避雷过电压保护器	HGB-35Z-JM
5	35kV主变 PT 柜过电压保护器	TBP-B-4/200-F-JM
6	35kV站变开关柜过电压保护器	TBP-B-4/200-F-JM
7	35kV主变支开关柜过电压保护器	HGB-35Z-JM
8	主机过电压保护器	HGB-10D-JM
9	10kV PT 柜过电压保护器	QBDB-B-12.7/131

2. 南水北调东线一期江苏境内泵站概况

油系统图

序号	图号	名称	单位	数量	材料	备注
01		不锈钢油箱 1000L		1	不锈钢	
02	Q41F-16	球阀 DN20	件	1		上海
03	PVH074QIC-RSM-IS-10-C25-31	变量柱塞泵 25MPa,7mL/r	件	2		VICKERS
04	GY2-220/2	声击器 220V,20W	件	1		温州参明
05	NF-300/20F-Y	吸油笼式空气滤清器	件	1		温州参明
06	QLSI-1-10	液位液温计	件	1		温州参明
07	VWZ-300T	液位控制器	件	2		上海
08	YKJD24-200-150	测温控制器	件	1		上海松江
09	QA200L4A-B35	油泵电机 380V,H170r/mi	件	2		HYDAC
10	DXCPES-08-05-10	单向阀	件	1		天津
11	CG5V-6GW-D-M-U-H5-20	电磁溢流阀	件	2		PARKER
12	SCPSD-250-14-1-5	压力传感器	件	7		普曼
13	SMC20-M14X1.5-PB	测压接头	件	26		浙江
14	SMC20/H-600M-G1/4	测压软管 L=600	件	26		上海 ST/NUFF
15	NSSK-Q11	液位控制器	件	1		PARKER
16	KXT-(1)-50	膨胀管	件	2		上海 ST/NUFF
17	HMG3-250-B-G1/4-FF	压力表 0~25MPa	件	9		上海松江
18	DZIK-16	对夹式不锈钢阀 DN50	件	2		HYDAC
19	VJZQ-F125W	离心过滤器	件	1		天津
20	100X100X80	压力传感器	件	7		浙江
21	STL1144.100	测压接头	件	1		普曼
22	AS2F25-FRA T5-42-20-100	补油泵 DN50	件	2		PARKER
23	Q41F-25	球阀 DN50	件	8		上海
24		安全阀	件	4		余坚
25		吸油滤 70L	件	4	不锈钢	
26	3356	压力传感器 0~10MPa,4~20mA	件	4		TEKSIS
27	Q41F-25	球阀 DN6	件	4		VICKERS
28	DG5V-7-6C-M-U-H5-40	电液换向阀	件	8		VICKERS
29	RV5-10-S-0-20	低压溢流阀	件	4		VICKERS
30	NBP-06	液控阀 DN25	件	4		江苏新昊
31	AS32060b	减压阀	件	8		苏雷
32	AS22061,	电磁球式换向阀	件	4		万霜
33	F05FA-LAN	单向阀	件	16		SUN
34	HMG3-100-B-G1/4-FF	压力表 0~10MPa	件	8		HYDAC
35	VJZQ-J32M	离心过滤器	件	4	不锈钢	浙江
36	Q41F-25	压力球阀	件	16	不锈钢	上海
37	WU400X180F-J	喷油吐温器	件	2		温州参明
38		200kVA稳压器	件	8		WALSH
39	S17RD-6C250-430A-L10-SBO-D60	压力启式空气滤清器	件	8	0~25MPa,4~20mA	TEKSIS
40	3356	压力传感器	件	8		VICKERS
41	RCGH-6C-10	减压单向阀	件	4		上海
42	Q41F-25	球阀 DN6	件	8	不锈钢	

LJBP-07-01

气系统图

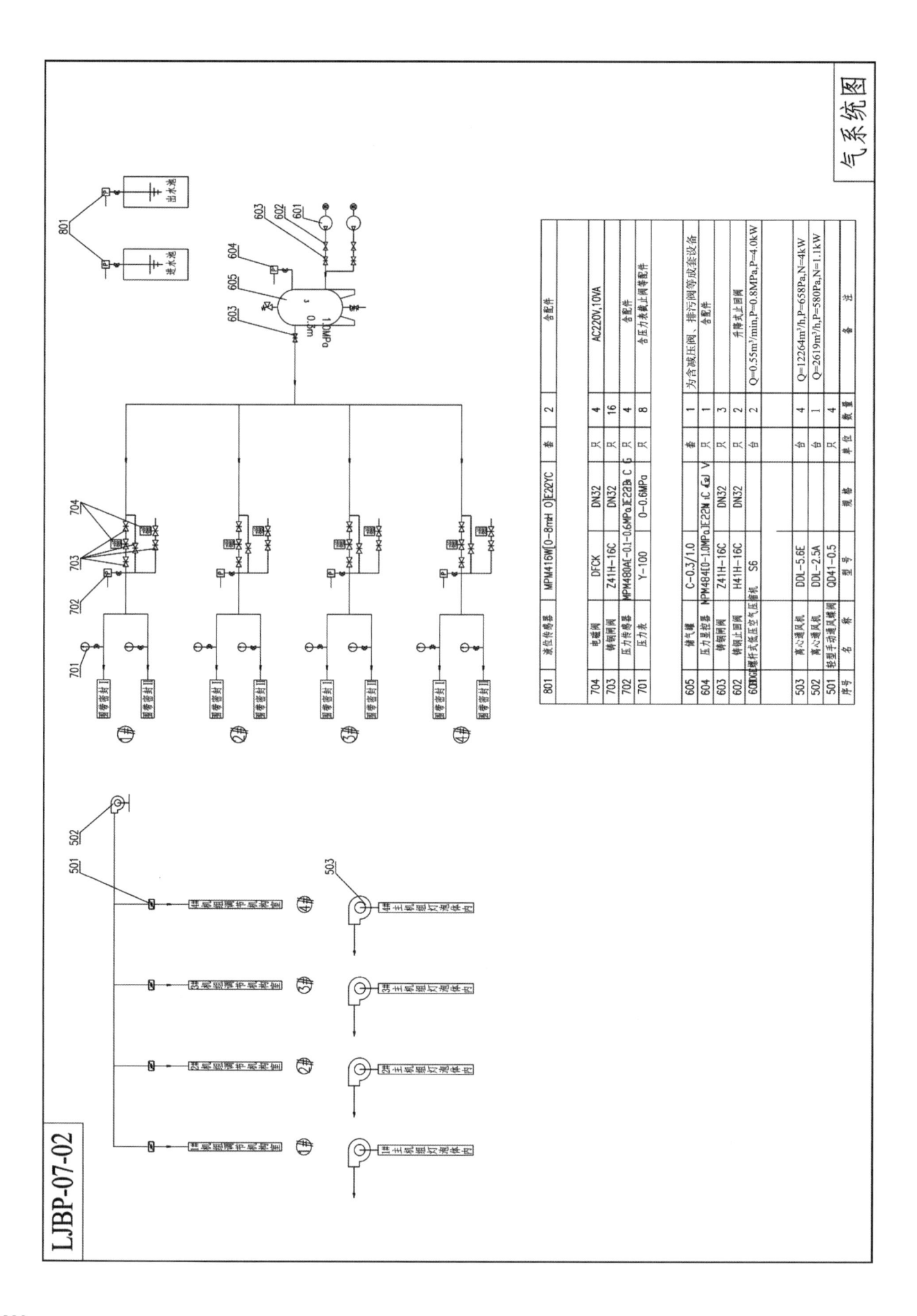

序号	名称	型号	规格	单位	数量	备注
501	轻型手动通风蝶阀	QD41-0.5		只	4	
502	离心通风机	DDL-2.5A		台	1	Q=2619m³/h,P=580Pa,N=1.1kW
503	离心通风机	DDL-5.6E		台	4	Q=12264m³/h,P=658Pa,N=4kW
601	60m³/h螺杆式低压空气压缩机	S6		台	2	含压力表截止阀等配件
602	铸钢止回阀	H41H-16C	DN32	只	3	
603	铸钢闸阀	Z41H-16C	DN32	只	3	
604	压力显控器	NPM484(0-1.0MPa)E22M C G V		只	1	
605	储气罐	C-0.3/1.0		套	1	为含减压阀、排污阀等成套设备
701	压力表	Y-100	0~0.6MPa	只	8	含配件
702	压力传感器	NPM480A(-0.1-0.6MPa)E23b C G		只	4	
703	铸铜闸阀	Z41H-16C	DN32	只	16	
704	电磁阀	DFCK	DN32	只	4	含配件
801	液位传感器	MPM416W(0-8mH₂O)E22YC		套	2	AC220V,10VA

LJBP-07-02

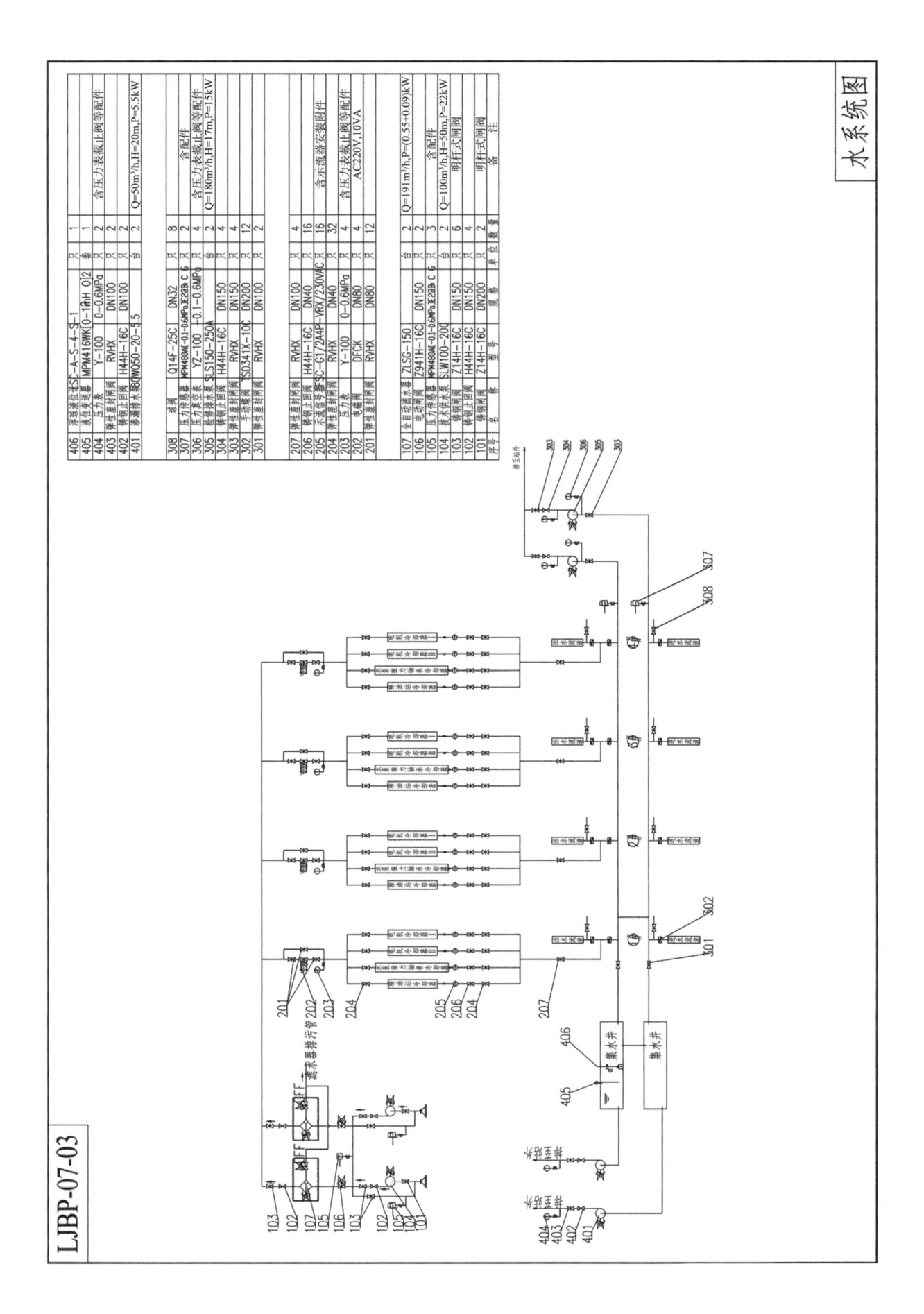

2. 南水北调东线一期江苏境内泵站概况

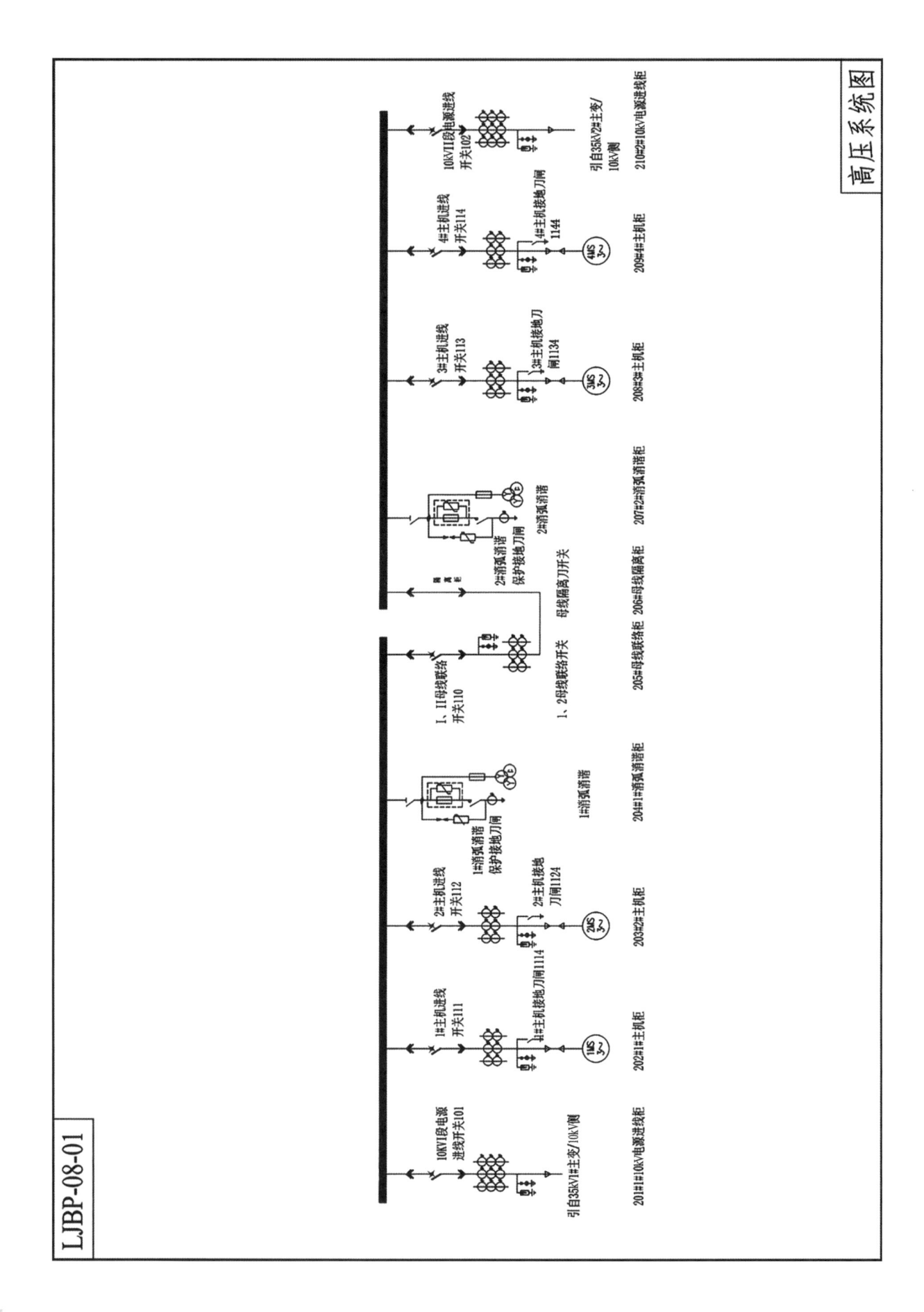

高压系统图

LJBP-08-01

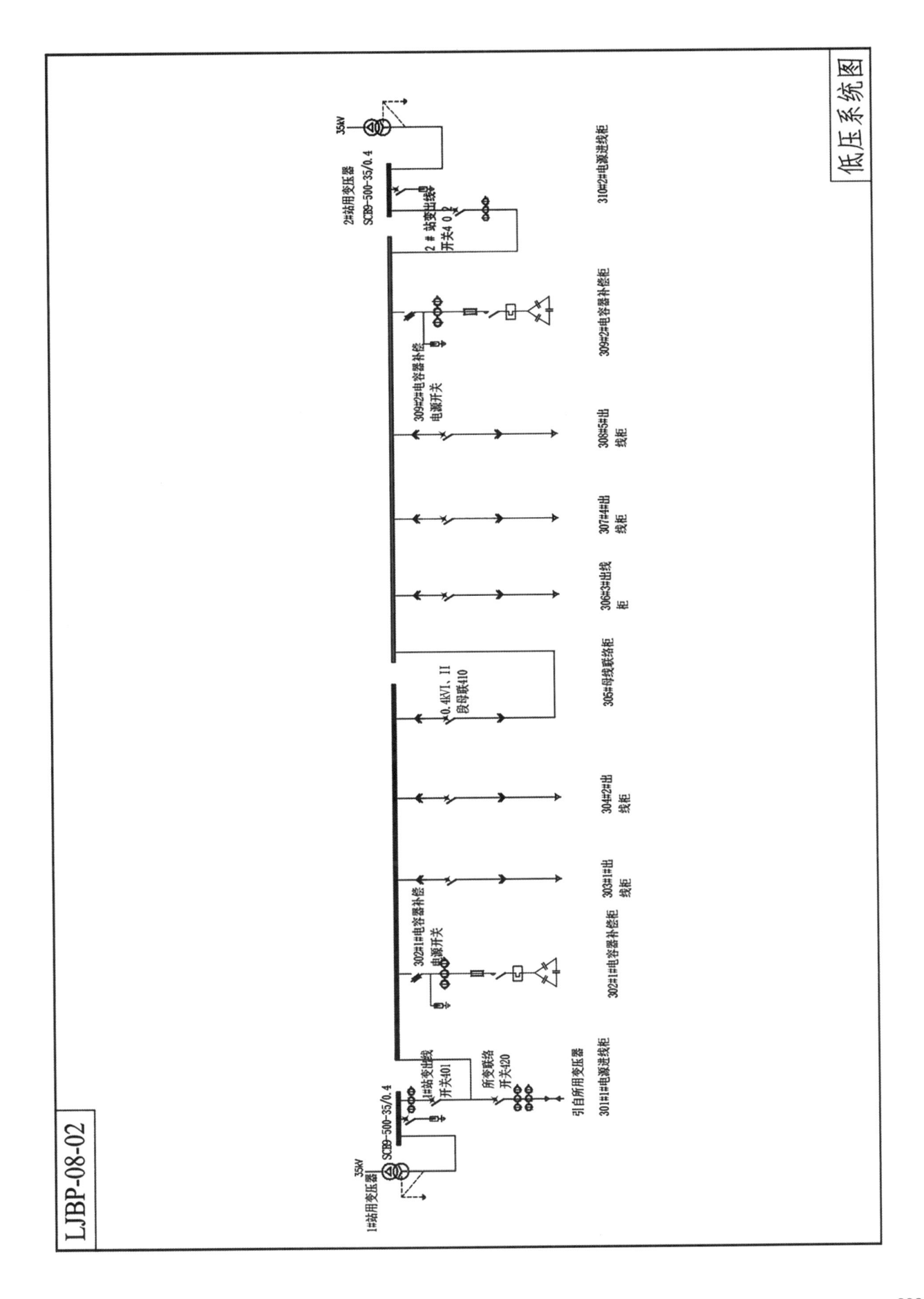

2．南水北调东线一期江苏境内泵站概况

低压系统图

LJBP-08-02

393

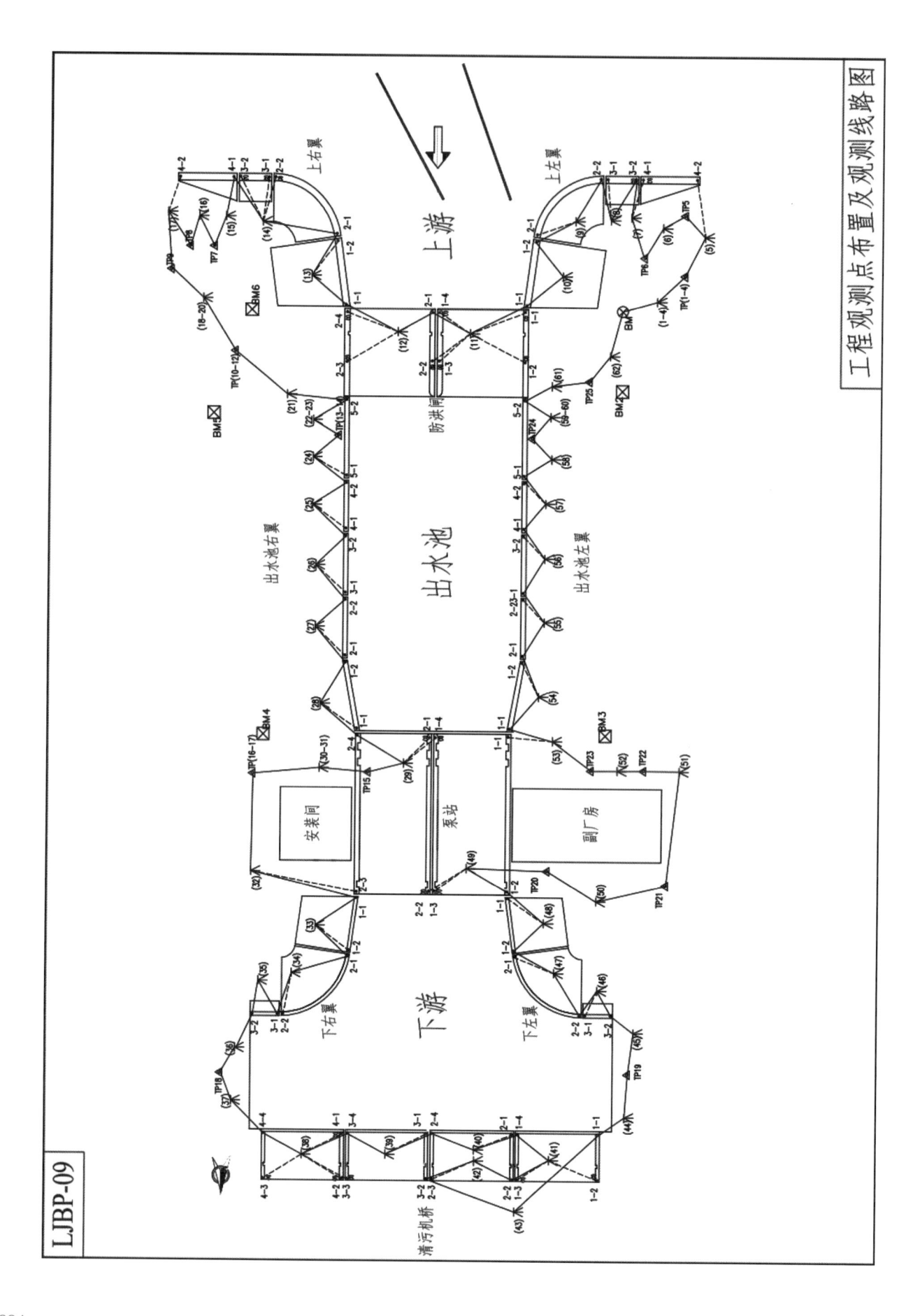

LJBP-09

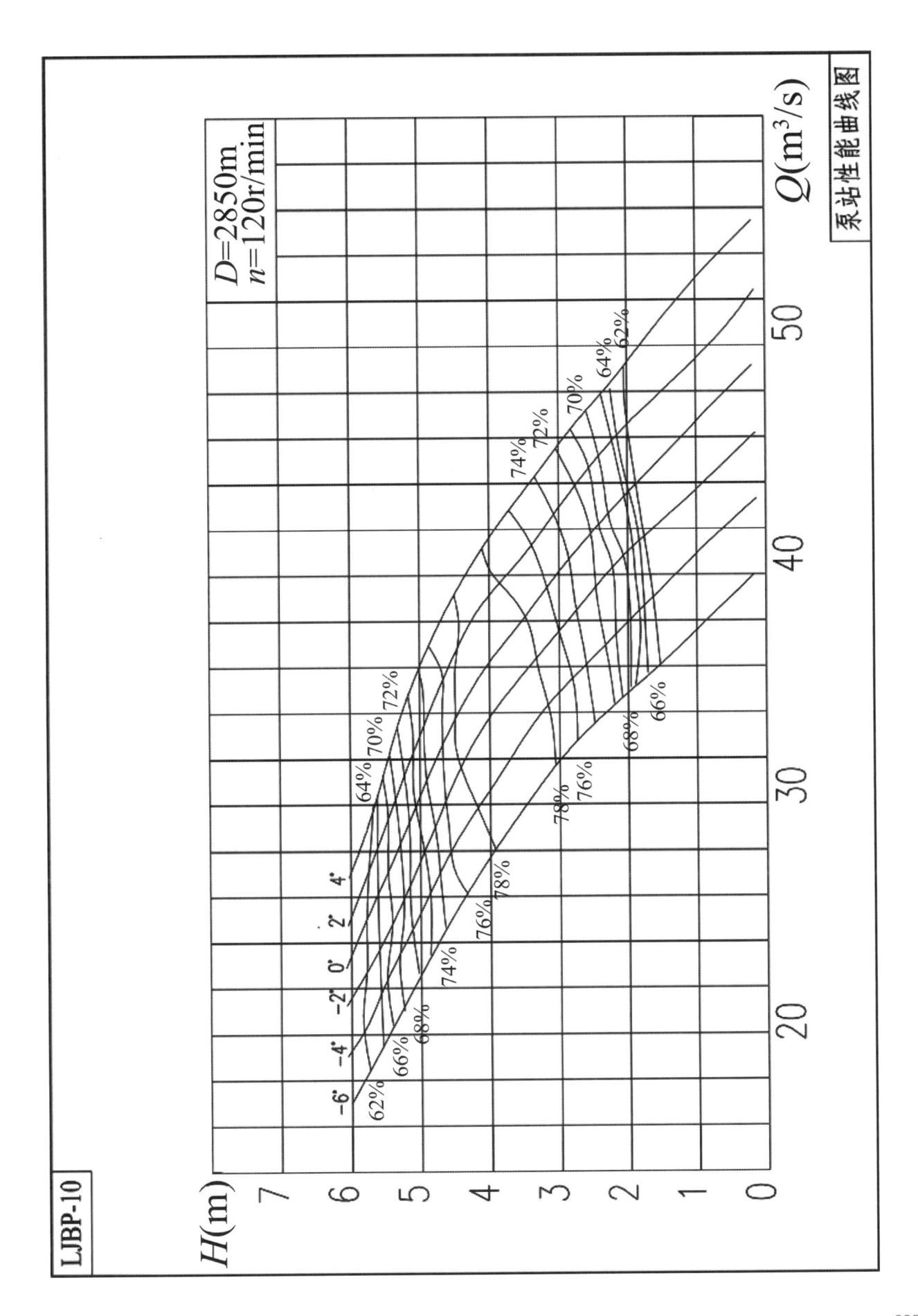

2. 南水北调东线一期江苏境内泵站概况

LJBP-10

泵站性能曲线图

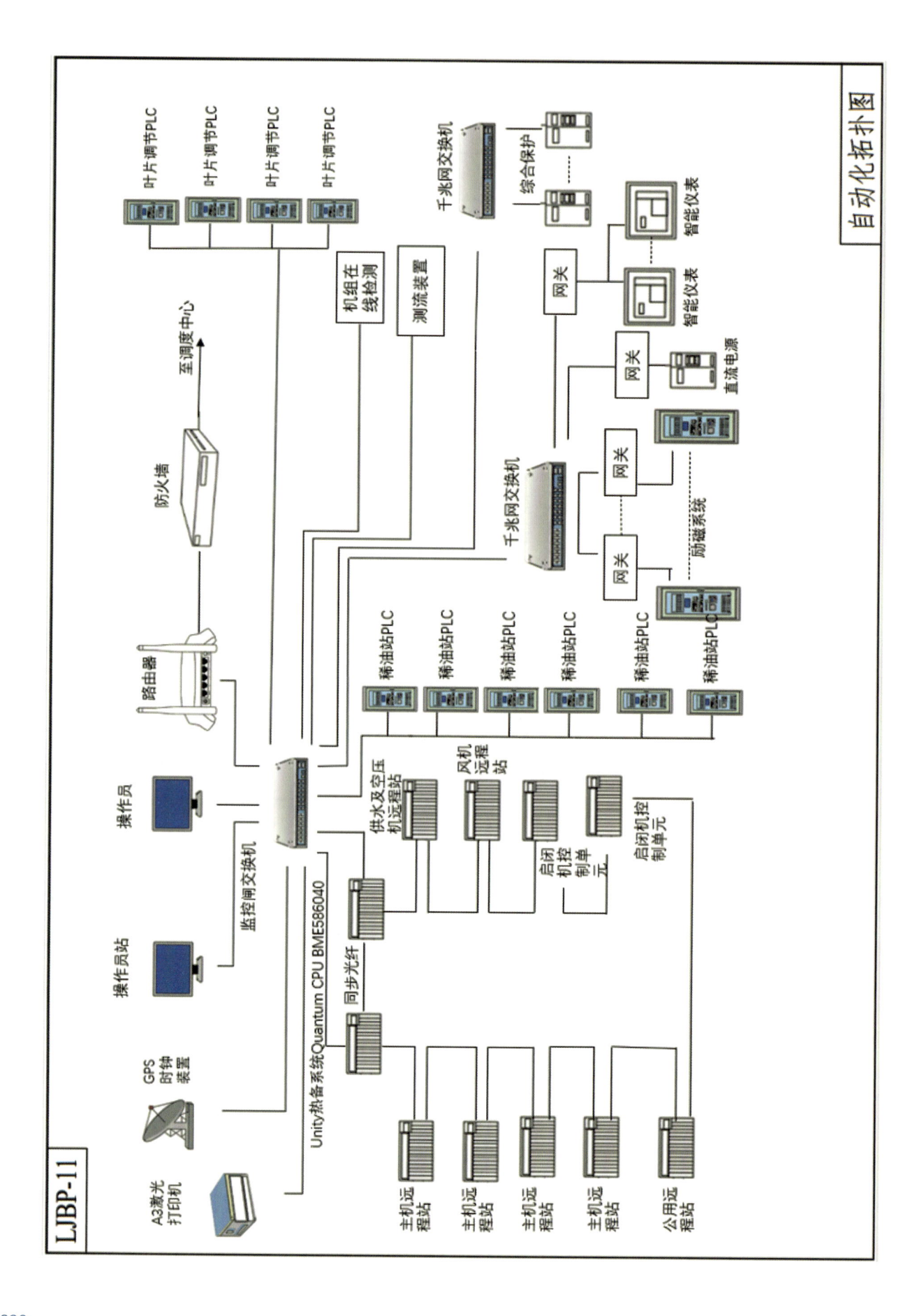

南水北调东线一期江苏境内泵站工程

自动化拓扑图

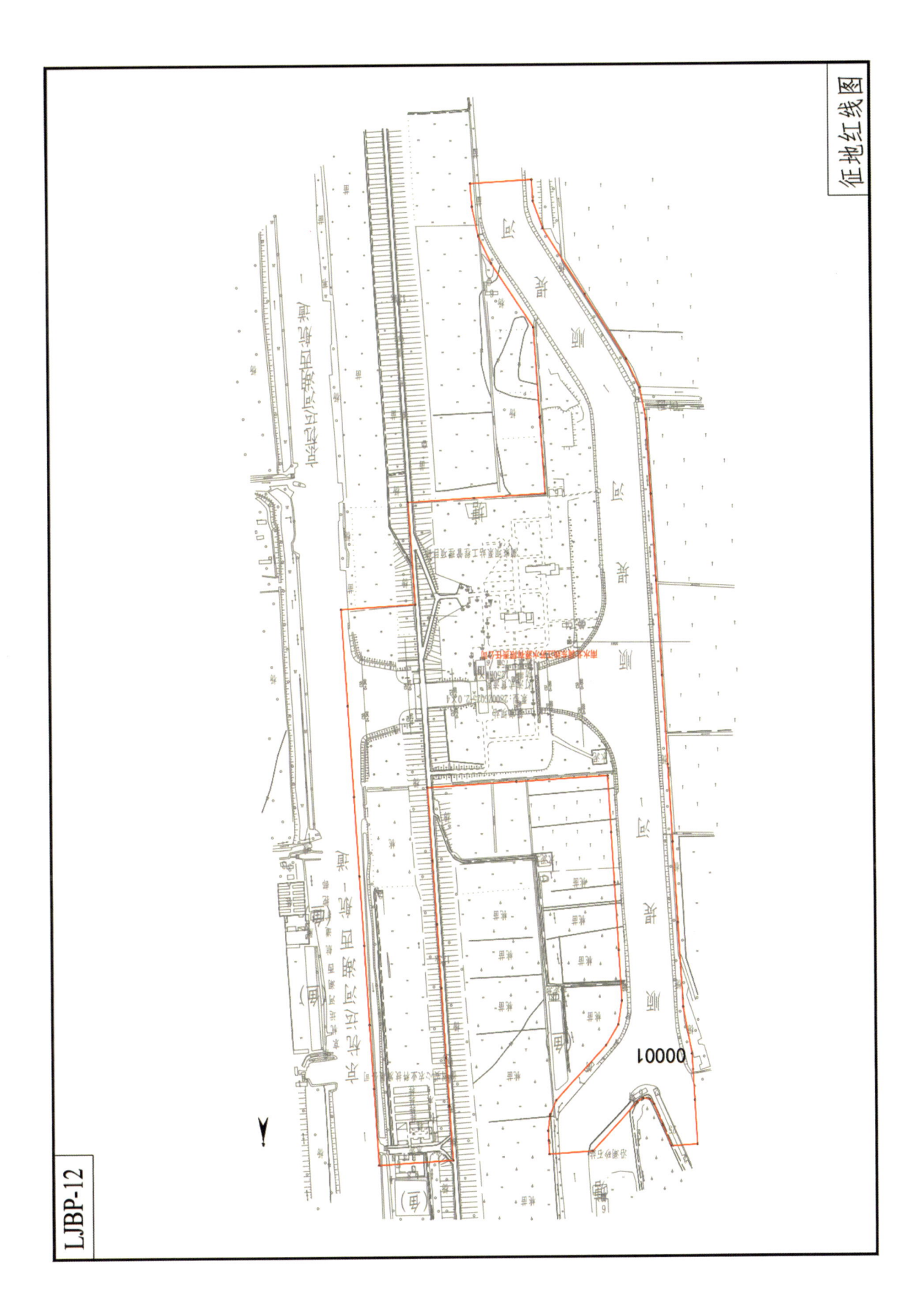

2. 南水北调东线一期江苏境内泵站概况

征地红线图

LJBP-12

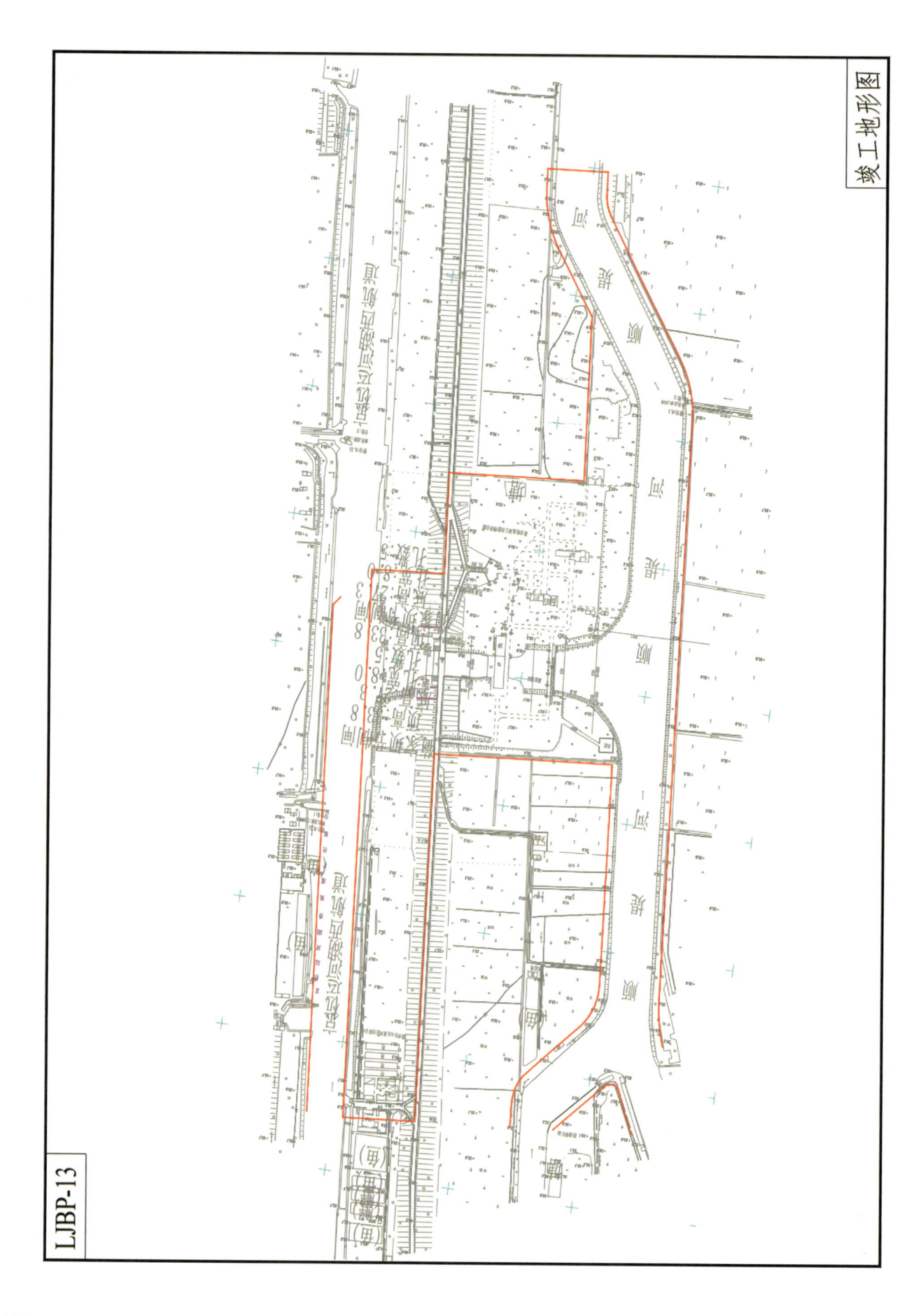

南水北调东线一期江苏境内泵站工程

竣工地形图

LJBP-13

附件

附件一　南水北调东线一期江苏段部分泵站流道优化成果

1　南水北调东线宝应站

宝应站位于江苏省宝应县氾水镇境内，是南水北调东线工程的源头泵站之一。该站设计流量为 100 m³/s，设计净扬程 7.6 m，采用 4 台全调节导叶式混流泵机组（其中 1 台备机），单机设计流量为 33.4 m³/s，水泵叶轮直径 2 950 mm，水泵转速 125 r/min，采用肘形进水流道和虹吸式出水流道。

1.1　进水流道优化结果

分别对两个方案进水流道内的三维湍流流动进行了数值模拟，如图 1-1 和图 1-2 所示。在原设计方案进水流道内，水流在流道进口段流态较为平顺；进入流道扁平部位后，随着水流通道被急剧压扁，流速增加较快；水流进入圆锥段后，流道断面再度扩大，由于惯性的作用，流速分布很不均匀，后虽经圆锥段的调整，但由于调整距离偏小，在接近流道出口处，水流的流速分布仍未能达到接近于均匀的状态。在优化方案进水流道中，流态平顺，流速逐渐增大；进入弯曲段后，水流迅速改变方向，受离心力的影响，流道内侧流速大、外侧流速小；经过圆锥段的调整，在接近流道出口处，水流流速分布已接近于均匀分布和垂直于出口断面。

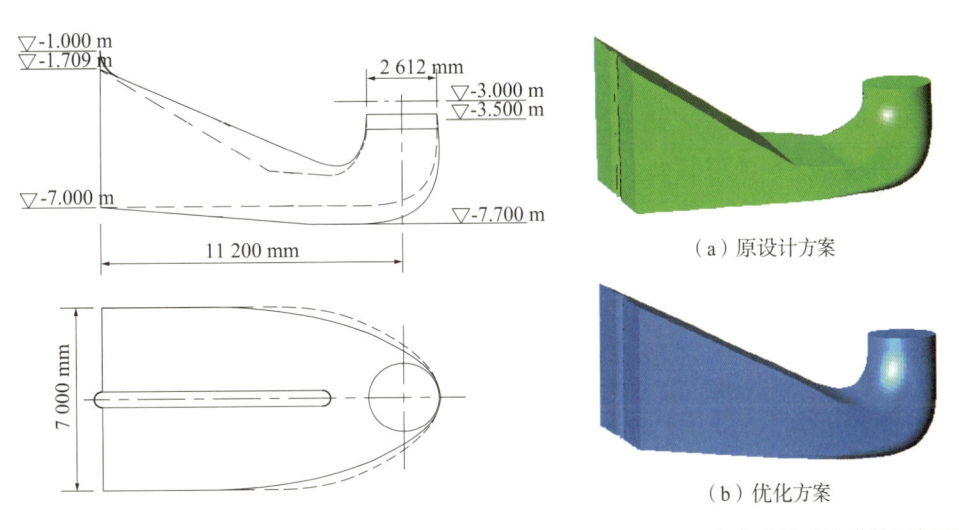

图 1-1　宝应站优化前、后进水流道方案的比较　　图 1-2　两个方案进水流道的透视图

根据进水流场的计算结果，可对两个方案流道出口的流速分布情况作出定量的评价。表 1-1 所列为两个方案进水流道目标函数的比较，优化方案流道出口的均匀度和水流入泵平均角度比原设计方案分别高 1.78% 和 1.3°。

表 1-1　宝应站两个方案进水流道目标函数的比较

进水流道方案	最大流速 u_{max}(m/s)	最小流速 u_{min}(m/s)	平均流速 $\bar{u}$(m/s)	均匀度 V_u(%)	最大角度 θ_{max}(°)	最小角度 θ_{min}(°)	平均角度 $\bar{\theta}$(°)
原设计方案	6.58	5.02	6.21	94.06	89.87	80.83	87.30
优化方案	6.45	5.12	6.21	95.84	89.95	84.86	88.60

对宝应站两个方案的进水流道模型分别进行了水头损失测试。两个流道水头损失的比较示于图1-3，各方案换算至原型设计流量及最大、最小流量时的流道水头损失列于表1-2。表中的平均流速为进水流道出口断面的平均流速。

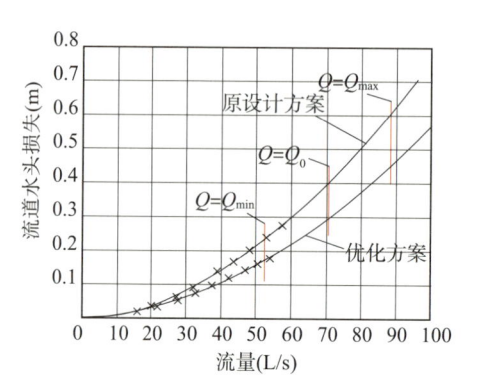

图 1-3 进水流道的水头损失

表 1-2 两个方案换算至原型的进水流道水头损失

进水流道方案	最小流量（$Q=25\text{ m}^3/\text{s}$）（平均流速 4.67 m/s）	设计流量（$Q=33.4\text{ m}^3/\text{s}$）（平均流速 6.24 m/s）	最大流量（$Q=41.8\text{ m}^3/\text{s}$）（平均流速 7.81 m/s）
原设计方案	0.235 m	0.401 m	0.605 m
优化方案	0.172 m	0.296 m	0.451 m

试验结果表明：（1）"弯曲扁平式"进水流道的水头损失明显大于肘形进水流道，在设计流量下两者相差 0.105 m，其主要原因是该流道的中部被压得太扁，导致流速增加；（2）与其他泵站肘形进水流道相比，宝应站进水流道的水头损失也比较大，在设计流量时也达到 0.3 m，其主要原因则是宝应站导叶式混流泵叶轮室进口断面的直径较小，与其连接的进水流道出口断面的直径相应地较小，该断面设计流量时的平均流速已达 6.24 m/s，比一般轴流泵叶轮室进口断面的流速大很多。

1.2 出水流道优化结果

宝应站虹吸式出水流道原设计方案和优化方案的控制尺寸完全相同，前者由厂方提出，后者优化方案在实施阶段完成。

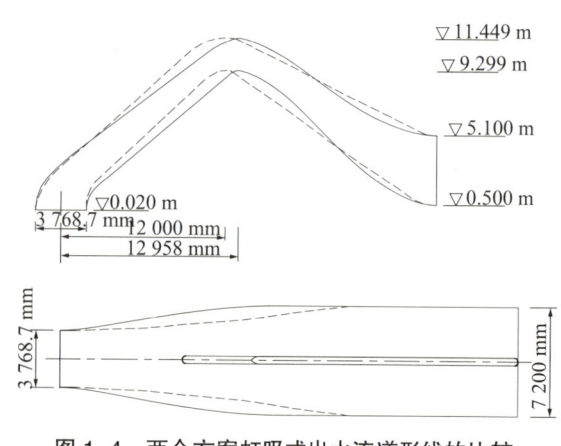

图 1-4 两个方案虹吸式出水流道形线的比较

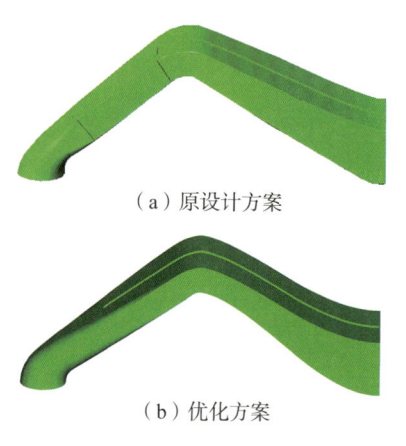

图 1-5 两个方案出水流道透视图
（a）原设计方案
（b）优化方案

图 1-4 给出了宝应站实施阶段虹吸式出水流道原设计方案和优化方案单线图的比较（图中用虚线表示原设计方案，实线表示优化方案），图 1-5 所示为两个方案出水流道透视图的比较。两者的主要区别在于：前者下降段的形线采用了直线，后者下降段形线采用了更为符合水流转向流动规律的四次曲线。

应用 CFD 技术分别对两个方案虹吸式出水流道内的流动进行了三维湍流流动数值模拟，原设计方案和优化方案设计流量时的流场分别示于图 1-6 和图 1-7。计算结果表明：原设计方案出水流道上升段的流态平顺，平面和立面方向上均无脱流现象，在流道下降段右侧（顺水流方向看）产生较大范围的脱流区；优化方案出水流道上升段的流态与原方案相差不大，下降段靠近流道出口附近虽出现低速区，但未出现旋涡。由此可见，流道形线对出水流态的影响表现得非常明显。

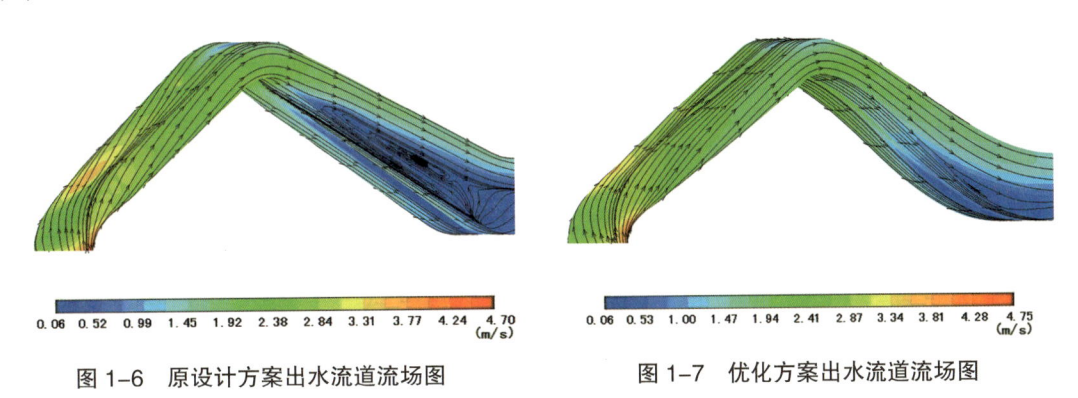

图 1-6　原设计方案出水流道流场图

图 1-7　优化方案出水流道流场图

1.3　流道模型试验结果

对宝应站虹吸式出水流道两个方案进行了流道模型试验，观察了流道内的流态，测试了流道的水头损失。借助于在出水流道模型相关位置粘贴的红线和在流道内撒入的与水的密度十分接近的塑料粒子，可以清楚地观察出水流道内的流态。原设计方案虹吸式出水流道下降段底部壁面上粘贴的红线向上翻腾，提示底部水流发生了倒流，说明此处为旋涡区（图 1-8（a））；优化方案虹吸式出水流道下降段底部壁面上红线紧贴壁面，说明此处无旋涡（图 1-8（b））。试验中观察到的两个方案出水流道内的流动情况与计算所得的流态是一致的。

根据模型试验结果，两个方案虹吸式出水流道水头损失换算至原型设计流量及最大、最小流量时的流道水头损失列于表 1-3。表中的平均流速为出水流道进口断面的平均流速。

表 1-3　两个方案出水流道换算至原型的水头损失

出水流道方案	最小流量（Q=25 m³/s）（平均流速 2.24 m/s）	设计流量（Q=33.4 m³/s）（平均流速 3.00 m/s）	最大流量（Q=41.8 m³/s）（平均流速 3.75 m/s）
原设计方案	0.186 m	0.335 m	0.526 m
优化方案	0.158 m	0.276 m	0.428 m

试验结果表明：（1）优化方案的虹吸式出水流道水头损失小于原设计方案，设计流量时的水头损失小 0.059 m；（2）宝应站虹吸式出水流道水头损失比较小，主要是由于该站混流泵导叶出口断面的直径较大，在设计流量下，导叶出口断面的平均流速只有 3.00 m/s。

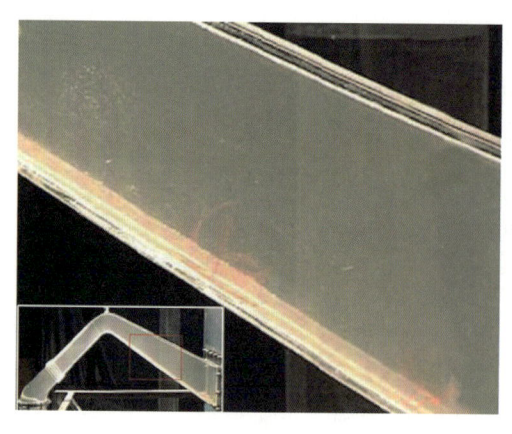

（a）原设计方案　　　　　　　　　　　　　　（b）优化方案

图 1-8　宝应站两个方案虹吸式出水流道流态的照片

2　南水北调东线泗阳站

泗阳站位于江苏省泗阳县城东南约 3 km 处，是南水北调东线一期工程运河线的第四级泵站，主要任务是通过中运河抽引淮阴站来水再沿中运河向北输送。泗阳站设计扬程和平均扬程分别为 6.3 m 和 5.55 m，设计流量为 165 m³/s，采用立式全调节轴流泵机组 6 台套（其中备机 1 台套），单泵设计流量为 33 m³/s。经方案比较，确定采用肘形进水流道和虹吸式出水流道。初步设计阶段水泵叶轮直径和转速拟分别选用 3.08 m 和 136.4 r/min，设备招标阶段水泵叶轮直径和转速确定分别采用 3.15 m 和 125 r/min。

2.1　进、出水流道优化水力计算结果

2.1.1　进水流道优化水力计算结果

对泗阳站肘形进水流道进行了三维湍流流动数值模拟和优化水力设计研究。该站肘形进水流道的透视图和计算区域网格图分别示于图 2-1 和图 2-2。根据优化水力设计结果，进水流道设计流量时的流道表面流场及主要剖面流场示于图 2-3，出口断面流速分布均匀度和水流入泵平均角度分别达到 98.0% 和 88.2°，流道水头损失计算值为 0.109 m。

图 2-1　泗阳站肘形进水流道透视图 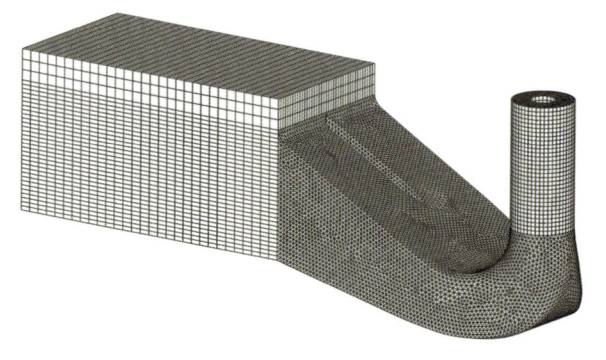　　　　图 2-2　泗阳站肘形进水流道计算区域网格图

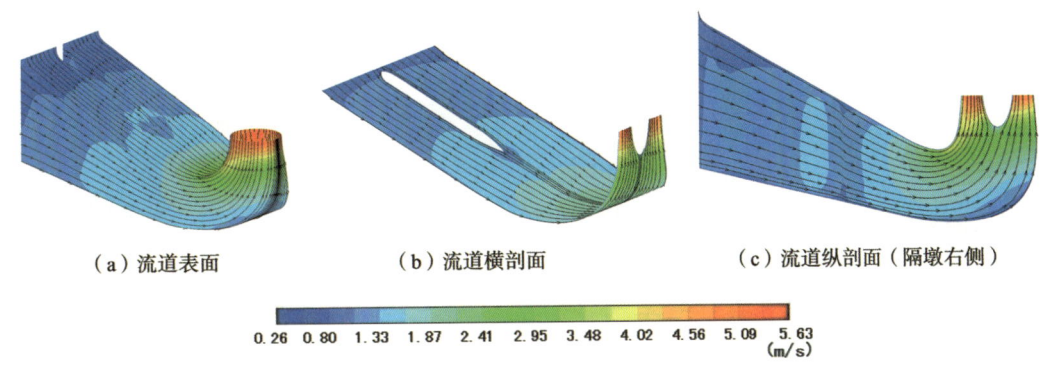

（a）流道表面　　　　　　（b）流道横剖面　　　　　（c）流道纵剖面（隔墩右侧）

图 2-3　泗阳站肘形进水流道优化方案流场图

由图 2-4 所示的流场图可以看到：在肘形进水流道直线段内，水流在立面方向均匀收缩，水流平顺、均匀；在肘形流道弯曲段，水流急剧转向，但由于在流道作 90° 转向的同时伴随着宽度方向快速而匀称的收缩，弯曲段内侧水流脱流的趋势得到了有效抑制，该段内并未出现不良流态；在流道出口的圆锥段，进水流态经进一步调整，已趋向于顺直、均匀。计算结果表明：泗阳站肘形进水流道的水力性能优异，可为水泵叶轮室进口提供理想的进水流态。

2.1.2　出水流道优化水力计算结果

对泗阳站虹吸式出水流道进行了三维湍流流动数值模拟和优化水力设计研究。该站虹吸式出水流道的透视图和计算区域网格图分别示于图 2-4 和图 2-5。根据优化水力设计结果，经过优化的出水流道在设计流量时的流道表面流场及主要剖面流场示于图 2-6，流道水头损失计算值为 0.297 m。

由图 2-6 所示的流场图可以看到：受导叶出口环量的影响，水流呈螺旋状流入虹吸式出水流道；在流道进口段，由于水流在立面方向转向较急，受水流离心惯性的影响，内侧流速较大、外侧流速较小；流道上升段的水流扩散平缓，流速分布较为均匀且无旋涡等不良流态；在环量和惯性的双重作用下，虹吸式流道下降段左右两侧的流场不对称，顺水流方向看，主流偏于左侧及上部区域，主流区的流速分布较均匀，在流道出口段的右侧下部区域存在局部低速区。计算结果表明：泗阳站虹吸式出水流道的水头损失小，流道内的水流达到了转向有序、扩散平缓的水力设计要求。

由经过优化的肘形进水流道与虹吸式出水流道组成的泗阳站泵装置单线图和透视图分别示于图 2-7 和图 2-8。

图 2-4　泗阳站虹吸式出水流道透视图 　　　图 2-5　泗阳站虹吸式出水流道计算区域网格图

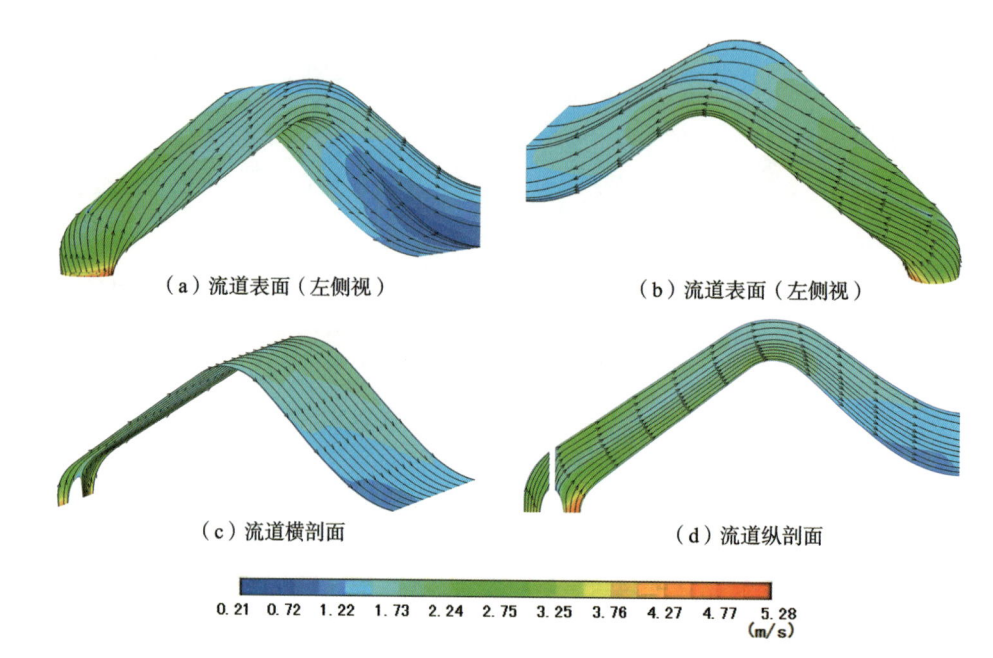

(a) 流道表面（左侧视）　　　　　　　（b) 流道表面（左侧视）

(c) 流道横剖面　　　　　　　　　　　（d) 流道纵剖面

图 2-6　泗阳站虹吸式出水流道优化方案流场图

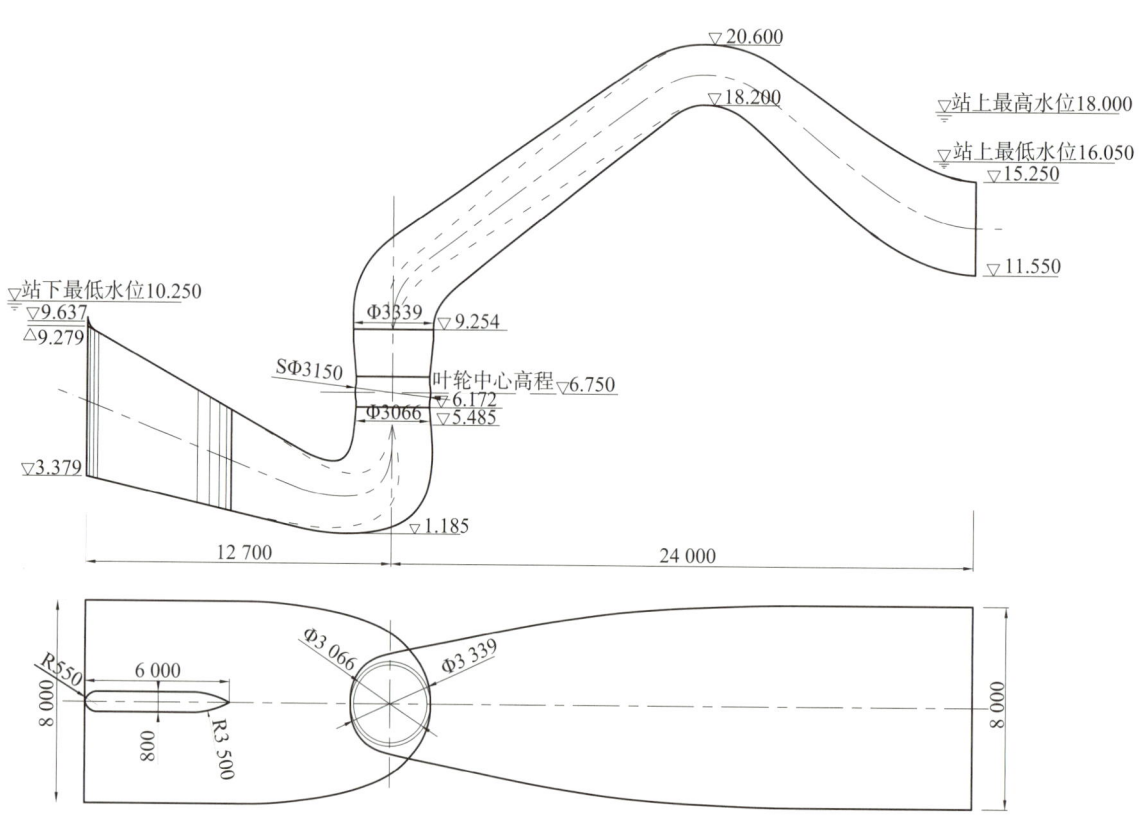

图 2-7　泗阳站经过优化的泵装置单线图（水位单位为 m，其他为 mm）

图 2-8　泗阳站经过优化的泵装置透视图

2.2　进、出水流道模型试验结果

在泗阳站初步设计阶段对其进、出水流道进行了流道模型试验，该阶段的水泵叶轮直径为 3.08 m。

2.2.1　进、出水流道内的流态

肘形进水流道模型试验的流态照片示于图 2-9，在试验中可以观察到：在流道直线段内，水流在立面方向均匀收缩、水流平顺；在流道弯曲段，水流急剧转向，但由于同时伴随着流道平面方向的匀称收缩，在弯曲段的内侧无脱流或其他不良流态；在流道出口段，水流趋于顺直均匀。进水流态流道模型试验观察的结果与数值模拟的结果一致。

虹吸式出水流道模型试验的流态照片示于图 2-10，在试验中可以观察到：虹吸式出水流道内的流态与数值模拟所得到的结果一致：水流以与水泵叶轮相同的旋转方向（从上往下看为顺时针方向）进入流道后，转向平稳有序、扩散平缓均匀；受水流环量和惯性的双重影响，在流道下降段存在偏流现象，顺水流方向看，主流偏于流道左侧及中上部区域，在流道右侧下部局部区域流速较小，但未发生脱流现象。

图 2-9　泗阳站肘形进水流道流态 　　图 2-10　泗阳站虹吸式出水流道流态

2.2.2　进、出水流道水头损失

根据流道模型试验结果，泗阳站肘形进水流道和虹吸式出水流道设计流量时进水流道和出水流道的水头损失分别为 0.111 m 和 0.310 m。

2.3 泗阳站泵装置模型试验主要结果

泗阳站设备招投标阶段在河海大学试验台进行了泵装置模型试验。图2-11所示为安装在试验台上的泗阳站泵装置模型照片。

图2-11 安装在试验台上的泗阳站泵装置模型照片

河海大学水力机械多功能试验台按照《水泵模型及装置模型验收试验规程》（SL140-2006）进行设计与建造，效率试验综合不确定度优于 ±0.4%。试验台为立式封闭循环系统，水体总容量为50 m³。

试验分两个阶段进行，第一阶段对TJ04-ZL-20、TJ04-ZL-02两个水泵模型进行 -2° 和 0° 两个叶片角度的能量性能测试，用于水泵模型的比选；第二阶段对优选出来的水泵模型再进行 -4°、-2°、0°、+2° 和 +4° 五个叶片角度下的泵装置能量性能、空化性能、飞逸特性以及发电工况性能进行全面测试。

根据模型试验结果泗阳站确定采用TJ04-ZL-20水泵模型。该站泵装置模型综合性能曲线和换算至原型的泵装置性能曲线分别示于图2-12和图2-13，换算至原型的泵装置主要工况点性能参数列于表2-2。

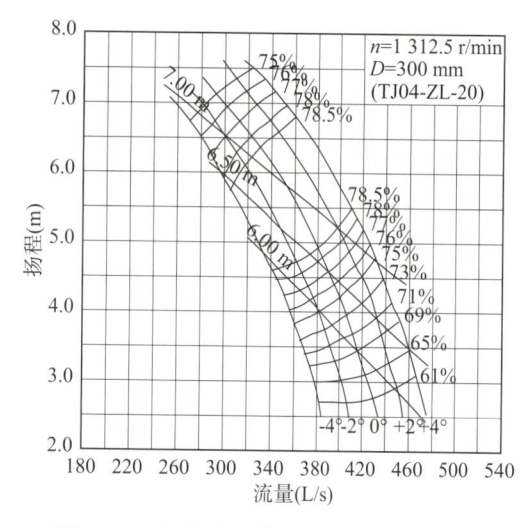

图2-12 泗阳站泵装置模型综合性能曲线

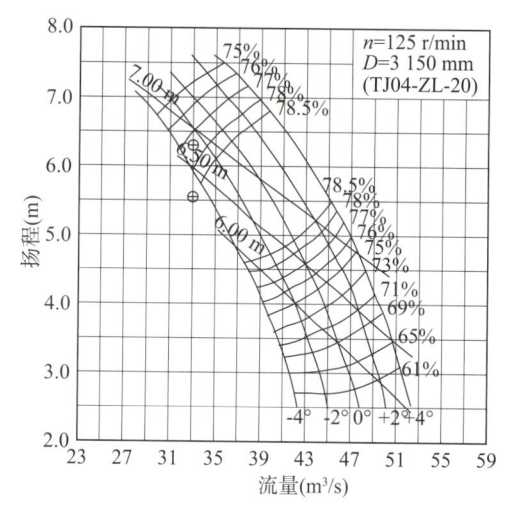

图2-13 泗阳站泵装置原型综合性能曲线

表 2-2 泗阳站泵装置主要工况点的性能参数

叶轮直径（m）	水泵转速（r/min）	设计流量（m³/s）	扬程（m）	泵装置效率（%）	临界空化余量（m）
3.15	125	33.0	设计扬程 6.30	77.4	6.8
			平均扬程 5.55	78.5	6.3

3 南水北调东线睢宁二站

睢宁二站位于江苏省徐州市睢宁县沙集镇境内，是南水北调东线工程运西线的第五级梯级泵站。该站抽引泗洪站来水，沿徐洪河输送到邳州站。睢宁二站设计扬程和平均扬程分别为 8.3 m 和 7.8 m，设计流量 69 m³/s，拟安装 4 台套 2600HDQ20-9 导叶式混流泵机组（其中备机 1 台套），单机设计流量 20 m³/s。根据水泵选型及方案比较结果，确定该站泵装置采用 TJ11-HL-05 混流泵模型，水泵叶轮直径和转速分别为 2.6 m 和 150 r/min，流道型式采用肘形进水流道和虹吸式出水流道。

3.1 基本资料

南水北调东线工程睢宁二站的相关特征水位及特征净扬程列于表 3-1，表中站下水位为拦污栅后水位。该站初步设计阶段的泵房纵剖面图示于图 3-1。

表 3-1 南水北调东线工程睢宁二站的特征水位及特征净扬程

单位：m

项目		站上	站下
特征水位	设计	21.60	13.30
	最大	22.50	15.30
	最小	19.73	12.30
	平均	21.10	13.30
特征扬程	设计	8.30	
	最大	10.20	
	最小	4.43	
	平均	7.80	

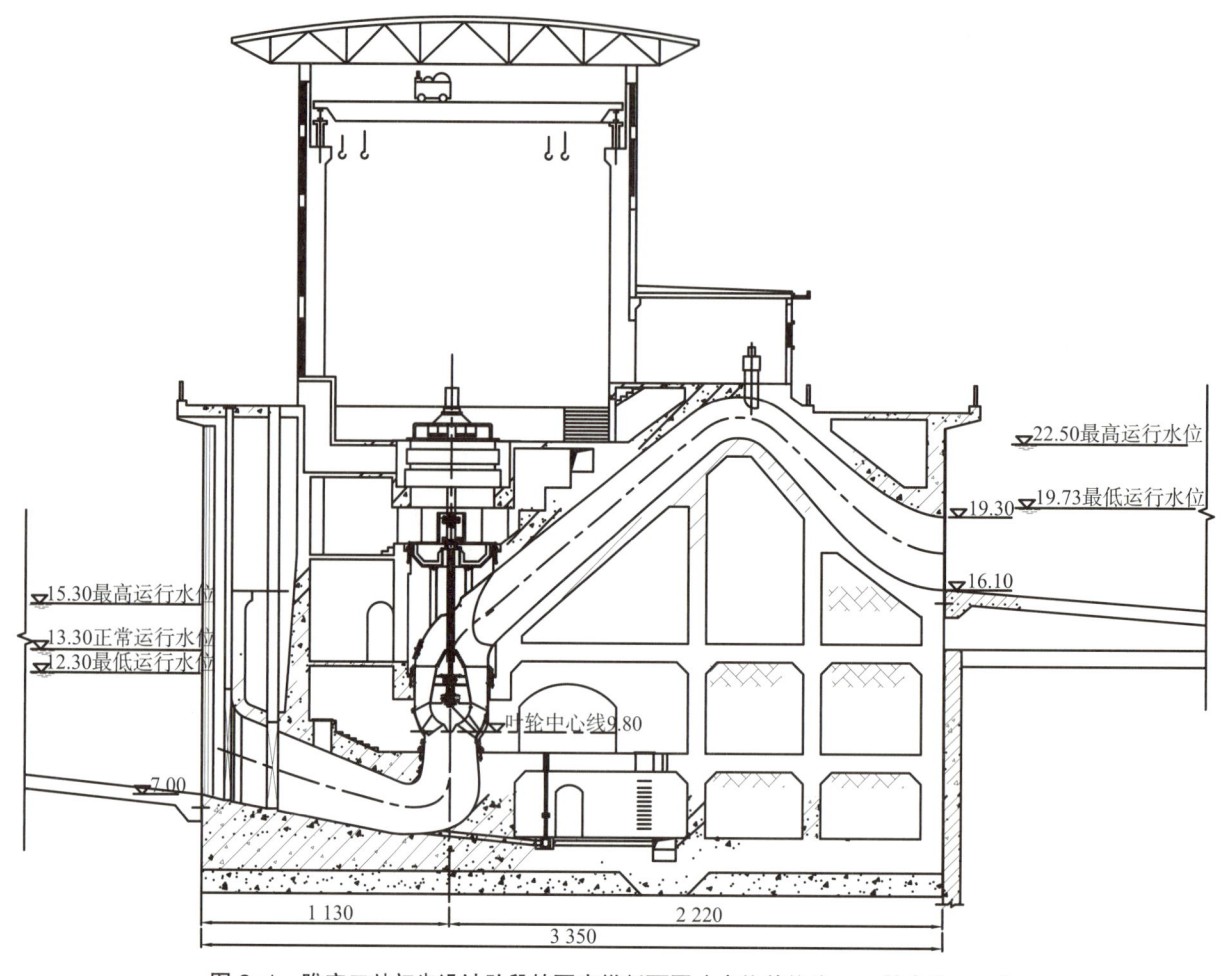

图 3-1　睢宁二站初步设计阶段的泵房纵剖面图（水位单位为 m，其余为 mm）

3.2　进、出水流道优化水力计算结果

3.2.1　进水流道优化水力计算结果

对睢宁二站肘形进水流道进行了三维湍流流动数值模拟及优化水力设计研究。该站肘形进水流道的透视图和计算区域网格剖分图分别示于图 3-2 和图 3-3。根据优化水力设计结果，经过优化的睢宁二站进水流道设计流量时的流道表面流场及主要剖面流场示于图 3-4，流道出口断面流速分布均匀度和水流入泵平均角度分别为 97.0% 和 88.9°，流道水头损失计算值为 0.138 m。

图 3-2　睢宁二站肘形进水流道透视图 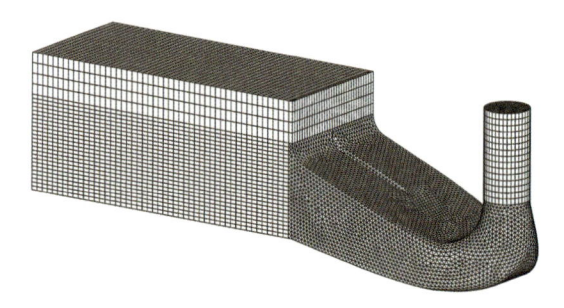　　图 3-3　睢宁二站肘形进水流道计算区域网格图

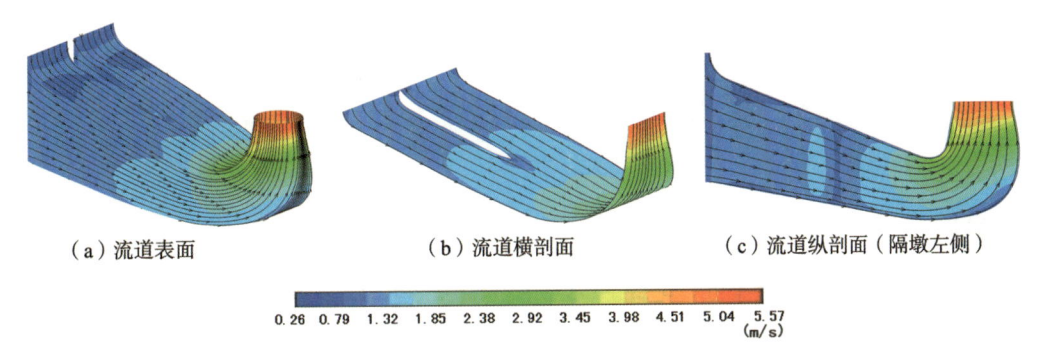

(a) 流道表面　　　　　　　　(b) 流道横剖面　　　　　　　(c) 流道纵剖面（隔墩左侧）

图 3-4　睢宁二站肘形进水流道优化方案流场图

由流场图可以看到：在肘形进水流道直线段内，水流在立面方向均匀收缩，水流平顺、均匀；在肘形流道弯曲段，水流急剧转向，但由于在流道作 90° 转向的同时伴随着宽度方向快速而匀称的收缩，弯曲段内侧水流脱流的趋势得到了有效抑制，故而并未出现不良流态；在流道出口的圆锥段，进水流态经进一步调整，已趋向于顺直、均匀。计算结果表明：睢宁二站肘形进水流道的水力性能优异、无任何不良流态，可为水泵叶轮室进口提供接近于理想的进水流态。

3.2.2　出水流道优化水力计算结果

对睢宁二站虹吸式出水流道进行了三维湍流流动数值模拟及优化水力设计研究。该站虹吸式出水流道的透视图和计算区域网格图分别示于图 3-5 和图 3-6。根据优化设计研究结果，经过优化的睢宁二站出水流道在设计流量时的流道表面流场及主要剖面流场示于图 3-7，水头损失计算值为 0.297 m。

由流场图可以看到：受导叶出口环量的影响，水流呈螺旋状流入虹吸式出水流道；在流道进口段，由于水流在立面方向转向较急，受水流惯性影响，流速分布不均匀，内侧流速较大、外侧流速较小；流道上升段的水流扩散平缓，流速分布较为均匀且无旋涡等不良流态；在水流环量和惯性的双重作用下，虹吸式流道下降段左右两侧的流场不对称，顺水流方向看，主流偏于左侧及上部区域，主流区的流速分布较均匀，在流道出口段的右侧下部区域存在局部低速区但未出现局部旋涡。计算结果表明：睢宁二站虹吸式出水流道内的水流达到了转向有序、扩散平缓的优化水力设计要求。

3.2.3　泵装置效率预测

由肘形进水流道与虹吸式出水流道组成的睢宁二站泵装置单线图和透视图分别示于图 3-8 和图 3-9。

图 3-5　睢宁二站虹吸式出水流道透视图　　　图 3-6　睢宁二站虹吸式出水流道网格图

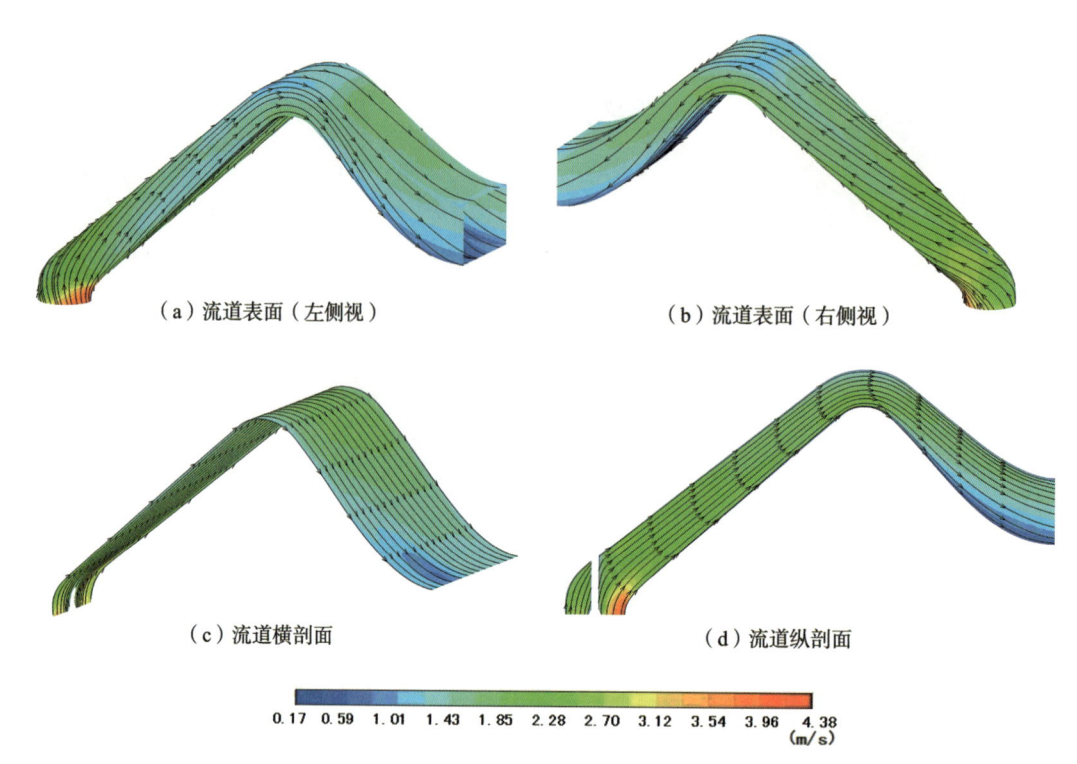

(a)流道表面(左侧视)　　(b)流道表面(右侧视)

(c)流道横剖面　　(d)流道纵剖面

图 3-7　睢宁二站虹吸式出水流道优化方案流场图

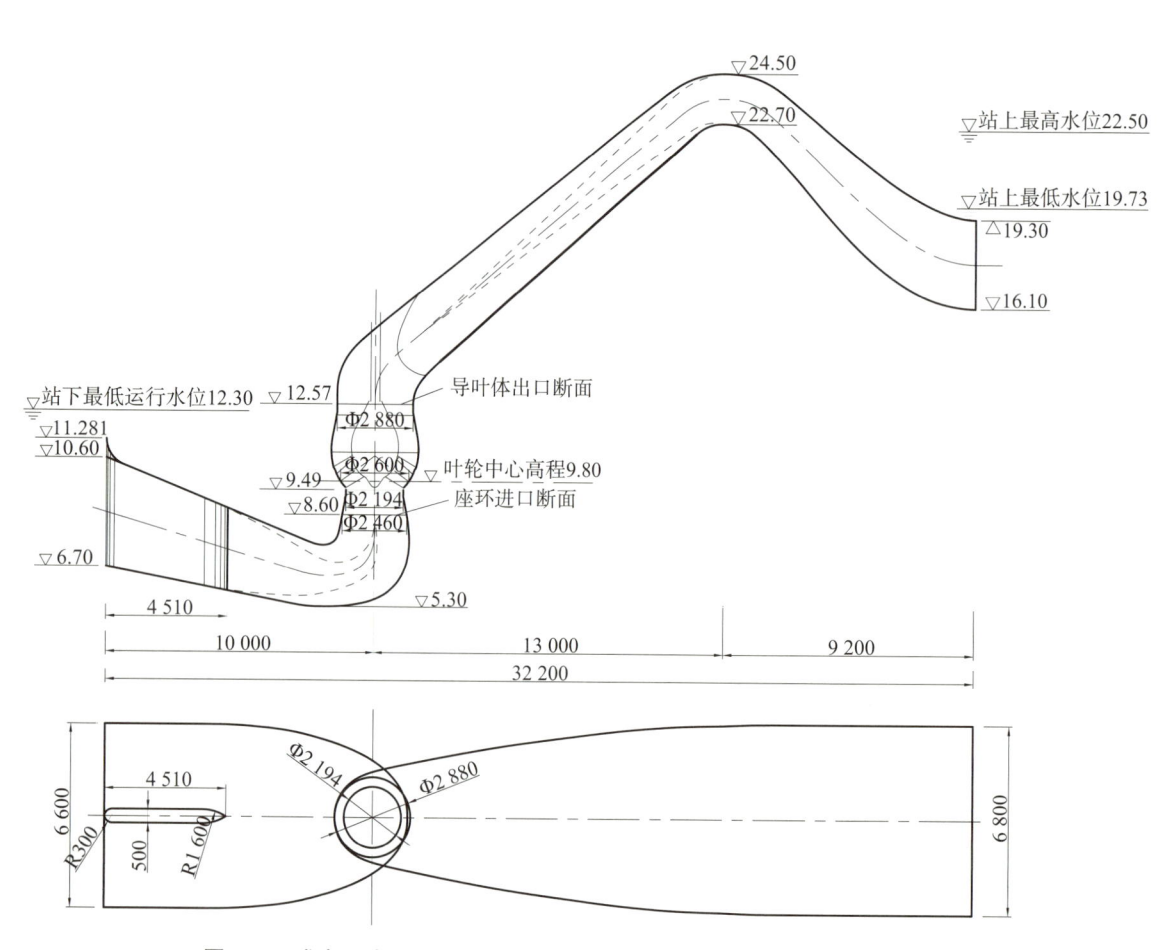

图 3-8　睢宁二站经过优化的泵装置单线图（水位单位为 m，其余为 mm）

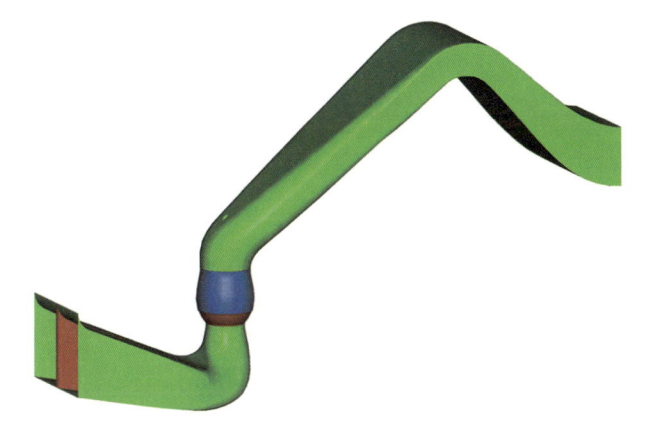

图 3-9　睢宁二站经过优化的泵装置透视图

根据睢宁二站水泵选型和进、出水流道优化方案三维流动数值计算结果，可对睢宁二站设计工况（$Q=23 \text{ m}^3/\text{s}$，$H=8.30 \text{ m}$）和平均扬程工况（$Q=23 \text{ m}^3/\text{s}$，$H=7.80 \text{ m}$）的泵装置效率进行预测计算（表 3-2）。

表 3-2　睢宁二站主要工况泵装置效率预测结果

进水流道损失（m）	出水流道损失（m）	流道总损失（m）	流道效率（%）		水泵效率（%）	泵装置效率（%）	
			平均扬程	设计扬程		平均扬程	设计扬程
0.130	0.297	0.427	94.8	95.1	87.5	83.0	83.2

3.3　进、出水流道模型试验结果

3.3.1　进、出水流道内的流态

肘形进水流道模型试验的流态照片示于图 3-10，在流道模型试验中可观察到：在流道直线段内，水流在立面方向均匀收缩，水流平顺；在弯曲段内无脱流或其他不良流态；在流道出口段，水流趋于顺直均匀。进水流道模型试验观察到的流道内部流场与数值模拟结果基本一致。

虹吸式出水流道模型试验的流态照片示于图 3-11，试验中观察到的虹吸式出水流道内的流场与数值模拟结果基本一致。水流以与水泵叶轮相同的旋转方向进入流道后，转向平稳有序、扩散平缓均匀；受流道进口环量和惯性的共同影响，在流道下降段存在偏流现象，主流偏于流道左侧及中上部区域，在流道右侧下部存在低速区。

图 3-10　睢宁二站肘形进水流道流态 　　　　图 3-11　睢宁二站虹吸式水流道流态

3.3.2 进、出水流道的水头损失

根据流道模型试验结果，睢宁二站肘形进水流道和虹吸式出水流道设计流量时的水头损失分别为 0.118 m 和 0.259 m。

3.4 睢宁二站泵装置模型试验主要结果

睢宁二站泵装置模型试验在中水北方试验台进行。图 3-12 所示为安装在试验台上的睢宁二站的泵装置模型照片。

图 3-12　安装在试验台上的睢宁二站泵装置模型照片

睢宁二站泵装置模型综合性能曲线和换算至原型的泵装置综合性能曲线分别示于图 3-13 和图 3-14，换算至原型的泵装置主要工况点的性能参数列于表 3-3。

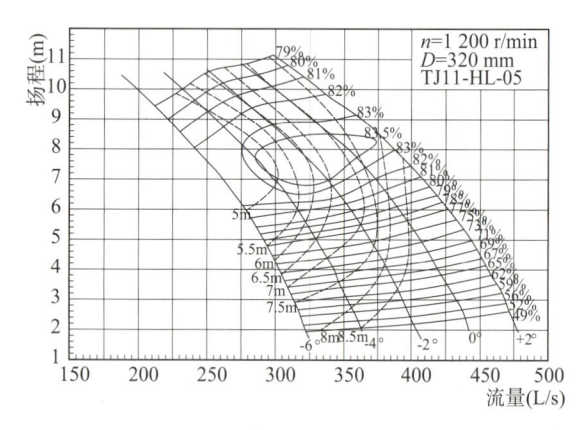

图 3-13　睢宁二站泵装置模型综合性能曲线

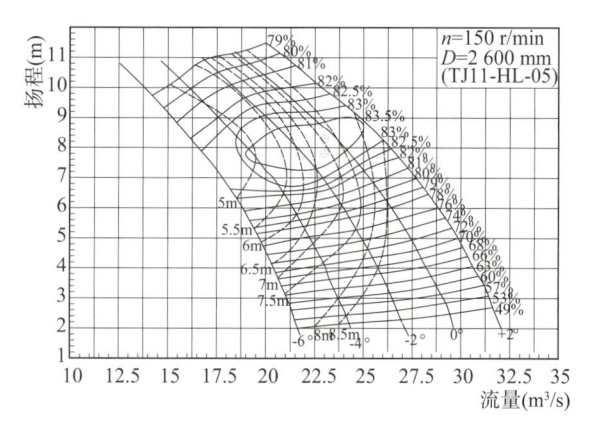

图 3-14　睢宁二站泵装置原型综合性能曲线

表 3-3　睢宁二站泵装置换算至原型的主要工况点性能参数

叶轮直径（m）	水泵转速（r/min）	设计流量（m³/s）	扬程（m）	泵装置效率（%）	临界空化余量（m）
2.6	150	23	设计扬程 8.3	83.5	7.1
			平均扬程 7.8	83.5	6.8

4 南水北调东线邳州站

邳州站地处邳州市八路镇刘集村,位于徐洪河与房亭河交汇处,为南水北调东线工程运西线的第六级梯级。邳州站设计流量为 100 m³/s,设计扬程和平均扬程分别为 3.10 m 和 2.70 m,属大型特低扬程泵站,计划选用 4 台套贯流泵机组(其中备机 1 台套),单泵设计流量为 33.4 m³/s。经过方案比较,邳州站确定采用卧式全调节竖井式贯流泵装置。

4.1 基本资料及水泵选型

4.1.1 基本资料

邳州站的特征水位、特征净扬程及流量列于表 4-1,该站招标阶段的泵房纵剖面图示于图 4-1。

表 4-1 南水北调东线工程邳州站运行特征水位、特征净扬程及流量

特征水位		进水侧(m)	出水侧(m)	净扬程(m)
调水	设计	20.1	23.2	3.10
	最低	19.1	20.6	0.00
	最高	22.1	23.2	4.10
	平均	20.1	22.8	2.70
排涝	设计	21.8	25.7	4.00
单机设计流量(m³/s)			33.4	

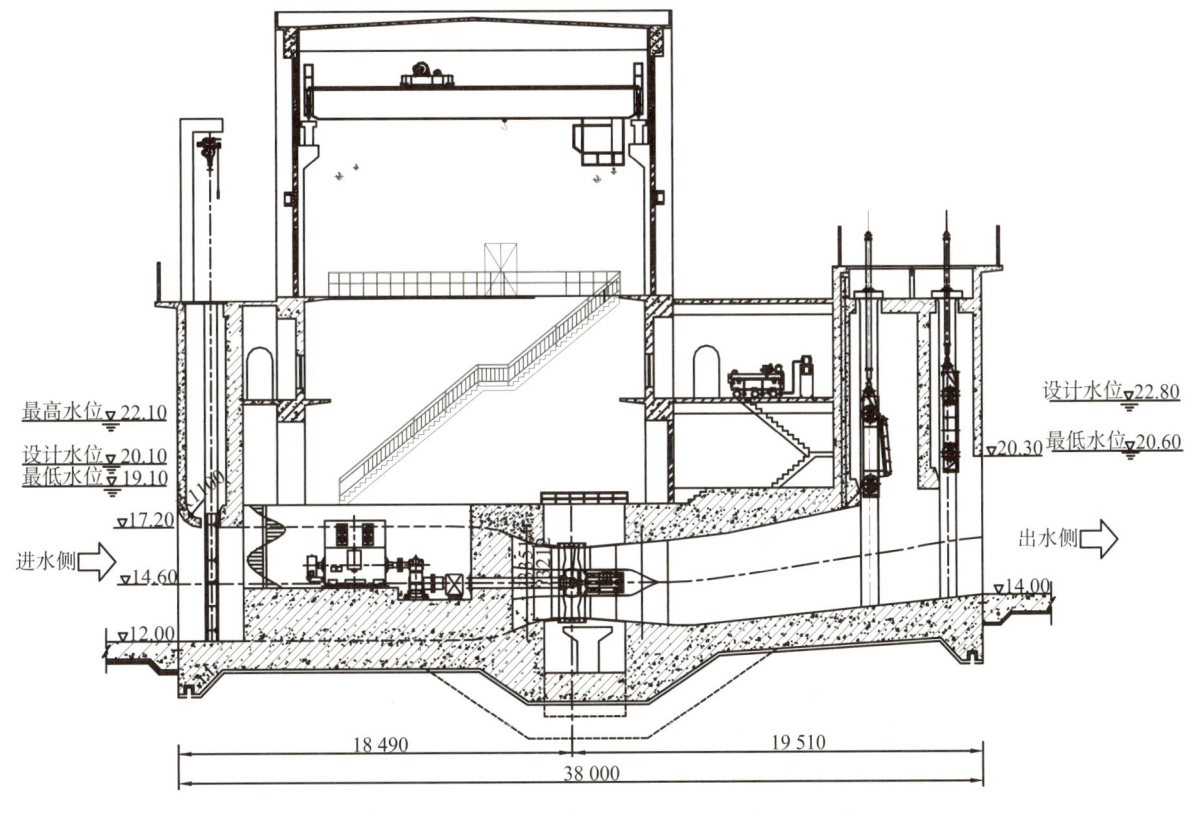

图 4-1 邳州站招标阶段的泵房纵剖面图(水位单位为 m,其余为 mm)

4.1.2 水泵选型

根据邳州站主要运行工况的参数，在南水北调工程同台测试的水泵模型中初选了 2 个水泵模型，拟通过泵装置模型试验进行比选。选型结果表明：水泵模型 TJ04-ZL-07 和 TJ04-ZL-06 均适用于邳州站，两个水泵模型所需的水泵叶轮直径均为 3.3 m，水泵转速分别采用 112 r/min 和 102 r/min，换算至原型的水泵性能曲线分别示于图 4-2（a）和图 4-2（b）。水泵初步选型的叶轮直径及转速还需根据泵装置模型的试验结果进行二次调整。

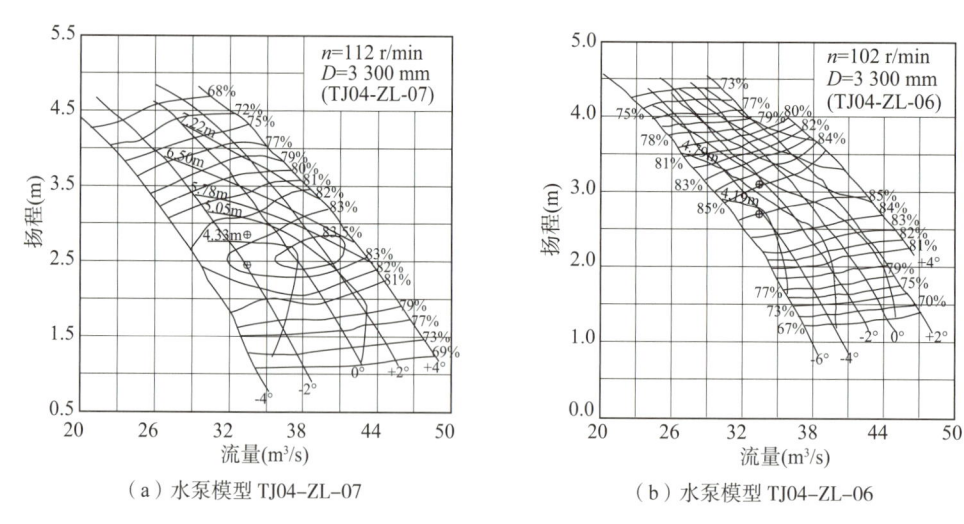

（a）水泵模型 TJ04-ZL-07

（b）水泵模型 TJ04-ZL-06

图 4-2　邳州站竖井贯流泵选型初步结果

4.2　进、出水流道优化水力计算结果

4.2.1　进水流道优化水力计算结果

对邳州站进水流道内的流动进行了三维湍流流动数值模拟，对流道形线进行了优化水力设计研究。邳州站前置竖井进水流道的透视图和计算区域网格图分别示于图 4-3 和图 4-4。根据优化水力设计结果，经过优化的邳州站进水流道设计流量时的流道及竖井表面流场、主要剖面的流场示于图 4-5，流道出口断面的流速分布均匀度和水流入泵平均角度分别达到 98.9% 和 88.7°，流道水头损失计算值为 0.064 m。

由流场图可以看到：进水流道内的水流收缩平缓均匀、流线层次分明，流道出口流速分布均匀且水流垂直于出口断面。计算结果表明：邳州站前置竖井式贯流泵装置的进水流道经过优化得到了十分优异的水力性能，可为水泵叶轮室进口提供近乎理想的进水流态。

图 4-3　邳州站进水流道透视图 　　　　图 4-4　邳州站进水流道计算区域网格图

(a) 流道表面　　　　　　　　　　　(b) 竖井表面

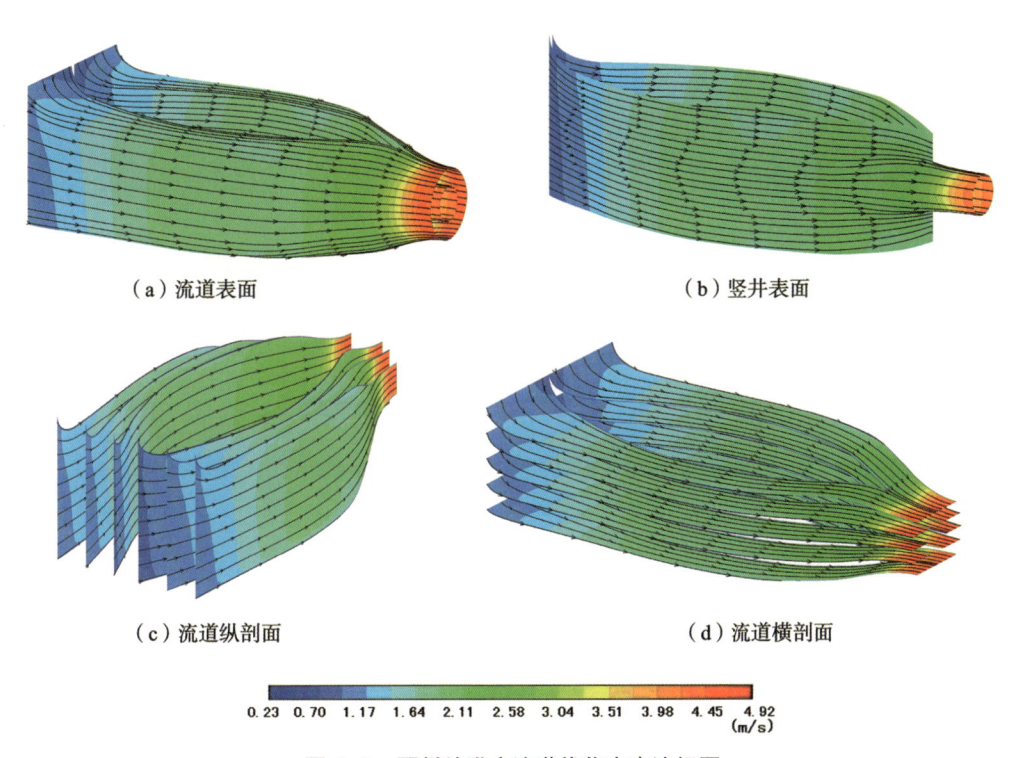

(c) 流道纵剖面　　　　　　　　　　(d) 流道横剖面

0.23　0.70　1.17　1.64　2.11　2.58　3.04　3.51　3.98　4.45　4.92
(m/s)

图 4-5　邳州站进水流道优化方案流场图

4.2.2　出水流道优化水力计算结果

对邳州站前置竖井式贯流泵装置出水流道内的流动进行了三维湍流数值模拟，对流道形线进行了优化水力设计研究。邳州站出水流道的透视图和计算区域网格图分别示于图 4-6 和图 4-7。根据优化水力设计结果，经过优化的邳州站出水流道在设计流量时的流道表面流场及主要剖面流场示于图 4-8，流道水头损失计算值为 0.11 m。

由流场图可以看到：受导叶出口环量的影响，水流在出水流道中做螺旋状运动，旋转强度由流道进口至流道出口逐渐减弱，流道内的水流扩散平缓，无任何脱流、旋涡等不良流态。

图 4-6　邳州站出水流道透视图　　　　　图 4-7　邳州站出水流道计算区域网格图

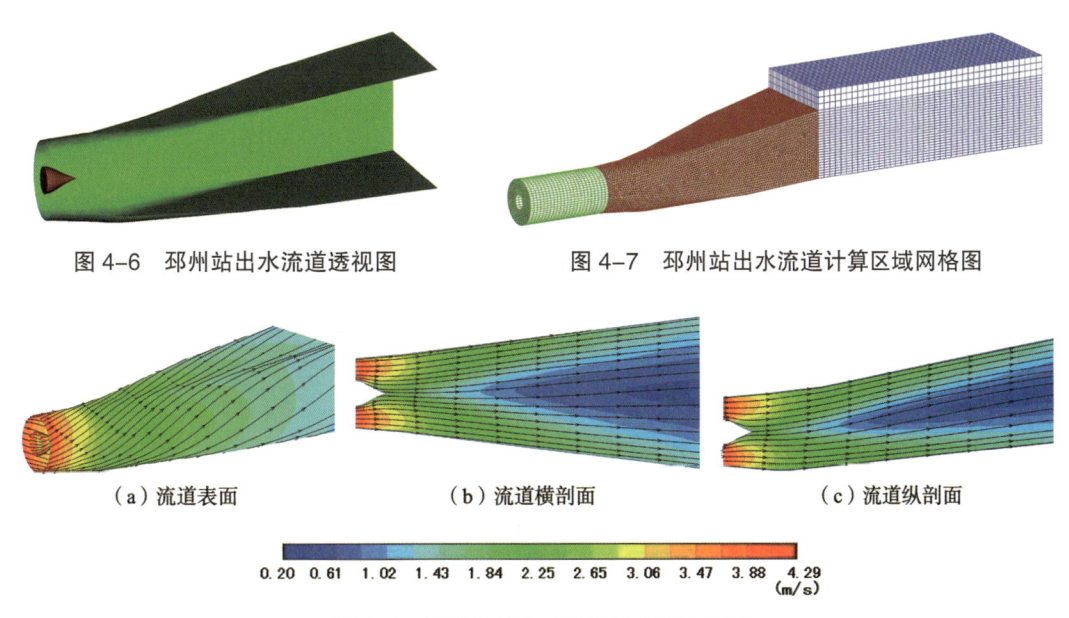

(a) 流道表面　　　　　　(b) 流道横剖面　　　　　　(c) 流道纵剖面

0.20　0.61　1.02　1.43　1.84　2.25　2.65　3.06　3.47　3.88　4.29
(m/s)

图 4-8　邳州站出水流道优化方案流场图

4.2.3 泵装置效率预测

经过优化水力设计研究的邳州站前置竖井式贯流泵装置单线图和透视图分别示于图 4-9 和图 4-10。

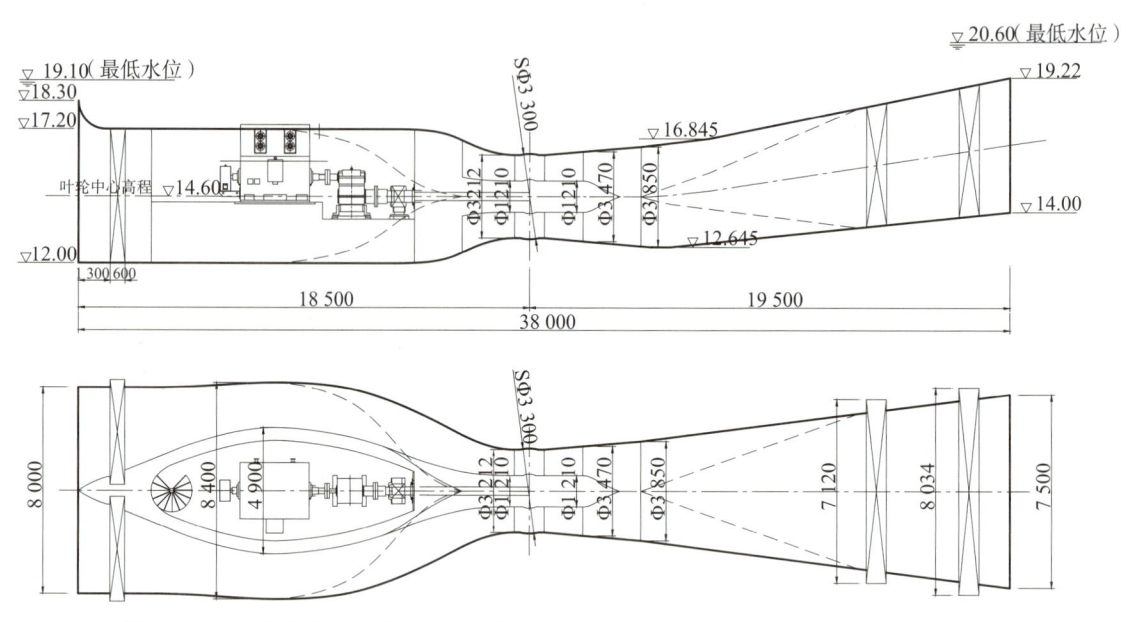

图 4-9 经过优化的邳州站前置竖井式贯流泵装置单线图（水位单位为 m，其余为 mm）

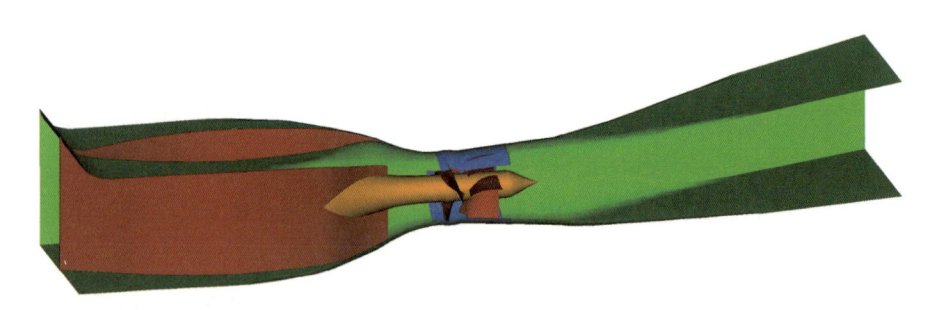

图 4-10 经过优化的邳州站前置竖井式贯流泵装置透视图

根据邳州站水泵选型和进、出水流道优化方案三维湍流流动数值模拟结果，可预测该站泵装置在设计扬程工况（H=3.1 m，Q=33.4 m³/s）和平均扬程工况（H=2.7 m，Q=33.4 m³/s）的能量性能主要指标（表 4-2）。

表 4-2 邳州站主要工况泵装置效率预测结果

进水流道损失（m）	出水流道损失（m）	流道总损失（m）	流道效率（%） 设计扬程	流道效率（%） 平均扬程	水泵效率（%）	泵装置效率（%） 设计扬程	泵装置效率（%） 平均扬程
0.064	0.110	0.174	94.7	93.9	87.6	82.9	82.3

4.3 邳州站泵装置模型试验主要结果

邳州站前置竖井式贯流泵装置模型试验在中水北方试验台进行。将水泵模型 TJ04-ZL-07 和 TJ04-ZL-06 分别与经过优化水力设计的竖井式贯流泵装置进、出水流道组成邳州站两个泵装置试验方案，其编号分别为 SJGL-2010-01 和 SJGL-2010-02。

4.3.1 泵装置模型设计

对于竖井式贯流泵装置，可利用其竖井为开敞式结构的特点，将模型泵装置设计成轴系稳定性好的短轴系结构（图 4-11）。具体做法是：将转矩转速传感器安装在竖井内，一侧与模型泵泵轴连接，另一侧与皮带盘连接；模型泵的驱动电机安装在竖井上方，通过皮带将转矩传递给模型泵泵轴；为保证转矩转速传感器不承受由泵轴传来的轴向力和径向力，在泵轴轴伸处设推力轴承和导轴承；同时，为保证转矩转速传感器不承受传动皮带的拉力，在皮带盘的两侧各设一个滚珠轴承。安装在试验台上的邳州站前置竖井式贯流泵装置模型照片示于图 4-12。

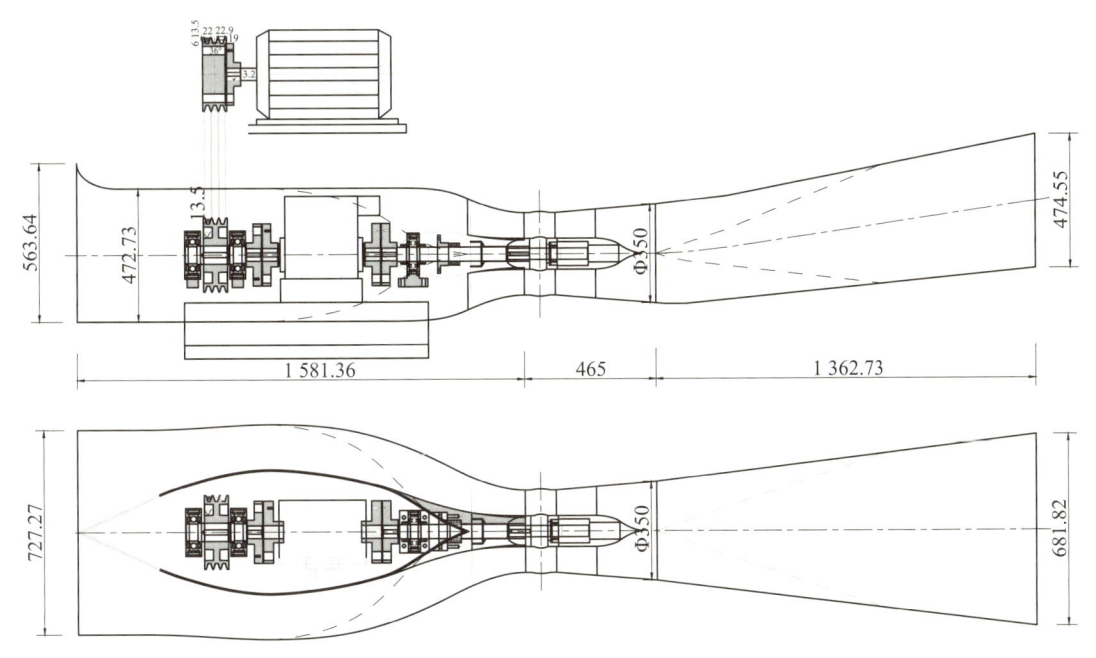

图 4-11 邳州站前置竖井式贯流泵装置模型布置（单位：mm）

图 4-12 安装在试验台上的邳州站前置竖井式贯流泵装置模型照片

4.3.2 泵装置模型试验主要结果

邳州站竖井式贯流泵装置模型试验进行了能量性能、空化性能、飞逸特性和叶轮进口、导叶出口的压力脉动等项目的试验。根据邳州站泵装置模型试验结果换算至邳州站原型的两个泵装置方案的性能曲线分别示于图4-13（a）和图4-13（b），换算至邳州站原型的两个泵装置方案主要工况点的性能参数列于表4-3。

（a）泵装置方案 SJGL-2010-01　　（b）泵装置方案 SJGL-2010-02

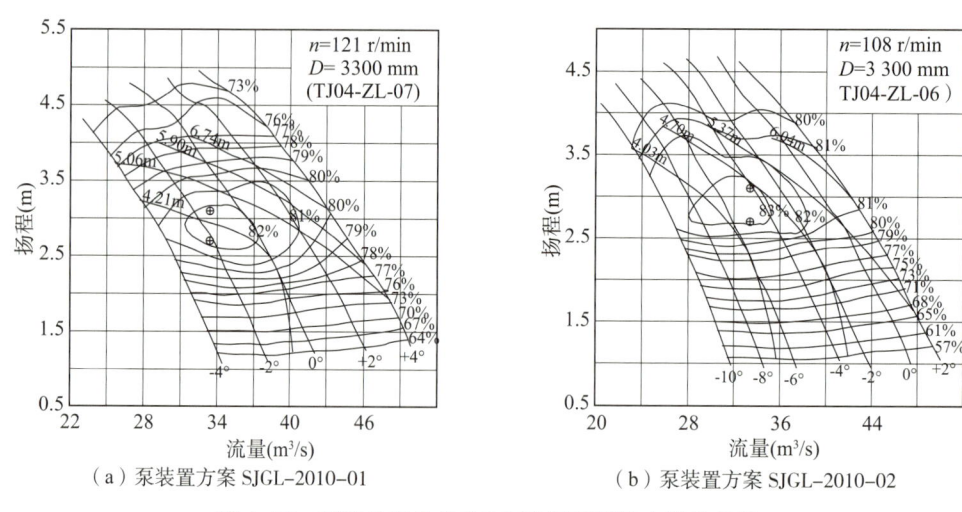

图4-13　邳州站竖井式贯流泵装置原型综合性能曲线

表4-3　邳州站两个泵装置试验方案换算至原型的主要工况点性能参数

泵装置模型编号	叶轮直径（m）	水泵转速（r/min）	设计流量（m³/s）	扬程（m）	泵装置效率（%）	临界空化余量（m）
SJGL-2010-01	3.3	121	33.4	设计扬程3.1	82.07	4.50
				平均扬程2.7	82.11	4.21
SJGL-2010-02	3.3	108	33.4	设计扬程3.1	83.11	4.63
				平均扬程2.7	83.02	4.28

由图4-13和表4-3可以看到，泵装置方案SJGL-2010-01和泵装置方案SJGL-2010-02主要工况点的效率分别超过了82%和83%，临界空化余量均小于5 m，且主要工况点均位于综合性能曲线的最高效率区。

试验结果表明：经过优化的竖井式贯流泵装置充分地发挥出贯流泵装置的优势，在特低扬程下取得了十分优异的水力性能。经方案比较，邳州站最终确定放弃灯泡式贯流泵装置方案，采用SJGL-2010-02前置竖井式贯流泵装置方案。

附件二 南水北调江苏段工程泵装置参数

序号	泵站名称	进水流道损失（m）	出水流道损失（m）	流道总损失（m）	水泵厂家	水力模型
1	江都三站	—	—	—	高邮市水泵厂	TJ05-ZL-1
2	江都四站	—	—	—	高邮市水泵厂	TJ04-ZL-02
3	宝应站	0.296	0.276	0.572	1#、2#为日立土浦工厂，3#、4#为日立泵制造（无锡）有限公司	日立水力模型
4	淮安二站	—	—	—	上海凯泉泵业（集团）有限公司	TJ05-ZL-02
5	淮安四站	0.132	0.563	0.695	无锡市锡泵设备制造有限公司	TJ04-ZL-15
6	金湖站	—	—	—	日立泵制造（无锡）有限公司，转子轴、轴封为日立生产，推力轴承、径向轴承斯凯孚生产	日立水力模型
7	淮阴三站	—	—	—	长沙水泵厂有限公司	荷兰水力模型
8	洪泽站	0.147	0.264	0.411	江苏航天水力设备有限公司	TJ2011-HL-03
9	泗阳站	0.109	0.297	0.406	日立泵制造（无锡）有限公司	TJ04-ZL-20
10	泗洪站	—	—	—	荏原博泵泵业有限公司，叶轮头为株式会社荏原制作所生产	TJ-GL-08-01
11	刘老涧二站	0.133	0.275	0.408	日立泵制造（无锡）有限公司	TJ04-ZL-06
12	睢宁二站	0.130	0.297	0.427	日立泵制造（无锡）有限公司	TJ2011-HL-05
13	皂河一站	—	—	—	江苏航天水力设备有限公司	扬大 HB55
14	皂河二站	0.123	0.328	0.451	日立泵制造（无锡）有限公司	TJ04-ZL-06
15	邳州站	0.064	0.110	0.174	日立泵制造（无锡）有限公司，齿轮箱由德国弗兰朗制造；电机轴承、推力轴承为日立厂家生产	TJ04-ZL-06
16	刘山站	0.107	0.542	0.649	日立泵制造（无锡）有限公司	TJ04-ZL-06
17	解台站	0.107	0.617	0.724	日立泵制造（无锡）有限公司	TJ04-ZL-12
18	蔺家坝站	—	—	—	日立泵制造（无锡）有限公司，齿轮箱由英国大卫布朗制造，叶轮、叶轮外壳、围带密封、水导轴承为日立泵厂生产，电机轴承、推力轴承、水调机构为日立厂生产，电机轴承为斯凯孚生产	日立水力模型

附件三 南水北调工程水泵主要部位所用材料要求

部位名称	材料规格	执行标准
叶片	ZG0Cr13Ni4Mo 或 ZG1Cr18Ni9	GB/T6967-1986 GB/T2100-2002
叶轮室	ZG1Cr18Ni9	GB/T2100-2002
转子体	ZG310-570	GB/T11352-1989
导叶体（宣铸焊结构）	Q235-A ZG1Cr18Ni9 ZG270-500	GB/700-88 GB/T2100-2002 GB/T11352-1989
泵轴	锻 35 20SiMn	JB/T1270-93 GB/T6397-1992
联轴螺栓	锻 35CrMo	GB/T3077-1999
出水弯管	Q235-A	GB700-88
顶盖	Q235-A	GB700-88
底座、锥管	HT200	GB9439-88
叶片调节机构的油缸	45	GB699-88
叶片调节机构的油缸盖	45	GB699-88
叶片调节机构的活塞	QT500-7	GB1348-88
水导轴承座	ZG1Cr18Ni9	GB/T2100-2002
阀环	ZcuSn5Pb5Zn5	GB1176-87
其他铸铁件应符合《泵用铸铁件技术》（JB/T 6880.1-1993）要求的规定		
其他铸钢件应符合《泵用铸铁件技术》（JB/T 6880.1-1993）要求的规定		

注：该表摘自《南水北调泵站工程 水泵采购、监造、安装、验收指导意见》（NSBD1—2005）